E-Book inside.

Mit folgendem persönlichen Code erhalten Sie die E-Book-Ausgabe dieses Buches zum kostenlosen Download.

9r65p-6woz2-
01800-4414f

Registrieren Sie sich unter
www.hanser-fachbuch.de/ebookinside
und nutzen Sie das E-Book
auf Ihrem Rechner*, Tablet-PC
und E-Book-Reader.

* Systemvoraussetzungen:
  Internet-Verbindung und Adobe® Reader®

Uwe Krieg, Julia Deubner, Maik Hanel, Michael Wiegand

Konstruieren mit NX 8.5

Bleiben Sie auf dem Laufenden!

Hanser Newsletter informieren Sie regelmäßig über neue Bücher und Termine aus den verschiedenen Bereichen der Technik. Profitieren Sie auch von Gewinnspielen und exklusiven Leseproben. Gleich anmelden unter

www.hanser-fachbuch.de/newsletter

News für CAx-Anwender!

Verpassen Sie keine Neuerscheinung!

Der monatlich erscheinende Newsletter versorgt Sie mit News zu aktuellen Büchern aus den Bereichen CAD, CAM, CAE und PDM.

- ➢ Buchtipps – so entgeht Ihnen keine Neuerscheinung!
- ➢ Autorenportraits
- ➢ Blog-News – die wichtigsten Online-Portale und Social-Media-Gruppen der Branche
- ➢ Veranstaltungshinweise
- ➢ Fachartikel
- ➢ Umfragen

Gleich kostenlos anmelden unter:
www.hanser-fachbuch.de/newsletter

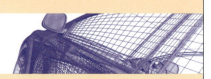

Uwe Krieg
Julia Deubner
Maik Hanel
Michael Wiegand

Konstruieren mit NX 8.5

Volumenkörper, Baugruppen und Zeichnungen

HANSER

Die Autoren:

Uwe Krieg, Hochschule Trier, Umwelt-Campus Birkenfeld

Julia Deubner, Ostfildern

Maik Hanel, Böblingen

Michael Wiegand, Sindelfingen

Alle in diesem Buch enthaltenen Informationen wurden nach bestem Wissen zusammengestellt und mit Sorgfalt getestet. Dennoch sind Fehler nicht ganz auszuschließen. Aus diesem Grund sind die im vorliegenden Buch enthaltenen Informationen mit keiner Verpflichtung oder Garantie irgendeiner Art verbunden. Autor und Verlag übernehmen infolgedessen keine Verantwortung und werden keine daraus folgende oder sonstige Haftung übernehmen, die auf irgendeine Weise aus der Benutzung dieser Informationen – oder Teilen davon – entsteht, auch nicht für die Verletzung von Patentrechten, die daraus resultieren können.

Ebenso wenig übernehmen Autor und Verlag die Gewähr dafür, dass die beschriebenen Verfahren usw. frei von Schutzrechten Dritter sind. Die Wiedergabe von Gebrauchsnamen, Handelsnamen, Warenbezeichnungen usw. in diesem Werk berechtigt also auch ohne besondere Kennzeichnung nicht zu der Annahme, dass solche Namen im Sinne der Warenzeichen- und Markenschutz-Gesetzgebung als frei zu betrachten wären und daher von jedermann benützt werden dürften.

Bibliografische Information der deutschen Nationalbibliothek:

Die Deutsche Nationalbibliothek verzeichnet diese Publikation in der Deutschen Nationalbibliografie; detaillierte bibliografische Daten sind im Internet unter http://dnb.d-nb.de abrufbar.

Dieses Werk ist urheberrechtlich geschützt.

Alle Rechte, auch die der Übersetzung, des Nachdruckes und der Vervielfältigung des Buches, oder Teilen daraus, vorbehalten. Kein Teil des Werkes darf ohne schriftliche Genehmigung des Verlages in irgendeiner Form (Fotokopie, Mikrofilm oder ein anderes Verfahren), auch nicht für Zwecke der Unterrichtsgestaltung, reproduziert oder unter Verwendung elektronischer Systeme verarbeitet, vervielfältigt oder verbreitet werden.

© 2013 Carl Hanser Verlag München
Gesamtlektorat: Julia Stepp
Sprachlektorat: Sandra Gottmann, Münster-Nienberge
Herstellung: Andrea Stolz
Umschlagkonzept: Marc Müller-Bremer, www.rebranding.de, München
Umschlagrealisation: Stephan Rönigk
Satz: Kösel, Krugzell
Druck und Bindung: Kösel, Krugzell
Printed in Germany
ISBN 978-3-446-43488-2
E-Book-ISBN 978-3-446-43587-2
www.hanser-fachbuch.de

Inhalt

Vorwort XI

1 Einführung 1

2 Grundlagen 3

2.1 Eingabegeräte 3
2.2 Benutzeroberfläche 4
2.3 Dateiverwaltung 25
2.4 Anwenderstandards und Voreinstellungen 36
2.5 Ansichten und Bildschirmdarstellungen 50
2.6 Layer 61
2.7 Auswahl 65
2.8 Löschen, Rückgängig, Wiederherstellen und Wiederholen 77
2.9 Objektdarstellung 78
2.10 Vektoren 80
2.11 Koordinatensysteme 81
2.12 Filmaufzeichnungen 83

3 Historienbasierte 3D-Modelle 85

3.1 Grundlagen 85
    3.1.1 Arbeitsumgebung 85
    3.1.2 Allgemeines zum Erzeugen von Körpern 86
    3.1.3 Boolesche Operationen 89
3.2 Bezugsobjekte 92
    3.2.1 Bezugsebenen 93
    3.2.2 Bezugsachsen 98
    3.2.3 Bezugs-Koordinatensystem 100
3.3 Grundkörper 100

- 3.4 **Formelemente** 105
  - 3.4.1 Positionierung 107
  - 3.4.2 Knauf 110
  - 3.4.3 Tasche 110
  - 3.4.4 Polster 115
  - 3.4.5 Nut 117
  - 3.4.6 Einstich 118
  - 3.4.7 Bohrung 119
  - 3.4.8 Versteifung 126
  - 3.4.9 Prägung 128
  - 3.4.10 Körper prägen 133
- 3.5 **Profilkörper** 134
  - 3.5.1 Grundlagen 134
  - 3.5.2 Extrusion 136
  - 3.5.3 Rotation 143
  - 3.5.4 Extrusion mit Führungskurve 147
  - 3.5.5 Rohr 148
- 3.6 **Skizzen** 149
  - 3.6.1 Grundlagen 149
  - 3.6.2 Arbeitsumgebung und Skizzenerstellung beginnen 152
  - 3.6.3 Kurvenoperationen 160
  - 3.6.4 Geometrische Zwangsbedingungen 174
  - 3.6.5 Bemaßungen 185
  - 3.6.6 Skizzenoperationen 192
  - 3.6.7 Skizze neu zuordnen 201
  - 3.6.8 Gruppieren 201
  - 3.6.9 Kopieren und Einfügen 203
- 3.7 **Assoziative Kurven** 203
  - 3.7.1 Linien, Kreisbögen und Kreise 204
  - 3.7.2 Spirale 212
  - 3.7.3 Offset-Kurve 214
  - 3.7.4 Überbrückungskurve 216
  - 3.7.5 Kurve projizieren 216
  - 3.7.6 Schnittkurve 218
  - 3.7.7 Texte 219
  - 3.7.8 Kurven spiegeln 221
  - 3.7.9 Assoziative Kurven bearbeiten 222
- 3.8 **Formelementoperationen** 223
  - 3.8.1 Kanten verrunden 223
  - 3.8.2 Fase 231
  - 3.8.3 Formschräge 232
  - 3.8.4 Körperschrägung 237
  - 3.8.5 Schale 241
  - 3.8.6 Körper trimmen und teilen 244

		3.8.7	Offset-Fläche	246
		3.8.8	Körper skalieren	247
		3.8.9	Gewinde	249
3.9	Kopierbefehle			251
		3.9.1	Musterelement	251
		3.9.2	Spiegeln von Formelementen	256
		3.9.3	Geometrie kopieren	256
		3.9.4	Geometrie extrahieren	261
		3.9.5	Objekt bewegen	261
		3.9.6	Kopieren und Einfügen	267

4 Bearbeiten von Konstruktionselementen 271

4.1	Grundlagen	271
4.2	Teile-Navigator	272
4.3	Wiedergabedialog	279
4.4	Ändern der Geometrie und Zuordnung	281
4.5	Ändern der Position	284
4.6	Unterdrücken	285
4.7	Aktualisierung	286
4.8	Parameter entfernen	286
4.9	Dichte bearbeiten	287

5 Weitere Technologien der 3D-Modellierung 289

5.1	Design Logic	289
5.2	Anwenderdefinierte Formelemente	305
5.3	Teilefamilien	313
5.4	Wiederverwendungsbibliothek	317
5.5	Messfunktionen	324

6 Synchrone Konstruktion 331

6.1	Einführung		331
6.2	Auswahlmöglichkeiten für die synchrone Konstruktion		335
6.3	Befehle der Werkzeugleiste		340
	6.3.1	Geometrische Modifikationen	340
	6.3.2	Kopierbefehle	348
	6.3.3	Geometrische Bedingungen	351
	6.3.4	Bemaßungen	354
	6.3.5	Schalen	358
	6.3.6	Querschnittsbearbeitung	360
	6.3.7	Lokaler Maßstab	363

7 Grundlegende Baugruppenfunktionen ... 365

- 7.1 Arbeitsumgebung und Definitionen ... 365
- 7.2 Master-Modell-Konzept ... 366
- 7.3 Speichern und Laden von Baugruppen ... 367
- 7.4 Intelligentes Laden von Baugruppen ... 371
- 7.5 Aufbau von Baugruppenstrukturen ... 374
- 7.6 Baugruppen-Navigator ... 378
- 7.7 Ändern von Baugruppenstrukturen ... 387
- 7.8 Isolieren und nach Nähe öffnen ... 389
- 7.9 Komponentengruppen ... 391
- 7.10 Bedingungen zwischen Komponenten ... 393
- 7.11 Komponenten verschieben ... 407
- 7.12 Schneiden von Baugruppen ... 410
- 7.13 Komponentenfelder ... 411
- 7.14 Referenz-Sets ... 415

8 Erweiterte Baugruppenfunktionen ... 419

- 8.1 Spiegeln von Baugruppen ... 419
  - 8.1.1 Spiegeln mithilfe des Assistenten ... 419
  - 8.1.2 Spiegeln mit Wave-Befehl ... 424
- 8.2 Verformbare Teile ... 426
- 8.3 Anordnungen ... 434
- 8.4 Explosionsdarstellung ... 439
- 8.5 Teileübergreifende Beziehungen ... 442
  - 8.5.1 Teileübergreifende Ausdrücke ... 442
  - 8.5.2 WAVE-Geometrie-Linker ... 448
- 8.6 Sequenzen ... 454
- 8.7 Analysen ... 458
  - 8.7.1 Bestimmung mechanischer Eigenschaften ... 458
  - 8.7.2 Kollisionsuntersuchungen ... 458
  - 8.7.3 Modellvergleich ... 460

9 Zeichnungserstellung ... 463

- 9.1 Grundlagen ... 463
  - 9.1.1 Arbeitsumgebung ... 463
  - 9.1.2 Allgemeine Arbeitsschritte ... 465
  - 9.1.3 Zeichnungsvoreinstellungen ... 466
- 9.2 Zeichnungsblätter ... 478
- 9.3 Zeichnungsansichten ... 480
  - 9.3.1 Ansichten ... 480

		9.3.2	Schnitte	485
		9.3.3	Aufgebrochene Darstellungen	494
		9.3.4	Ansichten bearbeiten	497
	9.4		**Symmetrie- und Mittellinien**	502
	9.5		**Allgemeine Texte**	506
	9.6		**Form- und Lagetoleranzen**	510
	9.7		**Bemaßungen**	512
	9.8		**Schweißsymbole**	522
	9.9		**Oberflächensymbole**	523
	9.10		**Stücklisten und Positionsnummern**	524

10 Übungsaufgaben zur Volumenmodellierung 531

10.1	Winkel	532
10.2	L-Profil	537
10.3	Deckel	540
10.4	Klemmstück	545
10.5	Blattflansch	551
10.6	Stopfbuchsbrille	554
10.7	Gabel	557
10.8	Nockenwelle	560
10.9	Klemme	566
10.10	Büroklammer	568
10.11	Zahnrad	570
10.12	Flaschenöffner	575

11 Beispiele für Baugruppen 581

11.1	Auto	581
11.2	Handspanner	596

12 Literaturhinweise 617

Index 619

Vorwort

Dieses Buch beschreibt die wesentlichen CAD-Funktionalitäten von Siemens NX 8.5 für Anwendungen des allgemeinen Maschinenbaus. Es richtet sich einerseits an Einsteiger, die sich schulungsbegleitend oder im Selbststudium in NX einarbeiten wollen. Darüber hinaus bietet es sich auch als Nachschlagewerk für erfahrene Anwender an.

Das Konzept für »Konstruieren mit NX« wurde von Uwe Krieg entwickelt. Für die Aktualisierung auf Version 8.5 sind Julia Deubner, Maik Hanel und Michael Wiegand verantwortlich. Das Konzept wurde beibehalten und die Inhalte wurden im bewährten Stil fortgeführt.

Die Schwerpunkte des Buches bilden die parametrische Volumenmodellierung, die Erstellung von Baugruppen sowie die Zeichnungsableitung. Die Kernfunktionalitäten der einzelnen Befehle werden an einfach nachvollziehbaren Beispielen erläutert.

Bei der Überarbeitung haben wir die Methoden aus den vorherigen Ausgaben des Buches mit der Version NX 8.5.0.23 verifiziert und gegebenenfalls durch neue Vorgehensweisen ersetzt. Dabei wurde die deutsche Benutzeroberfläche verwendet.

Wir haben alle Neuerungen der NX-Versionen 7.0, 7.5, 8.0 sowie 8.5 aufgenommen, die aus unserer Sicht für den Einstieg in die Konstruktion relevant sind. Zusätzliche Informationen finden Sie in den offiziellen Siemens NX-Dokumentationen.

Die neuen Werkzeuge zum Erstellen direkter Skizzen sowie das vereinfachte Erzeugen von Zwangsbedingungen innerhalb der Skizzierumgebung erläutern wir anhand von praktischen Beispielen. Auch Formelementgruppen, welche die Organisation komplexer Konstruktionen deutlich vereinfachen, werden thematisiert. Ferner beschreiben wir neue Formelemente, wie beispielsweise das Musterelement, welches die assoziativen Felder ersetzt. Außerdem sind zahlreiche Verbesserungen und Erweiterungen bei den Befehlen der synchronen Konstruktion in das Buch eingeflossen. Im neuen Abschnitt »Intelligentes Laden von Baugruppen« (Abschnitt 7.4) behandeln wir die erweiterte Unterstützung beim Umgang mit großen Baugruppen sowie den neu hinzugekommenen Zwangsbedingungsnavigator.

In den praktischen Beispielen sind zahlreiche Erfahrungen aus dem CAD-Support, dem Schulungsbereich und der Methodenentwicklung eingeflossen.

Wir bedanken uns bei Anette Granderath von Siemens für die Bereitstellung der Software und Herrn Professor Jörg Fischer der Hochschule Hamm-Lippstadt für seine freundliche Unterstützung. Ein besonderes Dankeschön gilt Julia Stepp vom Carl Hanser Verlag für die angenehme und professionelle Zusammenarbeit.

April 2013

Julia Deubner, Maik Hanel, Michael Wiegand

1 Einführung

Die Grundlage für die Darstellungen in diesem Buch bildet die deutsche Version NX 8.5.0.23 unter dem Betriebssystem Windows 7. Dabei werden die Funktionalitäten der Körper- und Formelementkonstruktion (**SOLID_MODELING**, **FEATURES_MODELING**), der Baugruppen (**ASSEMBLIES**) und der Zeichnungserstellung (**DRAFTING**) beschrieben. Diese bilden eine Basiskonfiguration für den allgemeinen Maschinenbau. NX besitzt eine Vielzahl weiterer Module für die unterschiedlichsten Aufgaben. Eine ausführliche Darstellung dieser Befehle würde jedoch den Rahmen des Buches sprengen und soll deshalb weiterführender Literatur (siehe Liste im Anhang) vorbehalten bleiben.

NX lässt sich vielfältig anpassen. Diese Modifikationen sind anwenderspezifisch. Daher kann es sein, dass Darstellungen im Buch nicht exakt mit denen am System des Anwenders übereinstimmen. Die wesentlichen Anpassungsmöglichkeiten werden in Kapitel 2 beschrieben.

Für die Abbildungen im Buch wurde die Siemens-Rolle »Erweitert mit vollständigen Menüs« verwendet. Für die Darstellungen wurden im Wesentlichen die Systemvorgaben übernommen. Bei Abbildungen von Modellen wurde ein weißer Hintergrund verwendet.

Ziel und Aufbau des Buches

Ziel des Buches ist es, eine Einführung in die praktische Anwendung von NX zu geben. Dabei werden die allgemeinen Grundlagen der Arbeit mit CAD-Systemen als bekannt vorausgesetzt. Das Buch bietet die Möglichkeit der selbstständigen Einarbeitung in die Software oder des gezielten Nachschlagens bestimmter Befehle.

Durch die ständige Weiterentwicklung von NX und aufgrund der Komplexität der Software existieren oftmals unterschiedliche Methoden gleichzeitig, sodass die jeweiligen Ziele auf verschiedenen Wegen erreicht werden können. Es ist nicht möglich, all diese Wege darzustellen. Wir stellen jeweils die aus unserer Sicht am besten geeigneten Methoden dar. Dabei werden bei der Beschreibung der einzelnen Befehle möglichst einfache Beispiele verwendet, um das Wesentliche der jeweiligen Funktion zu zeigen. Darüber hinaus enthält das Buch aber auch eine Vielzahl von ausführlichen Übungsbeispielen, in denen die Möglichkeiten von NX an realen Praxisbeispielen dargestellt werden.

In Kapitel 2 werden zunächst die Anwenderoberfläche, einige Anpassungen bei der Installation und die wichtigsten allgemeinen Begriffe und Befehle erläutert. Diese sind die Basis für die Anwendung der verschiedenen Module innerhalb von NX.

Die Kapitel 3 bis 6 beschreiben detailliert die Erstellung von 3D-Modellen unter Nutzung von Grundkörpern, Formelementen, Skizzen, assoziativen Kurven, Operationen sowie die Befehle der synchronen Konstruktion. Weiterhin werden Hinweise für ihre sinnvolle Anwendung gegeben.

Der Zusammenbau der einzelnen Teile zu technischen Baugruppen wird in den Kapiteln 7 und 8 dargestellt. Neben den Befehlen zum Aufbau und Ändern von Baugruppen werden die Befehle zum Informationsaustausch zwischen Teilen, die Handhabung von Stücklisten und einfache Bewegungsabläufe beschrieben.

Auf der Basis der Einzelteile und Baugruppen erfolgt die Ableitung der entsprechenden Fertigungszeichnungen. Dieses Vorgehen wird in Kapitel 9 dargestellt.

In den Kapiteln 10 und 11 finden Sie ausführliche Übungsbeispiele zu den einzelnen Schwerpunkten, welche typische Lösungswege für die Bearbeitung verschiedener Aufgabenstellungen zeigen.

 Unter *http://downloads.hanser.de* finden Sie die Beispieldateien zu den Übungen aus Kapitel 10 und 11.

Auszeichnungen, Abkürzungen und Icons

Im Buch werden die folgenden Auszeichnungen und Abkürzungen verwendet:
- KAPITÄLCHEN: Befehl von NX
- MENÜ > BEFEHL: Aufruf eines Befehls über die Menüleiste
- *datei.prt:* Name einer Datei, eines Verzeichnisses oder eines Eingabewerts
- MT1: linke Maustaste
- MT2: mittlere Maustaste
- MT3: rechte Maustaste
- ENTER: Eingabetaste
- STRG: Steuerungstaste
- TAB: Tabulatortaste
- ALT: Alt-Taste
- SHIFT: Umschalttaste
- ENTF: Löschtaste
- ESC: Escape-Taste
- WCS: Arbeitskoordinatensystem (**W**ork **C**oordinate **S**ystem)

Der Aufruf der Befehle wird hauptsächlich unter Verwendung von **Icons** beschrieben. Der Zugriff auf die Icons erfolgt über die Standard- oder Kontext-Werkzeugleisten und auch über ein radiales Popup-Menü. Alternativ besteht die Möglichkeit, die einzelnen Befehle über die Menüleiste zu starten.

Die entsprechenden Icons und ihre Bedeutung werden über das Buch hinweg in der Randspalte dargestellt, um die Suche nach bestimmten Themen zu erleichtern. Neben der deutschen wird auch die englische Bedeutung angegeben.

2 Grundlagen

In diesem Kapitel werden die allgemeinen Grundlagen für die Nutzung von NX beschrieben, die Sie bei der Arbeit mit den verschiedenen Modulen benötigen.

2.1 Eingabegeräte

Für die Interaktion mit dem System benötigen Sie neben der Tastatur eine Maus mit drei Tasten. Außerdem ist es empfehlenswert, ein 3D-Eingabegerät wie z. B. einen Space-Navigator oder eine Space-Mouse zu nutzen. Damit besteht jederzeit die Möglichkeit, das Modell am Bildschirm zu drehen oder zu verschieben, ohne die aktuelle Funktion zu beeinflussen.

Die Tastatur dient zur Eingabe von Werten in aktiven Dialogfenstern. Bei diesen Eingaben ist für numerische Größen der Dezimalpunkt zur Angabe von Nachkommastellen zu verwenden. Neben Zahlen können in den Dialogfenstern auch Ausdrücke eingegeben werden. Die einzelnen Tasten besitzen folgende Funktionen:

Tastatureingaben (Keyboard Entries)

- **TAB:** Springt in das nächste Eingabefeld. Dabei wird das Feld blau hinterlegt und der eingetragene Wert vollständig überschrieben.
- **SHIFT+TAB:** Springt analog zu **TAB** in das vorhergehende Eingabefeld
- **ESC:** Abbruch des aktiven Befehls
- **ENTER:** Eingaben des aktiven Dialogfensters werden übernommen
- **ENTF:** Löschen der ausgewählten Objekte
- **ALT:** Temporäres Aufheben von Auswahlfiltern
- **F1:** Aufruf der Online-Hilfe in Abhängigkeit von der aktiven Funktion
- **F3:** Schaltet die Anzeige von Eingabefeldern und Dialogfenstern ein bzw. aus
- **F4:** Wiederholen des zuletzt ausgeführten Befehls
- **F5:** Bildschirm aktualisieren
- **F6:** Schaltet das **ZOOMEN** ein und aus

- **F7**: Aktiviert den Befehl **DREHEN** und schaltet ihn wieder aus
- **F8**: Die Ansicht wird zu einem vorher selektierten Element (z. B. eine Fläche) ausgerichtet. Wenn kein geeignetes Element selektiert ist, richtet NX die Ansicht entlang der am nächsten liegenden Achse des absoluten Koordinatensystems aus.

Für den Aufruf der einzelnen Funktionen können Sie auch Tastenkombinationen verwenden. Diese werden beim Start der Befehle über die Menüleiste angezeigt. Wollen Sie z. B. **DATEI > SPEICHERN UNTER** durchführen, müssen Sie **STRG+SHIFT+A** drücken. Weiterhin können Sie als Anwender eigene Tastenkombinationen definieren. Diese Möglichkeit wird im Zusammenhang mit der Anpassung der Werkzeugleisten in Abschnitt 2.2 beschrieben.

Die Maus verfügt über folgende Funktionen:

Mausfunktionen
(Mouse Functions)

- **MT1**: Auswahl von Befehlen, Optionen und Eingabefeldern; Selektion von Geometrieelementen
- **MT2**: Entspricht der aktiven (grün gefärbten) Funktion im aktiven Dialogfenster. Normalerweise wird damit der Befehl **OK** durchgeführt. Die Nutzung dieser Funktionalität ist sehr zu empfehlen, da sie die Arbeit mit dem System beschleunigt.
- **STRG+MT2**: Entspricht der Funktion **ANWENDEN** im aktiven Dialogfenster
- **MT3**: Aufruf von Popup-Menüs und radialen Popups in Abhängigkeit von der aktuellen Position des Cursors
- **SHIFT+MT1**: Hebt die Auswahl von Elementen auf und selektiert einen zusammenhängenden Bereich von Einträgen in einer Liste
- **STRG+MT1**: Selektiert mehrere nicht zusammenhängende Einträge in einer Liste

2.2 Benutzeroberfläche

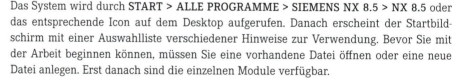

NX starten *(Start NX)*

NX beenden *(Exit NX)*

Das System wird durch **START > ALLE PROGRAMME > SIEMENS NX 8.5 > NX 8.5** oder das entsprechende Icon auf dem Desktop aufgerufen. Danach erscheint der Startbildschirm mit einer Auswahlliste verschiedener Hinweise zur Verwendung. Bevor Sie mit der Arbeit beginnen können, müssen Sie eine vorhandene Datei öffnen oder eine neue Datei anlegen. Erst danach sind die einzelnen Module verfügbar.

Das Beenden einer Sitzung ist durch Drücken des Icons in der oberen rechten Ecke des Fensters oder durch **DATEI > BEENDEN** möglich. Dabei müssen Sie darauf zu achten, dass vorher alle geöffneten Dateien gespeichert werden. Wenn das System Teile findet, die geändert, aber nicht gespeichert wurden, erscheint der auf S. 5 abgebildete Hinweis.

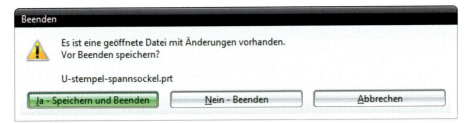

Es besteht die Möglichkeit, die Sitzung mit **NEIN – BEENDEN** zu schließen. Dann sind jedoch alle nicht gespeicherten Änderungen verloren.

Wenn der Hinweis mit **ABBRECHEN** beantwortet wird, bleibt NX aktiv, und die Sicherungen können vorgenommen werden.

Mit der Option **JA – SPEICHERN UND BEENDEN** werden die Teile unter ihrem aktuellen Namen gespeichert. Vor dem Überschreiben der vorhandenen Dateien erscheint eine weitere Abfrage. An dieser Stelle besteht die Möglichkeit, den Speichervorgang mit **NEIN** abzubrechen. Mit **JA** werden die Dateien überschrieben. Beim Speichern neuer

Dateien erscheint ein weiterer Dialog. Dort können der vom System vorgeschlagene Dateiname und Speicherort angepaßt werden. Soll diese Warnung für die weitere Arbeit grundsätzlich ausgeschaltet werden, können Sie die Option **DIESE MELDUNG NICHT MEHR ANZEIGEN** aktivieren. Diesen Vorgang können Sie unter **VOREINSTELLUNGEN > ANWENDERSCHNITTSTELLE > ALLGEMEIN > »DIESE MELDUNG NICHT MEHR ANZEIGEN« ZURÜCKSETZEN** wieder rückgängig machen.

Die Benutzeroberfläche von NX gleicht der von anderen auf Windows basierenden Programmen. Grundsätzlich ist die Arbeit im normalen Modus und im Vollbildmodus möglich. Zwischen diesen beiden Arbeitsweisen kann jederzeit umgeschaltet werden.

Benutzeroberfläche
(User Interface)

Die Abbildung auf S. 6 zeigt eine typische Anwendung des Systems im normalen Modus, mit einer Kennzeichnung der einzelnen Bereiche.

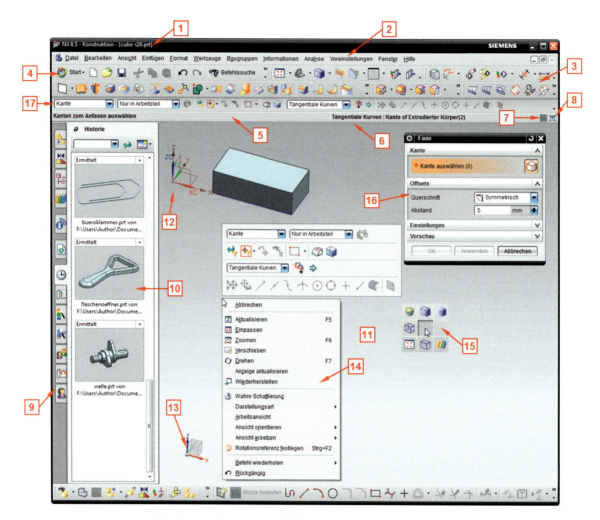

1. **Titelleiste:** Anzeige der NX-Version, der aktiven Anwendung sowie des Namens und Zustandes der aktuellen Datei
2. **Menüleiste:** Enthält Schalter für die verschiedenen Klassen von Befehlen. Damit sind Menüs verbunden, die den Aufruf von Funktionen ermöglichen. Für die meisten Befehle existieren auch Icons, mit deren Nutzung der Aufruf wesentlich schneller möglich ist.
3. **Werkzeugleisten:** Alternative zur Menüleiste, frei konfigurierbar, enthalten Icons zum Aufruf verschiedener Funktionen
4. **Standardleiste:** Wechseln zwischen NX-Arbeitsumgebungen mit **START**, Dateioperationen, Zwischenablage, NX-Befehlssuche
5. **Hinweisfeld:** Hinweise für erforderliche Nutzereingaben
6. **Statusfeld:** Status zur aktuellen oder zuletzt abgeschlossenen Aktion
7. **Fortschrittsanzeige:** Anzeige des Berechnungsfortschritts des aktiven Befehls

8. **Vollbildmodus:** Wechsel zwischen Standardoberfläche und Vollbildmodus
9. **Ressourcenleiste:** Register zum Aufruf von Navigatoren, Hilfe-Menüs, Verzeichnissen, Rollen und Paletten. Schneller Zugriff auf Informationen, Dateien und Vorlagen.
10. **Palette:** Register zum Laden von Teile- und Vorgabedateien
11. **Grafikfenster:** Darstellung und Bearbeitung von 3D-Elementen wie Teilen, Flächen, Kurven, Punkten etc.
12. **Arbeitskoordinatensystem:** Dient zur Orientierung im dreidimensionalen Raum
13. **Triade:** Zeigt die Orientierung des Modells bezogen auf die Richtungen des absoluten Koordinatensystems an. Kann zur dynamischen Rotation des Modells verwendet werden.
14. **Kontextmenü:** Aktivieren durch Klicken von **MT3**. Enthält kontextabhängige Funktionen.
15. **QuickPick-Menü:** Aktivieren durch Klicken und Halten von **MT3** auf einem Element. Enthält kontextabhängige Befehle, die auf das Element angewendet werden können.
16. **Dialogfenster:** Sammeln benötigter Eingaben und Ausführen von NX-Befehlen
17. **Auswahlleiste:** Enthält Auswahloptionen, die es z. B. erlauben, nur Flächen auszuwählen

Sie können die NX-Oberfläche interaktiv anpassen. Werkzeugleisten können ein- und ausgeblendet oder verschoben werden. Ebenso ist es möglich, neue Werkzeugleisten zu erstellen, einzelne Befehle hinzuzufügen oder zu entfernen. Um eine angepasste Oberfläche wieder auf die Grundeinstellung zurückzusetzen, steht Ihnen der folgende Befehl zur Verfügung: **VOREINSTELLUNGEN > ANWENDERSCHNITTSTELLE > LAYOUT > FENSTERPOSITION ZURÜCKSETZEN**

Für einen Großteil der NX-Befehle steht ein Icon zur Verfügung. Die Icons sind durch die Zuordnung zu einer Werkzeugleiste thematisch zusammengefasst. Damit können in der jeweiligen Anwendung komplette Werkzeugklassen ein- und ausgeblendet werden. Die Werkzeugleisten lassen sich verschieben, indem sie an ihrem punktierten Rand bzw. im Bereich ihrer Überschrift mit gedrückter **MT1** angewählt werden. Gelangen Sie beim Verschieben in den Randbereich des Bildschirmfensters, dann docken die Leisten dort an. Damit ist eine freie Gestaltung der Oberfläche möglich.

Werkzeugleisten (Toolbars)

Die Abbildung auf S. 8 zeigt die Anordnung der Werkzeugleisten gemäß der Siemens-Rolle »Erweitert mit vollständigen Menüs«.

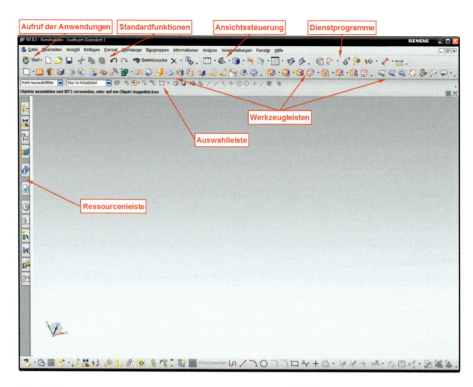

Werkzeugleisten anpassen
(Customize Toolbars)

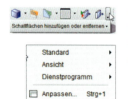

Sobald Sie **MT3** an einer freien Stelle der Benutzeroberfläche drücken, erscheint ein Kontextmenü, mit dem einzelne Werkzeugleisten ein- und ausgeschaltet werden können. Weiterhin befindet sich am Ende dieses Menüs die Option **ANPASSEN**.

Werkzeugleisten enthalten an ihrem Ende ein kleines Dreieck. Mit diesem können weitere thematisch verwandte Befehle eingeblendet werden. Diese Anpassungen werden innerhalb der jeweiligen Arbeitsumgebung gespeichert und sind nur in dieser wirksam.

Die Abbildung zeigt die Anpassung der Werkzeugleiste **STANDARD**. Durch Aktivieren von **TEXT UNTERHALB SYMBOL** wird für die aktuelle Werkzeugleiste ein zusätzlicher Hinweistext unter jedem Icon angezeigt.

Mit dem Befehl **WERKZEUGLEISTE ZURÜCKSETZEN** werden alle Änderungen verworfen und die Standardeinstellungen werden wieder hergestellt.

Mit der Option **ANPASSEN** wird der zentrale Dialog gestartet, um die Oberfläche zu modifizieren. Ist der

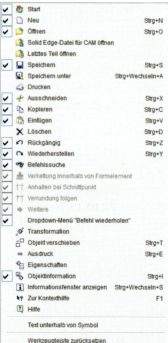

Dialog **ANPASSEN** geöffnet, können die Icons aller Befehle durch Ziehen mit **MT1** in beliebigen Werkzeugleisten angeordnet werden. So ist es möglich, einzelne Befehle aus den Werkzeugleisten zu entfernen oder neue hinzuzufügen. Diese Möglichkeit gilt auch für die Kontextmenüs.

Die einzelnen Icons können darüber hinaus auch individuell angepasst werden. Mit **MT3** können Sie über das jeweilige Icon ein Kontextmenü aufrufen, mit dem die Einstellungen des selektierten Befehls änderbar sind.

Für einige Befehle existiert kein Icon. In solchen Fällen besteht die Möglichkeit, das System entsprechend anzupassen. Dieses Vorgehen beschreiben wir beispielhaft am Befehl **SCHLIESSEN**, der hier neben dem Icon für den Befehl **SPEICHERN** angeordnet wurde.

Klicken Sie dazu als Erstes auf **ANPASSEN**. Wählen Sie nun im Register **BEFEHLE** unter dem Eintrag **DATEI** den Befehl **SCHLIESSEN** aus. Ziehen Sie diesen mit **MT1** an die entsprechende Stelle der Werkzeugleiste **STANDARD**. Anschließend kann mit **MT3** auf den Befehl das abgebildete Menü aufgerufen werden, in dem Sie die Option **STANDARDSTIL** aktivieren.

Eigene Icons erstellen
(Create Icons)

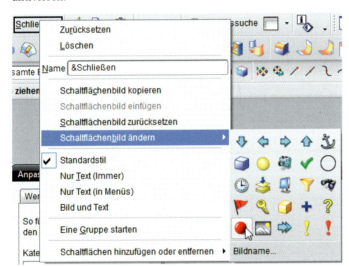

Da NX kein Icon für den Befehl besitzt, wird weiterhin nur der Text angezeigt. Unter **SCHALTFLÄCHENBILD ÄNDERN** kann jedoch ein Bild aus einer Liste gewählt werden. Weiterhin besteht die Möglichkeit, eigene Bilder, die als Bitmaps vorliegen, zu verwenden. Dazu wird **BILDNAME** aufgerufen und der entsprechende Pfad eingetragen. Die Abbildung zeigt hierzu ein Beispiel.

Wenn man eigene Icons in einem zentralen Verzeichnis verwaltet, stehen sie allen Nutzern zur Verfügung. Die Anpassung muss dann nur einmal vorgenommen und als zentrale Rolle gespeichert werden.

NX bietet mit der **BEFEHLSSUCHE** ein sehr effizientes Werkzeug, um Befehle zu finden. Nach der Eingabe eines Begriffs werden alle in NX vorhandenen Befehle durchsucht und die entsprechenden Treffer angezeigt. Durch Zeigen mit dem Mauszeiger auf einen Treffer wird das Menü oder die Werkzeugleiste, in welcher der entsprechende Befehl zu finden

BEFEHLSSUCHE
(Command Finder)

ist, aufgeklappt. Durch Klicken mit **MT1** können Sie den Befehl direkt aus dem Suchdialog heraus starten. Über ein **KONTEXTMENÜ** können Sie den gefundenen Befehl zu einem Menü oder einer Symbolleiste hinzufügen. Außerdem können Sie von hier in die **HILFE** springen. In den **EINSTELLUNGEN** können Sie die Befehlssuche auf die aktuelle Anwendung begrenzen und die Anzeigeoptionen konfigurieren.

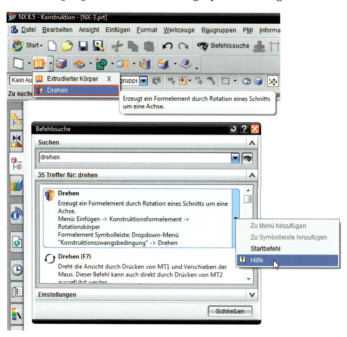

Eigene Drop-down-Menüs erstellen *(Create Dropdown Menus)*

Ähnliche Funktionen können auch in einem gemeinsamen Drop-down-Menü zusammengefasst werden. Um eigene Drop-down-Menüs zu erzeugen, öffnen Sie nach dem Aufruf von **ANPASSEN** das Register **BEFEHLE** und wählen dort **NEUE SCHALTFLÄCHE** aus. Mit **MT1** ziehen Sie den Eintrag **NEUES DROPDOWN-MENÜ** in die entsprechende Werkzeugleiste (siehe Abbildung). Anschließend geben Sie mit **MT3** auf den Befehl einen passenden **NAME** ein.

Dann werden die entsprechenden Icons in das neue Drop-down-Menü gezogen. Wenn beim Aufklappen neben dem Bild ein Text angezeigt werden soll, muss unter **DROPDOWN-OPTIONEN** der Eintrag »Bild und Text« aktiviert werden. Die erzeugten Menüs werden unter **ANPASSEN > BEFEHLE > MEINE DROPDOWN-MENÜS** verwaltet und können dort wieder gelöscht werden.

Das Menü **ANPASSEN** enthält weitere Register. Unter **WERKZEUGLEISTEN** werden die einzelnen Befehlsgruppen ein- bzw. ausgeschaltet. Weiterhin besteht die Möglichkeit, eine Werkzeugleiste zu selektieren und dann den Schalter **TEXT UNTERHALB VON SYMBOL** zu aktivieren. Dadurch wird zusätzlich zum Symbol der Befehlsname angezeigt.

Über den Befehl **TASTATUR** im Menü **ANPASSEN** starten Sie die Verwaltung der Tastenkombinationen. Über den Befehl **BERICHT** werden alle vorhandenen Kombinationen aufgelistet. Es können eigene Tastenkombinationen erstellt werden. Dazu wählen Sie den entsprechenden Befehl, geben die gewünschte Tastenkombination ein und aktivieren diese anschließend über **ZUWEISEN**. Die neue Kombination wird danach im Anzeigefenster aufgelistet. Vor der Definition der Tastenkombination kann noch bestimmt werden, ob sie global oder nur in der jeweiligen Anwendung gültig ist. Die Abbildung zeigt die globale Festlegung der Tastenkombination **ALT+X** für den Befehl **ARBEITSANSICHT AKTUALISIEREN**.

Tastenkombinationen erzeugen *(Create Keyboard Shortcuts)*

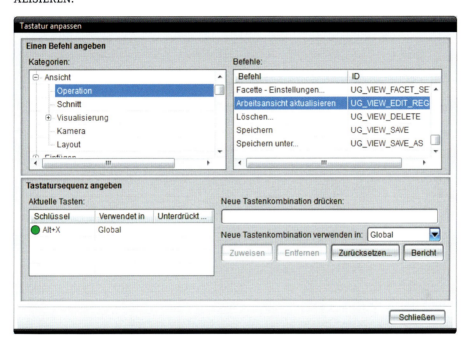

Definierte Tastenkombinationen können nach Auswahl über **ENTFERNEN** wieder gelöscht werden.

Im Register **KONTEXT-WERKZEUGLEISTEN** (siehe erstes Bild auf S. 12) können Sie die Kontext-Werkzeugleisten anpassen. Hierzu muss zunächst der Bezug zum Kontext hergestellt werden, indem ein Objekt ausgewählt wird. Die Abbildung auf S. 12 zeigt die Kontext-Werkzeugleiste *Features.Tube*, weil als Kontext ein Modell gewählt wurde, das auf einem Tube-Feature basiert.

Im Register **OPTIONEN** (siehe zweites Bild auf S. 12) können Sie allgemeine Einstellungen vornehmen. Dort wird mit **IMMER VOLLSTÄNDIGE MENÜS ANZEIGEN** gesteuert, ob in den Menüs alle Befehle dargestellt oder ob seltener verwendete ausgeblendet werden.

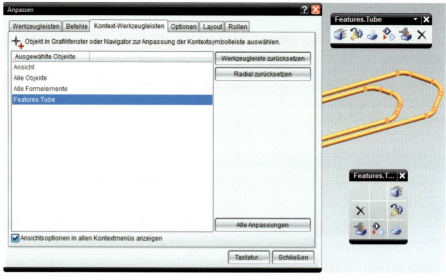

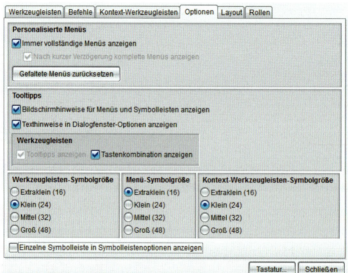

Des Weiteren können Sie die **TOOLTIPPS** einschalten. Diese zeigen eine kurze Erklärung, wenn der Mauszeiger über einem Icon positioniert wird. Die Abbildung zeigt dafür ein Beispiel.

Durch Aktivieren des Schalters **EINZELNE SYMBOLLEISTE IN SYMBOLLEISTENOPERATIONEN ANZEIGEN** können Sie festlegen, ob beim Anpassen einer Werkzeugleiste unter Nutzung des schwarzen Dreiecks alle Leisten des entsprechenden Bildschirmbereiches aufgelistet werden oder nur die ausgewählte.

Im Register **LAYOUT** werden die Platzierungen der Tipp/Status- und der Auswahlleiste angegeben.

Mit **AUSWAHLMINIATURLEISTE ANZEIGEN** können Sie steuern, ob die Auswahlleiste beim Aufruf des Kontextmenüs im Darstellungsfenster zusätzlich eingeblendet wird.

 HINWEIS: Voraussetzung hierfür ist, dass die Auswahlleiste grundsätzlich eingeschaltet ist. Die Verwendung dieser Funktionalität schafft im Vollbildmodus weiteren Platz für Modelldaten im Darstellungsfenster.

Geänderte Einstellungen für die Oberfläche werden für jeden Anwender automatisch in der Datei *user.mtx* im Verzeichnis *C:\Users\<username>\AppData\Local\Unigraphics Solutions\NX85* gespeichert, wenn unter **VOREINSTELLUNGEN > ANWENDERSCHNITTSTELLE > ALLGEMEIN** der Schalter **LAYOUT BEIM BEENDEN SPEICHERN** aktiv ist. Die vorgenommenen Modifikationen der Benutzeroberfläche stehen dann beim nächsten Start von NX wieder zur Verfügung. Um den Speicherort der Datei zu ändern, kann die Variable *UGII_USER_PROFILE_DIR=\\server\roles\nx85* definiert werden.

 ROLLEN (ROLES)

Neben der anwenderspezifischen Modifikation der Oberfläche können zentral angepasste Werkzeugleisten über Rollen verwendet werden. NX bietet hierfür in der Ressourcenleiste verschiedene Rollen an.

Um eigene Rollen zu erzeugen, müssen Sie zunächst die Oberflächen in den einzelnen Anwendungen anpassen. Danach kann der aktuelle Stand über **ANPASSEN > ROLLEN > ERZEUGEN** gesichert werden. Nach Angabe von Name und Speicherort für die zentrale *mtx*-Datei kann im dargestellten Fenster noch ein Bild für diese Rolle definiert werden. An dieser Stelle sind die Dateiformate *.bmp* oder *.jpg* möglich.

In der Liste der **ANWENDUNGEN** wählen Sie die einzelnen Umgebungen, und erzeugen dann mit **OK** die entsprechende Datei. Diese kann danach mit **ANPASSEN > ROLLEN > LADEN** jederzeit aufgerufen werden.

Gespeicherte Anwenderrollen können über das Kontextmenü angewendet, gelöscht, bearbeitet, kopiert oder durch **ROLLE SPEICHERN** mit den aktuellen Einstellungen aktualisiert werden.

Es besteht die Möglichkeit, verschiedene Oberflächen zu konfigurieren und als Rollen in einem gemeinsamen Verzeichnis zu speichern. Damit erhalten Anwender mit unterschiedlichen Arbeitsinhalten jeweils optimal angepasste Konfigurationen der Benutzeroberfläche. Diese Rollen sollten zentral verwaltet und als Palette in der Ressourcenleiste zur Verfügung gestellt werden. Dazu rufen Sie den Befehl **VOREINSTELLUNGEN > PALETTEN > VERZEICHNIS ALS ROLLENPALETTE ÖFFNEN** auf und geben das Verzeichnis mit den abgespeicherten Rollen an. Danach erzeugt NX automatisch einen neuen Eintrag in der Ressourcenleiste. Nach Aufruf dieses Eintrags werden alle Rollen mit den festgelegten Texten und Bildern angezeigt. Durch Doppelklick auf eine Rolle werden dann die entsprechenden Einstellungen der Werkzeugleisten angepasst.

VOLLBILDMODUS (FULL SCREEN MODE)

Die Größe des Grafikfensters kann durch Wechsel in den **VOLLBILDMODUS** maximiert werden. Möglich ist dies durch Klicken des Symbols, durch Verwenden der Tastenkombination **ALT+ENTER** oder durch Wählen des entsprechenden Eintrags im Menü **ANSICHT**. Die folgende Abbildung zeigt dazu ein Beispiel. Im Vollbildmodus werden alle Funktionen in einem Werkzeugleistenmanager zusammengefasst.

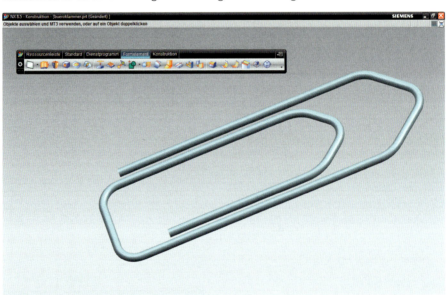

Der Werkzeugleistenmanager ermöglicht in kompakter Form den Zugriff auf alle Funktionen des Systems. Er ist nur im Vollbildmodus verfügbar. Die folgenden Abbildungen zeigen die verschiedenen Zustände des Werkzeugleistenmanagers.

Werkzeugleisten-manager *(Toolbar Manager)*

Option **WERKZEUGLEISTE ANZEIGEN:**

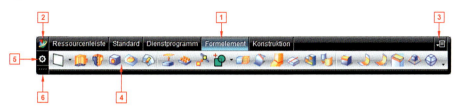

Option **SYMBOLLEISTE AUSBLENDEN:**

Option **ZUSAMMENFASSEN:**

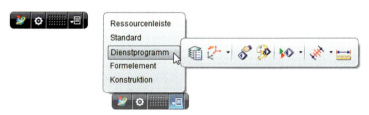

Die Bereiche des Werkzeugleistenmanagers sind in der Abbildung durch Zahlen gekennzeichnet. Im Folgenden werden die einzelnen Bereiche erläutert:

1. **Menüleiste:** Mit diesen Befehlen erfolgt die Aktivierung der entsprechenden Funktionen. Das schnelle Wechseln zwischen den verschiedenen Werkzeugleisten ist durch Scrollen mit dem Mausrad möglich.
2. **Menüschalter:** Zugriff auf alle Menüleisten von NX
3. **Alle Symbolleisten:** Zugriff auf alle Symbolleisten, die für den Werkzeugleistenmanager konfiguriert sind. Der Einsatz empfiehlt sich bei der Arbeit im minimalen Zustand.
4. **Symbolleisten:** Die Symbole für die aktive Werkzeugleiste werden angezeigt. Wenn die Symbolleisten grundsätzlich ausgeblendet sind, erfolgt ihre Anzeige durch Wahl des entsprechenden Menüs mit **MT1** oder **MT3**.
5. **Optionen:** Zustandssteuerung – Mit **ZUSAMMENFASSEN** und **ERWEITERN** wird zwischen der normalen und der minimalen Darstellung umgeschaltet. Symbolleisten können grundsätzlich aus- und eingeblendet werden. Sie erhalten Zugriff auf die NX-Funktionen **ANPASSEN**, **VOREINSTELLUNGEN** und **HILFE**.
6. **Ziehgriff:** Verschieben und Ziehen mit **MT1**

**ANWENDUNG
(APPLICATION)**

Für die Arbeit mit NX existieren verschiedene Umgebungen mit speziellen Funktionen. Der Aufruf der gewünschten Umgebung erfolgt mit dem Befehl **START** aus der Werkzeugleiste **STANDARD**. Alternativ können die Umgebungen auch aus der Werkzeugleiste **ANWENDUNG** aktiviert werden.

Eine Basiskonfiguration von NX für Aufgaben des allgemeinen Maschinenbaus sollte die folgenden Anwendungen beinhalten:

 GATEWAY: Diese Oberfläche erscheint automatisch beim Start des Systems. Sie bietet die Möglichkeit, Dateien zu verwalten und Teile zu betrachten.

 KONSTRUKTION: In dieser Anwendung wird die Geometrie von Bauteilen erstellt und modifiziert. Dazu gibt es verschiedene Module, von denen die Körperkonstruktion und Formelemente unbedingt erforderlich sind.

 BAUGRUPPEN: Die Baugruppenfunktionen werden innerhalb der Anwendung **KONSTRUKTION** aktiviert und stehen dann für den Aufbau und die Verwaltung von Teilestrukturen zur Verfügung.

 ZEICHNUNGSERSTELLUNG: Auf Basis der 3D-Konstruktionen werden in dieser Umgebung assoziative Fertigungszeichnungen mit allen erforderlichen Angaben und Stücklisten erstellt.

Dialogfenster
(Dialog Box)

Nach dem Aufruf eines Befehls erfolgt die Anwenderführung über Dialogfenster. Hier wird zwischen zwei Arten unterschieden:

1. Bei der älteren Generation von Befehlen werden nacheinander mehrere Dialoge durchlaufen, bis alle Eingaben vorhanden sind, und anschließend wird der Befehl durchgeführt. Dabei besitzen die einzelnen Fenster ein Schaltfeld **ZURÜCK**, mit dem zum vorherigen Eingabeschritt gewechselt werden kann.

Die Abbildungen zeigen dieses Vorgehen am Beispiel des Befehls **KNAUF**. Im ersten Schritt werden die geometrischen Größen festgelegt, danach erfolgt die Positionierung.

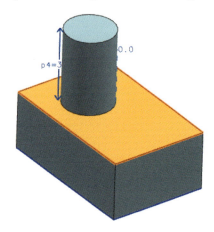

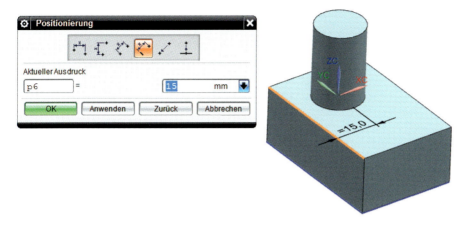

2. In der neuen Generation von Befehlen wird ein einzelner Dialog mit verschiedenen Auswahlschritten und Eingaben aktiv. Ein Großteil der Einstellungen kann alternativ im Grafikbereich unter Verwendung von Eingabefeldern und durch Ziehen an Handles vorgenommen werden. Dazu erfolgt eine dynamische Voranzeige auf das Ergebnis der Funktion. Mit **OK** bzw. **MT2** wird der Befehl ausgeführt und das Menü beendet.

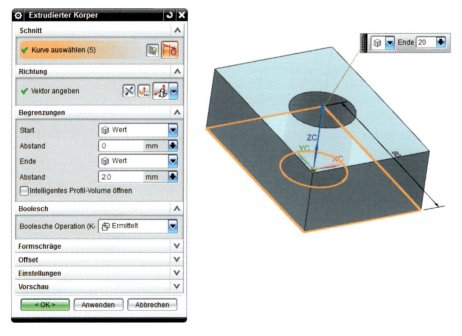

Im unteren Bereich der Dialogfenster befinden sich drei Schalter mit folgender Bedeutung:

- **OK:** Der Befehl wird mit den vorgenommenen Einstellungen ausgeführt und der Dialog anschließend geschlossen (alternativ kann **MT2** verwendet werden).

- **ANWENDEN:** Der Befehl wird mit den aktuellen Einstellungen ausgeführt, und das Dialogfenster bleibt geöffnet, sodass mehrere Operationen nacheinander durchgeführt werden können (alternativ **STRG+MT2** verwenden oder nur **MT2**, wenn das Feld aktiviert ist).
- **ABBRECHEN:** Der Befehl wird ohne Aktion abgebrochen und das Fenster geschlossen (alternativ kann **ESC** verwendet werden).

Dialogfenster enthalten Felder zur Eingabe von Werten. Diese Felder speichern die zuletzt eingegebenen Werte. Zur Eingabe von Nachkommastellen verwenden Sie den Punkt. In allen Eingabefeldern können die üblichen Windows-Funktionen wie **KOPIEREN** und **EINFÜGEN** verwendet werden. Dazu wird mit **MT3** ein entsprechendes Popup-Menü aufgerufen.

Am Ende des Eingabefelds befindet sich das folgende Symbol. Mit diesem können verschiedene Möglichkeiten zur Festlegung von Abhängigkeiten des Eingabewerts verwendet werden. Ausführliche Informationen hierzu sind in Abschnitt 5.1, »Design Logic«, zu finden.

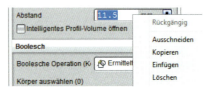

Die neuen Dialogfenster bieten eine einheitliche Bedienoberfläche. Allgemeine Funktionen, die unabhängig vom jeweils aufgerufenen Befehl sind, werden im Folgenden beschrieben.

Dialogfenster speichern ihre Position beim Beenden und erscheinen beim erneuten Aufruf wieder an der gleichen Position. Durch einen Doppelklick in die Titelzeile kann ein Dialog zugeklappt werden.

Die erforderlichen Parameter des aktiven Befehls werden in Gruppen zusammengefasst. Dabei befinden sich im oberen Bereich des Fensters zwingend notwendige Größen. Im unteren Bereich sind optionale Eingabewerte angeordnet.

Beim Anwenden eines Befehls werden die erforderlichen Eingabedaten im dargestellten Dialogfenster von oben nach unten schrittweise abgearbeitet. Um eine möglichst einheitliche Abfolge bei der Anwendung verschiedener Befehle zu erreichen, werden vom System nach Möglichkeit zuerst die erforderlichen Kurven, dann Positionen, danach Richtungen und abschließend Parameterwerte abgefragt.

NX zeigt alle erforderlichen Eingabeparameter mit einem roten Stern an. Der aktive Eingabeschritt wird orange hervorgehoben. Sobald

geeignete Werte definiert wurden, erscheint ein grüner Haken und der nächste erforderliche Eingabewert wird angefordert.

Enthält ein Fenster im oberen Bereich die Befehlsgruppe **TYP**, sollte dieser zuerst festgelegt werden, damit der Dialog entsprechend angepasst wird.

Grundsätzlich können die verschiedenen Typen im oberen Bereich als Icons oder als Befehlsliste angezeigt werden. Diese Darstellung können Sie mit dem Befehl **ALS SCHALTFLÄCHEN ANZEIGEN** bzw. **ALS DROPDOWN-LISTE ANZEIGEN** umstellen. Die Einstellung wird dann für den jeweiligen Befehl übernommen.

Die allgemeinen Icons des Dialogfensters besitzen folgende Funktionalitäten:

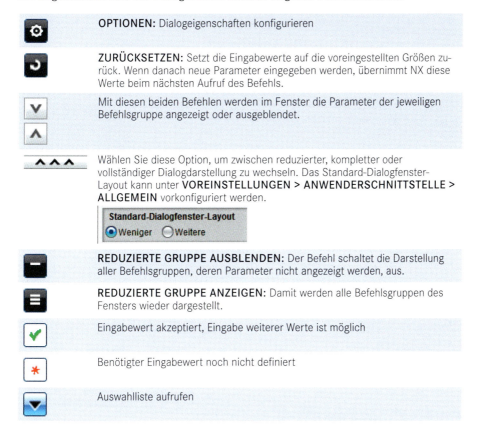

Wenn Eingabewerte definiert wurden, die zu keinen sinnvollen Lösungen im Zusammenhang mit dem aktiven Befehl führen, wird durch NX ein entsprechender Alarm eingeblendet. Die angezeigte Meldung sollte jeweils überprüft und der entsprechende Wert geändert werden.

Ressourcenleiste
(Resource Bar)

Die Ressourcenleiste gestattet den schnellen Zugriff auf Informationen, Dateien und Einstellungen. Ihre Position auf der Oberfläche wird unter **VOREINSTELLUNGEN > ANWENDERSCHNITTSTELLE > LAYOUT** festgelegt. Für die Konstruktion im allgemeinen Maschinenbau können die folgenden Ressourcen verwendet werden:

 BAUGRUPPEN-NAVIGATOR: Anzeige und Verwaltung der Baugruppenstruktur

 ZWANGSBEDINGUNGS-NAVIGATOR: Abhängigkeiten zwischen Teilen werden im **ZWANGSBEDINGUNGS-NAVIGATOR** angezeigt und verwaltet. Durch Selektion mit **MT1** werden die referenzierten Elemente im Darstellungsfenster hervorgehoben. Ebenso ist das Umbenennen oder das Löschen von Zwangsbedingungen möglich.

 TEILE-NAVIGATOR: Die Entstehungshistorie eines Bauteils wird im **TEILE-NAVIGATOR** verwaltet. Hier erfolgt die Verwaltung und Modifikation einzelner Konstruktionsschritte.

 WIEDERVERWENDUNGSBIBLIOTHEK: Zugriff auf zentral vorgegebene Inhalte wie Normteile oder anwenderdefinierte Formelemente

 INTERNET-EXPLORER: Browser für Webzugriffe

 HISTORIE: Zugriff auf zuletzt bearbeitete Dateien

 ROLLEN: Verwalten voreingestellter oder angepasster Zustände der Anwenderoberfläche von NX

Historie-Palette
(History Palette)

Die Ressourcenleiste kann mit einem Pin fixiert werden. Ist dieser nicht gesteckt, verschwindet die Ressourcenleiste im Seitenrand, sobald der Mauszeiger in einen anderen Bereich der Oberfläche bewegt wird. Ein Klick mit **MT3** in den freien Bereich einer Ressourcenpalette aktiviert ein Kontextmenü mit den zur Verfügung stehenden Optionen.

In der Abbildung ist die **HISTORIE**-Palette dargestellt. Diese besitzt im rechten, oberen Bereich ein Kaskadenmenü, mit dem die Art der Darstellung der Dateien einstellbar ist. Hier kann eine grafische Vorschau auf den Inhalt der Dateien ausgewählt werden.

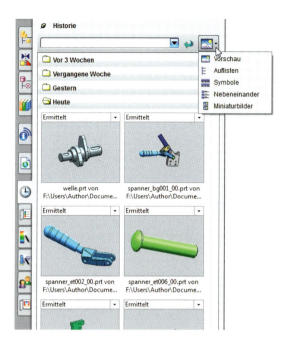

Das Eingabefeld erlaubt das Filtern mit einer Zeichenfolge. Es werden dann nur Dateien angezeigt, die dem Filter entsprechen. Platzhalter werden dabei nicht verwendet. Zum Deaktivieren eines Filters steht der grüne Pfeil zur Verfügung.

Beim Beenden von NX wird die Historie der geöffneten Dateien in die Datei *history.pax* in das anwenderspezifische Anpassungsverzeichnis geschrieben. Dieses befindet sich im Standard unter *C:\Users\<username>\AppData\Local\Unigraphics Solutions\NX85*. Mithilfe einer Systemvariablen kann der Pfad angepasst werden, z. B. *UGII_USER_PROFILE_DIR=\\server\username\nx85*.

Die Startseite des Explorers können Sie unter **VOREINSTELLUNGEN > ANWENDERSCHNITTSTELLE > ALLGEMEIN > URL DER STARTSEITE** konfigurieren. Neben dem Aufruf von Internet-Adressen können Sie dort auch ein Windows-Verzeichnis, in dem Sie häufig arbeiten, eingeben. In diesem Fall werden alle Daten dieses Verzeichnisses im Explorer angezeigt und können dort verwaltet werden. Die korrekte Syntax zur Angabe eines Verzeichnisses ist z. B. *»file:///c:/MeineDaten/NX«*. Weiterhin besteht die Möglichkeit, geeignete Programme, wie z. B. einen Taschenrechner, zu integrieren.

Explorer *(Browser)*

Als zentrale Vorgabe für alle Anwender ist die Angabe der Startseite unter **DATEI > DIENSTPROGRAMME > ANWENDERSTANDARDS > GATEWAY > BENUTZERSCHNITTSTELLE > ALLGEMEIN** möglich. Diese Vorgabe findet jedoch nur Anwendung, wenn die zuvor beschriebene **URL DER STARTSEITE** in der **ANWENDERSCHNITTSTELLE** nicht gesetzt ist.

Sie können die Ressourcenleiste um eigene Paletten erweitern. Durch diese Paletten wird die Anzeige von Dateien mit bestimmten Funktionen festgelegt, und Routinearbeiten können automatisiert werden. Es wird grundsätzlich zwischen zwei Arten unterschieden:

1. **Paletten zur Dateiverwaltung:** Sie dienen zur Anzeige vorhandener Dateien in ausgewählten Verzeichnissen. Die Dateien können durch Anklicken geöffnet bzw. durch Ziehen in das Grafikfenster als Komponente einer Baugruppe hinzugefügt werden.

   Diese Art der Paletten bietet sich an, wenn man häufig in bestimmten Verzeichnissen arbeitet und schnell auf die dort abgelegten Dateien zugreifen möchte.

Vorgabenpalette
(Templates Palette)

2. **Vorgabenpaletten:** Es werden Paletten, die Dateien mit Standardeinstellungen für die verschiedenen NX-Anwendungen enthalten, erzeugt. Diese Standarddateien bezeichnet man als Schablonen (*Templates*). Durch den Aufruf der Dateien werden in Abhängigkeit vom jeweiligen Typ bestimmte Aktionen durchgeführt.

Die Verwaltung der Paletten erfolgt im dargestellten Dialogfenster. Dieses kann unter **VOREINSTELLUNGEN > PALETTEN** geöffnet werden.

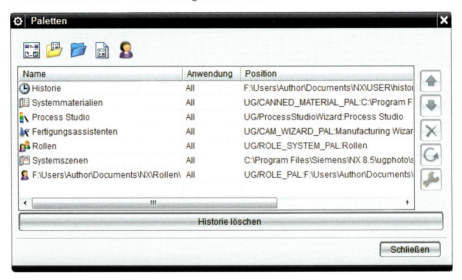

Der Dialog zeigt alle verwendeten Paletten an. Vorgabenpaletten werden mit der Endung *.pax* versehen. Ihr Speicherort ist unter dem Eintrag **POSITION** zu finden. Anpassungen innerhalb von NX werden beim Beenden in den Dateien gespeichert. Mit einem geeigneten Editor können diese Dateien auch manuell angepasst werden.

Um weitere Paletten hinzuzufügen oder bestehende zu verwalten, stehen die Icons im oberen Bereich des Fensters zur Verfügung. Im Folgenden finden Sie die Beschreibung der einzelnen Funktionen.

 NEUE PALETTE: Erzeugt eine neue Vorgabenpalette. Diese ist zunächst leer und muss vom Anwender angepasst werden.

 PALETTENDATEI ÖFFNEN: Das System erwartet die Eingabe des vollständigen Pfades einer bereits vorhandenen Palettendatei vom Typ *.pax*.

VERZEICHNIS ALS PALETTE ÖFFNEN: Es wird ein Verzeichnis angegeben, in dem sich NX-Dateien befinden. Die entsprechende Palette wird automatisch erzeugt und in die Ressourcenleiste integriert.

 VERZEICHNIS ALS VORGABENPALETTE ÖFFNEN: Ein Verzeichnis, das Vorlagendateien enthält, wird als Vorgabenpalette erstellt und in die Ressourcenleiste integriert.

 VERZEICHNIS ALS ROLLENPALETTE ÖFFNEN: Ein Verzeichnis, das verschiedene Rollen (.*mtx*-Dateien) enthält, wird als Vorgabenpalette in die Ressourcenleiste aufgenommen.

 NACH OBEN/UNTEN: Bewegt die ausgewählte Palette in der entsprechenden Richtung in der Liste und in der Ressourcenleiste

 SCHLIESSEN: Die selektierte Palette wird aus der Liste und der Ressourcenleiste entfernt. Die zugehörige Datei wird nicht gelöscht.

 AKTUALISIEREN: Die Paletten werden erneut geladen und aktualisiert. So können z. B. manuelle Änderungen der Dateien übernommen werden.

 EIGENSCHAFTEN: Der Name, das Icon sowie die Verfügbarkeit in einzelnen Anwendungen einer Palette können hier verwaltet werden.

Im Folgenden wird die Arbeit mit Paletten an zwei Beispielen erläutert.

Zuerst soll die Ressourcenleiste um eine Palette ergänzt werden, die den Inhalt eines Arbeitsverzeichnisses anzeigt. Hierfür wird das Icon **VERZEICHNIS ALS PALETTE ÖFFNEN** verwendet. Nach Angabe des entsprechenden Pfades und Bestätigung mit **OK** wird die Palette erzeugt.

Es erscheint das entsprechende Icon in der Ressourcenleiste, und die im Verzeichnis vorhandenen Dateien werden angezeigt. Sie können mit **MT1** geöffnet werden.

Als Überschrift geben Sie das gewählte Verzeichnis an, und verwenden als Symbol der Palette das Icon für **DATEI ÖFFNEN**. Beide Angaben können nicht geändert werden. Die Palette wird beim ordnungsgemäßen Beenden von NX abgespeichert und steht mit dem nächsten Start wieder zur Verfügung.

Das nächste Beispiel zeigt die Verwendung von Schablonen. Damit stehen einmal definierte Standardeinstellungen immer wieder zur Verfügung. Dies ermöglicht einen schnellen Einstieg für neue Anwender. Weiterhin können auf diese Weise unternehmensweit einheitliche Konstruktionsstandards durchgesetzt werden.

Verzeichnis-Palette
(Folder Palette)

**Visualisierungs-
schablone**
(Visualisation Template)

Gelegentlich werden für eine Datei verschiedene Visualisierungseinstellungen benötigt. Um ein häufiges Ändern der Einstellungen zu vermeiden, können diese in Visualisierungsschablonen zusammengefasst werden. Wenn beispielsweise für Dokumentationen Bilder von Modellen benötigt werden, ist es sinnvoll, diese mit einem weißen Hintergrund zu erstellen, um in Folgeprozessen flexibler zu sein. Um den Hintergrund nicht immer manuell über **VOREINSTELLUNGEN** ändern zu müssen, können zwei Visualisierungsschablonen angelegt werden, um schnell zwischen einem weißen und dem Standardhintergrund wechseln zu können.

Dazu starten Sie in einer bereits vorhandenen Palette mit **MT3** das Popup-Menü und wählen dort den Befehl **NEUE PALETTE**. NX erzeugt diese Palette automatisch und zeigt in der Ressourcenleiste einen neuen Eintrag an.

Nun kann die Vorgabenpalette angepasst werden. Über **EIGENSCHAFTEN** im Kontextmenü vergeben Sie z. B. als Name »Visualisierung«. Anschließend rufen Sie die neue Palette auf und aktivieren mit **MT3** im freien Anzeigebereich wieder das Kontextmenü. Dort wählen Sie die Option **NEUER EINTRAG > VISUALISIERUNGSSCHABLONE**. NX extrahiert nun aus der aktuellen Datei die Visualisierungseinstellungen und zeigt diese in einem Fenster an. Hier geben Sie als Name »Standard Hintergrund« ein und wählen ausschließlich die Einstellungen für Hintergründe aus. Mit **OK** wird die Visualisierungsschablone erzeugt und ein entsprechender Eintrag in der Palette erzeugt.

In nächsten Schritt stellen Sie den Hintergrund über **VOREINSTELLUNGEN > HINTERGRUND** weiß ein. Danach erstellen Sie mit der zuvor beschriebenen Vorgehensweise eine weitere Visualisierungsschablone »Weißer Hintergrund«. Mit den beiden Visualisierungsschablonen ist es nun möglich, mit einem Klick zwischen den verschiedenen Hintergründen umzuschalten.

Wenn eine Vorgabenpalette in NX erstellt wird, erfolgt ihre Speicherung in einem anwenderspezifischen Verzeichnis. Um allgemeine Vorlagen für mehrere Anwender zur Verfügung zu stellen und den administrativen Aufwand zu reduzieren, müssen Sie die automatisch erstellte Palettendatei aus dem Anwenderverzeichnis in ein zentrales Verzeichnis kopieren. Danach öffnen Sie die zentrale Palette in NX über den Befehl **VOREINSTELLUNGEN > PALETTEN > PALETTENDATEI ÖFFNEN**.

**ONLINE-HILFE
(ONLINE HELP)**

Die Online-Hilfe wird über den Befehl **HILFE > NX-HILFE** aufgerufen. Alternativ kann durch Drücken der Taste **F1** bei einem aktiven Befehl die Hilfe kontextabhängig gestartet werden. In Abhängigkeit von der aktuellen Funktion gelangen Sie direkt zum passenden Hilfetext.

2.3 Dateiverwaltung

Die Anwendungen von NX stehen erst zur Verfügung, wenn eine Datei geöffnet oder neu erstellt wurde. Die Dateiverwaltung ist von Symbolik und Vorgehen analog zu anderen auf Windows basierenden Programmen. Grundsätzlich bestehen die folgenden Möglichkeiten, um eine vorhandene Datei zu öffnen:

ÖFFNEN (OPEN)

- Verwenden des Icons in der Werkzeugleiste
- Befehl **DATEI > ÖFFNEN** in der Menüleiste
- Verwendung von Paletten in der Ressourcenleiste (Doppelklick öffnet die Datei; durch Ziehen mit **MT1** ins Grafikfenster wird sie als Komponente einer Baugruppe hinzugefügt)
- Verwendung des Windows-Explorers (Doppelklick öffnet die Datei; durch Ziehen mit **MT1** in das NX-Fenster wird sie als Komponente hinzugefügt. Mehrere Dateien können gemeinsam selektiert und dann in das NX-Fenster gezogen werden.)

Beim Starten des Befehls **ÖFFNEN** über das Icon der Werkzeugleiste oder den Befehl in der Menüleiste wird der Dateibrowser geöffnet.

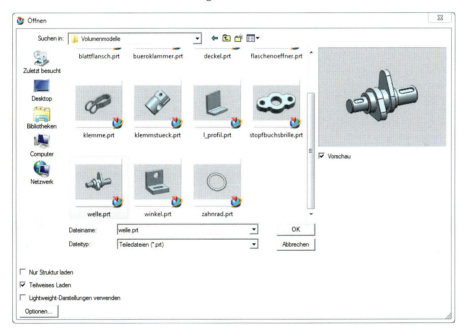

Durch Aktivieren von **VORSCHAU** besteht die Möglichkeit, den Inhalt der aktiven Datei anzuzeigen. Zudem kann die Option **MENÜ ANSICHT** auf **SYMBOLANSICHT** eingestellt werden, sodass alle Dateien des Verzeichnisses mit einer bildlichen Vorschau dargestellt werden.

Durch das Aktivieren von **NUR STRUKTUR LADEN** werden ausschließlich die 3D-Verwaltungsobjekte von Teilen und Baugruppen geladen, jedoch keine Geometrie. Diese Einstellung reduziert den Speicherbedarf.

Durch das Aktivieren von **TEILWEISES LADEN** werden nur die 3D-Verwaltungsobjekte von Teilen und Baugruppen geladen sowie die exakte Geometrie der zu bearbeitenden Teile. Diese Einstellung kommt häufig zur Anwendung, wenn ein Teil im Kontext der Baugruppe geändert wird. Diese Einstellung reduziert den Speicherbedarf.

Durch das Aktivieren von **LIGHTWEIGHT-DARSTELLUNGEN VERWENDEN** wird lediglich eine angenäherte grafische Repräsentation des Bauteils, ein sogenanntes Facettenmodell, geladen. Diese Einstellung kommt häufig bei Bauraumuntersuchungen zur Anwendung. Diese Einstellung reduziert den Speicherbedarf.

Der Befehl **OPTIONEN** beinhaltet verschiedene Ladeoptionen, die beim Öffnen von Baugruppen angewendet werden.

Unter **DATEITYP** sind verschiedene Filter für die Auswahl von Dateiformaten verfügbar. NX-Dateien besitzen die Endung *.prt*. Diese wird beim Speichern automatisch erzeugt. Ob Dateien aus anderen Systemen oder in neutralen Datenformaten geladen werden können, ist abhängig von den verfügbaren Lizenzen.

Der Menübefehl **DATEI > ZULETZT BESUCHT** bietet schnellen Zugriff auf die zuletzt besuchten Verzeichnisse.

NEU (NEW)

Beim Aufruf des Befehls **NEU** erscheint das abgebildete Fenster. Dort befinden sich im oberen Teil die Register für die verschiedenen Umgebungen. Innerhalb der Register werden die entsprechenden Vorlagen als Schablonen zur Verfügung gestellt.

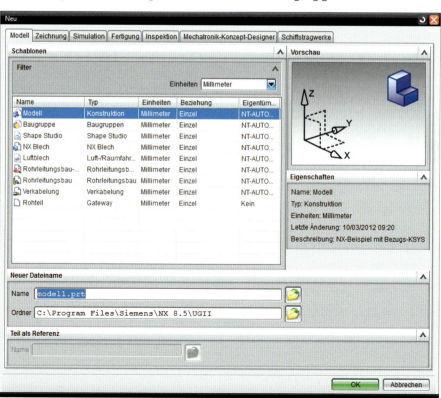

In der Liste **SCHABLONEN** werden Standardvorlagen zur Verfügung gestellt. Dabei können Sie unter **EINHEITEN** einstellen, welches System zu verwenden ist. NX zeigt die dazu passenden Vorlagendateien an. Weiterhin wird der zur Schablone gehörende **TYP** dargestellt. Nach der Auswahl einer Schablone wird automatisch die entsprechende Anwendung von NX gestartet.

In der **VORSCHAU** ist ein Bild vom jeweiligen Dateiinhalt enthalten, und unter **EIGENSCHAFTEN** erscheint die entsprechende Beschreibung.

Die Option **TEIL ALS REFERENZ** steht zur Verfügung, wenn bei der Neuerstellung ein vorhandenes Teil referenziert wird. Dies ist z. B. bei der Zeichnungserstellung der Fall. Das voreingestellte Referenzteil ist dann das aktuelle Teil in NX.

Das System bietet zunächst einen neuen Dateinamen nach definierten Regeln an. Die Regeln können in **ANWENDERSTANDARDS** festgelegt werden. Daraufhin stellen Sie einen **ORDNER** zum Speichern ein. Dabei wird immer der zuletzt verwendete Speicherort angezeigt. **NAME** und **ORDNER** können im Dialog **NEU** verändert werden. Dazu werden die Icons zum Durchsuchen des Dateisystems verwendet, oder die Werte werden direkt in die Felder eingetragen. Umlaute und einige Sonderzeichen werden im Datei- und Ordnernamen nicht unterstützt. Erfolgt die Namensvergabe innerhalb des Befehls **NEU**, wird beim ersten **SPEICHERN** des Modells nicht mehr nach einem Namen gefragt.

Akzeptieren Sie die Standardvorgaben von NX, wird das Teil nur im Arbeitsspeicher erstellt. In diesem Fall wird beim ersten **SPEICHERN** der Dialog **TEILE NENNEN** angezeigt, mit dem nochmals die Möglichkeit besteht, den Dateinamen und Ordner anzupassen.

In jedem Fall ist die Datei erst auf der Festplatte vorhanden, nachdem sie einmal gespeichert wurde. Das Erstellen einer neuen Datei erzeugt nicht automatisch eine entsprechende Datei im Speicherordner.

Die Standardvorlagen können für unternehmensspezifische Anforderungen angepasst werden. Damit stehen nur Schablonen für die verwendeten Anwendungen zur Verfügung. Weiterhin können Sie den Inhalt für die spezifischen Belange verändern und allen Anwendern als zentrale Vorlage bereitstellen. Die Modifikation der Vorlagen wird im Folgenden erläutert.

Anpassen der Register und Schablonen
(Customize Templates)

Zunächst sollen die Namensregeln und grundlegenden Einstellungen für neue Dateien geändert werden. Dazu rufen Sie das Register **DATEI > DIENSTPROGRAMME > ANWENDERSTANDARDS > GATEWAY > ALLGEMEIN > NEUE DATEI** auf. Nun erscheint das auf S. 28 abgebildete Menü.

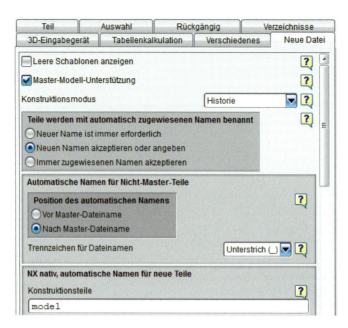

Mit der Option **LEERE SCHABLONEN ANZEIGEN** legen Sie fest, ob in jedem Register des Befehls **DATEI > NEU** eine leere Vorlagendatei angezeigt wird. Diese steht jeweils an letzter Position unter dem Namen **ROHTEIL**. Die Übersetzung ist nicht besonders glücklich. Besser wäre an dieser Stelle der Eintrag **LEERE SCHABLONE**. Die Schablone enthält immer die aktuellen Einstellungen der **ANWENDERSTANDARDS**.

MASTER-MODELL-UNTERSTÜTZUNG aktiviert die Nutzung referenzierender Teile. Diese Option sollte immer aktiv sein.

Mit **TEILE WERDEN MIT AUTOMATISCH ZUGEWIESENEN NAMEN BENANNT** wird festgelegt, wie das System neue Namen generiert. Wenn die Option **NEUER NAME IMMER ERFORDERLICH** aktiv ist, müssen Sie einen Name eingeben. Erst danach kann das Menü mit **OK** verlassen werden. Die Einstellung **NEUEN NAMEN AKZEPTIEREN ODER ANGEBEN** ist Standard. Dieser übernimmt zunächst die Systemvorgaben und gestattet beim ersten Speichern eine Namensänderung durch den Anwender. Mit **IMMER ZUGEWIESENEN NAMEN AKZEPTIEREN** werden von NX generell die automatisch erzeugten Benennungen übernommen.

Bei Verwendung des Master-Modell-Konzeptes erhalten die mit dem Masterteil verbundenen Teile Zusätze im Dateinamen. So kann z. B. die Zeichnung für das Teil *123456.prt* unter dem Namen *123456_dwg.prt* in einer separaten Datei gespeichert werden. Damit erhalten Sie die Information, für welches Teil die Zeichnung erstellt wurde, und dass es sich bei der Datei mit dem Zusatz *_dwg* um eine Zeichnung handelt. Mit **POSITION DES AUTOMATISCHEN DATEINAMENS** können Sie steuern, ob der Zusatz vor oder nach dem Namen des Masterteils steht und welches Trennzeichen verwendet wird. Die Angabe des Zusatzes erfolgt dann im entsprechenden Eingabefeld unter **NX NATIV, AUTOMATISCHE NAMEN FÜR NEUE TEILE** (siehe obere Abbildung). In diesem Bereich werden auch die Namensregeln für die weiteren Dateitypen festgelegt.

Im nächsten Schritt werden die neuen Schablonen und Register erzeugt. Dazu ist es sinnvoll, ein zentrales Verzeichnis anzulegen, in dem die Vorlagen gespeichert werden und so allen Anwendern zur Verfügung stehen. Außerdem sollten vor dem Speichern alle relevanten Voreinstellungen gesetzt sein, da diese mit der Vorlagendatei gespeichert werden. Eine spätere Änderung ist zwar möglich, erfordert aber die aufwendige separate Anpassung aller Vorlagendateien.

Schablonen *(Templates)*

Jede Schablone benötigt eine NX-Datei, in der die jeweiligen Standardvorgaben enthalten sind. Zunächst soll eine neue Modellschablone für den Bereich der Modellierung erstellt werden. Dazu öffnen Sie mit **NEU** die NX-Schablone »Rohteil« und speichern diese im zentralen Verzeichnis unter einem neuen Namen. Dann nehmen Sie die erforderlichen Anpassungen vor, und speichern die Datei nochmals. Die Anpassungen können anschließend allen Anwendern als Standardvorgabe zur Verfügung gestellt werden.

Modellschablone *(Model Template)*

In der Vorlagendatei sollten unbedingt die zentralen Voreinstellungen, die Layer-Kategorien und Namen für Bauteilattribute festgelegt werden. Weiterhin besteht die Möglichkeit, bestimmte Konstruktionselemente zu hinterlegen. Auf der folgenden Abbildung sind diese Einstellungen exemplarisch dargestellt. Dabei wurde ein Bezugskoordinatensystem im Ursprung des absoluten Koordinatensystems generiert. Anschließend wurden die Bezugsobjekte gelöscht und eine weitere Datei mit dem Befehl **SPEICHERN UNTER** mit einem anderen Namen im zentralen Verzeichnis abgelegt. Auf dieses Weise stehen zwei Modellvorlagen zur Verfügung. Bei Bedarf können sie jederzeit modifiziert werden.

Die Erzeugung der Register und Verwaltung der Vorlagen basiert auf Dateien mit der Erweiterung *.pax*. Diese befinden sich im Auslieferungszustand im Installationsverzeichnis im Ordner ...*ugii\templates*. NX durchsucht diesen Ordner und zeigt dann alle passenden *pax*-Dateien als Register unter **DATEI > NEU** an.

Dabei wird zwischen der Nativumgebung (Dateien beginnen mit *ugs_*) und Teamcenter-Daten (Dateien beginnen mit *nxdm_*) unterschieden. Um das Register für die Modellierung anzupassen, müssen Sie die Datei *ugs_model_templates.pax* in das zentrale Vorlagenverzeichnis kopieren. Bei Bedarf kann sie dort umbenannt werden. Damit NX in der Folge die angepassten Paletten verwendet, müssen Sie die Variable *UGII_TEMPLATE_DIR*=\\

server\nx\templates setzen, die auf das zentrale Verzeichnis zeigt. Nach einem Neustart wird das zentrale Vorlagenverzeichnis durchsucht. Im beschriebenen Fall werden nur noch die Register **MODELL** und **SIMULATION** angezeigt.

Im nächsten Schritt muss die kopierte Palettendatei für die neu erstellten Modelle angepasst werden. Dazu öffnen sie diese in einem Editor. Die Datei besitzt mehrere Kopfzeilen. In diesem Bereich kann der Eintrag *FileNewTab=»Modelle«* geändert werden. Damit wird der Name des Registers modifiziert.

Anschließend folgen die einzelnen Blöcke zur Festlegung der Einträge in der Liste. Diese beginnen und enden jeweils mit dem Schlüsselwort *<PaletteEntry>*, wobei der Eintrag am Beginn noch durch eine *id=»d1«* erweitert wird.

Der erste Block enthält eine Vorlage für ein Modell in der Einheit *Inch*. Dieser Bereich sollte komplett gelöscht werden. Der folgende Block dient zur Definition von Modellen in der Einheit Millimeter und ist damit zur Festlegung der Modellschablonen geeignet. Der Block mit der *id=»d8«* enthält die Definition einer Baugruppenschablone. Dieser wird ebenfalls verwendet. Alle anderen Blöcke können gelöscht werden.

Danach wird der Block für die Modellschablone angepasst. Die Modifikationen sind kursiv gekennzeichnet. *Presentation name* definiert den Eintrag in der Registerliste. *Description* beschreibt einen zusätzlichen Kommentar unter **EIGENSCHAFTEN**, und *Filename* gibt die Schablonendatei an.

```
<PaletteEntry id="d2">
  <References/>
  <Presentation name="Modell mit Bezugsobjekten"
        description="NX-Schablone mit Bezugsobjekten">
  <PreviewImage type="UGPart"
            location="model_template.jpg"/>
  </Presentation>
    <ObjectData class="ModelTemplate">
    <Filename>dummy_referenzen_NX85.prt</Filename>
  <Units>Metric</Units>
  </ObjectData>
</PaletteEntry>
```

In der Palette dürfen keine Umlaute verwendet werden. Für eine ausführliche Beschreibung der Syntax sollten Sie die NX-Hilfe konsultieren.

Baugruppenschablone *(Assembly Template)*

Da eine weitere Modellschablone ohne Referenzobjekte verwendet werden soll, wird der geänderte Block kopiert und entsprechend modifiziert. Danach muss der Block für die Baugruppen angepasst werden. Als Vorlagendatei für die Baugruppe kann eine bereits vorhandene Modelldatei verwendet werden. Die Modifikationen sind ebenfalls kursiv dargestellt.

```
<PaletteEntry id="d8">
  <References/>
  <Presentation name="Baugruppe"
        description="NX-Baugruppe, Komponente hinzufügen">
  <PreviewImage type="UGPart"
```

```
            location="assembly_template.jpg"/>
  </Presentation>
  <ObjectData class="AssemblyTemplate">
   <Filename>dummy_ohne_referenzen_NX85.prt</Filename>
<Units>Metric</Units>
</ObjectData>
 </PaletteEntry>
```

Nach dem Start von NX erhalten Sie das abgebildete Aussehen für den Befehl **NEU**.

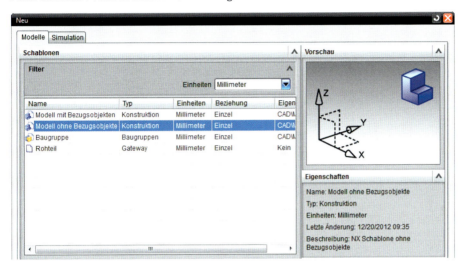

Danach wird das Register für die Zeichnungsableitung erstellt. Dazu müssen wieder die entsprechenden Vorlagendateien erzeugt werden. Dieser Vorgang wird für jedes Zeichnungsformat wiederholt. Er wird im Folgenden am Beispiel einer DIN-A3-Zeichnung erläutert.

Zeichnungsschablone *(Drawing Template)*

Zunächst rufen Sie mit dem Befehl **NEU** die erstellte Vorlagendatei ohne Bezugsobjekte auf und speichern diese im zentralen Vorlagenverzeichnis unter einem geeigneten Namen.

Anschließend werden die entsprechenden Änderungen in den Voreinstellungen und Attributen vorgenommen. Dabei sind besonders die Optionen in den **VOREINSTELLUNGEN** für die **ZEICHNUNGSERSTELLUNG** und die **VISUALISIERUNG** zu beachten.

Dann konstruieren Sie einen einfachen Körper. Nach dem Start der **ZEICHNUNGSERSTELLUNG** erscheint die abgebildete Meldung, da NX noch keine Vorlagenpalette für die Zeichnungsblätter findet.

Für die Verwendung der Systemvorgaben für die Zeichnungsblätter kopieren Sie die Palettendatei *ugs_sheet_templates.pax* aus dem Systemordner ...*ugii\templates* in das Vorlagenverzeichnis. Sie können dann bei der Definition des Zeichnungsblattes auf die NX-Vorlagen zugreifen.

Bestätigen Sie die Meldung mit **OK**. Sie gelangen anschließend in das Menü zur Definition der Blattgröße. Dort kann die **GRÖSSE** des Zeichnungsblattes ausgewählt und bei Bedarf der **ZEICHNUNGSBLATTNAME** geändert werden. Ebenso ist es möglich, eine **ZEICHNUNGSNUMMER** sowie einen **ÄNDERUNGSSTAND** zu definieren. Unglücklicherweise wurde in diesem Dialog **ZEICHNUNGSNUMMER** mit **FLÄCHENNUMMER** übersetzt. Unter **EINSTELLUNGEN** können die **EINHEITEN** und die **PROJEKTION** definiert werden. Nach dem Verlassen mit **OK** können Zeichnungsansichten erzeugt werden. Diese werden zukünftig bei jedem Aufruf der Vorlagendatei automatisch generiert.

Der Zeichnungsrahmen befindet sich üblicherweise in einem zentralen Verzeichnis und wird in der Zeichnungserstellung mit dem Befehl **FORMAT > MUSTER** geladen. Dadurch wird er nicht mit der Zeichnungsdatei gespeichert, und seine Einträge können nicht bei der Zeichnungsableitung bearbeitet werden. Damit NX die Rahmen findet, muss der Ordner in der Variablen *UGII_PATDIR=\\server\frames* angegeben werden. Im abgebildeten Beispiel wurden drei Ansichten erstellt.

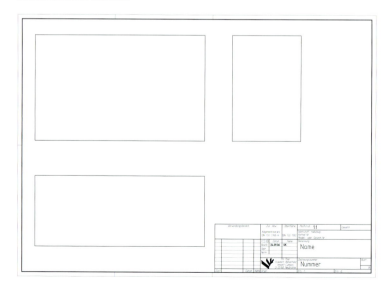

Anschließend ist es wichtig, alle relevanten Zeichnungsobjekte zu überprüfen und die Optionen in den **VOREINSTELLUNGEN** bzw. **ANWENDERSTANDARDS** entsprechend anzupassen. Diese Einstellungen werden in den jeweiligen Kapiteln ausführlich beschrieben.

Danach wird der Körper in der **KONSTRUKTION** gelöscht, und die Vorlagendatei wird abschließend gespeichert. Sollten sich später Änderungen ergeben, so können diese durch Anpassung der Datei für alle Anwender verfügbar gemacht werden.

Die Systempalette zur Verwaltung von Zeichnungen mit dem Namen *ugs_drawing_templates.pax* befindet sich im Ordner *…\ugii\templates* und wird von dort in das zentrale Verzeichnis kopiert. Sie muss ebenfalls im Editor angepasst werden. Dabei können Sie zunächst alle Blöcke außer *id=»10«* löschen. Dieser Bereich wird wie kursiv dargestellt modifiziert.

```
<PaletteEntry id="d1">
  <References/>
  <Presentation name="DINA3"
       description="A3-Zeichnung mit 3 Ansichten">
  <PreviewImage type="UGPart" location="drawing_template.jpg"/>
  </Presentation>
   <ObjectData class="DrawingTemplate">
     <TemplateFileType>none</TemplateFileType>
     <Filename>DIN_A3_NX85.prt</Filename>
     <Units>Metric</Units>
     <UsesMasterModel>Yes</UsesMasterModel>
   </ObjectData>
</PaletteEntry>
```

Nach einem Neustart von NX hat der Befehl **NEU** das dargestellte Aussehen.

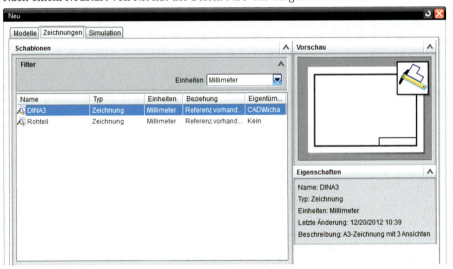

Die beschriebene Anpassung muss für jedes Zeichnungsformat durchgeführt werden. Dazu werden die neuen Vorlagendateien aus der bereits angepassten Datei erzeugt. Anschließend kann der Block in der Zeichnungspalette kopiert und geändert werden.

Bei der Verwendung einer Zeichnungsschablone erstellen Sie zuerst das 3D-Teil. Nach dessen Fertigstellung wählen Sie mit dem Befehl **NEU** die entsprechende Vorlage. NX erzeugt automatisch eine Baugruppenstruktur nach dem Master-Modell-Konzept und generiert die Zeichnung mit den festgelegten Ansichten.

SPEICHERN (SAVE)

Das Speichern von Modellen erfolgt über das entsprechende Icon oder mit **DATEI > SPEICHERN**. Für neue Dateien können im Speicherdialog der Name und Speicherort definiert werden. Geänderte Dateien werden ohne Warnung überschrieben. Zusätzlich wird beim Speichern ein Vorschaubild für den Dialog **ÖFFNEN** gespeichert. Es ist deshalb sinnvoll, beim Speichern das Modell aussagekräftig im Darstellungsfenster zu positionieren. NX-Dateien erhalten automatisch die Dateierweiterung *.prt*.

SPEICHERN UNTER (SAVE AS)

Das Speichern einer vorhandenen Datei unter neuem Namen erfolgt mit dem Befehl **DATEI > SPEICHERN UNTER**. Im Dialogfenster können der neue **NAME** und der **ORDNER** eingegeben werden. Bereits vorhandene Dateien können mit diesem Befehl nicht überschrieben werden.

ALLE SPEICHERN (SAVE ALL)

Mit dem Befehl **DATEI > ALLE SPEICHERN** werden alle in der aktuellen Sitzung geöffneten Teile gespeichert. Damit wird sichergestellt, dass Änderungen an allen geöffneten Teilen gesichert werden. Es ist jedoch zu beachten, dass vorhandene Dateien ohne Warnung mit den aktuellen Daten überschrieben werden.

Fenster zum Wechseln der aktiven Datei

Während einer NX-Sitzung können mehrere Dateien gleichzeitig geöffnet werden. Es kann sich jedoch nur eine Datei in Bearbeitung befinden. Der Name wird in der Titelleiste angezeigt. Über das Menü **FENSTER** kann zwischen geöffneten Dateien gewechselt werden.

SCHLIESSEN (CLOSE)

Mit dem Befehl **DATEI > SCHLIESSEN** werden geöffnete Dateien geschlossen. Hierfür stehen verschiedene Optionen zur Verfügung:

- **AUSGEWÄHLTE TEILE:** In einer Liste werden die zu schließenden Teile selektiert. Nicht geänderte Teile werden ohne zu speichern geschlossen. Für bearbeitete Teile erscheint eine entsprechende Warnung.
- **ALLE TEILE:** Es werden alle Teile der aktuellen Sitzung geschlossen.
- Weitere Optionen ergeben sich durch die Kombination der Befehle **SPEICHERN**, **SCHLIESSEN** und **BEENDEN**.

IMPORTIEREN (IMPORT)
EXPORTIEREN (EXPORT)

NX verfügt über verschiedene Schnittstellen zum Speichern und Öffnen von Dateien in neutralen oder anderen CAD-spezifischen Formaten. Die Schnittstellen können auch unabhängig von einer aktiven NX-Sitzung verwendet werden. Ihr Aufruf erfolgt dann über **START > ALLE PROGRAMME > SIEMENS NX8.5 > SCHNITTSTELLEN**. Nach Aufruf einer Schnittstelle und der Wahl zwischen Import oder Export erscheint ein entsprechendes Fenster. Die Abbildung auf S. 35 zeigt das Fenster zum Export von IGES-Dateien.

In der linken Liste werden die NX-Dateien angezeigt, die zur Übersetzung gewählt wurden. Die rechte Liste zeigt die Namen der zu erzeugenden IGES-Dateien. Weiterhin werden die Dateipfade dargestellt. Die Verwendung des Fensters erfolgt analog zum Windows-Explorer. Mit dem Symbol **BLITZ** wird die Übersetzung der gewählten Dateien gestartet.

Die Anwendung der externen Übersetzer bietet den Vorteil, dass mehrere Dateien gleichzeitig mit einmal vorgenommenen Einstellungen konvertiert werden können.

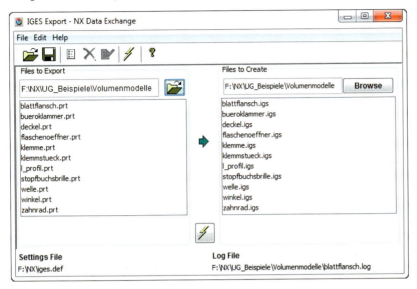

Innerhalb einer NX-Sitzung besteht die Möglichkeit, mit **DATEI > IMPORTIEREN** bzw. **EXPORTIEREN** die entsprechenden Datensätze zu erzeugen. Beim Export startet das System nach der Wahl des Dateiformates ein Dialogfenster mit verschiedenen Registern. Dessen wesentliche Funktionalität wird am Beispiel des IGES-Exports erläutert.

Das Register **DATEIEN** dient zur grundsätzlichen Festlegung der zu konvertierenden Objekte. Mit dem Schalter **VORHANDENES TEIL** wird eine komplette Teiledatei exportiert. Die entsprechende Datei ist auszuwählen.

Die Option **DARGESTELLTES TEIL** bietet die Möglichkeit, gezielt einzelne Objekte aus dem aktuell angezeigten Teil zu exportieren. Die Auswahl wird im Register **DATEN FÜR EXPORT** unter **MODELLDATEN** im Feld **EXPORTIEREN** mit der Option **AUSGEWÄHLTE OBJEKTE** vorgenommen. Wenn dort **GANZES TEIL** eingeschaltet ist, werden Filter aktiv, mit denen Objektgruppen für den Export festgelegt werden können.

Der Name der Zieldatei wird im Register **DATEIEN** im Feld **IGES-DATEI** unter **EXPORTIEREN IN** festgelegt.

Die Voreinstellungen für die Übersetzung befinden sich im Installationspfad des jeweiligen Konverters in den Dateien vom Typ *.def*, wie z. B. *igesexport.def*. Diese Datei ist im Feld **LADEN AUS** unter **DATEI MIT EINSTELLUNGEN** eingetragen. Wenn Sie Modifikationen in den Voreinstellungen vornehmen wollen, können Sie die Systemdatei mit **SPEI-**

CHERN UNTER in einer neuen Datei sichern, diese ändern und dann unter LADEN AUS verwenden.

NX erzeugt automatisch bei der Übersetzung eine Protokolldatei vom Typ *.log* im Verzeichnis der exportierten Datei. Die Protokolldatei ist hilfreich bei der Fehlersuche und kann mit einem Texteditor betrachtet werden.

Beim Importieren ist die Vorgehensweise ähnlich. Nach der Wahl des Dateiformats müssen Sie die entsprechende Datei angeben. Dann entscheiden Sie, ob die übersetzten Daten zum aktiven NX-Teil hinzugefügt oder in einer neuen Datei gespeichert werden sollen. Beim Speichern in einer neuen Datei erhält das übersetzte Teil die aktuellen Standardeinstellungen von NX.

■ 2.4 Anwenderstandards und Voreinstellungen

Für die Anwendung des Systems ist eine Vielzahl von anwenderspezifischen Einstellungen möglich. Diese werden unter

- DATEI > DIENSTPROGRAMME > ANWENDERSTANDARDS und
- VOREINSTELLUNGEN

verwaltet. Während die ANWENDERSTANDARDS nur bei einem Neustart von NX übernommen werden, können die VOREINSTELLUNGEN während der Arbeit mit dem System geändert werden und sind für alle folgenden Operationen der Sitzung aktiv.

Anwenderstandards
(Customer Defaults)

Die Einstellungen der ANWENDERSTANDARDS werden von NX auf neue Dateien angewendet. Bei der Verwendung eigener Vorlagendateien werden nur allgemeine Einstellungen übernommen. Alle anderen Vorgaben sind in der jeweiligen Datei gespeichert und müssen dort mit den entsprechenden Befehlen geändert werden. In den ANWENDERSTANDARDS sind Vorgaben auf drei Stufen möglich:

1. ORT (SITE)
2. GRUPPE (GROUP)
3. ANWENDER (USER)

Diese Einstellungen werden vom **ORT** über die **GRUPPE** an den **ANWENDER** übergeben.

Um Bearbeitungen auf den Stufen **ORT** und **GRUPPE** vorzunehmen, müssen die Systemvariablen *UGII_SITE_DIR* und *UGII_GROUP_DIR* gesetzt werden. Diese enthalten die Angabe eines zentralen Verzeichnisses, wie z. B. *UGII_SITE_DIR= \\server\nx\site*. In diesem Verzeichnis müssen Sie ein Unterverzeichnis mit dem Namen *startup* anlegen. Dort werden dann die Vorlagendateien *nx85_site.dpv* und *nx85_group.dpv* abgelegt, sobald Änderungen vorgenommen werden. Damit hat man die Möglichkeit, Standardeinstellungen unternehmensweit zentral vorzugeben.

Als Anwender können Sie Änderungen auf der Stufe **ANWENDER** durchführen. Diese Daten werden in der Datei *nx8_local_user.dpv* gespeichert und überschreiben die Einstellungen aus den übergeordneten Stufen. Um Modifikationen der Standards vornehmen zu können, muss die Variable *UGII_LOCAL_USER_DEFAULTS* auf diese Datei zeigen, z. B. *UGII_LOCAL_USER_DEFAULTS=\\server\username\ nx85_local_user.dpv*.

Vor Beginn der Arbeit mit NX sollten alle notwendigen Einstellungen in den Anwenderstandards von einer zentralen Stelle vorgenommen und anschließend allen Anwendern zur Verfügung gestellt werden. Es ist sinnvoll, die Optionen für die verwendeten Anwendungen zu prüfen und festzulegen. Die Änderungen sind erst nach einem Neustart von NX wirksam. Auf der Basis dieser Einstellungen können anschließend die Vorlagendateien für den Befehl **NEU** generiert werden.

Zum Bearbeiten der Vorgaben rufen Sie den Befehl **DATEI > DIENSTPROGRAMME > ANWENDERSTANDARDS** auf. Das in der Abbildung dargestellte Fenster wird nun geöffnet. Im linken Bereich werden die verschiedenen Anwendungsbereiche von NX aufgelistet. Durch Selektion eines Eintrags werden die zugehörigen Einstellungen aktiv.

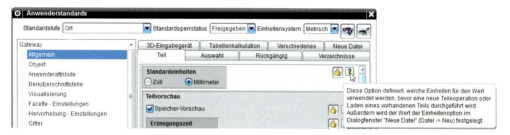

Einstellungen können in den drei Anpassungsebenen **ORT**, **GRUPPE** und **ANWENDER** festgelegt werden. Die **STANDARDSTUFE** legt fest, für welche Ebene Einstellungen definiert werden sollen. Für Änderungen auf den Ebenen **ORT** und **GRUPPE** sind Administratorrechte erforderlich. Die Icons haben die nachfolgend dargestellten Funktionen.

	Anzeigen eines Hilfetextes durch Zeigen auf dieses Symbol
	Durch Klicken dieses Icons wird der dazugehörende Parameter für Änderungen durch den Anwender gesperrt.
	Suche nach Standardeinstellungen
	Listenbasierte Verwaltung der Einstellungen in allen Anpassungsebenen
	STANDARDEINSTELLUNGEN EXPORTIEREN (*.dpv)
	STANDARDEINSTELLUNGEN IMPORTIEREN (*.dpv)
	STANDARDEINSTELLUNGEN NACH EXCEL EXPORTIEREN: Mit **ANWENDEN** werden die aufgelisteten Werte übernommen.

Im Folgenden werden einige wesentliche Anpassungen der **ANWENDERSTANDARDS** erläutert. Weitere Hinweise erfolgen in den Kapiteln zu den jeweiligen Anwendungen und bei der Erläuterung der Voreinstellungen.

Gateway (Gateway)   Auf der vorhergehenden Abbildung ist in der Anwendung **GATEWAY** der Bereich **ALLGEMEIN** selektiert. Als Register ist **TEIL** aktiv. Dort wurde die Standardeinstellung für die Einheiten auf *mm* gesetzt. Damit erhalten alle neu erstellten Teile automatisch diese Einheit.

Im unteren Bereich dieses Registers wird mit **INTERVALL FÜR ERINNERUNG »ÄNDERUNGEN SPEICHERN«** festgelegt, nach welcher Zeit ein Anwender daran erinnert wird, seine Daten zu sichern.

Die Option **DARGESTELLTES TEIL BEIM SCHLIESSEN ÄNDERN** sorgt dafür, dass nach dem Schließen des aktuellen Teils automatisch zum vorher dargestellten Teil gewechselt wird. Ist diese Option deaktiviert, wechselt NX zum **GATEWAY**.

Die folgende Abbildung zeigt das Register **AUSWAHL** im Bereich **GATEWAY > ALLGEMEIN**. Dort wurde die Rechteckmethode auf **INNEN/KREUZEND** gestellt. Damit werden alle Objekte, die vom Auswahlrechteck berührt werden bzw. vollständig im Inneren liegen, selektiert.

Im Bereich **GATEWAY > OBJEKT** können für die einzelnen Objektklassen separate Voreinstellungen wie Farbe, Linientyp und -breite festgelegt werden. Die folgende Abbildung zeigt exemplarisch die Optionen für **VOLUMENKÖRPER**.

Objekt *(Object)*

Nach der Installation von NX werden beim Systemstart Hinweise zur Nutzung gegeben. Nach 30 Sitzungen wird folgende Meldung angezeigt.

Die Anzahl der Sitzungen, nach der diese Meldung erscheint, wird in den **ANWENDERSTANDARDS** unter **GATEWAY > BENUTZERSCHNITTSTELLE > ALLGEMEIN > STARTSEITE - DAUER** festgelegt. Gibt man dort eine Null ein, wird die Startseite grundsätzlich ausgeschaltet und der Systemstart beschleunigt.

Die Option **DIALOGFENSTER ZWISCHEN SITZUNGEN SPEICHERN** sorgt dafür, dass NX Nutzereingaben in den einzelnen Dialogfenstern beim nächsten Systemstart übernimmt.

Im Register **LAYER-DIALOGFENSTER** der **BENUTZERSCHNITTSTELLE** werden Einstellungen für die Anzeige der Layerverwaltung vorgenommen. Unter **SPALTEN** kann die Reihenfolge der Spalten festgelegt werden. Mit **OBJEKTANZAHL** wird die Objektanzahl und mit **KATEGORIEN** die Bezeichnung festgelegt.

Im unteren Bereich des Registers befinden sich die verschiedenen Darstellungsoptionen. Mit der Option **ALLE VOR ANZEIGE EINPASSEN** werden nach der Änderung der Layeranzeige die sichtbaren Elemente im Darstellungsfenster neu eingepasst.

Layervoreinstellungen *(Layer Settings)*

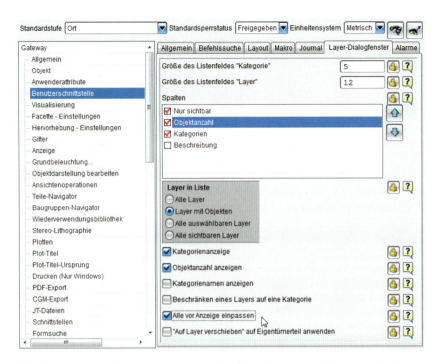

Farbeinstellungen
(Color Settings)

Bei der Arbeit mit NX werden verschiedene Zustände eines Objekts farblich dargestellt. Die Voreinstellungen der Anzeigefarben werden unter **GATEWAY > VISUALISIERUNG > FARBEINSTELLUNGEN** verwaltet. Dort erfolgt im oberen Bereich die Festlegung der Farben für die Auswahl. Wird beispielsweise der Mauszeiger über ein Objekt im Grafikbereich bewegt, so wechselt dessen Farbe auf Rot. Nach der Selektion erhält das Objekt die Farbe Orange.

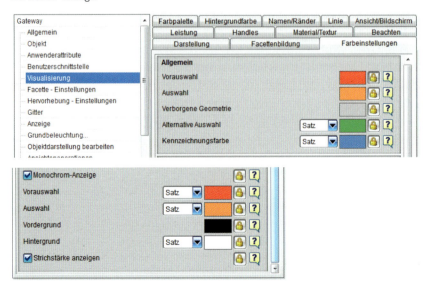

Im unteren Teil des Fensters wird festgelegt, ob eine Zeichnung farbig oder monochrom angezeigt wird. Ist der Schalter **MONOCHROM-ANZEIGE** aktiviert, kann die Farbe für den **HINTERGRUND** und die Zeichnungselemente (**VORDERGRUND**) bestimmt werden.

Mit der Option **STRICHSTÄRKE ANZEIGEN** werden die einzelnen Zeichnungselemente in unterschiedlichen Linienstärken dargestellt. Damit erhalten Sie am Bildschirm eine Vorschau auf das spätere Aussehen der Zeichnung.

Abschließend erhalten Sie Erläuterungen zu einigen Einstellungen im Bereich **BAUGRUPPEN** erläutern. Um Informationen innerhalb von Baugruppen von einem Teil auf ein anderes zu übertragen, sollten unter **BAUGRUPPEN > ALLGEMEIN** im Register **TEILEÜBERGREIFENDE KONSTRUKTION** die auf der folgenden Abbildung dargestellten Optionen **ASSOZIATIVE TEILEÜBERGREIFENDE KONSTRUKTION ZULASSEN** und **KÖRPER ANHEBEN ZULASSEN** aktiviert sein.

Baugruppen
(Assemblies)

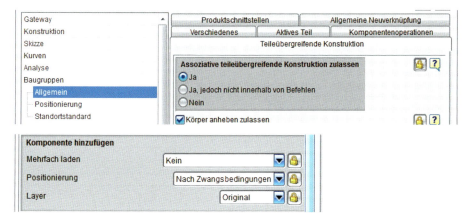

Im Register **KOMPONENTENOPERATIONEN** sollten Sie im **BEREICH KOMPONENTE HINZUFÜGEN** die **POSITIONIERUNG** auf **NACH ZWANGSBEDINGUNGEN** stellen und den **LAYER** auf **ORIGINAL**. Damit wird beim Hinzufügen neuer Teile in eine Baugruppe automatisch das Menü zur Vergabe der Zwangsbedingungen gestartet, wenn bereits ein Teil in der Baugruppe vorhanden ist. Die Layerbelegung des neuen Teils wird wie im Originalzustand in die Baugruppe übernommen.

Die **VOREINSTELLUNGEN** beziehen sich auf die Eigenschaften neu zu erstellender Objekte innerhalb der verschiedenen Anwendungen und auf globale Parameter. Die geänderten Optionen werden anschließend mit der jeweiligen Datei gespeichert. Ein Großteil dieser Vorgaben wird parallel über die Anwenderstandards verwaltet. Das Menü ist in jeder Anwendung verfügbar und enthält die jeweils passenden Einstellungen. Nach Auswahl einer Funktion werden verschiedene Register aktiv. Die wesentlichen Vorgaben finden Sie im Folgenden.

Voreinstellungen
(Preferences)

Die Einstellungsmöglichkeiten für Objekte wurden bereits im Zusammenhang mit den entsprechenden Anwenderstandards dargestellt. Sie können mit dem Befehl **OBJEKT** modifiziert werden.

Mit der **ANWENDERSCHNITTSTELLE** können die Einstellungen bezüglich der NX-Fenster und der Ressourcenleiste geändert werden. Im Register **LAYOUT** können Sie die **FENS-**

Anwenderschnittstelle
(User Interface)

TERPOSITION ZURÜCKSETZEN, die Position und Eigenschaften der Ressourcenleiste anpassen. Mit der Option LAYOUT BEIM BEENDEN SPEICHERN wird gesteuert, ob Änderungen an der Benutzeroberfläche über die Sitzung hinaus gespeichert werden. Das Register ALLGEMEIN beinhaltet die Pfadangabe für die Nutzung des Internet Explorers unter URL DER STARTSEITE und die Möglichkeit, die Anzeigegenauigkeit von Zahlenwerten festzulegen.

Auswahl *(Selection)*

Mit VOREINSTELLUNGEN > AUSWAHL werden Parameter für die Selektion von Objekten festgelegt. Unter MAUSBEWEGUNG können Sie einstellen, ob die Selektion mehrerer Objekte vorzugsweise mit einem RECHTECK oder LASSO erfolgt. Unter der AUSWAHLREGEL wird zusätzlich angegeben, wie die Objekte selektiert werden.

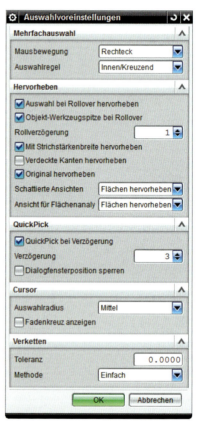

AUSWAHL BEI ROLLOVER HERVORHEBEN aktiviert die Voranzeige der Elemente, wenn der Mauszeiger auf ein Element zeigt. Mit ROLLVERZÖGERUNG wird die Zeit gesteuert, nach der die Darstellung in der Vorauswahlfarbe erfolgt.

Durch Aktivieren des Schalters MIT STRICHSTÄRKENBREITE HERVORHEBEN werden die selektierten Objekte mit breiteren Kanten angezeigt. Mit VERDECKTE KANTEN HERVORHEBEN werden alle Kanten eines ausgewählten Objekts in der Selektionsfarbe dargestellt, auch wenn sie durch andere Objekte verdeckt sind.

Mit ORIGINAL HERVORHEBEN wird gesteuert, ob das Quellelement einer Instanz hervorgehoben wird oder die Instanz selbst.

Die Option SCHATTIERTE ANSICHTEN legt fest, wie selektierte Flächen angezeigt werden. Normalerweise sollte FLÄCHEN HERVORHEBEN aktiv sein. Damit werden ausgewählte Flächen vollständig in der Systemfarbe dargestellt. Alternativ kann die Hervorhebung der Flächenberandung eingestellt werden.

Die Option QUICKPICK BEI VERZÖGERUNG steuert die Anzeige eines QuickPick-Fensters bei der Auswahl von Objekten, wobei der Grad der VERZÖGERUNG ebenfalls eingestellt werden kann. Der Wert Null bedeutet die sofortige Anzeige des QuickPick-Fensters.

Über den AUSWAHLRADIUS wird die Größe des Cursors gesteuert. Dabei kann alternativ die Anzeige als Fadenkreuz erfolgen.

Mit TOLERANZ im Bereich VERKETTEN können Sie steuern, welche Toleranz bei Verwendung der Verkettungsfunktion verwendet wird. Mit der METHODE kann man den Verkettungsalgorithmus beeinflussen.

Das Menü **VISUALISIERUNG**.erlaubt umfangreiche Einstellmöglichkeiten für die Darstellung im Grafikbereich.

Mit dem Register **VISUELL** können Einstellungen für verschiedene Darstellungsfenster vorgenommen werden. Wenn der Dialog geöffnet wird, ist zunächst nur das aktuelle Darstellungsfenster ausgewählt. In der Liste können weitere Fenster selektiert werden (**STRG-** + **SHIFT**-Tasten nutzen), um deren Vorgaben gemeinsam zu ändern.

VISUALISIERUNG (VISUALIZATION)

Darstellung *(Visual)*

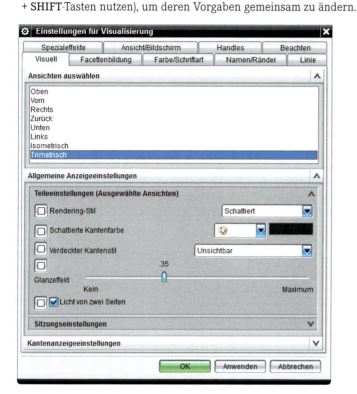

Achtung: Diese Einstellungen zeigen nur Wirkung, wenn mehrere Darstellungsfenster geöffnet sind.

Bei den **ALLGEMEINEN ANZEIGEEINSTELLUNGEN** befindet sich ein Kontrollkästchen vor den einzelnen Optionen für die **TEILEEINSTELLUNGEN**. Beim Ändern der Werte wird automatisch ein Häkchen angezeigt. Damit werden alle ausgewählten Ansichten anhand der neuen Einstellung aktualisiert.

Unter **ALLGEMEINE ANZEIGEEINSTELLUNGEN** werden darüber hinaus auch die Vorgaben für die Anzeige schattierter und verdeckter Kanten für verschiedene Darstellungsarten vorgenommen.

Die Einstellung **LICHT VON ZWEI SEITEN** sollte aktiv sein, um beste Darstellungen am Bildschirm zu erhalten. Wenn sie ausgeschaltet wird, werden die Rückseiten von Flächen nicht beleuchtet. Dadurch kann man beispielsweise erkennen, ob alle Flächen eines Modells die gleiche Orientierung besitzen.

Der **GLANZEFFEKT** steuert das »Glänzen« der Oberfläche. Die folgenden Abbildungen zeigen den Unterschied zwischen Glanzeffekt 0.0 und 1.0.

In Abhängigkeit vom gewählten **RENDERING-STIL** können unter **KANTENANZEIGEEINSTELLUNGEN > TEILEEINSTELLUNGEN** weitere Parameter geändert werden. Dieser Eingabebereich wird verwendet, um die Vorgaben für den Darstellungsstil **STATISCHES DRAHTMODELL** festzulegen.

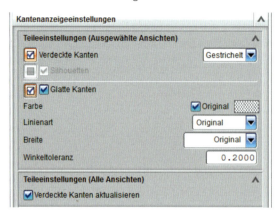

Neben den verdeckten Kanten wird in diesem Bereich mit der Option **GLATTE KANTEN** die Darstellung tangentialer Übergänge gesteuert. Diese können grundsätzlich ein- oder ausgeschaltet sowie in verschiedenen Linienbreiten und -farben dargestellt werden. Die folgende Abbildung zeigt dazu einige Beispiele.

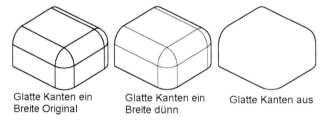

Glatte Kanten ein
Breite Original

Glatte Kanten ein
Breite dünn

Glatte Kanten aus

Der Schalter **VERDECKTE KANTEN AKTUALISIEREN** sollte aktiv sein, damit NX beim dynamischen Bewegen des Bauteils die Anzeige der verdeckten Kanten permanent generiert.

Einzelnen Objekten kann die Eigenschaft der Transparenz zugeordnet werden, um die Anschaulichkeit eines Modells zu verbessern. Diese Objekte werden transparent darge-

stellt, wenn der Schalter DURCHSICHTIGKEIT unter ALLGEMEINE ANZEIGEEINSTEL-
LUNGEN > SITZUNGSEINSTELLUNGEN gesetzt ist. Mit dem Schalter kann die Transparenz bei Bedarf ein- und ausgeschaltet werden. Um die Systemleistung zu erhöhen, sollte
die Transparenz während der normalen Arbeit inaktiv sein.

Die Option ANTIALIASING FÜR LINIEN sorgt für eine Glättung der dargestellten Linien
im Grafikfenster.

Im Register LINIE befindet sich der Schalter STRICHSTÄRKE ANZEIGEN. Ist dieser aktiviert, erfolgt die Darstellung der Linien und Kanten im Grafikfenster mit der Objektbreite.
Ansonsten werden alle Linien in einer einheitlichen Strichstärke angezeigt.

Strichstärke anzeigen
(Show Width)

Beim Schattieren von Bildschirmdarstellungen wird die Oberfläche des Modells durch
Dreiecke angenähert (facettiert). Die Größe dieser Dreiecke bestimmt die Qualität der
Darstellung. Je kleiner die Dreiecke, desto genauer ist die Annäherung und somit Qualität
der Schattierung. Je kleiner die Dreiecke, desto mehr werden benötigt. Dies bedeutet
einen erhöhten Rechenaufwand. In der Regel wird diese Rechenarbeit von der Grafik-
karte erledigt. Bei großen Modellen mit vielen gekrümmten Flächen kann es daher sinnvoll sein, während der Erstellung zunächst mit einer groben Schattierung zu arbeiten und
erst für die Erzeugung von Bildern auf eine feine Schattierung umzuschalten. Diese Vorgabe wird unter VOREINSTELLUNGEN > VISUALISIERUNG im Register FACETTENBIL-
DUNG im Feld AUFLÖSUNG festgelegt.

Facettenbildung
(Faceting)

Um die Darstellung hochwertiger Darstellungen oder Flächenanalysen zu beeinflussen,
steht der Bereich ANSICHTEN FÜR VERBESSERTE DARSTELLUNG zur Verfügung.

Der AKTUALISIERUNGSMODUS legt fest, welche Objekte beim Aktualisieren der Bildschirmdarstellung neu berechnet werden. Sie sollten die Einstellung SICHTBARE
OBJEKTE verwenden, um die Antwortzeiten des Systems zu minimieren. Dann werden
nur die Objekte berechnet, die im aktuellen Grafikfenster dargestellt werden.

Im Register FARBE/SCHRIFTART werden die aktuellen Systemfarben für Teile und Zeichnungen verwaltet sowie die Schriftart für Anzeigen im Darstellungsfenster definiert.

Unter VOREINSTELLUNGEN > HINTERGRUND ist die Bearbeitung des Bildschirmhintergrundes für das Grafikfenster
möglich. In diesem Dialog kann ein Hintergrund für die Darstellungsarten schattiert und ein Drahtmodell separat festgelegt werden. Möglich ist sowohl ein Hintergrund mit einer
Farbe (EINFACH) oder ein Farbverlauf mit zwei Farben
(ÜBERGANG). Die Farben können durch Anklicken der Felder angepasst werden. Die STANDARD-FARBÜBERGÄNGE
sind durch Drücken des entsprechenden Schalters wieder
verfügbar.

Hintergrund
(Background)

Für die Verwendung verschiedener Farbeinstellungen während einer NX-Sitzung sei auf die Anwendung von Visualisierungsschablonen verwiesen.

Mit der VISUALISIERUNGSLEISTUNG kann man die Geschwindigkeit von NX für die grafischen Darstellungen, insbesondere bei großen Modellen, beeinflussen. Dieses Dialogfenster
verfügt über zwei Register. Die wesentlichen Einstellungen werden im Folgenden erläutert.

Visualisierungsleistung
(Visualisation Performance)

Mit der Einstellung **GROSSES MODELL > FESTE FRAMERATE** wird mit einem Schieberegler die Anzahl der Bilder festgelegt, die NX bei dynamischen Anzeigen pro Sekunde erzeugt. Um die festgelegte Bildrate zu erreichen, können große Baugruppen während des Bewegens vereinfacht dargestellt werden. Die **MODELLGRÖSSE** bestimmt, welche Optionen zur Auswahl stehen. Die verfügbaren Einstellungen werden durch Standardvorgaben festgelegt oder vom Anwender bestimmt.

Im Register **ALLGEMEINE GRAFIKEN** befindet sich ein Schalter, mit dem die Transparenz für alle Objekte ausgeschaltet werden kann. Dieser Schalter wirkt unabhängig von anderen Einstellungen.

Die Option **HINTERE FLÄCHEN UNSICHTBAR** in diesem Register bestimmt, ob die Rückseite von Flächen vom Grafiktreiber berechnet werden soll. Ist die Option aktiviert, werden alle Oberflächenfacetten, deren Normalen vom Betrachter weg zeigen, nicht dargestellt. Diese Verringerung der Anzahl der berechneten Facetten kann zu einer Verbesserung der Darstellungsgeschwindigkeit führen.

Mit **ANALYSEDATEN BEIBEHALTEN** werden die Darstellungen von Analysen im Modell gespeichert. Damit erhöht sich die Systemgeschwindigkeit insbesondere beim Wechseln zwischen verschiedenen Flächenanalysen.

Durch Drücken des Schalters **GRAFIKLEISTUNG AUSWERTEN** führt das System einen Test der Grafikleistung durch und gibt in einem Ergebnisprotokoll Hinweise zu deren Optimierung.

Gitter *(Grid)*

Die jeweilige Arbeitsebene wird durch die XC- und YC-Achse des Arbeitskoordinatensystems festgelegt. Durch die Einstellung im Bereich **TYP** unter **VOREINSTELLUNGEN > GITTER** kann ein Raster in kartesischen oder polaren Koordinaten definiert werden. Dessen **RASTERGRÖSSE** wird über die entsprechenden Parameter gesteuert.

Mit den **GITTEREINSTELLUNGEN** können Sie die grundsätzliche Anzeige, den Fangmodus, das Raster und die Hervorhebung von Linien ein- und ausschalten.

Durch Verwendung des Typs **RECHTECK NICHT EINHEITLICH** können unterschiedliche Gitterabstände in XC- und YC-Richtung festgelegt werden.

Die Abbildung auf Seite 47 zeigt ein Beispiel für ein rechteckiges Raster ohne Dimmung der Objekte.

In der Werkzeugleiste **DIENSTPROGRAMME** stehen zusätzlich folgende Befehle für die Verwendung des Rasters zur Verfügung:

 RASTER ANZEIGEN: Damit wird die Darstellung des eingestellten Rasters aktiviert bzw. deaktiviert.

 RASTER FANGEN: Das Fangen von Rasterpunkten in der Arbeitsebene wird ein- bzw. ausgeschaltet.

 ARBEITSEBENE HERVORHEBEN: Objekte, die sich nicht in der Arbeitsebene befinden, werden abgeblendet dargestellt.

 OBJEKTE AUSSERHALB DER ARBEITSEBENE ALS NICHT AUSWÄHLBAR FESTLEGEN: Objekte, die sich nicht in der Arbeitsebene befinden, können nicht ausgewählt werden.

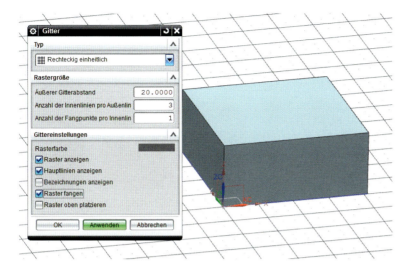

Die Voreinstellungen für die **KONSTRUKTION** legen Parameter und Eigenschaften für die zu erstellenden Objekte fest. Das entsprechende Dialogfenster besitzt mehrere Register, deren wesentliche Einstellungen erläutert werden.

Im Register **ALLGEMEIN** steuert der **KÖRPERTYP** das Ergebnis beim Erstellen eines 3D-Modells aus Kurven und Flächen. Wenn die Flächen ein geschlossenes Volumen bilden und der Typ **DURCHGÄNGIG** aktiv ist, wird dieser Bereich gefüllt, und man erhält einen Volumenkörper. Bei aktivem Typ **FLÄCHE** bleibt der Innenraum leer, und es entsteht ein Flächenkörper.

Mit den Toleranzen wird bei allen Funktionen, die Approximationen durchführen, festgelegt, wie groß die Abweichung zwischen der theoretisch exakten Größe und dem resultierenden Modell

Konstruktion *(Modeling)*

sein darf. Für die **ABSTANDSTOLERANZ** wird ein Wert von zwischen 0.1 mm und 0,001 mm als Voreinstellung empfohlen. Die **WINKELTOLERANZ** sollte 0.05 betragen.

Neuen Körpern wird beim Erstellen automatisch eine **DICHTE** zugeordnet. Eine Standarddichte kann hier definiert werden.

Bei der Bearbeitung von Körpern mit verschiedenen Operationen können neue Begrenzungsflächen entstehen. Deren Eigenschaften werden entweder vom Körper übernommen oder unter **VOREINSTELLUNGEN > OBJEKT > ALLGEMEIN > TYP > STANDARD** festgelegt. Die Steuerung erfolgt mit der Option **NEUE FLÄCHENEIGENSCHAFTEN VON**.

Die folgenden Abbildungen zeigen einen Zylinder, der verrundet wurde. Die Verrundungsfläche wurde zuerst mit den Einstellungen des **ÜBERGEORDNETEN KÖRPERS** und anschließend mit dem **TEILESTANDARD** erzeugt.

Eine ähnliche Bedeutung besitzt die Einstellung **VERKNÜPFUNGS-FLÄCHENEIGENSCHAFTEN VON**. Diese gilt für die booleschen Operationen und legt fest, welches Teil die Eigenschaften für die neuen Flächen vorgibt. Die Abbildung zeigt einen Zylinder und einen Quader mit unterschiedlichen Farben. Wenn der Quader (**WERKZEUGKÖRPER**) vom Zylinder (**ZIELKÖRPER**) subtrahiert wird, entstehen am Zylinder zwei neue Flächen. Diese besitzen in der ersten Variante die Eigenschaften des Zielkörpers und in der zweiten Ausführung die Vorgaben des Werkzeugs.

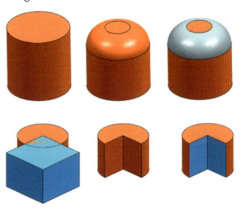

RASTERLINIEN in U- und V-Richtung steuern die Darstellung von Flächen als Drahtmodell.

Mit den beiden Optionen am Ende des Dialogs kann definiert werden, dass Bezüge und Skizzen automatisch als intern definiert werden. Dadurch reduziert sich die Anzahl der Elemente im Teilenavigator, was wiederum der Über-

sichtlichkeit zuträglich ist. Der Zugriff auf intern verwaltete Elemente erfolgt über das entsprechende Formelement. Die Abbildung zeigt hierfür ein Beispiel.

Im Register **BEARBEITEN** stehen die in der folgenden Abbildung dargestellten Einstellungen zur Verfügung.

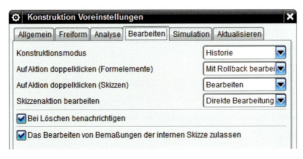

KONSTRUKTIONSMODUS definiert, ob mit Historie oder historienunabhängig konstruiert werden soll. Nähere Information hierzu finden Sie in Kapitel 6, »Synchrone Konstruktion«.

AUF AKTION DOPPELKLICKEN (FORMELEMENTE) definiert, welche Aktion bei einem Doppelklick auf ein Formelement ausgeführt werden soll.

AUF AKTION DOPPELKLICKEN (SKIZZEN) definiert, welche Aktion bei einem Doppelklick auf eine Skizze ausgeführt werden soll.

SKIZZENAKTION BEARBEITEN definiert, ob eine Skizze direkt oder in der Skizzierumgebung bearbeitet werden soll.

Bei Aktivierung von **BEI LÖSCHEN BENACHRICHTIGEN** wird eine Warnung ausgegeben, wenn das zu löschende Element von weiteren Elementen referenziert wird. Dieser Schalter sollte immer aktiviert sein, um sicherzustellen, dass keine Referenzen ungewollt entfernt werden.

DAS BEARBEITEN VON BEMASSUNGEN DER INTERNEN SKIZZE ZULASSEN erlaubt es, Bemaßungen einer internen Skizze zu zeigen und zu ändern, sobald der Dialog des Formelements geöffnet ist.

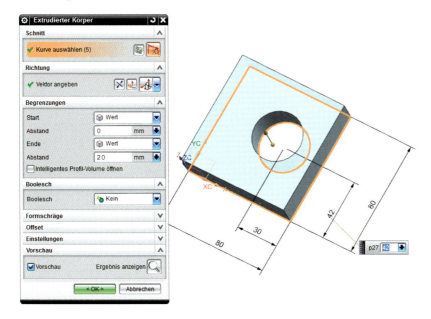

Im Register **AKTUALISIEREN** können NX-interne Aktualisierungsmarkierungen verwaltet werden. Mit diesen können die Antwortzeiten des Systems verkürzt werden. Eine sehr umfangreiche Dokumentation hierzu ist in der NX-Hilfe unter **KONSTRUKTIONSVOREINSTELLUNGEN - AKTUALISIEREN** zu finden.

■ 2.5 Ansichten und Bildschirmdarstellungen

Die Darstellung im Grafikfenster kann durch eine Vielzahl von Möglichkeiten beeinflusst werden. Die Mehrzahl der Funktionen wird über das Menü **ANSICHT** verwaltet. Außerdem stehen die entsprechende Werkzeugleiste, ein Popup-Menü im Grafikfenster, die Maus, eine Triade und 3D-Eingabegeräte für die Manipulation der Bildschirmdarstellung zur Verfügung.

Werkzeugleiste Ansicht (Toolbar View)

Im Folgenden werden zunächst die Hauptfunktionen der Werkzeugleiste **ANSICHT** erläutert. Einige dieser Funktionen wie z. B. **AKTUALISIEREN** oder **EINPASSEN** werden einmalig ausgeführt und danach sofort beendet. Andere Befehle bleiben so lange aktiv, bis diese durch erneute Anwahl oder **MT2** ausgeschaltet werden. Die Icons haben folgende Bedeutung:

AKTUALISIEREN: Der Bildschirm wird aufgefrischt. Dabei werden beispielsweise alte Selektionsmarken gelöscht.

EINPASSEN: Die aktiven Objekte werden so in die aktuelle Größe des Grafikfensters eingepasst, dass alle sichtbar sind.

ANSICHT IN AUSWAHL EINPASSEN: Die selektierten Objekte werden in das Grafikfenster eingepasst.

ZOOMEN: Es wird ein Rechteck definiert, dessen Inhalt auf die aktuelle Bildschirmgröße gezoomt wird.

VERGRÖSSERN/VERKLEINERN: Durch Bewegen von **MT1** erfolgt ein dynamisches Zoomen, wobei sich die Größe der Objekte entsprechend anpasst.

DREHEN: Die Ansicht wird durch Ziehen an **MT1** auf dem Bildschirm gedreht. Man kann Kanten oder Kurven selektieren, um die die Drehung erfolgt. Dabei ist die Eingabe eines Drehwinkels möglich.

VERSCHIEBEN: Mit **MT1** wird die Darstellung der Modelle in der Bildschirmebene bewegt.

DRAHTMODELL-KONTRAST: Durch Aktivieren des Icons passt NX die Drahtmodelldarstellung an den aktuellen Hintergrund an, sodass ein maximaler Kontrast entsteht. Auf dem linken Bild sehen Sie die Ansicht bei ausgeschaltetem Kontrast. Das rechte Bild zeigt die Wirkung des aktivierten Befehls. Unter **VOREINSTELLUNGEN > VISUALISIERUNG > LINIE > SITZUNGSEINSTELLUNGEN** kann man den **DRAHTMODELL-KONTRAST** grundsätzlich aktivieren.

PERSPEKTIVE erlaubt den Wechsel zwischen perspektivischer und Parallelprojektion für die Darstellung des Modells

Des Weiteren können in der Werkzeugleiste Drop-down-Menüs zur Manipulation der Bildschirmdarstellung verwendet werden.

Das Drop-down-Menü *Darstellungsformat* dient zur Festlegung der Darstellungsmethode. Dabei sind die unter **VOREINSTELLUNG > VISUALISIERUNG > DARSTELLUNG** eingestellten Parameter gültig. Damit lässt sich beispielsweise die Anzeige verdeckter Kanten steuern. Für die Bildschirmdarstellung gibt es die folgenden Möglichkeiten:

 SCHATTIERT MIT KANTEN: Schattierte Darstellung mit Körperkanten

 SCHATTIERT: Schattierte Darstellung ohne Körperkanten

 DRAHTMODELL MIT ABGEBLENDETEN KANTEN: Verdeckte Kanten werden abgeblendet dargestellt.

 DRAHTMODELL MIT VERBORGENEN KANTEN: Verdeckte Kanten werden nicht dargestellt.

 STATISCHES DRAHTMODELL: Verdeckte Kanten werden mit den voreingestellten Eigenschaften angezeigt.

 STUDIO: Vorschau auf fotorealistische Darstellungen.

 TEILWEISE SCHATTIERT: Nur Flächen mit der Eigenschaft **TEILWEISE SCHATTIERT** werden angezeigt.

 FLÄCHENANALYSE: Unter **ANALYSE > FORM > FLÄCHE > REFLEXION** besteht u. a. die Möglichkeit, Bilder auf ausgewählte Flächen zu projizieren. Diese Funktion wird hauptsächlich zur Untersuchung der Qualität von Freiformflächen verwendet. Mit dem Aktivieren der Darstellungsart werden die Reflexionen sichtbar.

Beim Erstellen von Modellen generiert NX automatisch Standardansichten entlang der Achsen des absoluten Koordinatensystems. Diese Ansichten können mit dem Drop-down-Menü *Ansicht orientieren* aufgerufen werden. Dabei erfolgt gleichzeitig ein Einpassen des Modells auf die aktuelle Größe des Grafikfensters. Alternativ kann F8 verwendet werden. NX richtet die Ansicht entlang der nächsten Achsen des absoluten Koordinatensystems aus oder orientiert sie nach einem zuvor ausgewählten Objekt.

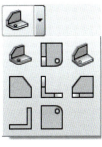

Mit dem Drop-down-Menü *Hintergrundfarbe* können vorkonfigurierte Standardhintergründe aktiviert werden. Damit kann die Darstellung von Objekten in den verschiedenen Phasen der Modellierung verbessert werden.

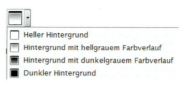

Mausfunktionen im Darstellungsfenster
(Mouse Functions in Graphical Window)

Neben der Werkzeugleiste ANSICHT kann die Maus für die Anpassung der Bildschirmdarstellung verwendet werden. Folgende Möglichkeiten stehen zur Verfügung:

- **Drehen:** MT2 drücken und sofort bewegen
- **Drehen um einen definierten Punkt:** MT2 gedrückt halten und dann bewegen
- **Verschieben:** SHIFT+MT2 bzw. MT2+MT3 gleichzeitig drücken
- **Zoomen:** STRG+MT2 bzw. MT2+MT1 gleichzeitig drücken

Wenn die mittlere Maustaste ein Rad ist, kann die Zoomfunktion durch Drehen des Rades verwendet werden.

Kontextmenü im Darstellungsfenster
(Context Menu in Graphical Window)

Durch Drücken von MT3 im freien Bereich des Darstellungsfensters erscheint das abgebildete Kontextmenü für die Bildschirmdarstellung. Neben einigen Funktionen, die effizienter mit der Maus oder der Werkzeugleiste aufgerufen werden, enthält das Menü folgende Befehle:

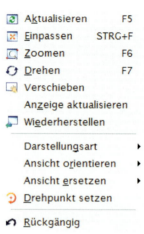

- ANZEIGE AKTUALISIEREN: Das Darstellungsfenster wird neu berechnet und die Darstellung des Modells entsprechend aktualisiert.
- DREHPUNKT SETZEN: Es wird ein Punkt selektiert, der als Rotationsmittelpunkt verwendet wird. Dieser Punkt wird bei jeder Drehbewegung als Kreuz angezeigt und ist so lange aktiv, bis er wieder mit dem aktiven Eintrag DREHPUNKT ZURÜCKSETZEN entfernt wird. Er wird auch für die Drehung mit 3D-Eingabegeräten verwendet.

Ansichtstriade
(View Triad)

Die ANSICHTSTRIADE wird in der linken unteren Ecke des Darstellungsfensters angezeigt und stellt die Orientierung des absoluten Koordinatensystems dar. Unter VOREINSTELLUNGEN > VISUALISIERUNG > ANSICHT/BILDSCHIRM > TEILEEINSTELLUNGEN kann die Anzeige der Triade ein- und ausgeschaltet werden. Durch Auswahl einer Achse der Triade wird die Drehung des Modells mit MT2 auf diese Achse beschränkt. Zudem ist es möglich, einen Drehwinkel direkt einzugeben.

Weitere Funktionen für die Bildschirmdarstellung befinden sich in der Werkzeugleiste VISUALISIERUNG und im Menü ANSICHT. Im Folgenden stellen wir einige Befehle der Untermenüs OPERATION und VISUALISIERUNG aus dem Menü ANSICHT vor.

Mit dem Aktivieren von ANSICHT > OPERATION > ANZEIGE SPIEGELN wird das aktuelle Modell für die Bildschirmdarstellung an einer Ebene gespiegelt. Diese Funktion kann verwendet werden, um spiegelsymmetrische Konstruktionen, bei denen nur eine Hälfte des Modells erstellt wird, als vollständiges Bauteil darzustellen. Die gespiegelte Kopie wird nur temporär erzeugt und erhöht damit nicht die Modellgröße.

Zum Spiegeln ist die X-Z-Ebene des absoluten Koordinatensystems voreingestellt. Mit dem Befehl **ANSICHT > OPERATION > SPIEGELEBENE FESTLEGEN** erscheint ein dynamisches Achsensystem. Dabei wird die Richtung senkrecht zur Spiegelebene mit **NORMAL** gekennzeichnet. Die Vektoren in der Spiegelfläche erhalten den Eintrag **EBENE**. Dieses Koordinatensystem kann entsprechend bewegt werden.

Die folgende Abbildung zeigt links ein halbes Bauteil mit dem Spiegelsystem und rechts das Ergebnis der gespiegelten Anzeige. Dabei wird die Information über die Spiegelebene mit dem Teil gespeichert.

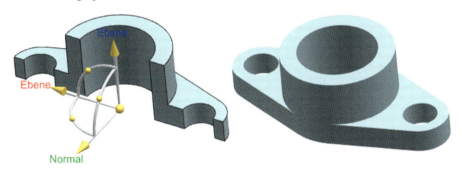

In der Werkzeugleiste **ANSICHT** sind verschiedene Befehle für die Nutzung dynamischer Schnitte verfügbar. Es wird dabei die Darstellung von Bauteilen mit Ebenen geschnitten. Auf diese Weise ist es möglich, die innere Kontur von Modellen zu untersuchen und Kollisionen zu erkennen.

NEUER SCHNITT
(NEW SECTION)

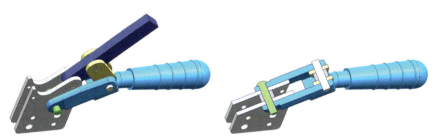

Mit dem Befehl **NEUER SCHNITT** kann ein Schnitt definiert werden. Anschließend ist es möglich, diesen jederzeit ein- und auszuschalten. Das Dialogfenster zur Schnittfestlegung ist sehr umfangreich. Die wesentlichen Funktionen werden im Folgenden schrittweise an dem abgebildeten Beispiel erläutert.

Nach dem Aufruf des Befehls **NEUER SCHNITT** müssen Sie zunächst unter **TYP** die Anzahl der Schnittebenen festlegen. Für das Beispiel wird **EINE EBENE** gewählt. NX generiert sofort eine Vorschau mit den aktuellen Einstellungen. Dabei wird die Schnittebene angezeigt, und es werden Handles angeboten, mit denen diese Ebene verschoben und gedreht werden kann. Durch Aktivieren des Ursprungs können Kontrollpunkte selektiert werden, zu denen der Ursprung bewegt wird. Dadurch sind Sie in der Lage, den Schnitt gezielt an einer gewünschten Stelle des Bauteils zu platzieren.

Anschließend müssen Sie einen geeigneten **SCHNITTNAME** eingeben, um die verschiedenen Schnitte besser unterscheiden zu können.

Zur Festlegung der Schnittposition und -ausrichtung kann neben den Handles der Bereich **SCHNITTEBENE** im Dialogfenster verwendet werden. Zunächst müssen Sie bestimmen, nach welchem Koordinatensystem die **AUSRICHTUNG** erfolgt. Dann wählen Sie mit den Icons unter **ORIENTIERUNG** die Achse, die senkrecht auf der Schnittebene steht. Im Beispiel wurde dazu die YC-Achse des WCS verwendet. Die Funktion **ALTERNATIVE EBENE** schaltet die einzelnen Achsen des eingestellten Koordinatensystems nacheinander ein. Mit **RICHTUNG UMKEHREN** ändern Sie die Blickrichtung auf den Schnitt.

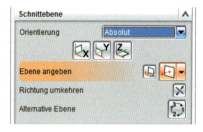 

Im Bereich **OFFSET** können Sie einen zusätzlichen Abstand zur Ursprungsposition festlegen. Dieser Wert kann direkt in das Feld im Dialogfenster eingegeben oder durch Ziehen am Schieber dynamisch verändert werden. Die Schnittebene bewegt sich entlang ihrer Normalen-Richtung.

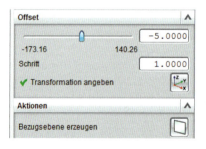 

Der Befehl **BEZUGSEBENE ERZEUGEN** unter **AKTIONEN** generiert für den aktuellen Schnitt eine entsprechende Ebene. Im Beispiel wurde der Schnitt um 5 mm verschoben und dann die feste Bezugsebene erstellt.

Mit **EINSTELLUNGEN ANZEIGEN** werden die Schnittdarstellung und die Anzeige der Handles gesteuert. Im Beispiel wurden der **TYP SCHICHT** eingestellt und der Befehl **MANIPULATOR ANZEIGEN** deaktiviert. Damit wird nur noch die Schnittfläche angezeigt. Diese Option ist nur verfügbar, wenn der Schnitt mit einer Ebene festgelegt wird.

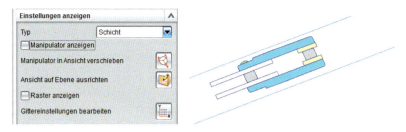

Mit **ANSICHT AUF EBENE AUSRICHTEN** können Sie das Grafikfenster so drehen, dass Sie senkrecht auf die Schnittebenen schauen können.

Wenn Sie unter **ABDECKEINSTELLUNGEN** die Option **DURCHDRINGUNG ANZEIGEN** ausschalten, haben Sie die Möglichkeit, die Farbe für die Schnittfläche vorzugeben. Wenn Sie **ABSCHLUSS ANZEIGEN** deaktivieren, wird die Schnittfläche nicht dargestellt.

Mit **DURCHDRINGUNG ANZEIGEN** können Sie Überschneidungsbereiche anzeigen. Dazu wurde im Beispiel ein zusätzlicher Zylinder generiert, dessen Durchmesser offensichtlich zu groß ist. Die Durchdringung wird dann in Rot abgebildet.

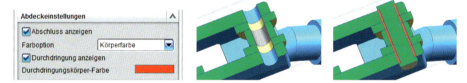

Im Bereich **SCHNITTKURVENEINSTELLUNGEN** können Sie die Durchdringungen zwischen dem Bauteil und der Schnittebene steuern. Diese werden vom System dargestellt, wenn die Option **SCHNITTKURVENVORSCHAU ANZEIGEN** aktiv ist (siehe mittleres Bild der nachfolgenden Abbildung). Die Farbe für die Kurven können Sie selbst festlegen.

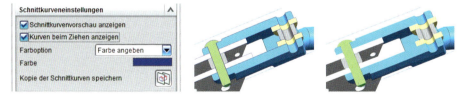

Die Kurven werden nur bei aktiver Schnittdarstellung angezeigt. Im normalen Arbeitsmodus sind diese nicht zu sehen. Mit **KOPIE DER SCHNITTKURVEN SPEICHERN** können Sie die Durchdringung mit expliziten Kurven dauerhaft erzeugen.

Wenn die Anzeige der Schnittkurven ausgeschaltet wird, erhalten Sie die auf dem rechten, vorhergehenden Bild dargestellte Ansicht.

Der Befehl **2D-ANZEIGE ANZEIGEN** unter **2D-ANSICHTS-EINSTELLUNGEN** ruft ein weiteres Fenster auf, in dem die Schnittebene enthalten ist. Der Ursprung der Ebene wird als Kreuz dargestellt. Mit den Befehlen im unteren Bereich des Dialogfensters kann die 2D-Ansicht gedreht oder gespiegelt werden.

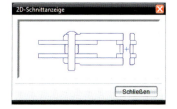

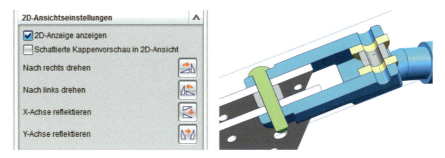

Der Bereich **SCHNITTREIHEN-EINSTELLUNGEN** gestattet die Erzeugung mehrerer Schnitte entlang der Flächennormalen mit konstantem Abstand. Mit **VORSCHAUREIHE** werden diese Schnitte angezeigt. Nach Beenden des Befehls ist jeder Schnitt separat anwählbar. Im Beispiel wurden drei Schnitte definiert.

Die definierten Schnitte werden im **BAUGRUPPEN-NAVIGATOR** verwaltet. Durch Aktivieren der Checkbox vor einem Schnitt wird der jeweilige Verlauf am Bildschirm angezeigt. Die Checkbox vor dem obersten Eintrag **SCHNITTE** schaltet die Anzeige aller Schnittdarstellungen ein bzw. aus.

Mit Doppelklick erhält der entsprechende Schnitt den Status **ARBEIT** und wird vollständig am Bildschirm dargestellt.

Durch Auswahl mit **MT3** erscheint ein Kontextmenü, mit dem der Schnitt bearbeitet, kopiert oder gelöscht werden kann.

Weiterhin steht in der Werkzeugleiste **ANSICHT** der Befehl **ARBEITSSCHNITT VERANKERN** zur Verfügung. Damit wird die Darstellung des aktuellen Arbeitsschnittes ein- bzw. ausgeschaltet.

ARBEITSSCHNITT VERANKERN (CLIP SECTION)

Mit dem Befehl **ARBEITSSCHNITT BEARBEITEN** wird für den aktuellen Schnitt das Dialogfenster zur Festlegung der einzelnen Parameter wieder aktiv, und die Einstellungen können modifiziert werden. Alternativ können Sie die Funktion des Kontextmenüs im **BAUGRUPPEN**-**NAVIGATOR** verwenden.

ARBEITSSCHNITT BEARBEITEN (EDIT SECTION)

NX besitzt ein Modul zur fotorealistischen Darstellung von Modellen. Die folgenden Erläuterungen beschränken sich auf die Darstellung der Basisfunktionen.

Das System bietet zwei Menüs zur Einstellung der Beleuchtung von Modellen – **GRUNDBELEUCHTUNG** und **ERWEITERTE BELEUCHTUNG**. Beide sind unter **ANSICHT > VISUALISIERUNG** zu finden oder können mit dem entsprechenden Icon aufgerufen werden.

Für die normalen Arbeiten im schattierten Modus können Sie die **GRUNDBELEUCHTUNG** verwenden. In diesem Menü befinden sich sieben fest stehende Lichtquellen und ein Umgebungslicht. Jede dieser Quellen besitzt im oberen Bereich ein Icon zum Ein- und Ausschalten. Parallel dazu wird im Grafikbereich ein Pfeil angezeigt, der die aktiven Lichter darstellt. Die Intensität jeder Lichtquelle wird mit dem entsprechenden Schieberegler gesteuert.

Die folgenden Abbildungen zeigen zwei Beispiele für Beleuchtungen. Im rechten Bild sind nur die Standardlichtquellen (Umgebung, links und rechts oben) aktiviert. Wenn als zusätzliche Beleuchtung das linke, untere Licht eingeschaltet wird, ergibt sich das linke Bild.

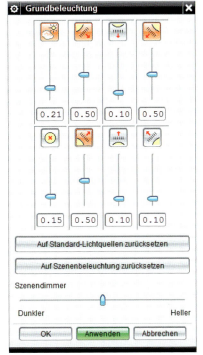

GRUND-BELEUCHTUNG (BASIC LIGHTS)

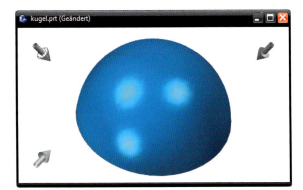
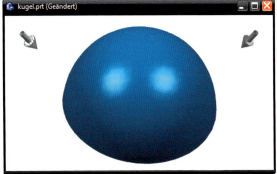

ERWEITERTE BELEUCHTUNG (ADVANCED LIGHTS)

Mit dem Schalter **AUF STANDARD-LICHTQUELLEN ZURÜCKSETZEN** werden die Systemvoreinstellungen wiederhergestellt. Der Schalter **AUF SZENENBELEUCHTUNG ZURÜCKSETZEN** aktiviert alle Lichtquellen mit einer vordefinierten Intensität.

Die globale Helligkeit der Bildschirmdarstellung lässt sich mit dem **SZENENDIMMER** regeln. Dabei werden alle aktiven Lichter gleichmäßig verändert.

Für die einzelnen Lichtquellen stehen Ihnen noch weitere Einstellungen und Typen zur Verfügung. Diese können Sie mit **ANSICHT > VISUALISIERUNG > ERWEITERTE BELEUCHTUNG** oder dem entsprechenden Icon aktivieren. Dann erscheint ein Dialog mit einer Vielzahl von Parametern. Diese sind besonders für die Erstellung fotorealistischer Darstellungen interessant.

Im oberen Bereich des Dialogs befinden sich die **BELEUCHTUNGSLISTEN** vom Typ **EIN** und **AUS**. Mit diesen Listen wird der Zustand der Lichtquellen gesteuert. Mit den Pfeilen zwischen den **BELEUCHTUNGSLISTEN** kann eine Lichtquelle ein- oder ausgeschaltet werden. Durch die Auswahl einer aktivierten Lichtquelle werden die zugehörigen Einstellungen aktiv und können modifiziert werden.

Wenn Lichtquellen grundsätzlich aus- oder eingeschaltet werden sollen, müssen diese nach ihrer Selektion mit den Pfeilen zwischen den **BELEUCHTUNGSLISTEN EIN** und **AUS** verschoben werden.

Die **FARBE** können Sie im entsprechenden Feld und die **INTENSITÄT** mit dem Regler ändern.

Die **LICHTAUSRICHTUNG** definiert die Lage der Lichtquelle. Mit den Icons können Sie die Position des Lichtes dynamisch verändern. Die Anzeige wird dabei entsprechend aktualisiert, sodass die Auswirkung der Modifikation auf die Beleuchtungsverhältnisse sofort sichtbar wird.

In NX stehen sechs Arten von Lichtquellen zur Verfügung. Dies wird am Beispiel der Beleuchtung von zwei Kugeln erläutert.

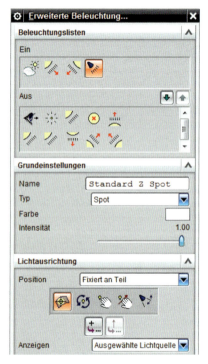

Mit dem **UMGEBUNGSLICHT** wird eine Grundhelligkeit erzeugt. Dieses Licht generiert keine Schatten und Glanzeffekte. Es ist vergleichbar mit den Lichtverhältnissen bei bedecktem Himmel.

Der **SPOT** ermöglicht die Ausleuchtung eines bestimmten Bereiches. Dabei wird das Licht vom Ursprung ausgehend kegelförmig verteilt. Nur die Objekte, die sich zwischen dem Ursprung der Lichtquelle und der Richtung des Kegels befinden, werden bestrahlt. diese Art der Beleuchtung kann mit dem Licht einer Taschenlampe verglichen werden.

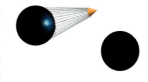

Der Ursprung für die **AUGENLICHTVERHÄLTNISSE** befindet sich immer senkrecht zum Bildschirm. Damit werden quasi die Augen des Anwenders zur Lichtquelle.

Von der **PUNKTFÖRMIGEN LICHTQUELLE** wird das Licht in alle Richtungen verteilt. Dadurch erhalten Sie eine Beleuchtung wie bei einer Glühlampe ohne einen Lampenschirm. Der Ursprung wird durch einen Punkt gekennzeichnet und kann dort verschoben werden.

FERNES LICHT wird durch parallele Strahlen am Bildschirm dargestellt. Die Richtung, in der dieses ferne Licht auf das Modell trifft, kann definiert werden. Die Lichtquelle befindet sich dabei weit entfernt, ähnlich der Sonnenstrahlung.

Eine **SZENENBELEUCHTUNG** wirkt wie **FERNES LICHT**. Die Richtung der Strahlen ist jedoch fixiert und wird durch die Auswahl des entsprechenden Icons festgelegt.

Für die Erstellung qualitativ hochwertiger Bilder des aktuellen Bildschirminhalts steht der Befehl **ANSICHT > VISUALISIERUNG > HOHE BILDQUALITÄT** zur Verfügung.

HOHE BILDQUALITÄT (HIGH QUALITY IMAGE)

Mit dem Schalter **SCHATTIEREN** wird das Darstellungsfenster entsprechend der eingestellten Methode gerendert. Diese Darstellung kann dann gespeichert werden. Mit dem Schalter **ZURÜCK** wird die gerenderte Darstellung wieder verworfen.

Für eine Erläuterung der zahlreichen zur Verfügung stehenden **METHODEN** verweisen wir auf die umfangreiche Online-Hilfe im Bereich **GRUNDLAGEN > ANZEIGEN UND DARSTELLEN > HOHE BILDQUALITÄT**.

Ab der Methode **VERBESSERT** kann ein Vorder- und ein Hintergrund definiert werden. Der Vordergrund wirkt wie eine Scheibe, durch die das Modell vor dem Hintergrund betrachtet wird. Für den Hintergrund kann ein Bild verwendet werden. Diese Einstellungen lassen sich über den Befehl **ANSICHT > VISUALISIERUNG > OPTISCHE EFFEKTE** anpassen.

Die Abbildung auf S. 60 zeigt einige Beispiele für die Erstellung von Bildern.

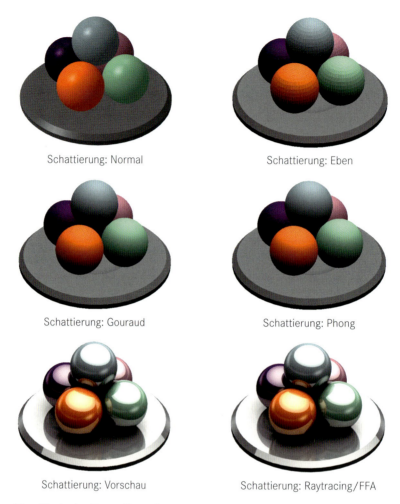

Schattierung: Normal

Schattierung: Eben

Schattierung: Gouraud

Schattierung: Phong

Schattierung: Vorschau

Schattierung: Raytracing/FFA

Bilder exportieren
(Export Picture)

Eine Kopie des Darstellungsfensters kann über **BEARBEITEN > ANZEIGE KOPIEREN** an die Windows-Zwischenablage übertragen und von dort weiterverarbeitet werden. Des Weiteren steht in der Werkzeugleiste **FORM DARSTELLEN** mit dem Befehl **STUDIO-BILD ERFASSEN** eine weitere Möglichkeit bereit, den Inhalt des Darstellungsfensters als Bilddatei zu speichern. Zudem stehen unter **DATEI > EXPORTIEREN** verschiedene Formate zur Verfügung, um Bilddateien auszugeben. Hierbei kann der aktuelle Hintergrund des Darstellungsfensters mit dem Schalter **WEISSEN HINTERGRUND VERWENDEN** ignoriert werden. Wird diese Option aktiviert, erzeugt das System eine Kopie des aktuellen Grafikbereiches mit entsprechendem weißem Hintergrund. Die aktiven Dialogfenster und Menüs im Grafikbereich werden temporär ausgeblendet und erscheinen damit nicht auf dem gespeicherten Bild.

**DATEI DRUCKEN
(FILE PRINT)**

Mit dem Befehl zum **DRUCKEN** wird der aktuelle Inhalt des Grafikbildschirmes auf dem gewählten Drucker ausgegeben. Auch bei dieser Funktion besteht die Möglichkeit, bei der schattierten Ausgabe einen weißen Hintergrund zu erzeugen.

2.6 Layer

Mithilfe der Layer-Technologie in NX können die Objekte einer Konstruktion verwaltet werden, um deren Sichtbarkeit zu steuern. Für die Erstellung von 3D-Modellen werden häufig Hilfsobjekte wie Achsen, Koordinatensysteme oder importierte Geometrie verwendet. Ist eine Konstruktion beendet und möchten Sie nur die Abschlussgeometrie eines 3D-Modells betrachten, sind diese Hilfsobjekte nicht relevant. Durch die Zuordnung zu einem Layer können mehrere Objekte auf einmal ausgeblendet werden, indem der entsprechende Layer ausgeschaltet wird. Es stehen über 256 Layer zur Verfügung, um die Sichtbarkeit von Objekten auf Teileebene zu verwalten.

Jedes Objekt wird einem Layer zugeordnet. In Abhängigkeit von der Sichtbarkeit eines Layers wird das Element im Darstellungsfenster angezeigt oder ausgeblendet.

Es ist äußerst sinnvoll, Klassen von Objekten den zuvor definierten Layern einheitlich zuzuordnen. Dadurch steigt die Übersichtlichkeit der Konstruktionen und das Zurechtfinden in fremden Modellen wird erleichtert. Es ist empfohlen, die Layer-Zuordnung von Objekten vor dem Beginn der ersten Konstruktion festzulegen, um einen einheitlichen Modellaufbau zu gewährleisten.

Die folgende Tabelle zeigt eine Möglichkeit der Layerzuordnung. Dabei wurden jeweils Bereiche von 20 Layern für eine Objektklasse verwendet. Sie haben dadurch die Möglichkeit, innerhalb einer Objektklasse die Konstruktionselemente nochmals zu unterscheiden. So können Sie z. B. jedes Objekt vom Typ Skizze auf einen separaten Layer legen, um bei der späteren Bearbeitung nur die gewünschte Skizze einblenden zu können.

Layerorganisation (Layer Management)

Kategorie	Beschreibung	Layerbereich
ALL	Alle Layer	1–256
01_KOERPER	Volumengeometrie	1–20
02_SKIZZEN	Parametrische Skizzen	21–40
03_KURVEN	Explizite Kurven	41–60
04_FLAECHEN	Flächengeometrie	61–80
05_REFERENZEN	Bezugsebenen und -vektoren	81–100
06_LINKS	Gelinkte Objekte	101–120
07_ZEICHNUNGEN	Rahmen, Stückliste	121–140
08_FEM	Finite-Elemente-Berechnungen	141–160
09_KINEMATIK	Bewegungsanalysen	161–180
10_CAM	Fertigungsdaten	181–200
11_CAQ	Qualitätssicherung	201–220
12_SCHWEISSEN	Schweißnähte	221–240
13_FREI	Zur freien Verfügung	241–256

Die Layer 1 bis 20 der Tabelle beinhalten die Volumengeometrie und damit das eigentliche Ergebnis der Konstruktion. Beim Abspeichern von Teilen sollten nur diese Layer sichtbar sein, um in der Vorschau beim Laden eine aussagekräftige Anzeige zu erhalten. Die Abbildung zeigt dazu ein Beispiel. Im linken Bild sind alle Layer aktiv, und somit werden alle Objekte dargestellt. Das rechte Bild zeigt nur das Volumenmodell. Alle anderen Layer sind nicht sichbar.

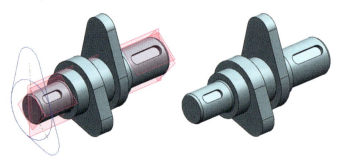

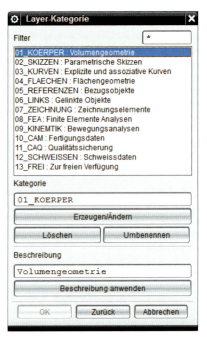

Da die Layer permanent bei der Konstruktion verwendet werden, ist es sinnvoll, die entsprechenden Icons in der Werkzeugleiste **DIENSTPROGRAMM** zu aktivieren

Um die Arbeit mit dem System zu vereinheitlichen, sollten Vorlagendateien verwendet werden, in denen die festgelegten Layergruppen enthalten sind. Damit können Sie und jeder andere Anwender sehen, welche Objektklassen zu welchem Layerbereich gehören.

Zur Organisation der Vorgaben wird der Befehl **LAYER-KATEGORIE** verwendet. Dabei werden für die verschiedenen Layerklassen der Name der **KATEGORIE**, die **BESCHREIBUNG** und mit **ERZEUGEN/ÄNDERN** der gültige Layerbereich festgelegt. Die Gruppierung wird mit der Datei gespeichert. Wenn man auf der Basis dieser Datei die Schablonen für den Befehl **NEU** generiert, besitzen alle Dateien die erstellten Layerinformationen.

LAYER-KATEGORIE (LAYER CATEGORY)

ARBEITS-LAYER (WORK LAYER)

Der Arbeits-Layer definiert die Zuordnung neu erstellter Objekte. Beim Start von NX ist Layer 1 der aktuelle Arbeits-Layer. Sollen neue Objekte einem anderen Layer zugeordnet werden, können Sie vor dem Erstellen einen neuen Ziellayer definieren. Dazu kann das Eingabefeld in der Werkzeugleiste **DIENSTPROGRAMM** verwendet werden. Dort wird der aktuelle Arbeits-Layer angezeigt. Durch die Eingabe einer neuen Layer-Nummer wird diese zum Arbeits-Layer. Mit dem dreieckigen Schalter neben dem Eingabefeld erfolgt eine Anzeige aller Layer mit Objekten. In dieser Liste können Sie den gewünschten Arbeits-Layer selektieren.

Durch den Befehl **AUF LAYER VER-SCHIEBEN** können Objekte auf einem neuen **ZIEL-LAYER** abgelegt werden. Dazu müssen Sie nach dem Aufruf des Befehls die entsprechenden Objekte selektieren. Anschließend wird ein Fenster angezeigt, in dessen oberem Feld der neue Layer eingegeben werden kann.

AUF LAYER VERSCHIEBEN (MOVE TO LAYER)

Alternativ können Sie den Befehl **OBJEKTDARSTELLUNG BEARBEITEN** verwenden. Dort finden Sie im Register **ALLGEMEIN** unter **BASISSYMBOL** den aktuellen **LAYER**. Dieser Wert kann entsprechend geändert werden.

Die Verwaltung der Layer erfolgt über das abgebildete Menü **LAYER-EINSTELLUNGEN**. Dieses besteht aus mehreren Bereichen.

Nach dem Aufruf des Befehls ist automatisch **OBJEKT AUSWÄHLEN** aktiv. Damit können Sie Objekte auswählen, um herauszufinden, welchem Layer diese zugeordnet sind.

Im nächsten Bereich können Sie einen neuen **ARBEITS-LAYER** eingeben.

Im Bereich **LAYER** wird durch das Aktivieren der **KATEGORIEANZEIGE** eine Liste mit verschiedenen Spalten generiert. Wenn Kategorien vorhanden sind, werden die Layer entsprechend gruppiert mit ihrem jeweiligen Status dargestellt. Dadurch ist eine sehr effektive Layerverwaltung möglich. Das Aussehen der Liste wird durch **MT3** auf eine Spaltenüberschrift verändert. Damit lässt sich beispielsweise die Spaltenanzeige konfigurieren.

Mit **ANZEIGEN** können Sie festlegen, dass nur die Layer angezeigt werden, denen Objekte zugeordnet sind. Damit werden alle leeren Layer ausgeblendet, und die Übersichtlichkeit steigt.

Grundsätzlich können sich die Layer in verschiedenen Zuständen befinden. Diese werden mit den Befehlen unter **LAYER-STEUERUNG** und durch die Aus-

LAYER-EINSTELLUNGEN (LAYER SETTINGS)

wahl in der Liste umgeschaltet. In der Layer-Liste erscheinen Symbole, die den jeweiligen Zustand darstellen. Im Folgenden sind die Umschalter und die entsprechenden Symbole zusammengefasst:

 AUSWÄHLBAR (SELECTABLE): Objekte sind sichtbar und selektierbar.

 UNSICHTBAR (INVISIBLE): Objekte sind unsichtbar.

 NUR SICHTBAR (VISIBLE ONLY): Objekte sind sichtbar, aber nicht selektierbar.

 ARBEIT (WORK): Objekte sind sichtbar und selektierbar. Neue Objekte werden auf diesem Layer abgelegt.

Den Zustand eines Layers können Sie im Bereich **LAYER-STEUERUNG** oder durch Verwenden des Kontextmenüs ändern. Das Kontextmenü wird mit **MT3** aktiviert. Für das gleichzeitige Anpassen mehrerer Layer wird die in Windows übliche Mehrfachauswahl mittels **STRG**- oder **SHIFT-TASTE** unterstützt.

Durch einen Doppelklick auf einen Layer in der Liste wird dieser zum Arbeits-Layer. Um den aktuellen Arbeits-Layer auszublenden, muss zunächst ein anderer Arbeits-Layer definiert werden.

Durch Setzen des Hakens in der Liste können Sie zwischen **AUSWÄHLBAR** und **UNSICHTBAR** umschalten. Dabei können auch ganze Layer-Gruppen durch Aktivieren des Hakens im Kästchen für die Kategorie umgestellt werden. Damit lassen sich z. B. alle Referenzobjekte mit einer Aktion ausblenden.

Im Feld **LAYER NACH BEREICH/KATEGORIE AUSWÄHLEN** besteht die Möglichkeit, die Zustände der Layer mit der Eingabe eines Bereiches durch Schnellumschaltung zu verändern. Dabei muss der vollständige Kategorie-Name oder die Layer-Nummer eingegeben werden.

Mit **KATEGORIEFILTER** kann ein Filter gesetzt werden. Durch die Eingabe eines Musters wie z. B. *02_** werden die angezeigten Kategorien entsprechend begrenzt und nur noch jene Kategorien, die mit »02_« beginnen, in der Liste angezeigt.

Durch Aktivieren der Option **ALLE VOR ANZEIGE EINPASSEN** unter **EINSTELLUNGEN** wird die Anzeige im Grafikbereich nach der Zustandsänderung eines Layers automatisch auf die sichtbaren Objekte angepasst.

LAYER IN ANSICHT SICHTBAR (VISIBLE IN VIEW)

Mit dem Befehl **LAYER IN ANSICHT SICHTBAR** können Sie den Zustand eines Layers für einzelne Ansichten steuern. Im entsprechenden Dialogfenster werden in einer Liste die verfügbaren Ansichten angezeigt. Durch die Selektion einer Ansicht können deren Layer-Einstellungen separat definiert werden.

Wenn beispielsweise eine Zeichnungsansicht erzeugt wurde, werden alle zum Zeitpunkt der Erstellung sichtbaren Layer dargestellt. Dabei sind meist nur die Layer mit Objekten der Zeichnung sichtbar. Ändert man später global die Sichtbarkeit der Layer, werden diese Änderungen nicht in die Zeichnungsansicht übernommen, sondern die expliziten Vorgaben der Ansicht werden angewendet. Um eine Zeichnungsansicht mit den globalen

Layer-Einstellungen zu aktualisieren, können Sie die entsprechende Ansicht auswählen und anschließend auf den Schalter **AUF GLOBAL ZURÜCKSETZEN** klicken.

Die Layer-Zuordnung für die einzelnen Konstruktionsobjekte kann zur Information als Spalte im **TEILE-NAVIGATOR** angezeigt werden.

2.7 Auswahl

In NX stehen grundsätzlich zwei Methoden zur Verfügung, um Objekte auszuwählen:

1. **Klassenauswahl:** Es wird zuerst ein Befehl aufgerufen. Die Objekte werden bei Bedarf selektiert. Dazu erscheint automatisch ein entsprechendes Dialogfenster.
2. **Globale Auswahl:** Die Objekte werden zuerst gewählt. Anschließend erfolgt der Aufruf des Befehls, der auf die selektierten Objekte angewendet wird.

Grundsätzliche Auswahlmethoden *(General Selection Methods)*

Bei beiden Methoden kann die **AUSWAHLLEISTE** verwendet werden, mit der Einstellungen für die Objektauswahl vorgenommen werden können.

Grundsätzlich wird die Auswahl mit **MT1** durchgeführt. Bewegt man den Mauszeiger über ein Objekt im Darstellungsfenster, wird dieses hervorgehoben. Diese Hervorhebung ist die Vorauswahl des Objekts. Für die Auswahl mit dem Mauszeiger besteht generell eine Toleranz. Diese Toleranz wird Fangbereich genannt. Die Größe des Fangbereichs ist durch einen Radius definiert, dessen Mittelpunkt auf der Spitze des Mauszeigers sitzt. Objekte, die sich innerhalb des Fangbereichs befinden, werden vorausgewählt und können durch Drücken von **MT1** ausgewählt werden. Zusätzlich zum Darstellungsfenster kann eine Auswahl auch im **TEILE-** oder **BAUGRUPPEN-NAVIGATOR** erfolgen.

Mit gedrückter **MT1** können mehrere Objekte zugleich ausgewählt werden. An dieser Stelle steht entweder ein Rechteck oder ein Lasso zur Verfügung, mit dem das Gebiet für die Auswahl festgelegt werden kann. NX selektiert die Objekte gemäß der eingestellten **REGEL FÜR DIE MEHRFACHAUSWAHL**. Beim Auswählen mehrerer Objekte arbeitet NX mit Listen, welche durch die Verwendung von Filtern noch reduziert werden können.

Ist ein Element ausgewählt, wird dies in der Auswahlfarbe angezeigt. Mit **MT1** können mehrere Objekte nacheinander ausgewählt werden. Um die Auswahl einzelner Objekte rückgängig zu machen, können Sie diese mit **SHIFT+MT1** wieder abwählen. Durch Drücken von **ESC** können Sie die Auswahl komplett abbrechen. Die verschiedenen Auswahlmethoden lassen sich kombinieren.

Auswahlleiste
(Selection Bar)

Alle Funktionen für die Auswahl sind in der **AUSWAHLLEISTE** zusammengefasst. Diese kann als Werkzeugleiste eingeschaltet werden. Ihre Position in der NX-Oberfläche wird im Register **LAYOUT** beim **ANPASSEN** der Arbeitsoberfläche festgelegt.

Des Weiteren können Sie an dieser Stelle die **AUSWAHLMINIATURLEISTE** einschalten. Diese ist die effektivste Form, die Auswahlfunktionen zu steuern. Die **AUSWAHLMINIATURLEISTE** wird zusammen mit dem Kontextmenü im Darstellungsfenster angezeigt.

Auswahlfilter
(Selection Filter)

Im Folgenden werden die wesentlichen Möglichkeiten der **AUSWAHLLEISTE** dargestellt. Zunächst erhalten Sie Informationen zu den allgemeinen Filterfunktionen.

Mit einem Auswahlfilter können Sie die Auswahl auf einen definierten Objekttyp filtern. So ist es zum Beispiel möglich, einen Auswahlrahmen um eine komplette Baugruppe zu ziehen und diese Auswahl auf Volumenkörper zu filtern. Das Ergebnis der Auswahl sind alle Volumenkörper der Baugruppe.

- **TYPENFILTER:** Nur Volumenkörper werden ausgewählt.

- **AUSWAHLBEREICH:** Filtert die Auswahl innerhalb der Komponenten einer Baugruppe.

- **LAYER-FILTER:** Es werden nur die Objekte des eingestellten Layers ausgewählt.

 DETAILLIERTES FILTERN: In einem Dialog können mehrere Filtertypen kombiniert werden.

 FARBFILTER: Es werden nur Objekte einer definierten Farbe ausgewählt.

 OBERSTE AUSWAHLPRIORITÄT: Es wird ein Objekttyp eingestellt, der bei der Auswahl primär gefangen wird. Außerdem wird damit die Reihenfolge in der QuickPick-Liste festgelegt. Die Selektion anderer Objektklassen ist weiterhin möglich.

 FILTER ZURÜCKSETZEN: Setzt alle Filteroptionen auf deren ursprünglichen Status zurück.

Neben den Filtern stehen weitere Befehle zur Unterstützung der Auswahl zur Verfügung. Die wesentlichen Möglichkeiten sind:

 ALLE AUSWÄHLEN: Alle Objekte, die auf dem Bildschirm sichtbar und selektierbar sind sowie dem Auswahlfilter entsprechen, werden gewählt.
Achten Sie darauf, dass sich alle Objekte im sichtbaren Grafikbereich befinden. Objekte außerhalb dieses Bereichs werden nicht erfasst. Deshalb ist es sinnvoll, vor dem Verwenden dieser Funktion den Befehl **EINPASSEN** auszuführen.

 AUSWAHL ALLER AUFHEBEN: Die Selektion aller ausgewählten Objekte wird aufgehoben.

 ALLES AUSSER AUSWAHL: Alle nicht gewählten Objekte werden ausgewählt.

 WIEDERHERSTELLEN: Nach dem Ausführen eines Befehls wird die Auswahl automatisch aufgehoben. Mit dem Icon werden die zuletzt selektierten Elemente wieder ausgewählt.

 IM NAVIGATOR SUCHEN: Die ausgewählten Objekte werden im Teile- bzw. Baugruppen-Navigator markiert.

 AUSWAHL AUSGEBLENDETER DRAHTMODELLE ERLAUBEN: Durch Aktivieren des Icons können auch Kanten und Kurven selektiert werden, die aufgrund des gewählten Anzeigemodus verborgen sind.

 MEHRFACHAUSWAHL VON VERDECKTEN KÖRPERN UND FLÄCHEN ZULASSEN: Ist das Icon aktiviert, werden Flächen unabhängig von ihrem Anzeigemodus selektiert.

 KANTEN SCHATTIERTER ANSICHTEN HERVORHEBEN: Im schattierten Modus wird bei ausgewählten Flächen zwischen der Anzeige der Kanten und der Flächen umgeschaltet.

 VERDECKTE KANTEN HERVORHEBEN: Mit diesem Befehl werden unsichtbare Kanten angezeigt, wenn diese selektiert wurden.

 MIT STRICHSTÄRKE – BREIT HERVORHEBEN: Die selektierten Objekte werden durch Aktivieren des Icons mit breiten Linien dargestellt, um sie deutlicher zu erkennen.

Im Folgenden werden einige Funktionen der Auswahlleiste ausführlicher dargestellt.

Der Befehl **KETTE** ist nach der Auswahl eines geeigneten Startelementes verfügbar. Mit dem Aktivieren des Befehls kann das Ende einer Auswahlkette angegeben werden. Dabei sind die jeweiligen Kontrollpunkte der Geometrieelemente zu beachten.

KETTE (CHAIN SELECTION)

Die Abbildung auf S. 68 zeigt einige Beispiele zur Verwendung der Auswahl-Option **KETTE**. Als Basis dient der Konturzug einer Büroklammer, der aus einzelnen Kurven besteht. Die roten Punkte stellen die Selektion mit **MT1** und die schwarzen Punkte die Selektion mit **MT2** dar. Die Zahlen geben die Reihenfolge der Auswahl und die Pfeile die Suchrichtung an.

Im ersten Beispiel soll nur ein Teil des Konturzuges selektiert werden. Dazu können Sie die Elemente einzeln anwählen. Dieser Vorgang ist aber relativ aufwendig, und es besteht die Gefahr, dass sehr kleine Elemente nicht erfasst werden.

Bei der Option **KETTE** erwartet NX zunächst die Festlegung des ersten Elements der Kette. Dazu selektieren Sie (wie im ersten Bild dargestellt) die Linie auf ihrer rechten Seite. Damit sind das erste Element der Kette sowie die Suchrichtung vorgegeben. Das letzte Element der Kette wählen Sie ebenfalls wie abgebildet aus. Durch Verwenden der Option **KETTE** werden auch alle dazwischenliegenden Elemente ausgewählt.

In einem weiteren Beispiel sollen alle Elemente des Konturzuges selektiert werden. Dazu wählen Sie das erste Element der Kette wie im ersten Beispiel. Das Ende wird durch Auswahl des letzten Elementes mit **MT1** festgelegt. Bei Konturzügen, deren Verlauf eindeutig ist, können Sie alternativ **MT2** im freien Darstellungsfenster verwenden. Das System sucht dann entlang der vorgegebenen Richtung, bis das Ende des Konturzuges erreicht ist.

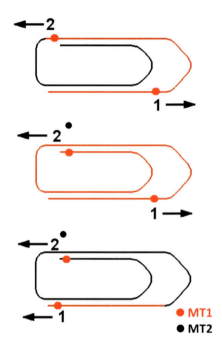

Das abschließende Beispiel zeigt eine falsche Selektion. Auch hier sollte der gesamte Konturzug gewählt werden. Das erste Element wurde jedoch auf der falschen Seite selektiert, sodass sich eine Suchrichtung ergibt, die vom Konturzug weg zeigt. NX findet in diesem Fall nur das erste Element.

MEHRFACH-AUSWAHL (MULTI-SELECT)

Für die **MEHRFACHAUSWAHL** kann ein **RECHTECK** oder ein **LASSO** zur Festlegung einer Grenze verwendet werden. Das Umschalten zwischen den beiden Möglichkeiten erfolgt über das Feld in der Werkzeugleiste. Dabei bleibt die zuletzt gewählte Einstellung für die folgenden Aktionen aktiv.

Bei der Verwendung des Befehls müssen Sie die eingestellte **MEHRFACHAUSWAHL**-REGEL beachten. Damit wird festgelegt, welche Objekte von der Selektion betroffen sind.

Sollten Kanten oder Flächen aufgrund der Grafikeinstellungen im Darstellungsfenster nicht angezeigt werden, können Sie deren Auswahl mit dem Befehl **AUSWAHL AUSGEBLENDETER DRAHTMODELLE ERLAUBEN** bzw. **MEHRFACHAUSWAHL AUSGEBLENDETER FLÄCHEN ERLAUBEN** steuern.

Die Abbildung auf S. 69 zeigt dazu ein Beispiel. Darin wird die Auswahlregel **INNEN/KREUZEND** verwendet. Die Selektion erfolgt mit einem **RECHTECK**, wobei als **TYPENFILTER FLÄCHE** aktiviert ist. Das linke Bild zeigt die Auswahl. Davon sind drei Flächen betroffen. Auf dem mittleren Bild wurde aber nur die sichtbare Fläche im Vordergrund selektiert. Das rechte Bild zeigt die Wirkung der **MEHRFACHAUSWAHL AUSGEBLENDETER FLÄCHEN ERLAUBEN**. In diesem Fall werden auch die momentan unsichtbaren Flächen angezeigt.

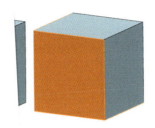

Festlegung von Auswahlfiltern aufzuru- **FILTER** verwendet. Durch Nutzung der hrere Filter in verschiedenen Typenklas- auf die gefilterten Objekte beschränkt.

**KLASSENAUSWAHL
(CLASS SELECTION)
AUSWAHLZWECK
(SELECTION INTENT)**

ionselemen-
.Funktiona-
Dazu müs-
GEL in der
zeigen die
en bei der

n Kurven,
ammenge-
ben, nach
verarbei-
weiterhin
iert.

...hen Daten des jeweiligen
ven- oder die Flächenregeln
Elemente wechselt die Dar-
dann folgende Bedeutung:

 Flächensammler ist aktiv.

legt.

Auswahl einer Kette zum Ende

Die Anwendung der Option soll an Beispielen verdeutlicht werden. Dazu erzeugen Sie zunächst ein Quader. Eine Kante dieses Bauteils soll verrundet werden. Nach Aufruf des Befehls zum Verrunden ist der Auswahlzweck für Kurven aktiv. Da nur eine Kante bearbeitet werden soll, wählen Sie diese mit der Regel **EINZELNE KURVE** aus und erzeugen anschließend die Verrundung wie abgebildet.

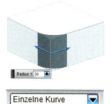

Danach sollen die tangential ineinander übergehenden Seiten des Bauteils abgeschrägt werden. Dazu rufen Sie den entsprechenden Befehl auf. Mit der Regel **TANGENTIALE FLÄCHEN** selektieren Sie die entsprechenden Seiten des Volumenkörpers gemeinsam und schrägen diese wie abgebildet ab. Anschließend bearbeiten Sie die Verrundung und wählen zusätzlich die auf dem nachfolgenden dritten Bild von links dargestellte Kante aus. Damit entstehen zwei neue tangentiale Flächen. Nach dem Ändern des Befehls für die Verrundung passen Sie die Schräge entsprechend an.

Werden bei der Erstellung der Schräge die drei tangentialen Flächen als Einzelflächen ausgewählt, ergibt sich zunächst das gleiche Konstruktionsergebnis. Beim späteren Hinzufügen der zweiten Verrundungskante werden die neuen Flächen mit der eingestellten Regel jedoch nicht erkannt und damit auch nicht abgeschrägt.

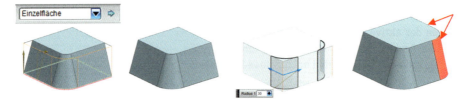

Die grundsätzlichen Auswahlmöglichkeiten für Flächen werden in den folgenden Abbildungen dargestellt. Dabei wird ein Bauteil verwendet, das mit verschiedenen Formelementen erzeugt wurde. In jedem Beispiel wurde nur die einzelne Fläche angeklickt. Im ersten Bild wurde die Option **EINZELFLÄCHE** verwendet. NX selektiert nur diese Fläche. Das zweite Bild von links zeigt die Wirkung der Option **TANGENTIALE FLÄCHEN**. Es werden alle tangential anschließenden Flächen ausgewählt. Im dritten Bild von links wurden mit der dargestellten Option nur die unmittelbar **BENACHBARTEN FLÄCHEN** gefunden. Die angeklickte Fläche selbst wird in diesem Fall nicht ausgewählt. Das ganz rechte Bild zeigt die Option **FORMELEMENTFLÄCHEN**. Mit dieser Option werden alle Flächen des Formelements »Verrundung« ausgewählt.

In Abhängigkeit vom aktiven Befehl werden weitere Flächenregeln und zusätzliche Icons aktiv. Dies betrifft insbesondere den Bereich der direkten Konstruktion. Die weiteren Auswahlregeln werden deshalb in Kapitel 6, »Synchrone Konstruktion«, behandelt.

Den Auswahlzweck können Sie im Grafikbereich innerhalb des aktiven Befehls durch Verwendung des dann verfügbaren Icons bzw. mit MT3 auf den bereits gewählten Elementen ändern. Diese Funktionalität steht sowohl bei der Selektion von Kanten und Kurven als auch bei der Wahl von Flächen zur Verfügung. Die folgenden Abbildungen zeigen die Optionen am Beispiel der Kurvenselektion.

Neben den Listen für die Auswahlfilter befinden sich weitere Icons, die in Abhängigkeit von der gewählten Vorgabe angezeigt werden. Die Funktion der Icons werden im Folgenden für die Kurvenauswahl erläutert:

 ANHALTEN BEI SCHNITTPUNKT: NX wählt die Elemente nach der eingestellten Regel und hält beim Erreichen von Schnittpunkten automatisch an.

 VERRUNDUNG FOLGEN: Wenn in verrundeten Bereichen die Kontur nicht eindeutig ist, weil sich noch weitere Kurven in diesem Gebiet befinden, folgt NX mit dem Aktivieren des Schalters der Verlauf der Verrundung.

 VERKETTUNG INNERHALB VON FORMELEMENT: Es werden bei der Wahl zusammenhängender Kurven nur die Objekte des Formelementes gewählt, zu dem die selektierte Kurve gehört.

 WEITERE: Damit wird ein Menü aufgerufen, mit dem die Kettenfunktion für die Auswahl aktiviert und die Toleranz für tangentiale Übergänge eingestellt werden kann.

Die folgenden Abbildungen zeigen einige Beispiele für die Anwendung von Auswahlfiltern in Kombination mit den Zusatzbefehlen. Als Basis dient ein Konturzug, aus dem eine Extrusion erzeugt werden soll. Dieser Kurvenzug ist nicht eindeutig. Dadurch gibt es mehrere Möglichkeiten, um geschlossene Bereiche zu erzeugen. Bei allen Varianten des Beispiels wird immer dieselbe Kurve ausgewählt. Diese ist mit einem roten Punkt gekennzeichnet.

Wenn die Regel auf **EINZELNE KURVE** steht, werden einzelne Elemente selektiert. Damit entsteht die auf dem ersten Bild dargestellte Fläche als Ergebnis der Extrusion.

Mit **TANGENTIALE KURVEN** werden automatisch alle Kurven, die tangential zum selektierten Element sind, ausgewählt. Der Kurvenzug ist nicht geschlossen, sodass sich wieder Flächen ergeben (siehe mittleres Bild).

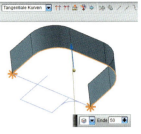

Die Regel **VERBUNDENE KURVEN** findet alle Kurven, die mit dem Ursprungselement verbunden sind. Wenn die zusätzlichen Icons nicht aktiv sind, erhält man die auf dem untersten Bild dargestellte geschlossene Kontur, deren Extrusion einen Körper ergibt.

Die folgenden Bilder zeigen einige Beispiele für die zusätzliche Nutzung der Icons. Dabei wurde grundsätzlich die Regel **VERBUNDENE KURVEN** gewählt.

Zunächst wurde zusätzlich das Icon **ANHALTEN BEI SCHNITTPUNKT** aktiviert. Damit sucht NX, ausgehend von dem selektierten Element, in beiden Richtungen nach verbundenen Kurven, bis ein Schnittpunkt gefunden wird oder das Ende des Kurvenzuges erreicht ist.

Zusätzlich wurde dann der Schalter **VERRUNDUNG FOLGEN** aktiviert. NX folgt dem Verlauf der Verrundung unter Beachtung der Schnittpunkte. Das Ergebnis ist die geschlossene äußere Kontur des Profils.

Punkt fangen
(Snap Point)

Bei der Arbeit mit NX wird oftmals die Angabe von Punkten benötigt, um bestimmte Operationen durchzuführen. Sie können dabei die erforderlichen Punkte durch die Eingabe von Koordinaten oder durch Selektion von Kontrollpunkten auf Flächen, Kurven oder Kanten festlegen. Das Fangen von Punkten ist ebenfalls in die **AUSWAHLLEISTE** integriert und erscheint bei Bedarf. Alternativ kann bei bestimmten Befehlen der Filter für das Fangen von Punkten im entsprechenden Dialogfenster gesetzt werden. Weiterhin besteht immer die Möglichkeit, den **PUNKT-KONSTRUKTOR** aufzurufen.

Linien und Kreisbögen verfügen über Kontrollpunkte an den Enden und in der Mitte. Kreisbögen besitzen zusätzlich noch einen Punkt im Zentrum. Kreise werden durch ihren Mittelpunkt und einen Punkt auf dem Radius definiert. Weiterhin ist die Wahl eines Quadrantenpunkts möglich.

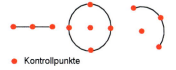

Kontrollpunkt
(Control Point)

Wenn das Fangen von Punkten aktiv ist, erfolgt eine Voranzeige auf den zu selektierenden Punkt, sobald sich dieser im Fangbereich des Cursors befindet. Die Symbole entsprechen in ihrer Darstellung den Icons der Auswahlleiste. Damit wird die gezielte Selektion unterstützt. Die folgenden Abbildungen zeigen einige Beispiele. Drücken Sie in diesem Zustand **MT1**, wird jeweils der entsprechende Punkt ausgewählt.

	Endpunkt der Linie
	Mittelpunkt der Linie
	Punkt auf der Linie
	Punkt im Kreismittelpunkt
	Punkt auf Quadrantenpunkt des Kreises

In der **AUSWAHLLEISTE** befinden sich die Filter für die verschiedenen Punkttypen, wobei mehrere Typen gleichzeitig aktiv sein können. Die Filter werden durch Drücken der Icons ein- und ausgeschaltet. Diese Icons besitzen folgende Bedeutungen:

 FANGPUNKT AKTIVIEREN: Die Funktionalität des Fangens von Punkten von Objekten wird grundsätzlich ein- bzw. ausgeschaltet.

 FÜR NÄCHSTEN PUNKT FANGEN: Mit dieser Option wird entsprechend der eingestellten Filter der am nächsten liegende Punkt gefangen, auch wenn dieser sich nicht im Bereich des Cursors befindet.

 ENDPUNKT: Endpunkte von Objekten werden gefangen.

 MITTE: Mittelpunkte von Objekten werden gefangen.

 KONTROLLPUNKT: Kontrollpunkte von Objekten werden gefangen.

 SCHNITTPUNKT: Schnittpunkte zweier Objekte werden gefangen.

BOGENMITTELPUNKT: Mittelpunkte von Kreisbögen werden gefangen.

QUADRANTENPUNKT: Quadrantenpunkte von Kreisen und Ellipsen werden gefangen.

VORHANDENER PUNKT: Nur bereits existierende Punkte werden gefangen.

PUNKT AUF KURVE: Ein beliebiger Punkt auf einer Kurve wird gefangen.

PUNKT AUF FLÄCHE: Ein beliebiger Punkt auf einer Fläche wird gefangen.

TANGENTENPUNKT: Damit werden Tangentenpunkte gefangen. Diese Option ist beim Bemaßen in der Zeichnungserstellung aktiv.

ZWEIKURVEN-SCHNITT: Der Schnittpunkt zweier Objekte wird gefangen. Für die Ermittlung des Punktes können die Objekte verlängert werden.

PUNKT-KONSTRUKTOR: Ruft das Dialogfenster zur Definition von Punkten auf.

PUNKT-KONSTRUKTOR (POINT CONSTRUCTOR)

Der Aufruf des **PUNKT-KONSTRUKTORS** kann aus der Auswahlleiste oder aus den entsprechenden Dialogfenstern erfolgen. Mit dem Punkt-Konstruktor können Koordinaten relativ zu einem Referenzkoordinatensystem eingegeben, vom Modell abgegriffen oder neu konstruiert werden.

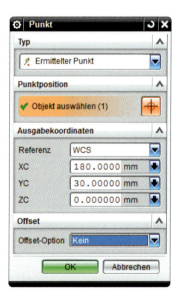

Im Dialog stehen, neben den bereits bekannten Filtern, weitere Optionen zur Verfügung. Der obere Bereich **TYP** enthält die verschiedenen Einstellungen, mit denen vorhandene Punkte selektiert werden können. Durch die Auswahl eines Typs wird auch hier ein Filter gesetzt. Dabei werden alle Optionen der Auswahlleiste, außer bei den Befehlen **ERMITTELTER PUNKT** und **ZWISCHEN ZWEI PUNKTEN**, deaktiviert.

Im Vergleich zur Auswahlleiste stehen erweiterte und zusätzliche Filter zur Verfügung. Die Erweiterungen und Zusätze werden im Folgenden beschrieben:

ERMITTELTER PUNKT: NX erkennt in Abhängigkeit von der Cursorposition die Auswahlabsicht und zeigt den Punkt-Typ in einer Voranzeige an. Die Filter der **AUSWAHLLEISTE** sind zusätzlich nutzbar.

BILDSCHIRMPOSITION: Die Position des Cursors wird in die aktuelle Arbeitsebene projiziert und dieser Punkt gewählt.

BOGEN-/ELLIPSEN-/KUGELMITTELPKT.: Zusätzlich zur Mitte von Bögen und Kanten werden auch Mittelpunkte von Kugeln/Kugelsegmenten gefangen.

WINKEL AUF BOGEN/ELLIPSE: Die **POSITION** eines Punktes kann mithilfe von Polarkoordinaten auf einem Bogen/einer Ellipse definiert werden.

 PUNKT AUF KURVE/KANTE: Die **POSITION** eines Punktes kann mit Regeln auf einer Kurve/Kante definiert werden.

 PUNKT AUF FLÄCHE: Die Position eines Punktes kann durch **U-** und **V-PARAMETER** definiert werden.

 PUNKT AUF BEGRENZTEM RASTER: Die Position des Punktes kann durch das Gitter im Darstellungsfenster definiert werden.

 ZWISCHEN ZWEI PUNKTEN: Die **POSITION** eines Punktes kann mit Regeln zwischen zwei bestehenden Punkten definiert werden.

 NACH AUSDRUCK: Die Position eines Punktes kann durch alle dem System bekannten Ausdrücke definiert werden. Zum Erstellen eines neuen Ausdruckes wird der Befehl **AUSDRUCK ERZEUGEN** verwendet.

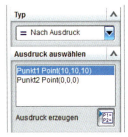

Im unteren Bereich des Dialogs können Punkte durch die Eingabe von **KOORDINATEN** bestimmt werden. Diese Werte beziehen sich entweder auf das absolute oder das Arbeitskoordinatensystem.

OFFSET erlaubt die Angabe von Punkten mit Versatz zu einem ausgewählten Bezugspunkt.

Werden Punkte unter Bezug zu vorhandener Geometrie bestimmt, sind diese assoziativ. Damit verhalten sich die abhängigen Objekte entsprechend.

Im abgebildeten Beispiel soll der Mittelpunkt einer Kugel festgelegt werden. Dazu verwenden Sie im **PUNKT-KONSTRUKTOR** den **TYP ZWISCHEN ZWEI PUNKTEN**. Anschließend wählen Sie die dargestellten Eckpunkte aus. Mit der **POSITION** von 50 % befindet sich der Ursprungspunkt der Kugel in der Mitte der Verbindungslinie zwischen den Eckpunkten. Diese Lage bleibt auch bei Änderungen erhalten. Damit befindet sich die Kugel immer in der Mitte der Quaderfläche.

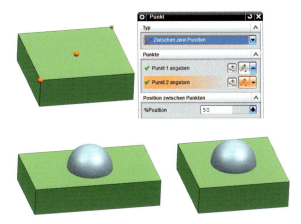

**QUICKPICK
(QUICKPICK)**

Die grundsätzliche Arbeitsweise des Auswahlalgorithmus in NX können Sie sich in Form eines Lichtstrahles, der den Durchmesser des Fangkreises besitzt, vorstellen. Dieser Lichtstrahl fällt an der Stelle des Cursors senkrecht auf den Bildschirm und durchdringt alle Objekte in der Tiefe. Das Objekt, das sich am nächsten zu Ihnen befindet, wird zunächst ausgewählt. Dabei müssen Sie die eingestellte Auswahlpriorität beachten. Wenn Sie kurze Zeit auf dem vorselektierten Objekt verweilen, werden am Cursor drei Punkte angezeigt. Durch Drücken von **MT1** verschwindet der Fangbereich, und an seiner Stelle wird das abgebildete Quick-Pick-Fenster dargestellt. Alternativ können Sie **MT1** gedrückt halten und nach dem Erscheinen der Punkte loslassen. Die Wartezeit bis zur Anzeige des QuickPick-Menüs stellen Sie unter **VOREINSTELLUNGEN > AUSWAHL > QUICKPICK > VERZÖGERUNG** ein. Zur Arbeit mit der QuickPick-Funktion müssen Sie den Schalter **QUICKPICK BEI VERZÖGERUNG** aktivieren.

Wenn sich im Fangbereich des Cursors mehrere Objekte befinden, werden diese im Fenster aufgelistet, wobei die Elemente der aktuellen Auswahlpriorität am Anfang stehen. Die einzelnen Objekte werden im Darstellungsfenster hervorgehoben, sobald Sie in der Liste mit dem Cursor darauf zeigen. Die Auswahl ist dann mit **MT1** möglich. Um die QuickPick-Aufwahl zu beenden, können Sie das Fenster schließen oder **ESC** drücken.

Mit den Icons im oberen Bereich des QuickPick-Dialogs können die Objekte gefiltert werden. Nachfolgend finden Sie eine Erläuterung der Icons:

 ALLE OBJEKTE: Alle Objekte im Fangbereich des Cursors werden angezeigt.

 KONSTRUKTIONSOBJEKTE: Es werden nur Bezugsobjekte, Skizzenelemente und Kurven angezeigt.

 FORMELELEMENTE: Elemente, die zu einem Formelelement gehören, werden angezeigt.

 KÖRPEROBJEKTE: Elemente, die zu einem Körper gehören, werden angezeigt.

 KOMPONENTEN: Elemente, die zu einer Baugruppe gehören, werden angezeigt.

 BESCHRIFTUNGEN: Produkt- und Fertigungsinformationen werden angezeigt.

Die QuickPick-Auswahl kann auch im Zusammenhang mit der globalen Einstellung des Typenfilters verwendet werden. Diese wirkt dann wie ein Vorfilter.

Eine große Hilfe ist die QuickPick-Auswahl beim Auswählen verdeckter Elemente wie z. B. verdeckte Körperkanten oder Flächen.

Die beschriebenen Auswahlmöglichkeiten können verwendet werden, um zunächst die gewünschten Objekte zu selektieren und anschließend die entsprechenden Befehle durch Auswahl des Icons oder mit einem Kontextmenü zu starten oder bei der Erstellung des Modells verwendete Formelemente zu modifizieren.

Globale Auswahl
(Global Select)

Dieses Vorgehen wird an einem Beispiel erläutert. Dazu dient ein Quader, an dem zunächst zwei Kanten verrundet werden sollen. Der **TYPENFILTER** steht auf **ALLE**. Selektieren Sie die Kanten und klicken Sie mit **MT3** auf die ausgewählten Objekte. Dann erscheint ein Popup-Menü, das die möglichen Funktionen anzeigt. Mit dem Befehl **AUS LISTE AUSWÄHLEN** können Sie die QuickPick-Auswahl starten. Im Menü wählen Sie **VERRUNDUNG** und führen die Operation durch.

Diese Verrundung ist ein Formelement. Möchte Sie nun die Parameter dieser Verrundung ändern, können Sie die Auswahlpriorität auf **FORMELEMENT** setzen und anschließend die Verrundung am Modell mit Doppelklick auswählen. Dadurch wird der Dialog, mit dem das Formelement definiert wurde, wieder geöffnet und erlaubt so die Modifikation der einzelnen Parameter. Durch Verlassen des Dialogs mit **OK** wird das Modell mit den neuen Parametern aktualisiert.

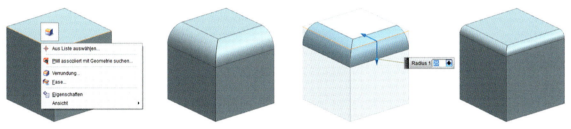

Durch Drücken und Halten von **MT3** können Sie ein radiales Popup-Menü aktivieren. Die verfügbaren Optionen sind abhängig vom gewählten Objekt und können durch Zeigen ausgewählt und durch Loslassen von **MT3** gestartet werden.

Bei Aktivierung des Menüs in einem freien Bereich des Darstellungsfensters stehen verschiedene Darstellungsoptionen zur Verfügung.

RADIALES POPUP
(RADIAL POP-UP)

■ 2.8 Löschen, Rückgängig, Wiederherstellen und Wiederholen

Beim Löschen müssen Sie zwischen geometrischen Objekten wie Volumenkörpern, Flächen und Kurven und Formelementen unterscheiden. Die Auswahl der zu löschenden Objekte kann im Darstellungsfenster oder im Navigator erfolgen. Nach Auswahl ist das Löschen mit dem Icon oder durch Drücken der **ENTF**-Taste möglich.

LÖSCHEN (DELETE)

Wenn zuerst das Icon zum Löschen gewählt wird, müssen anschließend die Objekte ausgewählt werden. Weiterhin können Objekte im **TEILE-NAVIGATOR** selektiert und entfernt werden.

Sind weitere Objekte vom zu löschenden Objekt abhängig, so erscheint eine Benachrichtigung als Hinweis. Abhängige Objekte werden ebenfalls gelöscht. Es kann sinnvoll sein, vor dem Löschen eine Sicherungskopie des Objekts zu erstellen, um Datenverlust zu vermeiden. Innerhalb einer aktiven NX-Sitzung kann das Löschen rückgängig gemacht werden.

RÜCKGÄNGIG, WIEDERHERSTELLEN (UNDO, REDO)

Aktionen in NX werden in einem Sitzungsjournal protokolliert. Mit den Befehlen **RÜCKGÄNGIG** und **WIEDERHERSTELLEN** können Sie in diesem Journal vor und zurück navigieren, um die jeweiligen Zustände zu aktivieren. Somit können Sie eine protokollierte Aktion wie z. B. das Löschen **RÜCKGÄNGIG** machen.

Mit **BEARBEITEN > LISTE DER RÜCKGÄNGIG-AKTIONEN** öffnen Sie das Journal, das alle Befehle enthält, die rückgängig gemacht werden können. Durch die Auswahl eines Eintrages im Journal springt NX in den Zustand vor der Ausführung der Aktion zurück. NX unterstützt die Standard-Windows-Tastenkombinationen STRG+Z und STRG+V.

BEFEHL WIEDERHOLEN (REPEAT)

Das Drop-down-Menü **BEFEHL WIEDERHOLEN** besteht aus einer Liste der zehn zuletzt ausgeführten Befehle. Durch Auswahl aus der Liste kann ein Befehl wiederholt werden. Alternativ kann der zuletzt ausgeführte Befehl mit der Taste **F4** aufgerufen werden.

■ 2.9 Objektdarstellung

OBJEKT-DARSTELLUNG BEARBEITEN (EDIT OBJECT DISPLAY)

Die Darstellung einzelner Objekte kann mit dem Dialog **OBJEKTDARSTELLUNG BEARBEITEN** gesteuert werden.

Im Bereich **BASISSYMBOL** können die Zuordnung zu einem Layer, die Farbe, der Linientyp sowie dessen Breite definiert werden. Die Anzeige dieser Breite im Darstellungsfenster erfolgt nur, wenn unter **VOREINSTELLUNGEN > VISUALISIERUNG > LINIE > STRICHSTÄRKE ANZEIGEN** aktiviert ist.

Im Bereich **SCHATTIERTE ANZEIGE** kann mithilfe des Schiebereglers für die Durchsichtigkeit eine gewünschte Transparenz definiert werden.

TEILWEISE SCHATTIERT und **FLÄCHENANALYSE** steuern die Sichtbarkeit des Objekts in den entsprechenden Darstellungsmodi.

Im Bereich der **DRAHTMODELLANZEIGE** kann die Anzahl der U- und V-Linien definiert werden, die in der Darstellung als **STATISCHES DRAHTMODELL** sichtbar wird. In Abhängigkeit von den eingegebenen Werten werden Flächen mit einem entsprechenden Linienraster versehen. Die Optionen **POLE** bzw. **KNOTEN ANZEIGEN** werden bei der Auswahl entsprechender Kurven aktiv.

Unter **EINSTELLUNGEN** befindet sich der Befehl **AUF ALLE FLÄCHEN ANWENDEN**. Mit diesem können die Einstellungen des Körpers auf alle Körperflächen übertragen werden.

Der Schalter **ÜBERNEHMEN** erlaubt es, die Einstellungen von einem anderen Objekt zu übertragen.

Um die Darstellung weiterer Objekte zu bearbeiten, kann der Schalter **NEUE OBJEKTE AUSWÄHLEN** verwendet werden.

Die folgende Abbildung zeigt einige Beispiele für die Änderung von Objekteigenschaften.

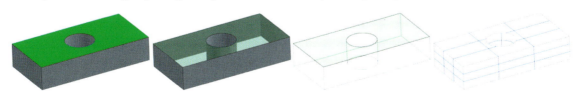

Von links nach rechts: Deckfläche gefärbt, 90 % Transparenz, teilweise schattiert, U-V-Linien

2.10 Vektoren

Vektoren definieren
(*Vector Definition*)

Zur Festlegung von Vektoren können verschiedene Objekte dienen. Häufig werden Kurven oder Körperkanten verwendet. Dabei müssen deren Kontrollpunkte beachtet werden. Das linke Bild zeigt eine Linie mit ihren drei Kontrollpunkten. Wird diese Linie bei der Definition eines Vektors auf ihrer linken Seite selektiert, zeigt der Vektor auch in diese Richtung. Bei der Auswahl der rechten Seite wechselt die Richtung entsprechend.

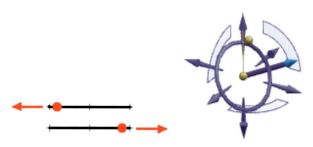

OrientXpress

Die Definition eines Vektors erfolgt im jeweiligen Dialog über den Eintrag **VEKTOR ANGEBEN**. NX bietet zunächst einen Vektor an, der im Grafikbereich dargestellt wird. Zudem erfolgt die Anzeige des OrientXpress (siehe rechtes Bild). Der OrientXpress ist ein Achsensystem in blauer Farbe, das die Orientierung des aktuellen Koordinatensystems übernimmt. Durch Auswahl einer Achse am OrientXpress kann die Richtung des Vektors bestimmt werden.

Zudem stehen im Dialog **OPTIONEN** zur Verfügung, mit denen Objekte im Darstellungsfenster für die Definition des Vektors verwendet werden können.

 Die Richtung können Sie durch Doppelklick auf den angezeigten Vektor oder mit dem Icon **RICHTUNG UMKEHREN** wechseln.

**VEKTOR-
KONSTRUKTOR
(VECTOR
CONSTRUCTOR)**

Mit dem **VEKTOR-KONSTRUKTOR** wird der Dialog zur Bestimmung von Vektoren aufgerufen. Hier befinden sich im Bereich **TYP** die Optionen zur Festlegung bestimmter Methoden, mit denen Vektoren auf der Basis vorhandener Objekte festgelegt werden können.

Diese Icons besitzen die folgenden Bedeutungen:

 ERMITTELTER VEKTOR: In Abhängigkeit von den selektierten Elementen versucht das System automatisch, den passenden Vektor zu finden.

 ZWEI PUNKTE: Es werden zwei Punkte festgelegt, die den Vektor definieren. Der Vektor zeigt dabei vom ersten zum zweiten Punkt.

 BEI WINKEL ZU XC: In der XC-YC-Ebene des Arbeitskoordinatensystems wird ein Vektor in einem einzugebenden Winkel zur XC-Achse definiert.

 KURVE/ACHSENVEKTOR: Durch Wahl von Bezugsachsen, Kanten oder Kurven wird ein Vektor festgelegt, der parallel dazu verläuft. Werden Kreise oder Kreisbögen selektiert, wird durch deren Mittelpunkt ein Vektor senkrecht zur Bogenfläche generiert.

 AUF KURVENVEKTOR: Der Vektor resultiert aus der Orientierung an einem Punkt einer selektierten Kante oder Kurve. Mit **ALTERNATIVE LÖSUNG** können verschiedene Ausrichtungen und unter **POSITION** kann der Vektorursprung festgelegt werden.

 FLÄCHEN-/EBENENNORMALE: Der Vektor ergibt sich normal zur ausgewählten Fläche. Zusätzlich kann ein externer Punkt angegeben werden, an dem der Vektor beginnt, aber weiter normal zur Fläche orientiert ist.

 ANSICHTSRICHTUNG: Erzeugt einen Vektor, der parallel zur aktuellen Blickrichtung verläuft.

 NACH KOEFFIZIENT: Dieser Befehl erlaubt die Definition eines Vektors durch Eingabe von Koordinatenwerten. Diese beziehen sich auf ein kartesisches oder Kugelkoordinatensystem. Bei der Verwendung kartesischer Koordinaten entsprechen die Achsen des WCS den Richtungen I, J und K.

 NACH AUSDRUCK: Es wird ein vorhandener oder neuer Ausdruck zur Definition des Vektors verwendet.

 FESTGELEGT: Mit dem Befehl wird der Vektor fixiert.

Die weiteren Icons erzeugen jeweils einen Vektor in Richtung der entsprechenden Achse des WCS.

Wird zur Bestimmung eines Vektors vorhandene Geometrie referenziert, so sind die Richtungen und die damit definierten Elemente assoziativ.

■ 2.11 Koordinatensysteme

NX besitzt ein *absolutes Koordinatensystem* und ein *Arbeitskoordinatensystem*, das sogenannte WCS (**W**ork **C**oordinate **S**ystem). Weiterhin werden bei der Erstellung von Formelementen und Skizzen spezielle Systeme verwendet.

Während das absolute Koordinatensystem fixiert ist, kann das WCS beliebig verschoben und gedreht werden. Die Achsen des WCS werden mit XC, YC und ZC bezeichnet. Zur Arbeit mit dem WCS stehen Befehle in der Werkzeugleiste **DIENSTPROGRAMM** zur Verfügung. Diese werden im Folgenden erläutert.

Arbeitskoordinatensystem *(Work Coordinate System, WCS)*

WCS SPEICHERN (SAVE WCS)

Das WCS dient zur Orientierung im Raum und wird bei der Arbeit mit NX häufig in seiner Lage verändert. Wenn Sie Positionen des WCS sichern möchten, können Sie das WCS speichern. In diesem Fall erzeugt NX an der aktuellen Position ein gespeichertes Koordinatensystem mit den Achsenbezeichnungen X, Y und Z. Es ist sinnvoll, die gespeicherten Systeme auf den Layern für Referenzobjekte abzulegen, um bei Bedarf die Sichtbarkeit steuern zu können. Das WCS und die gespeicherten Koordinatensysteme werden in der Teiledatei gesichert. Die gespeicherten Koordinatensysteme lassen sich wie gewöhnliche Objekte löschen, wobei ihre Selektion im Ursprung erfolgen muss.

Die folgende Abbildung zeigt die Darstellung verschiedener Arten von Koordinatensystemen.

  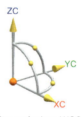

WCS   Gespeichertes WCS   Dynamisches WCS

WCS ANZEIGEN (SHOW WCS)

NX verwendet häufig die Bezeichnungen horizontal und vertikal. Horizontal bedeutet parallel zur XC-Achse und vertikal parallel zur YC-Achse.

Die Darstellung des WCS im Grafikfenster kann mit dem Befehl **WCS ANZEIGEN** ein- bzw. ausgeschaltet werden. Alternativ kann die Taste **W** verwendet werden.

WCS ORIENTIEREN (WCS ORIENT)

Um das WCS auf ein gespeichertes Koordinatensystem zu positionieren, steht der Befehl **WCS ORIENTIEREN** zur Verfügung. Im Dialog steht hierfür der **TYP KSYS-AUSWÄHLEN** bereit.

WCS URSPRUNG (WCS ORIGIN)

Bei Beginn einer Konstruktion stimmt das WCS mit dem absoluten Koordinatensystem überein. Wird das WCS in der Folge verschoben, ist der Ursprung des absoluten Koordinatensystems nicht mehr sichtbar. Sie können an dieser Stelle ein Bezugskoordinatensystem erzeugen, um die Information über den absoluten Nullpunkt jederzeit verfügbar zu haben. Des Weiteren besteht die Möglichkeit, das WCS auf das absolute Koordinatensystem auszurichten. Hierfür steht der Befehl **WCS URSPRUNG** zur Verfügung.

WCS-DYNAMIK (WCS DYNAMICS)

Um die Lage und Position des WCS auf einfache Weise zu ändern, kann das WCS in den dynamischen Modus versetzt werden. Dieser Modus wird durch das entsprechende Icon oder mit einem Doppelklick auf das WCS aktiviert. Aus dem WCS wird dann das dynamische WCS. Mithilfe von Handles ist die freie Verschiebung und Rotation durch Drücken und Halten von **MT1** möglich.

Beim freien Verschieben des Ursprungs sind in der Auswahlleiste die Optionen zum Fangen von Punkten aktiv. Damit kann der Ursprung gezielt an bestimmten Punkten abgesetzt werden. Die Orientierung wird beim Verschieben des Ursprunges nicht verändert.

Weiterhin kann die Verschiebung des WCS auch durch die Eingabe eines **ABSTANDS** erfolgen. Der **ABSTAND** gibt die Entfernung zum ursprünglichen Nullpunkt an. Durch Doppelklick auf die Pfeilspitze wird die Verschiebungsrichtung umgekehrt. Der Wert im Feld **FANGEN** definiert die Schrittweite in einem virtuellen Raster. Dieses Raster erleichtert die exakte Positionierung beim Rotieren oder Verschieben. In

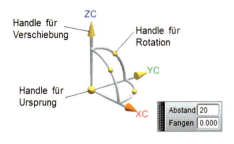

gleicher Weise ist die Rotation um die Achsen des WCS möglich. Sie können die Achsen des WCS an vorhandenen Objekten ausrichten, indem Sie zuerst die Achse und danach ein Referenzelement wählen. Auch die Verwendung des **VEKTOR-KONSTRUKTORS** ist hier möglich. Das Positionieren des WCS wird mit **MT2** beendet.

■ 2.12 Filmaufzeichnungen

Darüber hinaus steht Ihnen auch die Werkzeugleiste **FILM** zur Verfügung. Damit können Interaktionen mit dem System in einer .*avi*-Datei aufgezeichnet werden. Diese Aufnahmen können beispielsweise verwendet werden, um Präsentationen durchzuführen, Schulungsunterlagen zu erstellen oder Fehler zu dokumentieren. Die Filme eignen sich besonders, um den Zusammenbau von Baugruppen zu zeigen. Hierfür steht ein Exportbefehl bei den **BAUGRUPPENSEQUENZEN** zur Verfügung.

FILM AUFZEICHNEN (MOVIE CAPTURE)

Die Icons in der Werkzeugleiste **FILM** besitzen folgende Funktionen:

 FILM AUFZEICHNEN: Die Aufzeichnung wird gestartet. Der Speicherort für die .*avi*-Datei kann definiert werden.

 FILMAUFZEICHNUNG PAUSIEREN: Die Aufzeichnung wird unterbrochen.

 FILMAUFZEICHNUNG ANHALTEN: Die Aufzeichnung wird abgeschlossen, und die entsprechende .*avi*-Datei wird generiert.

 EINSTELLUNGEN FÜR DIE FILMAUFZEICHNUNG: Definition von Erfassungsbereich, Kompressionsverfahren und Wiedergabegeschwindigkeit.

3 Historienbasierte 3D-Modelle

3.1 Grundlagen

3.1.1 Arbeitsumgebung

Die Anwendung **KONSTRUKTION** ermöglicht das Erzeugen und Ändern von 3D-Modellen. Nach Aufruf über **START > KONSTRUKTION** erscheinen die entsprechenden Befehle. Neben Volumenkörpern können Sie auch Freiformflächen erzeugen. Die Arbeit mit Flächen wird hier jedoch nicht weiter beschrieben.

KONSTRUKTION (MODELING)

Die Abbildung zeigt die Standard-Werkzeugleisten mit den Icons zur Modellierung von Körpern. Diese können mit zusätzlichen Icons ergänzt werden. In den folgenden Abschnitten werden Funktionen zum Erstellen und Ändern von Volumenkörpern beschrieben.

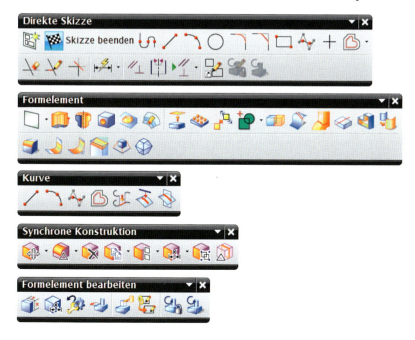

Die Funktionalität der Kurvenbefehle wird teilweise im Zusammenhang mit der Skizzenerstellung dargestellt. Ein großer Teil dieser Kurvenbefehle ist nicht parametrisch. Es können geometrischen Größen, wie z. B. die Länge einer Linie, eingegeben und anschließend modifiziert werden. Diese Änderung ist aber nur über den Aufruf der Kurve und nicht über zentrale Parameter möglich. Man spricht deshalb auch von expliziten Kurven.

Weiterhin besitzen die expliziten Kurven keine geometrischen Randbedingungen, welche die Orientierung zu Nachbarelementen herstellen. Die Funktionalität der expliziten Kurven ist sehr umfangreich und hat für eine Reihe von Anwendungen, insbesondere bei der Modellierung von Freiformflächen, ihre Bedeutung.

Mit assoziativen Kurvenbefehlen können Kurven mit Bedingungen zu vorhandenen Objekten erzeugt werden. Diese Kurven werden über Parameter gesteuert. Die Funktionen sind in Abschnitt 3.7 erläutert.

Die Befehle der synchronen Konstruktion dienen u. a. der nachträglichen Parametrisierung von 3D-Modellen und dem einfachen Ändern von Bauteilen. Diese Befehle sind z. B. hilfreich, wenn Körper über neutrale Schnittstellen aus einem anderen CAD-System in NX importiert wurden. Die synchrone Konstruktion wird aufgrund ihres Umfangs in einem separaten Kapitel (Kapitel 6) behandelt.

3.1.2 Allgemeines zum Erzeugen von Körpern

NX bietet mehrere Möglichkeiten, um 3D-Geometrien zu erstellen. Normalerweise verwendet man die einzelnen Konstruktionselemente kombiniert, um das gewünschte Ziel zu erreichen. Komplexe Geometrien werden dabei in einfache Bausteine zerlegt und schrittweise aufgebaut. Während der Erstellung werden die einzelnen Schritte von NX gespeichert und können jederzeit wieder aufgerufen werden. Es ergeben sich Abhängigkeiten zwischen den Objekten, die auch als Eltern-Kind-Beziehungen bezeichnet werden (**HISTORIEN-MODUS**).

Die Abbildung zeigt einen Körper, der aus einem **QUADER** mit einem **KNAUF** besteht. Dabei ist der Quader das übergeordnete Element. Der Knauf benötigt eine Fläche, auf der er abgelegt wird. In diesem Fall ist es die orange gefärbte Quaderfläche. Diese Angabe ist unbedingt erforderlich. Der Knauf ist jetzt assoziativ zur Quaderfläche. Damit wird er bei Änderungen des Quaders entsprechend angepasst.

Weiterhin wird der Knauf in Bezug zum Quader positioniert. Dazu werden die Abstände von zwei Quaderkanten zur Knaufmitte verwendet. Die Angabe der Position ist nicht zwingend erforderlich. Werden hier keine Parameter definiert, erzeugt das System den Knauf an der Stelle, an der die Platzierungsfläche selektiert wurde. Die Positionsparameter können auch nachträglich vergeben werden. Die

Abhängigkeiten und Parameter werden im **TEILE-NAVIGATOR** angezeigt und können dort bearbeitet werden.

Bei der Erzeugung und Änderung von Modellen ist zu beachten, dass das System die Befehle in der zeitlichen Reihenfolge ihrer Entstehung abarbeitet.

In NX stehen verschiedene Arten von Konstruktionselementen zur Verfügung. Am Beispiel der Konstruktion eines T-Trägers sollen die grundsätzlichen Möglichkeiten der 3D-Modellierung dargestellt werden:

In der *ersten Variante* wird das Volumenmodell aus Grundkörpern, Formelementen und Operationen aufgebaut. Dazu wird zuerst ein **QUADER** als Grundkörper erzeugt. Dieser Quader wird im Raum platziert und seine Größe über Parameter festgelegt. Danach wird das Formelement **POLSTER** verwendet, um den Steg des T-Profils zu generieren. Dieses Formelement orientiert sich in seiner Lage am Quader und wird über eine entsprechende Bemaßung zu ihm positioniert. Mit dem Beenden des Befehls erfolgt ein Vereinigen zur neuen Geometrie.

Zum Schluss wird eine Verrundung über die Operation **KANTENVERRUNDUNG** erzeugt. Dazu sind die Selektion der entsprechenden Kanten und die Eingabe des Radius erforderlich. Der erzeugte Körper ist voll parametrisch, und die einzelnen Objekte sind zueinander assoziativ.

Der **TEILE-NAVIGATOR** zeigt die drei Erstellungsschritte an. Eine Änderung kann nur im entsprechenden Element vorgenommen werden. So wird z. B. die Wandstärke des Steges im zweiten Eintrag verwaltet.

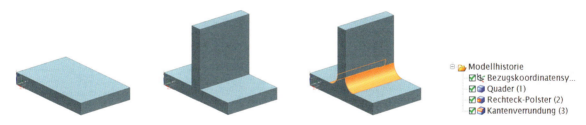

Der Vorteil dieser Vorgehensweise besteht in der einfachen Verfügbarkeit von Basisgeometrien. Ein Nachteil ist, dass bei komplexeren Bauteilen viele Einzelschritte, die aufeinander aufbauen, notwendig sind.

In der *zweiten Variante* wird das T-Stück unter Nutzung von Referenzobjekten, Skizzen und Ziehfunktionen aufgebaut. Dazu wird der Querschnitt des Profils in einer **SKIZZE** erzeugt. Für die Orientierung der Skizze werden zwei **BEZUGSACHSEN** und eine **BEZUGSEBENE** benötigt. Diese orientieren sich am WCS.

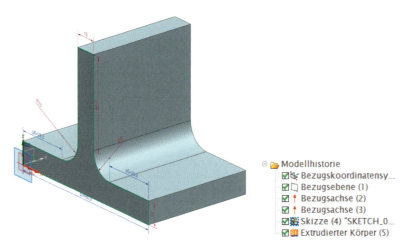

Die vollständig parametrische Skizze enthält alle relevanten Maße und geometrischen Bedingungen. Nach Fertigstellung wird die Skizze um die Länge des Profils durch den Raum gezogen, und man erhält einen extrudierten Körper. Die Änderung dieser Geometrie ist einfach, da der gesamte Querschnitt in der Skizze verwaltet und nur die Längenausdehnung über die Extrusion gesteuert wird. Auch bei diesem Körper sind alle Elemente parametrisch.

Die *dritte Variante* verwendet Kurven und die Extrusion zum Erstellen des Bauteiles. Der Querschnitt wird dabei vollständig durch explizite Kurven erzeugt, welche einzeln im Raum definiert werden. Sind alle Elemente generiert, erfolgt die Extrusion, und es entsteht ein T-Profil. Der Teile-Navigator zeigt in diesem Fall nur den Eintrag für die Extrusion. Die Kurven tauchen in der Historie nicht als Element auf.

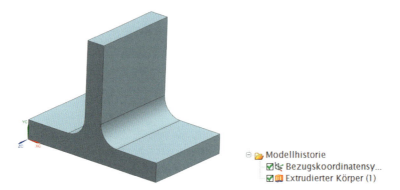

Wollen Sie Änderungen am Querschnitt vornehmen, so muss die entsprechende Kurve editiert werden. Wichtig ist dabei, die Auswirkungen auf die benachbarten Objekte zu beachten.

Die Abbildung zeigt eine Kurve des Profils, deren Länge bearbeitet wurde.

Auch wenn durch Änderung assoziativer oder nicht-assoziativer Kurven ein offenes Profil entsteht, wird vom System eine Extrusion ausgeführt.

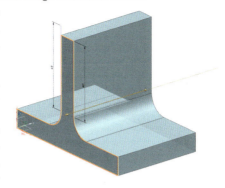

Wir empfehlen, die Konstruktion mit einem Basiselement zu beginnen. Dazu können Sie einen Grundkörper oder besser eine Skizze mit einer entsprechenden Ziehfunktion verwenden. Anschließend wird mit Formelementen oder auf der Basis von Skizzen Material hinzugefügt bzw. entfernt. Bohrungen, Rundungen und Fasen sollten Sie zum Schluss erzeugen.

3.1.3 Boolesche Operationen

Mit booleschen Operationen wird aus einzelnen Körpern ein Bauteil gebildet. Dadurch entstehen Schnittkanten und neu begrenzte Oberflächen. Boolesche Operationen sind in einigen Befehlen wie Bohrung, Extrude etc. integriert und erscheinen in deren Dialogen automatisch, sobald ein Körper vorhanden ist und ein neuer Körper erzeugt wird.

Boolesche Operationen können Sie aber auch separat im Dropdown-Menü des Icons **VEREINIGEN** in der Werkzeugleiste **FORMELEMENTE** aufrufen.

Bei der booleschen Operation gibt es folgende Typen:

Ein Quader und ein Zylinder werden als separate Körper mit der Option **KEINE** erstellt.

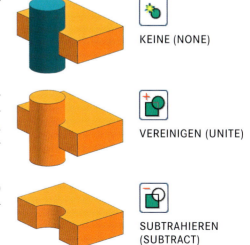

Durch **VEREINIGEN** wird aus den sich durchdringenden Objekten ein neuer Körper. Der Quader wird in diesem Fall als Zielkörper und der Zylinder als Werkzeug selektiert. Dadurch werden die Eigenschaften des Quaders (wie z. B. die Farbe) an den Zylinder übergeben.

Mit der Option **SUBTRAHIEREN** wird der Zylinder (Werkzeug) vom Quader (Ziel) abgezogen, und es ergibt sich ein durchbohrter Quader.

Wenn man die Reihenfolge umkehrt wählt und den Zylinder als Zielkörper festlegt, erhält man den abgebildeten Zylinder mit einer Aussparung.

SCHNEIDEN (INTERSECT)

Durch **SCHNEIDEN** der beiden Körper ergibt sich ihr Durchdringungsbereich als Ergebnis.

Aktivieren Sie die Option **KEINE**, erstellt das System einen weiteren Körper. Bei allen anderen Optionen muss im aktiven Dialog ein Zielkörper angegeben werden. Dazu erscheint der Eintrag **KÖRPER AUSWÄHLEN**. Wenn mehrere Körper existieren, muss eine Auswahl durch den Anwender erfolgen. Ist nur ein Körper existent, wird dieser automatisch von NX selektiert.

Bei den in Grundkörpern bzw. Ziehbefehlen integrierten booleschen Operationen bildet der neue Körper das Werkzeug. Bei der Verwendung von Formelementen ist mit der Auswahl des Befehls auch die boolesche Operation festgelegt. So werden beispielsweise **BOHRUNGEN** subtrahiert und **POLSTER** vereinigt.

Der Zielkörper verleiht dem neuen Gesamtkörper seine Eigenschaften wie Layer, Farbe und Material. Wenn die neu entstandenen Flächen die Farbe des Werkzeuges annehmen sollen, müssen Sie unter **VOREINSTELLUNG > KONSTRUKTION > ALLGEMEIN** die **VERKNÜPFUNGS-FLÄCHENEIGENSCHAFTEN** entsprechend ändern.

Führen Sie boolesche Operationen unabhängig von der Erzeugung eines neuen Körpers im Nachhinein durch, entsteht ein zusätzlicher, editierbarer Eintrag im **TEILE-NAVIGATOR**. So können beispielsweise Werkzeugkörper ausgetauscht oder die Operation gelöscht werden, wodurch die Ursprungsgeometrien wieder separat zur Verfügung stehen.

Bei Aufruf der booleschen Operation über das entsprechende Icon erscheint der abgebildete Dialog. Es müssen ein Zielkörper und ein oder mehrere Werkzeugkörper angegeben werden. In der **AUSWAHLLEISTE** können Sie zur einfacheren Selektion **VOLUMENKÖRPER** oder **FLÄCHENKÖRPER** einstellen. Dabei wechselt NX nach der Auswahl des Zielkörpers automatisch zum nächsten Schritt.

Mit der Aktivierung der Einstellungsoptionen **WERKZEUG** bzw. **ZIEL BEIBEHALTEN** können Sie nicht veränderte Kopien der Körper erhalten und speichern. Bleiben die Felder deaktiviert, sind die verwendeten Körper nach der Operation nicht anderweitig nutzbar. Durch Editieren der booleschen Operation können Sie die Ziel- und Werkzeugkörper nachträglich austauschen.

Bei der **VEREINIGUNG** können auch einzelne Körperteile eliminiert bzw. erhalten oder Volumenkörper mit überlagernden oder überstehenden Teilen verbunden werden. Ein Trimmen im Anschluss wird damit überflüssig und führt zu einer einfacheren Struktur im Teile-Navigator. Für die Anwendung setzen Sie den Haken im Feld **BEREICHE DEFINIEREN**. Anschließend können Sie **BEIBEHALTEN** oder **ENTFERNEN** markieren sowie die Objektbereiche mit **BEREICH AUSWÄHLEN** selektieren.

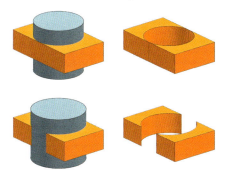

Es ist möglich, dass die Subtraktion einen Körper in zwei Teile zerlegt.

Passt wie in der Abbildung der Zylinder genau zwischen die Seitenflächen des Quaders, entsteht beim **SUBTRAHIEREN** des Zylinders vom Quader ein zusammenhängender Körper.

Ist der Zylinder größer als der Quader, führt die Subtraktion zur Trennung des Zielkörpers, wobei die Parametrik jedoch vollständig erhalten bleibt. Beim Löschen von booleschen Elementen werden die nachfolgenden Operationen so weit wie möglich erhalten, um Nacharbeiten am Modell zu vermeiden.

■ 3.2 Bezugsobjekte

Wenn die vorhandenen Elemente zur Orientierung nicht ausreichen, werden Bezugsobjekte (Ebenen, Achsen, Koordinatensysteme) als Hilfsmittel verwendet.

Im Befehl **BEZUGSEBENE** der Werkzeugleiste **FORMELEMENT** ist das Drop-down-Menü **BEZUG/PUNKT** mit den Befehlen **BEZUGSACHSE**, **BEZUGS-KSYS** (Bezugskoordinatensystem) und **PUNKT** enthalten.

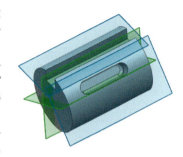

In der Abbildung dienen die blauen Ebenen als Platzierungsflächen für die Nuten. Die grünen Bezugsebenen werden zur Festlegung der Längsrichtung und zur Positionierung verwendet. Die zweite Nut ist dabei zur ersten um einen bestimmten Winkel, der über die beiden grünen Ebenen definiert wird, gedreht. Ändern Sie diesen Winkel, so verändert sich auch die Lage der damit verbundenen Nut.

Grundsätzlich wird zwischen festen und assoziativen Bezugsobjekten unterschieden. Während die festen Bezüge absolut im Raum stehen und ihre Lage nicht verändern, werden assoziative Bezüge in Abhängigkeit zu vorhandenen Objekten erstellt. Ändern sich diese Objekte, so verändern sich auch die Position und Lage der Bezugsobjekte.

Bezugsobjekte können Sie nachträglich bearbeiten. Dabei besteht auch die Möglichkeit, feste Bezüge in relative umzuwandeln und umgekehrt. Wenn ein Bezugsobjekt gelöscht wird, werden auch alle Elemente, die von diesem Objekt abhängig sind, entfernt.

Im Beispiel werden zwei Bezugsebenen verwendet, um eine Bohrung genau in der Mitte eines Quaders zu positionieren. Die Bezugsebenen wurden assoziativ zu den jeweils gegenüberliegenden Quaderseiten erzeugt und bilden damit die Mittelebenen des Körpers. Die Bohrungsmitte befindet sich im Schnitt dieser beiden Ebenen. Wenn der Quader geändert wird, verschieben sich die Mittelebenen entsprechend, und die Bohrung wandert in die neue Quadermitte.

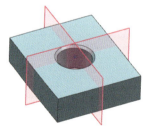 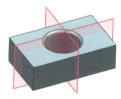

Jede Art der Bezugsobjekte sollte auf einem separaten Layer abgelegt werden, um eine einfache Selektion zu ermöglichen. Die Sichtbarkeit der Bezugsobjekte kann nicht nur mit Layern, sondern auch mit Formelement-Gruppen oder mit der Funktion **ANZEIGEN UND AUSBLENDEN** gesteuert werden. Abgesehen vom Icon-Aufruf und der anschließenden Selektion der Elemente und Optionen können Bezugsobjekte auch über Popup-Menüs generiert werden. Dazu werden zunächst die gewünschten Elemente ausgewählt.

Im nächsten Beispiel wird die Fläche unter Nutzung des QuickPick-Fensters selektiert. Bewegt man die Maus in den gewählten Bereich und drückt **MT3**, werden die passenden Befehle für die aktive Fläche angezeigt. Mit der Auswahl der entsprechenden Option werden auf der Basis der selektierten Elemente Bezugsobjekte abgeleitet.

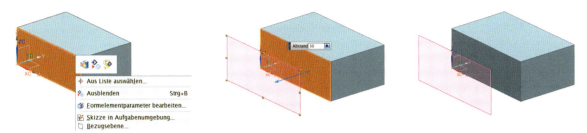

Den Abstand zur ausgewählten Fläche können Sie durch einen Wert im Eingabefeld oder Ziehen am Handle verändern. Darüber hinaus werden die Optionen im Dialog **BEZUGSEBENEN** aktiv und sind zusätzlich nutzbar. Die dynamische Vorschau zeigt das aktuelle Objekt an, das mit **MT2** bzw. **OK** erstellt wird. Mit **ESC** lässt sich der Befehl abbrechen.

3.2.1 Bezugsebenen

Bei Anwahl der **BEZUGSEBENE** erscheint der abgebildete Dialog.

BEZUGSEBENE
(DATUM PLANE)

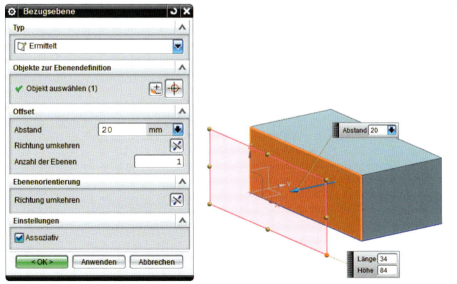

Dieser enthält im Bereich **TYP** die Optionen zur Definition der Ebenen.

In Abhängigkeit der aktivierten Option werden entsprechende Eingabeparameter im Dialog angezeigt.

Im Bereich darunter (vgl. S. 93 unten) wählen Sie die Referenzen/Objekte und die Richtung.

Des Weiteren wird eine Offset-Funktion angeboten, mit der Sie eine Offset-Ebene von einer Hilfsebene in einem Schritt erzeugen können.

Mit dem Schalter **ASSOZIATIV** kann grundsätzlich eingestellt werden, ob eine Ebene von anderen Objekten abhängig ist oder nicht.

Die definierte Bezugsebene wird als Vorschau angezeigt. Ihre Größe kann über das Eingabefeld oder durch Ziehen an den Handles im Randbereich festgelegt bzw. geändert werden. Dabei sind die eingestellten Fangoptionen für Punkte zu beachten. Wählen Sie mit **MT3** einen Punkt auf dem Rand, wird ein Popup-Menü aktiv, mit dem eine symmetrische Ebene erstellt werden kann. Mit **MT1** lässt sich die Größe variieren.

Um eine Ebene im Nachhinein in ihrer Größe anzupassen, markieren Sie diese mit **MT3**. Die zur Auswahl stehende Option **GRÖSSE DER BEZUGSEBENE ÄNDERN** kann (z. B. bei größeren Modellen) angewandt werden, ohne ein Update anzustoßen.

Bei der Wahl der Elemente für die Definition assoziativer Bezugsobjekte sind die Einstellungen für das Fangen von Punkten ebenfalls zu beachten. Um automatisch Flächen zu selektieren, muss der Filter **PUNKT AUF FLÄCHE** in der **AUSWAHLLEISTE** ausgeschaltet oder durch Drücken der **ALT**-Taste vorübergehend deaktiviert sein. Ist das nicht der Fall, wird ein Punkt in der Fläche gewählt, und die automatischen Randbedingungen werden auf diesen Punkt bezogen.

Die Icons im Dialog unter Typ besitzen folgende Bedeutung:

 ERMITTELT: Die Ebene wird mit bis zu drei Randbedingungen vom System in Abhängigkeit von den selektierten Elementen vergeben.

 IM WINKEL: Es müssen eine ebene Fläche und eine Drehachse angegeben sein, damit eine Bezugsebene in einem Winkel zu diesen Objekten erstellt wird.

 IM ABSTAND: Eine oder mehrere Ebenen werden parallel zu einer ebenen Fläche oder einer Bezugsebene erzeugt.

 BISEKTOR: Es wird eine Mittelebene zwischen zwei Flächen, die nicht parallel sein müssen, erzeugt.

 KURVEN UND PUNKTE: Dieser Befehl besitzt verschiedene **UNTERTYPEN**. Zunächst werden auf der Basis von Punkten Ebenen definiert: Kurven und Punkte, Ein Punkt, Zwei Punkte, Drei Punkte. Mit **PUNKT UND KURVE/ACHSE** kann ein Punkt angegeben werden, durch den die Ebene verläuft. Anschließend wird eine Kurve selektiert, die die Richtung der Ebene steuert. Ähnlich arbeitet die Option **PUNKT UND EBENE/FLÄCHE**. Das Bezugsobjekt verläuft dann parallel zu einer planaren Fläche.

 ZWEI LINIEN: Die Ebene wird durch zwei Linien festgelegt.

TANGENTE: Es wird eine Bezugsebene tangential zu einer gekrümmten Fläche erzeugt. Zur Festlegung der Tangentenbedingung stehen verschiedene Untertypen zur Verfügung: Tangente, Eine Fläche, Durch Punkt, Durchgangslinie, Zwei Flächen, Winkel zu Ebene.

 DURCH OBJEKT: Eine Bezugsebene wird auf der Ebene senkrecht zu einem selektierten Objekt erstellt.

 PUNKT UND RICHTUNG: Ein auf der Ebene liegender Punkt sowie der Normalenvektor der Ebene werden definiert.

 AUF KURVE: Die Ebene wird in einer bestimmten **RICHTUNG** durch einen Punkt auf einer Kurve generiert. Die Position auf der Kurve kann als Wert eingegeben oder durch die Selektion eines Punktes bestimmt werden.

Die Ebene, auf der die abgebildete Achse senkrecht steht, wird als feste Bezugsebene festgelegt. Die Referenz kann das WCS oder das absolute Koordinatensystem sein.

 ANSICHTSEBENE: Die Normalenrichtung der Ebene wird durch die aktuelle Ansicht festgelegt.

 NACH KOEFFIZIENT: Durch die Eingabe von Koeffizienten der Ebenengleichung wird eine feste Bezugsebene generiert.

Bei der Erstellung von Bezugsebenen können Sie die Funktionen im Dialog und im Grafikbereich kombiniert anwenden. NX erkennt anhand der gewählten Objekte automatisch die passenden Ebenen. Dieses Vorgehen zeigen wir im Folgenden anhand praxisrelevanter Beispiele. Dabei ist grundsätzlich der Typ **ERMITTELT** aktiv.

Ebene mit Abstand

1. Schalten Sie die Fangoption **PUNKT AUF FLÄCHE** aus. Selektieren Sie die Fläche.
2. Bestimmen Sie einen **ABSTAND** über das Eingabefeld oder durch Ziehen am Pfeil.

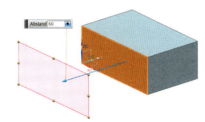

Mehrere Ebenen mit konstantem Abstand

1. Selektieren Sie die Fläche.
2. Legen Sie den **ABSTAND** fest.
3. Tragen Sie die **ANZAHL DER EBENEN** ein und klicken auf **ENTER**.

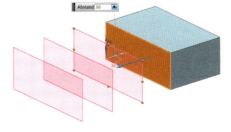

Mittelebene zwischen zwei Flächen

1. Selektieren Sie zuerst die Fläche 1
2. Danach die Fläche 2.

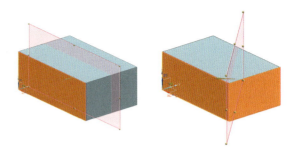

Ebene durch zwei Kanten

1. Schalten Sie die Fangoption **PUNKT AUF KANTE** aus und selektieren Sie die 1. Kante.
2. Nun wählen Sie die 2. Kante.

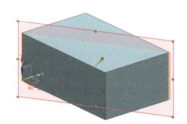

Ebene durch drei Punkte

Selektieren Sie der Reihe nach Punkt 1, Punkt 2 und Punkt 3.

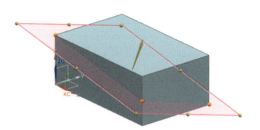

Ebene im Winkel zu einer planaren Fläche

1. Selektieren Sie die Fläche.
2. Wählen Sie die Drehachse (z. B. eine Körperkante).
3. Geben Sie danach den Drehwinkel ein oder ziehen am Punkt.

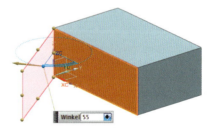

Mittelebene eines Zylinders

Wählen Sie die Mittellinie der Zylinderfläche und nutzen bei Bedarf die Quick-Pick-Funktion.

Diese Bezugsebene dient zur Orientierung am rotationssymmetrischen Zylinder. Damit können z. B. Winkelabhängigkeiten aufgebaut werden.

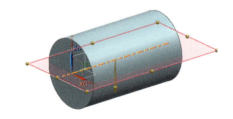

Ebene im Winkel zur Mittelebene eines Zylinders

1. Selektieren Sie zunächst die Mittelachse des Zylinders.
2. Wählen Sie die vorhandene Mittelebene.
3. Geben Sie den Winkel ein oder ziehen am Punkt.

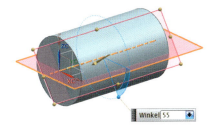

Ebene tangential am Zylinder und durch Kante eines Quaders

1. Selektieren Sie die Zylinderfläche.
2. Wählen Sie die Kante des Quaders. Es stehen über **ALTERNATIVE LÖSUNG** unter **EBENENORIENTIERUNG** zwei Varianten zur Auswahl.

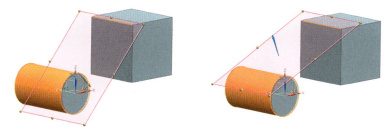

Ebene senkrecht oder parallel zur Mittelebene und tangential am Zylinder

1. Selektieren Sie die vorhandene Bezugsebene.
2. Wählen Sie die Zylindermantelfläche aus.
3. Legen Sie den **WINKEL** fest.
4. Mit der Option **ALTERNATIVE LÖSUNG** erstellen Sie die Variante.

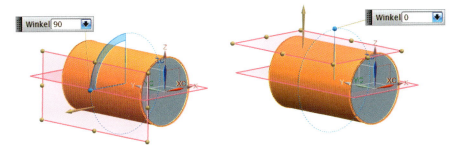

Auf dem linken Bild wird eine Ebene normal zur Mittelebene und auf dem rechten Bild parallel zur Mitte erzeugt.

Ebene in Abhängigkeit von einem Punkt einer Kurve

Die Erzeugung einer Ebene, die an einem Punkt senkrecht oder tangential zu einer Kurve oder Körperkante steht, kann in bestimmten Aufgaben zu Problemen führen. Diese Ebene dient dann als Basis für weitere Konstruktionen, z. B. als Ablagefläche für eine Skizze. Ändert sich der Kurvenverlauf, soll die Bezugsebene automatisch angepasst werden.

Zum Erzeugen solcher Bezüge selektieren Sie die entsprechende Kurve, im abgebildeten Beispiel die Zylinderkante. Durch Ziehen am Punkt können Sie den Ort auf der Kurve dynamisch verändern. Die Lage des Punktes auf der Kurve lässt sich auch durch die Eingabe der **BOGENLÄNGE** bestimmen.

Zum Erzeugen der Bezugsebene stehen **ALTERNATIVE LÖSUNGEN** zur Verfügung: **NORMAL, TANGENTIAL, BINORMAL ZUM KREISBOGEN** etc.

Mit dem Schalter **KURVE > RICHTUNG UMKEHREN** beginnt die Messung der **POSITION** auf der gegenüberliegenden Seite der Kurve.

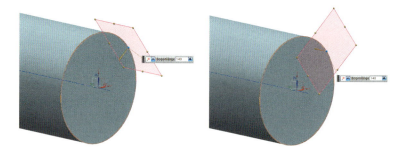

3.2.2 Bezugsachsen

BEZUGSACHSE
(DATUM AXIS)

Die Bezugsvektoren werden beispielsweise als Achsen für Rotationskörper oder zur Definition der Richtung bei extrudierten Körpern verwendet. Die grundsätzliche Arbeitsweise und der Dialogaufbau sind analog zu den Bezugsebenen. Die Bedeutung der Icons im Bereich **TYP** ist analog zum **VEKTOR-KONSTRUKTOR** und wurde bereits im Kapitel 2.10 Vektoren beschrieben.

Die Bezugsachsen können Sie assoziativ oder festgelegt wählen.

Um Kanten zu selektieren, muss der Filter **PUNKT AUF KANTE** ausgeschaltet oder durch Drücken der **ALT**-Taste vorübergehend deaktiviert sein.

Im Folgenden werden einige Beispiele zum Erzeugen von Bezugsachsen mit dem **TYP ERMITTELT** erläutert.

Bezugsachse an Körperkante

Die entsprechende Kante wird angewählt. Die Richtung des Vektors können Sie durch Doppelklick auf die Pfeilspitze oder mit dem Icon im Dialog umkehren.

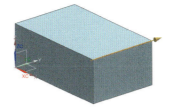

Achse durch zwei Punkte

Der erste und der zweite Punkt werden selektiert, wobei die Reihenfolge die Orientierung des Vektors bestimmt.

Bezugsachse durch zwei Flächen

In diesem Beispiel befindet sich eine Bezugsebene in einem bestimmten Abstand über einer Quaderfläche. Um zu dieser Ebene eine weitere Bezugsebene in einem gewissen Winkel zu erstellen, benötigen Sie einen Drehvektor. Dazu selektieren Sie die beiden Flächen nacheinander. In ihrer Schnittlinie wird der Bezugsvektor erzeugt.

Achse durch Zylindermitte

Mit der Anwahl der Zylindermantelfläche wird ein Vektor durch die Mittelachse erzeugt. Die Orientierung des Bezugsvektors ergibt sich aus der Ausrichtung des Zylinders.

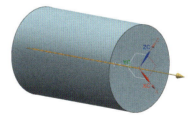

Bezugsachse tangential an einer Kurve

Im Dialog wird der Typ **AUF KURVENVEKTOR** aktiviert und die gewünschte Kurve selektiert. Der entsprechende Tangentenvektor wird am Selektionspunkt angezeigt. Dieser Punkt kann dynamisch durch Verschieben des Punktes oder Eingabe der **BOGENLÄNGE** geändert werden. Im Dialog haben Sie die Möglichkeit, zur Eingabe der **POSITION** auf % **KREISBOGENLÄNGE** umzuschalten.

Im Bereich **ORIENTIERUNG AUF KURVE** können unter **ORIENTIERUNG** die einzelnen Varianten nacheinander angezeigt werden. In den zwei Beispielen werden die Optionen **TANGENTE** und **NORMAL** verwendet.

Dieses Bezugsobjekt ist vollständig assoziativ zur verwendeten Kurve.

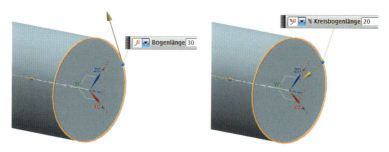

3.2.3 Bezugs-Koordinatensystem

BEZUGSKSYS (DATUM CSYS)

Mit dem Befehl **BEZUGS-KSYS** werden drei Ebenen, drei Achsen, ein gespeichertes Koordinatensystem und ein Ursprungspunkt in einem Konstruktionselement erzeugt. Die Definition erfolgt über den entsprechenden Dialog. Alle Objekte sind assoziativ zu den bei der Festlegung benutzten Elementen, wenn diese Option unter **EINSTELLUNGEN** aktiv ist. Die Objekte können Sie z. B. verwenden, um die Lage des absoluten Koordinatensystems zu kennzeichnen. Sie sollten dann Bestandteil einer Vorlagendatei für den Befehl **DATEI > NEU** sein.

■ 3.3 Grundkörper

Das System bietet unter **EINFÜGEN > KONSTRUKTIONSELEMENT** vier Basisgeometrien (Quader, Zylinder, Kegel und Kugel) zum Erzeugen einfacher Körper, aus denen Sie mittels boolescher Operationen zusammengesetzte Geometrien aufbauen können.

Die Definition der Grundkörper erfolgt durch Angabe ihrer Größe, Orientierung und des Ursprunges im Raum. Dazu nutzen Sie das aktuelle Koordinatensystem oder ein vorhandenes Objekt. Die Relevanz der De-/Aktivität der Assoziativität wird im folgenden Beispiel dargestellt.

1. Ein Quader wird durch die Angabe seiner Größe definiert und im Ursprung des WCS abgelegt. Anschließend werden zwei Zylinder erzeugt. Zur assoziativen Festlegung des Zylinderursprungs werden die Mittelknoten von zwei Quaderkanten verwendet. Mittels boolescher Operation erfolgt die Subtraktion der Zylinder vom Quader.

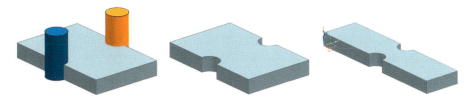

Nach Änderung der Quaderbreite und -länge verschieben sich die Kantenmittelpunkte und die damit assoziativ verbundenen Zylinder problemlos.

2. Sind die Ursprungspunkte der Zylinder nicht assoziativ festgelegt, befindet sich der hintere Zylinder beim Ändern des Quaders außerhalb dessen, sodass seine Subtraktion nicht mehr möglich ist. Ein Alarm wird ausgelöst. Die booleschen Operation im **TEILE-NAVIGATOR** erhält ein entsprechendes Kennzeichen. Um den Fehler zu beheben, muss z. B. der Ursprungspunkt dieses Zylinders geändert werden.

Der vordere Zylinder erzeugt keine Fehlermeldung, jedoch befindet er sich nicht mehr auf der Kantenmitte des Quaders, was ebenfalls ein Verschieben notwendig macht.

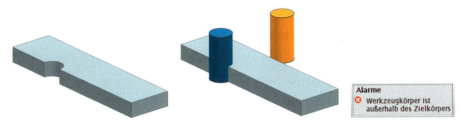

Die Eingabebereiche in den Dialogen zum Erzeugen der verschiedenen Grundkörper sind gleich und werden am Beispiel des Zylinders erläutert.

Unter **TYP** legen Sie fest, mit welchen Parametern das Objekt generiert wird. In Abhängigkeit vom gewählten Typ ändern sich die Eingabewerte im Dialog.

Der Bereich **ACHSE** dient zur Orientierung im Raum. Hier müssen Sie einen Richtungsvektor und bei Bedarf einen Ursprungspunkt angeben.

Die Eingabe der erforderlichen Geometrie erfolgt unter **BEMASSUNG**.

Die boolesche Operation wird im nächsten Bereich festgelegt. Soll eine Operation zu einem vorhandenen Körper generiert werden, bietet das System ein zusätzliches Auswahlfeld an.

QUADER (BLOCK)

Unter **VORSCHAU > ERGEBNIS ANZEIGEN** können Sie sich jederzeit eine exakte Darstellung des Körpers anzeigen lassen. Mit **ERGEBNIS RÜCKGÄNGIG MACHEN** wird die Vorschau beendet, und der zuvor gesperrte Dialog ist wieder aktiv. Alle Eingabedaten können Sie durch Editieren ändern.

Im Folgenden werden die Befehle der einzelnen Grundkörper beschrieben.

Beim **QUADER** können Sie zwischen drei Erzeugungstypen wählen:

 URSPRUNG UND KANTENLÄNGEN: Durch Eingabe der drei Kantenlängen legen Sie die Größe fest (positive Werte). Der Ursprung bestimmt den Eckpunkt des Quaders, von dem die Kantenlängen in Richtung der positiven Achsen des WCS abgetragen werden.

 ZWEI PUNKTE UND HÖHE: Die Eingabe der Höhe in Richtung der positiven ZC-Achse des WCS und die Bestimmung der Diagonalen der Grundseite durch zwei Punkte werden benötigt. Dabei legt der erste Punkt den Ursprung fest.

 2 DIAGONALE PUNKTE: Der Quader wird durch die Angabe von zwei Punkten, welche die Raumdiagonale definieren, erzeugt.

Wir möchten Ihnen nun einige Beispiele zur Anwendung des Befehls **QUADER** aufzeigen:

1. **URSPRUNG UND KANTENLÄNGEN:** Auf dem ersten Bild wird ein Quader im Ursprung des WCS mit der Angabe von drei Kantenlängen erzeugt. Den angezeigten Ursprungspunkt können Sie im Grafikbereich mit **MT1** verschieben.

2. **ZWEI PUNKTE UND HÖHE:** Zur Erzeugung des Quaders selektieren Sie als Punkte ein Eck- und ein Mittelpunkt der Kanten des vorhandenen Quaders und verschmelzen die beiden Quader mit der booleschen Operation **VEREINIGEN**.

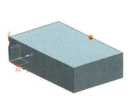 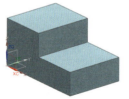

3. **2 DIAGONALE PUNKTE:** Ein dritter Quader wird über die Raumdiagonale durch die Selektion der abgebildeten Fangpunkte definiert und von dem vorhandenen Körper abgezogen.

 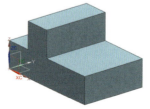

Da alle Punkte assoziativ sind, werden Änderungen an den abhängigen Objekten gemäß der neuen Lage der Definitionspunkte durchgeführt.

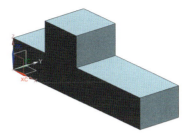

Für die Erstellung zylindrischer Grundkörper werden zwei Möglichkeiten angeboten:

ZYLINDER
CYLINDER

 ACHSE, DURCHMESSER UND HÖHE: Die beiden Größenangaben, die Orientierung der Zylinderachse und des Ursprungs sind erforderlich. Der Ursprungspunkt eines Zylinders befindet sich in der Mitte seiner Bodenfläche.

 KREISBOGEN UND HÖHE: Die Option erfordert die Eingabe der Zylinderhöhe und die Selektion eines Bogens. Mit der Auswahl dieses Elementes sind Achse und Ursprung des Zylinders bestimmt. Der Ursprung befindet sich in der Mitte des Bogens, während die Zylinderachse senkrecht auf der Bogenfläche steht. Die Richtung des ermittelten Vektors kann geändert werden. Der Zylinder wird anschließend mit dem entsprechenden Bogendurchmesser erzeugt. Es existiert eine Assoziativität zwischen diesen Größen.

Das folgende Beispiel zeigt einen Zylinder, der im Ursprung des WCS und in Richtung der ZC-Achse erzeugt ist. Ein weiterer Zylinder wird assoziativ unter Verwendung des Mittelpunktes der oberen Deckfläche und der Mittelachse des vorhandenen Zylinders generiert. Dadurch übernimmt dieses Element alle Änderungen des Elternobjektes.

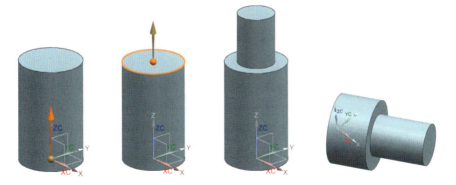

Auf dem ganz rechten Bild sind die Größe und Richtung des ersten Zylinders modifiziert.

KEGEL (CONE)

Zur Erzeugung von Kegeln bietet NX fünf Möglichkeiten:

DURCHMESSER UND HÖHE: Der Kegel wird über die Eingabe des unteren und oberen Durchmessers und der Höhe definiert.

DURCHMESSER UND HALBER WINKEL: Hier sind der untere und obere Durchmesser und der halbe Kegelwinkel für die Geometriedefinition erforderlich. Dabei können Sie negative Winkel eingeben.

BASISDURCHMESSER, HÖHE UND HALBER WINKEL: Zur Geometriebestimmung müssen der untere Durchmesser, die Kegelhöhe und der halbe Winkel eingegeben werden.

OBERER DURCHMESSER, HÖHE UND HALBER WINKEL: Bei diesem Typ werden der obere Durchmesser, die Höhe und der halbe Kegelwinkel verlangt.

ZWEI KOAXIALE KREISE: Es werden zwei Kreisbögen ausgewählt. Dadurch werden der obere und untere Durchmesser festgelegt. Die verwendeten Kreise müssen nicht koaxial sein. Die Richtung resultiert aus der Normalen des ersten Bogens. Dieser legt auch den Ursprung des Kegels fest. Die Höhe ergibt sich aus dem Abstand zwischen den Flächen der gewählten Kreise. Das System projiziert den zweiten Kreis in die Mitte des ersten und erzeugt dann den Kegel.

Die Abbildung zeigt ein Beispiel der Option **ZWEI KOAXIALE KREISE**. Es existieren ein gelber Volumenkörper mit einem Knauf und ein grüner Zylinder. Der erste Kegel wird erzeugt, indem zuerst die Kante am grünen Zylinder, und dann die Kante am orangefarbenen Körper gewählt wird. Kehren Sie die Reihenfolge um, ändert sich der Kegel entsprechend. Durch die verwendeten Selektionen ist der Kegel assoziativ zu seinen Elternobjekten, was die Änderung auf dem letzten Bild veranschaulicht.

KUGEL (SPHERE)

Zur Erzeugung von Kugeln stehen zwei Methoden zur Verfügung:

MITTELPUNKT UND DURCHMESSER: Der Ursprung für die Platzierung ist der Kugelmittelpunkt. Der Kugeldurchmesser wird eingegeben.

KREISBOGEN: Bei dieser Option muss ein vorhandener Kreisbogen selektiert werden. Der Durchmesser dieses Objektes wird übernommen, und die Mitte der Kugel resultiert aus der Kreisbogenmitte.

Die Abbildung auf S. 105 oben zeigt eine Kugel, die auf der Basis einer Zylinderkante erzeugt wurde. Die Kugel ist assoziativ zur ausgewählten Kante. Wird der Zylinder modifiziert, passt sich die Kugel entsprechend an. Wählen Sie nachträglich die boolesche Operation **SUBTRAHIEREN**, entsteht ein Körper mit konkaver Wölbung.

3.4 Formelemente

Mit Formelementen können einem Modell Geometrien wie Bohrungen, Nuten, Polster, Taschen und Knäufe hinzugefügt werden.

Diese sind unter **EINFÜGEN > KONSTRUKTIONSELEMENT** oder in der Werkzeugleiste **FORMELEMENT** aufrufbar.

Die Gestalt der Formelemente ist vordefiniert, ihre Größe wird über Parameter gesteuert. Aufgrund der booleschen Bedingungen werden Taschen, Nuten und Bohrungen grundsätzlich von der Ausgangsgeometrie subtrahiert, während Polster und Knäufe mit dieser vereinigt werden. Formelemente sind vollständig assoziativ.

Zum Erzeugen gibt es historisch bedingt zwei grundsätzliche Arbeitsweisen.

Bei der neueren Methode (Skizzen-Extrusion) werden alle Eingabewerte im Dialog festgelegt. Parallel dazu erfolgt die Vorschau im Grafikbereich.

Für die älteren Befehle **KNAUF**, **TASCHE**, **POLSTER** und **NUT** ist eine bestimmte Folge von Arbeitsschritten notwendig, die Sie abhängig vom Element jedoch nicht vollständig für dessen Erzeugung abarbeiten müssen. Über **ZURÜCK** können Sie fehlerhafte Eingaben korrigieren. Die Arbeitsschritte nach der älteren Methode werden am Beispiel einer durchgehenden Nut erläutert. Die einzelnen Auswahlschritte müssen jeweils mit **OK** abgeschlossen werden. Für diesen Vorgang können Sie **MT2** im Grafikbereich nutzen.

Platzierungsfläche

Nach der Auswahl des Formelementtyps (Rechteckig, Kugelende etc.) und der Durchgängigkeit folgt die Selektion der Platzierungsfläche. Es werden Körperflächen und Bezugsebenen akzeptiert. Der Formelement-Ursprung befindet sich zunächst an dem Punkt, an dem die Fläche markiert wurde. Eine sinnvolle Auswahl erleichtert später die korrekte Positionierung (Im Beispiel: Deckfläche des Quaders).

Das System erkennt automatisch die Höhen- bzw. Tiefenrichtung, in der das neue Element aufgebaut werden muss.

Die Formelemente werden mit der Fläche verknüpft. Bei einer Änderung der Platzierungsfläche wird das Formelement entsprechend angepasst. Löschen Sie die Fläche, verschwindet das Formelement.

Verwenden Sie eine Bezugsebene als Platzierung, wird der Normalenvektor zu dieser Ebene angezeigt. Die Umkehr der Orientierung ist möglich.

Horizontale Referenz

Mit der horizontalen Referenz definieren Sie die Längsrichtung des Formelementes. Es können Bezugsobjekte, Körperkanten und -flächen selektiert werden. Die ausgewählte Richtung wird durch einen roten Pfeil gekennzeichnet (Im Beispiel: seitliche Quaderkante).

Durchgangsflächen

Bei Bedarf ist die Angabe von Durchgangsflächen erforderlich. Damit definieren Sie, bis zu welchen Flächen das Element erzeugt wird. Die Nutlänge ergibt sich automatisch. Das entsprechende Parameter-Eingabefeld wird unterdrückt (Im Beispiel: beide Seitenflächen des Quaders).

Auch diese Verknüpfung ist assoziativ. Verschieben sich die Durchgangsflächen, so wird das Formelement entsprechend angepasst.

Elementparameter

Die Werte definieren die Größe des Formelements. Ist die Eingabe abgeschlossen, erscheint eine Vorschau der Geometrie. Damit können Sie die Größe überprüfen und bei Bedarf durch **ZURÜCK** ändern.

Positionierung

Die Positionierung des Formelementes in Bezug zu vorhandenen Geometrien wird durch die Vergabe der Bemaßungen festgelegt. Im Beispiel wird ein senkrechter Abstand von der Quaderkante bis zur Mittellinie der Nut eingegeben. Werden keine Maße definiert, wird der Selektionspunkt der Platzierungsfläche für die Berechnung beibehalten. Die Positionierung können Sie später vervollständigen oder ändern. Nach Beenden der Positionierung wird die Nut an die entsprechende Stelle verschoben und vom Quader abgezogen.

3.4.1 Positionierung

Durch die Positionierung wird die Lage von Formelementen oder Skizzen in Ebenen gesteuert. Bei der Erstellung der Skizze müssen Sie darauf achten, dass diese keinen assoziativen Ursprung hat. Für Skizzen gibt es die alternative Vorgehensweise, die Positionierung zum Nullpunkt direkt innerhalb der Skizze vorzunehmen.

Oftmals ist es sinnvoll, die schattierte Darstellung auszuschalten oder den Befehl **DURCHSICHTIG – ALLE** zu verwenden, um Linien und Kanten besser erkennen zu können.

DURCHSICHTIG – ALLE (SEE THRU ALL)

Bei der Arbeit mit Formelementen erscheint der Positionierungsdialog teilweise automatisch mit den jeweils passenden Typen. Bei Skizzen müssen Sie diese Befehle selbst aufrufen. Positionierungstyp, Zielkante und Werkzeugkante sind in dieser Reihenfolge anzugeben. Die Zielkante bildet dabei ein bereits vorhandenes Geometrieelement (Kurve, Kante, Bezugsobjekt), während die Werkzeugkante zum Formelement oder zur Skizze gehört.

Nach Eingabe des Bemaßungsparameters können Sie den nächsten Positionierungstyp aufrufen. Negative Werte können Sie als Maß verwenden.

Wenn alle Freiheitsgrade vergeben sind, wird der Dialog automatisch beendet. Mit **OK** schließen Sie die Positionierung ab, ohne alle Freiheitsgrade zu bemaßen.

Die neun Typen der Positionierung

Die Horizontale wird in Längs- bzw. XC-Richtung des Elementkoordinatensystems gemessen. Bei Formelementen, die eine horizontale Referenz zum Ausrichten erfordern, und bei Skizzen ist diese Richtung bereits festgelegt.

HORIZONTAL (HORIZONTAL)

Die Vertikale bemaßt den Abstand senkrecht zu der bereits definierten Horizontalen oder zu einer separat festgelegten, vertikalen Richtung.

Das Beispiel zeigt die Positionierung einer Tasche. Die horizontale Richtung ist vor dem Positionieren definiert worden. Die Lage bestimmen Sie über die Typen **HORIZONTAL** und **VERTIKAL**. Gemessen wird dabei der Abstand zwischen zwei Punkten, obwohl Kanten selektiert wurden. Das System fängt den nächsten Eckpunkt des Elements und legt von dort den Abstand entsprechend der definierten Richtung fest.

VERTIKAL (VERTICAL)

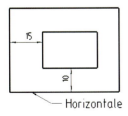
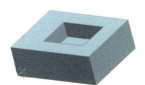

Um das Formelement vollständig zu bemaßen, wäre noch eine dritte Angabe erforderlich, mit der die Tasche z. B. schräg in der Fläche ausgerichtet werden könnte. Wird diese Bedingung nicht vergeben, erzeugt NX die Tasche parallel zur horizontalen Referenz.

Mit den Typen **HORIZONTAL** und **VERTIKAL** ist es nicht möglich, Bezugsobjekte beim Positionieren zu verwenden. Dazu können Sie z. B. die Option **SENKRECHT** nutzen.

PARALLEL (PARALLEL)

Mit **PARALLEL** wird der kürzeste Abstand zwischen zwei Punkten festgelegt.

Das Beispiel zeigt die Bemaßung eines Knaufs. Dabei wird seine Mitte auf einem bereits vorhandenen Körper positioniert.

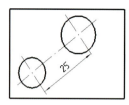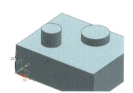

SENKRECHT (PERPENDICULAR)

Der Befehl **SENKRECHT** wird häufig verwendet, da die Eingabe einer horizontalen bzw. vertikalen Referenz entfällt. Er definiert den senkrechten Abstand zwischen einer Geraden und einem Punkt des Formelements. Als Zielkörper können Sie auch Bezugsobjekte verwenden. Diese Option ist bei der Positionierung von Knäufen direkt aktiv.

Im Beispiel wird die Mitte eines Knaufs durch den senkrechten Abstand zu zwei Körperkanten bestimmt.

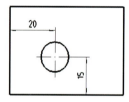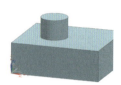

PARALLEL MIT ABSTAND (PARALLEL AT A DISTANCE)

PARALLEL MIT ABSTAND setzt zwei Kanten, in einem bestimmten Abstand und parallel zueinander liegend, voraus. Das Formelement wird entsprechend der Zielkante ausgerichtet.

Das Beispiel zeigt eine Tasche, die parallel zu einer Seite des Quaders positioniert ist. Damit lässt sie sich nicht mehr in der Platzierungsfläche verdrehen.

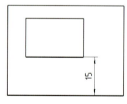

WINKEL (ANGULAR)

Bei dieser Option wird ein **WINKEL** zwischen Ziel- und Werkzeugkante erzeugt. Dabei müssen Sie die erforderlichen Selektionspunkte beachten (rot).

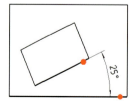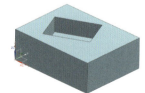

PUNKT AUF PUNKT erlaubt das Übereinanderlegen von zwei selektierten Punkten. Analog zur Option PARALLEL wird der kürzeste Abstand zwischen den beiden Punkten gemessen und automatisch auf den Wert null gesetzt.

PUNKT AUF PUNKT
(POINT ONTO POINT)

Im Beispiel sind die angegebenen Kanten in der Nähe der Eckpunkte selektiert. Dadurch wird die Ecke der Tasche auf die Quaderecke verschoben.

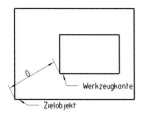
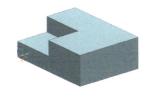

Mit PUNKT AUF LINIE wird der Abstand zwischen einem Referenzpunkt und einer Zielkante auf null gesetzt. Diese Positionierung zwingt das Formelement, den Referenzpunkt senkrecht zur Zielkante zu bewegen, bis diese erreicht ist.

PUNKT AUF LINIE
(POINT ONTO LINE)

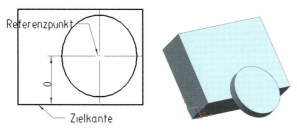

Die Abbildung zeigt einen Knauf, dessen Mittelpunkt auf der Quaderkante positioniert ist. Damit lässt sich der Knauf nur noch auf der Kante verschieben.

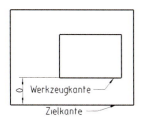

Der Befehl GERADE AUF GERADE funktioniert ähnlich wie PUNKT AUF LINIE: Zwei Kanten werden übereinandergelegt. Werden zur Positionierung verwendete Kanten anschließend mit Rundungen oder Fasen versehen, verschwindet die entsprechende Körperkante. Die Positionsbemaßung ändert sich jedoch nicht und bezieht sich weiterhin auf das ursprüngliche Objekt.

GERADE AUF GERADE
(LINE ONTO LINE)

3.4.2 Knauf

KNAUF (BOSS)

Mit dem Befehl **KNAUF** unter **EINFÜGEN > KONSTRUKTIONSELEMENT** erzeugen Sie Zylinder oder Kegel, die automatisch mit dem Zielkörper vereinigt werden.

Mit der Wahl der Platzierungsfläche wird eine Vorschau angezeigt. Die Parameter können Sie im Dialog verändern und mit **ENTER** bestätigen. Von NX werden auch negative **SCHRÄGUNGSWINKEL** akzeptiert. Wird eine Bezugsebene zur Platzierung verwendet, können Sie die Richtung, in welcher der Knauf erzeugt wird, mit **SEITE UMKEHREN** modifizieren.

Sind alle Eingaben abgeschlossen, verlassen Sie den Dialog mit **OK** bzw. **MT2** verlassen.

Im Dialogfeld der Positionierung ist die Option **SENKRECHT** voreingestellt. Diese ist zur Lagebestimmung von Knäufen am besten geeignet. Dadurch ist nur die Wahl der Zielkanten mit der Abstandsgröße nacheinander erforderlich. Die Bemaßung erfolgt automatisch zur Mitte des Knaufs. Nach der Vergabe des zweiten Abstandes ist die Lage des Knaufs vollständig bestimmt, und der Dialog wird beendet.

Da zur Platzierung eine ebene Fläche verlangt wird, müssen Sie zum Anbringen eines Knaufs an eine zylindrische Fläche mit Bezugsobjekten arbeiten.

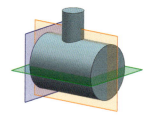

Im Beispiel werden ein Zylinder als Grundkörper sowie drei Bezugsebenen assoziativ dazu erstellt. Auf der grünen Ebene, die als Platzierungsfläche für den Knauf dient, wird der gewünschte Durchmesser erzeugt. Die Höhe des Knaufs wird senkrecht zur Platzierungsfläche gemessen.

Zur senkrechten Positionierung des Knaufs geben Sie zwei Werte ein: die Distanz des Knaufmittelpunkts zur orangefarbenen und blauen Bezugsebene.

3.4.3 Tasche

TASCHE (POCKET)

Mit einer **TASCHE** kann Geometrie von einem vorhandenen Körper subtrahiert werden. Dabei dringt ein Kreis, ein Rechteck oder eine beliebige Kontur in einer bestimmten Tiefe in den Zielkörper ein. Den Befehl finden Sie unter **EINFÜGEN > KONSTRUKTIONSELEMENT**.

Zunächst ist die Auswahl des Querschnitts erforderlich. In Abhängigkeit von dieser Wahl werden nacheinander in verschiedenen Dialogen weitere Eingabewerte abgefragt.

Die Abbildung zeigt eine zylindrische Tasche. Diese Formelemente können abgeschrägt sein, wobei nur positive Winkel akzeptiert werden. Falls ein Bodenradius vergeben wird, muss dieser kleiner sein als die Taschentiefe.

Zylindrische Tasche

Bei Verwendung der rechteckigen Tasche müssen Sie eine horizontale Referenz angeben. Danach richten sich die geometrischen Parameter, wobei die **LÄNGE** der Tasche parallel zur festgelegten Referenz ist. Es ist auf sinnvolle Eingabewerte zu achten. So darf der **ECKENRADIUS** nicht kleiner als der **BODENRADIUS** sein.

Rechteckige Tasche

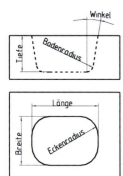

Mit der Option **ALLGEMEIN** erstellen Sie Taschen mit separat erzeugten Konturen. Die Platzierungsflächen müssen dabei nicht eben sein, und es können mehrere Flächen gleichzeitig verwendet werden.

Nach Aufruf des Befehls erscheint der Dialog für eine **ALLGEMEINE TASCHE**. Im oberen Bereich befinden sich die Icons für die einzelnen, zu erledigenden **AUSWAHLSCHRITTE**. Diese können Sie direkt anwählen oder durch Drücken von **MT2** nacheinander aufrufen. In Abhängigkeit von den gewählten Optionen werden zusätzliche Icons aktiv.

Mit dem **FILTER** wird die Auswahl eingeschränkt. Verwenden Sie die Option **SAMMLER**, werden die Möglichkeiten der **AUSWAHLLEISTE** aktiv, um weitere Bedingungen für die Selektion zu vergeben. Dabei wird zwischen Flächen und Linien unterschieden. Je nachdem, welche Klasse von Objekten erforderlich ist, wird das entsprechende Feld automatisch aktiv.

Des Weiteren ist im Dialog die Eingabe von Parametern vorgesehen, die sich in Abhängigkeit vom **AUSWAHLSCHRITT** verändern.

Allgemeine Tasche

Nach Erarbeitung der erforderlichen Schritte wird der Schalter **ANWENDEN** aktiv. Damit stehen alle notwendigen Eingaben zur Verfügung, und die Tasche kann berechnet werden.

Der Befehl **TASCHE > ALLGEMEIN** bietet eine Vielzahl von Möglichkeiten. An typischen Beispielen soll die grundsätzliche Anwendung beschrieben werden.

Im ersten Beispiel wird auf der Deckfläche eines Quaders eine Skizze erzeugt. Diese Skizze befindet sich auf einem separaten Layer, um sie später einfach auszublenden. Das System erwartet zunächst die Selektion einer oder mehrerer Platzierungsflächen, im Beispiel die Deckfläche des Quaders.

Danach aktivieren Sie mit **MT2** das nächste Icon. Damit erfolgt die Auswahl des Konturzuges zur Begrenzung der Tasche. Setzen Sie die **KURVENREGEL** auf **VERBUNDENE KURVEN** oder **FORMELEMENTKURVEN**, so muss nur ein Element der Skizze selektiert werden. Alle damit verbundenen Elemente werden automatisch erkannt. Mit **MT2** wechseln Sie zum nächsten Auswahlschritt.

Jetzt wird die Tiefe der Tasche festgelegt. Dies kann über die Eingabe eines Wertes oder die Anwahl einer beliebigen Fläche erfolgen. Verwenden Sie eine Fläche, so bildet diese den Boden der Tasche. Für die Nutzung eines Wertes steht die Option **BODENFLÄCHE > OFFSET** zur Verfügung. Es erfolgt die Verschiebung der Kontur normal zur Platzierungsfläche. Das wird durch einen entsprechenden Vektor angezeigt. Danach sind alle notwendigen Eingabedaten vorhanden, und die Tasche könnte erzeugt werden.

Es ist aber sinnvoll, zusätzlich den nächsten Auswahlschritt **BODEN-KONTUR** anzuwählen, um den **SCHRÄGUNGSWINKEL** zu überprüfen. Zur Definition des Schrägungswinkels ist entweder ein Wert oder ein Vektor festzulegen. Für das Beispiel wird der Winkel zunächst auf *0* gesetzt. Alle Radien, deren Eingabe im unteren Bereich des Dialogs erfolgt, besitzen ebenfalls den Wert *0*.

Geben Sie einen positiven Schrägungswinkel ein, verjüngt sich die Kontur von der Platzierungs- zur Bodenfläche. Mit einem negativen Winkel erhalten Sie eine entsprechende Vergrößerung des Querschnitts nach unten.

In einer weiteren Variante werden Verrundungen erzeugt. Der **PLATZIERRADIUS** entsteht an der Konturlinie. Der **BODENRADIUS** im Taschenboden und der **ECKENRADIUS** werden benutzt, um die Ecken in der Kontur zu verrunden.

Im zweiten Beispiel werden unterschiedliche Skizzen zum Erzeugen der Tasche verwendet. Neben der Skizze aus dem ersten Beispiel befindet sich eine weitere auf einer Bezugsebene. Bis zur Angabe für den **OFFSET** ist der Ablauf identisch mit dem ersten Beispiel.

Anschließend wird der **AUSWAHLSCHRITT > BODEN-KONTUR** aktiviert. Mit der Option **VERBUNDENE KURVEN** in der **AUSWAHLLEISTE** wird ein Element der zweiten Skizze selektiert. Die Vektoren beider Konturen müssen übereinstimmende Startpunkte und Orientierungen besitzen. Dies erreichen Sie, indem Sie die zueinander passenden Elemente auf den einzelnen Konturzügen wählen. Bei Bedarf ändern Sie die Orientierung des Vektors über **UMKEHREN**. Die Ausrichtung kann auch über die Angabe passender Punkte auf den beiden Konturkurven erfolgen (**METHODE FÜR KONTURAUSRICHTUNG > PUNKTE ANGEBEN**).

Die Abbildung zeigt eine Tasche, die durch die Verwendung der beiden Skizzen beschrieben wird. Dadurch wird ein Geometrieelement erzeugt, dessen Querschnitt sich von der oberen zur unteren Kontur verändert. Die Tiefe der Tasche wird dabei zunächst über einen **OFFSET** gesteuert, wobei die Kontur der Skizze in die Tiefenebene projiziert wird.

Die Tiefe lässt sich auch über eine Ebene festlegen. Dazu wird der **FILTER** auf **EBENE** oder **BEZUGSEBENE** gestellt. Auf dem rechten, unteren Bild wird für die Angabe der Tiefe die Bezugsebene der unteren Skizze verwendet.

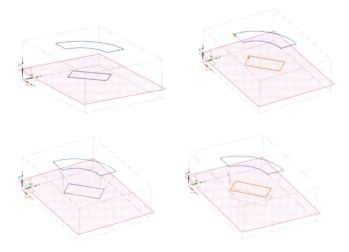

Das dritte Beispiel behandelt die Verwendung von nicht planaren Flächen zur Platzierung. Dazu wird auf einer Bezugsebene eine Skizze zur Beschreibung der Kontur erstellt. Die Definition der Tasche erfolgt analog zum ersten Beispiel, wobei für die Platzierung zunächst die Bezugsebene (Filter-Einstellung) der Skizze verwendet wird.

Die Skizze muss nicht in der Platzierungsfläche liegen. Wenn sie sich außerhalb befindet, wird das Icon zur Definition der Projektionsrichtung aktiv. Dabei ist die Richtung normal zur Fläche der gewählten Kurven voreingestellt. Bei der Berechnung der Tasche werden die Konturkurven zunächst auf die Platzierungsfläche projiziert. Im Beispiel erfolgt die Projektion normal zur Skizzenebene. Anschließend wird die Tasche generiert, indem die Konturkurven normal zur Platzierungsfläche verschoben werden. Dadurch entsteht die abgebildete Kontur im 2./3. Bild.

Wird, wie im ganz rechten Bild, die Mantelfläche zur Platzierung verwendet, ist es entscheidend, ob diese im oberen oder unteren Bereich angewählt wird. NX projiziert die Kontur mit den ansonsten identischen Voreinstellungen ebenfalls in Normalenrichtung zur Platzierungsfläche. Dadurch ergibt sich die Tasche mit konstanter Tiefe.

Das vierte Beispiel zeigt die Verwendung mehrerer Platzierungsflächen. Es wird ein Körper erzeugt, dessen Oberflächen tangential ineinander übergehen. Die Skizze befindet sich in der obersten Deckfläche. Bei Erstellung der **TASCHE** werden die orange dargestellten Flächen als Platzierung gewählt. Mit dem Filter **TANGENTIALE FLÄCHEN** muss nur eine Fläche selektiert werden.

Anschließend wird die Skizzenkontur ausgewählt und ein **OFFSET** angegeben. Die restlichen Geometriewerte wurden auf null gesetzt. Damit entsteht die abgebildete Tasche mit konstanter Tiefe.

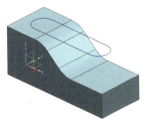 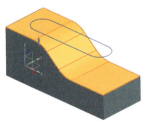 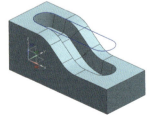

3.4.4 Polster

POLSTER werden mit dem Zielkörper vereinigt. Dazu muss eine entsprechende Höhe definiert werden. Die Funktionsweise des Befehls ist analog zu dem der Tasche.

POLSTER können auf der Basis rechteckiger und allgemeiner Konturen erzeugt werden. Zylindrische Ansätze werden mit dem separaten Befehl KNAUF erstellt.

POLSTER (PAD)

Das erste Beispiel zeigt ein rechteckiges Polster mit Verrundung und Schräge.

Rechteckpolster

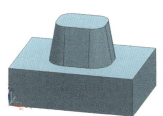

Im zweiten Beispiel ist ein allgemeines Polster auf der Basis der dargestellten Skizze zu sehen. In der ersten Variante besitzt dieses Element eine Schrägung und keine Verrundungen (siehe mittleres Bild). In der zweiten Variante wird der Schrägungswinkel auf null gesetzt und Verrundungen werden erzeugt (siehe rechtes Bild).

Allgemeines Polster

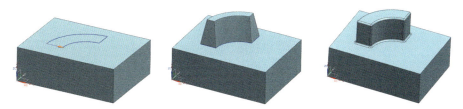

Ein Polster mit unterschiedlichen Konturen zur Definition der unteren und oberen Begrenzung ist im dritten Beispiel auf S. 116 oben zu sehen. Dabei geht die eingegebene Höhe des Polsters über die Skizzenfläche der oberen Kontur hinaus. In diesem Fall wird die obere Skizze nach oben projiziert. Neben der Angabe einer Höhe können Sie die obere Abschlussfläche des Polsters auch durch Selektion einer ebenen oder unebenen Fläche bestimmen (siehe S. 116, zweites Bild von rechts). Das Polster wird im unteren Bereich durch die Deckfläche des Quaders und die darin befindliche Skizze gesteuert. Die obere Abschlussfläche ergibt sich durch Projektion der Rechteckskizze in die Freiformfläche.

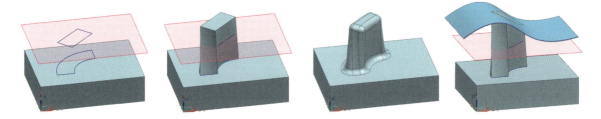

Im nächsten Beispiel wird die Platzierung eines Polsters auf der Mantelfläche eines Zylinders dargestellt. Dazu wird eine entsprechende Skizze zur Definition der Kontur erzeugt. Bei der Ausführung des Befehls wird die Skizze zunächst auf die Platzierungsfläche projiziert und dann normal zu dieser durch den Raum bewegt, sodass ein Formelement mit konstanter Höhe entsteht. Verwendet man die Skizzenebene zur Platzierung, ergibt sich die Lösung auf dem folgenden rechten Bild.

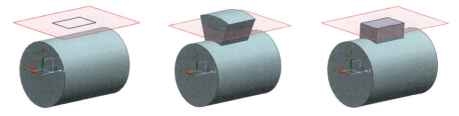

Das letzte Beispiel zeigt die Verwendung mehrerer Platzierungsflächen, die tangential zueinander sind. Es wird ein Polster mit konstanter Höhe erzeugt, dessen Außenkontur durch die Skizze gesteuert wird.

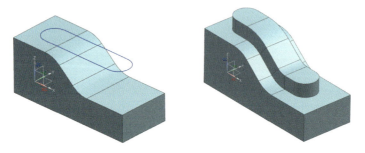

3.4.5 Nut

Mit diesem Befehl können Sie eine Nut in einen Körper »fräsen«. Dieser ist unter **EINFÜGEN > KONSTRUKTIONSFORMELEMENT** abgelegt. Über **SCHALTFLÄCHEN HINZUFÜGEN** können Sie den Befehl zur Werkzeugleiste **FORMELEMENT** hinzufügen.

NUT (SLOT)

Neben der Form wird im Dialog festgelegt, ob die Nut über die gesamte Platzierungsfläche verläuft oder eine bestimmte Länge besitzt. Wenn die Option **DURCHGEHENDE NUT** gewählt wird, müssen zwei Durchgangsflächen angegeben werden. Ist die Option ausgeschaltet, wird die Länge des Formelements eingegeben. Dieses Maß ist parallel zur horizontalen Referenz.

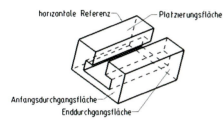
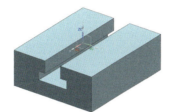

Die darüber stehende Abbildung zeigt eine T-Nut. Für die Platzierung dürfen nur ebene Flächen verwendet werden, im Beispiel die Deckfläche des Quaders. Als horizontale Referenz wird eine Kante des Quaders genutzt. Aus den beiden Durchgangsflächen, deren Selektionsreihenfolge bei Schwierigkeiten von Bedeutung sein kann, resultiert die Nutlänge.

In Abhängigkeit von der gewählten Form werden unterschiedliche geometrische Parameter eingegeben. Dabei entspricht die Tiefe dem Maß senkrecht zur Platzierungsfläche.

Für die abschließende Positionierung der durchgehenden Nut ist nur die Vergabe eines Abstandes senkrecht zur Längsrichtung erforderlich. Haben Sie keine durchgehende Nut ausgewählt, erzeugt das System ein entsprechendes Langloch. Die nebenstehende Abbildung zeigt die Definitionen der geometrischen Parameter und ein Konstruktionsbeispiel.

Es folgen zwei typische Anwendungsfälle für die Nutzung von Nuten.

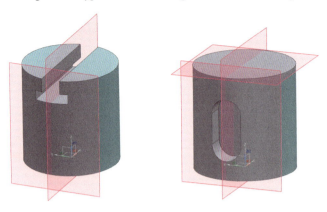

Im ersten Beispiel wird eine T-Nut quer durch einen Zylinder erzeugt. Zur Platzierung dient die obere Deckfläche. Für die Angabe der horizontalen Richtung besitzt der Zylinder kein geeignetes Element. Deshalb wird eine Bezugsebene durch die Mittelachse des Zylinders erzeugt. Dieses Bezugsobjekt wird auch für die Positionierung (**GERADE AUF GERADE**) verwendet.

Zur Definition des Durchgangs werden zwei Flächen benötigt. Dafür wird eine weitere Bezugsebene normal zur Mittelebene und tangential zum Zylindermantel erzeugt. Diese dient als erste Durchgangsfläche. Als Austrittsfläche wird der Zylindermantel benutzt. Damit geht die T-Nut quer durch den Zylinder, auch wenn dessen Durchmesser geändert wird.

Das zweite Beispiel zeigt ein Langloch in der Mantelfläche eines Zylinders. Neben den bereits im ersten Beispiel verwendeten Bezügen wird eine weitere Ebene auf einer Deckfläche des Zylinders generiert.

Bei der Definition des Langlochs wird die tangentiale Bezugsebene zur Platzierung und die Mittelebene als horizontale Referenz genutzt. Weiterhin dient diese Ebene zur Positionierung. Die Mittellinie des Langloches und die Ebene werden dabei mit der Option **GERADE AUF GERADE** übereinandergelegt. Mit der neuen Bezugsebene auf der Stirnfläche wird der senkrechte Abstand der Mittelachse des Zylinders bemaßt.

3.4.6 Einstich

EINSTICH (GROOVE)

Einstiche dienen zur Erzeugung von umlaufenden Nuten. Den Befehl **EINSTICH** finden Sie unter **EINFÜGEN > KONSTRUKTIONSFORMELEMENT**. Über **SCHALTFLÄCHEN HINZUFÜGEN** können Sie ihn auch in die Werkzeugleiste **FORMELEMENT** aufnehmen.

Im Dialog stehen verschiedene Querschnittsformen zur Verfügung. Nach Auswahl der Form müssen Sie die Platzierungsfläche, eine zylindrische oder kegelförmige Fläche, angeben. Der Einstich wird am Platzierungspunkt abgelegt und ist mit der gewählten Fläche verbunden. Der Rotationsvektor für den Einstich ergibt sich aus der Achse der selektierten Fläche, die eine Außen- oder Innenfläche sein kann.

Die geometrischen Parameter werden in Abhängigkeit von der gewählten Querschnittsform eingegeben. Bei Hohlwellen muss der **EINSTICHDURCHMESSER** größer als der Innen- und kleiner als der Außendurchmesser der Welle sein. Ansonsten wird die Welle geteilt.

Mit dem nachfolgenden Positionsdialog erscheint eine Vorschau auf das Werkzeug. Dieser Dialog besitzt keine Optionen. Der Einstich wird grundsätzlich parallel zur Rotationsachse bemaßt, was die Selektion einer Werkzeug- und einer Zielkante erforderlich macht. Das erzeugte Formelement stellt in diesem Beispiel eine Hohlwelle mit einem äußeren und einem inneren Einstich dar.

3.4.7 Bohrung

Der Dialog **BOHRUNG** in der Werkzeugleiste **FORMELEMENT** enthält folgende Typen:

BOHRUNG (HOLE)

 ALLGEMEINE BOHRUNG: Bei normalen Bohrungen legen Sie alle Parameter selbst fest.

 BOHRUNGSGRÖSSE: Die Bohrungsdurchmesser werden aus Normtabellen ausgewählt oder von Ihnen eingegeben.

 SCHRAUBENFREIRAUMBOHRUNG: Es werden Bohrungen für einen bestimmten Zweck erstellt, z. B. passende Durchgangslöcher für Schrauben. Dabei werden Tabellen genutzt, die den Durchmesser vorgeben.

 GEWINDEBOHRUNG: NX generiert Gewindebohrungen unter Verwendung von im System hinterlegten Tabellen. Alternativ können Sie die Abmessungen selbst eingeben.

 BOHRUNGSREIHE: Der Befehl erstellt verschiedenartige, konzentrische Bohrungen durch mehrere Teile.

Bei den ersten vier Optionen ist es nachträglich möglich, den Bohrungstyp zu wechseln. Nur in eine Bohrungsreihe lassen sich diese nicht wandeln. Genauso kann aus einer Bohrungsreihe kein anderer Typ entstehen.

Position und Richtung

Nach Festlegung des Bohrungstyps müssen Sie einen Mittelpunkt und die Richtung bestimmen. Zur Definition der Bohrungsmitte kann eine Skizze erstellt werden, oder es wird das Fangen von Punkten genutzt. Beide Varianten lassen sich nicht mischen und können nachträglich nicht mehr in den jeweils anderen Typ umgewandelt werden.

NX zeigt eine Vorschau im Grafikbereich an. Die Bohrungsrichtung ist zunächst senkrecht zur Platzierungsfläche des Mittelpunktes. Mit der Angabe des Punktes legen Sie den Zielkörper für die boolesche Operation fest.

Form und Bemaßung

Unter **FORM UND BEMASSUNGEN** können Sie die Geometrie und die Abmessungen der Bohrung ändern. Dabei stehen unter **ERZEUGEN** die Optionen **EINFACH** (einfache Bohrung), **FLACHSENKUNG** und **KEGELSENKUNG** und **ABGESCHRÄGT** zur Verfügung. Mit der Auswahl der Form verändern sich die geometrischen Eingabewerte unter **BEMASSUNG** entsprechend. Die Vorschau wird im Anschluss automatisch aktualisiert. Die Bohrungstiefe steuern Sie über die Tiefenbegrenzung. Mit der Option **WERT** wird ein Sackloch erzeugt, und die Felder für die Tiefe und den Spitzenwinkel erscheinen. Der Wert für die Tiefe muss immer positiv sein. Verwenden Sie für den Spitzenwinkel null, erzeugt NX eine Bohrung mit flachem Boden.

Unter **TIEFENBEGRENZUNG** sind weitere Optionen wählbar: **BIS AUSWAHL** erstellt Bohrungen bis zur Angabe einer Zielfläche, **BIS ZUM NÄCHSTEN** bis zur nächsten Fläche in Bohrungsrichtung und **DURCH KÖRPER** durch den gesamten Körper. Dabei können Sie beliebige Bezugsebenen oder Flächen, die nicht eben sein müssen, wählen.

Boolesche Operation

Die Bohrung wird normalerweise immer vom Zielkörper abgezogen. Bei Bedarf können Sie mit dem Befehl einen Körper erzeugen, wenn unter **BOOLESCH** die Option **KEINE** und als Richtung **ENTLANG VEKTOR** ausgewählt wird. Diese positive Bohrung können Sie nutzen, wenn der Zielkörper noch nicht bestimmt oder nicht im Part vorhanden ist. Eventuelle interne, symbolische Gewinde werden gleichfalls aktualisiert, sobald ein Zielkörper existent ist und auf **SUBTRAHIEREN** umgestellt wird.

Die exakte Vorschau erhalten Sie mit **ERGEBNIS ANZEIGEN**.

Die Möglichkeiten des Befehls **BOHRUNG** werden wir Ihnen im Folgenden an einigen Beispielen erläutern:

Zuerst soll eine Durchgangsbohrung durch die Mitte eines Quaders erzeugt werden. Als Typ wird die **ALLGEMEINE BOHRUNG** verwendet. Die Form ist **EINFACH**. Zur Festlegung der Mitte rufen Sie den **PUNKT**-DIALOG in der **AUSWAHLLEISTE** auf. Mit dem Typ **ZWISCHEN ZWEI PUNKTEN** erfolgt die Auswahl der abgebildeten Eckpunkte des Quaders. Damit befindet sich die Bohrung in der Mitte der Flächendiagonalen.

Nach Eingabe des Durchmessers und der Tiefenbegrenzung **DURCH KÖRPER** können Sie die Bohrung mit **OK** oder **ANWENDEN** erzeugen. Bei Änderungen des Basiskörpers wird die Lage der Bohrung entsprechend der Definition ihres Mittelpunktes angepasst.

ALLGEMEINE BOHRUNG (GENERAL HOLE)

   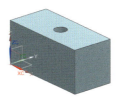

Die zweite Bohrung soll sich in der Mitte einer Seitenfläche des Quaders befinden und genau so tief sein, dass sie die erste Durchgangsbohrung trifft. Der Typ ist wieder **ALLGEMEINE BOHRUNG**. Als Form verwenden Sie **ABGESCHRÄGT**.

Zur Angabe des Mittelpunkts rufen Sie wieder den **PUNKT**-DIALOG auf. Diesmal werden für die Option **ZWISCHEN ZWEI PUNKTEN** die Mittelpunkte der Seitenkanten verwendet. Dabei ist darauf zu achten, dass diese richtig gefangen werden. Mit **OK** gelangen Sie zurück zum Bohrungsbefehl. Die Tiefenbegrenzung **BIS AUSWAHL** und die Fläche der bereits vorhandenen Durchgangsbohrung werden gewählt. Nach der Eingabe der geometrischen Parameter kann die Bohrung erzeugt werden. Auch diese verhält sich assoziativ zu den verwendeten Objekten.

 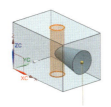 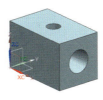 

Das dritte Beispiel (siehe S. 123 oben) zeigt eine Durchgangsbohrung, bei der die Richtung über einen vom Anwender definierten Vektor und die Lage mit einer Skizze gesteuert wird. Der Typ ist **SCHRAUBENFREIRAUMBOHRUNG**.

SCHRAUBEN-FREIRAUMBOHRUNG (SCREW CLEARANCE HOLE)

Als Form verwenden wir eine **FLACHSENKUNG**. Die Schraubengröße ist **M10**, der Schraubentyp ist die Sechskantschraube (**HEX HEAD**) und die Einpassung **NORMAL**. Unter **EINSTELLUNGEN** finden Sie den genutzten Standard zur Festlegung der Abmessungen.

Diese Standardtabellen können Sie auch an die Erfordernisse Ihres Unternehmens anpassen. Nähere Informationen hierzu erhalten Sie in der Online-Hilfe.

Als Wert für die Tiefenbegrenzung wird **DURCH KÖRPER** eingestellt. Weiterhin werden vom System automatisch verschiedene Fasen aktiviert.

Wenn man eine Skizze zur Festlegung des Mittelpunktes nutzen will, kann man mit dem Icon **SKIZZENSCHNITT** in die entsprechende Umgebung wechseln. NX leitet die Skizze automatisch ein, wenn in der Auswahlleiste die Option **PUNKT AUF FLÄCHE** deaktiviert ist und eine Fläche selektiert wird. Das System verwendet die gewählte Fläche als Skizzenebene, richtet die Horizontale nach der aktuellen Bildschirmansicht aus, ruft nach Einstellung sowie Eingabe von **OK** im Dialog **EBENE** die Skizzierumgebung auf und startet den Dialog für die Punkterstellung. Zusätzlich zu dem bereits auf der Fläche gewählten Punkt können Sie weitere Punkte erzeugen. **SCHLIESSEN** beendet den Befehl. In der Skizzierumgebung wird der Punkt bemaßt. Über **SKIZZE BEENDEN** gelangen Sie zurück zum Dialog **BOHRUNG**. Die angezeigten Maße können bei aktivem Bohrungsdialog durch Anklicken editiert werden.

Danach wird die Bohrungsrichtung auf **ENTLANG VEKTOR** eingestellt. Das System schlägt einen Vektor vor. Durch die Selektion geeigneter Objekte kann diese Richtung geändert werden. Im Dialog aktivieren Sie die Option **ZWEI PUNKTE** und wählen den abgebildeten Eckpunkt und den Mittelpunkt der Kante aus. Damit verläuft die Bohrung assoziativ zu diesen Objekten.

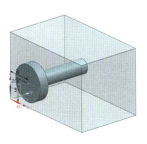 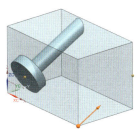 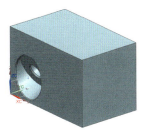 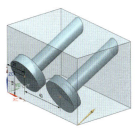

Vor dem Beenden des Befehls sollten Sie sich die exakte **VORSCHAU** anzeigen lassen, um die Bohrung zu überprüfen.

Die für die Positionierung der Bohrung verwendete Skizze wird mit dem Formelement als internes Objekt gespeichert und ist nach dessen Aufruf zum Bearbeiten wieder verfügbar. Über den Schalter **SKIZZENSCHNITT** können Sie in die Skizzenumgebung wechseln. Dort könnten Sie beispielsweise einen zweiten Punkt hinzufügen.

Alternativ kann die Skizze durch Selektion der Bohrung im Grafikbereich oder im Teile-Navigator unter Nutzung von **MT3** und **SKIZZE BEARBEITEN** aufgerufen werden. Wenn die Skizze permanent sichtbar sein soll, wählen Sie im Teile-Navigator die Bohrung aus und rufen dann mit **MT3** den Befehl **EXTERNE SKIZZE ERZEUGEN** auf. Die Skizze erhält damit einen Eintrag unmittelbar vor der betroffenen Bohrung. Mit erneuter Auswahl der Bohrung und **MT3** können Sie den Vorgang mit **INTERNE SKIZZE ERZEUGEN** wieder rückgängig machen.

Das Löschen von Punkten erfolgt im Bohrungsbefehl durch deren Abwahl mit **SHIFT** und **MT1**.

Im nächsten Beispiel wird eine **GEWINDEBOHRUNG** erstellt. Dazu wird der entsprechende Typ ausgewählt. Die Tiefenbegrenzung ist **DURCH KÖRPER**. Unter **EINSTELLUNGEN** aktivieren Sie als Standard ein metrisches Normalgewinde (**METRIC COARSE**).

GEWINDEBOHRUNG (THREADED HOLE)

Anschließend bestimmen Sie die Gewindegröße und die Tiefe. Der Wert bei **RADIALES ANFAHREN** legt den Gewindebohrdurchmesser als Prozentwert fest. Alternativ kann dieser Wert mit der Option **ANWENDERDEFINIERT** in dem entsprechenden Feld eingegeben werden.

Für die Bestimmung der Bohrungsmitte wird eine Skizze durch Selektion der entsprechenden Fläche verwendet. Anschließend geben Sie in der Skizze zwei weitere Punkte an, und verlassen den Befehl mit **SCHLIESSEN**. Danach werden die Punkte bemaßt.

Nach Beenden der Skizze erfolgt die Voranzeige der Bohrungen, die mit **OK** erzeugt wird. Die Gewinde werden durch gestrichelte Linien symbolisiert und sind in der Anzeige als **STATISCHES DRAHTMODELL** am besten sichtbar. In der Zeichnungsableitung erfolgt dann die normgerechte Darstellung.

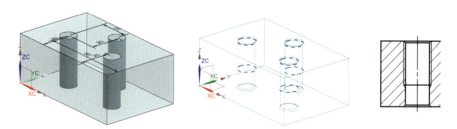

Bohrung auf nicht planaren Flächen

Mit dem Befehl ist es möglich, in nicht planare Flächen zu bohren. Dazu wird im nächsten Beispiel ein Zylinder erstellt, der eine Durchgangsbohrung in Längsrichtung erhält. Zur Platzierung wird der Mittelpunkt der Deckfläche verwendet.

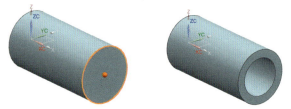

Anschließend soll der Zylinder quer zur Mantelfläche gebohrt werden. Dazu werden zwei Vorgehensweisen beschrieben:

Bei der ersten Variante erzeugen Sie eine Bezugsebene, welche die Lage der Bohrung in Umfangsrichtung steuert. Danach wird der Befehl **BOHRUNG** aufgerufen. Im **PUNKT-KONSTRUKTOR** aktivieren Sie die Option **SCHNITTPUNKT**. Dann wählen Sie als Objekt die Bezugsebene und als Kurve die dargestellte Zylinderkante. Sie erhalten nun den abgebildeten Schnittpunkt. Um die Lage in Richtung der Zylinderachse zu definieren, wird die Offset-Option **ZYLINDRISCH** (Zylinderkoordinaten) eingestellt. Unter **DELTA Z** geben Sie den Abstand ein. Dann wird der **PUNKT-KONSTRUKTOR** verlassen und die Bohrung erzeugt.

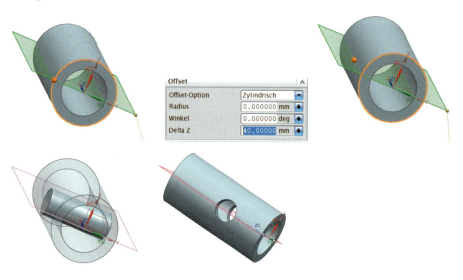

In der zweiten Variante wird die Querbohrung ohne Bezugsebene generiert. Dazu wählen Sie im **PUNKT-DIALOG** den Mittelpunkt der Zylinderkante. Um die Bohrungsmitte an die richtige Stelle zu bewegen, aktivieren Sie wieder die Offset-Option **ZYLINDRISCH**. Der Wert für **DELTA Z** wird eingegeben. Damit verschiebt sich der Punkt auf der Zylinderachse. Um die Mantelfläche auszuwählen, muss im Feld **RADIUS** der Zylinderradius assoziativ eingetragen werden. Dazu aktivieren Sie den Pfeil neben dem Feld und rufen die Option **REFERENZ** auf. Wählen Sie nun den Zylinder aus. In einer Liste erscheinen seine Parameter, der Durchmesser wird selektiert und im Eingabefeld durch zwei geteilt, um den Radius zu erhalten. Der Mittelpunkt verschiebt sich entsprechend und die abgebildete Bohrung wird generiert.

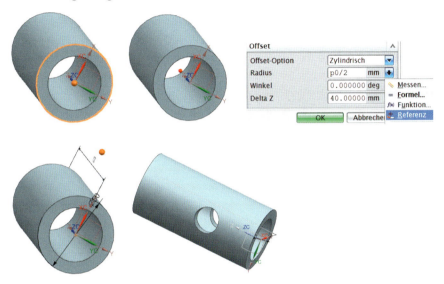

Bei beiden Varianten ist die Bohrung assoziativ zum Zylinderdurchmesser. Soll die Lage in Achsenrichtung geändert werden, müssen Sie einen neuen Punkt festlegen und den vorhandenen abwählen.

Für eine **BOHRUNGSREIHE** sind mindestens drei Körper erforderlich. Diese werden gemeinsam durchbohrt, wobei NX zwischen den Regionen **START**, **MITTEL** (alles zwischen erstem und letztem Körper) und **ENDE** unterscheidet. Für jeden Bereich erscheint ein eigenes Register, in dem Sie die entsprechenden Daten eingeben können. Weiterhin besteht die Möglichkeit, die Abmessungen der Startbohrung zu übernehmen. NX vergibt damit die Parameter automatisch. Für jeden Abschnitt können Anfangs- und Endfasen definiert werden. Die Abbildung auf S. 126 oben zeigt ein Beispiel für eine Bohrungsreihe.

BOHRUNGSREIHE (HOLE SERIES)

  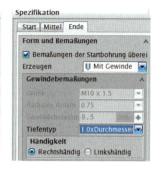 

3.4.8 Versteifung

VERSTEIFUNG (DART)

Der Befehl **VERSTEIFUNG** ist unter **EINFÜGEN > KONSTRUKTIONSFORMELEMENT** gelistet. Die oberste Reihe des Dialogs **VERSTEIFUNG** enthält Icons zur Auswahl von Flächensätzen und Orientierungen. Diese können mit **MT2** nacheinander oder mit **MT1** direkt aktiviert werden.

Unter diesen Icons befinden sich die Einstellungen für Filter. Die Trimmoptionen steuern, ob die Versteifung als Flächenmodell (**KEINE TRIMMUNG**) oder als Volumenkörper (**TRIMMEN UND ZUSAMMENFÜGEN**) erzeugt wird.

In der Mitte des Fensters befinden sich die Befehle zur Positionierung der Versteifungsmittelfläche in Abhängigkeit von den aktivierten Icons und der gewählten Methode.

Die geometrischen Parameter geben Sie im unteren Bereich des Dialogs ein. Die folgende Abbildung zeigt die Bedeutung der einzelnen Größen.

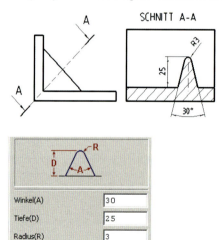
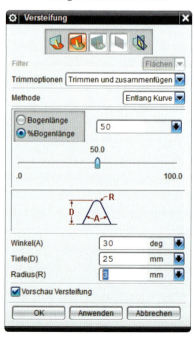

Bei aktivierter Vorschau wird die Versteifung mit den aktuellen Werten angezeigt, sobald alle erforderlichen Daten eingegeben wurden.

Die grundsätzlichen Möglichkeiten des Befehls werden an Beispielen erläutert:

Zuerst soll eine Versteifung eines Winkelprofils erzeugt werden. Nach Aufruf des Dialogs selektieren Sie die erste Fläche der Platzierung. Anschließend aktivieren Sie mit **MT2** das nächste Icon und nehmen die Eingabe der zweiten Platzierungsfläche vor. Daraus resultiert die Anzeige der Versteifung mit den aktuellen Parametern. Die geometrischen Werte sind durch Eingabe der gewünschten Größen und **ENTER** dynamisch veränderbar.

NX erkennt die Durchdringung der beiden Flächen und erzeugt die Rippe zunächst in deren Mitte. Diesen Positionspunkt können Sie per Schieberegler prozentual oder absolut entlang der Durchdringungskurve verschieben, wenn die Methode auf **ENTLANG KURVE** steht.

Durch Umschalten der Methode auf **POSITION** können Sie die Lage der Rippe unter Nutzung des WCS oder des absoluten Koordinatensystems angeben.

Im Beispiel wird eine Rippe in einem festen Abstand auf der Kurve erzeugt.

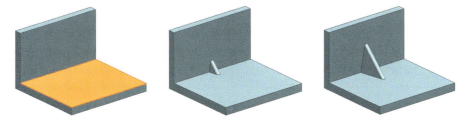

Als Nächstes soll eine zweite Rippe generiert werden. Dazu selektieren Sie wieder nacheinander die beiden Platzierungsflächen. NX errechnet daraufhin die zwei Durchdringungskurven zwischen diesen beiden Flächen. Im nächsten Auswahlschritt müssen Sie eine der Kurven angeben. Danach kann die zweite Versteifung erzeugt werden.

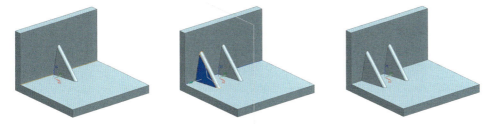

Die Rippen, die bisher automatisch normal zu den selektierten Flächen erstellt wurden, sollen nun in einem Winkel zu diesen erzeugt werden. Zunächst wird eine Bezugsebene unter einem bestimmten Winkel zu einer Fläche des Basiskörpers generiert. Unter Nutzung des letzten Icons **ORIENTIERUNGSEBENE** können Sie diese Bezugsebene selektieren, nach der sich die Rippe parallel ausrichtet.

Im letzten Beispiel werden zwei Rippen an einer zylindrischen Fläche angebracht. Zwei Bezugsebenen, die in einem Winkel zueinander stehen, werden assoziativ zur Zylindermittellinie erzeugt. Für die erste Versteifung werden zunächst die entsprechenden Deckflächen angewählt.

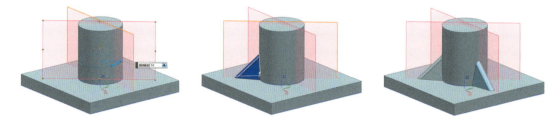

Die Rippe soll sich an einer Bezugsebene ausrichten und sich an der Stelle befinden, an der die Ebene die Durchdringung schneidet. Durch Aktivierung des Icons **POSITIONSEBENE** können Sie den Ursprungspunkt der Versteifung durch die Angabe einer weiteren Fläche festlegen. Er ergibt sich aus dem Schnittpunkt zwischen der Durchdringungskurve und der selektierten Fläche. Zusätzlich muss die Methode **POSITION** aktiviert sein. Als **OFFSET** geben Sie null ein. Dieser Offset-Wert steuert den Abstand von der Rippenmitte zur Positionsebene und richtet die Mittelfläche der Versteifung parallel zur angewählten Bezugsebene aus.

Die zweite Rippe wird analog zur ersten erzeugt. Dabei wird die zweite Bezugsebene zur Orientierung und zur Festlegung des Ursprunges verwendet. Für die Anbringung der Rippe auf der gegenüberliegenden Seite muss eventuell die Elementorientierung der Bezugsebene geändert werden.

Die Bezugsebenen steuern damit die Position und Ausrichtung der Rippen bezogen auf den Zylinder. Wird der Winkel zwischen den Bezügen verändert, »wandert« die Versteifung gemäß der neuen Lage der Ebene mit.

3.4.9 Prägung

PRÄGEN (EMBOSS)

Mit dem Befehl **PRÄGEN** in der Werkzeugleiste **FORMELEMENT** werden komplexe assoziative und parametrische Bauteilgeometrien erzeugt. Dabei kann sowohl Material hinzugefügt als auch entfernt werden.

3.4 Formelemente

Die Anwendung des Befehls wird an einigen Beispielen erläutert. Als Prägefläche dient dabei der abgebildete Quader mit schräger Oberfläche. Zur Definition der Prägekontur wurde die rot dargestellte Skizze in einer Bezugsebene erstellt. Diese Ebene befindet sich im Bereich der schrägen Fläche.

Nach Aufruf des Befehls **PRÄGEN** muss zunächst ein Kurvenzug zur Definition der Schnittgeometrie ausgewählt werden. Dazu werden die erforderlichen Optionen der **AUSWAHLLEISTE** aktiv. Alternativ können Sie im Befehl mit dem entsprechenden Icon die Skizzenerstellung starten und Schnittkurven neu erzeugen. Diese Skizze wird intern unter dem Formelement *Prägen* verwaltet.

Schnitt

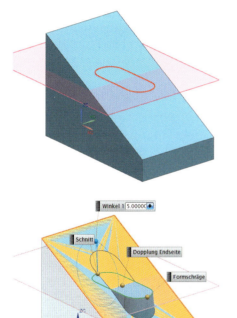

Für das Beispiel werden die Kurven der vorhandenen Skizze selektiert. Mit **MT2** wechseln Sie zum nächsten Auswahlschritt: die Festlegung der Prägeflächen, die den Beginn der Operation steuern. Im Beispiel wird die schräge Oberfläche gewählt. In der Vorschau des definierten Formelements sind die einzelnen Parameter als Manipulatoren enthalten. Damit können Sie die Eigenschaften auch im Grafikbereich bearbeiten.

Prägefläche

Formschräge	Nun wird automatisch eine Formschräge mit einem definierten Winkel generiert. Verwenden Sie unter Schrägung KEIN, werden gerade Seitenwände erzeugt, und es ergibt sich das auf dem folgenden, linken Bild dargestellte Ergebnis.

Mit der Entwurfsoption AUS ENDABDECKUNG können Sie einen Schrägungswinkel eingeben, der zunächst für alle Seiten gleich ist (rechtes Bild).

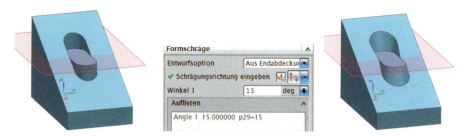

Verwenden Sie zur Definition des Schnitts einen Kurvenzug, der nicht tangentenstetig ist, werden Einzelflächen erzeugt, für die unterschiedliche Winkel angegeben werden können. Jeder Winkel erhält einen eigenen Manipulator, dessen Wert wird im Dialog aufgelistet. Aktivieren Sie die Option ALLE FÜR GLEICHEN WERT FESTLEGEN, werden alle Winkel gleichzeitig geändert.

Zur Demonstration wird ein Rechteck als Definition des Schnitts verwendet.

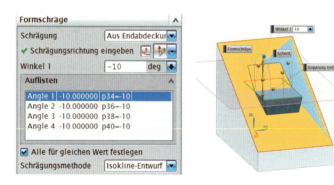 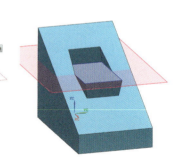

Prägerichtung	Die Prägerichtung wird von NX automatisch festgelegt: Das System nutzt dabei die Normale zur festgelegten Schnittkontur. Durch Aktivieren von RICHTUNG ANGEBEN können Sie einen richtungsweisenden Vektor definieren.

Dopplung Endseite	Im Bereich DOPPLUNG ENDSEITE wird unter Geometrie die Gestalt des Formelementes gesteuert. Die Optionen EBENE DES SCHNITTS, PRÄGEFLÄCHEN, BEZUGSEBENE und AUSGEWÄHLTE FLÄCHEN sind möglich. Bei den bisherigen Beispielen war die Option EBENE DES SCHNITTS aktiv. Damit befindet sich die Abdeckung im Bereich der Schnittkurven.

Verwenden Sie die Option PRÄGEFLÄCHEN, werden sowohl in diesem Bereich als auch im Feld Formschräge unter ENTWURFSOPTION neue Möglichkeiten eröffnet.

Mit **PRÄGEFLÄCHEN** erfolgt ein Verschieben der Schnittgeometrie. NX projiziert zunächst die Schnittkurven entlang der Prägerichtung in die Prägefläche. Diese Kontur wird aus der Prägefläche um einen bestimmten Wert verschoben.

Bei der Festlegung des Abstandes existieren zwei Optionen. Mit **OFFSET** wird der eingegebene Abstand für jeden Punkt der Kontur normal zur Schnittfläche gemessen. Die Option **VERSCHIEBEN** erlaubt die Angabe eines Vektors, der eine einheitliche Richtung für die Abstandsmessung festlegt.

Die Endseite in der folgenden Abbildung wird mit der Option **PRÄGEFLÄCHEN** erzeugt, bei einem permanenten **ABSTAND** von 40 mm. Bei der Option **VERSCHIEBEN** ist ein Vektor angegeben, der parallel zur Prägerichtung verläuft. Mit **OFFSET** erhalten Sie eine konstante Endseitenhöhe normal zur Prägefläche.

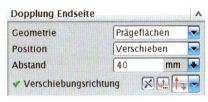

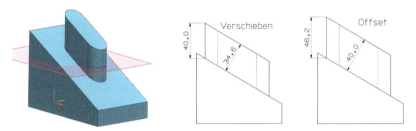

Die nächsten Abbildungen verdeutlichen diesen Unterschied. Im Modell wird als Prägefläche der obere Bereich verwendet. Mit **OFFSET** ergibt sich das Ergebnis auf dem mittleren Bild. Beim **VERSCHIEBEN** auf dem rechten Bild werden die gekrümmten Flächenbereiche in die Deckfläche projiziert.

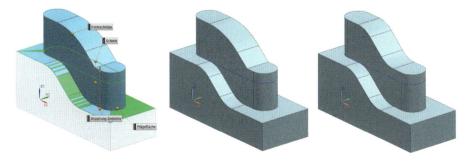

Im Zusammenhang mit der Option **PRÄGEFLÄCHEN** für die Dopplung Endseite sind zur Festlegung eines Winkels verschiedene Einstellungen im Bereich **FORMSCHRÄGE** möglich. Zunächst werden die Optionen der Schrägungsmethode gegenübergestellt. Dabei ist im Feld **ENTWURFSOPTION** immer **AUS PRÄGEFLÄCHEN** aktiv. Das System lässt in diesem Fall den Querschnitt in den Prägeflächen unverändert und beginnt an dieser Stelle mit der Schräge. Die Abbildungen auf S. 132 oben zeigen die Ergebnisse für die verschiedenen Schrägungsmethoden.

Formschräge-Schrägungsmethode/ Schrägung

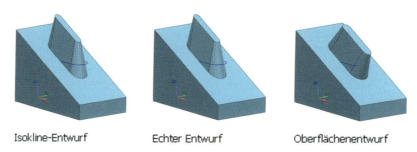

Bei den folgenden Darstellungen wurde nur die Schrägungsmethode **ISOKLINE-ENTWURF** verwendet. Die Entwurfsoption wurde modifiziert. Sie legt fest, in welcher Fläche der Querschnitt nicht verändert wird. Alle anderen Einstellungen blieben bei den einzelnen Varianten gleich. Bei der Option **AUS AUSGEWÄHLTEM BEZUG** wurde die abgebildete Bezugsebene selektiert.

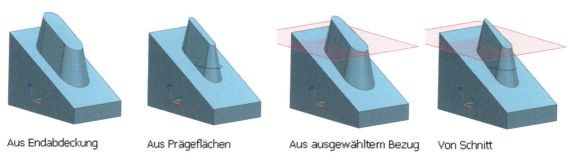

Für die Festlegung der Geometrie der Dopplung Endseite kann auch eine **BEZUGSEBENE** verwendet werden. Dabei ergeben sich unter **POSITION** Auswahlmöglichkeiten, mit denen der Abstand von der gewählten Ebene bestimmt wird.

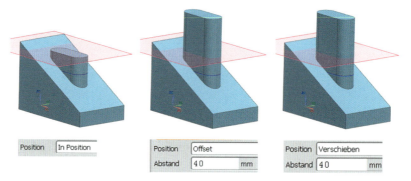

Im letzten Beispiel (siehe S. 133 oben) wird ein komplexerer Körper erzeugt. Nach Auswahl der Skizzenkurven als Schnittgeometrie und der schrägen Oberfläche als Prägefläche müssen Sie für die Dopplung Endseite unter Geometrie **AUSGEWÄHLTE FLÄCHEN** einstellen. Als Flächenangabe zur Definition der Endseite selektieren Sie die Kugel. Da die Prägung nicht bis zu dieser Fläche generiert werden soll, müssen Sie unter **POSITION** die Option **OFFSET** aktivieren und einen entsprechenden Abstand eingeben.

Zusätzlich wird eine Schrägung für die Seitenflächen festgelegt. Die Endfläche bleibt mit der Entwurfsoption **AUS ENDABDECKUNG** unverändert. Als Schrägungsmethode wird **ISOKLINE-ENTWURF** verwendet. Den Schrägungswinkel geben Sie entsprechend ein.

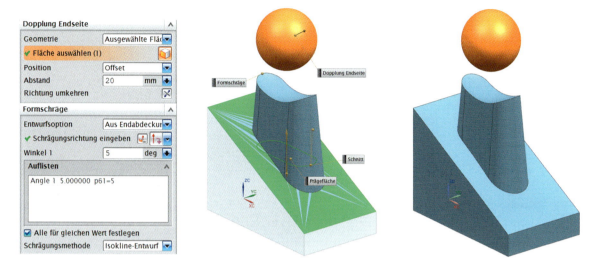

3.4.10 Körper prägen

Unter **EINFÜGEN > KOMBINIEREN** befindet sich der Befehl **KÖRPER PRÄGEN**, mit dem Änderung an einem Flächen- oder Volumenkörpers durch den Schnitt eines anderen Körpers erzielt werden können, um eine Durchdringung mit diesem zu vermeiden.

KÖRPER PRÄGEN (EMBOSS BODY)

Der Dialog gestaltet sich ähnlich wie der der booleschen Operation. Bei der Wahl des Zielkörpers und des Werkzeugkörpers sind sowohl Volumenkörper als auch Flächenkörper zulässig. Im Beispiel wird die Schale zunächst als Prägewerkzeug verwendet und im letzten Bild als Zielkörper.

Der Bereich für die Prägung kann gewählt werden, sofern mehrere Auswahlmöglichkeiten existieren. Die Vergabe eines Abstandwerts zwischen den Körpern ist möglich. Sofern es sich beim Zielkörper um einen Volumenkörper handelt, kann zusätzlich eine Wandstärke eingetragen werden. Bei Flächenkörpern können Sie die Materialseite und/oder Prägerichtung umkehren.

■ 3.5 Profilkörper

3.5.1 Grundlagen

Profilkörper werden auf Basis vorhandener Geometrien erzeugt. Durch Extrusion und Rotation von Kurven, Kanten oder Flächen entstehen dabei neue Elemente. Aus geschlossenen Konturen resultieren im Normalfall Körper und aus einzelnen Kurven Flächen.

Werden beispielsweise alle Kurven des abgebildeten Sechsecks ausgewählt, erhält man eine geschlossene Kontur. Wenn dieser Querschnitt um einen bestimmten Betrag durch den Raum gezogen wird, ergibt sich der dargestellte Vollkörper. Dieses Ergebnis ist in NX als Standard voreingestellt. Der entsprechende Schalter befindet sich in den Einstellungen der jeweiligen Befehlsdialoge. Wählt man hingegen die Option FLÄCHE, werden aus geschlossenen Konturen Flächenkörper erzeugt.

In den folgenden Darstellungen ist grundsätzlich die Einstellung KÖRPER (DURCHGÄNGIG) aktiv.

Die Befehle zum Erzeugen von Profilkörpern bieten die Möglichkeit, Konturen mit einem **OFFSET** zu versehen. In der Abbildung wird die geschlossene Sechseck-Kontur als Profil ausgewählt. Durch die Vergabe einer Wandstärke entsteht ein Hohlkörper. Dabei wurde ein Aufmaß nach innen festgelegt, sodass das Profil die Außenkontur des Körpers erzeugt.

Wählen Sie nur einzelne Elemente des Sechsecks aus, ergibt sich keine geschlossene Kontur und NX generiert Flächenkörper mit der Wandstärke null. Auch dem geöffneten Profil können Sie eine Wandstärke zuweisen. Dabei wird ein Körper erzeugt. Bei der Verwendung von Wanddicken müssen diese Objekte in einer Ebene liegen. Werden mehrere ineinander liegende Kurvenzüge selektiert, wird der Profilkörper mit Öffnungen versehen. So entsteht z. B. durch den zusätzlichen Kreis im Sechseck eine Bohrung im Profilkörper.

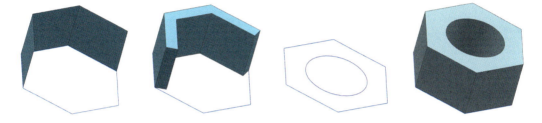

Bei voneinander unabhängigen Konturen werden mit einem Befehl mehrere Körper generiert. Zur Definition des Querschnittes können Sie Kurven, Kanten und Flächen beliebig kombinieren.

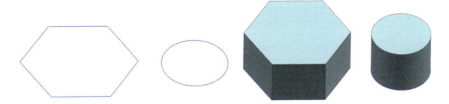

Der erzeugte Körper kann als Basis für ein weiteres Profil dienen. Dabei besteht die Möglichkeit, Flächen oder Kanten zu selektieren. Für das Beispiel wird die rot dargestellte Deckfläche ausgewählt. Anschließend erfolgt die Extrusion dieser Fläche. Durch die boolesche Operation **VEREINIGEN** ist ein neuer Körper entstanden.

Profilkörper sind assoziativ zu den verwendeten Geometrien. Änderungen ihrer Konturen führen zu einer Neuberechnung aller abgeleiteten Elemente. So wird im Beispiel der Durchmesser des Kreises verkleinert und daraus ein neuer Körper gebildet.

Werden Basisgeometrien modifiziert, sodass eine Neuberechnung der abhängigen Elemente zu keinen sinnvollen Ergebnissen führt, erscheint eine Fehlermeldung, und die abhängigen Profilkörper werden unterdrückt.

Bei der Löschung kompletter Geometrien kann der abgebildete Hinweis erscheinen. Nach Bestätigen mit **OK** werden die ausgewählten Objekte und alle davon abgeleiteten Elemente entfernt. Mit Aufruf der **INFORMATIONEN** werden die Abhängigkeiten dargestellt.

Die booleschen Operationen können im Dialog festgelegt werden. Wenn nur ein Körper existiert, wird dieser automatisch als Ziel erkannt. Sind mehrere Körper in der Konstruktion vorhanden, muss der Zielkörper angegeben werden.

Bei allen Befehlen befindet sich im untersten Bereich die **VORSCHAU**, mit der vor Beenden des Dialoges das exakte Ergebnis dargestellt wird.

3.5.2 Extrusion

EXTRUDIERTER KÖRPER (EXTRUDE)

Durch Ziehen eines Querschnittes um einen bestimmten Wert in eine Richtung wird ein neues Element generiert. Das Profil muss dabei weder eben noch geschlossen sein.

Den Befehl **EXTRUSION** können Sie über das Icon in der Werkzeugleiste **FORMELEMENT** aufrufen.

Die Abbildung zeigt eine extrudierte Freiformfläche. Mit der Begrenzungseingabe von **START** und **ENDE** wird ein Körper erzeugt, dessen Abschluss- und Bodenfläche die Kontur des Querschnittes besitzen.

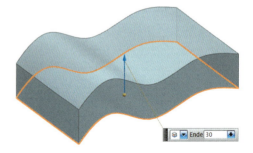

Mehrere sich schneidende Kurven wie etwa bei Rippen eines Gussteils können in einer einzelnen Aktion gleichzeitig extrudiert werden. Voraussetzung dafür ist folgende Einstellung unter **DATEI > DIENSTPROGRAMME > ANWENDERSTANDARDS > KONSTRUKTION > ALLGEMEIN > VERSCHIEDENES > ZULASSEN VON SICH SELBST SCHNEIDENDEN SCHNITTEN IN EXTRUSIONSELEMENTEN**.

3.5 Profilkörper

Nach Aufruf des Befehls **EXTRUDIERTER KÖRPER** wird der abgebildete Dialog aktiv, in dem alle Parameter verwaltet werden.

Das System erwartet zunächst die Auswahl der Kurven für den Schnitt. Alternativ können Sie innerhalb des Befehls eine neue Skizze über das Icon **SKIZZENSCHNITT** erstellen. NX erzeugt automatisch eine interne Skizze.

Wenn bei der Angabe der Schnittkurven in der **AUSWAHLLEISTE** der Filter **KURVEN ERMITTELN** aktiv ist und Sie eine Fläche selektieren, wird von NX automatisch die Skizzenerstellung aufgerufen. Dieses Verhalten können Sie durch Ausschalten der Option **DATEI > DIENSTPROGRAMME > ANWENDERSTANDARDS > KONSTRUKTION > ALLGEMEIN > VERSCHIEDENES > AUTOMATISCH AUF PLANAREN FLÄCHEN SKIZZIEREN** ändern. Danach werden vom System die Randkurven der ausgewählten Fläche erkannt.

Sobald hinreichend Daten für eine sinnvolle Konstruktion festgelegt wurden, wird die Lösung als Vorschau angezeigt. Die Parameter können Sie entweder im Grafikbereich mithilfe der Handles oder aber im Dialog modifizieren.

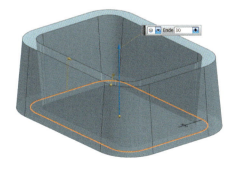

Bei Verwendung von **MT3** erscheinen in Abhängigkeit von der Position des Mauszeigers im Bereich der Handles unterschiedliche, kontextabhängige Menüs. Diese Optionen können auch analog im Dialog in den entsprechenden Drop-down-Menüs neben den Eingabefeldern aufgerufen werden.

Im Folgenden wird an einem Beispiel die Funktionalität des Extrusionsbefehls erklärt. Als Querschnitt wird eine Skizze mit einem Rechteck und verrundeten Ecken erzeugt. Diese befindet sich auf einem separaten Layer, um sie später ausblenden zu können.

Für die mittlere Abbildung auf dieser Seite unten wählen Sie nicht den Querschnitt, sondern eine einzelne Kurve aus. Damit erzeugt NX eine Fläche. Durch zwei Sterne wird in der Vorschau angezeigt, dass keine geschlossene Kontur selektiert wurde. Mit der Anwahl weiterer Elemente ändert sich das Bild. Ein Umschalten in die Skizzenerstellung ist jetzt nicht mehr möglich. Selektierte Elemente können Sie mit **SHIFT + MT1** wieder abwählen.

Durch Aktivieren der Option **VERBUNDENE KURVEN** und Auswahl eines Skizzenelements werden automatisch die restlichen Kurven erkannt. Da die Kontur jetzt geschlossen ist, wird ein Körper angezeigt.

Begrenzung

In der Vorschau sind zunächst zwei Handles abgebildet. Der Punkt kennzeichnet den Beginn der Extrusion und die Pfeilspitze deren Ende. Mit Doppelklick auf den Pfeil können Sie die Richtung umkehren. Durch Ziehen an diesen Symbolen verschieben Sie die Grenzen für die Extrusion dynamisch. Weiterhin ist die manuelle Eingabe im entsprechenden Feld möglich. Der Abstand wird von dem ausgewählten Profil positiv in Richtung des angezeigten Vektors gemessen. Als Richtungsvektor für die Extrusion wird von NX automatisch die Flächennormale des Querschnitts verwendet.

Der neue Körper kann auch in einem bestimmten Abstand vom Profil erzeugt werden. Durch Auswahl der Pfeilspitze bzw. des Punktes mit **MT3** können Sie Optionen zur Steuerung der Extrusion auswählen, die analog zum Eingabefeld des Dialogs sind.

Mit dem Aktivieren von **SYMMETRISCHER WERT** entsteht eine Extrusion mit gleichem Abstand zur Querschnittsfläche. Somit ist nur die Eingabe eines Wertes erforderlich. Weiterhin können Sie Extrusionen in beiden Richtungen bis zum Erreichen eines bereits vorhandenen Elementes durchführen. Die Abstände ergeben sich automatisch und sind assoziativ zum jeweiligen Zielelement.

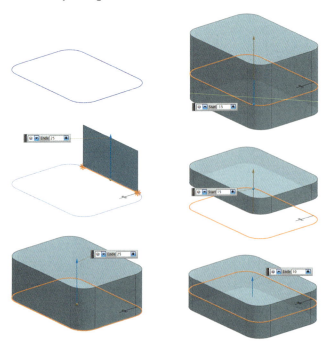

Im nächsten Beispiel wird für das Ende der Extrusion die Option **BIS ZUM NÄCHSTEN** verwendet. Damit sucht NX in der angegebenen Richtung, bis das nächste passende Objekt gefunden wird, und führt die Extrusion bis zu diesem durch. Der entstandene Körper wird an der Oberfläche des Zielobjektes getrimmt, wenn die Fläche größer als der Querschnitt der Extrusion ist und sie keine Öffnungen in diesem Bereich enthält.

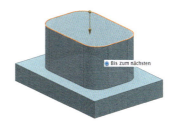

Mit der Option **BIS AUSWAHL** kann die Begrenzungsfläche explizit in beiden Extrusionsrichtungen angewählt werden. Im Beispiel wird für eine Grenze die Kugelfläche ausgewählt. Der zweite Abstand ergibt sich wieder aus der Option **BIS ZUM NÄCHSTEN**.

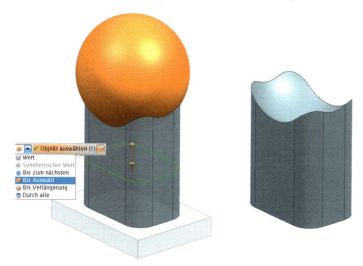

Bei der Option **DURCH ALLE** besteht die Möglichkeit, mehrere Zielkörper auszuwählen. Die Extrusion wird dabei bis zur letzten Fläche in Ziehrichtung durchgeführt. Im Beispiel ist die obere Kugelhälfte die Begrenzungsfläche.

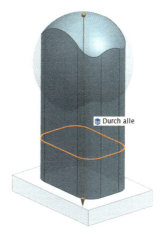

Richtung	Bewegen Sie den Mauszeiger auf die Voranzeige des Extrusionskörpers und drücken **MT3**, erscheint ein Popup-Menü, mit dem Sie die Einstellungen für die Extrusion vornehmen können. Neben der Festlegung der booleschen Operation (**BOOLESCH**), der Wanddicke (**OFFSET**) und der **FORMSCHRÄGE** können Sie unter Nutzung des Befehls **RICHTUNG** den Vektor für die Extrusion verändern.
Richtung	Im Beispiel wird der Vektor unter Nutzung des WCS mit der Option **NACH KOEFFIZIENT** definiert. Die Extrusion folgt dieser Richtung, und die Länge wird entlang des Vektors festgelegt. Ein Vertauschen der Grenzen ist jeweils durch Doppelklick auf den Extrusionsvektor oder **RICHTUNG UMKEHREN** im Dialog möglich.
Offset	Mit Aufruf des Befehls **OFFSET** wird ein Aufmaß bezogen auf den selektierten Querschnitt erzeugt. Es erscheinen Handles, mit denen Sie die Werte für die Wanddicke festlegen können. Positive Eingabewerte bedeuten in Richtung des angezeigten Vektors. Dabei wird die Kontur des Querschnitts maßstäblich verändert. Die Radien werden so lange konzentrisch verkleinert, bis der Wert null erreicht wird. Ab dieser Größe wird eine Ecke erzeugt.

Grundsätzlich gibt es drei Arten der Aufdickung: **EINSEITIG**, **ZWEISEITIG** und **SYMMETRISCH**. Diese können durch Drücken von **MT3** auf eines der Offsetsymbole oder im Dialog eingestellt werden. Die linke Darstellung zeigt den Offset **ZWEISEITIG**. Dazu werden zwei Maße definiert. Schalten Sie wie im mittleren Bild auf **EINSEITIG** um, wird nur ein Aufmaß abgetragen, das auch negativ sein kann. NX erzeugt dann einen Vollkörper. Auf dem rechten Bild ist der Typ **SYMMETRISCH** dargestellt.

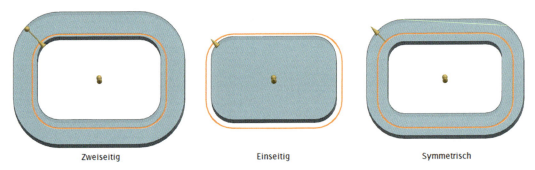

Eine weitere Option besteht in der Schrägung der extrudierten Körperseiten. Dazu muss die entsprechende Option unter **FORMSCHRÄGE** aktiviert werden. Es erscheint ein Pfeil, mit dem der Winkel dynamisch verändert werden kann. Ein positiver Winkel schrägt die Seiten der Extrusion nach innen in Richtung des Querschnittszentrums ab. Ein negativer Winkel bewirkt eine Schräge nach außen.

Zur Definition der Schräge stehen mehrere Varianten zur Verfügung. Diese wählen Sie im Dialog oder durch Drücken von **MT3** in der Vorschau aus. Dabei wird unterschieden, ob sich die Extrusion vollständig auf einer Seite des Schnittes befindet oder unter- und oberhalb erzeugt wird. Führen Sie die Extrusion zu einer Seite aus, stehen nur die Optionen **VON START-GRENZE** und **VON SCHNITT** zur Verfügung. Bei beidseitigen Extrusionen werden weitere Möglichkeiten zur Definition der Schrägung aktiv.

Die nebenstehende Abbildung zeigt eine Schrägung unter Nutzung der Einstellung **VON STARTGRENZE**. Damit beginnt die Schräge im definierten **START** und endet an der oberen Grenze. Das Profil wird in die Ebene von **START** projiziert. Wenn der Schrägungswinkel zu groß ist, werden Rundungsflächen automatisch in Kanten überführt.

Nutzen Sie die Option **VON SCHNITT**, dienen die selektierten Schnittkurven als Basis für die Schrägung. Diese Ebene bleibt unverändert.

Bei einer Schrägung mit der Einstellung **VON SCHNITT – SYMMETRISCHER WINKEL** wird ausgehend vom selektierten Querschnitt in beide Extrusionsrichtungen eine Schräge mit gleichem Winkel erzeugt. Damit entstehen unterschiedliche Deckflächen für die beiden Grenzen.

Wenn gleiche Deckflächen erzeugt werden sollen, kann die Option **VON SCHNITT – ÜBEREINSTIMMENDE ENDEN** verwendet werden. Die Startfläche erhält dann die Größe der Endfläche. Dabei werden die Schrägungswinkel entsprechend angepasst, sofern ein ebenes Profil gegeben ist.

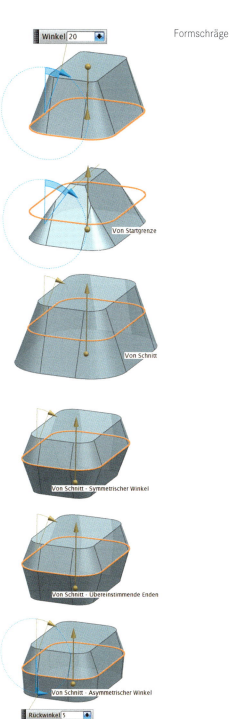

Formschräge

Die Option **VON SCHNITT – ASYMMETRISCHER WINKEL** ermöglicht mit der Winkeloption **EINZELN** die Eingabe unterschiedlicher Schrägungswinkel für den oberen und den unteren Bereich. Das unterste Bild auf S. 141 zeigt ein Beispiel, bei dem für den Rückwinkel der Wert fünf eingegeben wurde.

Ist diese Winkeloption aktiv, kann dort auch **MEHRERE** eingestellt werden. Damit haben Sie die Möglichkeit, unterschiedliche Winkel für die einzelnen Seitenflächen einzugeben. Die Schnittkontur darf in diesen Bereichen nicht tangentenstetig sein. Jede vom System erkannte Seitenfläche erhält ein eigenes Handle und einen Eintrag im Dialog unter **AUFLISTEN**. Somit können Sie die Winkel individuell ändern.

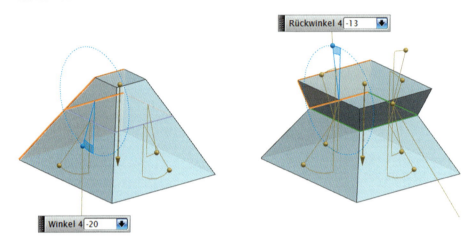

Die Darstellung zeigt auf dem linken Bild ein Beispiel für die Formschräge **VON SCHNITT** mit unterschiedlichen Winkeln. Dabei wurde ein Rechteck als Querschnitt verwendet.

Mit **VON SCHNITT – ASYMMETRISCHER WINKEL** können Sie sowohl für den oberen als auch im unteren Bereich die einzelnen Winkel festlegen, wie im rechten Bild dargestellt.

Boolesche Operation

Während der Generierung des Volumen- oder Flächenkörpers können Sie die Option **BOOLESCHE OPERATIONEN (BOOLESCH)** in diesem Befehl integriert zur Kombination mit weiteren Elementen anwenden.

Das Zielelement wird, sofern möglich, von NX vorgeschlagen. Als Standardoperation ist **ERMITTELT** festgelegt, das bedeutet, die nächstliegende und ausführbare Option wird auf Basis des Extrusionsvektors und der Elementposition automatisch gewählt. Berühren sich das Ziel- und Werkzeugelement, so wird eine Vereinigung angestrebt, sobald sie sich hingegen schneiden, eine Subtraktion. Bei unpassendem Ergebnis kann auch eine andere Operationsart eingestellt werden, die beim nächsten Aufruf des Befehls wiederholt wird.

Bei offenen Profilen können Sie die Option **INTELLIGENTES PROFIL-VOLUME ÖFFNEN** unter **BEGRENZUNG** zur Verlängerung bis zur nächst schneidenden Umgebungsgeometrie nutzen. Das Profil wird als Körper extrudiert und kann mit dem Zielkörper vereint oder davon abgezogen werden. Ein Wechsel der Materialseite ist dabei möglich. Bei Änderung der Einstellungen wird die Extrusion erneut an diese Umgebung angepasst.

Offene Profile

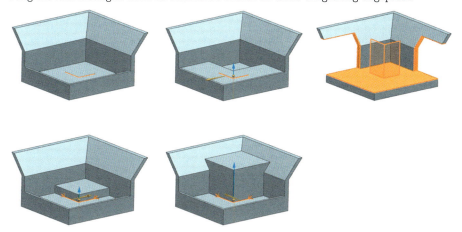

3.5.3 Rotation

Mit dem Befehl **ROTATIONSKÖRPER** in der Werkzeugleiste Formelement wird durch Drehen eines Querschnittes in einem bestimmten Winkel um eine Achse ein neues Element erzeugt. Der Drehsinn wird dabei durch die Rechte-Hand-Regel bestimmt. Das Vorgehen ist ähnlich wie bei der Extrusion. Auch bei diesem Befehl können die Parameter sowohl im Grafikbereich als auch im Dialog eingegeben werden.

ROTATIONSKÖRPER
(REVOLVE)

An einem einfachen Beispiel wird die grundsätzliche Vorgehensweise erläutert. Mit dem Rotationsbefehl soll zuerst ein Hohlzylinder erstellt werden. Dazu wird eine Skizze mit einem Rechteck auf einer Bezugsebene erzeugt und unter Nutzung von zwei Bezugsachsen positioniert. Nach Start des Befehls müssen Sie die Elemente für den Schnitt des Rotationskörpers mittels **AUSWAHLLEISTE** oder neu erstellter Skizze eingeben. Im Beispiel werden alle Kurven des Rechtecks selektiert.

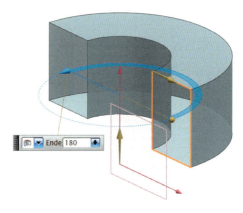

Vektor

Danach müssen Sie mit **MT2** oder direkt im Dialog den Befehl zur Vektordefinition aktivieren, um den Drehvektor angeben zu können. Zur Nutzung bestimmter Optionen können Sie im Dialog das Menü neben dem Icon öffnen. Alternativ lässt sich der **VEKTORKONSTRUKTOR** starten.

In Abhängigkeit von der Art der Vektordefinition ist zusätzlich die Angabe des Ursprungspunktes erforderlich, z. B. wenn eine Achse des WCS gewählt wird. In anderen Fällen können Sie diesen bei Bedarf selbst festlegen.

Im Beispiel wird die senkrechte Bezugsachse ausgewählt, woraufhin die Rotation als Vorschau dargestellt wird. Der Drehvektor wird als Pfeil angezeigt. Durch Doppelklick auf diesen Pfeil wird sein Richtungssinn umgekehrt.

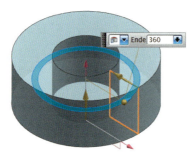
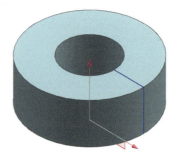

Aus dem Abstand zwischen dem gewählten Vektor und der Innenseite des Rechteckes resultiert der Innenradius des Hohlzylinders. Bei der Eingabe des Ursprunges ist darauf zu achten, dass sich der Rotationsvektor zu diesem Punkt verschiebt. Damit ändert sich entsprechend der Abstand zur Innenkontur des Profils.

In den Feldern **START** und **ENDE** geben Sie die geometrischen Parameter ein. Für das Beispiel legen Sie eine vollständige Rotation von 0 bis 360° fest. Damit entsteht ein Hohlzylinder, dessen Querschnitt durch eine Skizze und dessen Innenmaß durch den Abstand der Innenkontur von der Rotationsachse gesteuert werden.

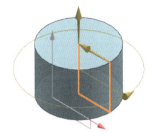

Begrenzung

Verwenden Sie eine Seite des Rechtecks als Rotationsachse und lassen alle anderen Eingaben gleich, entsteht ein Vollzylinder. Die Rotationsachse befindet sich in diesem Fall auf der Innenseite des Rechtecks.

Die nächste Abbildung zeigt einen Rotationskörper, der über die dargestellten Start- und Endwinkel erzeugt wurde. Damit erhalten Sie keinen vollständigen Vollzylinder, sondern nur ein Segment.

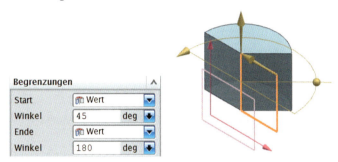

Es ist nicht immer erforderlich, einen geschlossenen Querschnitt zu selektieren, um einen Rotationskörper zu generieren. In dem Beispiel wird nur die Außenseite des Rechtecks als Schnittkurve selektiert. Als Rotationsvektor wird wieder die Innenseite des Rechtecks verwendet. Bei einer Rotation von 360° entsteht ein Volumenkörper.

Bei einem Winkel, der kleiner als 360° ist, ergibt sich ein Flächenkörper.

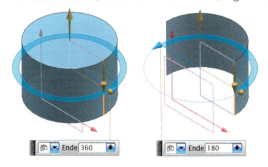

Offset Zusätzlich zu den Winkeln können Abstände für die Erzeugung von Wandstärken eingegeben werden. Dazu muss **OFFSET** im Dialog oder mit **MT3** auf dem Rotationskörper aktiviert werden. Beim gleichen Abstand in beide Richtungen bildet das Querschnittsprofil die Mittellinie des entstandenen Hohlkörpers.

In diesem Fall ist darauf zu achten, dass die Rotationsachse einen ausreichenden Abstand von der durch den Offset festgelegten Innenkontur des Rotationskörpers besitzt. Ist das nicht der Fall, erscheint der abgebildete Alarm, und der Befehl kann nicht ausgeführt werden.

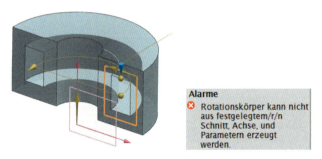

Assoziative Begrenzung Neben der Eingabe von Winkeln können Sie die Rotationsgrenzen assoziativ zu vorhandenen Objekten festlegen. Dazu nutzen Sie für **START** oder **ENDE** die Option **BIS AUSWAHL**. Die Ausgangsbasis bilden die bereits verwendete Skizze und ein Zylinder. Nach Aufruf des Befehls **ROTATIONSKÖRPER** selektieren Sie das Rechteck als Querschnitt sowie die abgebildete Bezugsachse.

Danach rufen Sie im Dialog das Kaskadenmenü für den Endwinkel auf und aktivieren **BIS AUSWAHL**. Als Begrenzungsgeometrie wählen Sie die Mantelfläche des Zylinders. Die Rotation endet am Zylinder.

Durch Umkehren der Drehrichtung mittels Doppelklick auf den Rotationsvektor resultiert die auf dem folgenden, mittleren Bild dargestellte Lösung. Das Ergebnis rechts wird durch die Option **BIS AUSWAHL** für beide Grenzen erzielt. Das Formelement wird dann an zwei Flächen getrimmt.

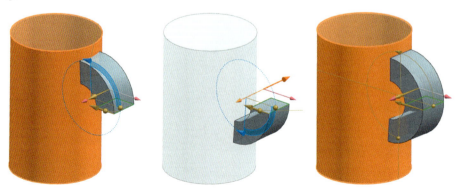

Der Befehl **ROTATIONSKÖRPER** unterstützt das Erstellen mehrerer Körper mit einer Operation. Im Beispiel wurden zwei Rechtecke gleichzeitig um einen gemeinsamen Vektor gedreht.

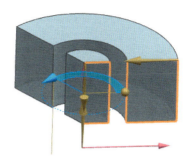

3.5.4 Extrusion mit Führungskurve

Mit dem Befehl **EXTRUSION ENTLANG EINER KURVE** unter **EINFÜGEN > EXTRUDIEREN** kann ein Querschnitt entlang von Führungskurven gezogen werden. Damit sind vielfältige Formen auf einfache Art herstellbar.

EXTRUSION ENTLANG EINER KURVE (SWEEP ALONG GUIDE)

Nach dem Start erfolgt die Aufforderung, ein offenes oder geschlossenes Schnittprofil festzulegen. Mithilfe der **AUSWAHLLEISTE** können Sie Kurven, Skizzen, Kanten oder Flächen wählen. Der Querschnitt sollte sich generell auf der Führungskurve befinden.

Im Beispiel wird das orange gekennzeichnete, offene Profil als Schnitt selektiert und mit **MT2** zum nächsten Auswahlschritt gewechselt. Bei der zu wählenden Führungskurve sind die Optionen der **AUSWAHLLEISTE** aktiv. Der Kurvenzug kann ebenfalls offen oder geschlossen sein und Ecken enthalten. Als Führung selektieren Sie hier die geschlossene Profilkurve.

Offenes Profil mit geschlossener Führungskurve

Danach erfolgt die Darstellung der positiven Richtung für die Offsets durch ein Handle. Die Abstände zur Festlegung einer Wandstärke können dort oder im Dialog eingegeben werden. In diesem Beispiel werden beide Abstände auf null gesetzt. Durch die Nutzung einer geschlossenen Führungskurve werden automatisch Deck- und Bodenflächen für einen Volumenkörper erzeugt.

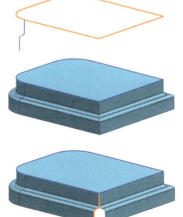

Das folgende Beispiel auf S. 148 oben befasst sich mit der Verwendung eines geschlossenen Querschnitts (Rechteck) und einer offenen Führungskurve. Bei dieser Variante ist es wesentlich, dass das Querschnittsprofil am Anfang des Kurvenzuges liegt. Als Ergebnis erhalten Sie einen Volumenkörper. Die Führungskurve wird dabei maßstäblich entsprechend der Lage der Schnittkontur nach außen und innen verändert. Die Radien der Führungskurve werden so lange verkleinert, bis sich eine Ecke ergibt.

Geschlossenes Profil mit offener Führungskurve

Geben Sie bei der Erstellung Offsets ein, entsteht ein Hohlprofil (siehe rechtes Bild).

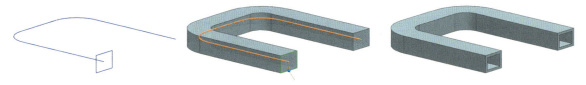

Verwendet man sowohl für den Querschnitt als auch für die Leitkurve offene Konturen ohne Abstände, ergibt sich ein Flächenkörper. Werden für den Querschnitt Offsets definiert, so erhält man einen Volumenkörper.

3.5.5 Rohr

ROHR (CABLE)

Der Befehl **ROHR** unter **EINFÜGEN > EXTRUDIEREN** funktioniert ähnlich wie die Extrusion entlang einer Führung. Der **QUERSCHNITT** hat dabei immer die Form eines Kreises oder Kreisringes und wird über die Eingabe des Außen- und des Innendurchmessers festgelegt. Geben Sie keinen Innendurchmesser ein, erzeugt das System automatisch einen Kreis.

Der Querschnitt wird entlang einer zu definierenden, tangentenstetigen Führungskurve durch den Raum gezogen. Besitzt die Führungskurve Radien, sollten diese größer als der Außenradius des Querschnittskreises sein, um die Bildung von Knicken zu vermeiden.

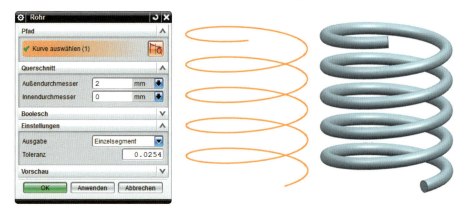

Im Beispiel erzeugen Sie zunächst über die Kurvenfunktion **SPIRALE** eine Führungskurve. Mit dem Befehl **ROHR** können Sie daraus nun eine Feder erstellen.

3.6 Skizzen

3.6.1 Grundlagen

Skizzen bestehen aus zweidimensionalen Kurven und Punkten in einer Ebene des Modellraumes. Sie dienen u.a. zur Definition von Querschnitten für Profilkörper und zur Festlegung von Leitgeometrie. Skizzen sind assoziativ zu der Ebene, in der sie erstellt werden. Wird diese Ebene verändert, so wird die Skizze entsprechend angepasst bzw. beim Löschen der Ebene verliert sie ihre Referenz und wird unbrauchbar.

Vor dem Beginn der Arbeit mit Skizzen sind folgende Dinge zu beachten:

1. **Inhalt der Skizze festlegen:** Die Skizzen sollten möglichst einfach und übersichtlich sein. Es ist besser, mehrere einfache als wenige umfangreiche Skizzen zu verwenden.
2. **Strukturierungsmethode auswählen:** Es stehen unterschiedliche Methoden zur Verfügung, wie Konstruktionselemente strukturiert werden können, um sie bei einer Änderung schnell wieder zu finden. Zum Beispiel können die Skizzen auf einen Layer gelegt werden. Hierzu sollten Sie den Arbeitslayer vor dem Erstellen der Skizze einstellen. Eine andere Variante wäre das Arbeiten mit Formelementgruppen und/oder Gruppen. Hier erfolgt die Strukturierung im Teile-Navigator und ist somit sehr übersichtlich.
3. **Skizzenebene, Ausrichtung und Bezüge für die Positionierung festlegen:** Neben der Skizzenebene ist es wichtig, auch die Objekte für die Positionierung festzulegen, bevor Sie mit der Skizze beginnen. Damit wird die Lage der Skizze im Raum bestimmt. Wenn mit der Skizze der Basiskörper einer Konstruktion erzeugt wird, kann sie nur unter Verwendung der Koordinatensysteme platziert werden. Diese Lage ist dann absolut.
4. **Skizze einen geeigneten Namen geben:** Es ist sinnvoll, jeder Skizze einen eigenen Namen zu vergeben. Vergeben Sie keinen Namen, bildet NX automatisch eine Benennung, die sich aus dem Standardpräfix für Skizzennamen und einer fortlaufenden Nummer zusammensetzt. Ist als Präfix z.B. **SKETCH_** voreingestellt, so erhalten Sie automatisch die Namen *SKETCH_000, SKETCH_001* usw. Diese Benennungen erscheinen im *Teile-Navigator* und beim Bearbeiten vorhandener Skizzen. Mit sinnvollen eigenen Namen wird die Organisation von Skizzen wesentlich erleichtert.

Unter **VOREINSTELLUNGEN > SKIZZE** lassen sich die grundsätzlichen Optionen für die Erstellung von Skizzen im aktiven Teil bearbeiten. Diese Werte werden als generelle Vorgaben für neue Dateien unter **DATEI > DIENSTPROGRAMME > ANWENDERSTANDARDS > SKIZZE** verwaltet.

Voreinstellungen für Skizzen *(Sketch Preferences)*

Das Menü (siehe S. 150) für die Voreinstellungen besitzt drei Register. Unter **SITZUNGSEINSTELLUNGEN** werden grundsätzliche Parameter für die Arbeit mit Skizzen definiert.

Der **FANGWINKEL** legt fest, in welchem Bereich eine Linie vom System automatisch als vertikal, horizontal, parallel oder senkrecht zu einer anderen Linie erkannt wird. Der Winkel wird dabei zu beiden Seiten der Referenz gemessen.

Ist **FREIHEITSGRADPFEILE ANZEIGEN** aktiv, so werden die offenen Freiheitsgrade einer Skizze durch Pfeile angezeigt.

Wenn die Skizze sehr kleine Elemente enthält, werden die zugeordneten Symbole für die Zwangsbedingungen und Scheitelpunkte nicht mehr angezeigt. Ist die Option **ZWANGSBEDINGUNGSSYMBOLE ANZEIGEN** aktiv, werden die Skizzenobjekte unabhängig von der Größe angezeigt.

Ist die Option **ANSICHTENORIENTIERUNG ÄNDERN** aktiv, wird beim Aufruf der Skizze die Ansicht so orientiert, dass Sie senkrecht auf die Skizzenebene schauen und die Elemente auf die Bildschirmgröße eingepasst werden. Nach Verlassen des Skizzierers wird die Modellansicht wiederhergestellt. Diese Option sollte aktiv sein.

Die Einstellung »**STATUS AUSBLENDEN**« **BEIBEHALTEN** bezieht sich auf ausgeblendete Skizzenobjekte. Ist der Schalter aktiviert, bleiben die Objekte beim erneuten Bearbeiten der Skizze unsichtbar. Ansonsten werden sie in der Skizze unabhängig vom letzten Status immer angezeigt.

Mit **LAYER-STATUS BEIBEHALTEN** wird erreicht, dass nach dem Verlassen des Skizzierers der vorher eingestellte Arbeitslayer wieder aktiv ist.

Die Option **SCHNITTZUORDNUNGSWARNUNG ANZEIGEN** gibt eine Warnung aus, wenn mindestens ein Skizzenschnitt aufgrund von Änderungen neu zugeordnet werden muss. Die Warnung erfolgt beim Verlassen der Skizze.

Die **HINTERGRUNDFARBE** legt den Hintergrund der Skizzierumgebung fest. Die Option **EINFACH** verwendet dabei immer die unter **VOREINSTELLUNGEN > HINTERGRUND** angegebene **REINE FARBE**. Mit **FARBE ÜBERNEHMEN** können Sie die Hintergrundeinstellungen aus der aufrufenden Umgebung auch beim Bearbeiten der Skizze verwenden.

Im unteren Bereich des Registers **SITZUNGSEINSTELLUNGEN** können Sie Präfixe für die Skizzennamen und -objekte bestimmen.

Das abgebildete Register **SKIZZENSTIL** enthält weitere Vorgaben.

Die **BEMASSUNGSBEZEICHNUNG** legt fest, wie die Skizzenmaße angezeigt werden. Mit der Option **AUSDRUCK** erfolgt eine Darstellung des Namens der Variablen und ihres Wertes. Innerhalb der Skizzenbearbeitung besteht weiterhin die Möglichkeit, nur den **NAMEN** oder den **WERT** darzustellen.

Die **FESTE TEXTHÖHE** belässt die Größe der Bemaßungstexte auch beim Zoomen konstant. Die **TEXTHÖHE** können Sie über einen Wert definieren.

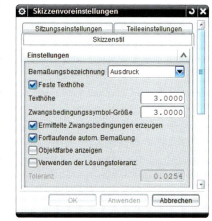

Ist **FORTLAUFENDE AUTOM. BEMASSUNG** aktiv, so wird während der Kurvenkonstruktion automatisch bemaßt.

Durch **MT3** auf eine Skizze und den Befehl **ANZEIGE BEARBEITEN** können Sie an einzelne Skizzenelemente eine eigene Farbe vergeben, die von den Voreinstellungen abweicht. Diese Farbe wird in der Skizzierumgebung nur dargestellt, wenn der Schalter **OBJEKTFARBE ANZEIGEN** aktiv ist.

OBJEKTFARBE ANZEIGEN (DISPLAY OBJECT COLOR)

Den Befehl **OBJEKTFARBE ANZEIGEN** können Sie auch der Werkzeugleiste **SKIZZE** hinzufügen. Hierzu sollten Sie den kleinen schwarzen Pfeil selektieren und über **SCHALTFLÄCHE HINZUFÜGEN** oder **ENTFERNEN > SKIZZE > OBJEKTFARBE ANZEIGEN** den Befehl in die Werkzeugleiste übernehmen.

Innerhalb der Skizzierumgebung gibt es einen speziellen Farbcode, der den Zustand der Skizzenelemente symbolisiert. Dieser wird im Register **TEILEEINSTELLUNGEN** verwaltet. Die Bedeutung der einzelnen Farben ist aus dem abgebildeten Menü ersichtlich.

Durch **AUS ANWENDERSTANDARDS ÜBERNEHMEN** können Sie die aktuellen Farbzuweisungen mit den Voreinstellungen in den **ANWENDERSTANDARDS** überschreiben.

Farbcode für Skizzen *(Sketch Colors)*

3.6.2 Arbeitsumgebung und Skizzenerstellung beginnen

SKIZZE IN AUF-
GABENUMGEBUNG
(SKETCH IN TASK
ENVIRONMENT)

DIREKTE SKIZZE
(DIRECT SKETCH)

IN SKIZZE AUF-
GABENUMGEBUNG
ÖFFNEN (OPEN
IN SKETCH TASK
ENVIRONMENT)

Zur Erstellung und Bearbeitung von Skizzen dient eine spezielle NX-Umgebung (*Sketcher*). NX bietet zum Erzeugen einer Skizze sowohl die Option **DIREKTE SKIZZE** als auch **SKIZZE IN AUFGABENUMGEBUNG** an.

Die **DIREKTE SKIZZE** kommt in den Anwendungen *Konstruktion*, *Shape Studio* oder *Blech* zum Einsatz. In allen anderen Anwendungen steht nur die **SKIZZE IN AUFGABENUMGEBUNG** zur Verfügung.

Bei **DIREKTE SKIZZE** erfolgt das Erzeugen der Kurven etwas schneller, da nicht direkt in die NX-Umgebung *Sketcher* gewechselt wird. Allerdings stehen hier nicht alle Skizzenbefehle standardmäßig zur Verfügung.

Interne Skizzen werden generell im Modus **SKIZZE IN AUFGABENUMGEBUNG** erstellt. Auch wenn Skizzen häufig geändert, verlinkt oder verworfen werden, sollten Sie mit dieser Art der Skizze arbeiten.

Generell können Sie bei einer Skizze, die im Modus **DIREKTE SKIZZE** erstellt wurde, jederzeit mit dem Befehl **IN SKIZZE AUFGABEN-UMGEBUNG ÖFFNEN** in den Modus **SKIZZE IN AUFGABENUMGEBUNG** wechseln.

Soll standardmäßig beim Doppelklick auf eine Skizze die **DIREKTE SKIZZE** oder die **SKIZZE IN AUFGABENUMGEBUNG** angezeigt werden, so können Sie dies unter den **VOREINSTELLUNGEN > KONSTRUKTION > BEARBEITEN > SKIZZENAKTION BEARBEITEN** einstellen.

Die Erzeugung einer Skizze erfolgt innerhalb der Anwendung **KONSTRUKTION** durch den Befehl **EINFÜGEN > SKIZZE (DIREKTE SKIZZE)** bzw. **SKIZZE IN AUFGABENUMGEBUNG**, mit der Auswahl einer Fläche, **MT3** und dem Befehl **SKIZZEN IN AUFGABENUMGEBUNG** oder aus einem aktiven Befehl heraus. Damit wird die Arbeitsumgebung aktiviert, und es erscheinen die entsprechenden Werkzeugleisten für die Skizzen. Alternativ können Sie bei der **DIREKTEN SKIZZE**, zum Beispiel beim Erzeugen eines Rechtecks, mit dem ersten Klick die Skizzierebene definieren und mit dem nächsten ein Rechteck aufziehen. Der Skizziermodus wird durch den Befehl **SKIZZE BEENDEN** wieder verlassen, oder sobald ein Formelement aus der Skizzenkontur erzeugt wurde.

In der **ZEICHNUNGSERSTELLUNG** ist der **SKIZZIERER** direkt nutzbar. Dabei werden die Skizzen in einer Ansicht oder auf dem Zeichnungsblatt erzeugt. Vorhandene Skizzen können Sie durch Doppelklick oder über den **TEILE-NAVIGATOR** zum Bearbeiten aufrufen.

Die Funktionen der Werkzeugleiste **DIREKTE SKIZZE** beinhalten alle Befehle für die Arbeit in diesem Modus.

Im weiteren Verlauf des Buches wird **SKIZZE IN AUFGABENUMGEBUNG** verwendet, da hier mehr Befehle zur Verfügung stehen. Die Funktionen der Werkzeugleiste **SKIZZE** (in Aufgabenumgebung) beinhalten grundsätzliche Befehle zur Arbeit mit **SKIZZEN IN AUF-GABENUMGEBUNG**.

In der Werkzeugleiste **SKIZZENERSTELLUNG** sind die Befehle zum Erzeugen und Bearbeiten der 2D-Geometrie, für die Festlegung der geometrischen Zwangsbedingungen und zur Bemaßung enthalten.

Generell können Sie die Werkzeugleisten über **SCHALTFLÄCHE HINZUFÜGEN ODER ENTFERNEN** durch weitere Befehle ergänzen.

Die **AUSWAHLLEISTE** wird in der Skizzenumgebung ebenfalls angepasst. Dabei stehen Filter für die Selektion von Skizzenobjekten zur Verfügung.

Interne Skizze
(Internal Sketch)

Beim Erstellen einer neuen Skizze ist grundsätzlich zwischen der internen und der externen Arbeitsweise zu unterscheiden. Eine interne Skizze wird bei Bedarf aus dem jeweiligen Befehl heraus erzeugt und dann mit diesem Element verwaltet. Dadurch müssen Sie sich nicht um die Layer der Skizze kümmern, der Eintrag im Teile-Navigator fehlt, und die Historie wird damit kürzer. Durch die Selektion des Elementes im **TEILE-NAVIGATOR** mit **MT3 > BEZÜGE ALS EXTERN FESTLEGEN** können Sie die Skizze jederzeit in einen externen Eintrag umwandeln. Diesen Vorgang können Sie auf die gleiche Weise wieder rückgängig machen, solange die Skizze nicht als Referenz für weitere Objekte genutzt wird.

Wenn eine Skizze extern erstellt wird, werden oftmals Bezugsobjekte für die Festlegung der Ebene und der Orientierung verwendet. Diese erhalten normalerweise einen eigenen Eintrag im Teile-Navigator. Wenn die Objekte nur zu einer Skizze gehören, besteht die Möglichkeit, sie innerhalb der betroffenen Skizze zu verwalten. Dazu selektieren Sie den Eintrag der Skizze im **TEILE-NAVIGATOR** mit **MT3** und rufen den Befehl **BEZÜGE ALS INTERN FESTLEGEN** auf. Die Bezugsobjekte werden danach nur noch sichtbar, wenn Sie an der Skizze arbeiten. Auch diesen Vorgang können Sie mit dem Befehl **BEZÜGE ALS EXTERN FESTLEGEN** wieder rückgängig machen.

Interne Bezugsobjekte
(Internal Datums)

Neue Skizze erstellen
(Create New Sketch)

**AUF EBENE
(ON PLANE)**

Beim Erstellen einer neuen, externen Skizze erscheint das abgebildete Menü zur Festlegung der Skizzenebene und Orientierung.

Um auf planaren Flächen im Raum zu skizzieren, muss der **TYP AUF EBENE** aktiv sein. Die Selektion einer Ebene erfolgt dann unter Nutzung der **EBENENMETHODE**. Dazu können Sie eine **VORHANDENE EBENE** (planare Flächen von Objekten oder Bezugsebenen) auswählen.

Mit der Option **EBENE ERZEUGEN** wird eine neue Referenzebene definiert. Dazu rufen Sie mit dem Icon im Dialogfenster das Werkzeug zur Ebenenerstellung auf. Die Einstellung **BEZUGS-KSYS ERZEUGEN** generiert automatisch ein Bezugskoordinatensystem unter Nutzung des WCS. Auch hier besteht die Möglichkeit, mit dem Icon eine andere Orientierung festzulegen.

Die **SKIZZENORIENTIERUNG** wird durch die eingestellte **REFERENZ** vorgegeben. Zur Verdeutlichung folgt hierzu ein Beispiel. Der dargestellte Körper besitzt eine Schräge, in der eine Skizze erstellt werden soll. Dazu wählen Sie zunächst die entsprechende Fläche aus (am besten mit QuickPick) und starten mit **MT3** auf dieser Fläche die Skizzenerstellung. Als Skizzenebene wird von NX dann automatisch die selektierte Fläche verwendet, und die Orientierung der Skizze wird angezeigt. In diesem Fall ist die x-Achse der Skizze zunächst parallel zur unteren Kante der Schräge. Wollen Sie diese Achse zu einer anderen Kante ausrichten, müssen Sie die entsprechende Kante einfach nur selektieren. Dabei sind die Kontrollpunkte des gewählten Objekts zur Festlegung des Richtungssinns zu beachten. Mit dem Umschalten auf **REFERENZ > VERTIKAL** wird die y-Richtung bei der Selektion von Elementen definiert. Durch Doppelklick auf eine Pfeilspitze kehrt sich der jeweilige Richtungssinn um.

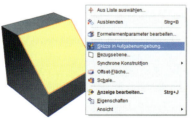

Mit der Option **ERWEITERTES BEZUGS-KSYS ERZEUGEN** unter **EINSTELLUNGEN** erzeugen Sie automatisch ein Bezugskoordinatensystem, das sich zwischen den Bezugselementen und der Skizze befindet. Somit wird die Skizze unabhängig von den Bezugselementen. Sie bleibt dann auch noch erhalten, wenn die Bezugselemente gelöscht werden. Mit **MT3 > BEZÜGE ALS EXTERN FESTLEGEN** wird das Koordinatensystem aus der Skizze geholt und im Teile-Navigator vor der Skizze als eigenes Objekt erstellt.

In den bisher dargestellten Beispielen wurden die Skizzen auf Ebenen erzeugt. Alternativ besteht die Möglichkeit, Kurven zur Festlegung der Skizzenebene zu verwenden. Diese Option wird durch den Typ **AUF PFAD** aktiviert. Danach ändern sich die Einstellungen im Dialogfenster.

AUF PFAD (ON PATH)

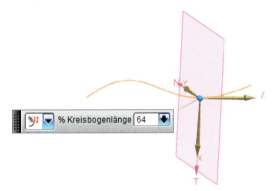

NX erwartet zunächst die Auswahl einer Kurve, an der sich die Skizzenebene orientiert. Die Abbildung zeigt dazu ein Beispiel. Hier wurde die Kurve selektiert. Am Selektionspunkt erscheint dann die Voranzeige für die Skizzenebene. Diese steht zunächst senkrecht zur gewählten Kurve. Diese Lage können Sie durch Verschieben der blauen Kugel bzw. im Dialogfenster in der **EBENENPOSITION** ändern.

Die **POSITION** können Sie auch mit der Option **DURCH PUNKT** bestimmen. NX erwartet dann die Auswahl eines Punktes, durch den die Ebene assoziativ verläuft. Im Beispiel wurde der Endpunkt der blauen Linie verwendet.

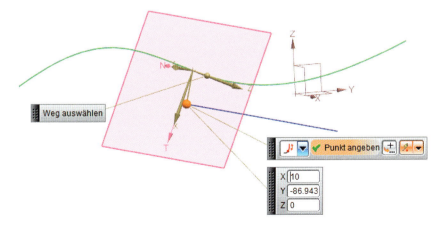

Der Richtungssinn der angezeigten Achsen kann wie immer durch Doppelklick umgekehrt werden. Die Ebenenorientierung legen Sie durch die Nutzung der Auswahl unter **ORIENTIERUNG** fest. Bei den beiden Abbildungen wurde **NORMAL ZU PFAD** verwendet.

Auf der folgenden Abbildung wurde die **ORIENTIERUNG NORMAL ZU VEKTOR** genutzt und als Richtung die positive y-Achse verwendet. Dieser Vektor wird dann in der Vorschau angezeigt und die Ebene so orientiert, dass sie den Kurvenpunkt trifft und der gewählte Vektor senkrecht auf ihr steht. Mit den Optionen **PARALLEL ZU VEKTOR** und **DURCH ACHSE** richten Sie die Ebene entsprechend aus.

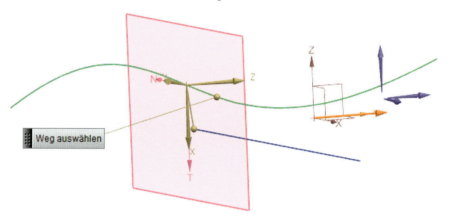

Verwendet man für die Angabe des Vektors vorhandene Objekte, wird die Skizzenebene assoziativ dazu erzeugt und verhält sich bei Änderungen entsprechend.

Während der Arbeit in der Skizzierumgebung können die Eigenschaften der Layer außerhalb der Skizze verändert werden. Dazu rufen Sie den Befehl **LAYER-EINSTELLUNGEN** auf. Es ist ratsam, dass nur die unbedingt notwendigen Objekte sichtbar sind, um die unbeabsichtigte Nutzung falscher Elemente zu vermeiden. Genauso gut können Sie die Sichtbarkeit durch Ausblenden von **GRUPPEN** bzw. über **ANZEIGEN UND AUSBLENDEN** steuern. Hilfreich hierzu sind auch die Filtereinstellungen unter **AUSWAHLBEREICH**.

Ein Modell kann mehrere Skizzen enthalten, aber es ist immer nur eine Skizze aktiv.

Beim Ändern einer vorhandenen Skizze wird der zugehörige Layer zum Arbeitslayer gemacht. Nach Verlassen der Skizzierumgebung wird wieder der vorher eingestellte Arbeitslayer aktiviert, sofern unter **VOREINSTELLUNGEN > SKIZZE > SITZUNGSEINSTELLUNGEN** die Option **LAYER-STATUS BEIBEHALTEN** eingeschaltet ist.

Vor Erstellung der verschiedenen Elemente sollte ein Skizzenname vergeben werden. Dazu geben Sie den entsprechenden Eintrag im Namensfeld des Skizzierers ein. In diesem Feld können Sie auch durch Anwahl des jeweiligen Namens zwischen einzelnen Skizzen hin und her wechseln.

Die Skizzenerstellung beenden Sie durch Anklicken der Zielfahne. Damit verlassen Sie die Arbeitsumgebung und wechseln zurück in die Anwendung **KONSTRUKTION**.

SKIZZE BEENDEN (FINISH SKETCH)

Die Abbildung zeigt eine Skizze mit typischen Elementen. Wenn Sie sich in der Skizzierumgebung befinden, werden die einzelnen Objekte in Abhängigkeit von ihrem Zustand in unterschiedlichen Farben dargestellt. Diese Farbzuordnung finden Sie unter **VOREINSTELLUNGEN > SKIZZE > TEILEEINSTELLUNGEN**.

Fehlerfreie Kurven werden automatisch in der Farbe Grün angezeigt. Die Bemaßungen beinhalten den Namen eines Ausdruckes und seinen Wert. Die Farbe Blau zeigt dabei, dass es keine Überbestimmungen und Konflikte gibt. Die vorhandenen geometrischen Zwangsbedingungen werden durch entsprechende Symbole dargestellt. Auch hier bedeutet Blau, dass keine Fehler vorhanden sind.

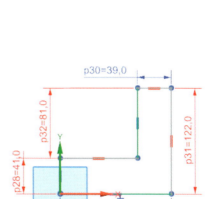

Wenn Elemente in Rot oder Magenta angezeigt werden, sollte bei der Arbeit mit Skizzen sofort reagiert werden. Wechselt die Farbe zu Rot, handelt es sich um überbestimmte Kurven oder Bemaßungen. Bei der Anzeige in Magenta widersprechen sich die vergebenen Bedingungen. Oftmals ist der letzte Befehl für den Fehler verantwortlich. Diesen sollten Sie dann **RÜCKGÄNGIG** machen. Die Abbildung zeigt ein Beispiel für das Auftreten fehlerhafter Skizzenelemente. Erst nach dem Lösen der Probleme kann sinnvoll weiter gearbeitet werden.

Wenn Sie einen Befehl zum Bemaßen oder für die Vergabe von Zwangsbedingungen aufrufen, ändert sich die Farbdarstellung. Die Farben symbolisieren jetzt, ob ein Element noch offene Freiheitsgrade besitzt. Die vollständig bestimmten Elemente werden dann in Hellgrün angezeigt. Die Elemente mit offenen Freiheitsgraden werden braun dargestellt. Parallel dazu erfolgt die Anzeige der offenen Freiheitsgrade als Pfeile.

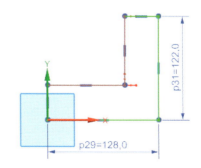

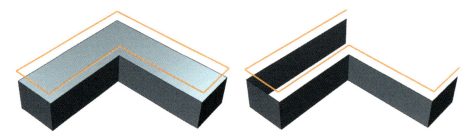

Zum Löschen von Elementen in einer Skizze müssen Sie diese aktivieren. Sie sollten dabei aber darauf achten, ob andere Objekte von dem Skizzenelement abhängig sind. In dem abgebildeten Beispiel wurde eine Linie der Skizze entfernt. Nach dem Verlassen der Skizzierumgebung rechnet NX die Konstruktion neu durch, und Sie erhalten die dargestellten Flächen als Ergebnis.

In der Arbeitsumgebung für die Erstellung von Skizzen gibt es einige allgemeine Funktionen, die wir im Folgenden beschreiben werden.

Bei der Nutzung von Kurvenbefehlen werden in Abhängigkeit von der jeweils gewählten Art zusätzliche Werkzeugleisten aktiv, welche die Auswahl entsprechender Optionen ermöglichen. So können Sie beispielsweise mit dem abgebildeten **OBJEKT-TYP** im Befehl **PROFIL** zwischen dem Erstellen einer Linie und eines Kreisbogens hin und her wechseln. Je nach Auswahl erscheinen dann zusätzlich die passenden dynamischen Eingabefelder.

Die Art der Eingabe legen Sie durch Aktivierung von Icons im **EINGABEMODUS** fest. Dabei gibt es grundsätzlich die Möglichkeit, Koordinaten oder Parameter zu benutzen. Die Abbildungen zeigen die Parameter zur Definition einer Linie über **LÄNGE** und **WINKEL**.

Die Werte können direkt mit der Tastatur in dem aktiven Feld eingegeben werden. Nach dem Wechsel in das nächste Eingabefeld bzw. mit **ENTER** fixieren Sie den Wert.

ERMITTELTE ZWANGSBEDINGUNGEN ERZEUGEN (CREATE INFERRED CONSTRAINTS)

Den aktiven Wert können Sie dynamisch oder durch Eingabe einer Zahl festlegen. Durch die Nutzung der Eingabefelder können Sie die einzelnen Elemente bereits beim Erzeugen in der richtigen Größe erstellen. Sollen die entsprechenden Bemaßungen auch gleich generiert werden, muss in der Werkzeugleiste für die Skizzenerstellung **ERMITTELTE ZWANGSBEDINGUNGEN ERZEUGEN** aktiv sein.

Beim Erstellen von Kurven erfolgt eine dynamische Voranzeige unter Bezug auf mögliche geometrische Bedingungen. Durch **MT1** werden diese Zwangsbedingungen übernommen. Achten Sie darauf, dass dabei keine unerwünschten Abhängigkeiten generiert werden. Die Abbildung zeigt eine Linie, die tangential an einen Halbkreis anschließt.

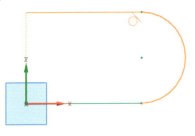

Außerdem erfolgt eine Anzeige von Hilfslinien. Hier wird zwischen zwei Typen unterschieden:

Die *punktierten Linien* kennzeichnen die Ausrichtung zu Kontrollpunkten von vorhandenen Objekten. Im dargestellten Beispiel würden die Endpunkte der neuen Linie und der bereits vorhandenen horizontalen Linie genau untereinander liegen. Wenn NX diese Bedingungen nicht automatisch erkennt, besteht die Möglichkeit, während des Erstellens mit dem Cursor über den gewünschten Punkt zu fahren und anschließend entlang der Hilfslinie zu bewegen.

Eine *gestrichelte Linie* zeigt geometrische Bedingungen zu bereits vorhandenen Objekten an. Dabei wird das Objekt, auf das sich die Bedingung bezieht, in der Selektionsfarbe dargestellt. Mit **MT2** können Sie diese Abhängigkeiten sperren bzw. durch nochmaliges Drücken von **MT2** wieder freigegeben.

Zur automatischen Erkennung der geometrischen Bedingungen verwendet NX eine interne Liste. In dieser Liste ist nur eine bestimmte Anzahl von Objekten enthalten. Beim Erzeugen einer Kurve werden diese vorhandenen Objekte der Reihe nach auf geometrische Bedingungen zur neuen Kurve überprüft. Neu erstellte Objekte werden automatisch in die Liste aufgenommen und an deren Anfang gesetzt. Ist die Liste voll, werden die Elemente am Ende entfernt. Mit der Nutzung der Liste soll verhindert werden, dass bei umfangreichen Skizzen unerwünschte Zwangsbedingungen entstehen. Wenn Sie eine ältere Kurve wieder in die Liste aufnehmen wollen, um sie zur Festlegung einer Zwangsbedingung zu verwenden, müssen Sie den Cursor über diese Kurve bewegen. Damit wird es möglich, Kurven für die Vergabe von Zwangsbedingungen spezifisch festzulegen. Beim Verlassen der Kurvenerstellung wird die Liste vollständig gelöscht. Durch gleichzeitiges Drücken der **ALT**-Taste während der Erzeugung von Kurven wird die automatische Vergabe von Bedingungen temporär ausgeschaltet.

Inwieweit von den beschriebenen Möglichkeiten Gebrauch gemacht wird, hängt von den jeweiligen Zielen bei der Erstellung von Skizzen ab. Oftmals lassen sich Skizzen schneller erzeugen, wenn Sie zunächst die Kontur grob festlegen, ohne auf die exakten Werte zu achten. Danach definieren Sie dann die einzelnen geometrischen Zwangsbedingungen und Bemaßungen. Aber auch bei dieser Arbeitsweise ist es sinnvoll, die Sie die Kurven näherungsweise in der Größenordnung des Endergebnisses erstellen, um bei der späteren Festlegung der exakten Maße nicht stark verzerrte Konturen zu erhalten.

In der Skizzierumgebung bestehen grundsätzlich folgende Möglichkeiten, um Bearbeitungen durchzuführen:

- Zuerst Operation starten, danach die Objekte auswählen
- Zuerst Objekt selektieren, danach die Operation ausführen

Die zweite Möglichkeit gestattet ein objektorientiertes Arbeiten. Dadurch wird die Effizienz bei der Nutzung des Systems erhöht.

Für die Manipulation der Skizzenobjekte mit offenen Freiheitsgraden sind verschiedene Funktionen nutzbar. Einige Varianten werden im Folgenden beschrieben:

- **Gesamte Skizze verschieben**
  - Auswahl aller Elemente der Skizze

- Cursor auf eine Linie oder Kurve platzieren
- MT1 drücken und Maus bewegen
- **Einzelne Kurven verschieben (außer Kreis und Kreisbogen)**
  - Cursor außerhalb eines Kontrollpunktes auf der Kurve platzieren
  - MT1 drücken und Maus bewegen
- **Einzelne Kreisbögen verschieben**
  - Cursor auf den Kreismittelpunkt platzieren
  - MT1 drücken und Maus bewegen
- **Endpunkt einer Kurve verschieben**
  - Cursor auf den Kontrollpunkt platzieren
  - MT1 drücken und Maus bewegen
- **Bemaßung verschieben:** Maßzahl mit **MT1** selektieren und Maus bewegen
- **Bemaßung ändern**
  - Doppelklick auf die Maßzahl bewirkt die Aktivierung des entsprechenden Eingabefeldes
  - Ändern der Eingabewerte über Tastatur
- **Bemaßung, Zwangsbedingung oder Kurve löschen**
  - Objekt selektieren
  - **ENTF**-Taste drücken oder über die Schnellauswahl **LÖSCHEN**

3.6.3 Kurvenoperationen

ANSICHT AUF SKIZZE AUSRICHTEN (ORIENT VIEW TO SKETCH)

Mit der Werkzeugleiste **SKIZZENERSTELLUNG** wird die Geometrie erzeugt. Dabei erfolgt eine dynamische Vorschau auf die neue Kurve. Bevor die Erstellung der Geometrie begonnen wird, sollten Sie die Bildschirmdarstellung so einstellen, dass Sie senkrecht auf die Skizzenebene schauen. Auf diese Weise werden die Kurven unverzerrt dargestellt. Dies können Sie über die Funktion **ANSICHT AUF SKIZZE AUSRICHTEN** oder **UMSCHALT-TASTE + F8** erreichen, wobei gleichzeitig ein Einpassen der Skizze erfolgt.

Darüber hinaus müssen Sie auch die Einstellungen zum Fangen von Punkten in der **AUSWAHLLEISTE** beachten.

3.6.3.1 Profil

PROFIL (PROFILE)

Mit dem Befehl **PROFIL** können Sie verkettete Linien und Kreisbögen erzeugen. Dabei bildet der Endpunkt der letzten den Anfangspunkt des neuen Kurvenabschnitts. Mit **MT2** können Sie diesen Modus für die Erstellung einer Kurve unterbrechen, sodass Sie einen neuen Anfangspunkt erhalten.

Nach Start des Befehls sind zunächst die Linienerstellung und die XY-Koordinaten aktiv. Wenn der Startpunkt festgelegt wurde, schaltet NX die Eingabe auf Parameter. Damit werden die Linien über **LÄNGE** und **WINKEL** definiert.

Mit dem **OBJEKTTYP** können Sie zwischen Linien und Kreisbögen hin und her wechseln. Wenn Sie das Icon für Kreisbögen anwählen, wechselt NX für die Erstellung eines Kreisbogens in diesen Modus und anschließend wieder auf Linienerstellung zurück. Wenn Sie **MT1** im Grafikbereich gedrückt halten und die Maus bewegen, aktiviert NX ebenfalls die Erstellung von Kreisbögen. Soll grundsätzlich in die Erzeugung von Kreisbögen gewechselt werden, müssen Sie das entsprechende Icon mit Doppelklick einschalten.

Sind die Kreisbögen aktiv, erscheint am Endpunkt der zuletzt erstellten Kurve ein Quadrantensymbol. Damit werden die Zwangsbedingungen bezogen auf die letzte Kurve festgelegt. Wenn der Cursor durch einen Quadranten bewegt wird, erzeugt NX den neuen Kreisbogen als tangentiale Verlängerung oder entsprechend dem Quadranten senkrecht zur letzten Kurve. Wenn ein anderer Quadrant verwendet werden soll, bewegen Sie den Cursor zum Mittelpunkt des Quadrantensymbols und anschließend durch den neuen Quadranten, ohne dabei eine Maustaste zu drücken. Der gewählte Quadrant kann im oder entgegen dem Uhrzeigersinn verlassen werden. Mit **MT1** legen Sie den Endpunkt des Kreisbogens fest und erstellen die Kurve.

Die grundsätzliche Arbeitsweise des Befehls **PROFIL** möchten wir am Beispiel eines Langloches erläutern.

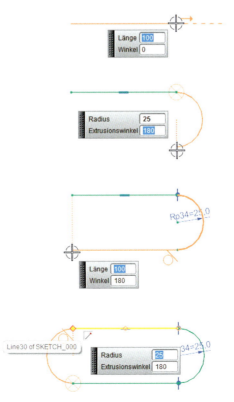

Nach dem Start von **PROFIL** selektieren Sie den Ursprung der ersten Linie. Anschließend geben Sie die **LÄNGE** ein und bestätigen diese mit **ENTER**. Dann bewegen Sie die Linie so lange, bis sie horizontal verläuft (der Winkel beträgt 0° bzw. das Symbol für **HORIZONTAL** erscheint). Mit **MT1** bestimmen Sie den Endpunkt der Linie.

Danach aktivieren Sie durch Drücken und gleichzeitiges Ziehen von **MT1** im Bereich des Endpunktes die Erstellung von Kreisbögen. Sobald das Quadrantensymbol erscheint, lassen Sie die Maustaste los. Der Kreisbogen soll tangential an die vorhandene Linie anschließen. Dies wird durch die Wahl des entsprechenden Quadranten erreicht. Geben Sie nun den **RADIUS** ein. Nach Drücken der **ENTER**-Taste ist der Radius fixiert, und Sie können nur noch der Öffnungswinkel verändern. Diesen Wert legen Sie unter Verwendung der dynamischen Voranzeige oder Eingabe eines Winkels von 180° fest.

Danach ist automatisch wieder die Linienerstellung aktiv. Unter Nutzung der Voranzeige können Sie nun sehr einfach die zweite Linie erzeugen. Diese endet am Startpunkt der ersten Linie, ist horizontal und tangential zum Kreisbogen.

Abschließend aktivieren Sie durch Drücken und Bewegen von **MT1** wieder die Erstellung von Kreisbögen. Dann müssen Sie nur noch den Anfangspunkt der ersten Linie unter Beachtung der Fangoptionen selektieren. Damit werden automatisch alle geometrischen Bedingungen erzeugt. Mit **ESC** oder Doppelklick auf **MT2** beenden Sie den Befehl.

3.6.3.2 Linie

LINIE (LINE)

Der Befehl **LINIE** erzeugt Geraden durch die Angabe ihres Anfangs- und Endpunktes. Den ersten Punkt legen Sie über die Koordinateneingabe oder **MT1** fest. Danach schaltet NX auf Parametereingabe, sodass die Definition des Endpunktes über **LÄNGE** und **WINKEL** oder durch Auswahl mit **MT1** erfolgen kann.

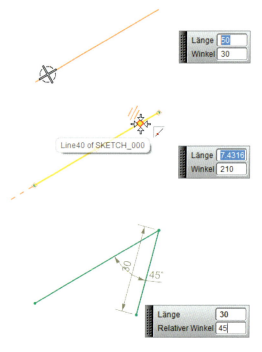

Das Beispiel zeigt die Erstellung einer Geraden in einem Winkel zu einer anderen Linie. Die erste Linie erzeugen Sie, indem Sie ihren Startpunkt mit **MT1** angeben. Das Ende der Linie legen Sie durch die Eingabe einer Länge und eines Winkels fest. NX bestimmt diesen Winkel bezogen auf die horizontale Skizzenrichtung. Positive Winkel werden entgegen dem Uhrzeigersinn gemessen, negative Winkel entsprechend im Uhrzeigersinn. Auf diese Weise erhalten Sie die abgebildete Linie.

Für die zweite Linie selektieren Sie zuerst der Startpunkt der bestehenden Linie. Danach erfolgt die Ausrichtung der neuen auf die vorhandene Linie durch Nutzung der Voranzeige für geometrische Bedingungen. Sie bewegen dazu den Cursor über die bestehende Linie, bis das Symbol **KOLLINEAR** erscheint. Durch Drücken von **MT2** wird diese Bedingung gesperrt. NX erzeugt jetzt einen Winkel unter Bezug auf die erste Linie. Sie legen nun die Parameter **LÄNGE** und **RELATIVER WINKEL** für die neue Linie fest und übergeben diese mit **ENTER**.

3.6.3.3 Kreisbogen

Es existieren zwei Methoden zur Erstellung von Kreisbögen:

KREISBOGEN
(ARC)

 BOGEN DURCH 3 PUNKTE oder

 BOGEN DURCH MITTE UND ENDPUNKTE

Nach Start des Befehls ist die Definition über drei Bogenpunkte aktiv. Die beiden ersten Punkte definieren die Endpositionen des Kreisbogens, während mit dem dritten Punkt der Radius festgelegt wird.

Den Radius können Sie auch über das Eingabefeld bestimmen. Dann definiert der dritte Punkt die Lage des Kreisbogens. Die Abbildung zeigt die vier Möglichkeiten zur Festlegung der Lage eines Kreisbogens bei konstantem Radius. Wenn der dritte Punkt das Bogenende festlegen soll, müssen Sie den Cursor über den zu ersetzenden Punkt bewegen.

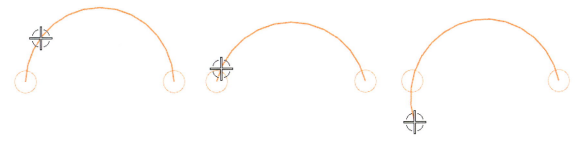

Durch Ziehen des Kreisbogens ist es möglich, durch Nutzung der dynamischen Voranzeige automatisch geometrische Bedingungen zu bestehenden Kurven zu generieren. Auf der Abbildung wird der Bogen tangential zu einer Linie erzeugt.

Über die Option **BOGEN DURCH MITTE UND ENDPUNKTE** legen Sie mit Angabe des ersten Punktes die Mitte des Kreisbogens fest. Danach erfolgt die Bestimmung des Startpunktes, und mit dem dritten Punkt definieren Sie das Ende des Bogens.

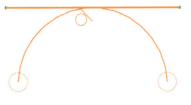

Die Abbildung zeigt die Erzeugung eines entsprechenden Kreisbogens. Nach Selektion des Mittelpunkts wurde der Radius durch Nutzung des Eingabefeldes definiert. Dieser Wert ist dann fixiert. Den Öffnungswinkel können Sie durch **MT1** oder ebenfalls über das Eingabefeld bestimmen.

3.6.3.4 Kreis

KREIS (CIRCLE)

Für die Erstellung von Kreisen sind die gleichen Bedingungen gültig wie für Kreisbögen. Auch hier bestehen die grundsätzlichen Möglichkeiten der Erzeugung mit

 KREIS DURCH 3 PUNKTE oder

 KREIS DURCH MITTE UND DURCHMESSER

Die Option **KREIS DURCH MITTE UND DURCHMESSER** ist nach Aufruf des Befehls **KREIS** zunächst automatisch aktiv.

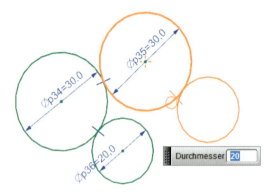

Für die Erzeugung mehrerer Kreise mit gleichem Durchmesser erstellen Sie zunächst den ersten Kreis durch Selektion des Mittelpunktes und Eingabe des Durchmessers. NX speichert diesen Durchmesser. Wird nach Erzeugen des ersten Objekts der Cursor bewegt, erscheint ein weiterer Kreis, für den nur noch der Mittelpunkt angewählt werden muss. Durch Eingabe eines neuen Durchmessers können Sie weitere Kreise mit dieser Methode generieren. Weiterhin können Sie beim Erstellen geometrische Bedingungen zu vorhandenen Kurven erzeugen.

3.6.3.5 Rechteck

RECHTECK (RECTANGLE)

Zur Erstellung von Rechtecken stehen folgende drei Methoden zur Verfügung:

 DURCH 2 PUNKTE   **DURCH 3 PUNKTE VON**   **MITTE**

Bei allen Varianten arbeiten Sie am schnellsten, wenn Sie das Rechteck durch Anklicken der entsprechenden Punkte festlegen und die Maße später nachtragen. Natürlich besteht auch bei diesem Befehl die Möglichkeit, Parameter direkt einzugeben. Dann werden die entsprechenden Eingabefelder aktiv. Die übergebenen Werte werden jeweils fixiert und in der Vorschau angezeigt. Sind alle Eingabegrößen bekannt, erwartet das System noch die Festlegung der Richtung, in der das Rechteck erzeugt werden soll.

Während die Option **DURCH 2 PUNKTE** Rechtecke parallel zu den Skizzenachsen generiert, können Sie mit **DURCH 3 PUNKTE** Rechtecke, die um einen Winkel gedreht sind, erstellen. Dazu definieren Sie zunächst durch Angabe von zwei Punkten die **BREITE**. Gleichzeitig wird damit der Winkel gegenüber der x-Achse der Skizze festgelegt. Mit der Eingabe des dritten Punktes bestimmen Sie die **HÖHE** und erstellen das Rechteck. Bei Bedarf können Sie die einzelnen Werte in den Eingabefeldern ändern, bevor Sie den letzten Punkt definieren.

3.6.3.6 Studio-Spline

Splinekurven besitzen eine große Bedeutung für die Erstellung von Freiformflächen. Bei der Arbeit mit Skizzen werden sie seltener verwendet. Deshalb wollen wir an dieser Stelle nur die wesentlichen Grundlagen bei der Nutzung des Befehls **STUDIO-SPLINE** erläutern.

STUDIO-SPLINE
(STUDIO SPLINE)

Splines werden durch eine Anzahl von Punkten definiert. Diese Punkte liegen entweder auf der Kurve oder bilden deren Pole. Die folgende Abbildung zeigt die Erstellung eines Splines durch die Definition von Punkten als offene Kurve. Dazu wurde für die **METHODE** die Option **PUNKTE** verwendet und durch **MT1** ein Start- und Endpunkt definiert. Mit **MT1** auf der vorhandenen Kurve können Sie weitere Stützpunkte einfügen, die dann durch Verschieben an die richtige Stellen gebracht werden.

Wenn Sie den Schalter **GESCHLOSSEN** aktivieren, erfolgt ein Verbinden des ersten und letzten Splinepunktes.

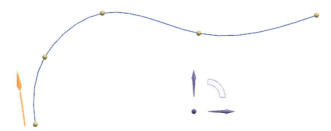

Die einzelnen Definitionspunkte können sie mit **MT3** bearbeiten. Dazu rufen Sie ein Popup-Menü auf, in dem Sie zwischen **PUNKT LÖSCHEN** oder **ZWANGSBEDINGUNGEN ANGEBEN** wählen können. Am aktiven Punkt wird dann ein Manipulator angezeigt. Damit können Sie die lokalen Eigenschaften der Splinekurve dynamisch verändern.

Durch Selektion mit Doppelklick können Sie vorhandene Splines nachträglich bearbeiten.

Wie Sie einen Spline mit der **METHODE POLE** erstellen, verdeutlicht die folgende Abbildung. Die Optionen sind dabei analog zu den Splines durch Punkte.

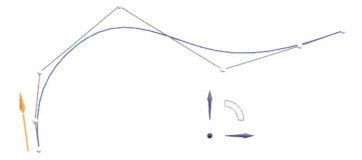

3.6.3.7 Ellipse

Es gibt Funktionen, die nicht in der Standard-Werkzeugleiste für die Skizzenerstellung erscheinen. Entweder Sie passen die Werkzeugleisten manuell an, oder Sie verwenden die Menüleiste **EINFÜGEN > KURVE > ELLIPSE**, um diese Funktionen zu benutzen. Bei der Erstellung von Ellipsen erscheint das abgebildete Dialogfenster. Zuerst müssen Sie den Mittelpunkt der Ellipse definieren. Danach bietet NX eine Vorschau mit entsprechenden Manipulatoren für die geometrischen Parameter.

ELLIPSE (ELLIPSE)

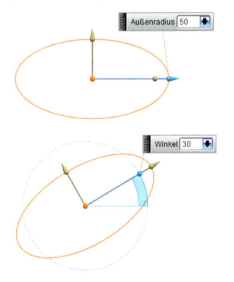

Im ersten Bild wurden die Werte für die große und kleine Halbachse eingegeben und durch Aktivieren der Option **GESCHLOSSEN** unter **BEGRENZUNGEN** eine vollständige Ellipse definiert. Alternativ können Sie die Größe der Achsen durch die Selektion geeigneter Punkte bestimmen. Die Ausrichtung der großen Halbachse ist dabei zunächst parallel zur x-Richtung der Skizzenebene.

Mit der Eingabe eines Winkels können Sie eine Rotation der großen Halbachse erzeugen. Im zweiten Bild wurde die große Halbachse um 30° entgegen dem Uhrzeigersinn gedreht.

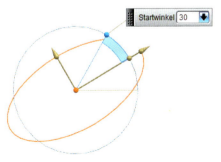

Wenn Sie die Option **GESCHLOSSEN** ausschalten, erscheinen zusätzliche Parameter für den **START**- und **ENDWINKEL**. Auf diese Weise legen Sie ein Ellipsensegment fest. Diese Winkel werden mathematisch positiv von der großen Halbachse gemessen. Das dritte Bild zeigt dafür ein Beispiel. Mit dem Icon **ERGÄNZUNG** unter **BEGRENZUNGEN** können Sie den jeweils fehlenden Bereich der Ellipse aktivieren. Durch Doppelklick mit **MT1** sind vorhandene Ellipsen modifizierbar. Anschließend steht das Dialogfenster zur Eingabe der Parameter wieder zur Verfügung.

3.6.3.8 Punkt

PUNKT (POINT)

Der Befehl **PUNKT** startet den **PUNKT-KONSTRUKTOR**, mit dem der Punkt durch Eingabe der Koordinaten oder Selektion vorhandener Geometrie definiert wird. Mit dem Befehl **PUNKT** erzeugte Objekte verhalten sich nicht assoziativ zu den für ihre Festlegung verwendeten externen Geometrien. Sie besitzen eine absolute Lage im Raum und sollten deshalb immer in der Skizze bemaßt werden.

3.6.3.9 Verrundung

VERRUNDUNG (FILLET)

In NX werden Verrundungen zwischen Linien, Kreisen, Kreisbögen und Ellipsen erzeugt. Dabei können Linien auch parallel verlaufen. Bei aktivem Verrundungsbefehl sind jederzeit die Befehle **RÜCKGÄNGIG** und **WIEDERHERSTELLEN** anwendbar. Es gibt mehrere Möglichkeiten zum Erstellen einer Verrundung. Einige stellen wir im Folgenden dar.

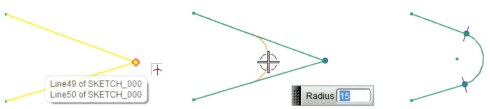

Im ersten Beispiel selektieren Sie zwei Kurven gleichzeitig in ihrem Schnittpunkt. NX zeigt das Fangen dieses Punktes mit dem entsprechenden Symbol an. Danach ziehen Sie die Verrundung in den gewünschten Bereich, bis der erforderliche Radius im Eingabefeld angezeigt wird, und erzeugen sie mit **MT1**. Der Radius kann während der Erstellung auch eingegeben werden.

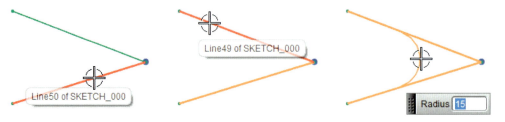

Dann selektieren Sie die beiden Kurven nacheinander außerhalb des Eckpunktes. Anschließend bestimmen Sie wieder den Radius durch Ziehen oder Eingabe. Diese Variante eignet sich besonders zum Verrunden von Linien, die keinen Schnittpunkt besitzen.

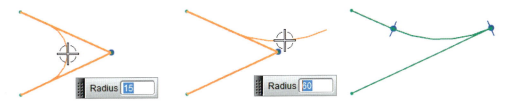

Während Sie am Radius ziehen, besteht die Möglichkeit, alternative Verrundungen durch Bewegen des Cursors in einen anderen Quadranten zu erzeugen. Die folgende Abbildung zeigt eine Verrundung, die gegenüber der üblichen Ecke generiert wurde. Die Ursprungskurven werden dann von NX entsprechend verlängert.

Wenn diese Methode bei parallelen Kurven angewendet wird, kann es passieren, dass NX die Rundung in der falschen Richtung generiert. Ein Umkehren dieser Richtung ist während der Voranzeige durch Drücken der **BILD**-Tasten oder mit dem Icon **ALTERNATIVE VERRUNDUNG ERZEUGEN** möglich.

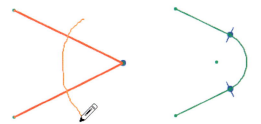

Wenn Sie **MT1** nach Aufruf des Befehls **VERRUNDUNG** gedrückt halten, erscheint ein Stift. Mit diesem können Sie eine Freihandlinie über die zu verrundenden Kurven ziehen. Nach Loslassen von **MT1** wird automatisch eine Verrundung erstellt. Den Radius können Sie vor Erzeugen der Freihandlinie eingeben. Bleibt das Eingabefeld leer, dann bestimmt das System einen Radius unter Bezugnahme auf die Schnittpunkte der Freihandlinie mit den selektierten Kurven.

Wenn ein Radius eingegeben wird, bleibt er aktiv, bis ein anderer Wert festgelegt oder der Befehl beendet wird. Damit können Sie nacheinander mehrere Verrundungen mit gleichem Radius erstellen. Das System erzeugt die Rundung, sobald zwei Kurven ausgewählt wurden.

Nach Start des Befehls **VERRUNDUNG** erscheint eine Werkzeugleiste mit folgenden Möglichkeiten:

 TRIMMEN: Diese Funktion sorgt dafür, dass die ursprünglichen Kurven der Verrundung getrimmt werden.

 TRIMMEN AUFHEBEN: Mit Aktivierung dieser Funktion bleiben die Ursprungskurven unverändert.

 DRITTE KURVE LÖSCHEN: Bei der Verrundung von drei Kurven wird die dritte Kurve entfernt.

 ALTERNATIVE VERRUNDUNG ERZEUGEN: Es können zusätzliche Möglichkeiten der Verrundung erstellt werden.

Die Wirkung dieser Funktionen möchten wir an einem weiteren Beispiel erläutern. Dazu dient uns ein Rechteck, bei dem drei Seiten gemeinsam verrundet werden sollen. Bei allen Varianten werden zuerst die untere und dann die obere horizontale Linien selektiert und anschließend die rechte vertikale Linie. Die aktiven Icons sind auf den jeweiligen Abbildungen dargestellt.

Im ersten Bild (erste Reihe ganz links) ist nur **TRIMMEN AUFHEBEN** aktiv. Damit bleiben alle ursprünglichen Kurven erhalten.

Im zweiten Bild (erste Reihe in der Mitte) wird **TRIMMEN** eingeschaltet. Damit werden die beiden parallelen Seiten auf den Schnittpunkt mit der Verrundung getrimmt.

Das dritte Bild (erste Reihe rechts) zeigt die Wirkung von **TRIMMEN** und **DRITTE KURVE LÖSCHEN**. Dabei entsteht eine »saubere« Verrundung.

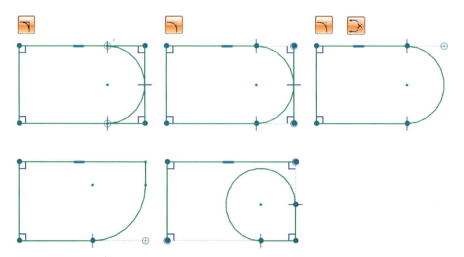

Mit dem Icon **ALTERNATIVE VERRUNDUNG ERZEUGEN** können zusätzliche Lösungen für den Befehl generiert werden. Die Abbildungen in der zweiten Reihe zeigen die Nutzung dieser Funktion am Beispiel des Rechtecks. Das linke Ergebnis entsteht mit den Standardeinstellungen, während das rechte als alternative Verrundung erstellt wurde.

3.6.3.10 Abgeleitete Linien

Mit dem Befehl **ABGELEITETE LINIEN** können Sie parallele Linien in einem Abstand oder Mittellinien zu vorhandenen Kurven erzeugen. Die Anwendungsmöglichkeiten werden wir im Folgenden anhand eines Beispiels erläutern.

ABGELEITETE LINIEN
(DERIVED LINES)

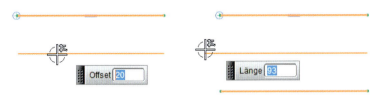

Selektieren Sie nach Aufruf des Befehls eine bestehende Linie. Daraufhin erscheint eine Vorschau, und die Parallele lässt sich verschieben. Die Erstellung der neuen Linie beenden Sie durch **MT1** oder Eingabe eines Abstandes. Der Befehl ist weiter aktiv, und die neue Linie wird automatisch als Bezugsobjekt verwendet, sodass eine weitere Parallele erstellt werden kann. Mit **ESC** oder **MT2** können Sie diesen Vorgang abbrechen. Die neuen Linien besitzen nun die gleiche Länge wie das Ursprungsobjekt.

Wenn Sie nacheinander zwei parallele Linien auswählen, erzeugt NX dazu die Mittellinie. Die Länge dieser Mittellinie können Sie eingeben oder durch Wahl des Endpunktes bestimmen.

Wenn Sie zwei Linien selektieren, die sich schneiden, wird vom System die entsprechende Winkelhalbierende generiert. Auch deren Länge kann von Ihnen selbst bestimmt werden.

3.6.3.11 Trimmen

Mit der Trimmfunktion werden Kurven verkürzt. NX zeigt das Ergebnis der Trimmung als Vorschau in der Systemfarbe an. Nach Aufruf des Befehls ist im Dialogfenster die Einstellung **KURVE AUSWÄHLEN** aktiv. Nun können mit **MT1** nacheinander Elemente selektiert werden. Diese werden automatisch bis zur nächstgelegenen Geometrie verkürzt. Wenn es keinen Schnittpunkt mit einer anderen Kurve gibt, wird das selektierte Element gelöscht.

SCHNELL TRIMMEN
(QUICK TRIMM)

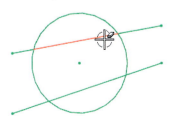
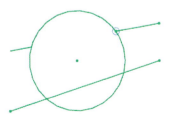

Wenn mehrere Kurven gleichzeitig getrimmt werden sollen, können Sie diese durch Gedrückthalten von **MT1** auswählen. Es erscheint dann ein Stift, mit dem Sie die zu trimmenden Elemente überfahren müssen.

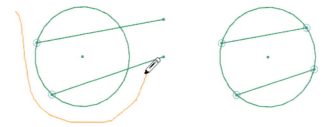

Nach dem Trimmen einer Kurve wird automatisch die entsprechende Zwangsbedingung erzeugt. So wurden in der Abbildung z. B. Punkte auf dem Kreis (blaue Kreise) generiert.

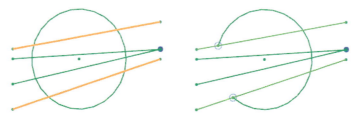

Die gezielte Auswahl von **BEGRENZUNGSKURVEN** können Sie unter Nutzung der Funktion **KURVE AUSWÄHLEN** im entsprechenden Bereich des Dialogfensters vornehmen. Auf diese Weise werden Begrenzungsobjekte selektiert und anschließend in der Systemfarbe dargestellt. Die Option der Trimmung bis zur nächsten Grenze wird dadurch unterdrückt. Das Beispiel zeigt das Trimmen eines Kreissegmentes zwischen zwei explizit festgelegten Elementen. Das System würde sonst die Linien zwischen den Grenzen verwenden.

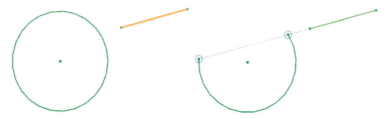

Im Dialogfenster befindet sich unter **EINSTELLUNGEN** der Schalter **AUF ERWEITERUNG TRIMMEN**. Damit kann NX ein Element auch trimmen, wenn es seine Begrenzungskurve nicht trifft. Im abgebildeten Beispiel wird die Funktionsweise dargestellt. Obwohl der Kreis die Linie nicht berührt, soll er durch ihre Verlängerung getrimmt werden. Dazu wählen Sie die Linie zuerst als Begrenzungskurve und wechseln anschließend mit **MT2** in die Auswahl der zu trimmenden Kurve. Indem Sie das entsprechende Kreissegment selektieren, wird es an der Linie getrimmt. Ist die Option **AUF ERWEITERUNG TRIMMEN** ausgeschaltet, wird der Kreis vollständig gelöscht.

3.6.3.12 Erweitern

Die Nutzung des Befehls **SCHNELL ERWEITERN** ist analog zum Trimmen. Als Ergebnis werden die Kurven jedoch bis zu einer Grenze verlängert. Auch hier gibt die Vorschau einen Eindruck vom Ergebnis der Operation.

SCHNELL ERWEITERN (QUICK EXTEND)

Die Abbildung zeigt zwei Linien in einem Kreis, die an beiden Enden so verlängert werden, dass sie den Kreis treffen. Dabei wurden die vier Kurvenenden gleichzeitig durch Gedrückthalten von **MT1** selektiert.

3.6.3.13 Ecke erzeugen

Der Befehl **ECKE ERZEUGEN** ermöglicht das Erstellen einer Ecke, indem zwei Kurven auf einen gemeinsamen Schnittpunkt erweitert oder getrimmt werden. Beide Kurven besitzen anschließend einen gemeinsamen Endpunkt.

ECKE ERZEUGEN (MAKE CORNER)

Im ersten Beispiel sollen zwei Linien bis zur gemeinsamen Ecke verlängert werden. Dazu selektieren Sie die betroffenen Kurven nacheinander. Wenn Sie den Cursor über die zweite Kurve bewegen, zeigt NX in einer Vorschau das Ergebnis an. Mit **MT1** selektieren Sie dann die Ecke.

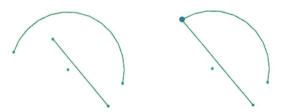

Das zweite Beispiel demonstriert die Funktion an einem Kreisbogen und einer Linie. Dabei wurde der Kreisbogen verkürzt und die Linie entsprechend verlängert. Auch in diesem Beispiel entsteht ein gemeinsamer Eckpunkt.

3.6.4 Geometrische Zwangsbedingungen

Jede in einer Skizze erzeugte Kurve wird durch Punkte definiert. Eine Linie benötigt beispielsweise den Anfangs- und den Endpunkt; ein Kreisbogen den Anfangs-, den End- und den Mittelpunkt. Diese Kontrollpunkte besitzen zunächst zwei Freiheitsgrade in der Skizzenebene. Diese Freiheitsgrade können bereits beim Erstellen von Kurven oder nachträglich durch Vergabe von geometrischen Bedingungen oder Bemaßungszwangsbedingungen unterbunden werden. Es müssen in NX nicht alle Freiheitsgrade festgelegt werden, obwohl dieses zu empfehlen ist, um die Skizzengeometrie eindeutig zu bestimmen.

Die offenen Freiheitsgrade werden durch Pfeile an den betreffenden Punkten dargestellt und in der Statuszeile wird angezeigt, wenn ein Befehl der Bemaßung oder der Zwangsbedingung aktiv ist. Dabei gibt es drei Typen von Freiheitsgraden: *Verschiebung*, *Rotation* und *Radius*. Wenn keine Pfeile mehr zu sehen sind, ist die Skizze vollständig bestimmt.

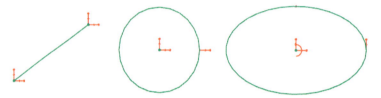

Die obere Abbildung zeigt beispielhaft drei Kurven mit ihren Freiheitsgraden. Eine Linie besitzt vier Verschiebungsfreiheitsgrade in der Skizzierebene – jeweils zwei an jedem Endpunkt. Der Kreis hat drei Freiheitsgrade – zwei Verschiebungen zur Definition des Mittelpunktes und den Radius. Die Ellipse verfügt über fünf Freiheitsgrade, zwei Verschiebungen zur Bestimmung des Mittelpunktes, eine Rotation zur Definition der Orientierung und zwei Radien zur Festlegung der großen und kleinen Halbachse.

Mit den geometrischen Zwangsbedingungen werden grundlegende Eigenschaften eines Objekts festgelegt. Damit wird z. B. bestimmt, dass eine Linie horizontal oder parallel zu einer anderen Linie ist. Die Länge der Linie ist noch offen. Sie wird über eine Bemaßungszwangsbedingung definiert. In der Regel werden zuerst die geometrischen Zwangsbedingungen vergeben und anschließend die restlichen Freiheitsgrade durch Bemaßungen festgelegt.

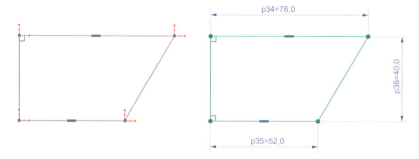

Die obere Abbildung zeigt eine Skizze, bei der zunächst nur die geometrischen Zwangsbedingungen bestimmt wurden (linkes Bild). Die einzelnen Beziehungen werden durch Symbole verdeutlicht, deren Bedeutung in Abschnitt 3.6.4.1 erläutert wird. Nach Vergabe der geometrischen Bedingungen besitzt die Skizze noch drei Freiheitsgrade. Diese werden an den entsprechenden Punkten durch Pfeile angezeigt. Die betroffenen Elemente sind dunkelrot. Zur vollständigen Bestimmung der Skizze sind die auf dem rechten Bild dargestellten Maße erforderlich. Danach verschwinden die Pfeile, und alle Elemente werden hellgrün dargestellt.

Nach dem Hinzufügen einer Bedingung wird die Skizze automatisch neu berechnet. Wenn dieser Prozess unterdrückt werden soll, müssen Sie den Schalter **VERZÖGERTE AUSWERTUNG** aktivieren. Die Skizze wird dann so lange nicht aktualisiert, bis Sie den Schalter deaktivieren oder die Skizzierumgebung verlassen. Die Zwangsbedingungen, die nicht aktuell sind, werden in einer anderen Farbe dargestellt. Ist die automatische Aktualisierung ausgeschaltet, können Sie durch den Befehl **SKIZZE BEWERTEN** jederzeit eine neue Berechnung durchführen.

VERZÖGERTE AUSWERTUNG
(DELAY EVALUATION)

Wenn auf Basis der Skizze weitere Objekte erzeugt wurden, erfolgt deren Neuberechnung erst beim Verlassen des Skizzierers. Wenn Sie keine Berechnung des gesamten Modells in der aktiven Skizze wünschen, können Sie diesen Vorgang durch **MODELL AKTUALISIEREN** starten.

SKIZZE BEWERTEN
(EVALUATE SKETCH)

3.6.4.1 Übersicht der Zwangsbedingungstypen

Die folgende Tabelle enthält eine Zusammenstellung der Symbole für die geometrischen Zwangsbedingungen, die beim Erzeugen von Kurven vergeben werden können.

MODELL AKTUALISIEREN
(UPDATE MODEL)

Symbol	Symbol im Grafikbereich	Bedeutung	Beschreibung
		FEST	Das Element wird in Abhängigkeit vom gewählten Geometrietyp fixiert. Sie müssen hier entscheiden, ob ein Punkt eines Elements oder das Element selbst gewählt werden soll. Die Fixierung bezieht sich auf ein Element der Skizze in Relation zu den restlichen Objekten. Die Lage der gesamten Skizze wird durch ihre Positionierung oder externe Maße bestimmt.
		VOLLSTÄNDIG FIXIERT	Alle Freiheitsgrade des selektierten Objekts werden gesperrt.
		VERTIKAL	Eine Linie wird als vertikal festgelegt.
		HORIZONTAL	Eine Linie wird als horizontal festgelegt.
		PARALLEL	Mehrere Linien oder Ellipsen werden als parallel zueinander festgelegt.
		SENKRECHT	Mehrere Linien oder Ellipsen werden als senkrecht zueinander festgelegt.
		KONSTANTER WINKEL	Eine Linie erhält einen festen Winkel.

Symbol	Symbol im Grafikbereich	Bedeutung	Beschreibung
		KOLLINEAR	Mehrere Linien liegen auf einer Geraden oder fluchten zu dieser.
		KONZENTRISCH	Mehrere Kreise, Kreisbögen oder Ellipsen besitzen einen Mittelpunkt.
		TANGENTE	Zwei Objekte sind tangential zueinander.
		GLEICHER RADIUS	Mehrere Kreise oder Kreisbögen besitzen den gleichen Radius.
		GLEICHE LÄNGE	Mehrere Linien sind gleich lang.
		KONSTANTE LÄNGE	Eine Linie hat eine feste Länge.
		ZUSAMMEN-FALLEND	Mehrere Punkte besitzen die gleiche Position.
		PUNKT AUF KURVE	Ein Punkt befindet sich auf einer Kurve.
		PUNKT AUF KONTURZUG	Ein Punkt befindet sich auf einer projizierten Kurve.
		MITTELPUNKT	Setzt einen Punkt so in Bezug zu einer Kurve, dass seine Abstände zu beiden Endpunkten der Kurve gleich sind
		KURVE SPIEGELN	Definiert zwei Objekte als Spiegelung voneinander
		ALS SYMMETRISCH FESTLEGEN	Zwei Objekte werden symmetrisch zueinander festgelegt.
		MUSTERKURVE	Ein kreisförmiges Muster wird angelegt.
		MUSTERKURVE	Ein lineares Muster wird angelegt.
		MUSTERKURVE	Ein rechteckiges Muster wird angelegt.

Symbol	Symbol im Grafikbereich	Bedeutung	Beschreibung
		MUSTERKURVE	Ein allgemeines Muster wird festgelegt.
		OFFSET-KURVE	Eine Kurve/Kurvenkette wird um einen definierten Abstand versetzt.
		NEIGUNG EINER KURVE	Richtet den Vektor eines Spline-Kontrollpunktes tangential zu einer Kurve aus
		SKALIEREN	Ein Spline wird beim Verschieben der Endpunkte proportional skaliert.
		SKALIEREN	Ein Spline wird beim Verschieben der Endpunkte gestreckt.
		KÜRZEN/ VERLÄNGERN	Trimmt assoziative Kurven und erzeugt eine Zwangsbedingung

3.6.4.2 Manuelle Vergabe geometrischer Bedingungen

Die geometrischen Zwangsbedingungen können automatisch oder manuell festgelegt werden. In diesem Abschnitt wird die manuelle Bestimmung mit dem Befehl GEOMETRISCHE ZWANGSBEDINGUNGEN beschrieben.

ZWANGS-
BEDINGUNGEN
(CONSTRAINTS)

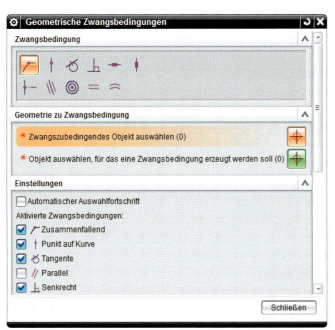

Nach der Erstellung der Geometrie starten Sie den Befehl **GEOMETRISCHE ZWANGSBE-
DINGUNGEN**. Anschließend wählen Sie den Zwangsbedingungstyp und dann die Objekte,
auf die diese Bedingung angewendet werden soll. Diese Vorgehensweise ermöglicht es,
für mehrere Objekte dieselbe Zwangsbedingung zu erzeugen. Es empfiehlt sich, unter
EINSTELLUNGEN die Option **AUTOMATISCHER AUSWAHLFORTSCHRITT** zu aktivieren.
Dadurch müssen Sie nach dem Selektieren mit **MT1** nicht auch noch **MT2** drücken, um in
die nächste Selektion zu gelangen. Die Selektion nehmen Sie zuerst bei **ZWANGSZU-
BEDINGENDES OBJEKT AUSWÄHLEN** vor, anschließend, wenn gefordert, auch unter
OBJEKT AUSWÄHLEN, FÜR DAS EINE ZWANGSBEDINGUNG ERZEUGT WERDEN SOLL.
Nach der letzten Selektion wird die Bedingung erzeugt. Der Zwangsbedingungstyp bleibt
aktiv, sodass mit der Selektion von weiteren Objekten fortgefahren werden kann.

Sollen Elemente mehrfach für die Vergabe von Zwangsbedingungen genutzt werden, zum
Beispiel zwei Linien rechtwinklig zu einer Kante, können Sie diese unter **ZWANGSBEDIN-
GENDES OBJEKT AUSWÄHLEN** sammeln. Die Kante selektieren Sie dann unter **OBJEKT
AUSWÄHLEN, FÜR DAS EINE ZWANGSBEDINGUNG ERZEUGT WERDEN SOLL**.

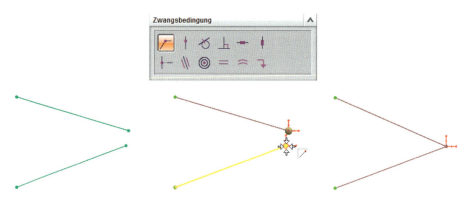

Mit der Nutzung von geometrischen Bedingungen besteht die Möglichkeit, geöffnete
Konturzüge zu schließen. Die obere Abbildung zeigt hierzu ein Beispiel. Die beiden
Linien treffen sich nicht in ihrem Schnittpunkt. Nach Aufruf des Befehls **GEOMETRI-
SCHE ZWANGSBEDINGUNGEN** verwenden Sie die Bedingung **ZUSAMMENFALLEND**.
Anschließend selektieren Sie die Endpunkte der Linien. Danach haben die Linien einen
gemeinsamen Punkt.

Alternativ zur Erstellung der Bedingung über die Dialogbox besteht die Möglichkeit, die
VERKNÜPFUNGSSYMBOLLEISTE zu verwenden. Hierzu werden zwei Elemente selektiert, die eine Bedingung erhalten sollen. In der **VERKNÜPFUNGSSYMBOLLEISTE** werden nun die möglichen Zwangsbedingungen angezeigt. Diese können Sie nun mit **MT1**
auswählen und erzeugen.

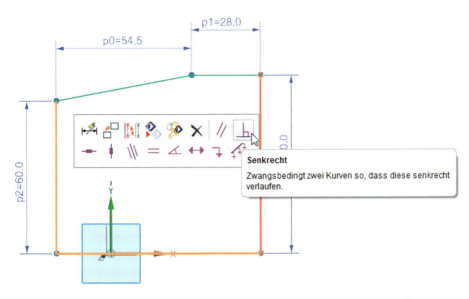

Generell sollte man darauf achten, dass nicht unbeabsichtigt mit Zwangsbedingungen Referenzen zu internen oder auch externen Objekten generiert werden.

3.6.4.3 Automatisches Erzeugen von Zwangsbedingungen

Die automatische Erzeugung der Zwangsbedingung beim Erstellen von Kurven ist mit folgenden Befehlen möglich: **ERMITTELTE ZWANGSBEDINGUNGEN ERZEUGEN** und **AUTOM. ZWANGSBEDINGUNGEN**.

Im abgebildeten Menü **ERMITTELTE ZWANGSBEDINGUNGEN** legen Sie fest, welche Beziehungen beim Erzeugen der Kurven automatisch von NX vergeben werden sollen. Durch Aktivieren der Optionen werden die entsprechenden Bedingungen berücksichtigt. Die Vorgaben können Sie während der Benutzung eines Kurvenbefehls noch ändern. Die Symbole für die möglichen Zwangsbedingungen werden angezeigt, wenn der Mauszeiger über den Bildschirm bewegt wird. Den Bereich, in dem das System z. B. automatisch horizontale oder vertikale Kurven erzeugt, legen Sie unter **VOREINSTELLUNGEN > SKIZZE SITZUNGSEINSTELLUNGEN > FANGWIN-**

ERMITTELTE ZWANGSBEDINGUNGEN (INFERRED CONSTRAINTS)

KEL fest. Der maximale Fangwinkel beträgt dabei 20°. Die automatisch erzeugten Zwangsbedingungen verhalten sich genauso wie die manuell generierten.

Ist die Option **BEMASSUNG FÜR EINGEGEBENE WERTE ERZEUGEN** unter **WÄHREND DER SKIZZENERSTELLUNG ERMITTELTE BEMASSUNGEN** aktiviert, erstellt das System automatisch die entsprechenden Maße, wenn Kurven unter Verwendung der Eingabefelder erzeugt wurden.

ERMITTELTE ZWANGSBEDINGUNGEN ERZEUGEN (CREATE AUTOMATIC CONSTRAINTS)

Das automatische Erstellen der Zwangsbedingungen gemäß Vorgaben können Sie mit dem Icon **ERMITTELTE ZWANGSBEDINGUNGEN ERZEUGEN** ein- und ausschalten. Es empfiehlt sich, diese Option immer einzuschalten, da sonst keinerlei Bedingungen generiert werden. Damit werden auch zusammenfallende Endpunkte nicht erzeugt, und die Konturen sind nicht geschlossen. Das temporäre Ausschalten der Zwangsbedingungen ist durch Drücken der **ALT**-Taste beim Erstellen einer Kurve möglich.

Die folgende Abbildung zeigt die Erstellung eines Kreisbogens, wenn **ERMITTELTE ZWANGSBEDINGUNGEN ERZEUGEN** aktiv ist. Dabei wurden Anfangs- und Endpunkt definiert. Danach geben Sie den **RADIUS** ein und bestätigen die Auswahl mit **ENTER**. Der Radiuswert ist nun fixiert. Den Kreisbogen setzen Sie nun mit **MT1** auf der gewünschten Seite ab. Die Bemaßung wird dabei sofort erstellt, weil der **RADIUS** explizit eingegeben wurde und die Voreinstellung für die Bemaßungszwangsbedingung aktiv war.

Anschließend erstellen Sie eine Linie, die am Endpunkt des Bogens beginnt und tangential ist. Die **LÄNGE** geben Sie ebenfalls ein und bestätigen diese. Die neue Kurve wird nun mit den gewünschten Bedingungen generiert.

AUTOM. ZWANGSBEDINGUNGEN (AUTO CONSTRAINTS)

Für vorhandene Geometrien können die Zwangsbedingungen nachträglich automatisch ermittelt werden. Dieses Vorgehen eignet sich besonders für die Nachbearbeitung von Kurven, die über neutrale Schnittstellen in NX importiert wurden. Das System analysiert die Geometrie und weist die über den Befehl **AUTOM. ZWANGSBEDINGUNGEN** eingestellten Eigenschaften den Kurven der Skizze zu. Durch **ALLES SETZEN** werden alle Bedingungen ein- und durch **ALLES LÖSCHEN** ausgeschaltet.

Mit der **ABSTANDSTOLERANZ** legen Sie fest, wie dicht Endpunkte zueinander liegen müssen, um als zusammenfallend erkannt zu werden.

Die **WINKELTOLERANZ** gibt den Fangbereich für horizontale, vertikale, parallele und senkrechte Bedingungen an. Sie wird zu beiden Seiten der Kurve abgetragen.

Das Beispiel auf S. 181 zeigt vier Linien, die schräg verlaufen und keine geschlossene Kontur bilden. Die Endpunkte der Ecken fallen nicht zusammen. Durch Nutzung des Befehls **AUTOM. ZWANGSBEDINGUNGEN** mit den entsprechenden Aktivierungen und Fangbereichen lassen sich die horizontalen und vertikalen Bedingungen, gleiche Längen und das Zusammenfallen der Endpunkte automatisch erzeugen.

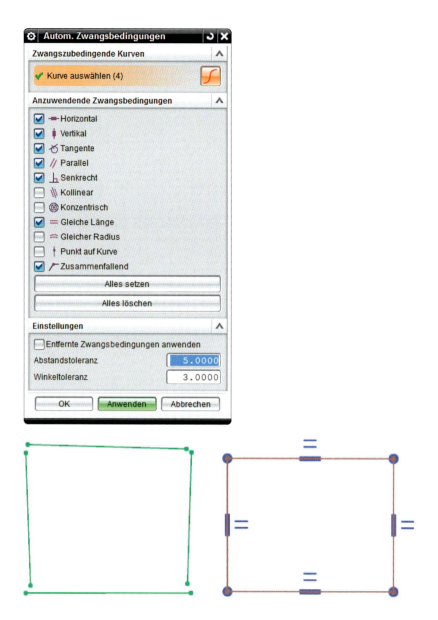

3.6.4.4 Als symmetrisch festlegen

Mit dem Befehl ALS SYMMETRISCH FESTLEGEN können zwei Punkte oder Kurven, wie Linien, Bögen oder Kreise desselben Typs, symmetrisch zu einer Mittellinie erstellt werden. Hierbei werden Zwangsbedingungen erzeugt, die sowohl die Lage als auch die Größe der Geometrie symmetrisch zueinander setzen.

ALS SYMMETRISCH
FESTLEGEN
(MAKE SYMMETRIC)

Diese Vorgehensweise erläutern wir anhand eines Beispiels. Die zwei markierten Linien (siehe S. 182) sollen symmetrisch zur Mittellinie definiert werden.

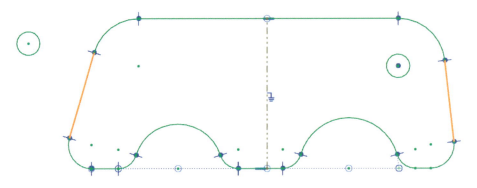

In der Dialogbox wählen Sie unter **PRIMÄRES OBJEKT** und **SEKUNDÄRES OBJEKT** die zwei markierten Linien. Anschließend selektieren Sie die Mittellinie. Nach dieser Selektion wird automatisch die Zwangsbedingung erzeugt. Die Dialogbox bleibt weiter aktiv. Auch die **SYMMETRIEMITTELLINIE** bleibt weiter selektiert, sodass nun bei der Auswahl der zwei Kreise unter **PRIMÄRES OBJEKT** bzw. **SEKUNDÄRES OBJEKT** diese symmetrisch zur Mittellinie erzeugt werden. Mit den zwei Kreisbögen verfahren Sie auf die gleiche Art und Weise.

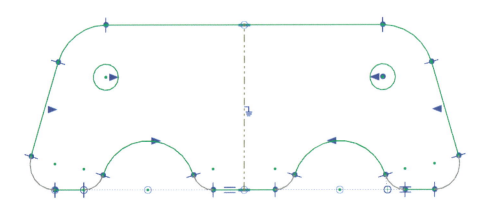

3.6.4.5 Zwangsbedingungen anzeigen und löschen

Vom System werden automatisch die Zwangsbedingungstypen ZUSAMMENFALLEND, PUNKT AUF KURVE, MITTELPUNKT, TANGENTE und KONZENTRISCH dargestellt. Die Anzeige der restlichen Zwangsbedingungen können Sie über SKIZZENZWANGSBEDINGUNGEN ANZEIGEN einschalten. Dabei kann es passieren, dass nicht alle Bedingungen dargestellt werden. In diesem Fall sind in der Skizze sehr kleine Kurven enthalten, und die Option DYNAMISCHE SKIZZENANZEIGE unter VOREINSTELLUNGEN > SKIZZE > SITZUNGSEINSTELLUNGEN ist aktiv. Wenn auch für die kleinen Elemente eine Darstellung der Zwangsbedingungen erfolgen soll, müssen Sie diese Option deaktivieren. Ein generelles Abschalten der Darstellung aller Zwangsbedingungen erfolgt durch Deaktivieren des Icons SKIZZENZWANGSBEDINGUNGEN ANZEIGEN.

SKIZZENZWANGS-BEDINGUNGEN ANZEIGEN (SHOW ALL CONSTRAINTS)

Das Löschen der Zwangsbedingungen führen Sie mit der ENTF-Taste oder über die Schnellauswahl LÖSCHEN durch. Hierbei ist es hilfreich, den Auswahlfilter auf SKIZZENZWANGSBEDINGUNGEN zu stellen. Damit wird verhindert, dass unbeabsichtigt Geometrie gelöscht wird.

Eine weitere Möglichkeit besteht in der Nutzung der Funktion ZWANGSBEDINGUNGEN ANZEIGEN/ENTFERNEN. Nun erscheint ein Dialogfenster, mit dem die Anzeige und das Löschen von Bedingungen in einer Liste gesteuert werden können.

ZWANGSBEDIN-GUNGEN ANZEIGEN/ENTFERNEN (SHOW/REMOVE CONSTRAINTS)

3.6.4.6 Referenzelemente

Bei der Skizzenerstellung besteht oftmals die Notwendigkeit, Kurven oder Maße als Hilfselemente zu erzeugen, die nicht für die nachfolgende Operation verwendet werden sollen. In diesem Fall können Sie die Objekte in eine Referenz umwandeln. Dazu rufen Sie den entsprechenden Befehl auf, und aktivieren die Option REFERENZKURVE ODER -BEMASSUNG. Anschließend wählen Sie die betroffenen Elemente aus und wandeln sie mit OK um. Über den Schalter AKTIVE KURVEN ODER VARIABLE BEMASSUNG können Referenzelemente der Skizze wieder aktiviert werden. Ist die Option PROJIZIERTE KURVE AUSWÄHLEN aktiv, so werden alle Kurven, die bei einer Änderung der Projektion entstehen, automatisch umgewandelt. Diese Arbeit können Sie beschleunigen, indem Sie zuerst die betroffenen Objekte selektieren und dann den Befehl starten. Wenn alle Elemente den gleichen Zustand haben, wird dies von NX erkannt, und die Umwandlung in den jeweils anderen Zustand erfolgt.

ZU/AUS REFERENZ KONVERTIEREN (CONVERT TO/FROM REFERENCE)

Referenzelemente werden in einer speziellen Farbe dargestellt. Bei Kurven erfolgt eine Anzeige als Strich-Zweipunkt-Linie. Bei den nachfolgenden Operationen, wie z. B. Extrusion oder Rotation, werden die Referenzkurven der Skizze vom System nicht als Schnittkurven verwendet. Referenzmaße erscheinen zwar in der Skizze, und ihr Wert wird aktualisiert, sie steuern aber keine Geometrie. Außerdem besitzen sie keinen Parameternamen.

Im Folgenden möchten wir Ihnen ein Beispiel für die Anwendung von Referenzen geben. Durch Rotation wollen wir auf der Basis einer Skizze eine Hohlwelle erzeugen. Die Radien der Wellenabsätze können Sie einfach durch Nutzung der Rotationsachse bemaßen. Dazu erstellen Sie eine horizontale Mittellinie als Kurve in der Skizze. Um die Rotation einfach durchführen zu können, wandeln Sie diese Mittellinie in eine Referenz um. Sie dient zur Festlegung der Rotationsachse, wird aber von NX nicht für die Definition des Querschnitts verwendet.

Das folgende linke Bild zeigt die Skizze mit ihren geometrischen und Bemaßungszwangsbedingungen ohne Referenzen. Im mittleren Bild wurde ein zusätzliches Maß (*p13=20*) erzeugt. Dadurch ist die Skizze überbestimmt. Das rechte Bild enthält die ordnungsgemäße Skizze. Dabei wurden das neue Längenmaß und die Mittellinie in eine Referenz umgewandelt.

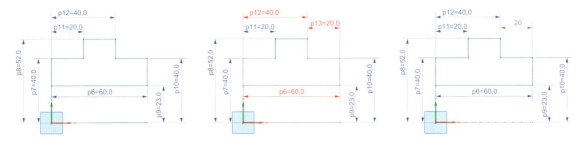

ALTERNATIVE LÖSUNG (ALTERNATE SOLUTION)

3.6.4.7 Alternative Lösung

Mit dem Befehl ALTERNATIVE LÖSUNG kann ein Wechseln zwischen verschiedenen Lösungen für geometrische Bedingungen und Bemaßungszwangsbedingungen erfolgen. Wir werden die Anwendung an zwei Beispielen verdeutlichen.

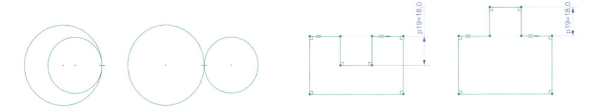

Im linken Beispiel wurden zwei Kreise erzeugt, die sich an einem Punkt tangential berühren. Dafür gibt es mehrere Lösungen. Das Wechseln zwischen den Alternativen erfolgt durch Aufruf des Befehls ALTERNATIVE LÖSUNG und anschließende Selektion eines der beiden Kreise.

Generell kann es vorkommen, dass sich eine Kurve auf der falschen Seite eines Objekts befindet (siehe rechtes Beispiel). Wenn schon eine Bemaßung vorhanden ist, können Sie keinen Seitenwechsel durch Ziehen an der Kurve mehr vornehmen. Die Bemaßung müsste dazu entfernt werden. Deshalb ist es einfacher, die Funktion ALTERNATIVE LÖSUNG zu verwenden. Nach deren Aufruf müssen Sie nur das gewünschte Maß selektieren, und es wechselt dann zur anderen Seite.

3.6.5 Bemaßungen

Die Bemaßungszwangsbedingungen legen die exakte Größe eines Skizzenobjekts oder den Abstand zwischen zwei Elementen fest. Damit kann beispielsweise die Länge einer Linie oder der Radius eines Kreises definiert werden. Die Befehle zur Erzeugung der Bemaßungszwangsbedingungen funktionieren genauso wie die Bemaßung im Rahmen der Anwendung **ZEICHNUNGSERSTELLUNG** und werden ähnlich dargestellt. Im Unterschied zu den Zeichnungsmaßen wird durch das Editieren der Maße in den Skizzen die Größe der Objekte gesteuert.

Das Icon für die Bemaßung in der Werkzeugleiste **SKIZZENERSTELLUNG** zeigt jeweils die zuletzt benutzte Option an. Diese steht dann für weitere Arbeiten sofort zur Verfügung. Die Auswahl einer anderen Option erfolgt über das Drop-down-Menü oder über das Dialogfenster für **SKIZZENBEMASSUNGEN**, das über die Auswahl eines Icons für die Bemaßung in der Werkzeugleiste **BEMASSUNGEN** geöffnet wird.

Wenn die Option **REFERENZBEMASSUNG ERZEUGEN** aktiv ist, werden alle folgenden Maße als Referenzen generiert. Alternativ können Sie diese Eigenschaft auch mit **MT3** vergeben.

Die Option **ALTERNATIVEN WINKEL ERZEUGEN** steht bei der Bemaßung von Winkeln zur Verfügung. Mit ihr können Sie zwischen verschiedenen Winkeln für die selektierten Kurven wechseln.

Die folgende Aufzählung gibt eine kurze Übersicht der verfügbaren Bemaßungsoptionen:

 automatische Erzeugung der Bemaßung

 horizontale Bemaßung in x-Richtung der Skizze

 vertikale Bemaßung in y-Richtung der Skizze

 parallele Bemaßung (kürzester Abstand zwischen zwei Punkten)

 senkrechter Abstand zwischen einer Linie und einem Punkt

 Winkel zwischen zwei Linien

Durchmesser eines Kreises oder Kreisbogens

 Radius eines Kreises oder Kreisbogens

 Maß für die Bogenlänge

Für die Festlegung der Bemaßung können sowohl Punkte und Kurven der Skizze als auch externe Objekte wie Körperkanten, Bezugsebenen und -vektoren verwendet werden. Wichtig ist, dass die externen Objekte zeitlich vor der Skizze erstellt wurden.

Sollen Skizzenelemente zur gegenüberliegenden Seite bemaßt werden, können Sie sie diese entweder vor dem Anbringen des Maßes auf die gewünschte Seite verschieben oder den Befehl **ALTERNATIVE LÖSUNG** verwenden. Zudem ist die Eingabe von negativen Maßen möglich, dies führt zu einem vergleichbaren Effekt.

Maße mit dem Wert null sollten nach Möglichkeit vermieden werden, da sie bei Änderungen zu unerwünschten Ergebnissen führen können. Weiterhin wird empfohlen, keine Kettenmaße zu verwenden.

Zum Erzeugen der Bemaßung wählen Sie zuerst die gewünschte Option. Anschließend selektieren Sie die entsprechenden Elemente. Sobald aufgrund der Auswahl ein Maß erzeugt werden kann, hängt die Maßzahl mit ihren Hilfslinien am Cursor. Durch Drücken von **MT1** wird die Bemaßung mit dem aktuellen Wert abgelegt, und ein dynamisches Eingabefeld erscheint. In diesem werden der Wert des Maßes und der Parametername festgelegt. Danach bestätigen Sie die Eingaben jeweils mit **ENTER** oder **MT2** und das Maß wird erzeugt. Anschließend können Sie sofort die nächsten Bemaßungsobjekte selektieren.

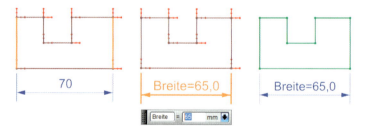

Die Abbildung zeigt eine Bemaßung, die durch Anwahl der beiden orange dargestellten Kurven generiert wurde. Dabei wird der Abstand zwischen den Kurven gemessen. Als Maß wurde der Wert *65* eingegeben, und als Name für den Parameter wurde *Breite* verwendet. Nach dem Bestätigen der Daten mit **ENTER** wird die Konstruktion entsprechend aktualisiert.

Eine Möglichkeit zum Bearbeiten einer Bemaßung bietet die Verknüpfungssymbolleiste, die angezeigt wird, sobald ein Element selektiert wurde. Hier ist je nach selektiertem Element ein Schnellzugriff auf ausgewählte Befehle möglich.

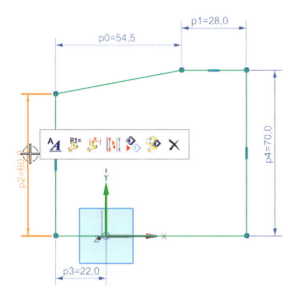

Mit dem Befehl **ERMITTELTE BEMASSUNGEN** können unterschiedliche Maßarten automatisch generiert werden. Dabei ist zwischen der Selektion von Kurven und Kontrollpunkten zu unterscheiden. Mit dem Befehl werden Abstandsmaße, aber auch Winkel, Durchmesser und Radien erzeugt.

ERMITTELTE
BEMASSUNGEN
(INFERRED
DIMENSIONS)

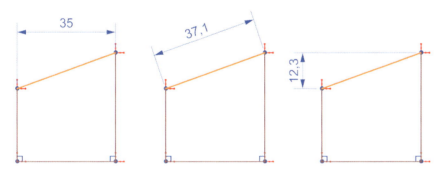

Die Abbildung stellt die Möglichkeiten bei der Bemaßung einer schrägen Linie dar. Selektieren Sie dazu die Linie (Kurve). In Abhängigkeit von der Bewegungsrichtung des Cursors gibt es drei Varianten. Sie können eine horizontale Bemaßung, eine vertikale Bemaßung oder den kürzesten Abstand zwischen den Linienendpunkten generieren. Die gleichen Möglichkeiten erhalten Sie, wenn Sie zwei Kontrollpunkte (Linien Start- und Endpunkt) für die Bemaßung auswählen.

Die Abbildung auf S. 188 oben zeigt ein Beispiel für die automatische Bemaßung von Winkeln. Dazu wurden die beiden orange dargestellten Linien selektiert. NX erzeugt dann ein Winkelmaß. Die Art des Winkels bestimmen Sie wieder durch die Position des Cursors. Das linke und das mittlere Bild zeigen entsprechende Beispiele. Auf dem rechten Bild wurde das Icon **ALTERNATIVEN WINKEL ERZEUGEN** aktiviert.

Wenn Sie zuerst eine Linie und anschließend einen Kontrollpunkt selektieren, misst NX den senkrechten Abstand zwischen der Linie und dem Punkt. Auf dem linken Bild wurde mit dieser Option der Abstand zum Kreismittelpunkt festgelegt.

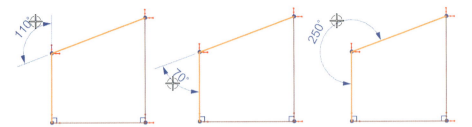

Wie in der folgenden Abbildung zu sehen ist, bemaßt NX bei der Selektion von Kreisen automatisch deren Durchmesser (mittleres Bild) und bei der Auswahl von Kreisbögen den Radius (rechtes Bild).

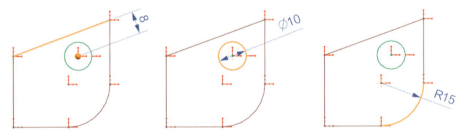

Die nächste Abbildung zeigt das Verhalten von NX bei einer Verrundung. Dazu wurde ein Rechteck erzeugt, dessen obere Seite zunächst ein Längenmaß erhält. Verrunden Sie anschließend die abgebildeten Ecken, generiert NX automatisch einen Punkt an der Stelle, an der sich der ursprüngliche Kontrollpunkt für das Maß befand. Der Punkt wird durch das Maß und die geometrischen Bedingungen gesteuert. Die Information über die alte Ecke bleibt damit erhalten. An der unteren Ecke wird dieser Punkt nicht generiert, da dort kein Maß vorhanden war.

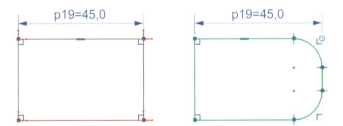

Die erstellten Maße können durch Doppelklick auf die Maßzahl geändert werden. Ein Verschieben ist durch Ziehen mit **MT1** möglich. Mit **MT1** und der Kontextsymbolleiste oder mit **MT3** und dem Popup-Menü können Sie mit den Befehlen **STIL** und **BEARBEITEN** die Eigenschaften der Maßzahl analog zur Bemaßung in der Zeichnungserstellung modifizieren.

Nach Aktivieren des Icons **DIALOGFENSTER FÜR SKIZZENBEMASSUNGEN** erscheint das entsprechende Menü, in dem weitere Einstellungen möglich sind. Der obere Bereich des Fensters enthält die Auswahl der Bemaßungsoptionen. In der Mitte erfolgt die Anzeige der schon definierten Bemaßungen mit ihren Namen und Werten. In dieser Liste oder im Grafikbereich können Sie die einzelnen Ausdrücke selektieren. Der gewählte **AUSDRUCK** wird nun aktiv und Sie können ihn in den Eingabefeldern des Dialogfensters modifizieren. Unterhalb der Felder befindet sich ein Schieberegler, mit dem die Änderung des Wertes dynamisch vorgenommen wird. Die Skizze im Grafikbereich wird dabei entsprechend aktualisiert.

DIALOGFENSTER FÜR SKIZZEN-BEMASSUNGEN (SKETCH DIMENSIONS)

Mit dem **LÖSCHEN**-Icon werden die gewählten Ausdrücke entfernt. Darüber hinaus können Sie im Fenster analog zur Zeichnungserstellung die Art der Platzierung für die Maßzahl einstellen. Wird diese Option geändert, werden alle folgenden Bemaßungen mit der neuen Vorgabe erzeugt. Für vorhandene Bemaßungen können Sie durch Selektion des Maßes und Aufruf des Dialogfensters nachträglich die Einstellung modifizieren.

Ist die Option **FESTE TEXTHÖHE** aktiv, wird der Bemaßungstext in der unter **VOREINSTELLUNGEN > SKIZZE > SKIZZENSTIL > TEXTHÖHE** eingestellten Größe am Bildschirm angezeigt, wobei der Wert immer konstant ist. Die **FESTE TEXTHÖHE** für die aktuelle Skizze können Sie über die Menüleiste **AUFGABE > SKIZZENSTIL > TEXTHÖHE** jederzeit neu definieren. Ist die Option nicht aktiviert, ändert sich die Textgröße bei der Darstellung im Grafikbereich.

Die Optionen **REFERENZBEMASSUNG ERZEUGEN** und **ALTERNATIVEN WINKEL ERZEUGEN** entsprechen den Icons der Werkzeugleiste **BEMASSUNG**.

Die Einstellung der Schriftart in der Skizzenbemaßung definieren Sie unter **VOREINSTELLUNGEN > BESCHRIFTUNG** im Register **BESCHRIFTUNG > BEMASSUNG**. Nachträglich können Sie diese Einstellung durch Selektion der Maßzahl mit **MT3** und Aufruf des Befehls **STIL** im Popup-Menü oder mit **MT1 > KONTEXTSYMBOLLEISTE > STIL** bearbeiten.

Es besteht die Möglichkeit, die erzeugte Skizzenbemaßung automatisch in die Zeichnungserstellung zu übernehmen.

Der Befehl **BEMASSUNGSASSOZIATIVITÄT BEARBEITEN** trennt ein Maß von der ursprünglichen Geometrie ab und ordnet es einem neuen, von Ihnen angegebenen Element zu. Im Dialogfenster wird zunächst die Auswahl der Bemaßung erwartet. Danach können Sie mit **OBJEKT1** und **2** die vorhandenen Referenzen aktivieren und anschließend neu festlegen. Im **AUSDRUCKSMODUS** steuern Sie, ob der alte Wert für das Maß erhalten bleibt und die Geometrie entsprechend angepasst wird oder umgekehrt.

BEMASSUNG ANHÄNGEN (ATTACH DIMENSION)

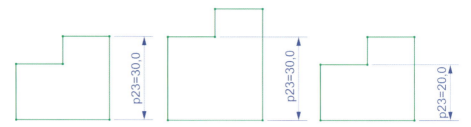

Das linke Bild zeigt eine Skizze mit einem Maß für die Gesamthöhe. Dieses Maß wird anschließend neu zugeordnet, wobei der Ausdruck auf dem mittleren Bild beibehalten wurde und auf dem rechten Bild nicht.

AUTOMATISCHE BEMASSUNG (AUTO DIMENSION)

Mit dem Befehl **AUTOMATISCHE BEMASSUNG** können an ausgewählten Kurven und Punkten, nach zu definierenden Regeln, Bemaßungen erzeugt werden. Nach Aufruf des Befehls können Sie zuerst **ZU BEMASSENDE KURVEN** auswählen. Unter **REGELN DER AUTOM. BEMASSUNG** können Sie definieren, welche Bemaßungsart je nach vorhandener Geometrie bevorzugt erstellt werden soll.

Generell können Sie zwei Arten von Bemaßungen erstellen: **STEUERND** oder **AUTOMATISCH**.

Die *steuernde Bemaßung* entspricht einer Bemaßung basierend auf einem Ausdruck. Diese können Sie mit **MT3 > IN/AUS REFERENZ KONVERTIEREN** in eine Referenzbemaßung umwandeln.

Die *automatische Bemaßung* entspricht einer Bemaßungszwangsbedingung. Hier werden Freiheitsgrade der Skizze durch eine Längen- oder Winkelzwangsbedingung mit einem Wert ersetzt. Die Bemaßung wird violett dargestellt und passt sich beim Ziehen der Skizzenkurven den Werten an. Die automatische Bemaßung können Sie mit **MT3 > IN »STEUERND« KONVERTIEREN** oder mit einem Doppelklick und einer Werteingabe in eine steuernde Bemaßung umwandeln.

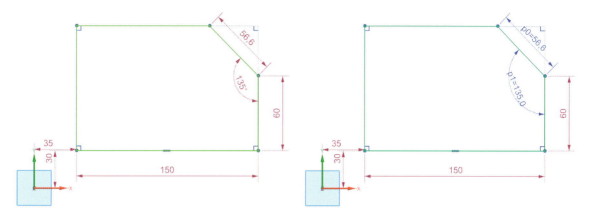

Wird eine Zwangsbedingung hinzugefügt, die mit einer automatischen Bedingung in Konflikt steht, wird die automatische Bedingung gelöscht.

Wird die Geometrie überbestimmt, so wird die Bemaßung rot dargestellt. Auch wenn eine Zwangsbedingung zur Überbestimmung führt, wird diese rot angezeigt. Kurven werden grau angezeigt, wenn aufgrund von Problemen die Kurve nicht mehr aktualisiert wird.

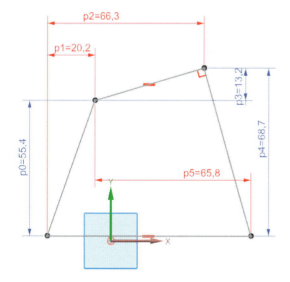

FORTLAUFENDE AUTOM. BEMASSUNG (CONTINUOUS AUTO DIMENSION)

Mit dem Befehl **FORTLAUFENDE AUTOMATISCHE BEMASSUNG** wird nach jeder Skizzenänderung eine automatische Bemaßung erstellt. Dadurch ergibt sich, dass die Skizze immer komplett mit Zwangsbedingungen definiert ist und somit keine Freiheitsgrade mehr aufweist.

ERMITTELTE ZWANGS- BEDINGUNGEN UND BEMASSUNGEN (INFERRED CONSTRAINTS)

Über die Option **ERMITTELTE ZWANGSBEDINGUNGEN UND BEMASSUNGEN** werden die Regeln definiert, nach denen die Bemaßung erstellt wird. Des Weiteren besteht die Möglichkeit, die einzelnen Zwangsbedingungen für die automatische Bemaßung zu aktivieren oder zu deaktivieren.

3.6.6 Skizzenoperationen

3.6.6.1 Kurve spiegeln

KURVE SPIEGELN
(MIRROR CURVE)

Der Befehl **KURVE SPIEGELN** erzeugt eine assoziative Kopie von Skizzengeometrie an einer Linie. Nach Aufruf des Befehls ist es ratsam, zuerst die **MITTELLINIE** zu definieren. Dadurch kann diese Kurve unter **OBJEKT AUSWÄHLEN** nicht mehr selektiert werden. Das hat den Vorteil, dass Sie nun mit **STRG + A** die komplette Skizze auswählen können. An dieser Stelle ist noch zu erwähnen, dass mit **STRG + A** nur die Elemente gewählt werden, die im Grafikfenster auch sichtbar sind. Es erfolgt eine Voranzeige, die mit **OK** oder **MT2** erzeugt wird. Die Mittellinie wird automatisch in eine Referenz umgewandelt, wenn die entsprechende Option unter **EINSTELLUNGEN** aktiv ist.

In der Abbildung auf S. 193 oben wurde eine Skizze erzeugt und vollständig bestimmt. Anschließend wurde die Geometrie an der senkrechten Linie gespiegelt. Dieser Vorgang wird durch ein entsprechendes Symbol an der gespiegelten Geometrie angezeigt.

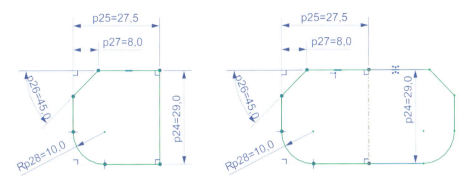

Die Skizze ist nach dem Spiegeln weiterhin vollständig bestimmt. Die Bedingungen der Ursprungselemente steuern auch die gespiegelte Geometrie. Werden beispielsweise Maße geändert, wird diese Änderung auf die gespiegelte Seite übertragen. Das Gleiche gilt auch für das nachträgliche Anbringen von z. B. weiteren Verrundungen.

3.6.6.2 Kurve mustern

Den Befehl **MUSTERKURVE** gibt es in zwei unterschiedlichen Varianten, abhängig davon, ob die Option **ERMITTELTE ZWANGSBEDINGUNGEN ERZEUGEN** aktiv ist oder nicht. Ist die Option deaktiviert, werden nicht-assoziative Musterkurven erzeugt, allerdings stehen dabei mehr Einstellmöglichkeiten zur Verfügung. Bei aktiver Option werden assoziative Musterkurven erstellt. In diesem Buch werden nur die assoziativen Musterkurven genauer beschrieben, da die nicht-assoziativen Musterkurven zum überwiegenden Teil nur für die Ergänzung einer Zeichnung bestimmt sind.

MUSTERKURVE (PATTERN CURVE)

Bei der assoziativen Musterkurve stehen drei Layouts zur Verfügung: **LINEAR, KREISFÖRMIG** und **ALLGEMEIN**. Im Folgenden werden wir diese drei Varianten an einem Beispiel veranschaulichen. Zuerst betrachten wir die lineare Musterkurve. Unter **OBJEKTE FÜR MUSTER AUSWÄHLEN** wählen Sie die Kurven, die vervielfältigt werden sollen, aus. Bei **LAYOUT** wählen Sie *Linear* aus. Das Dialogfenster passt sich entsprechend der Auswahl an.

Unter *Richtung 1* selektieren Sie nun eine Kurve, die die erste Richtung definiert. Im Bereich *Abstand* stehen drei Varianten zur Berechnung der Abstände bzw. der Anzahl der zu kopierenden Elemente zur Auswahl. Mit **ANZAHL UND STEIGUNG** werden die Anzahl und der Abstand zwischen den zu kopierenden Elementen definiert. Durch die Auswahl **ANZAHL UND SPANNE** wird aufgrund der Gesamtlänge und der Anzahl die Steigung berechnet. Wird **STEIGUNG UND SPANNUNG** ausgewählt, so ergibt sich die Anzahl durch das Verhältnis von Spannung und Steigung. Hierbei werden nur die Ganzzahlen berücksichtigt. Optional kann noch eine zweite Richtung definiert werden.

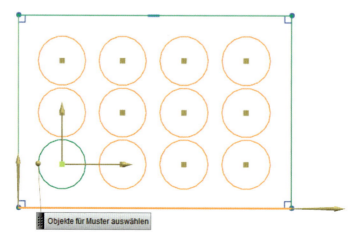

Die kreisförmige Musterdefinition ist von der Vorgehensweise vergleichbar. Hier wird anstatt einer Richtung ein Rotationspunkt definiert und unter *Winkelrichtung* die entsprechende Einstellung vorgenommen.

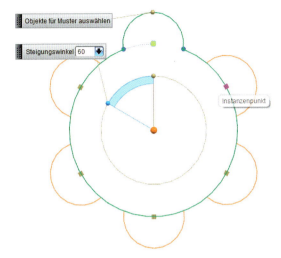

Mit dem Layout Typ **ALLGEMEIN** wird eine Geometrie anhand von Punkten positioniert und vervielfältigt. Im Bereich **OBJEKT FÜR MUSTER AUSWÄHLEN** können Sie die Geometrieselektieren. Unter **VON** können Sie den ersten Referenzpunkt wählen. Es ist zu empfehlen, dass dieser Punkt Bestandteil der zu kopierenden Geometrie ist. Im Bereich **NACH** können Sie nun Punkte oder Achsensysteme selektieren, an denen eine Kopie erzeugt werden soll.

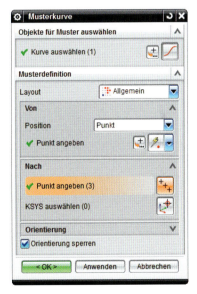

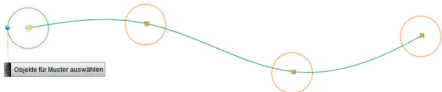

3.6.6.3 Kurven projizieren

KURVE PROJIZIEREN (PROJECT CURVE)

Mit dem Befehl **KURVE PROJIZIEREN** werden Kurven, einzelne Kanten, Kanten einer Fläche, andere Skizzen und Punkte in die aktive Skizze projiziert. Dabei ist die Auswahl der **KURVENREGEL** zu beachten. Der Projektionsvektor ergibt sich aus der Normalen zur Skizzenebene.

Nach Aufruf des Befehls erscheint das abgebildete Dialogfenster, und NX erwartet die Festlegung der zu projizierenden Objekte. Unter **EINSTELLUNGEN** stehen folgende Optionen zur Verfügung. Mit **ASSOZIATIV** behalten die projizierten Elemente eine Verbindung zur Originalgeometrie, sodass bei deren Änderung eine Anpassung erfolgt. Die assoziativ projizierten Elemente sind fixiert und können nicht mit Skizzenzwangsbedingungen versehen werden. Mit Doppelklick oder mit dem Befehl **KURVE BEARBEITEN** aktivieren Sie den Projektionsbefehl wieder. Durch Selektion der Kurven und Ausschalten von **ASSOZIATIV** wandeln Sie die projizierten Kurven wieder in normale Skizzenelemente um. Die Umwandlung dieser Kurve zurück in ein assoziatives Element ist nicht möglich. Wenn die Option deaktiviert ist, werden sofort nicht assoziative Kurven projiziert. Diese haben die Eigenschaften einer normalen Skizzenkurve.

Der **AUSGABEKURVENTYP** legt die Art der projizierten Kurve fest. Dabei kann die Kurve mit ihren Originaleinstellungen, als Spline mit mehreren Segmenten oder einzelner Spline erstellt werden.

Die Anwendung des Befehls möchten wir an einem Beispiel erläutern. Den Ausgangspunkt bildet ein Volumenkörper, der aus einem extrudierten Körper erstellt wurde. Die Vorderseite des Körpers ist abgeschrägt. Das Ziel ist es, an dieser Seite die durchgehende Nut zu schließen. Dazu werden zuerst zwei Bezugsebenen erzeugt. Die erste Ebene befindet sich an der Vorderkante des Körpers und ist normal zu seinen Seitenflächen. Die zweite Ebene verläuft in einem bestimmten Abstand parallel zur Vorderfläche. Damit wird später die Wanddicke gesteuert.

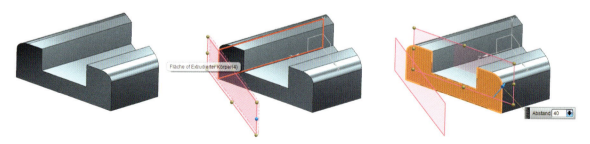

Anschließend erfolgt der Aufruf der Skizzenerstellung unter Nutzung der ersten Bezugsebene. Dabei wird als vertikale Richtung die auf dem folgenden linken Bild dargestellte Kante verwendet. Die drei Vorderkanten der Nut werden assoziativ in die Skizzenebene projiziert. Danach wird ein Kreisbogen erzeugt, dessen Endpunkte mit den projizierten Kurven zusammenfallen. Anschließend wird der Radius bemaßt. Die Skizze ist damit vollständig bestimmt.

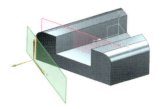 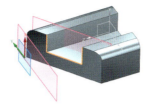 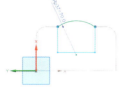

Es steht jetzt eine geschlossene Kontur zur Verfügung. Diese müssen Sie nun extrudieren. Dazu verwenden Sie für den **START** die Option **BIS VERLÄNGERUNG** und selektieren als Begrenzungsfläche die Vorderseite des Körpers. Für das **ENDE** nutzen Sie **BIS AUSWAHL** und geben die parallele Bezugsebene an. Die boolesche Operation ist **VEREINIGEN**. Das Ergebnis ist im rechten Bild zu sehen.

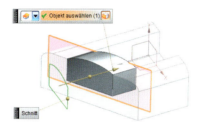 

Die Geometrie des erzeugten Objekts ist damit assoziativ zum Querschnitt der Nut. Der Radius wird durch die Skizze und die Dicke durch die zweite Bezugsebene gesteuert. Verändert man die Nut, werden die Skizze und die Extrusion entsprechend angepasst.

SCHNITTKURVE (INTERSECT)

3.6.6.4 Schnittkurven und -punkte

Mit **SCHNITTKURVE** werden assoziative Schnittkurven zwischen externen Objekten und der aktuellen Skizzenebene erstellt. Der Befehl **SCHNITTPUNKT** generiert assoziative Punkte zwischen der Skizzenebene und externen Kurven oder Kanten. Dabei werden Kurven, welche die Ebene nicht schneiden, automatisch erweitert.

SCHNITTPUNKT (INTERSECTION POINT)

3.6.6.5 Assoziatives Trimmen

Der Befehl **VORSCHRIFTKURVE TRIMMEN** dient zum assoziativen Trimmen von projizierten oder von außen hinzugefügten Kurven. Er ist unter dem Menü **BEARBEITEN > SKIZZENKURVEN** zu finden. Das System erzeugt dabei eine assoziative Zwangsbedingung für die getrimmten Objekte, deren Parameter erhalten bleiben. Im Gegensatz dazu werden bei der Nutzung der Funktion **SCHNELL TRIMMEN** die Parameter der getrimmten Kurve entfernt.

VORSCHRIFTKURVE TRIMMEN (TRIM RECIPE CURVE)

Zuerst selektieren Sie **ZU TRIMMENDE KURVEN**. Danach erfolgt die Auswahl der **BEGRENZUNGSOBJEKTE**. Im dritten Schritt müssen Sie durch Selektion angeben, welche Kurvenbereiche erhalten bzw. verworfen werden sollen. Dazu aktivieren Sie die entsprechende Option unter **BEREICH**. Anschließend wählen Sie eine geeignete Kurve.

Die folgende Abbildung zeigt die Nutzung des Befehls **VORSCHRIFTKURVE TRIMMEN** an einem Beispiel. Die hellblauen Kurven wurden in die Skizze projiziert und anschließend wurde die grüne Skizzenkurve erstellt. Nach dem Start des Befehls wählen Sie zuerst die projizierten Kurven aus. Als Begrenzungsobjekt selektieren Sie die Skizzenkurve. Das System wechselt nun zum nächsten Schritt und stellt den roten Bereich automatisch dar. Mit der Option **BEIBEHALTEN** bleibt dieses Gebiet bestehen. Beenden Sie den Befehl. NX generiert die Darstellung der entsprechenden Bedingungen und wandelt die getrimmten Kurven in Referenzen um.

Durch Doppelklick auf die Symbole kann das assoziative Trimmen bearbeitet werden. Auf dem rechten Bild wurde die Option **VERWERFEN** für den ausgewählten Bereich nachträglich aktiviert. Dadurch werden die entsprechenden Kurvenbereiche in Referenzen umgewandelt und die ehemaligen Referenzen aktiv.

Nach dem Löschen der Zwangsbedingung wird der Ursprungszustand wieder hergestellt.

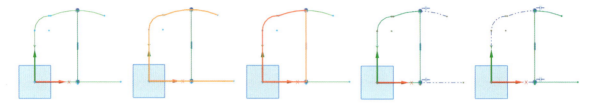

3.6.6.6 Kurven mit Abstand

OFFSET-KURVE (OFFSET CURVE)

Kurven können mit einem konstanten Abstand zu projizierten oder zu Skizzenkurven erzeugt werden. Die erstellte Geometrie ist assoziativ zum Elternelement. Dabei werden den neuen Abstandskurven eigene Maße und Zwangsbedingungen zugeordnet. Zum Bearbeiten werden entweder die Bemaßungsbedingungen oder die Offset-Kurven mit Doppelklick angewählt.

Die Nutzung des Befehls **OFFSET-KURVE** erläutern wir nun an einigen Beispielen. Nach Aufruf des Befehls erscheint das abgebildete Dialogfenster. Das System erwartet zunächst die Auswahl der Basiskurven. Dabei können verschiedene Kurvensätze mit unterschiedlichen Abständen festgelegt werden. Die Definition eines Satzes schließen Sie mit **MT2** oder dem Icon **NEUEN SATZ HINZUFÜGEN** ab. Die einzelnen Sätze werden dann unter **AUFLISTEN** angezeigt und können dort verwaltet werden.

Für das folgende Beispiel wird der auf S. 199 abgebildete Kurvenzug verwendet. Diesen selektieren Sie mit der Auswahloption **VERBUNDENE KURVEN**. Anschließend zeigt NX eine Vorschau mit einem Manipulator für den **ABSTAND** an.

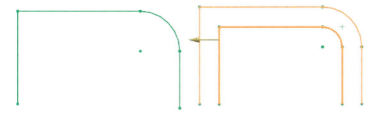

Sie können jetzt den gewünschten Abstand festlegen oder die Richtung für die Offset-Kurve mit Doppelklick auf die Pfeilspitze umkehren. Durch Aktivieren der Option **SYMMETRISCHER ABSTAND** werden Offset-Kurven auf beiden Seiten zur Basis erzeugt.

In der Abbildung können Sie die Behandlung von Verrundungen erkennen. Wenn die neuen Kurven kleiner als die Ursprungselemente sind, werden aus Verrundungen Ecken, sobald der Abstand größer als der Radius der Verrundung ist.

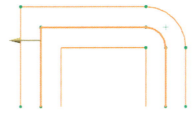

Mit Einschalten von **BEMASSUNG ERZEUGEN** wird nach Beenden des Befehls das entsprechende Maß für den Abstand generiert. Damit kann dessen Größe sehr einfach modifiziert werden. Die Option zum Erstellen der Bemaßung können Sie durch Bearbeiten der Abstandskurven nachträglich im Dialogfenster ein- bzw. ausschalten.

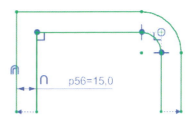

Mit dem Feld **ANZAHL DER KOPIEN** können Sie gleichzeitig mehrere Abstandskurven erstellen.

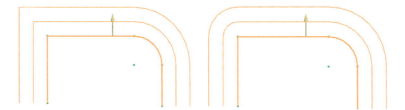

Die **ABDECKUNGSOPTIONEN** steuern die Behandlung von Ecken. Wenn **ERWEITERUNGSABDECKUNG** eingestellt ist, bleiben die ursprünglichen Ecken erhalten und die Kurven werden verlängert (siehe vorangehende Abbildung links). Die **KREISBOGEN-ABDECKUNG** erzeugt anstelle der Ecken entsprechende Kreisbögen (siehe vorangehende Abbildung rechts).

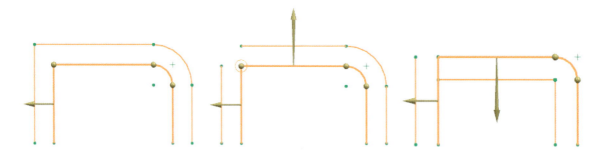

Durch Einschalten der Option **ECKEN ANZEIGEN** erhalten alle Übergangspunkte Manipulatoren. Auf diese Weise können Sie die Behandlung der Ecken ebenfalls steuern. Wenn Sie einen Manipulator mit Doppelklick anwählen, wird der Kurvenzug an dieser Ecke unterbrochen. Durch erneute Selektion können Sie dieses Verhalten wieder ausschalten.

Sobald eine Ecke unterbrochen wurde, entstehen getrennte Kurvenzüge. Diese besitzen denselben Abstand, können aber in unterschiedlichen Richtungen generiert werden. Dazu müssen Sie den entsprechenden Pfeil mit Doppelklick anwählen.

Die Option **ENDEN ANZEIGEN** schaltet die Darstellung der Enden des Kurvenzugs ein. Nun werden Manipulatoren generiert, die das Verhalten der Endpunkte steuern. Diese Punkte besitzen zunächst eine Zwangsbedingung, die durch eine gestrichelte Linie dargestellt wird. Damit sind sie von der Basisgeometrie abhängig. Durch Doppelklick auf den Manipulator können Sie die Bedingung entfernen oder wiederherstellen.

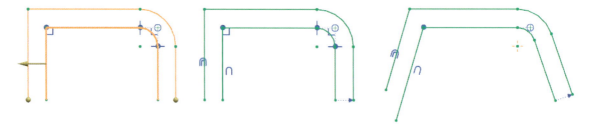

Im diesem Beispiel wurde die linke Endbedingung entfernt. Nach Verlassen des Befehls wird nur noch für das rechte Ende die Bedingung als gestrichelter Pfeil dargestellt. Führt man anschließend Änderungen der Ursprungsgeometrie durch, folgt der rechte Rand diesen Modifikationen; das linke Ende bleibt unverändert. Beim Bearbeiten der Offset-Kurven können Sie die Endbedingungen durch Doppelklick auf den entsprechenden Punkt wiederherstellen.

3.6.7 Skizze neu zuordnen

Innerhalb der Skizzierumgebung besteht die Möglichkeit, die Basisfläche und die Ausrichtung der Skizze zu ändern. Dazu verwenden Sie den Befehl **NEU ZUORDNEN**. Nach dessen Aufruf erscheint ein Dialogfenster, in dem Sie, ähnlich wie beim Erstellen einer neuen Skizze, die Skizzenebene und die Orientierung bestimmen können. Den **TYP** für die Orientierung können Sie ebenfalls ändern. Wenn Sie neue Objekte selektiert haben, modifiziert NX nach Beenden des Befehls die Skizze mit allen Abhängigkeiten.

NEU ZUORDNEN (REATTACH)

3.6.8 Gruppieren

Um die Übersicht bei der Nutzung komplexer Skizzen zu verbessern, können Kurven in Gruppen zusammengefasst werden. Die grundsätzlichen Möglichkeiten bei der Arbeit mit Gruppen werden wir an einem einfachen Beispiel erläutern.

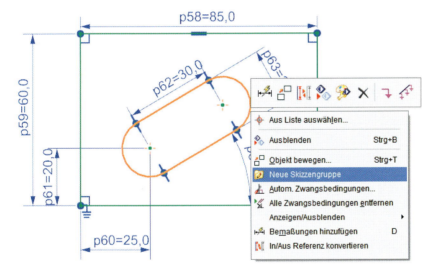

In der abgebildeten Skizze wurden alle Kurven des Langlochs selektiert, und anschließend wurde das Kontextmenü mit **MT3** gestartet. In diesem Menü finden Sie den Befehl **NEUE SKIZZENGRUPPE**. Nach dessen Aufruf wird ein Fenster aktiv, in dem Sie den Gruppennamen eingeben müssen. Anschließend fassen Sie die selektierten Elemente mit **ANWENDEN** unter diesem Namen zusammen. Wiederholen Sie den Vorgang mit der Außenkontur, sodass anschließend in der Skizze zwei Gruppen vorhanden sind.

Zur Verwaltung und Nutzung der Gruppen wird der **TEILE-NAVIGATOR** verwendet. Die Abbildung auf S. 202 oben zeigt die erzeugten Gruppen. Wenn im Navigator eine Gruppe selektiert wird, erfolgt parallel ihre Anzeige im Grafikbereich.

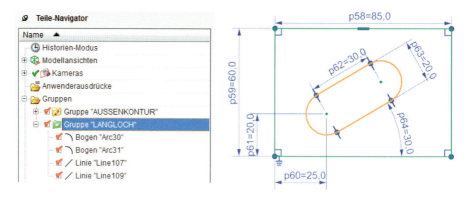

Die Gruppe *LANGLOCH* ist mit einem grünen Registersymbol gekennzeichnet. Damit ist diese Gruppe aktiv, und alle neuen Skizzenkurven werden ihr automatisch zugeordnet. Durch Doppelklick mit **MT1** können Sie eine andere Gruppe aktivieren bzw. die aktuelle Gruppe deaktivieren. Wenn keine Gruppe aktiv ist, werden die neuen Skizzenelemente im **TEILE-NAVIGATOR** direkt unter dem Eintrag *Kurven* angeordnet.

Die Zuordnung der einzelnen Kurven lässt sich sehr einfach durch ihre Auswahl im Navigator und anschließendes Verschieben mit **MT1** unter die entsprechende Gruppe modifizieren.

Wenn eine Gruppe mit **MT3** selektiert wird, erscheint das dargestellte Popup-Menü. Mit dem Befehl **GRUPPE BEARBEITEN** können weitere Kurven zur selektierten Gruppe hinzugefügt oder mit **SHIFT + MT1** entfernt werden.

Die Option **GRUPPE AUFLÖSEN** bewirkt, dass die Skizzengruppe gelöscht wird und ihre Elemente wieder zu einzelne Skizzenelemente werden.

Mit **AKTIV** wird die Gruppe zur Zielgruppe für neue Kurven der Skizze.

ANZEIGEN/AUSBLENDEN bezieht sich in der Skizzierumgebung auf die Bemaßungen der zur Gruppe gehörenden Kurven. Die Anzeige dieser Maße kann auf diese Weise ein- bzw. ausgeschaltet werden.

Der Befehl **AUSBLENDEN** bewirkt, dass die Kurven nicht mehr angezeigt werden. Nach seiner Anwendung können Sie die Darstellung durch **ANZEIGEN** wieder erzeugen. Die gleiche Funktion besitzt das rote Häkchen vor dem Eintrag im **TEILE-NAVIGATOR**. Wird dieses Häkchen vor der Gruppe ausgeschaltet, werden die Kurven ebenfalls ausgeblendet. Das Ausblenden der Kurven in der Skizze hat keine Auswirkung auf die Anzeige nach dem Verlassen der Skizzierumgebung. Hier werden alle Elemente wieder dargestellt. Wenn einzelne Skizzenkurven auch außerhalb der Skizzierumgebung unterdrückt werden sollen, müssen Sie diese in der jeweiligen Anwendung nochmals ausblenden.

Der Befehl **ANZEIGE BEARBEITEN** wirkt für alle Elemente der Gruppe. Mit ihm können Sie beispielsweise die Farbe einheitlich modifizieren. Die Abbildung zeigt die Änderung der Farbe für alle Elemente des Langlochs. Dazu muss die Option **AUFGABE > SKIZZENSTIL > OBJEKTFARBE ANZEIGEN** aktiv sein. Weiterhin wurden die Maße dieser Gruppe ausgeblendet.

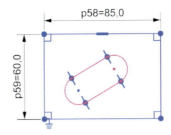

3.6.9 Kopieren und Einfügen

Die Kurven können mit ihren Bedingungen und Maßen innerhalb der Skizze kopiert werden. Am einfachsten ist es, sie zu selektieren und anschließend die ausgewählten Elemente mit **STRG** und Gedrückthalten von **MT1** an die gewünschte Stelle zu bewegen.

Auf der folgenden Abbildung wurde das Langloch mit seinen Bedingungen an eine neue Position kopiert. NX generiert dabei die direkt zum kopierten Element gehörenden Maße und Bedingungen. Die Ausdrücke erhalten neue Namen.

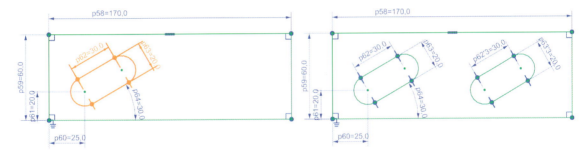

3.7 Assoziative Kurven

In NX existiert die Möglichkeit, außerhalb der Skizzierumgebung Kurven zu erzeugen. Dazu stehen in der Werkzeugleiste **KURVE** Befehle für die Erstellung expliziter und assoziativer Kurven zur Verfügung.

Die *expliziten Kurven* werden durch ihre absolute Lage im Raum definiert und besitzen keine Abhängigkeiten zu anderen Objekten.

Die *assoziativen Kurven* werden über Parameter und Bedingungen gesteuert und im **TEILE-NAVIGATOR** aufgelistet. Die abgebildete Werkzeugleiste entspricht der Standardeinstellung. Sie kann über **SCHALTFLÄCHE HINZUFÜGEN ODER ENTFERNEN** (weißer Pfeil) erweitert werden.

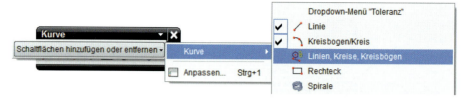

Die manuell erweiterte Werkzeugleiste für Kurven wird in der folgenden Abbildung gezeigt. Diese Einstellung kann unter einer Rolle abgespeichert werden, sodass die Funktionen beim nächsten Start von NX wieder in der Werkzeugleiste erscheinen.

Die Befehle eignen sich, um schnell Hilfsgeometrien für die weitere Verwendung in einer Konstruktion zu erzeugen. Damit können Sie beispielsweise die Richtung von Bohrungen steuern.

Die Kurven werden durch Parameter, Zwangsbedingungen und ihre Zeichenebene festgelegt. Dazu verwendet NX zunächst die XC-YC-Ebene des WCS. Wenn die Kurven auf dieser Ebene erstellt werden sollen, ist es sinnvoll, die Ansicht mit dem Befehl **AUF WCS SETZEN** oder unter Nutzung von **F8** so zu orientieren, dass Sie senkrecht auf die Zeichenebene schauen und damit die Objekte in wahrer Größe sehen.

3.7.1 Linien, Kreisbögen und Kreise

LINIE (LINE)

Nach Aufruf des Befehls **LINIE** wird das abgebildete Dialogfenster angezeigt. Die Linie wird durch den Start- und Endpunkt, ihre Unterstützungsebene und die Orientierung in dieser Ebene festgelegt. Zur Definition der Orientierung können Sie die **START**- und **ENDOPTION** und den Bereich **UNTERSTÜTZUNGSEBENE** verwenden.

In den Eingabefeldern für die **BEGRENZUNGEN** legen Sie die genauen Positionen des Anfangs- und des Endpunktes fest, da die **START- UND ENDOPTION** nur als Durchgangspunkt zu verstehen sind.

Der Schalter **ASSOZIATIV** unter **EINSTELLUNGEN** bewirkt, dass die erzeugten Zwangsbedingungen übernommen werden, sodass bei Änderungen der Ursprungsgeometrie die davon abhängigen Kurven entsprechend modifiziert werden. Ist der Schalter nicht aktiv, werden mit dem Befehl explizite Kurven erstellt.

Die Option **ZU ANSICHTSBEGRENZUNGEN ERWEITERN** verlängert die Linie bis zum aktuellen Rand des Grafikfensters.

Die beiden Auswahlfelder für die **START**- und **ENDOPTION** steuern die Zwangsbedingungen der Linie. Damit können sowohl Punkte festgelegt als auch Beziehungen zu anderen Objekten hergestellt werden. Hierbei sind die Einstellungen in der **AUSWAHLLEISTE** zu beachten. Folgende Optionen sind für die Bestimmung der Bedingungen verfügbar:

ERMITTELT: NX bestimmt die Position des Punktes oder die Bedingung automatisch auf Grundlage des selektierten Objekts bzw. des angegebenen Punktes.

PUNKT: Sie müssen einen Punkt für den Anfang oder das Ende der Linie angeben. Dazu können vorhandene Kontrollpunkte gefangen, die Koordinaten in den Feldern eingegeben oder eine freie Bildschirmposition gewählt werden. Unter **PUNKTREFERENZ** wird das gewünschte Koordinatensystem festgelegt.

TANGENTE: Es wird eine tangentiale Bedingung zum selektierten Objekt hergestellt.

IM WINKEL: Als Bedingung wird ein Winkel zu einem vorhandenen Objekt erzeugt.

NORMAL: Die Linie wird senkrecht zu einer auszuwählenden Kurve oder Oberfläche erstellt.

ENTLANG XC, YC, ZC: Die entsprechenden Richtungen der Achsen des WCS werden als Bedingung verwendet.

Für die Bestimmung der **UNTERSTÜTZUNGSEBENE** werden die Möglichkeiten in den **EBENENOPTIONEN** genutzt. Diese Ebenen werden nur dargestellt, solange der Kurvenbefehl aktiv ist. Wenn keine Ebene angegeben wird, verwendet das System zunächst die XC-YC-Ebene des WCS. Zur Definition einer Ebene sind folgende Optionen anwendbar:

AUTOMATISCHE EBENE: Die Ebene wird automatisch am angegebenen Startpunkt erzeugt. Sie orientiert sich zunächst am WCS. Wenn für den Endpunkt Zwangsbedingungen angegeben werden, wird dessen Orientierung von der Ebene übernommen.

GESPERRTE EBENE: Diese Option wird genutzt, um Ebenen zu sperren. Sie werden dann nicht mehr an die Bedingungen des Endpunktes angepasst und wechseln die Farbe. Durch Umschalten auf **AUTOMATISCHE EBENE** wird die Sperrung wieder aufgehoben. Alternativ kann die Ebene durch Anwahl mit Doppelklick ge- und entsperrt werden.

EBENE AUSWÄHLEN: Eine bereits existierende Ebene wird ausgewählt, oder es wird eine neue Ebene definiert.

Zur genauen Festlegung der Position des Anfangs- und Endpunktes dienen die Auswahlfelder für die **START**- und die **ENDGRENZE** im Bereich **BEGRENZUNGEN**. Dabei sind folgende Optionen verfügbar:

- **WERT:** Für den Beginn oder das Ende der Linie wird ein **ABSTAND** eingegeben. Dieser wird immer vom Anfangspunkt gemessen. Der Wert kann positiv oder negativ sein. Die Länge einer Linie kann somit explizit festgelegt werden.
- **BIS AUSWAHL:** Mit dieser Option wird ein auszuwählendes Objekt als Grenze verwendet. Die Linie wird an diesem Objekt getrimmt.
- **AM PUNKT:** Die Grenze der Linie befindet sich am ausgewählten Punkt.

Alternativ zu den Möglichkeiten des Dialogfensters werden im Grafikbereich Manipulatoren angezeigt, mit denen Sie die Werte dynamisch verändern können. Mit **MT3** und über das Kontextmenü erhalten Sie ebenfalls verschiedene Optionen, um die Start- und Endpunkte zu definieren.

Die Erstellung assoziativer Linien möchten wir im Folgenden an einigen Beispielen erläutern. Dabei ist der Schalter **ASSOZIATIV** unter **EINSTELLUNGEN** grundsätzlich aktiv.

Die erste Linie soll im Ursprung des WCS beginnen und mit einer bestimmten Länge parallel zur XC-Achse verlaufen. Nach Aufruf des Befehls erwartet NX die Festlegung des Startpunktes. Dazu wählen Sie **STARTOPTION > PUNKT**. Anschließend erscheint im Grafikbereich das Eingabefeld zur Festlegung der Koordinaten, und Sie können nun im Dialogfenster das Koordinatensystem, auf das sich die Eingaben beziehen, unter **PUNKTREFERENZ** einstellen. Die Koordinaten des Ursprungs werden unter Nutzung der **TAB**-Taste eingegeben.

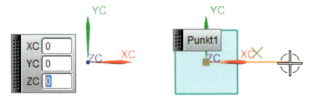

Danach zeigt NX diesen Punkt an und generiert automatisch die Arbeitsebene für die Kurve. Diese Ebene wird ebenfalls dargestellt. Wenn Sie den Cursor bewegen, rastet er ein, sobald Sie in den Fangbereich der Richtungen des WCS geraten, und zeigt die entsprechende Richtung an.

Anschließend tragen Sie die Länge im Eingabefeld ein und bestätigen diese mit **ENTER**. Die Linie ist damit vollständig festgelegt. Bei Bedarf kann sie noch unter Nutzung der Handles oder des Dialogfensters modifiziert werden.

Die Abbildung auf S. 207 zeigt die Einstellungen im Dialogfenster und die entsprechende Vorschau im Grafikbereich. Mit **ANWENDEN** erzeugen Sie die Linie. Danach bleibt der Befehl weiter aktiv.

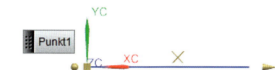

Die nächste Linie soll einen Winkel von 30° zur ersten Linie besitzen und am selben Punkt beginnen. Dazu selektieren Sie den Anfangspunkt der ersten Linie. Danach geben Sie die **LÄNGE** ein. Anschließend stellen Sie als Zwangsbedingung für das Ende die Option **IM WINKEL** ein und wählen die erste Linie. Alternativ können Sie die vorhandene Linie auch außerhalb eines Kontrollpunktes anklicken. NX orientiert die neue Linie dann zunächst parallel zur ersten. Den Winkel ändern Sie durch Ziehen am Manipulator oder durch Eingabe des Wertes. Anschließend erzeugen Sie die zweite Linie wie dargestellt.

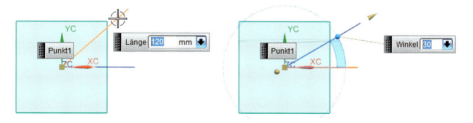

Im nächsten Beispiel (siehe S. 208) werden ausschließlich die Funktionen im Grafikbereich genutzt, um eine assoziative Linie zwischen einem Kreis und der schrägen Linie zu erstellen. Zuerst selektieren Sie den Kreis außerhalb eines Kontrollpunktes. Dabei muss die Option **PUNKT AUF KURVE** und bei Bedarf **BOGENMITTELPUNKT** in der **AUSWAHLLEISTE** ausgeschaltet sein. Sie erhalten damit die Tangentenbedingung für den Anfang der Linie.

Danach wählen Sie die schräge Linie ebenfalls außerhalb eines Kontrollpunktes aus. NX erzeugt damit eine Winkelbedingung zu dieser Linie. Als **WINKEL** geben Sie 90° ein.

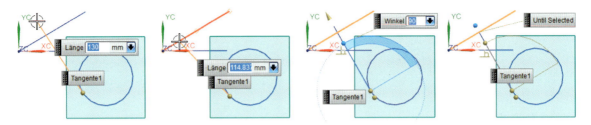

Um die neue Linie an der schrägen enden zu lassen, selektieren Sie den Vektor auf dieser Seite mit **MT3** und aktivieren im Popup-Menü die Option **BIS AUSWAHL**. Anschließend wählen Sie die schräge Linie als Grenze. Damit sind alle Bedingungen vergeben, und die Linie kann generiert werden.

Wenn sich die Objekte, mit denen die Zwangsbedingungen definiert wurden, ändern, wird die Linie entsprechend angepasst. Die Abbildung zeigt dazu zwei Beispiele. Auf dem linken Bild ist der Ausgangszustand dargestellt. Die anderen Bilder zeigen die Wirkung von Änderungen.

Die Leistungsfähigkeit der automatischen Zuordnung von Bedingungen für Linien zeigen wir am nächsten Beispiel. Dabei kommen zwei Körper zum Einsatz – ein Quader und ein Zylinder. Von einer Ecke des Quaders soll eine Linie tangential an den Zylinder erzeugt werden. Auch bei diesem Beispiel werden ausschließlich die Funktionen im Grafikbereich verwendet.

Als **STARTOPTION** wählen Sie den auf der folgenden Abbildung (S. 209 oben) dargestellten Eckpunkt des Quaders. NX generiert dann durch diesen Punkt automatisch eine Zeichenebene, die zunächst parallel zur XC-YC-Ebene ist. Im nächsten Schritt wird die Tangentenbedingung erzeugt. Dazu selektieren Sie den Zylinder an einer Kreiskante. Auch dabei sind wieder die eingestellten Auswahlfilter für die Punkte zu beachten. NX erkennt anhand der gewählten Objekte, dass die ursprüngliche Zeichenebene nicht geeignet ist, und wandelt sie automatisch um. Als Bedingung für den Endpunkt ergibt sich die Tangente an der Schnittkurve zwischen Zylinderfläche und Zeichenebene. Das dargestellte Ergebnis akzeptieren Sie mit **ANWENDEN** und nun wird die Kurve erstellt.

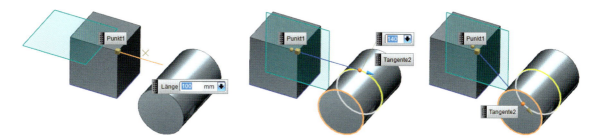

Jetzt soll nochmals eine Linie zwischen den beiden Körpern erzeugt werden. Dazu selektieren Sie wieder den Eckpunkt und anschließend die Zylinderkante. Da die Auswahl der Kante auf der Oberseite erfolgte, wird die entsprechende Lösung für die Tangentenbedingung angezeigt. Anschließend rufen Sie die Option **EBENE AUSWÄHLEN** auf. Der Filter steht auf **ERMITTELT**. Um die Linie durch die Mittelebene des Würfels laufen zu lassen, selektieren Sie die entsprechenden, gegenüberliegenden Seiten. Danach verschieben Sie die Unterstützungsebene.

Abschließend soll die Länge der Kurve als Betrag festgelegt werden. Dazu selektieren Sie den Vektor an der Tangentenbedingung mit **MT3** und wählen im Popup-Menü die Option **WERT** aus. Den Abstand können Sie anschließend im Eingabefeld festlegen.

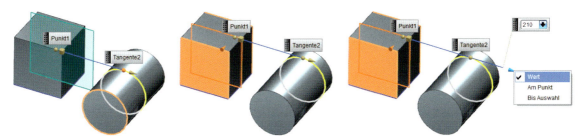

Im nächsten Beispiel (siehe S. 210) werden assoziative Kurven zum Steuern von Bohrungen genutzt. Dazu wurde eine Durchgangsbohrung in einem Quader erzeugt und mit einer internen Skizze positioniert. Eine zweite Bohrung soll nun so erstellt werden, dass sie immer bis zur ersten geht und genau deren Mitte trifft. Die zweite Bohrung befindet sich in einer anderen Fläche und wird schräg ausgeführt. Zum Steuern dieser Bedingungen werden zwei assoziative Kurven verwendet.

Die erste Kurve erzeugen Sie, indem Sie den oberen und unteren Mittelpunkt der Bohrung selektieren. Als Grenze verwenden Sie jeweils **AM PUNKT**. Damit ist die Linie immer genauso lang wie die Bohrung. Der Mittelpunkt der Linie kennzeichnet dann die Bohrungsmitte.

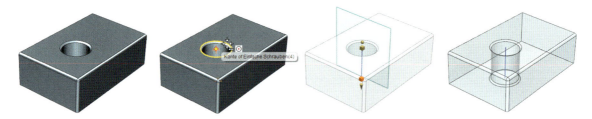

Für die Positionierung der zweiten Bohrung erzeugen Sie eine Skizze mit einem Punkt, der zu den Quaderkanten bemaßt ist. Danach erstellen Sie die nächste assoziative Linie. Auf diese Weise verbinden Sie den Skizzenpunkt mit dem Mittelpunkt der vorhandenen Linie.

Anschließend können Sie die zweite Bohrung generieren. Als Ursprung wählen Sie den Skizzenpunkt. Dann stellen Sie als **BOHRUNGSRICHTUNG ENTLANG EINES VEKTORS** ein und selektieren die zweite Linie. Als **TIEFENBEGRENZUNG** verwenden Sie **BIS AUSWAHL**, und wählen die Bohrungsfläche als Grenze. Damit kann die zweite Bohrung erzeugt werden. Ändert die Ursprungsbohrung ihre Lage, wandert die zweite entsprechend mit.

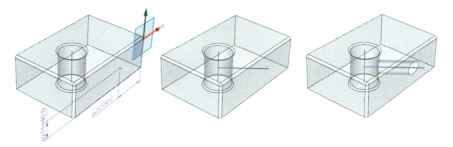

Wenn Sie erreichen wollen, dass der Treffpunkt der Bohrungen in einer bestimmten Tiefe der ersten Bohrung liegen soll, können Sie diesen Wert als Endabstand der ersten Linie eingeben. Anschließend ändern Sie den Endpunkt der zweiten Kurve so, dass er mit dem Endpunkt der ersten zusammenfällt. Die Abbildung zeigt das entsprechende Ergebnis.

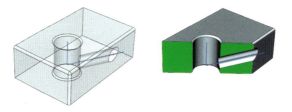

KREISBOGEN/KREIS (ARC/CIRCLE)

Der Befehl **KREISBOGEN/KREIS** funktioniert ähnlich wie **LINIE**. Im Folgenden stellen wir deshalb nur die Unterschiede dar.

Im Dialogfenster unter **TYP** legen Sie fest, ob der Kreis über die Angabe von drei Punkten auf dem Bogen oder über den Mittelpunkt und einen Radiuspunkt bestimmt wird. In Abhängigkeit vom eingestellten **TYP** ändern sich die weiteren Eingabefelder.

Im Bereich **BEGRENZUNGEN** befinden sich zwei neue Optionen. Mit **VOLLKREIS** werden geschlossene Kreise erstellt. Ist das Icon nicht aktiv, erzeugt NX Kreisbögen. Deren Ergänzungskreis wird mit dem Icon **ERGÄNZUNGSBOGEN** erzeugt.

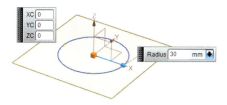

Die Erstellung der Kreiskurven erläutern wir wieder an Beispielen.

Zuerst wollen wir einen Kreis durch den Ursprung des WCS generieren. Dazu aktivieren Sie die Option **VOLLKREIS**. Als **TYP** verwenden Sie **KREISBOGEN/KREIS VON MITTELPUNKT**. Zuerst definieren Sie den Mittelpunkt. Dazu geben Sie die Ursprungskoordinaten in den Eingabefeldern ein. Der Mittelpunkt und die aktuelle Zeichenebene werden nun angezeigt. Danach legen Sie den Radius fest und beenden die Erstellung.

Im zweiten Beispiel erzeugen wir einen Kreisbogen zwischen einer Linie und einem Kreis, wobei der Übergang zu beiden Objekten tangential sein soll. Dazu verwenden Sie unter **TYP** die Auswahl **DREIPUNKTKREISBOGEN** und schalten die Option **VOLLKREIS** aus. Dann selektieren Sie die Linie außerhalb eines Kontrollpunktes. NX zeigt nun die Tangentenbedingung und die Zeichenebene für den ersten Kreisbogenpunkt an. Danach wählen Sie den Kreis aus, und es erfolgt die Darstellung der Bedingungen am zweiten Bogenpunkt. Geben Sie jetzt den Radius ein. Danach zeigt NX die erste Lösung an. Wenn diese akzeptiert wird, erhalten Sie das abgebildete Ergebnis. Der Kreisbogen schließt tangential an die selektierten Objekte an und hat einen definierten Radius. Mit diesen Bedingungen befindet sich der Anfangspunkt des Bogens auf der Linie.

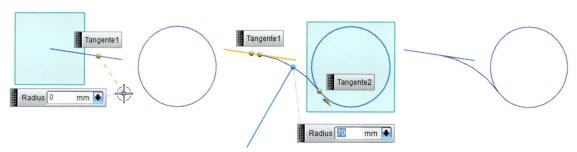

Im nächsten Beispiel (siehe S. 212 oben) werden die Linie und der Kreis nochmals verwendet, um einen tangentialen Bogen zu erzeugen. Dabei soll aber der Anfangspunkt des Bogens mit dem Linienendpunkt zusammenfallen. Dazu wählen Sie zuerst den Endpunkt der Linie, und dann den Kreis außerhalb eines Kontrollpunktes. Anschließend selektieren Sie nochmals die Linie außerhalb eines Kontrollpunktes. Danach ist keine Eingabe eines Radius mehr möglich. Der Kreisbogen ist in seiner Größe durch die definierten Bedingungen festgelegt. Bei Bedarf können Sie nacheinander die Lösungsalternativen mit dem entsprechenden Icon oder Doppelklick auf die Pfeilspitze aufrufen.

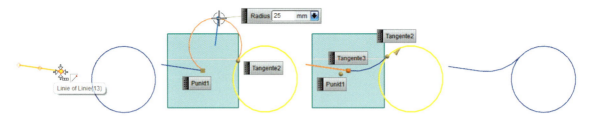

LINIEN, KREISE, KREISBÖGEN (LINE, CIRCLE, ARC)

Der Befehl **LINIEN, KREISE, KREISBÖGEN** bildet eine Alternative zu den bisher erläuterten Funktionen. Damit können einfache assoziative und explizite Kurven ohne Dialogfenster erzeugt werden. Das Icon **ASSOZIATIV** steuert dabei die Kurvenart.

Die Icons der Werkzeugleiste zeigen Linien, Kreisbögen und Vollkreise mit unterschiedlichen Zwangsbedingungen. In Abhängigkeit vom jeweiligen Befehl lassen sich die entsprechenden Kurven mit den gewählten Bedingungen schnell erzeugen. Das erläutern wir an einem Beispiel.

Eine tangentiale Verbindungslinie soll assoziativ zwischen zwei Kreisen erstellt werden. Dazu wählen Sie das Icon **LINIE TANGENTIAL-TANGENTIAL** in der Leiste aus. Anschließend selektieren Sie den ersten Kreis. NX generiert die Tangentenbedingung und bietet das Eingabefeld für die Linienlänge an. Wenn dort ein Wert eingelesen wird, dann ist die Länge der Linie fest. Durch Selektion des zweiten Kreises in der Nähe der gewünschten Bedingung wird die Kurve erzeugt. Durch Auswahl der Elemente auf der entsprechenden Seite werden alternative Lösungen erzeugt (siehe Abbildung ganz rechts).

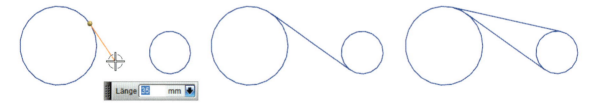

3.7.2 Spirale

SPIRALE (HELIX)

Mit dem Befehl **SPIRALE** können spiralförmige Splines entlang eines Vektors oder einer Konstruktionskurve erstellt werden. Der Befehl kann der Werkzeugleiste **KURVE** hinzugefügt und von dort aus aufgerufen werden. Ebenso besteht die Möglichkeit zum Aufruf über das Menü **EINFÜGEN > KURVE > SPIRALE**.

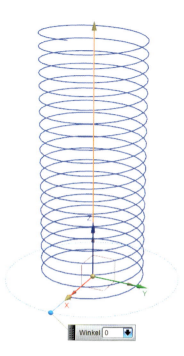

Unter **TYP** können Sie zwischen den zwei Varianten **ENTLANG VEKTOR** und **ENTLANG SPLINE** wählen. Wenn Sie den Typ **ENTLANG VEKTOR** verwenden, müssen Sie im nächsten Schritt ein Koordinatensystem wählen, dessen Z-Richtung den Vektor definiert.

Unter **GRÖSSE** wird der Durchmesser bzw. Radius angegeben. Je nach eingestelltem Regeltyp bleibt der Durchmesser konstant oder wird variabel berechnet. Die in der folgenden Abbildung dargestellten Einstellmöglichkeiten stehen zur Verfügung.

Die **STEIGUNG**, also der Abstand zwischen zwei Gängen, kann auf die gleiche Art und Weise konstant oder variabel definiert werden.

Die **LÄNGE** der Spirale wird durch die Methode **BEGRENZUNG** oder **UMDREHUNG** definiert.

Beim Typ **ENTLANG SPLINE** wird zusätzlich eine **KONSTRUKTIONSKURVE** erwartet, entlang derer die Spirale aufgebaut wird. Hier besteht die Möglichkeit, die Länge der Spirale durch **BOGENLÄNGE** oder durch % **KREISBOGENLÄNGE** zu definieren.

Auf S. 214 sehen Sie ein paar Beispiele.

Im Beispiel links wurde die Steigung auf **LINEAR ENTLANG KONTURZUG** gestellt und Positionspunkte zur Definition unterschiedlicher Steigungswerte wurden eingefügt.

Das mittlere Beispiel zeigt eine Spirale, bei der zusätzlich der Regeltyp unter **GRÖSSE** auf **KUBISCH** gesetzt und unterschiedliche Durchmesserwerte angegeben wurden.

Rechts wurde eine Spirale mit dem Typ **ENTLANG SPLINE** erzeugt. Hierfür wurde eine zusätzliche Spline-Kurve erstellt, die den Verlauf der Spirale definiert. Unter **GRÖSSE** wurde der Regeltyp **KUBISCH** mit zwei unterschiedlichen Durchmessern verwendet.

3.7.3 Offset-Kurve

OFFSET-KURVE (OFFSET CURVE)

Die **OFFSET-KURVE** versetzt eine Kurve, verkettete Kurve, projizierte Kurve oder eine Kante um einen definierten Wert in eine gewählte Richtung. Die gewählten Kurven müssen sich in einer Ebene befinden. Unter **TYP** können verschiedene Varianten definiert werden. Mit dem Typ **ABSTAND** werden Kurven in einer Ebene um einen **ABSTAND** verschoben.

 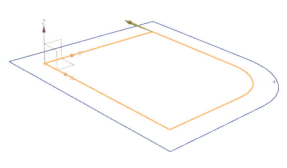

Bei Verwendung des Typs **FORMSCHRÄGE** wird die Kurve in die Höhe verschoben. Hier kann zusätzlich noch ein Winkel verwendet werden, wodurch die Kurve skaliert wird. Durch **ANZAHL DER KOPIEN** können mehrere Kurven mit derselben Einstellung erzeugt werden. Die erste Offset-Kurve wird dann als Eingabekurve der nächsten verwendet. Die Möglichkeit, die **ANZAHL DER KOPIEN** zu definieren, ist nur beim ersten Erstellen möglich. Je nach Anzahl der Kopien werden im Teile-Navigator mehrere Offset-Kurven erstellt.

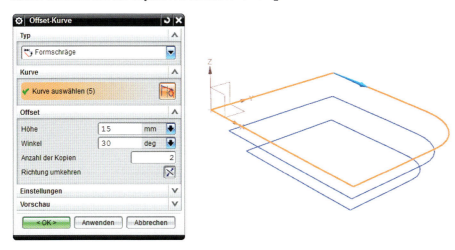

Mit dem Typ **REGELSTEUERUNG** ist es möglich, eine Regel für die Erstellung der Kurven zu definieren. Dadurch können Sie je nach **REGELTYP** den Abstand vom Start bis zum Ende der Kurve variabel einstellen. Im Beispiel wurde der Regeltyp **LINEAR** eingestellt.

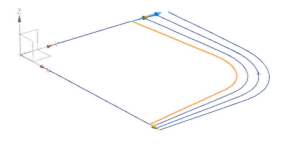

3.7.4 Überbrückungskurve

ÜBERBRÜCKUNGS-
KURVE (BRIDGE
CURVE)

Mit dem Befehl **ÜBERBRÜCKUNGSKURVE** können zwei Kurven mit einer dritten Kurve verbunden werden. Hierbei kann definiert werden, ob die Übergänge G0 (Position), G1 (Tangente), G2 (Krümmung) oder G3 (Fluss) sein sollen.

Im Beispiel stellen wir zwei Varianten dar, einmal die Variante G0 (Position) und einmal G1 (Tangente).

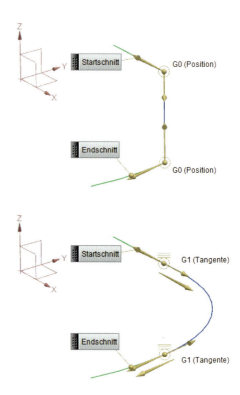

3.7.5 Kurve projizieren

KURVE PROJIZIEREN
(PROJECT CURVE)

Der Befehl **KURVE PROJIZIEREN** ist im Gegensatz zum gleichnamigen Befehl bei der Skizzenerzeugung weitaus komplexer, da hier eine Projektionsrichtung angegeben werden muss. Zuallererst werden **ZU PROJIZIERENDE KURVEN ODER PUNKTE** ausgewählt. Anschließend bestimmen Sie unter **OBJEKTE ZUR PROJIZIERUNG** eine Fläche oder Ebene, auf die projiziert wird. Die Projektionsrichtung wählen Sie nun unter **RICHTUNG** aus. Hier stehen verschiedene Verfahren zur Definition der Richtung zur Auswahl. Die gebräuchlichsten sind **ENTLANG VEKTOR** und **ENTLANG FLÄCHENNORMALE**. Während bei der Eingabe eines Vektors nur eine Richtung definiert wird, berechnet sich bei

ENTLANG DER FLÄCHENNORMALE die Richtung in jedem Punkt der zu projizierenden Kurve, bezogen auf die Senkrechte der Fläche.

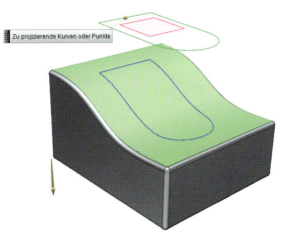

Wenn Sie im Bereich **OPTION »GAPS« (ENDELÜCKE)** die Option **SPALTEN VON KURVEN ZU BRÜCKEN ERZEUGEN** auswählen, so besteht die Möglichkeit, Lücken oder Unterbrechungen, die zum Beispiel während der Projektion durch Bohrungen entstehen, zu überbrücken. Hierzu muss der Wert unter **MAX. ÜBERBRÜCKTE LÜCKENGRÖSSE** mindestens auf die Lückengröße eingestellt sein. Der Wert wird in der **LISTE »LÜCKE«** unter **GAP LENGTH** angezeigt.

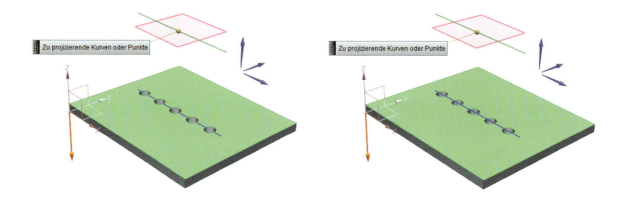

3.7.6 Schnittkurve

**SCHNITTKURVE
(SECTION CURVE)**

Mit dem Befehl **SCHNITTKURVE** werden zwei Flächen miteinander geschnitten. Dabei ergibt sich die Schnittkurve. Die Vorgehensweise ist denkbar einfach. Sie selektieren zwei Flächen, die sich in einem gewissen Bereich überschneiden. Nach Beenden des Befehls wird eine assoziative Kurve erzeugt.

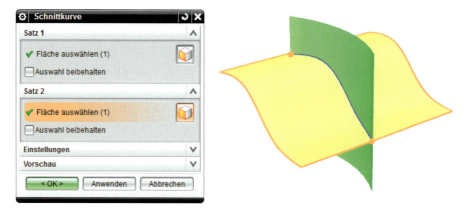

3.7.7 Texte

Die Erstellung von Texten für 3D-Konstruktionen wird mit dem dargestellten Dialogfenster durchgeführt. Der **TYP** legt die Platzierung des Textes fest. Dazu gibt es drei Möglichkeiten:

TEXT (TEXT)

 PLANAR: Der Text wird auf einer Ebene im Raum erstellt.

 AUF KURVE: Es wird ein Kurvenzug angegeben, an dem sich der Text orientiert.

 AUF FLÄCHE: Es muss eine Platzierungsfläche zur Ablage und eine Kurve zur Orientierung des Textes bestimmt werden.

In Abhängigkeit vom gewählten Platzierungstyp werden die erforderlichen Auswahlschritte aktiv. Nach Selektion der entsprechenden Objekte wird der Text als Vorschau angezeigt. Seine Größe und Lage können dann mit den verfügbaren Manipulatoren bzw. Eingabefeldern geändert werden. Dabei sollte das Fangen von Kontrollpunkten grundsätzlich ausgeschaltet sein.

Unter **TEXTEIGENSCHAFTEN** befindet sich der Eingabebereich für den Text. Dessen Aussehen bestimmen Sie mit den Funktionen unterhalb des Feldes. Mit **UNTERSCHNEIDUNGSBEREICHE VERWENDEN** können Sie den Abstand zwischen den Buchstaben etwas reduzieren, wenn die gewählte **SCHRIFTART** Kernbereiche besitzt. Die Option **BEGRENZUNGSFELDKURVEN ERZEUGEN** generiert einen passenden Rahmen für den Text.

Im Bereich **EINSTELLUNGEN** des Dialogfensters steuern Sie weitere Eigenschaften. Mit **ASSOZIATIV** legen Sie fest, ob der Text seine Abhängigkeiten zu den Platzierungsobjekten und seine Parameter behält oder nicht. Ein nicht-assoziativer Text besteht aus einzelnen, voneinander unabhängigen Kurven, die absolut im Raum platziert sind. Er erhält keinen Eintrag im **TEILE-NAVIGATOR** und besitzt auch keine Steuerparameter, die nachträglich editiert werden können.

Der Schalter **KURVEN VERBINDEN** legt fest, ob die einzelnen Begrenzungskurven für einen Buchstaben zu einem Kurvenzug zusammengefasst werden oder nicht.

Die Option **KURVEN PROJIZIEREN** wird nur beim **TYP AUF FLÄCHE** angezeigt. Wenn dieser Schalter aktiv ist, werden die Textkurven auf die Platzierungsfläche entlang der Flächennormalen projiziert.

Einige Möglichkeiten der Texterstellung möchten wir nun an Beispielen darstellen. Als Platzierungsobjekt dient dabei ein Zylinder.

Zuerst erzeugen Sie den Text mit dem **TYP AUF KURVE**. Dazu selektieren Sie die Kante des Zylinders. Als **ORIENTIERUNGSMETHODE** ist **NATÜRLICH** aktiv. Damit orientiert das System den Text normal zur ausgewählten Kurve.

Am Text sind verschiedene Manipulatoren und Eingabefelder nutzbar. Durch Ziehen an den Pfeilen können Sie die jeweiligen Größen dynamisch verändern. Mit **MT3** können Sie die entsprechenden Kontextmenüs aufrufen.

Der **PARAMETER** unter **TEXTRAHMEN** steuert die Position der Mitte des Textes bezogen auf die selektierte Kurve.

Wenn ein Vektor am Anfang oder Ende des Textes aktiviert wird, lassen sich die **LÄNGE** und **HÖHE** eingeben. Mit dem **W-MASSSTAB** werden die Buchstaben bezogen auf die aktuelle Schriftart unter Berücksichtigung der eingegebenen **HÖHE** skaliert. Damit ergibt sich die **LÄNGE** automatisch. Der Vektor in der Textmitte dient zur Festlegung eines Abstandes zur selektierten Kurve.

Wenn Sie die **VERTIKALE AUSRICHTUNG** auf **VEKTOR** ändern, können Sie eine Richtung zur Orientierung des Textes festlegen. Im Beispiel wurde dafür der Vektor senkrecht zur Bodenfläche des Zylinders angegeben. Weiterhin wurde ein **OFFSET** zur Platzierungskurve festgelegt.

Nach dem Erstellen kann ein assoziativer Text wie ein »normales« Formelement bearbeitet werden.

Im nächsten Beispiel soll der Text auf einer Zylinderfläche platziert werden. Zur Orientierung erstellen Sie zuerst eine assoziative Linie auf der Mantelfläche unter Nutzung der Quadrantenpunkte der Kreiskanten.

Nach Start des Befehls **TEXT** selektieren Sie mit dem Typ **AUF FLÄCHE** die Zylinderfläche. Anschließend definieren Sie die **POSITION AUF FLÄCHE** durch Selektion der Linie. Der Schriftzug wird nun angezeigt und kann über **TEXTEIGENSCHAFTEN** und **TEXTRAHMEN** angepasst werden. Das rechte Bild zeigt das Ergebnis, wobei die Option **KURVEN PROJIZIEREN** unter **EINSTELLUNGEN** aktiv ist.

FLÄCHE TEILEN
(DIVIDE FACE)

Wenn Sie die projizierten Buchstaben einfärben wollen, müssen Sie zuerst den Befehl **FLÄCHE TEILEN** anwenden. Dabei wählen Sie die Zylindermantelfläche aus. Als **UNTERTEILENDE OBJEKTE** selektieren Sie dann alle Buchstaben. Unter **EINSTELLUNG** sollte Sie **TRENNOBJEKT AUF ANGRENZENDE FLÄCHEN ERWEITERN** aktivieren. Nach Beenden des Befehls wird die Mantelfläche durch den Text unterteilt. Diese kann ausgewählt und mit **OBJEKTDARSTELLUNG BEARBEITEN** umgefärbt werden.

Wenn Sie den Text nutzen wollen, um damit eine Extrusion durchzuführen, sollten die Kurven nicht projiziert werden. NX wäre sonst nur in der Lage, Flächen zu generieren. Die Abbildung zeigt ein Beispiel für eine Extrusion unter Nutzung des Textes.

3.7.8 Kurven spiegeln

Nach Aufruf des Befehls **KURVE SPIEGELN** erscheint das abgebildete Dialogfenster. Mit ihm können explizite und assoziative Kurven gespiegelt werden. Über die Auswahlschritte legen Sie die zu spiegelnden Kurven und anschließend die **SPIEGELEBENE** fest.

KURVE SPIEGELN
(MIRROR CURVE)

Unter **EINSTELLUNGEN** steuern die **EINGABEKURVEN** das Ergebnis des Befehls. Ist der Schalter **ASSOZIATIV** aktiviert, wird mit **BEIBEHALTEN** eine assoziative Kopie der Ursprungskurven erstellt, wobei die Ursprungskurven weiterhin angezeigt werden. Mit **AUSBLENDEN** werden die Kurven gespiegelt und die Originalkurven anschließend nicht mehr dargestellt. Wenn **ASSOZIATIV** nicht aktiv ist, stehen zusätzlich die Optionen **LÖSCHEN** und **ERSETZEN** zur Verfügung.

Die Anwendung der Funktion möchten wir an einem Beispiel darstellen. Dazu dient der abgebildete Kurvenzug. Dieser besteht aus assoziativen Linien und Bögen, die tangential ineinander übergehen.

Nach Aufruf des Befehls **KURVE SPIEGELN** selektieren Sie die Objekte unter Nutzung des Filters **TANGENTIALE KURVEN**. Zur Definition der Spiegelebene stellen Sie die Option **NEUE EBENE** ein. Nun öffnet sich das Menü zur Bestimmung von Bezugsebenen. Den rechten Viertelkreis des Kurvenzuges selektieren Sie an seinem Endpunkt. Dadurch generiert NX mit dem Typ **ERMITTELT** automatisch eine Ebene durch diesen Punkt, normal zum Kreisbogen. Diese Ebene wird übernommen. Sie können diese anschließend im Befehl **KURVE SPIEGELN** verwalten.

In den **EINSTELLUNGEN** überprüfen Sie, ob **ASSOZIATIV** aktiv ist. Unter **EINGABEKURVEN** wählen Sie nun **BEIBEHALTEN**. Jetzt wird die Spiegelung erzeugt.

Die Kurven können für die Erstellung von Volumenkörpern auf der Basis von Extrusionen und Rotationen verwendet werden. Im Beispiel wurde mit dem Befehl **ROHR** der abgebildete Körper erzeugt. Dessen Verlauf wird durch die Ursprungskurven gesteuert.

3.7.9 Assoziative Kurven bearbeiten

Die assoziativen Kurven werden wie »normale« Formelemente bearbeitet. Am einfachsten lassen sie sich durch Doppelklick mit **MT1** modifizieren. Es wird dann das entsprechende Dialogfenster angezeigt, und die Einstellungen können geändert werden. Den mit dem Befehl **LINIEN, KREIS, KREISBÖGEN** erzeugten Kurven können auf diese Weise zusätzliche Bedingungen zugeordnet werden.

Weiterhin ist ein nachträgliches Trimmen möglich. Dazu aktivieren Sie die entsprechende Kurve mit Doppelklick. Anschließend selektieren Sie den Manipulator auf der zu trimmenden Seite mit **MT3**. Im Kontextmenü aktivieren Sie **BIS AUSWAHL** und wählen das Begrenzungsobjekt aus. Das gewählte Objekt trimmt nun die Kurve. Achten Sie darauf, dass das Begrenzungsobjekt zeitlich vor der zu trimmenden Kurve erstellt wurde.

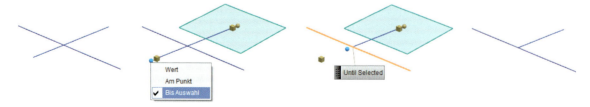

3.8 Formelementoperationen

Mit Formelementoperationen werden Bearbeitungen am 3D-Modell durchgeführt. Dazu gehören Befehle wie Verrunden, Fase, Aushöhlen, Kopieren, Teilen und Aufmaß. In den folgenden Abschnitten werden wir die wesentlichen Operationen für Volumenkörper erläutern.

3.8.1 Kanten verrunden

In NX stehen mehrere Befehle zum Erzeugen von Verrundungen zur Verfügung. Dazu gehören:

- Verrundung an Kanten
- Flächenverrundung
- weiche Verrundung
- gestaltete Verrundung
- ästhetische Flächenverrundung

KANTEN-
VERRUNDUNG
(EDGE BLEND)

 Die Flächen-, die weiche, die gestaltete und die ästhetische Flächenverrundung bieten umfangreiche Optionen zum Erstellen von komplexen Übergängen zwischen Flächen. Eine ausführliche Beschreibung finden Sie in der Dokumentation von NX.

Für die Bearbeitung von Volumenkörpern wird überwiegend der Befehl **KANTENVERRUNDUNG** genutzt. Diesen möchten wir im Folgenden ausführlicher beschreiben.

Grundsätzlich sollten Verrundungen erst am Ende der Konstruktion erstellt werden. Denn durch das Verrunden sind die Kanten nicht mehr als Bezug verfügbar. Außerdem ist es möglich, dass NX die vorhandenen Verrundungen bei nachträglichen Änderungen der Geometrie nicht mehr berechnen kann und dann eine Fehlermeldung erscheint.

Wenn an einem Bauteil mehrere sich überschneidende Verrundungen erzeugt werden, besitzt die Reihenfolge, in der die Kanten verrundet werden, einen wesentlichen Einfluss auf das Ergebnis. Dabei spielt Ihre Erfahrung eine große Rolle. Es empfiehlt sich, die Rundungen mit den größten Radien und der höchsten Priorität zuerst zu erzeugen und anschließend die kleineren Radien und unwichtigeren Verrundungen. Sofern es möglich ist, sollten Sie immer mehrere zusammenhängende Kanten gleichzeitig verrunden.

Die Verrundungen werden an Innen- (konkav) und Außenkanten (konvex) erstellt. Zum besseren Verständnis können Sie sich die Erzeugung der Verrundung so vorstellen, dass eine Kugel auf den Flächen entlang der selektierten Kante »rollt«. Diese Kugel berührt die angrenzenden Flächen an den Kontaktlinien. Die Flächen werden beim Verrunden bis zu dieser Linie angepasst. Dabei

wird bei konkaven Kanten Material hinzugefügt, und Sie erhalten dann eine Ausrundung (auf der vorangehenden Abbildung gelb dargestellt). Bei konvexen Kanten wird Material entfernt, und es ergibt sich eine Abrundung (auf der Abbildung blau dargestellt).

Nach dem Start des Befehls erscheint das abgebildete Dialogfenster. Zunächst müssen Sie die zu verrundenden Kanten selektieren. Dabei sollten Sie die geeigneten Filter der **AUSWAHLLEISTE** verwenden. Im Grafikbereich werden dann entsprechende Manipulatoren und Eingabefelder zur Verfügung gestellt, und das Ergebnis der Verrundung für die aktuellen Parameter wird in der Vorschau angezeigt.

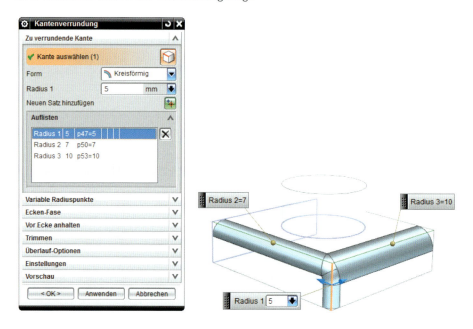

Unter **FORM** besteht die Möglichkeit, eine kreisförmige oder eine kegelförmige Kantenverrundung zu definieren. Je nach Auswahl können Sie nun im nächsten Schritt einen **RADIUS** oder einen **BEGRENZUNGSRADIUS** und einen **MITTENRADIUS** eingeben.

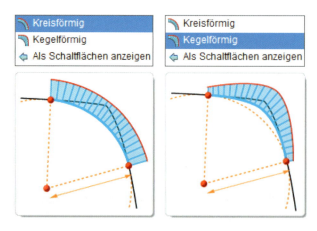

Die Radien geben Sie im Eingabefeld des Grafikbereiches oder im Dialogfenster ein und die Vorschau wird danach entsprechend aktualisiert. Durch Ziehen am Handle können Sie die Radien auch dynamisch verändern.

In einem Verrundungsbefehl können verschiedene Kantensätze mit unterschiedlichen Radien und Einstellungen verwaltet werden. Ist der erste Satz entsprechend definiert, dann können Sie diesen mit **MT2** oder durch das Icon **NEUEN SATZ HINZUFÜGEN** generieren und im Dialogfenster unter **AUFLISTEN** bzw. im Grafikbereich anzeigen lassen.

Nachdem die Kanten festgelegt wurden, erzeugt NX zunächst eine Verrundung mit konstantem Radius.

Konstanter Radius
(Constant Radius)

Im abgebildeten Beispiel stand der Filter auf **KÖRPERKANTEN**. Damit wurden mit der Selektion einer Kante alle Kanten gewählt, und Sie erhalten das dargestellte Ergebnis.

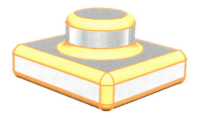

So wie die Verrundungen erzeugt wurden, sind sie auch zu ändern. Für das Beispiel bedeutet dies, dass nur alle Kanten des Körpers gemeinsam modifiziert werden können. Es besteht auch nicht die Möglichkeit, nachträglich einzelne Kanten aus der Verrundung herauszunehmen, da der ursprüngliche Auswahlfilter auch für die Änderungen aktiv ist. Beim Erstellen der Verrundung ist daher auf einen geeigneten Filter zu achten. Die Kombination verschiedener Filter bei der Erzeugung einer Verrundung ist möglich.

Im nächsten Beispiel erstellen wir eine Verrundung mit veränderlichem Radius. Dazu erzeugen Sie zuerst die senkrechte Verrundung. Anschließend selektieren Sie die abgebildeten drei Kanten gemeinsam mit dem Filter **TANGENTIALE KURVEN**.

VARIABLE RADIUS-PUNKTE (VARIABLE RADIUS POINTS)

Im Dialogfenster wird nun der Bereich **VARIABLE RADIUSPUNKTE** aufgeklappt. Unter **NEUE POSITION ANGEBEN** können Sie einen Punkt angeben, an dessen Stelle ein neuer Radius definiert werden soll. Dieser Radius wird mit dem Manipulator dynamisch oder durch Eingabe verändert. Die Lage des Punktes wird durch die **POSITION** bestimmt. Sie können diese durch Eingabe der Bogenlänge in Prozent oder als Maß bzw. durch Verwendung eines Kontrollpunktes exakt festlegen. Ein Verschieben im Grafikbereich ist ebenfalls möglich. Alle selektierten Punkte werden unter **AUFLISTEN** verwaltet. Durch Selektion mit **MT1** wird der jeweilige Datensatz wieder aktiv und kann bearbeitet oder auch gelöscht werden. Die Abbildung auf S. 226 zeigt die variable Verrundung mit fünf Punkten.

Jede variabel verrundete Kante benötigt mindestens zwei Radien zur eindeutigen Definition (jeweils einen Radius an jedem Endpunkt). Wenn Sie nicht alle Radien selbst festlegen, erzeugt NX die Übergänge automatisch nach bestimmten Regeln. Um keine unerwünschten Verrundungsergebnisse zu erhalten, sollten die Radien an allen notwendigen Punkten unbedingt von Ihnen definiert werden. Grundsätzlich besteht auch die Möglichkeit, den Wert null für variable Radien zu verwenden.

Im folgenden Beispiel wurde ein Standardradius von 5 definiert und am Endpunkt des Kurvenzugs ein variabler Radius von 20 festgelegt. NX generiert in diesem Fall einen kontinuierlichen Übergang zwischen den Endpunkten der selektierten Kanten vom variablen auf den Standardradius.

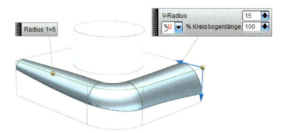

Wenn Sie nun den variablen Radius auf dem Kurvenzug definieren, dann erhalten Sie das abgebildete Resultat. In einer Richtung ist der Radius konstant, und in der anderen verändert er sich auf den Standardwert.

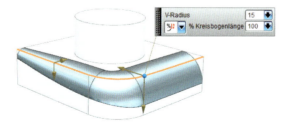

Zur Erzeugung von Verrundungen mit Rückfederung (Kofferecke) selektieren Sie zunächst die erforderlichen Kanten. Anschließend erfolgt die Festlegung der Verrundungsradien.

ECKEN-FASE (CORNER SETBACK)

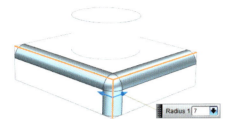

Danach aktivieren Sie im Bereich **ECKEN-FASE** die Option **ENDPUNKT AUSWÄHLEN**. Das System erwartet nun die Angabe des Eckpunktes, an dem die Kanten zusammentreffen und die Rückfederung definiert werden soll. Diese Selektion wird am Bildschirm angezeigt. Es erscheinen die Eingabefelder zur Festlegung des Versatzes in den einzelnen Richtungen. Alternativ können Sie den Abstand mit den Manipulatoren festlegen. Die folgende Abbildung zeigt die Eingabewerte und das entsprechende Verrundungsergebnis zum Erstellen einer »Kofferecke«.

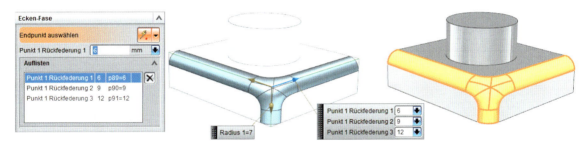

Der Bereich **VOR ECKE ANHALTEN** erstellt die Verrundung in einem Abschnitt der ausgewählten Kante. Dazu selektieren Sie zuerst die Kanten und ordnen dann den Radius zu. Nach dem Aktivieren des Auswahlschrittes **ENDPUNKT AUSWÄHLEN** können Sie die Endpunkte von Kanten bestimmen und anschließend verschieben. Dazu verwenden Sie unter **STOPP** die Option **IM ABSTAND**. Im Feld **POSITION** können Sie nun einstellen, wie die exakte Festlegung des Endpunktes erfolgen soll. Wird dabei die Option **DURCH PUNKT** aktiviert, dann wird die Endposition durch die Angabe eines Punktes definiert. In der Abbildung wurde der linke Endpunkt über Bogenlänge und der rechte durch Verwendung des Kreismittelpunktes vom Zylinder bestimmt.

VOR ECKE ANHALTEN (STOP SHORT OF CORNER)

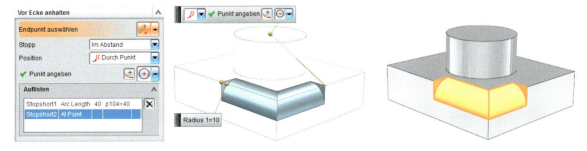

Soll die Verrundung an einer gemeinsamen Ecke beendet werden, müssen Sie im Feld **STOPP** die Option **BEI SCHNITTPUNKT** aktivieren. NX erwartet dann die Auswahl des Punktes und erzeugt das abgebildete Ergebnis.

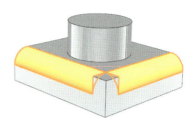

TRIMMEN (TRIM) Im Bereich **TRIMMEN** können Sie Flächen angeben, bis zu denen die Verrundung generiert werden soll. Diese Funktion möchten wir wieder an einem Beispiel erläutern. Zunächst verrunden Sie die beiden Kanten des abgebildeten Bauteils ohne **TRIMMEN** und erhalten dann das dargestellte Resultat.

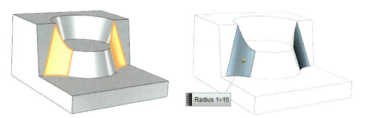

Wenn Sie nun unter **TRIMMEN** den Schalter **ANWENDERDEFINIERTE OBJEKTE** aktivieren, werden zusätzliche Angaben angezeigt. Sie können jetzt eine Ebene oder Fläche festlegen, welche die Verrundung begrenzt. Dazu wählen Sie als **TRIMMOBJEKT** die Option **FLÄCHE** und selektieren anschließend die abgebildete Oberfläche. Danach wird die Trimmrichtung als Vektor angezeigt. Der Vektor zeigt in die Richtung, in der der Radius begrenzt werden soll. Durch Umkehren des Vektors erhalten Sie in diesem Fall das gewünschte Ergebnis.

ÜBERLAUF-OPTIONEN (OVERFLOW RESOLUTIONS) Im unteren Bereich des Dialogfensters befinden sich die Überlaufoptionen. Diese steuern den Übergang zu angrenzenden Flächen. Die Optionen können beim Erzeugen der Verrundung eingestellt oder später geändert werden, um das gewünschte Ergebnis zu erhalten. NX arbeitet die unter **ÜBERLAUF-OPTIONEN ERLAUBEN** aktivierten Typen in der Reihenfolge des Menüs ab. Sobald eine Einstellung passend ist, wird sie angewendet.

Die Überlaufoptionen werden wir im Folgenden an Beispielen erläutern.

Im ersten Beispiel soll die Kante zwischen einem Quader und einem Zylinder mit einem konstanten Radius verrundet werden. Wenn der Radius kleiner ist als der verfügbare Platz auf den anschließenden Flächen, kann die Verrundung »sauber« erstellt werden. Die Abbildung zeigt zunächst eine Verrundung ohne Überlauf, sodass eine gleichmäßig umlaufende Fläche entsteht.

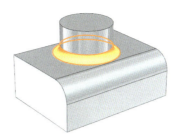

Bei entsprechend großen Radien ist es möglich, dass der verfügbare Platz nicht genügt und die Verrundung in einen Bereich überläuft, der nicht mehr zu den eigentlich betroffenen Flächen gehört. Dann werden die Überlaufoptionen zum Steuern der Verrundung benötigt.

Auf den folgenden Abbildungen wurde der Radius stark vergrößert. Sie zeigen die Ergebnisse der Anwendung verschiedener Kombinationen für den Überlauf. Dabei wird das Bauteil in zwei Ansichten dargestellt, um die Wirkung der Optionen in den unterschiedlichen geometrischen Bereichen zu verdeutlichen.

Mit der Option **ÜBER GLATTE KANTEN ROLLEN** werden Lichtkanten von der Verrundung überschritten. Ist die Option deaktiviert, bleiben die Lichtkanten als ursprüngliche Grenze erhalten, und die Verrundung wird auf der anderen Seite angepasst. Die Option **ROLLEN AUF KANTEN** wirkt analog bei »echten« Kanten.

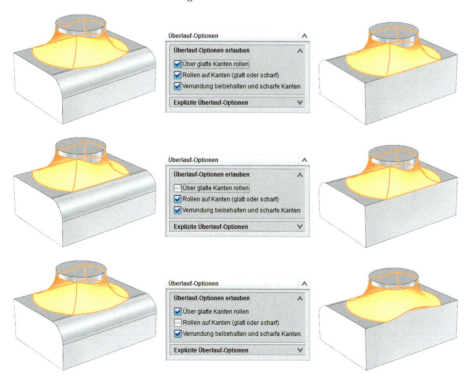

Die folgende Abbildung zeigt ein weiteres Beispiel für die Wirkung der Überlaufoptionen.

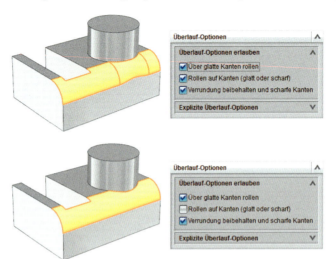

Neben der automatischen Bestimmung des Überlaufs unter Nutzung der beschriebenen Einstellungen können Sie die Kanten zur Steuerung manuell festlegen. Dazu dienen **EXPLIZITE ÜBERLAUF-OPTIONEN**.

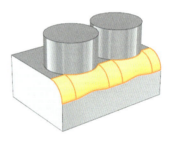

Im nächsten Beispiel wurde die Verrundung zunächst mit den Standardeinstellungen erzeugt. Damit erhalten Sie die in der Abbildung dargestellte Lösung. Wollen Sie im Bereich des linken Zylinders eine durchgehende Verrundung erzeugen, müssen Sie die Option **KANTE ZUR VERZWEIGUNG VON ROLLEN AUSWÄHLEN** aktivieren und die entsprechende Durchdringung selektieren. NX überschreibt dann in diesem Bereich die Standardvorgaben und passt danach die Verrundung entsprechend an. Analog können explizit Kanten zum Erzwingen des Rollens angegeben werden.

Die Option **SPEZIALVERRUNDUNG AM KONVEXEN/KONKAVEN Y** steuert die Lösungen für die Verrundung von ineinander laufenden konvexen und konkaven Gebieten. Die Abbildung auf S. 231 zeigt hierfür ein Beispiel. Die auf dem linken Bild orange eingefärbten Kanten wurden für die Verrundung gewählt. Anschließend erhalten Sie mit den Standardeinstellungen eine Spitze im Bereich des Scheitelpunktes (mittleres Bild). Diese kann über das Einschalten der Option **SPEZIALVERRUNDUNG AM KONVEXEN/KONKAVEN Y** beeinflusst werden (siehe rechtes Bild).

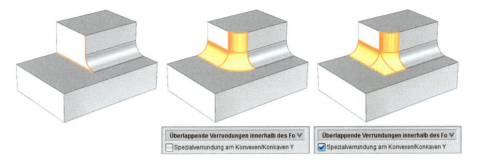

3.8.2 Fase

Fasen dienen zum Abschrägen von Kanten. Dabei wird in Analogie zu den Verrundungen entweder Material hinzugefügt oder entfernt. Der Befehl besitzt teilweise die gleichen Funktionen.

Zuerst müssen Sie die entsprechenden Kanten auswählen. Anschließend wird das Ergebnis der Funktion angezeigt, und Sie können die Werte dann durch Manipulatoren und Nutzung von Popup-Menüs im Grafikbereich direkt am Bauteil bearbeiten.

FASE (CHAMFER)

Im Dialogfenster wählen Sie unter **OFFSETS** im Feld **QUERSCHNITT** die Art der Fase. Mit **SYMMETRISCH** erzeugen Sie eine Fase mit zwei gleich langen Seiten. Die Optionen **ASYMMETRISCH** und **OFFSET UND WINKEL** bieten die Möglichkeit, Fasen mit unterschiedlich langen Seiten zu erstellen. Dabei werden entweder die beiden Seitenlängen oder die Länge einer Seite und ein Winkel definiert.

Bei Fasen mit unterschiedlichen Seitenlängen besitzt das Dialogfenster den Schalter **RICHTUNG UMKEHREN**. Damit können Sie sehr effizient die Orientierung der aktuellen Fase festlegen. Wenn Sie mit dem dargestellten Ergebnis nicht zufrieden ist, drücken Sie den Schalter, und die Alternative erscheint.

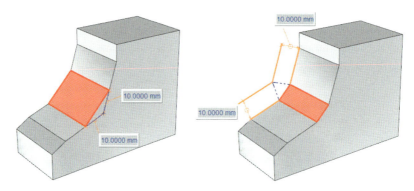

Mit der **OFFSET-METHODE** unter **EINSTELLUNGEN** steuern Sie eine asymmetrische Fase bei Flächen, die nicht senkrecht aufeinander stehen.

Die Methode **OFFSET-KANTEN ENTLANG FLÄCHEN** bestimmt die Abstände für die Fase parallel zu den betroffenen Flächen. Das linke Bild zeigt dazu ein Beispiel.

Wenn die Methode **OFFSET-FLÄCHEN UND TRIMMEN** aktiviert ist, wird das Aufmaß senkrecht zu den betroffenen Flächen gemessen und die Fase anschließend an den resultierenden Kurven getrimmt. In der rechten Abbildung ist ein entsprechendes Beispiel dargestellt.

3.8.3 Formschräge

FORMSCHRÄGE
(DRAFT)

Mit dem Befehl **FORMSCHRÄGE** werden ausgewählte Flächen eines Modells abgeschrägt. Nach Aufruf des Befehls werden zunächst das Dialogfenster und ein Vektor zur Definition der Schrägungsrichtung angezeigt. In Abhängigkeit vom eingestellten **TYP** müssen Sie nun verschiedene Objekte selektieren. Danach erfolgt eine Vorschau im Grafikbereich mit den entsprechenden Handles. Die Abbildung zeigt die Einstellungen für die Schrägung von vier Flächen eines Quaders.

Es können mehrere Formschrägen in einem Formelement zusammengefasst werden. Mit der Option **NEUEN SATZ HINZUFÜGEN** schließen Sie die Definition der aktuellen Formschräge ab, und es können nun weitere Formschrägen definiert werden. NX verwendet automatisch die ZC-Richtung des WCS für die **GUSSRICHTUNG**. Diesen Vektor ändern Sie mit den Optionen im Dialogfenster.

Unter **EINSTELLUNGEN** können Sie weitere Optionen öffnen. Durch den Schalter **INSTANZEN FÜR**

FORMSCHRÄGE legen Sie fest, ob assoziativ kopierte Elemente ebenfalls mit einer Schräge versehen werden sollen. Es empfiehlt sich, Schrägen an Elementen, die vervielfältigt werden sollen, zuerst zu erzeugen und anschließend die Kopien mit den bereits erstellten Schrägen zu generieren.

Für die Erzeugung von Schrägen stehen folgende Typen zur Verfügung:

- VON EBENE: Die abzuschrägenden Flächen werden ausgewählt. Mit der Angabe der unveränderten Ebene wird die Fläche bestimmt, deren Geometrie sich beim Abschrägen nicht ändert.
- VON KANTEN: Eine oder mehrere Kanten werden selektiert, die den Beginn der Schrägung festlegen. Die an die Kanten angrenzenden Flächen, die in Richtung des Vektors verlaufen, werden abgeschrägt. Diese Methode kann insbesondere dann verwendet werden, wenn die Schrägung an einer Kante beginnen soll, die nicht gerade ist. Weiterhin besteht die Möglichkeit, mit der Angabe von Punkten auf den Kanten variable Schrägungswinkel zu erzeugen.
- TANGENTE ZU FLÄCHEN: Bei dieser Variante werden selektierte Flächen tangential unter einem definierten Winkel abgeschrägt.
- ZU TRENNKANTEN: Die Schrägen dieses Typs werden durch eine Trennkante begrenzt. Zur Festlegung der Schräge muss eine unveränderte Ebene angegeben werden.

In Abhängigkeit vom gewählten TYP werden unterschiedliche Auswahlschritte aktiv. Diese Schritte müssen Sie sequenziell abarbeiten. Mit MT2 wird die aktuelle Definition abgeschlossen, und das System springt automatisch zum nächsten Schritt. Sie können die Schritte aber auch jederzeit von Hand anwählen, um Änderungen vorzunehmen.

Die wesentlichen Möglichkeiten des Befehls zum Abschrägen werden wir im Folgenden an Beispielen erläutern.

Zuerst verwenden wir den TYP VON EBENE. Damit sollen vier Seiten eines Würfels abgeschrägt werden. Nach Start des Befehls zeigt NX den Schrägungsvektor an. Dieser wird mit MT2 akzeptiert. Im nächsten Auswahlschritt selektieren Sie als UNVERÄNDERTE FLÄCHE die grün hervorgehobene Fläche. Die orange hervorgehobenen Flächen wählen Sie über FLÄCHEN FÜR FORMSCHRÄGE aus. Anschließend geben Sie den Winkel ein. Dabei können auch negative Werte verwendet werden. Alternativ können Sie den Winkel auch durch Ziehen am Handle festlegen. Die Schrägung verläuft von der unveränderten Ebene in positiver und negativer Richtung des definierten Vektors. Der Befehl wird nun beendet, und Sie erhalten das abgebildete Ergebnis.

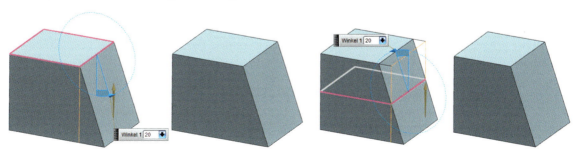

Das nächste Beispiel zeigt einen Würfel, bei dem eine Fläche abgeschrägt wurde. Der Winkel und die Vektorrichtung blieben dabei immer gleich, nur die unveränderte Ebene wurde modifiziert. Sie erhalten deshalb unterschiedliche Ergebnisse. Auf den beiden linken Bildern wurde die obere Fläche des Würfels verwendet. Zur Definition der unveränderten Ebene können auch Punkte genutzt werden. Dazu wurde auf den rechten beiden Bildern der Mittelpunkt der Würfelkante angegeben.

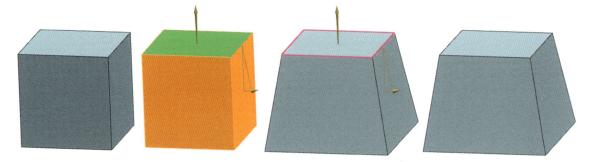

Im folgenden Beispiel sollen alle Innen- und Außenflächen des dargestellten Körpers mit einem konstanten Winkel abgeschrägt werden. Dazu selektieren Sie nach Aufruf des Befehls **FORMSCHRÄGE** unter Verwendung der Voreinstellung **ERMITTELTER VEKTOR** zunächst eine Körperkante zur Bestimmung der Vektorrichtung. Der nächste Auswahlschritt wird dann automatisch aktiv. In diesem Schritt legen Sie die unveränderte Ebene fest, und wählen danach alle abzuschrägenden Körperflächen aus. Dann geben Sie den Winkel ein. Das System besitzt jetzt alle Daten, und die Schrägung kann erzeugt werden. Das Ergebnis zeigt, dass die Außenflächen nach innen und die Innenflächen nach außen abgeschrägt wurden.

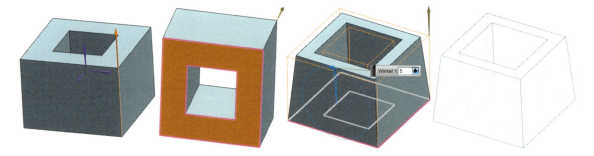

Wenn Sie die Außenflächen und den Druchbruch in die gleiche Richtung schrägen wollen, müssen zwei Schrägungssätze erzeugt werden. Dazu selektieren Sie zunächst nur die Außenflächen zum Abschrägen. Nach der Festlegung des Winkels erzeugen Sie mit **MT2** den ersten Satz erzeugt und dieser wird dann im Dialogfenster aufgelistet.

Danach wählen Sie die Flächen des Durchbruchs aus. Als Winkel geben Sie einen negativen Wert ein, um die Schrägungsrichtung umzukehren. Den Befehl beenden Sie mit **OK**, und erhalten dann das auf S. 235 oben abgebildete Ergebnis.

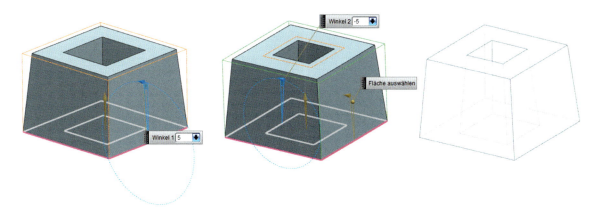

Das nächste Beispiel zeigt einen Anwendungsfall für den **TYP VON KANTEN**. Der dargestellte Körper wird auf seiner Oberseite durch eine Freiformfläche begrenzt. Ausgehend von deren Kanten soll eine gleichmäßige Schrägung erzeugt werden, wobei die Oberfläche nicht verändert wird.

Nach der Wahl des Schrägungstyps definieren Sie die Vektorrichtung wie abgebildet. Anschließend setzen Sie den Auswahlfilter auf **TANGENTIALE KURVEN** und selektieren eine Kante der Freiformfläche. Damit findet das System automatisch alle erforderlichen Objekte. Geben Sie nun den Schrägungswinkel ein. Danach können Sie die Schräge, wie auf der Abbildung dargestellt, erzeugen.

Mit dem Schrägungstyp **VON KANTEN** können variable Winkel generiert werden. Für den in der Abbildung auf S. 236 oben dargestellten Quader wurde dazu zunächst die Vektorrichtung festgelegt und anschließend eine Kante selektiert. Der Bereich **VARIABLER SCHRÄGUNGSPUNKT** steht danach optional zur Verfügung. Dort aktivieren Sie den Befehl **PUNKT ANGEBEN**. Dann wählen Sie Punkte auf der selektierten Kante aus. Im Grafikbereich erscheint nun ein entsprechendes Eingabefeld mit der Möglichkeit, einen variablen Winkel zu definieren. Ähnlich wie bei variablen Verrundungen können Sie auch hier den Punkt dynamisch bzw. durch Eingabe eines Wertes für die Bogenlänge auf der Kante verschieben. Über die Auswahl mit **MT3** und über das Popup-Menü können Sie die Punkte löschen. Alternativ können Sie die Punkte in der Tabelle **AUFLISTEN** auswählen.

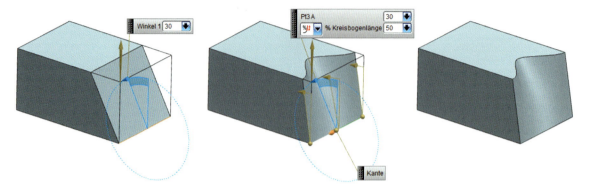

Im Beispiel wurden die beiden Endpunkte und der Mittelpunkt der Kante selektiert und mit unterschiedlichen Winkeln versehen. Als Ergebnis erhalten Sie die oben dargestellte schräge Fläche, wobei die verschiedenen Winkel kontinuierlich ineinander übergehen.

Den Schrägungstyp **TANGENTIAL ZU FLÄCHEN** möchten wir am Beispiel einer Halbkugel, die sich auf einem Quader befindet, erläutern. Die Kugel soll so abgeschrägt werden, dass ihre Fläche tangential in einen Winkel übergeht. Dazu definieren Sie eine Vektorrichtung, die senkrecht zur Quaderoberfläche steht. Anschließend selektieren Sie die Kugelfläche. Nach Eingabe des Winkels und Beenden des Befehls erhalten Sie das dargestellte Ergebnis. Die Schrägung wird so ausgeführt, dass kein Winkel der selektierten Fläche kleiner ist als der Schrägungswinkel.

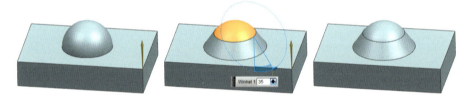

FLÄCHE TEILEN (DIVIDE FACE)

Das nächste Beispiel zeigt die Funktion des Typs **ZU TRENNKANTEN** am Beispiel eines Quaders. Bei dieser Schrägung wird der Ursprungskörper an einer Kante unterteilt. Diese Kante muss vorher erzeugt werden. Dazu verwenden Sie den Befehl **FLÄCHE TEILEN**. Mit diesem Befehl ist es möglich, Oberflächen von Volumenkörpern an Kurven zu unterteilen. Dazu erstellen Sie zunächst die abgebildeten, assoziativen Kurven in der Oberfläche des Würfels. Anschließend rufen Sie den Befehl **FLÄCHE TEILEN** auf. Dann selektieren Sie die zu teilende Fläche und wechseln zum nächsten Auswahlschritt. Selektieren Sie nun die Kurven und beenden den Befehl dann mit **OK**.

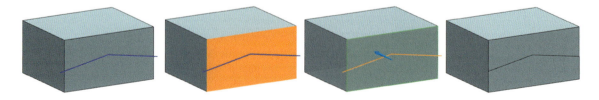

Danach starten Sie den Befehl **FORMSCHRÄGE** und stellen den **TYP ZU TRENNKANTEN** ein. Nun legen Sie Den Vektor, den Schrägungswinkel und die unveränderte Ebene fest. Dann rufen Sie das Icon **TRENNKANTEN** manuell auf, und selektieren die Kanten. Sie erhalten daraufhin das abgebildete Resultat.

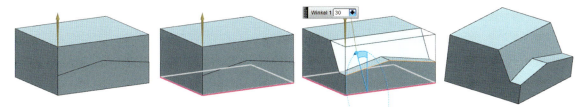

3.8.4 Körperschrägung

Der Befehl **KÖRPER SCHRÄGEN** unterstützt die Konstruktion von Guss- und Kunststoffbauteilen. Sie sollte am Ende der Geometrieerstellung eingesetzt werden, um Teile fertigungsgerecht zu gestalten. Hierbei wird grundsätzlich zwischen drei Arten unterschieden:

- **Doppelseitige Körperschrägungen:** Die Schräge beginnt an einer oder mehreren Flächen im Körper und wird von dort in entgegengesetzte Richtungen durchgeführt. Die Schrägungswinkel haben unterschiedliche Vorzeichen. Die Abbildung zeigt dazu ein Beispiel.
- **Schrägungen für Unterschnitte:** Mit dieser Variante kann Material an Konstruktionselementen hinzugefügt und gleichzeitig mit einer Schrägung versehen werden.
- **Schrägung am höchsten Punkt:** Der höchste Punkt einer abzuschrägenden Fläche wird automatisch als Endpunkt der Operation genutzt.

KÖRPER SCHRÄGEN
(BODY TAPER)

Für die Erzeugung einer Körperschrägung stehen zwei Typen zur Verfügung:
- **VON KANTEN:** Die Schrägung wird mit zwei Kantensätzen festgelegt, welche die Ober- und Unterseite definieren.
- **FLÄCHEN FÜR FORMSCHRÄGE:** Es werden Körperflächen verwendet, um die Schrägung zu definieren.

In Abhängigkeit vom gewählten **TYP** werden die passenden Auswahlschritte im Dialogfenster aktiv. Diese arbeiten Sie sequenziell ab.

Zuerst wird immer ein **TRENNOBJEKT** festgelegt. Dazu können Sie eine Bezugsebene oder eine vorhandene Fläche, die nicht eben sein muss, nutzen. Es darf nur eine Fläche gewählt werden. Diese kann sich auch außerhalb des abzuschrägenden Körpers befinden.

Anschließend definieren Sie die **ZIEHRICHTUNG**. NX generiert zunächst automatisch den Normalenvektor zur ausgewählten Trennebene. Mit diesem Vektor wird der Schrägungswinkel bestimmt. Weiterhin legt er die Ober- und die Unterseite der Schrägung fest. Diese Definition ist bei der Auswahl von Kanten zu beachten. Werden die Kanten auf der falschen Seite selektiert, erscheint eine Fehlermeldung. In diesem Fall muss entweder die Zeichenrichtung umgekehrt oder der Kantensatz auf der gegenüberliegenden Seite gewählt werden.

Danach sind in Abhängigkeit vom gewählten **TYP** Selektionen von Flächen oder Kanten erforderlich. Dabei können mehrere Elemente eines Körpers gewählt werden. Der **TYP VON KANTEN** gestattet unter **UNVERÄNDERTE KANTEN > POSITION** die Festlegung, ob über und unter der Trennebene abgeschrägt wird oder nur auf einer Seite.

Der **WINKEL** kann jederzeit eingegeben werden.

Mit dem Bereich **FLÄCHEN BEI TRENNOBJEKT ÜBEREINSTIMMEN** wird der Übergang zwischen der oberen und unteren Schräge gesteuert. Dazu dient das Feld **ÜBEREINSTIMMUNGSOPTION**. Wenn dort **ALLE ERFÜLLEN** aktiviert ist, treffen sich beide Schrägen exakt in der Trennebene. Bei der Option **KEINE** kann an der Trennebene ein Versatz entstehen. Darüber hinaus ist auch noch der Schalter **EXTREMFLÄCHENPUNKT ÜBERSCHREIBT VORLAGE** verfügbar. Mit dessen Aktivierung bestimmen Sie das Ende der Schrägung durch den am weitesten von der Trennebene entfernten Punkt der abzuschrägenden Flächen. Wenn die Trennebene die Schrägungsflächen schneidet, werden doppelseitige Schrägen erzeugt. Mit **ALLES AUSSER AUSWAHL ÜBEREINSTIMMEN** können Sie Flächen festlegen, die nicht mit ihren Nachbarflächen übereinstimmen sollen.

Der Bereich **KANTEN ZUR VERSCHIEBUNG AUF ENTWURFSFLÄCHE** bzw. **AUF ENTWURFSFLÄCHE ZU VERSCHIEBENDE FLÄCHEN** gestattet die Bestimmung von Kanten oder Flächen, die sich beim Abschrägen bewegen dürfen. Die Schnittlinien zwischen den abzuschrägenden und den beweglichen Flächen werden als bewegliche Kanten behandelt.

Unter **EINSTELLUNGEN** sind verschiedene Entwurfsmethoden verfügbar, die bei Bedarf verwendet werden.

Die grundsätzlichen Möglichkeiten des Befehls **KÖRPERSCHRÄGUNG** werden an Beispielen dargestellt.

Zuerst werden wir eine doppelte Schrägung an einem Quader erzeugen. Dazu aktivieren Sie den **TYP FLÄCHEN FÜR FORMSCHRÄGE**. In der Mitte eines Quaders befindet sich eine Bezugsebene. Diese verwenden Sie als **TRENNOBJEKT**. Danach erfolgt die Festlegung der **ZIEHRICHTUNG**. Das System zeigt die Normale zur Bezugsebene an. Diese Einstellung akzeptieren Sie. Danach ist die Auswahl der abzuschrägenden Flächen erforderlich. Im Beispiel wurden alle Außenflächen des Quaders selektiert. Zum Schluss müssen Sie sich entscheiden, ob die Schrägung in der Trennfläche angepasst werden soll oder nicht. Für das Beispiel wurde **ÜBEREINSTIMMUNGSOPTION KEINE** verwendet. Nach Eingabe des Winkels können Sie die Schräge wie abgebildet erzeugen.

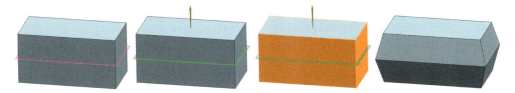

Wenn die Bezugsebene verschoben wird, erfolgt eine automatische Anpassung der Körperschrägung. Bei konstantem Winkel zu beiden Seiten entsteht jetzt ein Absatz in der Trennungsebene.

Durch Aktivieren von **ÜBEREINSTIMMUNGSOPTION ALLE ERFÜLLEN** können Sie fehlendes Material hinzufügen, und der Absatz verschwindet. Dadurch ändert sich auf der Seite, die angepasst werden musste, der Schrägungswinkel.

Die Auswahl einzelner Flächen mit der Option **ALLES AUSSER AUSWAHL ÜBEREINSTIMMEN** hebt die Anpassung in der Trennungsebene für die selektierten Flächen auf. Auf dem abschließenden Bild in diesem Beispiel wurde dazu die rechte Fläche selektiert.

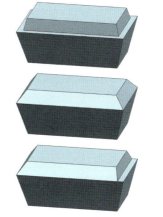

Das nächste Beispiel zeigt die Erstellung einer Körperschrägung zum Auffüllen von Bereichen. Als Ausgangsgeometrie dient ein Körper mit einem zylindrischen Knauf, dessen Oberkante verrundet wurde. Die Erzeugungsmethode ist weiterhin **FLÄCHEN FÜR FORMSCHRÄGE**. Eine Trennebene muss bei dieser Variante nicht angegeben werden. Als Vektor selektieren Sie eine Kante. Die Schrägung verläuft in entgegengesetzter Richtung zum definierten Vektor bis zur nächsten Körperfläche. Danach erfolgt die Selektion der Flächen des Knaufs unter Nutzung der Option **TANGENTIALE FLÄCHEN**. Mit der Eingabe eines Winkels sind alle erforderlichen Daten bekannt, und die Körperschrägung wird wie abgebildet erzeugt.

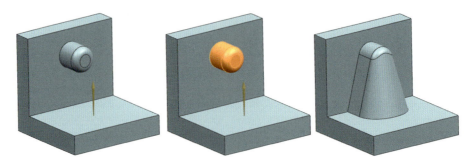

Das nächste Beispiel demonstriert die Anwendung der Option **EXTREMFLÄCHENPUNKT ÜBERSCHREIBT VORLAGE** im Bereich **FLÄCHEN BEI TRENNOBJEKT ÜBEREINSTIMMEN**. Der abgebildete Körper soll außen mit einer Körperschräge versehen werden. Als Trennobjekt dient die untere Fläche. Die **ZIEHRICHTUNG** legen Sie durch Selektion einer Kante senkrecht zur Trennfläche fest. Nun selektieren Sie die vier Außenflächen des Körpers zum Abschrägen, und geben den Winkel ein. Damit sind alle erforderlichen Daten definiert.

Um die Körperschrägung zu erzeugen, muss unter **EINSTELLUNGEN** die Option **ENTWURFSMETHODE ECHTER ENTWURF** aktiv sein. Dann erhalten Sie das dargestellte Ergebnis. In der Trennebene wurde der Querschnitt verändert, sodass die Außenflächen Absätze besitzen.

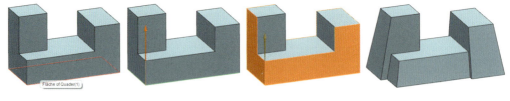

Soll die Topologie des Körpers beim Schrägen unverändert bleiben, müssen Sie die Körperschräge mit der Option **EXTREMFLÄCHENPUNKT ÜBERSCHREIBT VORLAGE** erzeugen. Die Abbildung stellt das Ergebnis dieser Operation dar.

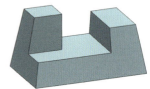

Ein weiteres Beispiel zeigt die Wirkung der **REPARATUROPTIONEN** unter **FLÄCHEN BEI TRENNOBJEKT ÜBEREINSTIMMEN**. Dazu erzeugen Sie zunächst eine Körperschrägung für die Mantelfläche des auf der folgenden Abbildung (S. 241 oben) dargestellten Zylinders. Zur Trennung verwenden Sie die Bezugsebene, die zur Zylinderachse geneigt ist. Beim Erstellen der Schrägung sind **ÜBEREINSTIMMUNGSOPTION ALLE ERFÜLLEN** und **REPARATUROPTIONEN KEINE** aktiv. Damit erhalten Sie das abgebildete Ergebnis. Der abgeschrägte Körper besitzt in der Trennebene eine »Ecke«.

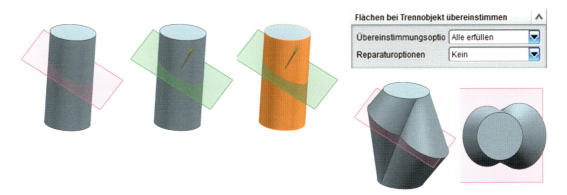

Durch Aktivieren der Option **MIT VERRUNDUNGEN REPARIEREN** wird die Verschneidungskante verrundet. Dabei kann der Radius vorgegeben werden.

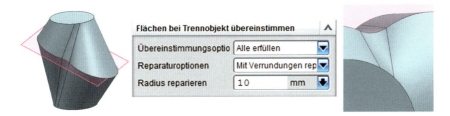

Die Option **MIT BEIDEN REPARIEREN** erzeugt reparierte Verschneidungskurven durch die Kombination aus Ebenen und einer Verrundung.

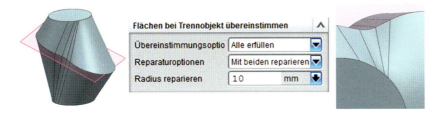

3.8.5 Schale

Mit dem Befehl **SCHALE** können Körper ausgehöhlt werden. Dazu wählen Sie einen vorhandenen Körper aus und versehen ihn mit einer Wandstärke.

Die Flächen des selektierten Körpers dienen als Basis für die Berechnung. Die Richtung der Wandstärke wird durch einen Vektor angezeigt. Dabei kann die Wandstärke nach innen oder außen abgetragen werden.

SCHALE (SHELL)

Darüber hinaus können individuelle Wandstärken für eine oder mehrere Flächen definiert werden. Dazu müssen die entsprechenden Bereiche eine klare Abgrenzung zu den Flächen mit anderen Wandstärken besitzen.

Der neue Körper kann durch Entfernen ausgewählter Flächen geöffnet werden.

Die folgende Abbildung zeigt das Dialogfenster und einen Körper, der mit dem Befehl **SCHALE** ausgehöhlt wurde. Zwei Wandstärken wurden abweichend vom Standardwert festgelegt.

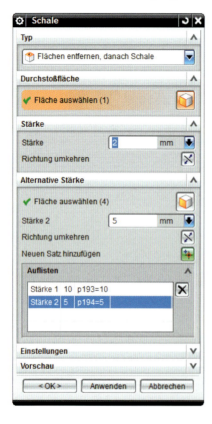

Es existieren zwei Typen zur Erstellung von Schalen:

- **ALLE FLÄCHEN ALS SCHALE:** Damit wird ein Volumenkörper vollständig ausgehöhlt. Es werden keine Flächen entfernt.

- **FLÄCHEN UND DANACH SCHALE ENTFERNEN:** Die zu entfernenden Flächen müssen angegeben werden. Alle anderen Bereiche werden als Schale generiert.

Mit **STÄRKE** bestimmen Sie zunächst die Wandstärke für alle Flächen auf einheitliche Weise. Alternative Wandstärken werden im entsprechenden Bereich definiert. Dabei können Sie mehrere Flächensätze mit individuellen Wandstärken festlegen.

Beim Aushöhlen wird die Außenkontur des Volumenkörpers um die Stärke versetzt. Dabei können topologische Änderungen entstehen, wenn z. B. beim Verkleinern ein Außenradius geringer ist als die Wandstärke in diesem Bereich. Sobald der Radius den Wert null erreicht, wird eine Ecke erzeugt, und die ursprüngliche Radiusfläche verschwindet. Die Abbildung auf S. 243 oben zeigt hierzu ein Beispiel.

Das grundsätzliche Vorgehen beim Erzeugen von ausgehöhlten Körpern soll an einem weiteren Beispiel verdeutlicht werden. Nach dem Start des Befehls steht der **TYP** automatisch auf **FLÄCHEN ENTFERNEN, DANACH SCHALE**. Mit dieser Einstellung erfolgt die Selektion einer **DURCHSTOSSFLÄCHE**. An dieser Stelle soll sich eine Öffnung befinden.

Legen Sie nun die Standardwandstärke fest. Bei Bedarf können Sie mit **RICHTUNG UMKEHREN** die Stärke zur gegenüberliegenden Seite abtragen. Danach aktivieren Sie im Bereich **ALTERNATIVE STÄRKE** die Option **FLÄCHE AUSWÄHLEN**. Mit dem Auswahlfilter **TANGENTIALE FLÄCHEN** selektieren Sie eine Seitenfläche. Die tangential angrenzenden Flächen werden dann automatisch gefunden. Jetzt geben Sie die alternative Wanddicke ein und der nachfolgend abgebildete Körper wird daraufhin erzeugt.

Wenn Sie bei der Auswahl der Fläche für die alternative Wandstärke nur eine Einzelfläche wählen, erhalten Sie das nachfolgend dargestellte Ergebnis.

Für Bearbeitungen, die nach der Operation **SCHALE** vorgenommen werden, erfolgt keine Übertragung auf die Innenkontur. So wurden beispielsweise nachträglich zwei Außenkanten verrundet. Die Innenkontur besitzt an dieser Stelle weiterhin eine Kante. Wenn Sie erreichen wollen, dass die Verrundungen

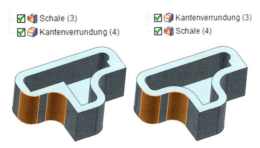

auch auf die Innenkontur angewendet werden, müssen Sie diese Elemente vor dem Aushöhlen erzeugen oder im **TEILE-NAVIGATOR** zeitlich nach vorne schieben. Die Abbildung zeigt auf der linken Seite die beiden Verrundungen, die nach dem Schalenkörper erzeugt wurden. Auf dem rechten Bild befindet sich die Kantenverrundung zeitlich vor der **SCHALE**. Damit entstehen auch im Innenbereich die entsprechenden Übergangsradien.

Ein Sonderfall liegt vor, wenn die gewählte Fläche tangential zur Nachbarschaftsfläche verläuft. In diesem Fall muss eine zusätzliche Fläche hinzugefügt werden, damit ein gültiger Volumenkörper entsteht (siehe rechtes, oberes Bild). Hierfür steht die Option **ABLAGEFLÄCHE FÜR TANGENTENFLÄCHE HINZUFÜGEN** unter **EINSTELLUNGEN** zur Verfügung.

3.8.6 Körper trimmen und teilen

KÖRPER TRIMMEN (TRIM BODY)

Im Dialog für den Befehl **KÖRPER TRIMMEN** definieren Sie mit **ZIEL** das zu bearbeitende Volumenmodell. In einem weiteren Auswahlschritt legen Sie mit **WERKZEUG** eine Trimmfläche oder Ebene fest. Hierbei ist es auch möglich, eine neue Bezugsebene als Trimmbegrenzung zu erstellen.

Die Abbildung auf S. 245 oben zeigt einen Volumenkörper und eine Fläche. Der Körper soll mit der Fläche getrimmt werden. Wichtig ist dabei, dass die Fläche den Körper vollständig schneidet.

Der Körper wird als **ZIEL** und die Fläche als **WERKZEUG** definiert. Danach erfolgt eine Vorschau auf das Trimmergebnis, in der die Trimmrichtung mit einem Vektor angezeigt wird. Diese Richtung kann geändert werden. Der Verlauf der Operation ist auf den ersten drei Bildern dargestellt. Das Bild ganz rechts zeigt das Trimmen mit einer neuen Ebene.

Mit dem Befehl **KÖRPER TEILEN** kann ein Körper in mehrere Einzelteile zerlegt werden. Der wesentliche Unterschied zum Trimmen besteht darin, dass beim Trennvorgang keine Geometrie entfernt wird. Die Arbeitsweise dieses Befehls ist analog zu der des Trimmens.

KÖRPER TEILEN (SPLIT BODY)

Nach Aufruf des Befehls wählen Sie die zu teilenden Körper aus. Im Beispiel wurden der Würfel und der Zylinder selektiert. Mit **MT3** wechseln Sie zum nächsten Eingabeschritt und wählen die Werkzeugfläche mit der Option **FLÄCHE ODER EBENE**. Die Abbildung zeigt das Ergebnis der Teilung.

Unter **WERKZEUGOPTION** stehen die Parameter **EXTRUDIERTER KÖRPER** und **ROTATIONSKÖRPER** zur Verfügung. Damit können Sie innerhalb des Befehls einen Querschnitt selektieren oder in einer internen Skizze erzeugen, mit dem dann ein entsprechender Ziehbefehl gesteuert wird. Damit entsteht ein neuer Körper, der die Teilung festlegt. Um diesen neuen Körper zu löschen, müssen Sie den Befehl **PARAMETER ENTFERNEN** aufrufen. Anschließend können Sie den erzeugten Volumenkörper löschen.

Im nächsten Beispiel möchten wir Ihnen die Anwendung der Option **ROTATIONSKÖRPER** demonstrieren. Nach dem Start des Befehls **KÖRPER TEILEN** aktivieren Sie **KURVE AUSWÄHLEN** und erzeugen eine neue Ebene in der Mitte des Würfels. Auf dieser erzeugen Sie die abgebildete Kontur und beenden die Skizzierumgebung anschließend. Danach legen Sie als Rotations-

vektor eine Kante des Würfels und als Punkt die Mitte des Zylinders fest. Der Querschnitt rotiert dann um diese Achse und die Trennung wird sichtbar. Das Bild ganz rechts zeigt das Ergebnis nach Ausblenden des Volumenkörpers, der durch die Operation entsteht.

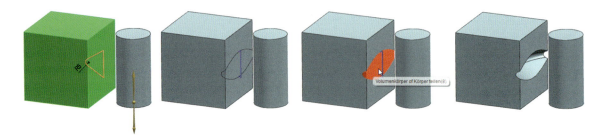

Mit den Befehlen **KÖRPER TRIMMEN** und **TEILEN** können auch Flächen bearbeitet werden. Dazu wählen Sie, wie in der folgenden Abbildung zu sehen, die Fläche als zu trimmendes Objekt. Anschließend selektieren Sie den Würfel, und erhalten dann das dargestellte Ergebnis.

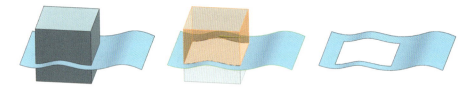

3.8.7 Offset-Fläche

**OFFSET-FLÄCHE
(OFFSET FACE)**

Für die Durchführung von Modelländerungen ist der Befehl **OFFSET-FLÄCHE** sehr hilfreich. Dies gilt vor allem bei der nachträglichen Bearbeitung nicht parametrischer Konstruktionen, wie sie beispielsweise durch den Import über neutrale Schnittstellen entstehen.

Nach dem Start des Befehls selektieren Sie die gewünschten Flächen. Dann können Sie im Eingabefeld den **OFFSET** festlegen. Dieser Wert wird entlang der Normalen der selektierten Flächen aufgetragen. Dabei werden positive Werte hinzugefügt, während negative Eingaben vom Körper subtrahiert werden.

Das Beispiel zeigt einen Volumenkörper, dessen Seitenfläche verlängert werden soll. Dazu selektieren Sie diese Fläche und versehen Sie anschließend mit einem **OFFSET**.

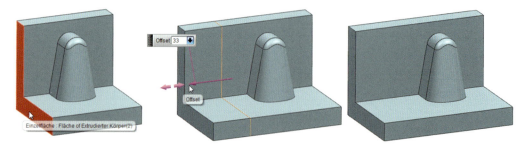

Im nächsten Beispiel sind mit dem Filter **TANGENTIALE FLÄCHEN** die hervorgehobenen Flächen ausgewählt worden. Dieser Bereich soll nun verkleinert werden. Um dies zu erreichen, geben Sie ein **OFFSET** negativ ein.

In einem weiteren Anwendungsfall sollen alle Flächen des Körpers mit einem positiven Versatz versehen werden. Dazu verwenden Sie den Filter **KÖRPERFLÄCHEN** für die Auswahl. Als Resultat entsteht der abgebildete Körper. Dieser ist in alle Richtungen um den **OFFSET** vergrößert worden.

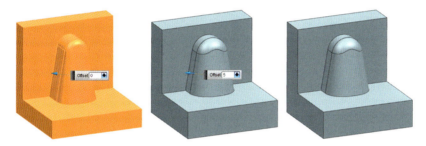

3.8.8 Körper skalieren

Mit dem Befehl **KÖRPER SKALIEREN** können Volumen und Flächenkörper maßstäblich vergrößert bzw. verkleinert werden. Dazu stehen folgende Typen zur Verfügung:

KÖRPER SKALIEREN (SCALE)

 EINHEITLICH: In alle Richtungen wird die gleiche Skalierung durchgeführt.

 ACHSENSYMMETRISCH: Es werden zwei Maßstabsfaktoren definiert. Der erste Faktor wirkt entlang einer definierten Achse. Der zweite Wert gibt die Skalierung in die anderen Richtungen an.

 ALLGEMEIN: Die Skalierung wird mit unterschiedlichen Faktoren entlang der Achsen eines Koordinatensystems durchgeführt.

In Abhängigkeit von der gewählten Methode werden verschiedene Auswahlschritte und Skalierungsfaktoren aktiv. Zunächst müssen Sie einen oder mehrere zu skalierende Körper auswählen. Danach legen Sie die Referenzobjekte fest. Anschließend können Sie die Faktoren eingeben.

Die Anwendung des Befehls möchten wir im Folgenden an zwei Beispielen erläutern.

Im ersten Beispiel ist ein Körper gleichmäßig vergrößert worden. Dazu wurde zunächst der **TYP EINHEITLICH** eingestellt. Danach erfolgte die Selektion des Körpers. NX zeigt dann automatisch als **SKALIERUNGSPUNKT** den Ursprung des WCS an. Dieser Punkt bildet das Zentrum der Skalierung. Sie können die Vorgabe nun mit **MT2** akzeptieren. Der skalierte Körper wird dann unter Verwendung des Ursprunges des WCS erzeugt. Alternativ können Sie auch einen anderen **SKALIERUNGSPUNKT** angeben. Die Abbildung zeigt die Ausgangsgeometrie und die erzeugte Skalierung.

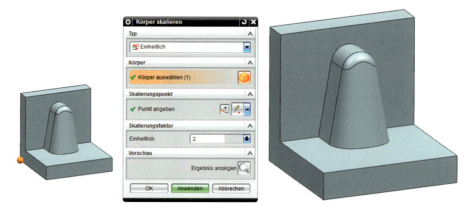

Das nächste Beispiel demonstriert die Skalierung in zwei Richtungen. Als Ausgangsgeometrie dient eine Kugel. Den **TYP** stellen Sie auf **ACHSENSYMMETRISCH**. Anschließend selektieren Sie die Kugel, und akzeptieren den Ursprung des WCS als Basispunkt für die Skalierung. Im nächsten Schritt müssen Sie den Vektor für den **SKALIERUNGSFAKTOR**, der im Feld **ENTLANG ACHSE** eingegeben wird, festlegen. Im Beispiel wurde der Standardwert verwendet. Damit nutzt das System die ZC-Achse. Die **ANDEREN RICHTUNGEN** sind dann XC und YC.

Zuerst wurde für die Hauptrichtung der Faktor 3 und für die anderen Richtungen der Faktor 1 eingegeben. Damit erhalten Sie das auf dem mittleren Bild dargestellte Resultat. Tauscht man die Faktoren um, wird die Kugel in zwei Richtungen verzerrt. Das Ergebnis sehen Sie auf dem rechten Bild.

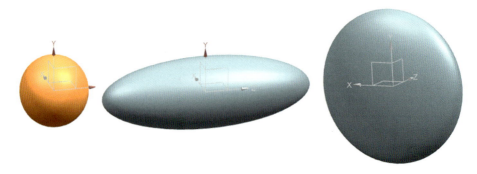

3.8.9 Gewinde

An zylindrischen Flächen können symbolische oder detailgetreue Gewinde erzeugt werden. NX erkennt dabei anhand der gewählten Fläche automatisch, ob es sich um ein Innen- oder Außengewinde handelt.

GEWINDE (THREAD)

Die symbolischen Gewinde werden durch gestrichelte Kreise auf den Anfangs- und Endflächen gekennzeichnet. Bei detaillierten Gewinden erfolgt eine realistische Darstellung. Diese ist sehr rechenintensiv und sollte nur in Ausnahmefällen verwendet werden.

Symbolische Gewinde dienen als Basis einer normgerechten Darstellung bei der Erstellung von Zeichnungen und als Träger der Technologieinformationen für die Herstellung des Bauteils.

Zum Erzeugen von Gewinden müssen zunächst die entsprechenden Zylinderflächen erstellt werden. Darüber hinaus kann eine Bezugsebene zur Festlegung des Gewindebeginns verwendet werden.

Die Arbeitsweise des Befehls zum Erstellen von Gewinden unterscheidet sich von der üblichen Anwenderführung. Nach dem Start wird das abgebildete Dialogfenster angezeigt. Zuerst müssen Sie den entsprechenden **GEWINDETYP** wählen. Danach werden die Eingabewerte vom System entsprechend angepasst, und das System erwartet die Selektion einer Zylinderfläche.

In NX sind für den **GEWINDETYP SYMBOLISCH** verschiedene Tabellen hinterlegt. In Abhängigkeit vom Durchmesser der gewählten Fläche und der eingestellten **FORM** verwendet das System automatisch das Gewinde, das diesem Durchmesser am nächsten kommt. Die Tabellenmaße werden dann im Dialogfenster dargestellt.

Es besteht die Möglichkeit, andere Gewindegrößen zu verwenden, indem Sie mit dem Schalter **AUS TABELLE AUSWÄHLEN** eine Liste öffnen und den gewünschten Eintrag selektieren. Mit **OK** werden die Parameter auf den Zylinder übertragen, und dieser verändert sich entsprechend. Der **CALLOUT** zeigt dann die Gewindebezeichnung aus der verwendeten Tabelle an.

Wenn Sie den Schalter **MANUELLE EINGABE** aktivieren, können die Parameter des Gewindes selbst eingeben.

Mit **DURCHGANGSGEWINDE** können Sie die Länge beeinflussen. Ist dieser Schalter aktiv, so wird das Gewinde automatisch in der Länge der selektierten Zylinderfläche generiert. Wenn der Schalter nicht aktiv ist, können Sie die Gewindelänge selbst eingeben oder aus der entsprechenden Tabelle übernehmen.

Die **METHODE** definiert das Herstellverfahren für das Gewinde.

Die Anzahl der Gewindegänge und der Richtungssinn können über die entsprechenden Einträge vorgegeben werden. Wenn der Schalter **ABGESCHRÄGT** aktiviert ist, erhalten Sie ein konisches Gewinde.

Bei der Erstellung von symbolischen Gewinden können mehrere Flächen gleichzeitig gewählt werden. Dabei muss es sich aber einheitlich um Innen- oder Außenflächen handeln. Besitzen die selektierten Zylinderflächen unterschiedliche Durchmesser, werden die im Dialogfenster eingestellten Werte auf alle selektierten Elemente angewendet.

Nach Auswahl der Zylinderfläche zeigt ein Vektor die Richtung und den Beginn des Gewindes an. Diese Orientierung ergibt sich aus dem verwendeten Selektionspunkt bzw. aus der vorhandenen Geometrie. Den Vektor können Sie über den Menüpunkt **ANFANG AUSWÄHLEN** ändern. Nach Aktivieren dieses Befehls müssen Sie eine neue Startfläche selektieren. Anschließend erscheint ein Menü, mit dem Sie die Richtung des Vektors umkehren können. Danach gelangen Sie wieder ins Dialogfenster und können weitere Einstellungen vornehmen.

Die folgende Abbildung zeigt ein Beispiel, bei dem eine Bezugsebene als Startfläche verwendet wurde. Als Ergebnis erhalten Sie am Körper das symbolische Gewinde und eine normgerechte Darstellung in der abgeleiteten Zeichnung.

Volumenkörper   Zeichnung

Wenn die ursprünglichen Zylinderflächen durch Operationen, wie z. B. Fasen, verändert wurden, erwartet NX immer die Eingabe einer Startfläche und die Festlegung der Gewindeachse. Diese Auswahlschritte werden dann nacheinander abgearbeitet. Fasen sollten immer vor den Gewinden erzeugt werden.

Mit dem Berechnen des symbolischen Gewindes werden die Geometrien automatisch angepasst. Der Gewindedurchmesser übernimmt dabei die Steuerung der Größe des jeweiligen Zylinders. Die Ausdrücke in den verwendeten Elementen erhalten den Hinweis *Linked to thread*. Damit ist z. B. der Durchmesser eines Zylinders nicht mehr über das entsprechende Formelement modifizierbar.

Detaillierte Gewinde können nur einzeln erzeugt werden. Dabei wird ebenfalls eine Beziehung zum selektierten Formelement hergestellt.

Bei Zylindern, die durch Extrusion einer Skizze entstanden sind, wird die Skizze nicht automatisch angepasst. Beim Erstellen des Gewindes wird dann die oben dargestellte Warnung angezeigt.

Bei großen Unterschieden entsteht das in der Randspalte abgebildete Resultat. Das Gewinde wird zwar erzeugt, passt aber nicht zum Kreis. In diesem Fall müssen Sie den Durchmesser entsprechend abändern.

 Die Tabellen für die metrischen Gewinde befinden sich in der NX-Datei *thd_metric.dat* im Ordner *UGII*. Weitere Informationen zur Anpassung der Tabellen finden Sie in der Online-Hilfe. ∎

Gewinde sind Formelemente und können jederzeit editiert und gelöscht werden.

■ 3.9 Kopierbefehle

In NX existieren mehrere Möglichkeiten, um Geometrien zu vervielfältigen. In Abhängigkeit vom verwendeten Befehl entstehen dabei assoziative oder nicht-assoziative Objekte.

3.9.1 Musterelement

Wenn ein geometrisches Element einer Konstruktion in unveränderter Gestalt mehrfach benötigt wird, kann es als Musterelement vervielfältigt werden. Änderungen an der Quellgeometrie werden dann automatisch auf die Musterelemente übertragen.

MUSTERELEMENT
(PATTERN FEATURE)

Nach dem Start des Befehls **MUSTERELEMENT** müssen Sie ein Formelement auswählen. Für die Musterdefinition stehen verschiedene Layouts zur Verfügung, mit denen die Quellgeometrie vervielfältigt werden kann. In unserem Beispiel wurde eine Schraubensenkung mithilfe des Layouts *Linear* vervielfältigt.

 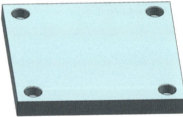

Die folgende Abbildung zeigt beispielhaft die Verwendung des Layouts *Entlang*. Als Referenz wurde ein Spline auf der Fläche verwendet.

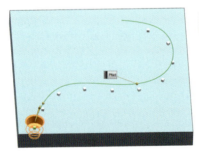 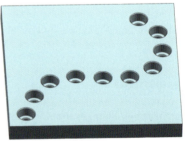

An einem weiteren, auf S. 253 dargestellen Beispiel, möchten wir nun die Funktionsweise der Option **SYMMETRISCH** erläutern. Zunächst definieren Sie dazu die erste Richtung eines linearen Musters und aktivieren dann die Option **SYMMETRISCH**.

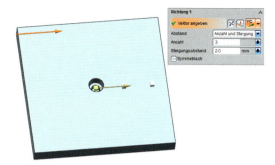 

Nun definieren Sie die zweite Richtung und aktivieren wieder die Option **SYMMETRISCH**.

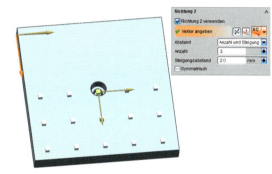 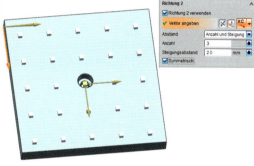

Das Ergebnis ist ein Muster, in dem das mittlere Formelement gleichmäßig vervielfältigt wurde.

Im nächsten Beispiel wird die Wirkungsweise der **ORIENTIERUNG** deutlich.

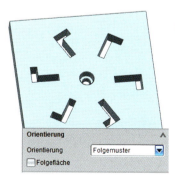 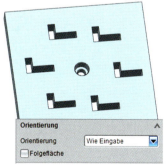

Zudem ist es möglich, für einzelne **MUSTERELE-MENTE** einen relativen Versatz zum Muster zu definieren, einen definierten Bereich mit Musterelementen zu füllen, Elemente aus dem Muster zu löschen oder diese auszublenden.

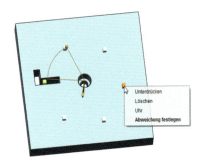

 Für detaillierte Informationen zu den weiteren Optionen wird an dieser Stelle auf die umfangreiche Hilfe verwiesen.

MUSTERFLÄCHE (PATTERN FACE)

Der Befehl **MUSTERFLÄCHE** ist den Werkzeugen der synchronen Konstruktion zugeordnet. Zusätzlich ist der Aufruf aber auch über die assoziativen Kopien möglich. Mit diesem Befehl können beliebige Flächen als Quellelement für ein Muster verwendet werden. Als Mustertypen stehen Rechteckmuster, Kreismuster und Spiegelmuster zur Verfügung.

Im folgenden Beispiel wurde eine Splinefläche kreisförmig vervielfältigt.

Nach dem Öffnen des Dialogs **MUSTERFLÄCHE** legen Sie zunächst den gewünschten **TYP KREISMUSTER** fest und selektieren dann die Fläche. Danach definieren Sie die Rotationsachse durch Punkt und Vektor. Diese wurden im Beispiel von der mittleren Bohrung abgegriffen. Abschließend werden die **MUSTEREIGEN-SCHAFTEN** wie abgebildet definiert. Der Befehl **MUS-TERFLÄCHE** unterstützt auch mehrere Flächen pro Operation. Die Instanzen im Muster sind vollständig assoziativ.

HINWEIS: Achten Sie bei der Erstellung von Mustern darauf, dass der Abstand zwischen den einzelnen Instanzen der Kopien ausreichend groß ist, damit keine Überschneidungen auftreten. Des Weiteren sollten Sie darauf achten, dass alle Instanzen mit der Zielfläche verschneiden können, um als Ergebnis ein gültiges Volumenmodell zu erhalten.

GRUPPIEREN (GROUPING)

Thematisch zusammengehörende Flächen und/oder Formelemente können in einer Gruppe zusammengefasst werden. Dies lohnt z. B. sich immer dann, wenn es erforderlich ist, viele Elemente gemeinsam auszuwählen. In diesem Fall kann dann die Selektion über die Gruppe erfolgen.

Das Vorgehen wollen wir an einem Beispiel erläutern. Mit dem nachfolgend abgebildeten kleinen Zylinder soll ein kreisförmiges Muster bezogen auf den großen Zylinder erzeugt werden. Dazu selektieren Sie das entsprechende Formelement im **TEILE-NAVIGATOR** und rufen dort anschließend mit **MT3** das Popup-Menü auf. In diesem Menü starten Sie den Befehl **FORMELEMENTGRUPPE**.

Danach erscheint das abgebildete Fenster. Dort können die Formelemente zwischen den Listen hin und her geschoben werden. Im obersten Eingabefeld legen Sie den Name der Gruppe fest. Unter diesem Namen wird anschließend ein neues Formelement erzeugt und im **TEILE-NAVIGATOR** angezeigt. Wenn die Option **EINGEBETTETE FORMELEMENT-GRUPPENMITGLIEDER** aktiv ist, wird die Anzeige der gruppierten Objekte im **TEILE-NAVIGATOR** unterdrückt.

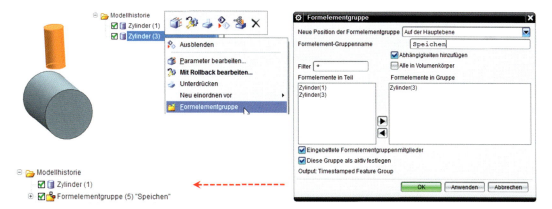

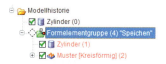

Mit der Option **DIESE GRUPPE ALS AKTIV FESTLEGEN** fügen Sie das nächste Element automatisch zur Gruppe hinzu. In diesem Beispiel folgt das **MUSTERELEMENT**, um die Speiche zu vervielfältigen.

Durch die Selektion der Gruppe im Teile-Navigator können alle Elemente der Gruppe mit nur einem Klick ausgewählt werden.

3.9.2 Spiegeln von Formelementen

SPIEGEL-FORM-ELEMENT (MIRROR FEATURE)

Einzelne Formelemente können gespiegelt werden. Hierfür steht der Befehl **SPIEGEL-FORMELEMENT** zur Verfügung. Dazu wählen Sie im Dialog zunächst im Bereich **ZU SPIEGELNDE FORMELEMENTE** die entsprechenden Formelemente in der Liste aus. Diese Auswahl ist sowohl im Strukturbaum als auch im Darstellungsfenster möglich. Im dargestellten Beispiel wurden die extrudierte Tasche sowie die Kantenverrundung ausgewählt. Der **REFERENZPUNKT** wird von NX automatisch ermittelt, kann aber auch manuell definiert werden.

Als **SPIEGELEBENE** kann eine vorhandene ebene Fläche oder eine Bezugsebene verwendet werden. Zudem kann durch die Option **NEUE EBENE** eine Spiegelebene erzeugt werden. Im Beispiel wurde die vorhandene Bezugsebene gewählt und der Befehl mit **OK** ausgeführt. Das gespiegelte Formelement ist vollständig assoziativ zum Quellelement.

3.9.3 Geometrie kopieren

GEOMETRIE KOPIEREN (INSTANCE GEOMETRY)

Mit dem Befehl **GEOMETRIE KOPIEREN** können Körper, Flächen, Kanten, Kurven, Punkte und Bezugsobjekte assoziativ vervielfältigt werden. Die Kopien können durch Verschieben, Drehen, Spiegeln oder entlang eines Pfades erzeugt werden. Die Funktionalität des Befehls wird im Folgenden an Beispielen beschrieben.

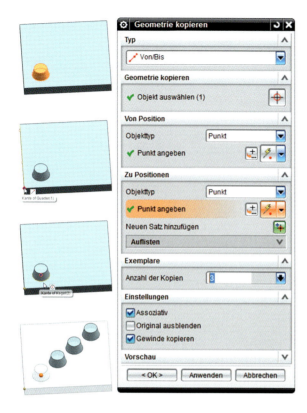

Im ersten Beispiel (siehe oberes Bild) wird der **TYP VON/BIS** verwendet. NX erwartet zunächst die Auswahl der zu kopierenden Geometrie. Dazu wählen Sie die dargestellten Flächen des Kegelstumpfs aus.

VON/BIS (FROM/TO)

Anschließend wechseln Sie mit **MT2** zum nächsten Auswahlschritt. Als Startpunkt der Verschiebung wählen Sie den abgebildeten Endpunkt. Dieser ist damit assoziativ zur entsprechenden Kante.

Danach aktiviert NX automatisch den Bereich zur Definition des Endpunktes. Hierzu wählen Sie die Mitte des Kegelstumpfs. Auch dieser Punkt ist assoziativ.

Danach erscheint die Vorschau entsprechend der unter **EXEMPLARE** eingegebenen **ANZAHL DER KOPIEN**. In diesem Bereich wird auch die Assoziativität der kopierten Objekte aktiviert. Weiterhin ist es möglich, mit der Option **URSPRUNG AUSBLENDEN** die Anzeige der Originalgeometrie auszuschalten.

Nach Beenden des Befehls erhalten Sie das auf S. 258 oben links dargestellte Ergebnis. Dabei sind sowohl die Größe der kopierten Objekte als auch ihre Position parametrisch. Es wird ein entsprechender Eintrag im **TEILE-NAVIGATOR** generiert. Ändert man die Parameter des originalen Formelements, werden die Instanzen entsprechend angepasst (S. 258, oben Mitte). Beim Modifizieren der Option **VON POSITION** ändert sich aufgrund der Definition der Punkte auch die Verschiebung der einzelnen Instanzen (S. 258, oben rechts).

Im nächsten Beispiel zeigen wir Ihnen eine weitere Variante des Typs **VON/BIS**. Dabei soll die Ausgangsgeometrie mit unterschiedlichen Vektoren instanziiert werden. Nach der Angabe der zu kopierenden Flächen wählen Sie den Mittelpunkt am Fuß des Kegelstumpfs als Startpunkt. Dieser bleibt dann bei allen Verschiebungen gleich.

Danach legen Sie den Zielpunkt für den ersten Verschiebungssatz fest. Dazu wird der abgebildete Mittelpunkt der oberen Quaderkante verwendet. Mit **MT2** oder durch einen Klick auf **NEUEN SATZ HINZUFÜGEN** können Sie einen weiteren Endpunkt angeben. Wählen Sie hierfür die Mitte der unteren Kante. Diesen Vorgang wiederholen Sie für den dritten Mittelpunkt.

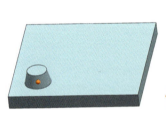 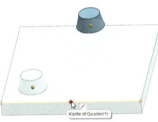 

Die generierten Verschiebesätze werden unter **AUFLISTEN** angezeigt und können dort oder durch Selektion des entsprechenden Punktes im Grafikbereich bearbeitet werden. Nach Beenden des Befehls erhalten Sie das dargestellte Ergebnis. Die Anzahl der Kopien resultiert aus den definierten Verschiebesätzen. Eine Änderung des Quaders führt zur Modifikation der verwendeten Kontrollpunkte, und die Kopien werden entsprechend angepasst (siehe folgende Abbildung rechts).

 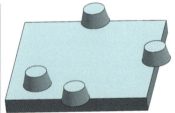 

Der Typ **VERSCHIEBEN** verwendet einen Vektor zur Definition der **RICHTUNG** und einen Parameter für den **ABSTAND** und die **ANZAHL DER KOPIEN**. Im folgenden Beispiel wurden zuerst die bereits verwendeten Flächen ausgewählt. Die Definition des Vektors erfolgte danach mit der Option **ZWEI PUNKTE**. Dabei wurden die Eckpunkte der oberen Quaderseite verwendet, sodass der Vektor in Richtung der Diagonalen zeigt. Anschließend wird von NX die entsprechende Vorschau generiert, und der Befehl kann beendet werden. Auch diese Elemente sind wieder assoziativ zu den bei der Erstellung angegebenen Objekten.

VERSCHIEBEN (TRANSLATE)

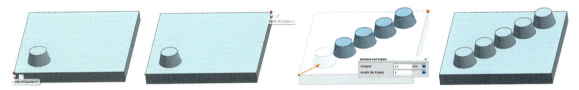

Das nächste Beispiel zeigt den Typ **DREHEN**. Dazu wählen Sie den vollständigen Körper aus. Anschließend legen Sie die abgebildete Kante als **ROTATIONSACHSE** fest. Ein Punkt wird nicht definiert. NX zeigt die Vorschau entsprechend dem eingegebenen **WINKEL** und der **ANZAHL DER KOPIEN**. Nach dem Beenden können die kopierten Körper mit der booleschen Operation vereinigt werden.

DREHEN (ROTATE)

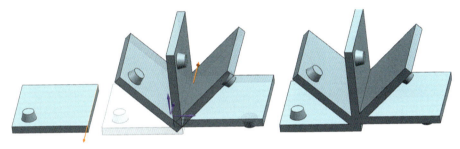

Wenn im Feld **ABSTAND** ein Wert festgelegt wird, erfolgt eine Verschiebung um diesen Betrag entlang der Drehachse für jede Kopie. Die folgende Abbildung zeigt hierfür ein Beispiel.

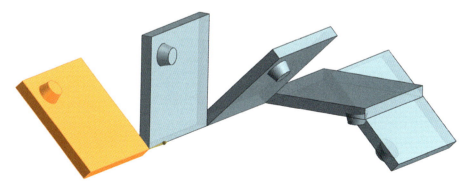

SPIEGELN (MIRROR)

Der Befehl **SPIEGELN** verwendet eine entsprechende Ebene. Diese kann auch im Befehl erzeugt werden. Im Beispiel wurden wieder die Flächen des Knaufs selektiert. Anschließend wurde die Spiegelebene mit der Option **ERMITTELT** definiert. Dazu wurde die abgebildete Fläche gewählt und der **ABSTAND** eingegeben. NX zeigt sofort das Ergebnis der Operation an. Nach dem Beenden des Befehls wird die erzeugte Bezugsebene ausgeblendet. Sie wird im Formelement **GEOMETRIE KOPIEREN** verwaltet.

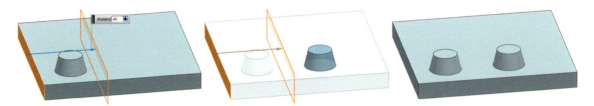

ENTLANG PFAD (ALONG PATH)

Der Typ **ENTLANG PFAD** verwendet einen Kurven- oder Kantenzug zur Bestimmung der Lage der kopierten Objekte. Dazu wurde im Beispiel die nachfolgend abgebildete Skizze erstellt. Der Kegelstumpf befindet sich mit seinem Mittelpunkt auf dem Kurvenzug. Nach der Auswahl der zu kopierenden Geometrie erwartet das System die Definition des Weges. Dazu wählen Sie den geschlossenen Spline. Danach können Sie unter **ABSTAND, WINKEL UND KOPIEN** die Parameter eingeben. Mit der **ABSTANDSOPTION WEGLÄNGE AUSFÜLLEN** werden die Kopien gleichmäßig auf dem Weg verteilt (siehe rechtes Bild).

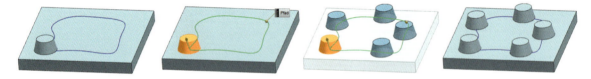

Wenn zusätzlich ein **WINKEL** eingegeben wird, wird jede Instanz inkrementell um diesen Betrag gedreht, und Sie erhalten das dargestellte Ergebnis.

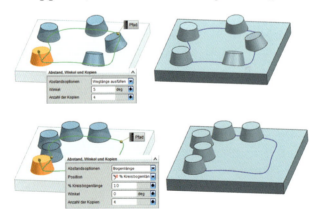

Mit der **ABSTANDSOPTION BOGENLÄNGE** können Sie die **POSITION** der einzelnen Instanzen in Prozent oder als Maß definieren. Die Abbildung zeigt ein Beispiel. Dabei darf die Gesamtlänge der Kopien nicht größer als der verwendete Weg sein.

HINWEIS: Bei der Nutzung der Option **ENTLANG PFAD** ist es wichtig, darauf zu achten, dass sich die zu kopierenden Objekte an der richtigen Position in Bezug zum ausgewählten Weg befinden. Dies sollte bei der Erstellung der Elemente und bei der Selektion im Befehl berücksichtigt werden. Wenn die Auswahl zu unerwünschten Ergebnissen führt, kann unter **WEG** die Option **URSPRUNGSKURVE ANGEBEN** genutzt werden. Damit wird der Beginn des Pfades neu definiert.

3.9.4 Geometrie extrahieren

Der Befehl **GEOMETRIE EXTRAHIEREN** erlaubt es, aus einer bestehenden Konstruktion assoziative Kopien von Körpern, Punkten, Kurven oder Bezugsobjekten zu erstellen. Dieser Befehl wird z. B. verwendet, um verschiedene Bearbeitungszustände eines Bauteils innerhalb einer Datei zu dokumentieren. Durch die Fixierung beim aktuellen Zeitstempel wirken sich nachträgliche Änderungen an der Quellgeometrie nicht auf die Kopie aus. Eine Besonderheit bietet der Typ **KÖRPER SPIEGELN**. Dieser erlaubt das Kopieren assoziativ gespiegelter Geometrie. Die folgende Abbildung zeigt hierfür ein Beispiel.

GEOMETRIE EXTRA-HIEREN (EXTRACT GEOMETRY)

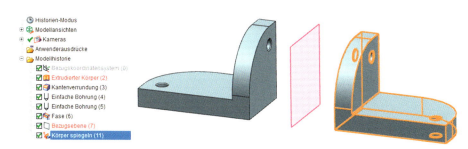

3.9.5 Objekt bewegen

Für die schnelle Änderung der Lage von Elementen steht der Befehl **OBJEKT BEWEGEN** zur Verfügung. Dabei kann sowohl eine dynamische Bewegung unter Verwendung von Handles als auch eine Transformation durch Werteeingabe erfolgen. Zudem ist es möglich, an der Zielposition einen nicht-assoziativen Körper zu erstellen. Am schnellsten starten Sie den Befehl durch Verwenden der Tastenkombination **STRG+T**.

OBJEKT BEWEGEN (MOVE OBJECT)

Nach Auswahl der entsprechenden Objekte legen Sie unter **TRANSFORMATION** im Feld **BEWEGUNG** die Art der Bewegung fest. Dazu bietet NX folgende Möglichkeiten:

ABSTAND: Die Bewegung wird durch die Festlegung eines Vektors und eines Abstandes definiert. Die Objekte werden linear entlang des Vektors verschoben.

WINKEL: Es werden ein Vektor zur Bestimmung der Drehrichtung und ein Ursprungspunkt für das Zentrum angegeben. Die Drehung erfolgt dann mit dem eingelesenen Winkel.

ABSTAND ZWISCHEN PUNKTEN: Es wird eine lineare Entfernung durch einen Vektor definiert, der an einem Ursprungspunkt startet und an einem Bemaßungspunkt endet. Dieser Abstand wird gemessen. Um eine Verschiebung zu erzeugen, müssen Sie einen abweichenden Wert eingeben. Befindet sich der Bemaßungspunkt nicht auf dem Vektor, dann wird er normal zum Vektor projiziert.

RADIALABSTAND: Die Transformation wird durch den senkrechten Abstand eines Punktes auf einem Vektor zu einem Bemaßungspunkt festgelegt. Damit ergibt sich der Abstand aus der Größe der Projektion des Bemaßungspunktes.

PUNKT ZU PUNKT: Es wird eine Verschiebung zwischen zwei festzulegenden Punkten durchgeführt.

UM DREI PUNKTE DREHEN: Für die Drehrichtung wird ein Vektor definiert. Die Drehung erfolgt dann um einen Ursprungspunkt, wobei der Winkel über einen Start- und einen Endpunkt festgelegt wird.

ACHSE AUF VEKTOR AUSRICHTEN: Ein Ursprungsvektor wird um einen Drehpunkt zu einem Zielvektor verschoben.

KSYS ZU KSYS: Die Transformation wird durch zwei Koordinatensysteme bestimmt. Dabei kann gleichzeitig eine Verschiebung und Drehung erfolgen.

DYNAMIK: Die Bewegung wird interaktiv durch Verwendung der angezeigten Manipulatoren oder mit den Eingabefeldern durchgeführt.

XYZ-DELTA: Diese nicht assoziative Transformation wird durch X-, Y-, Z-Deltawerte relativ zu einem Referenzkoordinatensystem bestimmt.

Die Verwendung des Befehls **OBJEKT BEWEGEN** möchten wir nun an einigen Beispielen erläutern. Dazu verwenden wir den auf der folgenden Abbildung (siehe S. 263) dargestellten Quader. Dieser wurde als Grundkörper erzeugt und über Parameter gesteuert. Sein Ursprung befindet sich im Nullpunkt des absoluten Koordinatensystems.

Nach dem Start des Befehls selektieren Sie den Quader. Im Feld **BEWEGUNG** aktivieren Sie dann die Option **DYNAMIK**. NX zeigt die Handles im Schwerpunkt des Quaders an. Mit der Aktivierung einer Achse werden die Eingabefelder für die Verschiebung aktiv. Nach der Festlegung des Abstands wird die Bewegung als Vorschau dargestellt. Mit der Eingabe eines neuen Wertes für den **ABSTAND** führen Sie eine weitere Verschiebung durch.

Unter **ERGEBNIS** kann gesteuert werden, ob das Original verschoben werden soll oder Kopien erstellt werden. Des Weiteren kann hier der Ziel-Layer definiert werden, dem die Objekte zugeordnet werden. Der Schalter **ÜBERORDNUNGEN VERSCHIEBEN** im Bereich **EINSTELLUNGEN** legt fest, ob abhängige Elemente ebenfalls bewegt werden.

Im Beispiel wurde ein Quader erstellt. Als Referenzpunkt wurde der Ursprung eines Bezugskoordinatensystems verwendet. Dann wurde der Quader mit **OBJEKT BEWEGEN** positioniert. Als Ergebnis wurden **ORIGINAL VERSCHIEBEN** und die Einstellung **ÜBERORDNUNGEN VERSCHIEBEN** aktiviert. Damit wird der Quader an die neue Position verschoben und sein Ursprungspunkt entsprechend bewegt.

Ist die Einstellung **ASSOZIATIV** aktiviert, müssen Sie **ÜBERORDNUNGEN VERSCHIEBEN** deaktivieren. In diesem Fall wird ein Eintrag im **TEILE-NAVIGATOR** erzeugt, mit dem die Transformation nachträglich bearbeitet werden kann. Ist die Option **ÜBERORDNUNGEN VERSCHIEBEN** deaktiviert, bleibt der Ursprungspunkt des Quaders unverändert.

Dieses Verhalten wird auch angewendet, wenn Körper ohne ihre zugehörigen Skizzen und Bezugsobjekte verschoben werden sollen. Dadurch bleibt die Skizze an ihrer Position, und die Lage des Körpers wird über den Eintrag im **TEILE-NAVIGATOR** gesteuert. Auch in diesem Fall bleiben die Parameter erhalten. Die folgende Abbildung zeigt ein Beispiel mit verschobenem Körper, während Skizze und Bezugskoordinatensystem unverändert bleiben.

Schaltet man **ÜBERORDNUNGEN VERSCHIEBEN** ein, so werden alle Elternobjekte ebenfalls bewegt, auch wenn sie nicht explizit ausgewählt wurden.

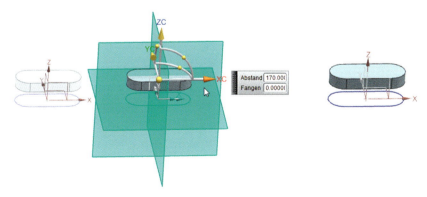

Mit der Option **ORIGINAL KOPIEREN** im Bereich **ERGEBNIS** werden nicht assoziative Kopien erzeugt. In diesem Falle wurde die Anzahl 2 eingegeben und anschließend die Transformation durch Ziehen am Handle definiert. Im Beispiel wurden zwei Kopien erzeugt. Diese werden im **TEILE-NAVIGATOR** als **KÖRPER** angezeigt.

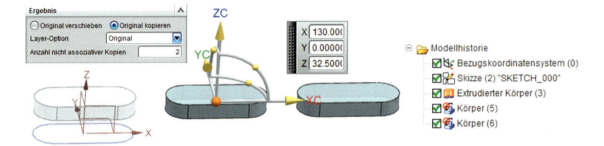

Der Schalter **NUR HANDLES VERSCHIEBEN** bewegt die Handles. Damit können diese geändert werden, sodass die Festlegung der Transformation einfacher möglich ist.

Im folgenden Beispiel befindet sich der Quader in einer bestimmten Entfernung vom absoluten Koordinatensystem. Er soll unter Verwendung der **DYNAMIK** so bewegt werden, dass sein Eckpunkt im absoluten Nullpunkt liegt. Nach der Auswahl des Quaders werden die Manipulatoren in seinem Schwerpunkt angezeigt. Nun aktivieren Sie die Option **NUR HANDLES VERSCHIEBEN** und selektieren den Ursprung des dynamischen WCS. Danach geben Sie die entsprechende Quaderecke als Ziel an.

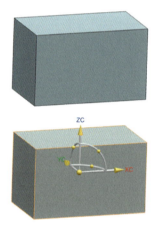

 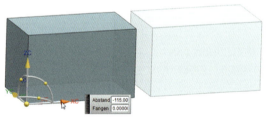 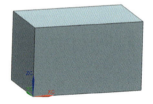

Anschließend schalten Sie **NUR HANDLES VERSCHIEBEN** wieder aus. Damit beziehen sich die Eingaben wieder auf die Transformationsobjekte. Als Koordinaten für den Ursprung wird dreimal der Wert null eingegeben, und NX verschiebt den Quader entsprechend.

Der Schalter **VERFOLGUNGSLINIEN ERZEUGEN** unter **EINSTELLUNGEN** wirkt nur bei Kurven. Als Beispiel verwenden wir den abgebildeten Kurvenzug, der aus einer Linie und zwei Kreisbögen besteht. Nach seiner Auswahl aktivieren Sie im Feld **KINEMATIK** die

Einstellung **ABSTAND**. Dann legen Sie den Vektor fest und geben den **ABSTAND** ein. Nun werden zwei Kopien erstellt, wobei die Option **VERFOLGUNGSLINIEN ERZEUGEN** zunächst ausgeschaltet ist. Dadurch ergibt sich das in der Mitte der nachfolgenden Abbildung dargestellte Ergebnis. Mit dem Aktivieren der Option werden die Endpunkte der einzelnen Objekte beim Verschieben durch explizite Kurven verbunden (siehe rechtes Bild).

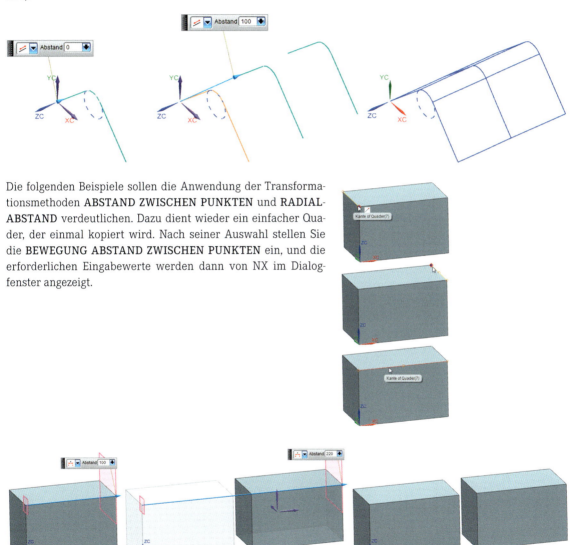

Die folgenden Beispiele sollen die Anwendung der Transformationsmethoden **ABSTAND ZWISCHEN PUNKTEN** und **RADIALABSTAND** verdeutlichen. Dazu dient wieder ein einfacher Quader, der einmal kopiert wird. Nach seiner Auswahl stellen Sie die **BEWEGUNG ABSTAND ZWISCHEN PUNKTEN** ein, und die erforderlichen Eingabewerte werden dann von NX im Dialogfenster angezeigt.

Zuerst legen Sie einen **URSPRUNGSPUNKT** für die Verschiebung fest. Dazu selektieren Sie den abgebildeten Eckpunkt. Danach selektieren Sie den zweiten Eckpunkt als Bemaßungspunkt. Zur Definition des Vektors verwenden Sie die Quaderkante. NX misst dann den

Abstand zwischen den beiden Punkten entlang des Vektors und trägt das Ergebnis in das Feld im Dialogfenster ein. Zur Durchführung einer Transformation muss dieser Wert von Ihnen geändert werden. Dazu kann das Eingabefeld oder der Vektor im Grafikbereich verwendet werden. Sie erhalten dann das abgebildete Resultat.

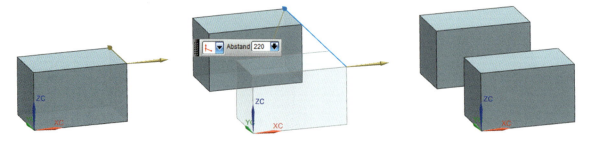

Die Methode **RADIALABSTAND** arbeitet ähnlich. Dabei wird der Verschiebewert aber als senkrechter Abstand zwischen dem Bemaßungspunkt und dem Vektor bestimmt. Bei der Verwendung gleicher Selektionsobjekte für die Punkte und den Vektor wie bei der vorherigen Methode ergibt sich die abgebildete Verschiebung.

Abhängig von der ausgewählten **BEWEGUNG** kann das **ERGEBNIS** mit der Option **ABSTAND-/WINKELDIVISIONEN** beeinflusst werden. Damit können die Kopien gleichmäßig über den Abstandwert verteilt werden.

Die **BEWEGUNG KSYS ZU KSYS** wird in einem weiteren Beispiel dargestellt. Der dargestellte Quader soll so orientiert werden, dass seine Richtungen mit den Achsen des absoluten Koordinatensystems übereinstimmen und sich sein Eckpunkt im Ursprung befindet. Das absolute Koordinatensystem stimmt mit dem WCS überein. Für die Definition des **VON KSYS** wählen

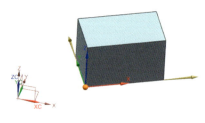

Sie die Option **X-ACHSE, Y-ACHSE** aus. Danach selektieren Sie die entsprechenden Quaderkanten. Der Ursprung befindet sich dann im Schnittpunkt der ausgewählten Kanten. Als **ZU KSYS** wird **ABSOLUTES KSYS** eingestellt. Anschließend erhalten Sie das dargestellte Resultat.

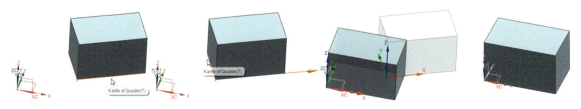

3.9.6 Kopieren und Einfügen

Innerhalb eines Modells können einzelne oder mehrere Formelemente kopiert und an einer anderen Stelle eingefügt werden. Diese Funktion gestattet auch die Übertragung von geometrischen Objekten zwischen Bauteilen einer Baugruppe.

KOPIEREN (COPY)

Mit dem Befehl **KOPIEREN** können im Darstellungsfenster oder **TEILE-NAVIGATOR** selektierte Elemente in die NX-Zwischenablage abgelegt werden. Anschließend wird der Befehl **EINFÜGEN** aktiv. Dieser erlaubt das Einfügen der Objekte nach dem letzten aktiven Element des Modells. Mit dem Befehl **AKTUELLES FORMELEMENT ERZEUGEN** können Sie den Einfügezeitpunkt steuern. Hierbei ist zu beachten, dass der Einfügezeitpunkt nach dem kopierten Formelement liegen muss.

EINFÜGEN (PASTE)

Die Anwendung der Befehle und die wesentlichen Optionen werden wir wieder an Beispielen erläutern. Dazu dient zunächst ein Quader mit einem Langloch. Das Langloch soll auf eine andere Quaderseite kopiert werden und unabhängig vom Ursprungselement sein. Dazu wählen Sie es zunächst aus.

Anschließend führen Sie mit **MT3** den Befehl **KOPIEREN** aus. Danach rufen Sie **BEARBEITEN > EINFÜGEN** auf. NX zeigt dann das dargestellte Fenster an.

Im Bereich **AUSDRÜCKE** werden die Optionen zur Übernahme der Parameter des Formelements festgelegt. Diese besitzen folgende Bedeutungen:

- **NEU ERZEUGEN:** Die Ausdrücke im kopierten Element bekommen eigene, neue Namen und sind unabhängig vom Ursprungselement.
- **MIT ORIGINAL VERBINDEN:** Die Ausdrücke des kopierten Elementes erhalten ebenfalls neue Namen, aber es wird eine Verknüpfung zum Ursprungselement aufgebaut. Wird der Wert eines Ausdrucks im Originalelement geändert, ändert sich die Kopie entsprechend. Änderungen in der Kopie besitzen keine Auswirkung auf das Original.
- **URSPRUNG WIEDERVERWENDEN:** Es werden in beiden Elementen identische Ausdrücke verwendet. Damit werden Modifikationen im Original und in der Kopie auf das jeweils andere Element übertragen.

Das Feld **ÜBERGEORDNETE ELEMENTE** bestimmt den Transfermodus für Elternkurven und gilt damit für Objekte, die auf der Basis von Kurven entstanden sind. Damit werden folgende Bedingungen festgelegt:

- **URSPRUNGSKURVEN KOPIEREN:** Die Kurven des Originals werden kopiert und für die Kopie verwendet.
- **EINGABEAUFFORDERUNG FÜR NEUES:** Für das kopierte Element wird ein neuer Kurvenzug definiert.
- **URSPRUNG WIEDERVERWENDEN:** Die Kurven des Originals sind gleichzeitig Kurven der Kopie.

Für das erste Beispiel wurde die Option **NEU ERZEUGEN** gewählt, um zwei voneinander unabhängige Formelemente zu erhalten. Da die Nut nicht auf Kurven basiert, besitzt der Transfermodus keine Bedeutung.

Im Anzeigebereich des Fensters werden unter **AUFLISTEN** die festzulegenden Bedingungen für das einzufügende Formelement dargestellt. Dabei bedeutet ein Minus, dass noch keine Festlegung vorliegt; während ein Plus kennzeichnet, dass die Bedingung bekannt ist. Die Zuordnung der einzelnen Bedingungen wird nacheinander abgearbeitet, wobei NX automatisch zum nächsten Wert wechselt.

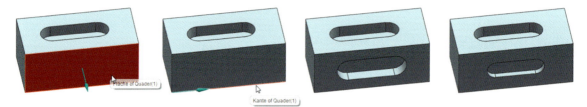

Für das Beispiel wurden eine Seitenfläche des Quaders als neue Platzierung und eine Kante als horizontale Referenz für die Nut gewählt. Mit **OK** wechselt das System in das Positionierungsmenü. Das kopierte Element wird an der Stelle, an der die Platzierungsfläche selektiert wurde, angezeigt. Sie können nun die entsprechenden Maße definieren. Nach Beenden der Positionierung wird das neue Element unter Berücksichtigung der festgelegten Position erzeugt. Anschließend können die Parameter unabhängig vom Original modifiziert werden.

Im zweiten Beispiel zeigen wir Ihnen das Kopieren von extrudierten Elementen. Dazu wurde auf der Deckfläche des Quaders ein Rechteck in einer Skizze gezeichnet. Anschließend wurde die Skizze extrudiert und die Extrusion mit dem Quader vereinigt.

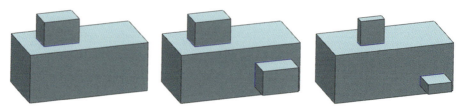

Für den Kopiervorgang wurden die Skizze und die Extrusion ausgewählt. Nach dem **EINFÜGEN** erwartet NX die Festlegung einer neuen Platzierungsfläche und der vertikalen Referenz für die Skizze. Weiterhin muss ein Zielkörper für die boolesche Operation angegeben werden. Als Übernahmemodus wurde **URSPRUNG WIEDERVERWENDEN** eingestellt. Anschließend wird die Positionierung der kopierten Skizze vorgenommen und das neue Element erzeugt. Sie erhalten nun das dargestellte Ergebnis. Beide Skizzen und die Extrusionen besitzen jetzt dieselben Ausdrücke. Änderungen werden jeweils auf das andere Element übertragen (siehe rechtes Bild).

Abschließend soll der extrudierte Körper der ursprünglichen Skizze bei gleichzeitigem Austausch der Basiskurven kopiert werden. Dazu wurde auf einer Seitenfläche des Quaders eine weitere Skizze mit einem Kreis erzeugt.

Zuerst wird der extrudierte Körper gewählt, kopiert und eingefügt. Da dieses Formelement auf der Basis von Skizzenkurven erzeugt wurde, besitzt der Transfermodus jetzt eine Bedeutung. Im Beispiel wird die Option zur Festlegung neuer Kurven verwendet. Damit werden die neu festzulegenden Referenzen angezeigt.

NX erwartet die Auswahl der Basiskurven für die Extrusion **SCHNITT**. Dazu selektieren Sie den Kreis. Zur Definition der **EXTRUSIONSRICHTUNG** wählen Sie nochmals den Kreis. Anschließend müssen Sie den Zielkörper **ZIEL** für die boolesche Operation wählen. Hierfür wurde der Quader gewählt.

Damit sind alle externen Bezüge festgelegt, und die Kopie kann erzeugt werden. Eine Positionierung ist nicht erforderlich, da die Lage des neuen Formelementes durch den gewählten Kurvenzug definiert wird.

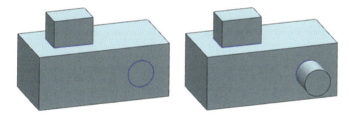

4 Bearbeiten von Konstruktionselementen

4.1 Grundlagen

Um Änderungen an bestehenden Modellen vorzunehmen, ist es bei der historienbedingten Arbeitsweise wichtig, die Konstruktionsgeschichte und die gegenseitigen Abhängigkeiten der einzelnen Elemente zu kennen. Bei komplexen parametrischen Modellen besteht die Möglichkeit, dass Modifikationen aufgrund der vorhandenen Abhängigkeiten zu Fehlern führen. In diesem Fall kann es helfen, wenn man alle Parameter im Modell entfernt und mit einem nicht parametrischen Bauteil weiterarbeitet.

Die Modifikation von Formelementen wird in der Anwendung **KONSTRUKTION** vorgenommen. Zum Aufruf der Befehle bestehen folgende Möglichkeiten:

- Verwenden der Werkzeugleiste *Formelement bearbeiten*
- **PARAMETER BEARBEITEN**
  - Auswahl mit **MT1** im Darstellungsfenster und Verwenden der **KONTEXT-WERKZEUGLEISTE**
  - Auswahl mit **MT3** im **TEILE-NAVIGATOR** und Aufruf über das **KONTEXTMENÜ**
  - Radiales **POPUP-MENÜ** durch direkte Selektion im Grafikfenster mit **MT3** (klicken und halten)
- Sehr schnell können Modifikationen durch einen Doppelklick auf ein Formelement im Darstellungsfenster durchgeführt werden.

Die Abbildung zeigt einen Körper, der aus einem **QUADER** und einem **ZYLINDER** erstellt wurde. Durch einen Doppelklick mit **MT1** auf den **ZYLINDER** wird der Dialog des Formelements geöffnet und die Parameter können modifiziert werden. Alternativ kann das Kontextmenü zur gezielten Auswahl verwendet werden. Durch einen einfachen Klick mit **MT1** auf den Zylinder heben Sie das Formelement hervor. Durch einen weiteren Klick mit **MT3** erscheint das dargestellte Kontextmenü, mit dem Änderungen vorgenommen werden können.

Wenn Sie das Element mit einem Doppelklick auf **MT1** auswählen, wird die im Kontextmenü fett dargestellte Option direkt aktiviert.

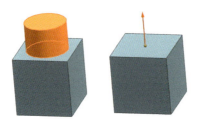

4.2 Teile-Navigator

TEILE-NAVIGATOR (PART NAVIGATOR)

Bei der Arbeit mit NX werden die erzeugten Elemente als Einträge im **TEILE-NAVIGATOR** generiert und können dort modifiziert werden. Der Aufruf des Teile-Navigators erfolgt durch das entsprechende Icon in der Ressourcenleiste. Wird der Bereich der Arbeitsfläche mit der Maus wieder verlassen, so verschwindet der Teile-Navigator im Bildschirmrand. Um den Navigator zu fixieren, steht ein Pin zur Verfügung, der mit einem Mausklick gesetzt werden kann.

Der **TEILE-NAVIGATOR** ist in vier Bereiche unterteilt. Der oberste Bereich ist der Navigator. Hier werden in Abhängigkeit vom aktivierten Arbeitsmodus und Zeitstempel verschiedene Knoten dargestellt. Im mittleren Bereich finden Sie die vorhandenen **ABHÄNGIGKEITEN** und im Fenster **DETAILS** die Parameter des aktuellen Formelementes. Das Fenster **VORSCHAU** zeigt vorher gespeicherte Modellansichten an. Durch einen Klick auf die Bereichsüberschriften können diese auf- oder zugeklappt werden.

Der erste Eintrag im Teile-Navigator zeigt den aktuell verwendeten Konstruktionsmodus. Dabei wird zwischen **HISTORIEN-MODUS** und **HISTORIENUNABHÄNGIGER MODUS** unterschieden. Durch Wahl des Eintrages mit **MT3** kann zwischen dem parametrischen und nicht parametrischen Modus gewechselt werden. Beim Wechsel in den historienunabhängigen Modus wird der abgebildete Hinweis angezeigt. Alle Parameter der vorhandenen Formelemente werden entfernt, wenn diese Meldung mit **JA** bestätigt wird. Diesen Vorgang können Sie innerhalb der laufenden Sitzung mit dem Befehl **RÜCKGÄNGIG** wieder aufheben.

HISTORIEN-MODUS (HISTORY MODE)

HISTORIEN-UNABHÄNGIGER MODUS (HISTORY-FREE MODE)

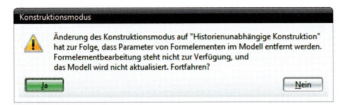

In Abhängigkeit vom eingestellten Arbeitsmodus und von der Aktivierung des Zeitstempels werden folgende Knoten im **TEILE-NAVIGATOR** angezeigt:

 MODELLANSICHTEN: Es werden die vom System automatisch generierten Ansichten aufgelistet. Durch **MT3** auf den Knoten wird ein Popup-Menü geöffnet, mit dem die aktuelle Darstellung im Grafikbereich als neue Ansicht gespeichert werden kann. Durch Doppelklick auf einen Eintrag wird die jeweilige Ansicht zur Arbeitsansicht.

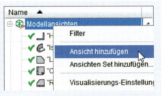

 KAMERAS: Der Knoten listet die verfügbaren Kameras auf. Mit **MT3** können die Einstellungen für die einzelnen Kameras modifiziert werden.

 DRAWING: Hier werden die Zeichnungsblätter des Modells angezeigt. Dieser Knoten ist für die Anwendung **ZEICHNUNGSERSTELLUNG** von Bedeutung. Durch Doppelklick auf ein Zeichnungsblatt wird direkt in die **ZEICHNUNGSERSTELLUNG** gewechselt.

 PRÜFUNGEN: Alle definierten Anforderungen werden unter diesem Knoten mit ihrem aktuellen Status angezeigt.

 ANWENDERAUSDRÜCKE: Durch Klicken auf den Knoten erhalten Sie eine Liste der von Ihnen definierten Ausdrücke und können deren Werte durch Doppelklick modifizieren.

 BEMASSUNGEN: Die erzeugten Messungen werden hier mit ihrem Typ aufgelistet und können mit Doppelklick aktiviert werden. Durch Anklicken mit **MT1** wird der Bemaßungswert im Grafikbereich angezeigt.

 MODELLHISTORIE: Unter diesem Eintrag werden die Elemente des Modells im **HISTORIEN-MODUS** in ihrer zeitlichen Reihenfolge aufgelistet. Dazu muss außerdem die Option **REIHENFOLGE DER ZEITSTEMPEL** aktiv sein. Wenn der Zeitstempel nicht aktiv ist, werden unter diesem Knoten **NICHT VERWENDETE ELEMENTE** aufgelistet. Damit können z. B. explizite Kurven, die nicht weiter genutzt werden, sichtbar gemacht werden.

Mit **MT3** können verschiedene Kontextmenüs aufgerufen werden. Wenn die Maustaste im freien Bereich des Teile-Navigators oder in der Titelzeile gedrückt wird, erscheint das abgebildete Kontextmenü. Mit diesem kann im Teile-Navigator gesucht, Filter können gesetzt sowie die zeitliche Darstellung der Elemente geändert werden.

Mit der Option **REIHENFOLGE DER ZEITSTEMPEL** wird gesteuert, ob die Modellhistorie nach ihrem Entstehungszeitpunkt gelistet wird. Zudem ist es möglich, die angezeigten **SPALTEN** zu wählen oder die Darstellung in den **EIGENSCHAFTEN** zu konfigurieren.

Unter dem Eintrag **OBERSTE KNOTEN ENTFERNEN** werden alle verfügbaren Knoten aufgelistet. Die Anzeige der Knoten wird durch Selektion mit **MT1** ausgeschaltet. Damit wird automatisch ein Filter gesetzt, und der Eintrag **FILTER ANWENDEN** wird generiert. Um die ausgeschalteten Knoten wieder anzuzeigen, muss die Option **FILTER ANWENDEN** deaktiviert werden.

FILTER *(Filter)*

Durch das gezielte Verwenden von **FILTERN** kann die Anzeige bei komplexen Modellen übersichtlicher gestaltet werden. Dazu müssen Sie unter **FILTEREINSTELLUNGEN** die entsprechenden Filter setzen und über die Aktivierung von **FILTER ANWENDEN** aktivieren. Die Auswahl erfolgt mit **FILTER VERWENDEN**.

In der **MODELLHISTORIE** können Elemente mit **MT3** selektiert und nach Kriterien gefiltert werden. Zum Filtern steht im Kontextmenü der Eintrag **FILTER** bereit. Es stehen mehrere Filteroptionen zur Verfügung. Mit **ALLE DES TYPS ENTFERNEN** werden alle Elemente vom gleichen Typ gefiltert. Die Option **ALLE DIESER KATEGORIE ENTFERNEN** erzeugt einen Filter für alle Elemente der entsprechenden Objektklasse.

Die folgenden Abbildungen zeigen den Teile-Navigator. Im rechten Bild wurden die Kantenverrundungen gefiltert. Der Filter wurde wie folgt erstellt: Sie klicken mit **MT3** auf **KANTENVERRUNDUNG > FILTER > ALLE DES TYPS ENTFERNEN**. Bei aktiviertem Filter erhält die Überschrift in der Spalte **NAME** einen entsprechenden Hinweis (*gefiltert*).

Die Auswahl der Formelemente erfolgt im Teile-Navigator oder am Modell. Das gewählte Element wird im Navigator und Darstellungsfenster hervorgehoben. Durch einen Doppelklick mit **MT1** auf das Element wird sofort der Befehl **MIT ROLLBACK BEARBEITEN** aktiv.

Dieses Verhalten kann unter **VOREINSTELLUNGEN > KONSTRUKTION > BEARBEITEN > DOPPELKLICK-AKTION** konfiguriert werden. In diesem Register finden Sie auch die Vorgabe für den **KONSTRUKTIONSMODUS**.

In der folgenden Abbildung wurde das Formelement *Extrudierter Körper(7)* selektiert. Für dieses Element existieren sowohl über- als auch untergeordnete Abhängigkeiten. Diese Abhängigkeiten werden in den Farben Rot (übergeordnet) und Blau (untergeordnet) dargestellt.

Im zweiten Fenster werden die abhängigen Elemente explizit aufgelistet. Dabei steuert das Icon **DETAILLIERTE ANSICHT** die Anzeige. Ist das Icon aktiv, werden die Geometrieelemente aufgelistet; sonst erfolgt eine Anzeige der Formelemente.

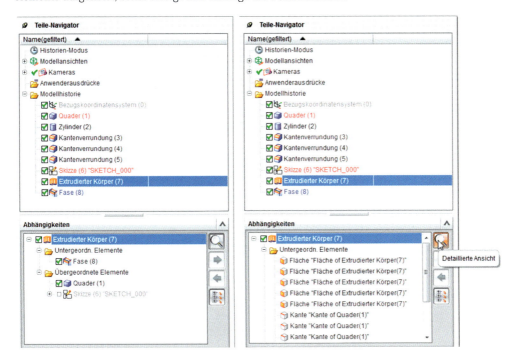

Im Teile-Navigator können durch die Kombination von **MT1+STRG** oder **MT1+UMSCH** mehrere Elemente gleichzeitig ausgewählt werden.

Vor jedem Formelement befindet sich ein Symbol, das den Status anzeigt.

 In Abhängigkeit vom Zeitstempel und Objekttyp zeigen die Haken, dass der Status des betroffenen Elementes normal ist.

 UNTERDRÜCKT: Das Element ist unterdrückt. Das Ein- und Ausschalten der Unterdrückung kann durch MT1 auf dem Statusfeld erfolgen.

 MODIFIZIERT: Wenn die automatische Aktualisierung ausgeschaltet ist und das Element verändert wurde, erscheint dieser Status.

 **FEHLER BEI AKTUALISIERUNG:** Bei der Berechnung des Formelementes ist ein Fehler aufgetreten, der durch den Nutzer akzeptiert wurde. Das Element wird nicht mehr angezeigt.

 INAKTIV: Das Element ist nicht aktiv.

Die Abbildung auf S. 277 oben zeigt ein Beispiel für unterschiedliche Zustände im **TEILE-NAVIGATOR**. Neben der Anzeige durch das Statussymbol werden Hinweise auf den Zustand des jeweiligen Formelementes in den Spalten **STATUS** und **VERALTET** gegeben.

Das dargestellte Kontextmenü erscheint, wenn Sie im Teile-Navigator auf dem gewählten Formelement mit **MT3** klicken. Dabei darf kein anderer Befehl aktiv sein. Die Funktionen im Menü sind vom jeweiligen Element abhängig.

Im Rahmen dieses Kapitels werden nur die Befehle des Kontextmenüs erläutert, die speziell im **TEILE-NAVIGATOR** verfügbar sind. Die weiteren Funktionen sind auch auf anderen Wegen erreichbar und werden deshalb in den folgenden Kapiteln separat erklärt.

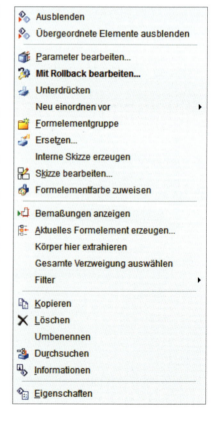

Der Befehl **AKTUELLES FORMELEMENT ERZEUGEN** gestattet den zeitlichen Rücksprung auf das selektierte Element. Alle folgenden Einträge im Teile-Navigator werden unterdrückt. Damit kann an dieser Stelle ein neues Element eingefügt werden. Nach dem Einfügen werden die nachfolgenden Elemente wieder aktiviert, indem im Kontextmenü **BIS ENDE AKTUALISIEREN** gewählt wird.

Das Vorgehen soll an einem Beispiel verdeutlicht werden. Dazu wurde ein Quader erstellt, der anschließend mit einer konstanten Wandstärke ausgehöhlt wurde. Dabei wurde eine Deckfläche entfernt (siehe nachfolgendes Bild ganz links).

FORMELEMENT ALS AKTUELL FESTLEGEN (MAKE CURRENT FEATURE)

Es soll nun eine Bohrung so hinzugefügt werden, dass sie ebenfalls durch das Aushöhlen verarbeitet wird. Dazu selektieren Sie das Formelement *Quader* vor dem Aushöhlen und springen mit **FORMELEMENT ALS AKTUELL FESTLEGEN** an diese Stelle zurück. Dann wird die Bohrung eingefügt. Danach erfolgt die Auswahl des Hohlkörpers *Schale* und dessen Aktivierung über **FORMELEMENT ALS AKTUELL FESTLEGEN**.

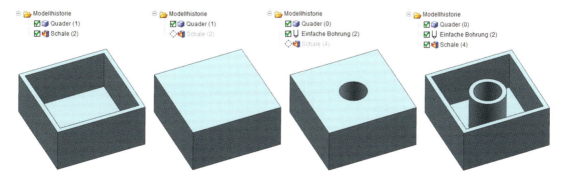

NEU EINORDNEN VOR/NACH (REORDER BEFORE/ AFTER)	Das dargestellte Modell lässt sich auch generieren, wenn man die Bohrung zunächst am Ende einfügt. Anschließend kann sie durch Drücken von **MT1** im Teile-Navigator an die entsprechende Stelle verschoben werden. Zudem stehen die Befehle **NEU EINORDNEN VOR** und **NEU EINORDNEN NACH** zur Verfügung.

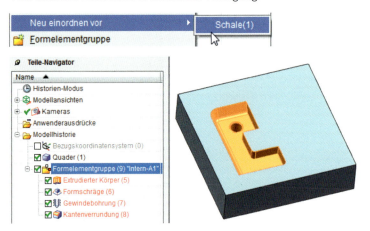

FORMELEMENT-GRUPPE (FEATURE GROUP)	Formelemente können in sogenannten Formelementgruppen organisiert werden. Eine **FORMELEMENTGRUPPE** ist ein Ordner in der Teile-Historie, mit dem thematisch zusammengehörende Formelemente zusammengefasst werden können. Dies erhöht die Übersichtlichkeit und erleichtert die Verwaltung der Konstruktion. Durch die Formelementgruppe können alle beinhalteten Formelemente gleichzeitig verwaltet werden. So ist es z. B. möglich, alle Formelemente der Gruppe zu unterdrücken, auszublenden, zu löschen, zu verschieben oder zu kopieren.

  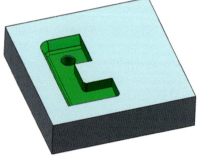

	Ferner kann einer **FORMELEMENTGRUPPE** über das Kontextmenü eine **GRUPPENFARBE** zugewiesen werden, welche auf alle beinhalteten Formelemente angewendet wird.
GRUPPIEREN (GROUP)	Mit dem Befehl **GRUPPIEREN** können Formelemente zu Sätzen zusammengefasst und gemeinsam verwendet werden. Dazu selektieren Sie die entsprechenden Elemente und vergeben anschließend einen Namen für die Gruppe. Der Formelement-Satz wird danach mit dem Namen im **TEILE-NAVIGATOR** aufgelistet. Ein Formelement kann verschiedenen Gruppen zugeordnet werden. Die Funktion **GRUPPIEREN** ist besonders im Zusammenhang mit der Erstellung assoziativer Kopien hilfreich.

Um die Übersichtlichkeit bei der Arbeit mit dem **TEILE-NAVIGATOR** weiter zu steigern, können den einzelnen Elementen zusätzliche Namen gegeben werden. Hierfür steht der Befehl **UMBENENNEN** zur Verfügung.

UMBENENNEN (RENAME)

Mit dem Befehl **BEMASSUNG ANZEIGEN** werden für alle selektierten Elemente die Parameter als Maß im Darstellungsfenster angezeigt.

BEMASSUNG ANZEIGEN (DISPLAY DIMENSIONS)

■ 4.3 Wiedergabedialog

Der **WIEDERGABEDIALOG** erlaubt es, sich durch die Entstehungshistorie eines Modells zu bewegen. Hierfür werden die Formelemente bis zum aktuellen Punkt aktiviert und darauffolgende Formelemente deaktiviert. Dadurch wird es auch möglich, die einzelnen Schritte bei der Erstellung eines Modells nachzuvollziehen.

WIEDERGABE DES FORMELEMENTES (PLAYBACK)

Das Dialogfenster wird über das entsprechende Icon in der Werkzeugleiste **FORMELEMENT BEARBEITEN** gestartet. Dann springt NX automatisch an den Anfang der Konstruktion und unterdrückt alle folgenden Elemente. Diese können nun nacheinander aktiviert werden, sodass die Konstruktionshistorie gut erkennbar wird. Vor dem Aufruf der Funktion sollten alle relevanten Layer eingeschaltet werden.

Wenn beim Aktualisieren der Konstruktion ein Fehler auftritt, kann der Wiedergabedialog automatisch gestartet werden. Weiterhin ist es möglich, dieses Verhalten nach Fehlerart zu konfigurieren. Die Einstellungen hierzu finden Sie unter **VOREINSTELLUNGEN > KONSTRUKTION > AKTUALISIEREN**.

Das Standardverhalten von NX ist es, alle Formelemente zu erzeugen und mit entsprechendem Fehlerstatus im **TEILE-NAVIGATOR** anzuzeigen.

Wird der Wiedergabedialog bei Fehlern automatisch gestartet, so wird das fehlerhafte Element mit einer entsprechenden Meldung im Anzeigefenster angezeigt (siehe Abbildung). Alle folgenden Elemente werden zunächst unterdrückt. Sie können nun entscheiden, wie die Fehler zu behandeln sind. Es besteht die Möglichkeit, diese zunächst zu ignorieren. Dann wird das Modell so weit wie möglich aktualisiert, und alle fehlerhaften Elemente werden weiter unterdrückt. Unter Verwendung des **TEILE-NAVIGATORS** können die fehlerhaften Elemente anschließend separat korrigiert werden.

Alternativ werden die Fehler im Wiedergabedialog direkt behoben. Mit dem Icon **BEARBEITEN** werden die dazu notwendigen Änderungen vorgenommen.

Eine Änderung kann mit dem Icon im Dialogfenster **RÜCKGÄNGIG** gemacht werden.

Der Wiedergabedialog besitzt folgende Funktionen:

RÜCKGÄNGIG: Nimmt die letzte Änderung zurück. Das Modell wird wieder in den Zustand vor der Änderung versetzt.

AKZEPTIEREN: Der aktuelle Fehler wird ignoriert. Die fehlerhaften Elemente werden unterdrückt und erhalten den Status *Fehler bei Aktualisierung*. Sie können anschließend gelöscht oder korrigiert werden.

VERBLEIBENDE AKZEPTIEREN: Alle nicht aktualisierbaren Formelemente werden unterdrückt. Das Modell wird so weit wie möglich berechnet.

GEHE ZURÜCK ZU: Es wird eine Liste der Formelemente angezeigt, die bereits aktualisiert sind. Durch Selektion eines Elementes der Liste wird bis zu diesem zurückgesprungen.

SCHRITT ZU: Analog zu **GEHE ZURÜCK ZU** wird nach vorne gesprungen.

ZURÜCK: Springt zum vorhergehenden Formelement

SCHRITT: Springt zum folgenden Formelement. Damit kann das Modell schrittweise durchlaufen werden, um die Historie zu erkennen.

WEITER: Springt zum letzten Formelement

LÖSCHEN: Löscht das fehlerhafte Element

UNTERDRÜCKEN: Das nicht aktualisierbare Element wird unterdrückt.

VERBLEIBENDE UNTERDRÜCKEN: Das aktuell angezeigte, fehlerhafte Formelement und alle folgenden Elemente werden unterdrückt.

ÜBERPRÜFEN DER KONSTRUKTION: Das Formelement wird analysiert.

BEARBEITEN: Damit können die fehlerhaften Elemente korrigiert werden. Es erscheint ein neues Dialogfenster, mit dem in Abhängigkeit vom angezeigten Fehler die folgenden Funktionen aktiv sind.

PARAMETER ÄNDERN: Die Geometrie des Formelementes wird modifiziert. Eine ausführliche Beschreibung erfolgt in Abschnitt 4.4.

LÖSCHEN UNGENUTZTER REFERENZEN: Durch Drücken des Icons werden ungenutzte Bezüge von Formelementen automatisch gelöscht. Enthält das Modell keine derartigen Bezüge, dann ist das Icon nicht aktiv.

POSITIONIERUNG BEARBEITEN: Die Positionsbemaßung des Formelementes kann geändert werden.

Für die schnelle Überprüfung der zeitlichen Reihenfolge einer Konstruktion kann die Werkzeugleiste **FORMELEMENTWIEDERGABE** genutzt werden. Diese besitzt einige Befehle des Wiedergabedialogs, mit denen manuell zu den einzelnen Elementen gesprungen wird.

FORMELEMENTWIEDERGABE (FEATURE REPLAY)

Mit der Funktion **AUTOMATISCHE FORMELEMENTWIEDERGABE** wird ein Dialogfenster aktiv, in dem ein Zeitabstand eingegeben werden kann. Dieser steuert die Pause beim automatischen **ABSPIELEN** der einzelnen Schritte.

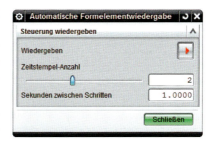

Der Schieberegler ermöglicht das manuelle Ansteuern der Zeitschritte. Im Eingabefeld neben dem Regler können Sie den gewünschten Zeitpunkt vorgeben.

Zur Dokumentation der Vorgehensweise bei der Erstellung eines Modells können Sie beim automatischen Abspielen mithilfe der Werkzeugleiste **FILM** eine *.avi*-Datei erstellen.

4.4 Ändern der Geometrie und Zuordnung

Der Befehl **PARAMETER BEARBEITEN** wird sehr häufig verwendet. Wenn diese Funktion durch Doppelklick auf das entsprechende Element im Grafikbereich oder im **TEILE-NAVIGATOR** sofort aufgerufen werden soll, muss unter **VOREINSTELLUNGEN > KONSTRUKTION > BEARBEITEN > DOPPELKLICK-AKTION** der Eintrag **PARAMETER BEARBEITEN** aktiv sein. Das Standardverhalten von NX ist die Bearbeitung mit Rollback.

PARAMETER BEARBEITEN (EDIT PARAMETERS)

Die Funktion **MIT ROLLBACK BEARBEITEN** versetzt das Modell wieder in den Zustand, den es bei der Erstellung des Formelementes hatte. Alle folgenden Elemente werden für die Durchführung der Änderung unterdrückt und anschließend neu berechnet. Die Arbeitsweise des Befehls ist analog zu **PARAMETER BEARBEITEN**.

MIT ROLLBACK BEARBEITEN (EDIT WITH ROLLBACK)

Nach dem Aufruf werden die Parameter des selektierten Elements am Modell angezeigt und können durch Auswahl sofort modifiziert werden. Weiterhin erscheint in Abhängigkeit vom selektierten Formelement der entsprechende Dialog, mit dem das Formelement definiert wurde.

Neben den geometrischen Werten können weitere Größen geändert werden. Diese Möglichkeiten werden an einigen typischen Beispielen erläutert.

Im ersten Beispiel besteht das Modell aus einem Knauf auf einem Quader. Nach der Selektion des Knaufs und dem Aufruf des Befehls zum Ändern der Parameter erscheint das abgebildete Menü. Parallel werden die Parameter im Grafikbereich angezeigt und können dort gezielt ausgewählt werden.

Mit der Option **FORMELEMENT DIALOGFENSTER** gelangen Sie in das Menü zur Festlegung der Parameter. Die Werte werden in diesem Menü modifiziert. Anschließend drücken Sie so lange **OK** bzw. **MT2**, bis das geänderte Formelement angezeigt wird.

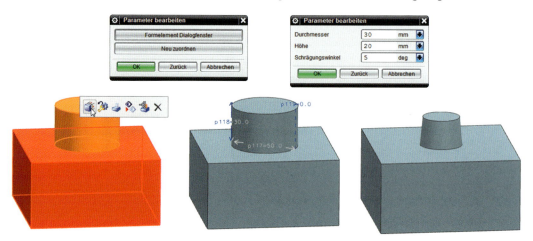

NEU ZUORDNEN (REATTACH)

Im nächsten Schritt soll der Knauf auf einer anderen Deckfläche des Quaders angebracht werden. Dazu verwenden Sie den Schalter **NEU ZUORDNEN** des Menüs **PARAMETER BEARBEITEN**.

Es erscheint ein Dialog, mit dem die Bezüge geändert werden können. Das System erwartet zuerst die Angabe einer neuen Zielfläche. Nach deren Selektion springt NX automatisch zum nächsten Auswahlschritt. Hier können die Positionsmaße festgelegt oder gelöscht werden.

Im Anzeigefenster sind die vorhandenen Positionierungen eingetragen. Diese werden auch am Bauteil angezeigt und sind entsprechend zu selektieren. Anschließend wird die Auswahl einer neuen Zielkante durchgeführt. Danach muss die Werkzeugkante angegeben werden. Wenn dazu keine Kante am Formelement genutzt werden kann, besteht die Möglichkeit, die Option **KÖRPERFLÄCHE IDENTIFIZIEREN** zu verwenden und die Zylinderfläche des Knaufs zu wählen. Das zweite Maß wird analog geändert.

Die Werte der Positionsmaße sind mit dem aktiven Befehl nicht editierbar, sondern müssen mit dem Befehl **POSITIONIERUNG BEARBEITEN** anschließend separat angepasst werden. Das kann zu unerwünschten Resultaten bei der Aktualisierung des Modells führen. Die Abbildung auf S. 283 zeigt den neu platzierten Knauf, wobei die Positionierung nachträglich angepasst wurde.

Im nächsten Beispiel soll eine Topologieänderung durchgeführt werden. Diese Änderungen treten auf, wenn Geometrieelemente eines Querschnittes oder einer Führungskurve ausgetauscht, hinzugefügt oder gelöscht werden. Dabei müssen Sie die vorhandenen Abhängigkeiten beachten. Oftmals müssen verschiedene Bezüge neu definiert werden, damit das geänderte Modell vollständig berechnet werden kann.

Der abgebildete Körper wurde aus der Extrusion einer Skizze erstellt, und anschließend wurde ein Knauf erzeugt. Die schräge Deckfläche müssen Sie durch zwei neue Flächen ersetzen, sodass das auf dem unteren Bild dargestellte Bauteil entsteht.

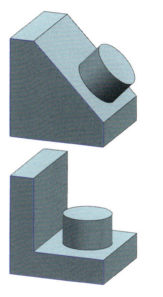

Um die neue Geometrie zu erhalten, muss zuerst die Skizze editiert und um die beiden Linien ergänzt werden. Die schräge Linie wird gelöscht. Nach dem Verlassen der Skizzierumgebung tritt eine Fehlermeldung auf. NX ist in diesem Beispiel nicht in der Lage, den Knauf zu erzeugen, da deren ursprüngliche Platzierungsfläche mit dem Skizzenelement gelöscht wurde.

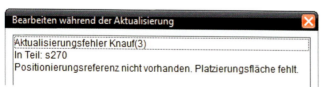

Zur Lösung des Problems starten Sie im Wiedergabedialog den Befehl **BEARBEITEN** und anschließend die Option **PARAMETER ÄNDERN**. Danach rufen Sie **NEU ZUORDNEN** auf. Die neue Platzierungsfläche, die Positionsmaße und die neue Durchgangsfläche werden nacheinander selektiert. Anschließend drücken Sie so lange **OK** bzw. **MT2**, bis die Konstruktion wieder vollständig angezeigt wird.

4.5 Ändern der Position

Zum Ändern der Lage von Elementen besteht die Möglichkeit, die Positionierung zu bearbeiten oder das Element zu verschieben. In beiden Fällen wird das selektierte Objekt in Bezug zu anderer Geometrie gesetzt. Für die Positionierung des vollständigen Modells steht der Befehl **OBJEKT BEWEGEN** zur Verfügung.

FORMELEMENT VERSCHIEBEN (MOVE FEATURE)

Mit dem Befehl **FORMELEMENT VERSCHIEBEN** können Sie ein bestehendes Formelement im Raum bewegen, sofern für dieses noch keine Positionierung definiert wurde. Nach dem Start des Befehls in der Werkzeugleiste **FORMELEMENT BEARBEITEN** wählen Sie zunächst das zu verschiebende Formelement. Dazu selektieren Sie es aus der angezeigten Liste oder im Grafikbereich. Anschließend erscheint das Fenster zur Definition der Verschiebung. Dieses besitzt drei Eingabefelder, in denen Abstände bezogen auf das WCS eingegeben werden können. Das selektierte Element wird dann um diese Beträge verschoben.

Weiterhin besteht die Möglichkeit, die Verschiebung mit der Option **ZU EINEM PUNKT** durch Angabe eines Start- und eines Endpunktes festzulegen. Der Abstand zwischen diesen beiden Punkten bildet den Verschiebevektor.

Die folgende Abbildung zeigt dafür ein Beispiel. Der Knauf befindet sich zunächst in der Mitte des Quaders und besitzt keine Positionierung. Mit der Funktion **ZU EINEM PUNKT** wird der **PUNKT-KONSTRUKTOR** gestartet. Als Startpunkt wählen Sie den Mittelpunkt des Fußkreises vom Knauf. Das Ziel ist die Mitte einer Kante des Quaders. Damit wird die Mitte des Knaufs entsprechend verschoben.

 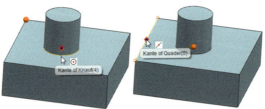 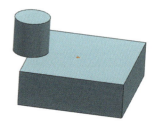

Mit der Option **DREHEN UM 2 ACHSEN** kann ein Element von einer Referenzachse in eine Zielachse gedreht werden. Bei der Funktion **KSYS ZU KSYS** werden zwei Koordinatensysteme zur Definition der Verschiebung genutzt.

POSITIONIERUNG BEARBEITEN (EDIT POSITIONING)

Der Befehl **POSITIONIERUNG BEARBEITEN** erlaubt die Modifikation der Positionierung bestehender Formelemente. Dabei ist es möglich, Bemaßungen hinzuzufügen oder zu löschen bzw. zu bearbeiten. Zum Start des Befehls selektieren Sie das Formelement am einfachsten mit **MT3** im Grafikbereich oder im **TEILE-NAVIGATOR** und rufen im Popup-Menü den entsprechenden Befehl **POSITIONIERUNG BEARBEITEN** auf.

Die folgende Abbildung zeigt einen Quader mit einem Knauf, der nur ein Positionsmaß besitzt. Nachdem der Knauf selektiert und der Befehl gestartet wurde, erscheint der Dialog zum Bearbeiten der Positionierung. Das vorhandene Maß wird angezeigt.

  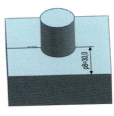 

Wenn das Element durch die Bemaßung noch nicht vollständig bestimmt ist, können weitere Maße hinzugefügt werden. Dabei ist darauf zu achten, dass die Bemaßungsreferenzen für die Positionierung in der zeitlichen Reihenfolge vor dem jeweiligen Element stehen.

Mit der Option **BEMASSUNG HINZUFÜGEN** gelangen Sie in den Positionierungsdialog und können mit diesem eine weitere Bemaßung erzeugen. NX akzeptiert beim Bearbeiten keine Durchdringungen zwischen Werkzeug- und Zielkörper als Kanten zur Positionierung. Alternativ kann die Option **KÖRPERFLÄCHE IDENTIFIZIEREN** verwendet werden.

Für den Knauf wird als weiteres Maß der senkrechte Abstand zu einer Quaderkante erzeugt, wobei als Werkzeugkante die Zylinderfläche des Knaufs verwendet werden muss. Das System misst dann den Abstand bis zur Mitte dieser Fläche. Die neue Bemaßung wird übernommen und das Formelement dementsprechend verschoben.

■ 4.6 Unterdrücken

Bei Bedarf können Konstruktionselemente unterdrückt werden. Durch Unterdrücken wird das Element von der Berechnung ausgeschlossen und nicht mehr angezeigt. Die Definition des Formelements bleibt jedoch erhalten.

FORMELEMENT UNTERDRÜCKEN (SUPPRESS)

Für das Unterdrücken und das Aufheben der Unterdrückung bietet sich der **TEILE-NAVIGATOR** an. Nach der Selektion des Formelementes kann der gewünschte Zustand über das Kontextmenü gesteuert werden. Durch Entfernen des Hakens im Statusfeld vor dem jeweiligen Element wird es unterdrückt, und mit dem Aktivieren des Hakens wird die Unterdrückung wieder aufgehoben.

UNTERDRÜCKEN AUFHEBEN (UNSUPPRESS)

Objekte, die in Beziehung zu einem unterdrückten Element stehen, werden ebenfalls automatisch unterdrückt. So kann z. B. eine Bohrung nicht mehr dargestellt werden, wenn ihre Platzierungsfläche unterdrückt wurde.

4.7 Aktualisierung

VERZÖGERTE AKTUALISIERUNG NACH BEARBEITUNG (DELAYED UPDATE ON EDIT)

NX berechnet das Modell automatisch nach jeder Änderung und aktualisiert die Bildschirmdarstellung. Dieser Vorgang kann bei umfangreichen Modifikationen an komplexer Geometrie einige Zeit in Anspruch nehmen. Daher besteht die Möglichkeit, die automatische Aktualisierung auszuschalten. Hierfür steht das Icon **VERZÖGERTE AKTUALISIERUNG NACH BEARBEITUNG** in der Werkzeugleiste **FORMELEMENT BEARBEITEN** zur Verfügung. Aktualisierungen können in der Folge nur noch manuell mit dem entsprechenden Befehl initiiert werden.

Bei ausgeschalteter automatischer Aktualisierung steht der Befehl **MODELL AKTUALISIEREN** zur Verfügung, um die manuelle Aktualisierung auszulösen.

MODELL AKTUALISIEREN (MODEL UPDATE)

4.8 Parameter entfernen

PARAMETER ENTFERNEN (REMOVE PARAMETERS)

Bei der Änderung komplexer Modelle ist es möglich, dass aufgrund der vorhandenen Abhängigkeiten Fehler bei der Berechnung der Konstruktion auftreten, die nicht automatisch behoben werden können. Um in diesem Fall dennoch mit der Konstruktion weiter arbeiten zu können, kann man alle **PARAMETER ENTFERNEN**. Dazu starten Sie den Befehl und wählen die entsprechenden Körper aus. Anschließend wird der folgende Hinweis angezeigt.

Mit **JA** wird die Operation durchgeführt. Damit werden alle parametrischen Elemente im Modell gelöscht, und Sie erhalten einen nicht parametrischen Körper. Alle vorher definierten Bedingungen und Werte sind damit nicht mehr vorhanden.

Unmittelbar nach dem Durchführen des Befehls **PARAMETER ENTFERNEN** besteht die Möglichkeit, diese Operation durch den Schalter **RÜCKGÄNGIG** zu widerrufen und die alten Bedingungen zu reaktivieren.

Das linke Bild zeigt die Modellhistorie vor, das rechte zeigt sie nach dem Entfernen der Parameter.

■ 4.9 Dichte bearbeiten

Jedem Körper wird automatisch eine Dichte zugeordnet. Die Standarddichte kann unter **VOREINSTELLUNGEN > KONSTRUKTION > ALLGEMEIN** für alle folgenden Modelle definiert werden.

Um die **DICHTE** eines vorhandenen Körpers zu ändern, steht der Befehl **DICHTE ZUWEISEN** in der Werkzeugleiste **FORMELEMENT BEARBEITEN** zur Verfügung. Nachdem ein Volumenkörper gewählt wurde, kann die Dichte für diesen definiert und mit **OK** zugewiesen werden. Zudem kann die Maßeinheit festgelegt werden.

DICHTE ZUWEISEN (EDIT SOLID DENSITY)

Eine weitere Möglichkeit der Zuordnung einer Dichte besteht darin, dem Körper über **WERKZEUGE > MATERIALIEN** ein Material zuzuweisen. Damit werden neben der Dichte weitere mechanische, thermische sowie elektrische Eigenschaften zugewiesen, die in Simulationen, wie z. B. Finite-Elemente-Analysen, relevant sind. Hierbei können die Materialbibliotheken verwendet oder eigene Materialien definiert werden.

5 Weitere Technologien der 3D-Modellierung

In diesem Kapitel werden weiterführende Möglichkeiten zur Erstellung von 3D-Modellen beschrieben. Diese dienen dazu, die Bauteile mit »intelligenten« Bedingungen zu versehen, häufig verwendete Geometrien als Vorlage zur Verfügung zu stellen und Messungen durchzuführen.

■ 5.1 Design Logic

Seit der Version NX3 ist die Funktionalität von Design Logic verfügbar. Dabei handelt es sich um eine Weiterentwicklung der Verwendung von Ausdrücken. Auf diese Möglichkeiten kann der Anwender bei jeder Parametereingabe durch Nutzung des Pfeils neben dem Eingabefeld oder mit dem Menü **WERKZEUGE > AUSDRUCK** zugreifen.

In NX ist ein Ausdruck eine Zuordnung, die den Wert einer Variablen festlegt. Die Ausdrücke bestehen aus einer linken und rechten Seite. Dabei wird das Ergebnis der rechten Seite auf die Variable übertragen. Zur Bestimmung von Ausdrücken werden

Ausdrücke *(Expressions)*

- Zahlen, z. B. *p24= 2.56*,
- bereits definierte Variablen, z. B. *p25=p24*,
- Kombinationen von beiden, z. B. *f=pi()*(durchmesser^2)/4*,
- Bedingungen, z. B. *l=if (b>3) (5) else (2)*,
- Messwerte, z. B. *abstand=distance3*, und
- Funktionen, z. B. *federkonstane=ug_compressionSpringConstant(20[mm],16[mm],1000 [N])*,

verwendet. Die vollständige Beschreibung der Syntax für die Verwendung von Ausdrücken befindet sich in der Online-Hilfe.

Die Namen der Variablen werden normalerweise von NX beim Erstellen parametrischer Elemente automatisch vergeben. Diese Systemvariablen beginnen mit dem Buchstaben *p* und erhalten eine fortlaufende Nummerierung (*p0, p1, p2* …).

Ausdrucksnamen *(Expression Names)*

Die Ausdrücke können auch durch den Anwender benannt werden. Jeder Name darf dabei innerhalb eines Teils nur einmal verwendet werden. Der Name besteht aus einer Kette von Buchstaben und Zahlen. Er muss jedoch mit einem Buchstaben beginnen. Die Namen sollten außer »_« keine Sonderzeichen beinhalten.

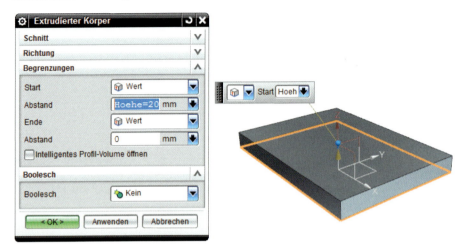

Die Benennung durch den Anwender erfolgt beim Erstellen des jeweiligen Elementes in den entsprechenden Eingabefeldern der Dialogfenster oder unter Nutzung des Befehls **WERKZEUGE > AUSDRUCK**. Es ist möglich, schon beim Erzeugen des Elementes Beziehungen zu verwenden. Dabei können auch Abhängigkeiten zu bereits definierten Ausdrücken vergeben werden.

Zur besseren Orientierung können Sie Ausdrücke bei der Eingabe der Parameter mit einem Kommentar versehen. Dieser Text ist durch // zu kennzeichnen, z. B. *d1=10 //Wellendurchmesser.*

Verwaltung von Ausdrücken

Für die Verwaltung der Ausdrücke und zur Nutzung der weiteren Funktionen von Design Logic gibt es ein entsprechendes Dialogfenster (siehe Abbildung auf S. 291), das über **WERKZEUGE > AUSDRUCK** aufgerufen wird. In diesem Fenster werden alle Ausdrücke der Konstruktion mit ihrem Namen, der Formel, ihrem aktuellen Wert, der Einheit, dem Typ, einem Kommentar und Prüfungen dargestellt. Um auch in der Anwendung **ZEICHNUNGSERSTELLUNG** Zugriff auf die Ausdrücke zu haben, muss die Variable *UGII_DRAFT_EXPRESSIONS_OK=1* gesetzt werden.

Unter **AUFGELISTETE AUSDRÜCKE** lassen sich verschiedene Kriterien zur Anzeige einstellen. Mit der Option **BENANNT** werden die durch den Anwender selbst erstellten oder umbenannten Ausdrücke aufgelistet. **ANWENDERDEFINIERT** zeigt nur die Ausdrücke an, die durch den Anwender festgelegt wurden. Nach dem Aktivieren von **PARAMETER FÜR OBJEKT** muss ein Element selektiert werden, für das dann alle zutreffenden Ausdrücke aufgelistet werden.

Werden Optionen mit Filterfunktionen aufgerufen, dann wird das zweite Eingabefeld zur Festlegung des Filters aktiv. Dabei wird ein * als beliebiger Text interpretiert. Verwendet man beispielsweise *p** als Filter, sind alle Ausdrücke, die mit dem Buchstaben *p* beginnen, betroffen.

Durch Anklicken einer Spaltenüberschrift mit **MT1** werden die Einträge der Spalte neu sortiert. Mit **MT3** auf der Überschrift wird ein Popup-Menü geöffnet, das zusätzliche Optionen enthält.

In der Liste des Dialogfensters werden zu Ausdrücken, die von NX automatisch generiert wurden, hinter dem Namen weitere Informationen zum jeweiligen Formelement- und Parametertyp angezeigt.

Mit der Auswahl eines Ausdrucks in der Liste erfolgt seine Übernahme in den Definitionsbereich **NAME** und **FORMEL**. Der vollständige Ausdruck wird angezeigt. In diesen Feldern können der Name und sein Wert geändert werden. Mit dem grünen Haken oder **ENTER** werden die Änderungen übernommen. Das rote Kreuz leert die Eingabefelder, ohne die Änderungen zu sichern. Neue Ausdrücke können vollständig in den Feldern eingegeben werden.

Es besteht die Möglichkeit, Zeichenfolgen mit den üblichen Funktionen des Betriebssystems (**KOPIEREN** und **EINFÜGEN**) in das Eingabefeld zu übertragen.

Mit der Nutzung des Dialogfensters können mehrere Bedingungen eines Modells gleichzeitig geändert werden. Durch **ANWENDEN** wird die Konstruktion dann mit den geänderten Werten aktualisiert. Somit können Sie verschiedene Varianten austesten, ohne die Formelemente einzeln zu editieren.

Die Icons im Dialogfenster haben folgende Bedeutung:

 KALKULATIONSTABELLE ÄNDERN: Die Ausdrücke werden an Excel übergeben und können dort bearbeitet werden.

 AUSDRÜCKE AUS DATEI IMPORTIEREN: Es werden Dateien vom Typ *.exp* eingelesen. Bei gleichen Ausdrücken kann der Anwender die Ersetzungsstrategie bei der Auswahl der zu importierenden Datei vorgeben.

 AUSDRÜCKE AUS DATEI EXPORTIEREN: Die Ausdrücke werden in eine Textdatei vom Typ *.exp* geschrieben. Diese Datei kann mit einem Texteditor bearbeitet werden.

MEHR/WENIGER OPTIONEN: Die Zusatzoptionen des Menüs werden geöffnet bzw. geschlossen.

 FUNKTIONEN: Es wird ein Dialogfenster mit Standardfunktionen aufgerufen. NX verfügt auch über eine Bibliothek zur grundlegenden Berechnung von Maschinenelementen, wie z. B. Balken, Zahnräder oder Federn.

 In diesem Menü stehen verschiedene Messmöglichkeiten zur Verfügung. Das Ergebnis wird dann in den **TEILE-NAVIGATOR** übernommen. Weiterhin werden automatisch Ausdrücke für die Messwerte generiert.

 EINZELNEN TEILEÜBERGREIFENDEN AUSDRUCK ERSTELLEN: Damit kann ein Ausdruck von einem Quellteil auf das aktuelle übergeben werden. Dabei werden teileübergreifende Ausdrücke erzeugt.

 MEHRERE TEILEÜBERGREIFENDE AUSDRÜCKE ERSTELLEN: Damit können mehrere Ausdrücke von einem Quellteil in das aktuelle übergeben werden. Auch hier werden teileübergreifende Ausdrücke erzeugt.

 MEHRERE TEILEÜBERGREIFENDE AUSDRÜCKE BEARBEITEN: Die externen Referenzen können modifiziert oder gelöscht werden.

 REFERENZIERTE TEILE ÖFFNEN: Wenn externe Referenzen zu anderen Komponenten bestehen, werden die entsprechenden Teile aufgelistet und können geöffnet werden.

Dieses Menü dient zum Erstellen und Verwalten von Prüfkriterien für Ausdrücke.

 WERTE DER EXTERNEN TABELLENKALKULATION AKTUALISIEREN

 LÖSCHEN: Der ausgewählte Ausdruck wird gelöscht, wenn er nicht anderweitig verwendet wird. NX entfernt Ausdrücke, die automatisch erzeugt wurden, wenn sie nicht mehr benötigt werden.

Weitere Optionen erhält man durch Anwahl der Ausdrücke in der Liste mit **MT3**. Es erscheint ein Popup-Menü, mit dem der selektierte Ausdruck beispielsweise gelöscht, gesperrt oder mit einem Kommentar versehen werden kann.

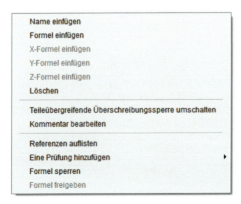

Die Möglichkeiten von Design Logic können Sie bereits bei der Erstellung der Formelemente nutzen. Dazu verwenden Sie den Pfeil neben den Parameterfeldern. Es erscheint das abgebildete Menü. Dieses enthält die verschiedenen Optionen zur Erstellung von Beziehungen. Weiterhin wird eine Liste der letzten Eingabewerte und verfügbaren Ausdrücke angezeigt, aus der Sie eine passende Größe selektieren können.

Durch **MESSEN** besteht die Möglichkeit, Längen oder Winkel abzumessen und den Wert zu übernehmen. Die Messung bleibt bestehen und wird bei einer Änderung aktualisiert.

Mit **FORMEL** gelangen Sie in das Fenster *Ausdrücke* und können hier eine Formel definieren.

Mit Selektion von **REFERENZ** ist es möglich, Werte aus bestehender Geometrie abzugreifen. Hierzu wählen Sie mit **MT1** die vorhandene Geometrie an. Danach werden deren Maße angezeigt, die nun mit **MT1** ausgewählt werden können, und es wird eine Formel zu diesem Parameter erzeugt.

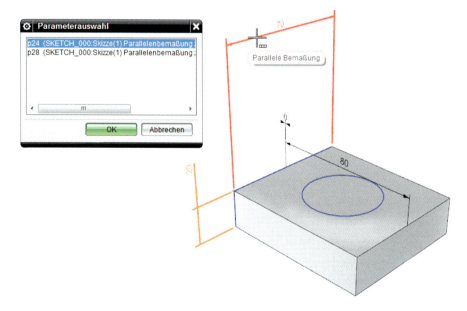

Mit **ALS KONSTANT FESTLEGEN** werden Ausdrücke, die über Beziehungen definiert wurden, wieder frei, sodass im Eingabefeld wieder Werte eingegeben werden können.

Es ist auch möglich, in den Eingabefeldern neue Ausdrücke zu erstellen, indem vor dem Wert der Name des Ausdrucks mit einem »=«-Zeichen gestellt wird. Dadurch wird ein neuer Ausdruck erzeugt, mit dem der Wert im Eingabefeld verknüpft wird. Ersetzt man den automatischen Namen, z. B. *p1*, mit einem sprechenden Namen, so wird kein neuer Ausdruck erzeugt, sondern der bestehende, in diesem Fall *p1*, umbenannt.

Die Anwendung der verschiedenen Möglichkeiten von Design Logic wollen wir nun an einem komplexen Beispiel darstellen. Wir werden einen runden Deckel erstellen.

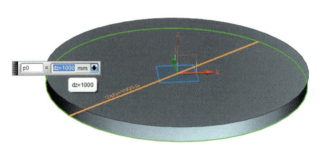

Als Basis dient ein Zylinder, der über **SKIZZE** und **EXTRUDIERTER KÖRPER** erzeugt wurde. Die Abbildung zeigt das Dialogfenster zur Definition des Bauteils. Die Parameter zur Bestimmung der Größe wurden wie abgebildet eingegeben. Mit der **TAB**-Taste übergeben Sie den jeweiligen Wert an NX und wechseln ins nächste Eingabefeld. Der definierte Ausdruck steht damit sofort für weitere Eingaben zur Verfügung.

Das System hat die Namen für die eingegebenen Parameter übernommen. Diese werden im Menü **WERKZEUGE > AUSDRUCK** aufgelistet. Dabei wurden aufgrund der Eingabedaten automatisch Längeneinheiten erzeugt. Stellt man den Filter auf **ALLE**, dann ist erkennbar, dass NX intern die Ausdrücke für den Zylinder zunächst mit eigenen Namen versehen hat (*p0, p1*). Diesen wurden dann die vom Anwender definierten Ausdrücke (*dz, hz*) zugewiesen.

Bei Bedarf können zusätzlich Kommentare erzeugt werden. Dafür wählen Sie den jeweiligen Ausdruck in der Liste mit **MT3** aus. Unter Nutzung der Option **KOMMENTAR BEARBEITEN** geben Sie einen Hinweistext ein, der anschließend ebenfalls angezeigt wird. Alternativ kann der Kommentar durch Doppelklick auf das entsprechende Feld in der Liste erzeugt werden. Die Abbildung auf S. 295 zeigt die Ausdrücke und die Kommentare für den Zylinder. Dessen Geometrie bleibt zunächst unverändert.

Im nächsten Schritt soll ein Muster mit Durchgangsbohrungen erstellt werden. Dazu werden die notwendigen Eingabewerte vorher als Ausdrücke erzeugt. Dabei sind unbedingt die Maßeinheiten und der **TYP** zu beachten. Der Ausdruck *db=32* steuert den Bohrungsdurchmesser, und *rt=450* definiert den Lochkreis. Beide werden in *mm* eingegeben. Mit *anz=24* als *Konstant* legen Sie die Anzahl der Bohrungen fest.

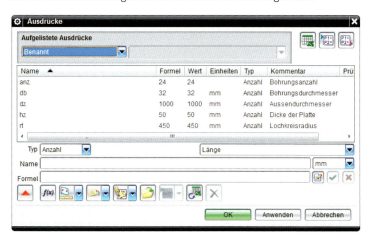

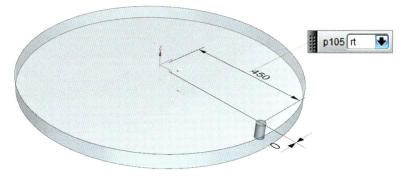

Nachdem die Ausdrücke definiert wurden, kann das Bohrmuster erzeugt werden. Dazu rufen Sie den Befehl **BOHRUNG** auf. Die Lage wird durch eine Skizze mit den abgebildeten Maßen zu den Bezugsebenen bestimmt. Dabei wird der Lochkreisradius *rt* eingegeben. Für den **DURCHMESSER** wird *db* verwendet. Die **TIEFENBEGRENZUNG** ist **DURCH KÖRPER**. Dann wird die Bohrung mit **OK** erstellt.

Im folgenden Schritt wird mit dem Befehl **EINFÜGEN > ASSOZIATIVE KOPIE > MUSTERELEMENT** ein Kreismuster erstellt. Dazu wird der Befehl aufgerufen und die Bohrung ausgewählt. Sie wählen unter **MUSTERDEFINITION > LAYOUT > KREISFÖRMIG** aus und geben anschließend

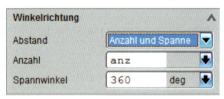

unter **ROTATIONSACHSE** den Vektor an. Im Bereich Winkelrichtung können Sie nun den Abstand, hier **ANZAHL UND SPANNE**, die Anzahl, die über den dimensionslosen Ausdruck *anz* erfolgt, und den Spannwinkel eingeben.

Nach dem Beenden mit **OK** erhalten Sie das abgebildete Ergebnis.

Jetzt können Sie unter Verwendung des Menüs **AUSDRÜCKE** sehr einfach Varianten erstellen. Mit dem Icon **KALKULATIONSTABELLE ÄNDERN** wird die Steuerung der Konstruktion an Excel übergeben. Die Ausdrücke werden wie abgebildet aufgelistet. Die grün hinterlegten Datensätze kennzeichnen die unabhängigen Steuergrößen. Sie können sofort in Excel editiert werden. Sollen die anderen Werte geändert werden, müssen Sie vorher mit **ÜBERPRÜFEN > BLATTSCHUTZ AUFHEBEN** (Office 2010) der Schreibschutz entfernen. Damit ist es dann auch möglich, die Zellengröße anzupassen.

Die roten Dreiecke im Feld für die Formel erscheinen, wenn ein Kommentar existiert.

Mit **ADD-INS > AUSDR. AKTUALISIEREN** werden die Änderungen an NX übergeben. Danach kann Excel beendet werden, und NX übernimmt wieder die Steuerung.

Als Nächstes erstellen Sie einen *Zylinder*, mit einer **SKIZZE** und dem Befehl **EXTRUDIERTER KÖRPER**, in der Plattenmitte. Dabei werden die notwendigen Bedingungen bei der Erzeugung des Formelements vergeben.

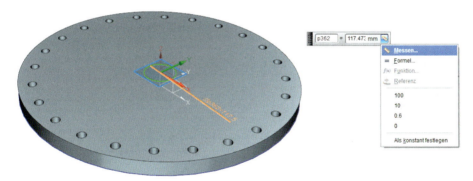

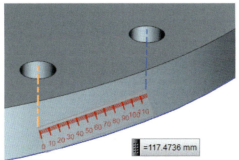

Der **DURCHMESSER** soll sich im Beispiel aus dem Abstand zwischen zwei Löchern des Bohrfeldes ergeben. Dazu rufen Sie neben dem entsprechenden Eingabefeld die Funktionen von Design Logic auf, und starten die Option **MESSEN**. Danach erscheint das Dialogfenster **ABSTAND MESSEN**. Dort wird als **TYP ABSTAND** eingestellt. Anschließend selektieren Sie die Mittellinien der entsprechenden Bohrungen, und das Messergebnis wird daraufhin angezeigt. Dabei sollten die Ursprungsbohrung und die erste Kopie des Feldes verwendet werden, um bei Änderungen immer sinnvolle Ergebnisse zu erhalten. Mit **OK** wird das Messergebnis übernommen. Das entsprechende Eingabefeld wird ausgegraut und der Zusammenhang daneben als Symbol dargestellt.

Mit **EXTRUDIERTER KÖRPER** erstellen Sie nun den Zylinder. Für den **ABSTAND** (Höhe) geben Sie die Bedingung *2*hz* im Feld ein.

Das letzte Element ist eine Durchgangsbohrung in der Plattenmitte. Diese wird mit dem Befehl **BOHRUNG** generiert. Für die **POSITION** wird der abgebildete Mittelpunkt der Kreiskante vom Zylinder genutzt. Wenn das Feld für den Durchmesser noch gesperrt ist, wird es durch Drücken des Pfeils mit der Option **KONSTANT MACHEN** wieder freigegeben. Anschließend geben Sie den Ausdruck *dm=70* ein und erzeugen die Durchgangsbohrung. Damit ist die Erstellung der Geometrie beendet.

Im nächsten Schritt sollen einige Ausdrücke über Bedingungen gesteuert werden. Zuerst erstellen Sie eine Abhängigkeit des Lochkreises vom Außen- und vom Bohrungsdurchmesser. Dazu selektieren Sie den entsprechenden Ausdruck in der Liste und geben anschließend die abgebildete **FORMEL** ein. Dabei zeigt NX in einer Auswahlliste automatisch Werte an, die das jeweils eingegebene Zeichen enthalten. In dieser Liste können die gewünschten Daten selektiert werden.

Die Bohrungsanzahl soll im nächsten Schritt durch eine Bedingung festgelegt werden. Wenn die Plattendicke *hz* kleiner oder gleich 50 mm ist, dann soll die Anzahl 16 sein. Bei größeren Dicken ist die Anzahl 24. Die Abbildung zeigt die beiden Varianten.

Im nächsten Schritt erläutern wir exemplarisch die Nutzung von Funktionen. Nach Aufruf des Befehls **FUNKTIONEN** wird das abgebildete Fenster angezeigt. Dabei kann mit einem Filter eine bestimmte Klasse aufgelistet werden. In der Abbildung wurde der Filter auf Platten (*plate*) gesetzt, und Sie erhalten daraufhin alle Funktionen zur Bestimmung der mechanischen Eigenschaften von Platten.

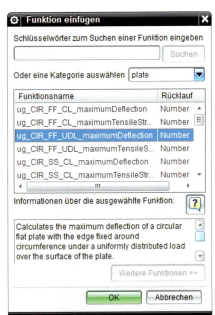

Das konstruierte Bauteil ist eine ebene, runde Platte mit zusätzlichem Randmoment durch die Verschraubung. Die Formeln zur Berücksichtigung der Verschraubung sind nicht in NX verfügbar. Näherungsweise wird deshalb die Funktion zur Berechnung der maximalen Durchbiegung einer Kreisplatte mit eingespanntem Rand unter Belastung durch einen konstanten Druck in der Liste ausgewählt. Wenn Sie im Dialogfenster das Icon mit dem Fragezeichen drücken, erhalten Sie die entsprechenden Hinweise zu der gewählten Funktion. Der untere Bereich des Dialogfensters enthält eine Kurzfassung.

Mit **OK** wird die Auswahl abgeschlossen und das Fenster zur Eingabe der Parameter geöffnet. Für das Beispiel wurden die dargestellten Argumente eingegeben und der Befehl mit **OK** beendet.

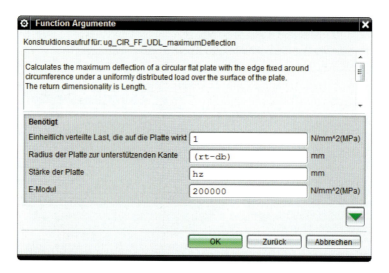

NX übernimmt die Daten und trägt sie in das Eingabefeld **FORMEL** ein. Dieser Beziehung ordnen Sie dann noch einen **NAME** zu und erstellen den Ausdruck. Dabei ist auf die richtige Maßeinheit zu achten.

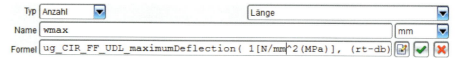

Das Ergebnis der Berechnung wird dann wie abgebildet aufgelistet.

wmax   ug_CIR_FF_UDL_maximumD...   0.2465787523   mm   Anzahl   max. Durchbiegung

Will man die Platte für verschiedene Drücke berechnen, muss der Ausdruck für die Funktion entsprechend editiert werden. Alternativ kann der Druck als eigener Ausdruck erzeugt und dann in die Funktion eingebaut werden. Dabei sind die Maßeinheiten zu beachten (siehe Abbildung).

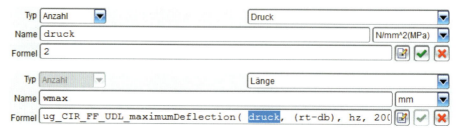

Im nächsten Schritt soll für die berechnete Durchbiegung eine Prüfung generiert werden. Dazu aktivieren Sie den Ausdruck *wmax* mit **MT3** und rufen im Popup-Menü den Befehl **EINE PRÜFUNG HINZUFÜGEN > NEUE ANFORDERUNG ERZEUGEN** auf. Anschließend steht das abgebildete Dialogfenster zur Verfügung.

Dort geben Sie zuerst einen **NAME** ein. Unter **AUSWIRKUNGSGRAD** legen Sie den Grad des Verstoßes fest. Im Beispiel wurde **WARNUNG** gewählt. Danach legen Sie die Definitionsmethode fest. Die maximale Durchbiegung soll nicht größer sein als 0,5 % des Plattendurchmessers. Dazu aktivieren Sie die Option **EINSEITIGER VERGLEICH** und geben im Feld **AUSDRUCK** die Bedingung *< 0.005*dz* ein. Außerdem können Sie einen Beschreibungstext eingeben.

Nach Beenden mit **OK** erhält der Ausdruck eine Checkbox, und die Spalte **PRÜFUNGEN** zeigt einen entsprechenden Eintrag an. Ein grüner Haken bedeutet, dass die Prüfung bestanden ist. Wenn ein Fehler auftritt, wird bei einer Warnung ein gelbes Ausrufezeichen dargestellt. Die folgenden Abbildungen zeigen dazu jeweils ein Beispiel.

Alle vom Anwender definierten Tests werden im **TEILE-NAVIGATOR** unter dem Eintrag **PRÜFUNGEN** zusammengefasst.

Zum Bearbeiten und Löschen wird der Befehl **ANALYSE > ANFORDERUNGEN PRÜFEN** verwendet. Damit werden alle Prüfungen in einer übersichtlichen Darstellung aufgelistet und können durch Selektion mit **MT3** und den verfügbaren Popup-Menüs bearbeitet werden. Zusätzlich können über ein Icon Informationen im Grafikfenster angezeigt werden.

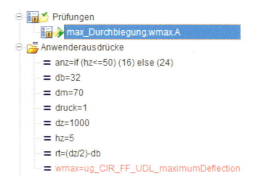

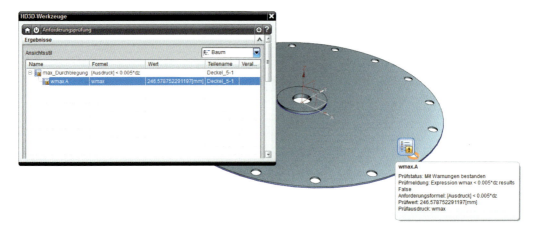

Zur Bestimmung der Masse rufen Sie im Menü **AUSDRÜCKE** den Befehl **KÖRPER MESSEN** auf. Danach selektieren Sie das Bauteil, und die Ergebnisse werden daraufhin von NX im Grafikbereich angezeigt. Da die Masse von Interesse ist, aktivieren Sie diesen Wert. Mit **OK** gelangen Sie wieder in das Menü für **AUSDRÜCKE**. Dort wurde unter **FORMEL** automatisch der ausgewählte Messwert eingetragen. Sie müssen also nur noch den Namen und die Maßeinheit festlegen. Die anderen Messwerte werden mit dem Filter **MESSUNGEN** aufgelistet. Bei Bedarf können sie ebenfalls sinnvollen Ausdrucksnamen zugeordnet werden.

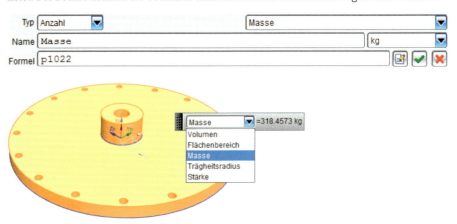

NACH AUSDRUCK UNTERDRÜCKEN (SUPRESS BY EXPRESSION)

Die Platten soll in zwei Varianten genutzt werden. Die erste Ausführung verfügt über keinen Zylinder (**EXTRUDIERTER KÖRPER**) und keine Bohrung in der Mitte, während die zweite Variante diese Elemente besitzt. Zum Erstellen der Varianten wird der Befehl **NACH AUSDRUCK UNTERDRÜCKEN** verwendet. Dieser befindet sich in der Werkzeugleiste **BEARBEITEN > FORMELEMENT**. Nach Aufruf des Befehls selektieren Sie die betroffenen Formelemente, und schließen den Vorgang mit **OK** ab. Dadurch generiert NX automatisch zwei Ausdrücke. Diese werden wie abgebildet umbenannt.

| p1056 | (Extrudierter Körper(6) Suppression Status) | 1 | 1 | Anzahl |
| p1057 | (Einfache Bohrung(7) Suppression Status) | 1 | 1 | Anzahl |

Der Wert *1* bedeutet, dass das Element nicht unterdrückt wird. Besitzt der Ausdruck den Wert *0*, wird die Unterdrückung durchgeführt. Zum Steuern dieser Größe erstellen Sie einen neuen Ausdruck vom *Typ* ZEICHENFOLGE. Damit kann eine Zeichenkette in Anführungszeichen eingegeben werden. Anschließend werden die folgenden Beziehungen definiert.

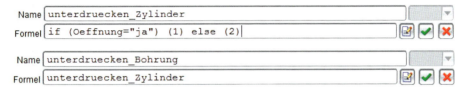

Im letzten Schritt wollen wir in Abhängigkeit von den aktuellen Parametern ein Bauteilattribut erstellen. Damit kann beispielsweise die automatische Benennung in einer Stückliste generiert werden. Das Attribut benötigt Eingabewerte vom *Typ* ZEICHENFOLGE. Da die Hauptmaße der Platte zur Benennung benötigt werden, müssen Sie diese zunächst in eine Zeichenkette umwandeln. Dazu erzeugen Sie für den Außendurchmesser der Platte der Ausdruck *um_dz* vom *Typ* ZEICHENFOLGE. Mit *5.0f* wird festgelegt, dass die Kette fünf Zeichen ohne Nachkommastelle besitzt. Dieser Vorgang wird für die Plattendicke wiederholt.

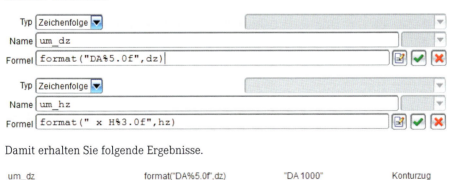

Damit erhalten Sie folgende Ergebnisse.

| um_dz | format("DA%5.0f",dz) | "DA 1000" | Konturzug |
| um_hz | format(" x H%3.0f",hz) | " x H 50" | Konturzug |

Den vollständigen Name erstellen Sie dann in einem weiteren Ausdruck vom *Typ* ZEICHENFOLGE in Abhängigkeit von der Unterdrückung des Zylinders und der Bohrung.

| Name | if (Oeffnung="ja") ("Platte "+um... | "Platte DA 1000 x H 50 mit Bohrung" | Konturzug |

Für das Generieren eines Bauteilattributs erzeugen Sie abschließend mit dem Befehl *ug_setPartAttrValue* einen Ausdruck vom *Typ* **ANZAHL** und mit der Einheit **KONSTANT**. Dieser enthält den Namen des Attributs *(BENENNUNG)* und seinen Inhalt *(Name)*.

NX erzeugt daraus das abgebildete Attribut.

Damit ist die Erstellung des Bauteils beendet. Um die Änderungen zu vereinfachen, werden alle wichtigen Ausdrücke so umbenannt, dass sie über einen Filter angezeigt werden können. Dazu erhalten diese das Präfix *mh_*. Die Ausdrücke in den einzelnen Bedingungen übernehmen den neuen Namen dann automatisch. Die Prüfung muss manuell an den geänderten Namen angepasst werden.

Die folgende Abbildung zeigt die gefilterten Ausdrücke. Damit können sehr schnell Varianten des Bauteils generiert werden, wobei gleichzeitig Analysen zur Durchbiegung, zur Masse und zur Einhaltung von Prüfkriterien durchgeführt werden. Weiterhin wird aus den Eingabedaten eine automatische Benennung generiert und das entsprechende Bauteilattribut erzeugt.

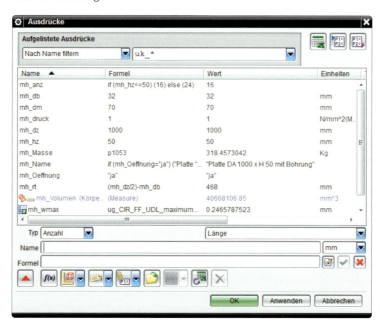

Die folgenden Abbildungen zeigen beispielhaft zwei Varianten des Bauteils mit dem entsprechenden Attribut.

5.2 Anwenderdefinierte Formelemente

Wenn häufig Funktionen benötigt werden, für die NX keinen eigenen Befehl besitzt, dann kann das System um anwenderdefinierte Formelemente (*User Defined Features*, UDF) erweitert werden. Diese bilden eine Kombination der vorhandenen Möglichkeiten. Sie werden in Bibliotheken verwaltet. Die Festlegung und Organisation der anwenderdefinierten Formelemente erfolgen unter **WERKZEUGE > UDF**.

ANWENDERDEFINIERTES FORMELEMENT (USER DEFINED FEATURE)

Es ist sinnvoll, die erstellten Elemente allen Anwendern in einer zentralen Bibliothek zur Verfügung zu stellen. Dazu sollte ein bestimmter Ordner verwendet werden. Um das Vorgehen an einem Beispiel zu zeigen, legen wir den Ordner *c:\ugsshare\nx85\udf* an. Anschließend müssen die Dateien zur Verwaltung der Bibliothek in diesen Ordner kopiert werden. NX generiert diese Dateien im Installationsverzeichnis unter ...*UGII\udf*. Dort finden Sie die Bibliotheksdefinitionsdatei *dbc_udf_ascii.def* und die Datenbankdatei *udf_database.txt*. Kopieren Sie beide in den neuen Ordner und benennen Sie die Dateien bei Bedarf um. Im Beispiel wurde jeweils *mh_* als Präfix hinzugefügt.

Bibliothek konfigurieren

Um allen Anwendern automatisch den Zugriff auf die zentralen Formelemente zu geben, werden die folgenden Variablen gesetzt:

- *UGII_UDF_DEFINITION_FILE= c:\ugsshare\nx85\udf\mh_dbc_udf_ascii.def*

- *UGII_UDF_DATABASE_FILE*= c:\ugsshare\nx85\udf\mh_udf_database.txt
- *UGII_UDF_LIBRARY_DIR*= c:\ugsshare\nx85\udf

Die Variable *UGII_UDF_LIBRARY_DIR* gibt das Verzeichnis an, in dem die NX-Dateien der anwenderdefinierten Formelemente mit ihren Bildern gespeichert werden.

Anschließend öffen Sie die Datenbankdatei *mh_udf_database.txt* in einem Editor, und entfernen alle Einträge. NX generiert dann beim Erzeugen der neuen Formelemente automatisch die erforderlichen Datensätze in dieser Datei.

Die Definitionsdatei *mh_dbc_udf_ascii.def* verwaltet die Struktur der Bibliothek. Dazu muss sie entsprechend angepasst werden. Öffnen Sie dazu die Datei, und bearbeiten Sie den Bereich nach dem Eintrag *The Library Hierarchy*. Dort wird die Struktur über Klassen (*CLASS*) verwaltet.

Im folgenden Beispiel wurde eine Hauptkategorie für *Bohrfelder* erzeugt. Dazu gehören zwei untergeordnete Klassen mit jeweils drei bzw. vier Bohrungen. Wenn Sie die Einträge wie abgebildet erstellen, wird von NX beim Aufruf der anwenderdefinierten Formelemente die dargestellte Struktur angezeigt. Dabei wurden die Daten farblich gekennzeichnet, um zu zeigen, welche Eingaben zu welchem Anzeigeergebnis führen. Die fett gedruckten Werte wurden geändert und alle folgenden Einträge gelöscht. Achten Sie darauf, dass zu jeder öffnenden auch eine schließende Klammer gehört.

```
################################################################
#                    The Library Hierarchy                     #
################################################################
CLASS Bohrfelder
{
    TYPE Bohrfelder
    QUERY  "[DB(udf_lib_name)] &= [Bohrfelder]"
    FILE "$UGII_UDF_LIBRARY_DIR"
    DIALOG udf_name
    RSET udf_file_name

       CLASS Drei
       {
          TYPE Drei
          QUERY "[DB(udf_lib_name)] &= [Drei]"
          FILE "$UGII_UDF_LIBRARY_DIR"
          DIALOG udf_name
          RSET udf_file_name
       }

       CLASS Vier
       {
          TYPE Vier
          QUERY "[DB(udf_lib_name)] &= [Vier]"
          FILE "$UGII_UDF_LIBRARY_DIR"
          DIALOG udf_name
          RSET udf_file_name

       }
}
```

Über **WERKZEUGE > UDF (ANWENDERF. FORMELEM.) > ASSISTENT > BIBLIOTHEK** können Sie das Ergebnis überprüfen. Nachdem die Vorbereitung der Bibliothek abgeschlossen ist, können die erforderlichen NX-Dateien zur Definition der neuen Formelemente generiert werden. Dazu werden die üblichen Befehle verwendet, wobei die später weiter genutzten Ausdrücke vom Anwender bei der Eingabe benannt werden sollten, um eine bessere Übersicht zu erhalten.

Anwenderdefiniertes Formelement erzeugen *(User Defined Feature)*

Für das Beispiel soll ein Feld mit vier ungleichmäßig verteilten Durchgangsbohrungen erstellt werden. Dazu erzeugen Sie zunächst den abgebildeten **QUADER**.

Anschließend starten Sie den Befehl **BOHRUNG**. Auf der Oberseite des Quaders werden die dargestellten Punkte in einer internen Skizze generiert und bemaßt. Dabei bildet der linke, untere Punkt die Basis. Um ihn später besser zu erkennen, markieren Sie ihn mit einem kleinen Kreis. Die Lage der Punkte steuern Sie über die Größen *x1*, *y1*, *x2* und *y2*. Die anderen Maße werden wie abgebildet berechnet.

Nach Verlassen der Skizzierumgebung zeigt NX die entsprechenden Bohrungen an. Für den Durchmesser geben Sie den abgebildeten Ausdruck ein. Anschließend werden die Bohrungen erzeugt.

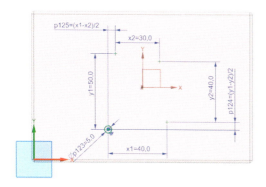
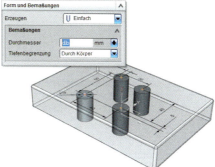

Im nächsten Schritt wird aus der Konstruktion ein anwenderdefiniertes Formelement generiert. Dazu sollte das Bauteil zunächst in eine aussagkräftige Ansicht gebracht werden. Beim Erstellen des neuen Formelementes wird von NX ein Bild vom aktuellen Grafikbereich erzeugt, das als Vorschau dient.

Dann rufen Sie den Befehl **WERKZEUGE > UDF (ANWENDERF. FORMELEM.) > ASSISTENT** auf, und das auf der folgenden Abbildung (siehe S. 308) dargestellte Fenster erscheint. Der

Assistent führt Sie schrittweise durch die Erstellung des anwenderdefinierten Formelements. Dabei wird auf der linken Seite der Status der abgearbeiteten Schritte angezeigt. In diesem Bereich kann jederzeit zu einer anderen Eingabe gewechselt werden.

Im Fenster **DEFINITION** werden die allgemeinen Eingaben vorgenommen. Im Feld **BIBLIOTHEK** stellen Sie ein, an welcher Stelle das Formelement abgelegt wird. Mit **DURCHSUCHEN** lassen sich dabei die verfügbaren Klassen anzeigen.

Wenn Sie mit der angezeigten Vorschau im mittleren Bereich nicht zufrieden sind, können Sie die Darstellung des Bauteils im Grafikfenster ändern. Anschließend wird mit dem Icon **BILD ERFASSEN** die Vorschau aktualisiert.

Im Feld **NAME** geben Sie die Bezeichnung in der Bibliothek ein, unter der das Element später aufgerufen werden kann. Der **TEILENAME** gibt an, wie das Bauteil im Verzeichnis für anwenderdefinierte Formelemente gespeichert wird. Unter diesem Namen wird dann auch ein Bild abgelegt.

Wenn die Eingaben beendet sind, wechseln Sie mit **WEITER** zum nächsten Schritt. Das System erwartet jetzt die Festlegung der Elemente, die in dem neuen Befehl enthalten sein sollen. Dazu wählen Sie diese in der linken Liste aus und übertragen sie dann mit dem Pfeil in die rechte Liste. Im Beispiel wurde nur die Bohrung selektiert.

Mit **UNTERGEORDN. FORMELEMENTE HINZUFÜGEN** werden automatisch alle zu einem Element gehörenden Operationen mit ausgewählt.

Ist der Schalter **FORMELEMENT-EXPLOSION ERLAUBEN** aktiv, können Sie sich später die einzelnen Elemente des neuen Befehls separat anzeigen lassen. Wenn Sie das verhindern wollen, müssen Sie den Schalter deaktivieren.

5.2 Anwenderdefinierte Formelemente

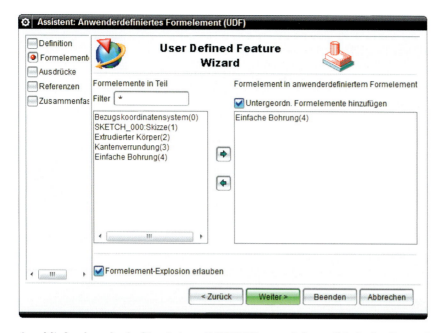

Anschließend wechseln Sie wieder mit **WEITER** zum nächsten Schritt. In diesem Bereich legen Sie die Ausdrücke, die das Formelement später steuern sollen, fest. Dabei ist es sehr vorteilhaft, wenn Sie vorher sinnvolle Namen vergeben haben.

Im Beispiel wurden die abgebildeten Maße zur Bestimmung der Lage und der Bohrungsdurchmesser ausgewählt. Dabei kann in dem entsprechenden Eingabefeld eine Bezeichnung festgelegt und mit **ENTER** an NX übergeben werden. Diese wird dann später im Dialogfenster des Formelementes angezeigt und erleichtert die Nutzung der Funktion.

Über die **AUSDRUCK-REGELN** steuern Sie, welche Eingabewerte jeweils verwendet werden. Dabei muss für jeden einzelnen Ausdruck eine Regel festgelegt werden.

Wenn **KEINE** aktiv ist, wird eine beliebige Zahl als Eingabe erwartet. Mit den Bereichen erscheint in den Dialogfenstern des neuen Formelements zusätzlich ein Schieberegler, mit dem die Werte dynamisch geändert werden können, wobei zulässige Minimal- und Maximalgrößen vorgegeben werden. **NACH OPTIONEN** erwartet die Eingabe von Zahlenwerten, die jeweils mit **ENTER** getrennt werden. Wenn dort alle Daten eingetragen sind, werden sie mit dem Icon **FERTIG** an NX übergeben.

NX zeigt im nächsten Fenster die erforderlichen Referenzen an. Diese können selektiert werden. Dann wird der Eintrag in das Feld **NEUE EINGABEAUFFORDERUNG** übernommen und kann dort geändert werden. Weiterhin besteht die Möglichkeit, die Reihenfolge in der Liste durch Nutzung der beiden Pfeile zu bearbeiten.

Im letzten Schritt werden alle Eingaben, wie auf der folgenden Seite dargestellt, zusammengefasst. Die Erzeugung des anwenderdefinierten Formelements wird mit **BEENDEN** abgeschlossen.

Das System erzeugt nun im angegebenen Verzeichnis die entsprechende NX-Datei. Außerdem wird in diesem Ordner unter dem gleichem Namen eine Datei vom Typ *.cgm* generiert, die das Vorschaubild beinhaltet.

Die Abbildung zeigt die im Zusammenhang mit dem anwenderdefinierten Formelement erforderlichen Dateien.

In der Datei *mh_udf_database.txt* wird automatisch der folgende Eintrag generiert. Dieser enthält die Hinweise auf die Dateinamen und die Position in der entsprechenden Bibliothek:

Bohrfeld_vier_Variante_1;

Bohrfeld_vier_Variante_1.prt;

Bohrfeld_vier_Variante_1.cgm;

/Bohrfelder/Vier;

Mit dem Befehl WERKZEUGE > UDF > PALETTE HINZUFÜGEN können die erzeugten Formelemente auch als Palette in der Ressourcenleiste verwaltet werden.

Nach dem Erstellen stehen die neuen Befehle für alle Anwender zur Verfügung. Um dieses UDF zu testen, erzeugen Sie zunächst die erforderliche Basisgeometrie. Zum Aufruf des Bohrfeldes kann nun die zuvor erstellte *Palette* benutzt werden. Mit MT3 > ANWENDEN auf die Vorschau des Bohrfelds starten Sie das *Formelement*. Eine andere Möglichkeit, ein UDF einzufügen, ist über die Menüleiste WERKZEUGE > UDF (ANWENDERF. FORMELEM.) > EINFÜGEN. Danach erscheint der abgebildete BIBLIOTHEKS-BROWSER. Mit DURCHSUCHEN kann die Bibliothek gewechselt werden.

Nutzung von anwenderdefinierten Formelementen

Das erstellte Formelement wird im Browser mit **MT1** aufgerufen. Nun erscheint das definierte Eingabefenster. Im oberen Bereich werden über **PARAMETER** die einzelnen Größen gesteuert.

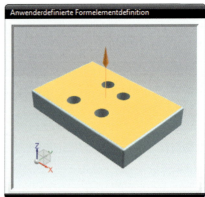

Im Bereich **REFERENZ AUFLÖSEN** werden die einzelnen Bezugsgrößen aufgelistet. Parallel dazu erfolgt eine Anzeige der aktuellen Referenz in einem kleinen Grafikfenster.

Die entsprechenden Objekte werden am neuen Bauteil nacheinander selektiert. NX springt dabei automatisch zum nächsten Auswahlschritt. Sobald eine Referenz bekannt ist, wird sie mit einem Plus gekennzeichnet. Unbekannte Referenzen besitzen dementsprechend ein Minuszeichen.

Die **LAYER-OPTIONEN** entscheiden, auf welchem Layer die neuen Formelemente abgelegt werden.

Nach Verlassen des Dialogfensters wird das Bohrfeld wie abgebildet erzeugt. Dieses Formelement kann wie alle »normalen« Elemente von NX bearbeitet werden. Damit lassen sich die geometrischen Parameter einfach modifizieren. Auf dem rechten Bild ist dazu ein Beispiel dargestellt.

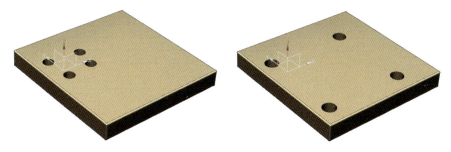

5.3 Teilefamilien

Für die Modellierung und Verwaltung von Bauteilen mit gleicher Gestalt, aber unterschiedlichen Abmessungen können in NX Teilefamilien verwendet werden. Eine Familie besteht aus einem Mutterteil und einer entsprechenden Tabelle, die mit dem Teil gespeichert wird.

TEILEFAMILIEN (PART FAMILIES)

d	d1 min.	d2 max.	s
8	8,1	14,8	1,6
10	10,2	18,1	1,8

Die Werte, die für die einzelnen Nenngrößen anzupassen sind, werden im Mutterteil über Ausdrücke und Attribute erzeugt. Anschließend erfolgt die Verknüpfung der variablen Größen mit den Einträgen in einer Excel-Tabelle. Dieses Vorgehen eignet sich besonders für die Erstellung von Standardteilen. Dabei ist es sinnvoll, Normteilbibliotheken in einem eigenen, zentralen Verzeichnis zu erzeugen und zu verwalten. Diese Arbeit sollte durch eine zentrale Stelle für die im Unternehmen verwendeten Teile durchgeführt und anschließend allen Anwendern zur Verfügung gestellt werden.

Im Folgenden zeigen wir Ihnen das Erstellen einer Teilefamilie am Beispiel von zwei Federringen. In der Norm finden Sie dazu die in der Tabelle enthaltenen Maße der beiden Nenngrößen.

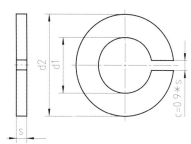

Die Federringe werden beim Einbau gespannt und verändern dadurch ihre Geometrie. Für die Konstruktion werden die maximalen Abmessungen verwendet, um sicherzustellen, dass die Bauteile auch zueinander passen.

Das Vorgehen beim Erstellen des Mutterteils für die Teilefamilie unterscheidet sich zunächst kaum von einer »normalen« Konstruktion. Für das Beispiel erzeugen wir ein neues Teil mit dem Namen *Federringe_DIN128* in einem zentralen Normteilverzeichnis. In dieser Datei wird die Basiskonstruktion erstellt und die dazugehörende Tabelle verwaltet.

Für die Modellierung des Mutterteils werden die Daten des Federringes mit dem Nenndurchmesser 8 verwendet. Dazu erzeugen Sie zunächst die abgebildeten Bauteilattribute durch Selektion des Teiles im **BAUGRUPPEN**-**NAVIGATOR** mit **MT3** und Aufruf des Befehls **EIGENSCHAFTEN**.

Um die Wanddicke *s* sowohl bei der Extrusion für den Federring als auch bei der Definition des Schlitzes als Eingabewert zu nutzen, legen Sie diese zuerst mit dem Befehl **WERKZEUGE > AUSDRUCK** fest.

Anschließend erstellen Sie eine Skizze mit der dargestellten Geometrie und den Bedingungen. Dabei verwenden Sie als Namen für die Ausdrücke die Bezeichnungen aus der Norm. Zur Größe des Schlitzes enthält die DIN keine konkrete Angabe. Deshalb wird hierfür die Bedingung *0.9*s* genutzt.

Danach erzeugen Sie die abgebildete Extrusion. Der Startwert ist *0*, für das **ENDE** wird der Ausdruck *s* verwendet.

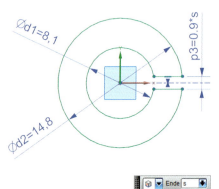

Als Ergebnis entsteht der Federring. Die Farbe für den Volumenkörper wird wie dargestellt geändert. Damit erhalten alle Teile der Familie automatisch diese Eigenschaft. Danach speichern Sie das Teil.

Bevor mit dem Erstellen der anderen Nenngrößen der Teilefamilie unter Nutzung einer Tabelle begonnen wird, sollte geprüft werden, ob die vorhandene Konstruktion für alle Größen sinnvolle Ergebnisse liefert. Dazu geben Sie über das Menü **WERKZEUGE > AUSDRUCK** die Werte für die extremen Nenngrößen ein, und anschließend wird das Bauteil dann jeweils neu berechnet.

Im nächsten Schritt wird die Erstellung der Tabelle gestartet. Dazu rufen Sie den Befehl **WERKZEUGE > TEILEFAMILIEN** auf. Danach erscheint das in der Abbildung dargestellte Menü, mit dem die Tabelle für die Teilefamilie verwaltet wird.

Zunächst sollte das Verzeichnis für die Standardteile festgelegt werden. Dazu tragen Sie den entsprechenden Pfad im Feld **FAMILIENSPEICHERVERZEICHNIS** ein bzw. wählen ihn mit **DURCHSUCHEN** aus. In diesem Ordner werden später die einzelnen Teiledateien abgelegt.

Im oberen Anzeigefenster des Menüs werden zunächst automatisch alle verfügbaren Ausdrücke aufgelistet. Als dritte Spalte der Tabelle soll jedoch der Bauteilname erscheinen. Deshalb stellen Sie den Objekttyp auf **ATTRIBUT** und wählen anschließend im Anzeigefenster die *BENENNUNG*. Mit **SPALTE HINZUFÜGEN** wird dieser Eintrag als Spalte in das Auswahlfenster übernommen.

Danach stellen Sie den Typ wieder auf **AUSDRÜCKE**. Dann werden nacheinander die vorher benannten Ausdrücke *d1*, *d2* und *s* als Tabellenspalten erzeugt.

Damit erhält die Tabelle der Teilefamilie sechs Spalten. Das Ergebnis der Auswahl ist in der Abbildung auf S. 316 dargestellt.

Mit dem Befehl **SPALTEN ENTFERNEN** werden die irrtümlich vom Anwender ausgewählten Einträge wieder aus der Liste gelöscht. Die beiden ersten Einträge können nicht entfernt werden.

Im unteren Bereich des Fensters befinden sich die Optionen zum Verwalten der Tabelle. Mit **ERZEUGEN** können Sie in die Tabellenkalkulation Excel wechseln. Dieses Programm übernimmt jetzt die Steuerung, und NX ist inaktiv.

Die Excel-Tabelle wird automatisch mit den bekannten Werten gefüllt. Dabei erhalten die einzelnen Spalten als Überschrift die gewählten Attribut- und Ausdrucksnamen. Jede weitere Zeile bildet einen Datensatz für ein Bauteil. Zusätzliche Datensätze können dann mit den normalen Excel-Funktionen erzeugt werden. Für das Beispiel wurden die Daten des Federringes *A10* erstellt.

Als *DB_PART_NO* wird eine fortlaufende Nummer eingegeben. Diese ist für die weitere Arbeit im Rahmen des Beispiels nicht wesentlich, muss aber immer angegeben werden. Damit werden die Einträge für Datenmanagementsysteme generiert.

Das Attribut *OS_PART_NAME* beinhaltet den Namen der Teiledatei. Hier kann ein »sprechender« Name verwendet werden, um später Normteile im Betriebssystem einfach zu finden.

Die anderen Einträge werden gemäß Norm vorgenommen.

Nachdem die Datensätze in Excel erstellt wurden, sollte die Tabelle zunächst mit dem Mutterteil gespeichert werden. Dazu gibt es in Excel 2010 das Menü **ADD-INS** und die zusätzliche Befehlsliste **TEILEFAMILIE**.

Mit dem Befehl **FAMILIE SPEICHERN** wird die Tabelle gesichert und geschlossen. NX wird wieder aktiv. Mit dem Befehl **BEARBEITEN** gelangen Sie wieder nach Excel, um weitere Änderungen vorzunehmen.

Wenn in Excel eine Zeile ausgewählt ist, können Sie mit dem Befehl **TEIL ÜBERPRÜFEN** die Anzeige in NX aktivieren. Das Bauteil wird dann mit den ausgewählten

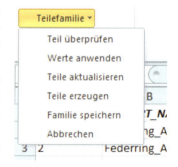

Tabellenwerten berechnet und dargestellt. Mit dem Befehl **FORTSETZEN** rufen Sie Excel wieder auf. **WERTE ANWENDEN** hat eine ähnliche Funktion. Dabei wird aber NX vollständig aktiviert. Mit **BEARBEITEN** gelangen Sie auch hier wieder zurück zu Excel.

Der Befehl **TEILE ERZEUGEN** generiert alle Teile, deren Zeilen in der Excel-Tabelle ausgewählt sind, im **FAMILIENSPEICHERVERZEICHNIS**. Dieser Vorgang wird in einem Informationsfenster angezeigt. Danach sind die neuen Bauteile neben dem Mutterteil verfügbar. Mit **TEILE AKTUALISIEREN** werden die externen Dateien bei Änderungen in der Tabelle neu berechnet.

Zum Beenden von Excel sollten Sie den Befehl **FAMILIE SPEICHERN** oder **ABBRECHEN** verwenden. Damit wird Excel geschlossen, und NX ist wieder vollständig aktiv.

Die Excel-Daten werden im Mutterteil gespeichert. Modifikationen der Tabelle sind dort jederzeit über den Befehl WERKZEUGE > TEILEFAMILIEN > BEARBEITEN möglich.

Die Teile können anschließend aus dem Speicherverzeichnis geladen werden. Wenn man die externen Dateien nicht generiert, dann werden die Datensätze nur bei Bedarf erzeugt. Dazu wird das Mutterteil als Komponente zu einer Baugruppe hinzugeladen, oder es wird eine Wiederverwendungsbibliothek genutzt.

■ 5.4 Wiederverwendungsbibliothek

Die Wiederverwendungsbibliothek ist ein Navigationswerkzeug, mit dem zentrale Geometrievorlagen angezeigt und aufgerufen werden. Damit können vollständige Teile und geometrische Bereiche für die aktuelle Konstruktion genutzt werden. Die Bereitstellung der Vorlagen erfolgt über Kopieren und Einfügen, unter Nutzung von Teilefamilien oder mit anwenderdefinierten Formelementen.

WIEDERVERWEN-DUNGSBIBLIOTHEK (REUSE LIBRARY)

Die Anzeige der Bibliothek in der Ressourcenleiste muss grundsätzlich eingeschaltet werden. Dazu müssen Sie unter DATEI > DIENSTPROGRAMME > ANWENDERSTANDARDS > GATEWAY > WIEDERVERWENDUNGSBIBLIOTHEK im Register ALLGEMEIN die Option WIEDERVERWENDUNGSBIBLIOTHEK ANZEIGEN aktivieren. In diesem Menü wird auch der ANSICHTENTYP eingestellt, der die Vorschau auf die Dateien in NX definiert.

Unter NX NATIV werden die Ordner, in denen sich die zentralen Vorlagendateien für die Bibliothek befinden, eingetragen. Vor dem Ordner steht ein Name, der mit einem senkrechten Strich getrennt wird. An dieser Stelle können mehrere Bibliotheken angegeben werden.

Im abgebildeten Beispiel werden zwei Bibliotheken definiert. Unter *Kopien* sollen alle Vorlagen, die durch Kopieren und Einfügen entstanden sind, gesammelt werden. Die *Normteile* enthalten die Mutterteile der erstellten Teilefamilien.

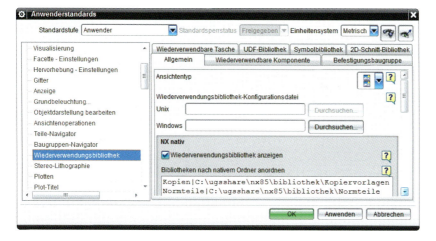

Im Betriebssystem muss dafür die passende Ordnerstruktur erzeugt werden. Dazu wurden die dargestellten Verzeichnisse angelegt. NX listet dann in der Wiederverwendungsbibliothek die Unterverzeichnisse zu den angegebenen Bibliotheken auf.

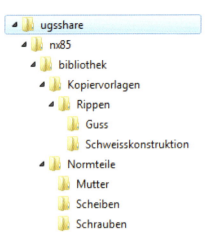

Um anwenderdefinierte Formelemente in der Bibliothek zu nutzen, müssen Sie die Option **UDF-BIBLIOTHEK IN BROWSER ANZEIGEN** im Register **UDF** einschalten. Auch hier werden die verschiedenen Bibliotheken mit einem Namen und einem Ordner angegeben.

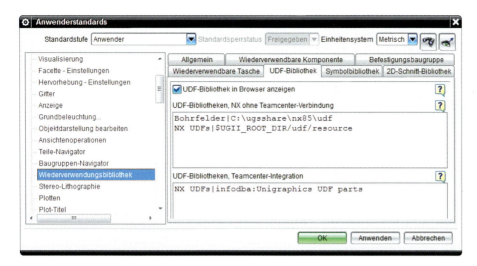

Nach dem Neustart des Systems wird in der Anwendung **KONSTRUKTION** der entsprechende Eintrag für die Wiederverwendungsbibliothek in der Ressourcenleiste erzeugt. Mit den definierten Vorgaben erhalten Sie das in der Abbildung dargestellte Ergebnis.

Die Wiederverwendungsbibliothek besitzt vier Anzeigebereiche. Im oberen Teil erfolgt die Navigation durch die Verzeichnisstruktur. Dabei wird der jeweilige Name hinter dem Bibliothekssymbol angezeigt, und darunter sehen Sie die entsprechenden Ordner.

Der zweite Bereich **SUCHEN** dient zur Suche nach Teilen im aktivierten Verzeichnis. Die Ergebnisse werden dann in einer Tabelle aufgelistet.

Der Bereich **MITGLIEDERAUSWAHL** zeigt die im aktuellen Ordner vorhandenen Dateien an. Dort kann die Art der Dateivorschau bestimmt werden. Wenn ein Eintrag ausgewählt wird, erfolgt im unteren Fenster eine **VORSCHAU**.

Um die in Abschnitt 5.3 erstellte Teilefamilie zu nutzen, müssen Sie die Mutterdatei in das Verzeichnis *Scheiben* verschieben. Dann selektieren Sie den Eintrag für den Federring mit **MT3**. Damit erhalten Sie die Möglichkeit, die Mutterdatei zu **ÖFFNEN**.

Um eine Variante des Federrings in einer Baugruppe zu verwenden, können Sie den Befehl **ZU BAUGRUPPE HINZUFÜGEN** nutzen. Danach muss die gewünschte Ausführung gewählt werden, und anschließend erfolgt die Platzierung in der Baugruppe. Wenn noch keine Datei für die gewählte Größe existiert, dann wird sie beim Speichern automatisch im **FAMILIENSPEICHERVERZEICHNIS** generiert.

In der *UDF Library* befindet sich das in Abschnitt 5.3 erstellte, anwenderdefinierte Formelement zur Erzeugung eines Bohrfeldes. Dieses wird durch Selektion mit **MT3** und der Option **EINFÜGEN** zur aktuellen Konstruktion hinzugefügt. Nach dem Aufruf müssen Sie die vorgegebenen Parameter und Referenzen festlegen.

Neben der Nutzung von Teilefamilien und anwenderdefinierten Formelementen können mit der Wiederverwendungsbibliothek auch Vorlagendateien, die häufig benötigte geometrische Bereiche enthalten, erzeugt werden. Diese Möglichkeit möchten wir an einem Beispiel erläutern.

Vorlagendateien

Dazu wird eine neue Datei erstellt und gespeichert. In dieser Datei soll eine Verstärkungsrippe erstellt werden. Der auf dem folgenden, linken Bild dargestellte Körper wird als Umgebung erzeugt.

Zur Definition der Rippengeometrie wird eine Skizze verwendet. Für deren Platzierung wird eine Bezugsebene erstellt. Anschließend wird die Skizze mit den erforderlichen Zwangsbedingungen und Ausdrücken erzeugt. Danach erfolgt eine symmetrische Extrusion der Skizze, wobei die Rippe mit dem Ursprungskörper vereinigt wird. Abschließend wird die abgebildete Kantenverrundung durchgeführt. Damit ist die Konstruktion beendet.

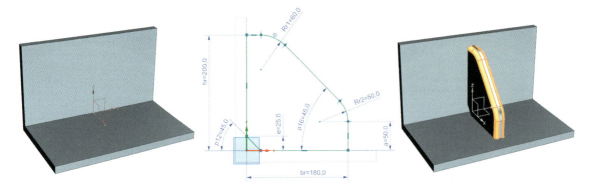

Da diese Datei als Kopiervorlage genutzt werden soll, ist es sinnvoll, sie in dem Verzeichnis, in dem sich die Kopien befinden werden, zu speichern. Auf diese Weise können Sie die Abhängigkeiten später einfach zuordnen. Außerdem werden Änderungen der Ursprungsdatei in die Kopie übertragen. Deshalb sollte nicht jeder Anwender in der Lage sein, die Originaldateien zu ändern. Für das Beispiel wurde die Originaldatei im zentralen Ordner …*Kopiervorlagen\Rippen\Guss* unter dem Namen *Rippe_01_Vorlage* gespeichert.

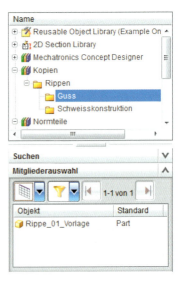

Wenn Sie diesen Ordner anschließend mit **MT3** selektieren, kann der Befehl **AKTUALISIEREN** aufgerufen werden, und der Inhalt wird neu angezeigt. Die Datei wird dann entsprechend aufgelistet.

Anschließend selektieren Sie die Elemente, die zur Mehrfachnutzung verwendet werden sollen, in der Ursprungsdatei und schieben sie mit **KOPIEREN** in die Zwischenablage. Sind bei der Selektion Skizzen vorhanden, so ist es ratsam, deren Bezüge im Vorfeld extern zu machen. Hierfür sollten Sie die Skizze mit **MT3** selektieren und den Befehl **BEZÜGE ALS EXTERN FESTLEGEN** ausführen. Dadurch wird das interne Koordinatensystem der Skizze als **BEZUGSKOORDINATENSYSTEM** im **TEILE-NAVIGATOR** angezeigt und kann bei der Selektion mit ausgewählt werden. Wird dies nicht gemacht, erwartet NX beim späteren Einfügen aus der **WIEDERVERWENDUNGSBIBLIOTHEK** das Koordinatensystem als Eingabe. Für das Beispiel wurden das Bezugskoordinatensystem, die Skizze mit ihrer Extrusion und die Verrundung im **TEILE-NAVIGATOR** gewählt.

Danach öffnen Sie die **WIEDERVERWENDUNGSBIBLIOTHEK** und selektieren den Ordner, in dem die ausgewählte Geometrie abgelegt werden soll, mit **MT3**. Im Popup-Menü wählen Sie die Option **WIEDERVERWENDBARES OBJEKT DEFINIEREN**.

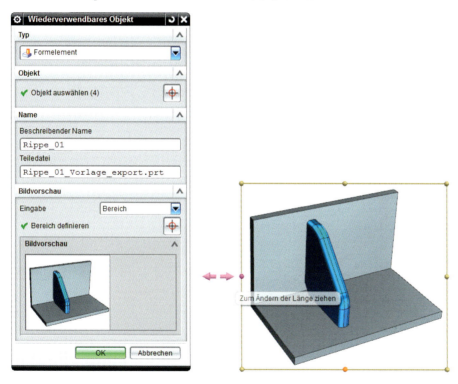

Danach wird folgendes Fenster angezeigt, in dem ein **BESCHREIBENDER NAME** angegeben werden kann. Dieser wird später in der Bibliothek angezeigt. Unter **TEILEDATEI** wird der Dateiname, mit dem die Datei in der Bibliothek gespeichert wird, definiert. Ein Vorschaubild wird unter **BILDVORSCHAU > EINGABE** erzeugt. Es besteht die Möglichkeit, das Bild über **GRAFIKBEREICH**, **BEREICH** oder **DATEI** zu erstellen. Mit **BEREICH** können Sie das Vorschaubild durch Aufziehen eines Rechtecks bestimmen, dabei stehen Anfasser zur Verfügung, mit denen der Grafikausschnitt genauer definiert werden kann.

Im Beispiel wurde das abgebildete Vorschaubild erstellt. Um den späteren Anwendern deutlich zu zeigen, welche Geometrie sie aufrufen, wurden die Flächen der Rippe vorher umgefärbt. Nach dem Erstellen der Vorlage erhalten die Flächen wieder die Farbe des Volumenkörpers.

Mit **OK** wird das Menü verlassen und der Eintrag in der Bibliothek erzeugt. NX generiert im entsprechenden Verzeichnis von Windows automatisch eine NX-Datei vom Typ *.prt*. Diese enthält die erforderlichen Daten für die Kopiervorlage.

In der **WIEDERVERWENDUNGSBIBLIOTHEK** werden anschließend alle Datensätze aufgelistet. Die Kopie ist dabei vom Typ **FORMELEMENT-/OBJEKTVORLAGE (FEATURE/ OBJECT TEMPLATE)**, während die Originaldatei ein Teil ist **(PART)**.

Mit dem Filter im Bereich **MEMBER SELECT** können die gewünschten Objekttypen gezielt aufgelistet werden. Auf dem linken Bild steht der Filter auf **TOTALANSICHT**. Damit werden alle Typen aufgelistet. Mit dem Filter **FORMELEMENT-/OBJEKTVORLAGE** werden nur noch die Kopien angezeigt (rechtes Bild).

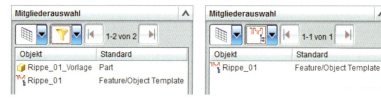

Die Nutzung der Vorlage wollen wir wieder an einem Beispiel erläutern. Dazu wurde eine neue Datei mit der abgebildeten Geometrie erzeugt. Diese besitzt zwei Bezugsebenen, in denen die Skizze der Rippe abgelegt werden soll.

Die Vorlage für die Geometrie der Rippe wird in der Wiederverwendungsbibliothek mit **MT3** selektiert und damit der Befehl **EINFÜGEN** aufgerufen. Danach erscheint das dargestellte Dialogfenster.

Unter **AUSDRÜCKE** wählen Sie **NEU ERZEUGEN**, um eine von der Originaldatei unabhängige Kopie zu erhalten. Mit der Standardeinstellung versucht NX, die fehlenden Referenzen aus der Originaldatei mit zu kopieren. Aus diesem Grund sollte unter **AUFLÖSUNGSMETHODE** das Häkchen bei **BEHEBENDE GEOMETRIE KOPIEREN** entfernt werden.

Unter **REFERENZEN** werden die festzulegenden Referenzobjekte durch ein rotes Sternchen angezeigt. Durch Selektion oder mit **WEITER** kann zwischen den Elementen gewechselt werden. Parallel dazu werden die Originalelemente im zusätzlichen Grafikfenster hervorgehoben.

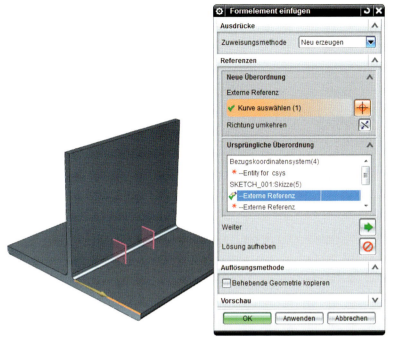
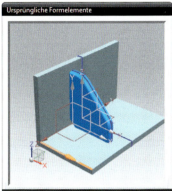

Für das Beispiel müssen die Ebene, die horizontale und vertikale Richtung für die Skizze und der Zielkörper für die boolesche Operation angegeben werden. Mit Vorschau kann das Ergebnis vorab überprüft werden.

Die Funktion wird mit **OK** beendet und die Rippe wird daraufhin erzeugt. Anschließend werden ihre Parameter an die neue Umgebung mit den üblichen NX-Funktionen angepasst.

Für die zweite Rippe auf der gegenüberliegenden Seite wird die Vorlage nochmals verwendet. Wenn dabei Probleme mit der Lage der Skizze auftreten, sollte man das Element zunächst einfügen und anschließend mit dem Befehl **PARAMETER BEARBEITEN > NEU ZUORDNEN** die Optionen **RICHTUNG** und **SEITE UMKEHREN** nutzen, um die Orientierung der Skizze zu ändern. Eine andere Variante wäre, das Bezugskoordinatensystem der Skizze durch **MT3** und **PARAMETER BEARBEITEN** entsprechend umzudefinieren.

Die Abbildung zeigt das Ergebnis. Anschließend können weitere Arbeitsschritte mit den üblichen NX-Befehlen durchgeführt werden.

NX besitzt eine rudimentäre Bibliothek für Standardteile des Maschinenbaus. Diese befindet sich im Installationsverzeichnis im Ordner ...*Siemens**NX 8.5**NXPARTS*\ *Reuse Library**Reuse Examples**Standard Parts*. Der Pfad muss in den **ANWENDER-STANDARDS** eingetragen werden, um die Teile zu nutzen. Im DIN-Ordner der Bibliothek finden Sie dann genau zwei Sechskantschrauben, die in unterschiedlichen Größen als Komponenten in Baugruppen hinzugefügt werden können.

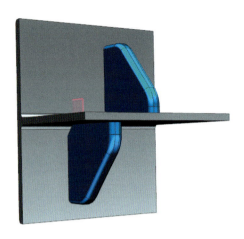

■ 5.5 Messfunktionen

Die Befehle zum Messen befinden sich in der Menüleiste **ANALYSE** bzw. in der Werkzeugleiste **DIENSTPROGRAMM**. Für die Messung stehen neben den ausführlichen Messbefehlen auch vereinfachte zur Verfügung, deren Dialogboxen, und somit auch die Eingabemöglichkeiten, auf das Minimalste reduziert sind. Nach Auswahl des Messbefehls müssen nur noch ein oder zwei Objekte ausgewählt werden, bei dem oder zwischen denen die Messung stattfinden soll.

Die Bestimmung zur Messung von Länge, Winkel und Volumeneigenschaften, mit weiteren Optionen, wird im Folgenden genauer erläutert.

Nach Aufruf des Befehls **ABSTAND MESSEN** wird das abgebildete Dialogfenster mit seinen unterschiedlichen Optionen angezeigt. Die erforderlichen Auswahlschritte im oberen Bereich ändern sich in Abhängigkeit vom gewählten **TYP**.

Alle Befehle besitzen die Option **ASSOZIATIV** unter **ASSOZIATIVE MESSUNG UND PRÜFUNG**, mit der die Messwerte in den **TEILENAVIGATOR** übertragen werden und dann jederzeit wieder aufgerufen oder für spätere Operationen verwendet werden können. Diese Messungen sind abhängig von der verwendeten Geometrie. Weiterhin kann eine **ANFORDERUNG** für den Messwert festgelegt werden.

Die **ERGEBNISANZEIGE** steuert grundsätzlich die Ausgabe von Informationen. Dabei kann im Feld **BESCHRIFTUNG** mit der Option **BEMASSUNG ANZEIGEN** der gemessene Wert am Bauteil dargestellt werden. Mit **F5** wird diese Anzeige dann wieder gelöscht. Die Auswahl von **LINIE ERZEUGEN** generiert eine Verbindungslinie zwischen den aktuellen Messpunkten. Diese ist nicht assoziativ. Um die Beschriftung bzw. das Maß zu erzeugen, muss jeweils **ANWENDEN** gedrückt werden.

Durch das Aktivieren von **INFORMATIONSFENSTER ANZEIGEN** wird ein Fenster geöffnet, das die geometrischen Eigenschaften der selektierten Objekte auflistet. Im Bereich **EINSTELLUNGEN** werden die Vorgaben für die Beschriftung festgelegt. Im Feld **TYP** steht folgende Auswahl zur Verfügung:

ABSTAND MESSEN (MEASURE DISTANCE)

 ABSTAND: Der Abstand zwischen zwei Punkten wird bestimmt.

 ZWISCHEN OBJEKTSÄTZEN: Misst den Abstand zwischen zwei Objektsätzen unter Berücksichtigung der eingestellten Flächen- bzw. Kurvenregel.

 PROJIZIERTER ABSTAND: Es wird der projizierte Abstand zwischen zwei Objekten gemessen.

 PROJIZIERTER ABSTAND ZWISCHEN OBJEKTSÄTZEN: Es wird der Abstand zwischen zwei Objektsätzen unter Berücksichtigung der eingestellten Flächen- bzw. Kurvenregel gemessen, der entlang eines ausgewählten Vektors projiziert wird.

 BILDSCHIRM-ABSTAND: Der Abstand wird in der Bildschirmebene gemessen.

LÄNGE: Die wahre Länge von ausgewählten Kurven wird bestimmt.

 RADIUS: Der Radius von kreisförmigen Elementen wird ermittelt.

 DURCHMESSER: Misst den Durchmesser von kreisförmigen Elementen

 PUNKT AUF KURVEN: Es wird der kürzeste Abstand zwischen zwei Punkten auf einem Kurvenzug gemessen.

 ZWISCHEN SÄTZEN: Mit dieser Option wird der Abstand zwischen Komponenten in einer Baugruppe gemessen.

Für den Typ **ABSTAND**, **PROJIZIERTER ABSTAND** und **BILDSCHIRMABSTAND** stehen unter dem Bereich **MESSUNG** noch weitere Einstellmöglichkeiten zur Verfügung:

- **ZU PUNKT:** Die Messung erfolgt zwischen den ausgewählten Punkten.
- **MINIMUM:** Der kürzeste Abstand zwischen zwei Objekten entlang der angegebenen Vektorrichtung wird bestimmt.
- **MINIMUM (LOKAL):** Verfügbar für Abstand und Bildschirmabstand; berechnet den minimalen Abstand zwischen zwei Objekten
- **MAXIMUM:** Der größte Abstand zwischen zwei Objekten wird bestimmt.
- **SICHERHEITSABSTAND:** Die Option ist nur mit dem **TYP PROJIZIERTER ABSTAND** verfügbar. Dann wird entlang des festgelegten Vektors der kleinste Abstand zwischen zwei Objekten bestimmt.
- **MAX. FREIRAUM:** Analog zum Sicherheitsabstand wird der größte Abstand zwischen Objekten entlang des Vektors ermittelt.

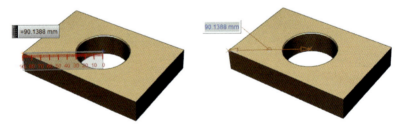

An einem Beispiel möchten wir einige Optionen für die Abstandsmessung vorstellen. Als Modell dient ein Quader mit einer Bohrung.

Zuerst soll der **ABSTAND** zwischen dem Mittelpunkt der Bohrung und einem Quadereckpunkt gemessen werde. Dazu selektieren Sie nach dem Aktivieren des entsprechenden Typs die beiden Punkte. Das Ergebnis wird als Lineal und Wert angezeigt.

Schaltet man anschließend im Feld **BESCHRIFTUNG > BEMASSUNG ANZEIGEN** ein und drückt **ANWENDEN**, ändert sich die Darstellung wie abgebildet. Der Abstand wird bemaßt und als Wert angezeigt. Durch Ziehen am Wert kann die Bemaßung verschoben werden.

Diese Anzeige ist auch noch nach dem Beenden des Befehls sichtbar und wird mit dem Bauteil bewegt. Mit **F5** wird die Anzeige wieder entfernt.

Im folgenden Beispiel wurden mit dem **TYP ABSTAND** die Kreis- und eine Quaderkante als Messobjekte selektiert. Mit der Option **ZU PUNKT** ergibt sich das auf dem linken Bild dargestellte Resultat. NX bestimmt den Abstand zwischen den Selektionspunkten. Verwendet man die Option **MINIMUM**, erhält man den kürzesten Abstand zwischen den beiden Objekten (mittleres Bild). Der größte Abstand ergibt sich mit **MAXIMUM** (rechtes Bild).

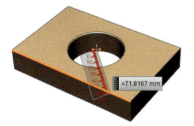 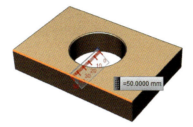 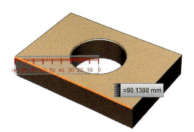

Die Funktion zur Winkelmessung wird über die Menüleiste **ANALYSE > WINKEL MESSEN** aufgerufen. Hier erscheint ein ähnliches Dialogfenster wie für die Messung der Abstände. Unter **TYP** wird die Art der Messung eingestellt. Neben den bereits bekannten Funktionen des Befehls zur Abstandsmessung enthält das Dialogfenster für Winkel spezielle Typen:

WINKEL MESSEN (MEASURE ANGLE)

 DURCH 3 PUNKTE: Es wird eine Grundlinie über zwei Punkte festgelegt. Der Basispunkt der Grundlinie und der dritte Punkte bestimmen dann den zweiten Schenkel.

 NACH OBJEKTEN: Die Vektoren von auszuwählenden Objekten definieren den Winkel.

 NACH BILDSCHIRMPUNKTEN: Es werden die gleichen Auswahlschritte aktiv wie bei **DURCH 3 PUNKTE**. Der Winkel wird in der Ebene des Bildschirms gemessen.

Im Bereich **MESSUNG** sind folgende Einstellungen verfügbar:

- **3D-WINKEL:** Der Winkel zwischen den festgelegten Schenkeln wird angezeigt.
- **WINKEL IN WCS XY-EBENE:** Der definierte Winkel wird in die XC-YC-Ebene des WCS projiziert und dort gemessen.
- **WAHRER WINKEL:** Diese Option wird nur aktiv, wenn Objekte oder Formelemente zur Festlegung des Winkels ausgewählt wurden. Dann verwendet NX die Orientierung der Objekte zur Bestimmung des Winkels.
- **INNENWINKEL:** Als Ergebnis wird der Innenwinkel zwischen den beiden Schenkeln angezeigt.
- **AUSSENWINKEL:** Die Anzeige wechselt auf den Außenwinkel.

An einem Beispiel werden wir einige Optionen für die Winkelmessung vorstellen. Als Modell dient ein Quader mit einer Bohrung und einer abgeschrägten Fläche.

Zuerst soll der Winkel zwischen einer Quaderkante und der Bohrungsmitte bestimmt werden. Dazu wird der **TYP DURCH 3 PUNKTE** verwendet. Nacheinander werden die abgebildeten Punkte selektiert. Sobald der dritte Punkt bekannt ist, stellt NX den Winkelmesser und das Ergebnis dar.

Das zweite Beispiel zeigt die Nutzung des Typs **NACH OBJEKTEN**. Mit der Aktivierung dieser Option sind zwei Auswahlschritte erforderlich. Dabei kann man im **REFERENZTYP** wählen, ob ein Objekt, ein Formelement oder ein Vektor verwendet werden soll. In Abhängigkeit von dieser Festlegung ändern sich die erforderlichen Eingabewerte und die verfügbaren Optionen unter **BEMASSUNG > PRÜFEBENE**.

Mit dem **REFERENZTYP OBJEKT** selektieren Sie zuerst die abgebildete schräge Kante. NX zeigt dann den Vektor des Objekts an. Danach wird als zweites Objekt die obere Quaderkante ausgewählt. Das System generiert die entsprechenden Vektoren und zeigt den Winkel an. Dabei berücksichtigt die Option **WAHRER WINKEL** die Orientierung der Objektvektoren (siehe rechtes Bild).

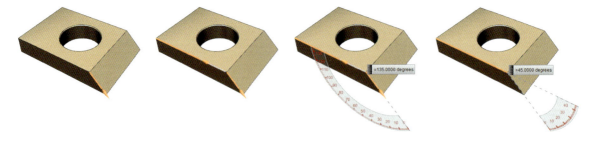

KÖRPER MESSEN (MEASURE BODY)

In der Menüleiste **ANALYSE** befindet sich eine Vielzahl weiterer Messfunktionen. Den Befehl **KÖRPER MESSEN** möchten wir abschließend etwas näher erläutern.

Vor der Nutzung der Funktion sollten Sie unter **ANALYSE > EINHEITEN** die gewünschten Maßeinheiten festlegen. Danach erfolgt der Aufruf, und der entsprechende Volumenkörper wird selektiert. NX zeigt dann die berechneten Eigenschaften des Körpers sofort am Bauteil in einer Liste an. Auch diese Daten können im **TEILE-NAVIGATOR** mit der Option **ASSOZIATIV** gespeichert oder als Hinweistext am Bauteil dargestellt werden. Das folgende, rechte Bild zeigt dazu ein Beispiel.

Weiterhin werden die Hauptachsen angezeigt. Wenn unter **BESCHRIFTUNG** die Option **HAUPTACHSEN ERZEUGEN** eingeschaltet wird, generiert NX ein entsprechendes Koordinatensystem. Dieses ist aber nicht assoziativ zum Volumenkörper.

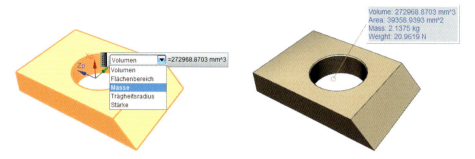

Durch Aktivieren der Option **INFORMATIONSFENSTER ANZEIGEN** werden alle Eigenschaften des Volumenkörpers in einer umfangreichen Liste mit den vorher festgelegten Einheiten dargestellt.

6 Synchrone Konstruktion

6.1 Einführung

In NX 8.5 stehen zahlreiche Funktionen der direkten Modellierung zur Verfügung. Dadurch verfügt der Anwender über die Möglichkeit, sowohl historienabhängige, parametrische Modelle, als auch historienunabhängige, formelementbasierte Konstruktionen sehr effizient zu erzeugen. Letztere Arbeitsweise wird als Synchronous-Technologie bezeichnet. Damit können Modelländerungen einfach und schnell auf Basis der vorhandenen Geometrie durchgeführt werden. Dies betrifft insbesondere CAD-Daten, deren Historie sehr umfangreich ist oder die aus anderen Systemen übernommen wurden und deshalb keine Historie besitzen.

Synchronous-Technologie *(Synchronous Technology)*

Bei der historienunabhängigen Konstruktion werden die aktuell vorhandenen Objekte mit den eingegebenen Parametern der Befehle der synchronen Konstruktion neu berechnet. Analog zu den »normalen« Formelementen erfolgt auch dabei ein Eintrag im **TEILE-NAVIGATOR**, der jederzeit modifiziert werden kann. Diese Einträge besitzen aber keine Abhängigkeiten (Eltern-Kind-Beziehungen).

Damit ist es nicht erforderlich, den zeitlichen Aufbau einer Konstruktion genau zu kennen, um Änderungen durchzuführen. Die verfügbaren Befehle der synchronen Konstruktion basieren auf den geometrischen Gegebenheiten des Modells. Somit können Modifikationen unabhängig vom Modellaufbau direkt an der Geometrie vorgenommen werden. NX erkennt dabei automatisch die relevanten Umgebungsbedingungen. Bei der Berechnung der Änderungen muss die Historie nicht berücksichtigt werden. Dadurch verkürzen sich die Antwortzeiten des Systems.

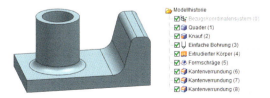

Die unterschiedlichen Arbeitsweisen und Ergebnisse der synchronen und der historienabhängigen Konstruktion werden an einem Beispiel verdeutlicht. Dazu dient das abgebildete Bauteil. Dieses wurde mit parametrischen Formelementen erzeugt. Die dargestellte Historie erhalten Sie im **TEILE-NAVIGATOR**.

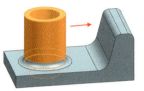 

Die Aufgabe ist es nun, den Knauf mit seiner Bohrung und der Verrundung um einen bestimmten Betrag zu verschieben. Bei der historienabhängigen Arbeitsweise müssen Sie jetzt wissen, durch welches Element dieser Wert gesteuert wird und wie sich die abhängigen Objekte verhalten. Die Konstruktion wurde so aufgebaut, dass die Verschiebung durch die Änderung der Knaufpositionierung durchgeführt werden kann.

Dazu muss das entsprechende Positionsmaß für den Knauf geändert werden. Anschließend wird die Konstruktion neu berechnet, und Sie erhalten das dargestellte Resultat.

Der Knauf wurde mit seinen abhängigen Elementen verschoben. Er befindet sich jetzt in einem neuen Umfeld. Dabei werden die orange eingefärbten Bereiche nicht richtig bestimmt. Die Bohrung wird teilweise geschlossen, und auf einer Seite werden die Verrundungen nicht durchgeführt. An dieser Stelle sind manuelle Nacharbeiten erforderlich, um das gewünschte Ergebnis zu erhalten.

Im Folgenden wird die Änderung mithilfe der synchronen Konstruktion vorgenommen. In diesem Fall müssen Sie die Historie nicht kennen, da die vorhandene Geometrie modifiziert wird. Nach Aufruf des Befehls **SYNCHRONE KONSTRUKTION > FLÄCHE VERSCHIEBEN** können die zu verschiebenden Flächen ausgewählt und die gewünschte Modifikation durchgeführt werden. Die Selektion wird von Auswahlfiltern unterstützt.

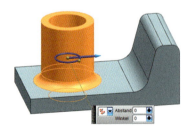 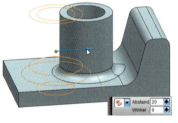 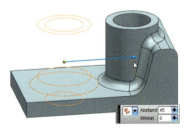

Durch Ziehen an den Handles oder durch die Eingabe von Werten können die Flächen verschoben werden. Während des Verschiebens wird eine Vorschau auf das Endergebnis angezeigt. Mit **OK** oder durch Drücken von **MT2** wird die Änderung auf die Geometrie angewendet und ein neuer Eintrag für die Operation **FLÄCHE VERSCHIEBEN** im **TEILE-NAVIGATOR** generiert. Dieser Eintrag ist im Historien-Modus assoziativ zu den Ursprungsobjekten.

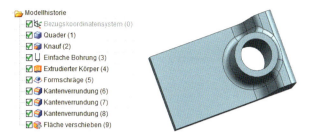

Die Modifikation mit Befehlen der synchronen Konstruktion führt zum erwarteten Ergebnis, da diese Befehle auf der vorhandenen Geometrie basieren und die Entstehungshistorie nicht relevant ist. Die Abbildung zeigt das Ergebnis nach dem Verschieben der Flächen. Die Bohrung bleibt unverändert, und die neuen Verrundungen werden korrekt generiert.

Bei Verwendung einer Arbeitsweise wie in diesem Beispiel ist zu beachten, dass die Lage des Knaufs nach der Modifikation durch zwei Parameter gesteuert wird. Zuerst wird die Positionierung ausgewertet und anschließend die Verschiebung hinzuaddiert.

Seit Verfügbarkeit der synchronen Modellierung sind in NX zwei grundsätzliche Modi zur Modellerstellung anwendbar. Im traditionellen *Historien-Modus* wird die Entstehungsgeschichte der Konstruktion mit ihren gegenseitigen Abhängigkeiten im Teile-Navigator aufgelistet und kann entsprechend bearbeitet werden.

HISTORIEN-MODUS (HISTORY-MODE)

Der *historienunabhängige Modus* verwaltet das Modell im aktuellen Zustand auf der Basis der Geometrie. Dabei können mehrere Geometrieelemente in einer Gruppe zusammengefasst werden.

Formelemente vom Typ **BOHRUNG**, **GEWINDE**, **KANTENVERRUNDUNG** und **FASE** werden beim Wechsel in den historienunabhängigen Modus übernommen und können wie im Historien-Modus durch Wahl im Teile-Navigator oder Doppelklick im Darstellungsfenster bearbeitet werden.

HISTORIENUN-ABHÄNGIGER MODUS (HISTORY-FREE MODE)

Der aktuelle Modus wird in der ersten Zeile des Teile-Navigators angezeigt. Die Vorgabe des Konstruktionsmodus für neue Teile ist unter **DATEI > DIENSTPROGRAMME > ANWENDERSTANDARDS > GATEWAY > ALLGEMEIN > NEUE DATEI > KONSTRUKTIONSMODUS** möglich.

Während einer aktiven Sitzung kann der Modus **VOREINSTELLUNGEN > KONSTRUKTION > BEARBEITEN > KONSTRUKTIONSMODUS** geändert werden. Die gleiche Funktion steht auch über ein Kontextmenü zur Verfügung, das mit **MT3** aufgerufen werden kann.

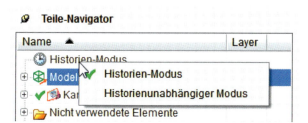

Beim Wechsel in den historienunabhängigen Modus warnt folgende Meldung vor dem Verlust von Parametern.

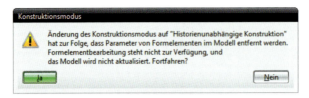

Mit **JA** wird der neue Modus aktiviert und die Anzeige im **TEILE-NAVIGATOR** entsprechend angepasst. Dieser Vorgang kann innerhalb der aktiven Sitzung mit dem Befehl **RÜCKGÄNGIG** aufgehoben werden.

Wenn Sie vom historienunabhängigen Modus wieder zur Historie wechseln, werden die meisten synchronen Formelemente entfernt, und es wird nur noch ein **KÖRPER** im Navigator angezeigt. Skizzen bleiben bei allen Wechseln erhalten. Sie werden unter dem Knoten **NICHT VERWENDETE ELEMENTE** abgelegt.

Die folgende Abbildung zeigt den **TEILE-NAVIGATOR** nach dem Wechsel in den historienunabhängigen Modus und wieder zurück.

Links ist eine historienabhängige Teilehistorie zu sehen, wobei die Zeitstempel als Zahlen in Klammern angegeben werden. Bei der Umwandlung in den historienunabhängigen Modus werden die zeitlichen Abhängigkeiten und Formelemente mit globalen Auswirkungen entfernt. Die lokalen Elemente bleiben erhalten. Beim Wechsel zurück in den Historien-Modus werden alle Formelemente entfernt.

6.2 Auswahlmöglichkeiten für die synchrone Konstruktion

Neben den bereits bekannten Selektionsmöglichkeiten wird die synchrone Modellierung durch folgende, weiterführende Auswahlfunktionen unterstützt:

- Flächenauswahl (**FACE FINDER**)
- Formelementauswahl (**FEATURE FINDER**)
- Suggestive Selektion (**SUGGESTIVE SELECTION**)

Die **FLÄCHENAUSWAHL** steht in den Befehlen der synchronen Konstruktion zur Verfügung. Dabei wird die Auswahl der Flächen durch geometrische Bedingungen unterstützt. Die **FLÄCHENAUSWAHL** wird über drei Register gesteuert, die im Folgenden erläutert werden.

FLÄCHENAUSWAHL (FACE FINDER)

 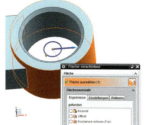

Nach der ersten Auswahl einer Fläche können im Register **ERGEBNISSE** weitere Flächen mithilfe von geometrischen Bedingungen zur Auswahl hinzugefügt werden. So werden beispielsweise durch die Auswahl von **KOAXIAL** alle Flächen hinzugefügt, die sich dieselbe Achse teilen.

Im Register **EINSTELLUNGEN** kann die automatische Auswahl von Flächen konfiguriert werden. Die zur Verfügung stehenden Optionen mit ihrer Wirkungsweise werden im Folgenden erläutert:

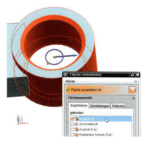

FLÄCHENAUSWAHL VERWENDEN: Die automatische Auswahl wird hier grundsätzlich aktiviert. Damit listet NX nach der Wahl einer Ursprungsfläche die Flächen mit den passenden Bedingungen auf. Diese werden in Gruppen zusammengefasst. Wenn unter **EINSTELLUNGEN** keine weiteren Schalter aktiv sind, ist bei allen gefundenen Gruppen die Checkbox zunächst ausgeschaltet. Der Anwender kann explizit festlegen, welche Flächen gewählt werden. Mit dem Einschalten der Bedingungen wird auch die entsprechende Checkbox in der Liste aktiv.

KOAXIAL AUSWÄHLEN: Flächen mit derselben Oberflächenachse werden zur Auswahl hinzugefügt.

TANGENTE AUSWÄHLEN: Flächen, die tangential an die Auswahl anschließen, werden zur Auswahl hinzugefügt.

KOPLANAR AUSWÄHLEN: Flächen, die in derselben Ebene wie die Auswahl liegen, werden zur Auswahl hinzugefügt.

 KOPLANARE ACHSEN AUSWÄHLEN: Flächen, deren Achse in derselben Ebene wie die Achse der Auswahl liegen, werden zur Auswahl hinzugefügt.

 GLEICHEN RADIUS AUSWÄHLEN: Kreisförmige Objekte mit gleichen Radius werden zur Auswahl hinzugefügt.

 »SYMMETRISCH« AUSWÄHLEN: Bei Modellen mit symmetrischem Aufbau werden symmetrische Flächen zur Auswahl hinzugefügt.

 OFFSET AUSWÄHLEN: Flächen, die durch einen Versatz der Auswahl erstellt werden können, werden ausgewählt.

Im Register **REFERENZ** kann das Referenzkoordinatensystem definiert werden, um Symmetrieebenen und Anfangsorientierung der Handles zu beeinflussen.

Die Anwendung der **FLÄCHENAUSWAHL** wollen wir an einem Beispiel erläutern. Dazu soll im abgebildeten Modell ein Flächenbereich bewegt werden.

Nach Aufruf des Befehls **FLÄCHE VERSCHIEBEN** wählen Sie mit der Flächenregel **EINZELFLÄCHE** die äußere Zylinderfläche aus. Der Dialog listet die möglichen Bedingungsgruppen auf.

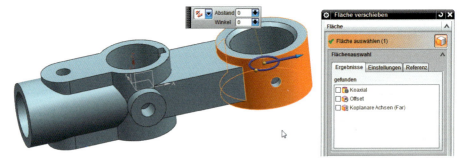

Durch die Auswahl von **KOAXIAL** können die koaxialen Fasen sowie die innere Zylinderfläche zur Auswahl hinzugefügt werden.

Danach findet der Algorithmus die Bedingung **SYMMETRISCH**. Diese wurde erkannt, weil die beiden Fasen spiegelsymmetrisch zum Teilekoordinatensystem sind, das in diesem Beispiel referenziert wurde.

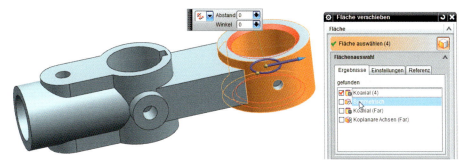

Im nächsten Schritt wählen Sie die Deckfläche aus und aktivieren **SYMMETRISCH**, um damit die gegenüberliegende Deckfläche mit in die Auswahl aufzunehmen.

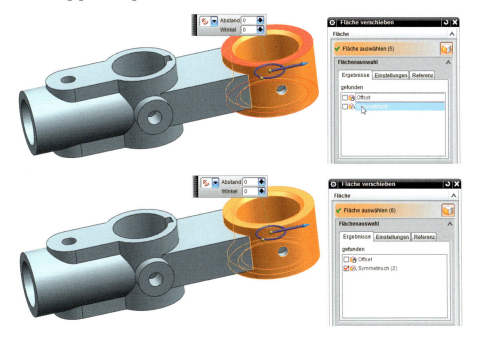

Abschließend wählen Sie die Zylinderfläche der Querbohrung aus.

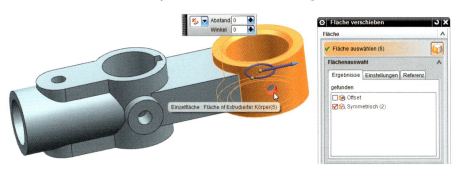

Damit sind alle Flächen ausgewählt, und die Verschiebung kann wie abgebildet erfolgen.

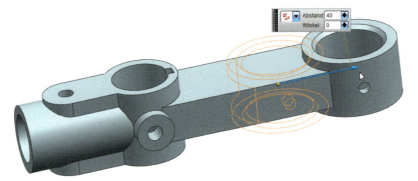

Formelementauswahl
(Feature Finder)

Eine weitere Funktion, die zur Unterstützung der Auswahl von Flächen für die synchrone Konstruktion genutzt werden kann, ist die Formelementauswahl. Durch diese können zusammenhängende Flächenbereiche komfortabel ausgewählt werden. Als Formelement erkannt werden:

- Knauf oder Tasche
- Rippe
- Nut

Diese Bedingungen sind nicht mit den entsprechenden Formelementen gleichzusetzen.

Die Formelementauswahl kann über die Auswahlsymbolleiste aktiviert werden. Zudem steht sie auch in der Kontextsymbolleiste zur Verfügung, nachdem eine Fläche ausgewählt wurde. Die Arbeitsweise dieser Funktion stellen wird wieder an einem Beispiel dargestellt.

Der Auswahlfilter steht zunächst auf **EINZELFLÄCHE**. Nach Aufruf des Befehls **FLÄCHE VERSCHIEBEN** wählen Sie die hervorgehobene zylindrische Fläche aus. Durch die Auswahl von **KNAUF- ODER TASCHENFLÄCHEN** werden alle von der Grundfläche erhabenen Flächen aktiviert.

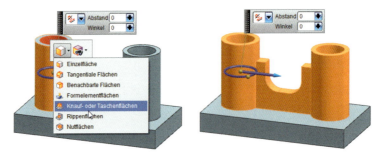

Die folgenden Abbildungen zeigen die Wirkung der Option **RIPPENFLÄCHEN**. Zunächst wird eine Fläche der Rippe gewählt. Die weiteren Rippenflächen werden vom Algorithmus automatisch erkannt.

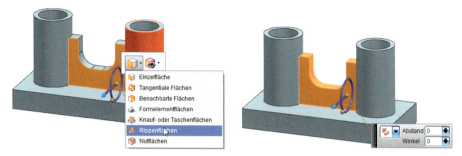

Eine weitere Option, um die Auswahl zu erweitern, steht mit der Option **NUTFLÄCHEN** zur Verfügung.

In diesem Fall würde die Option **TANGENTIALE FLÄCHEN** zum gleichen Ergebnis führen, weil die Flächen der Nut tangential verbunden sind.

Durch das Aktivieren der Option **VERRUNDUNGSBEGRENZUNGEN EINSCHLIESSEN** werden die an den selektierten Bereich angrenzenden Verrundungen ebenfalls ausgewählt.

Im historienunabhängigen Modus besteht zusätzlich die Möglichkeit, Rippenflächen, die über den eigentlichen Bereich der Rippe hinausgehen, abzutrennen. Dazu wird bei der Selektion die Option **VERBUNDENE RIPPENFLÄCHEN** aktiviert.

Bei der Auswahl von Flächen für die synchrone Konstruktion erscheint in der Nähe des Cursors im Darstellungsfenster automatisch eine Kontextsymbolleiste, welche die jeweils zutreffenden Filtermöglichkeiten der Auswahlleiste, der Flächen- und der Formelementauswahl enthält. Diese Funktion wird als *suggestive Selektion* bezeichnet. Bewegt man den Cursor von der Leiste weg, wird sie ausgeblendet. Ihre Funktion wird wieder an einem Beispiel erläutert.

Suggestive Selektion
(Sugesstive Selection)

Um das dargestellte Bauteil zu ändern, starten Sie den Befehl **FLÄCHE VERSCHIEBEN**. Der Auswahlfilter steht zunächst auf **EINZELFLÄCHE**. Nach Auswahl der hervorgehobenen Fläche erscheint die Symbolleiste für die suggestive Selektion. Abhängig von der Auswahl sind Funktionen der Formelement- und Flächenauswahl verfügbar. Durch Auswahl der Option **NUTFLÄCHEN** werden die Flächen der Nut ausgewählt.

Im Icon für die Flächenauswahl wird eine koaxiale Bedingung angezeigt. Durch Aktivieren dieser Option wird die koaxiale Zylinderfläche zur Auswahl hinzugefügt und die verfügbaren Filter werden aktualisiert.

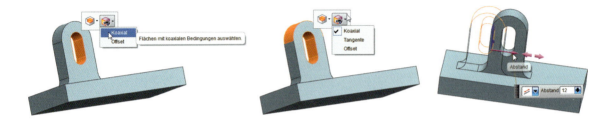

Die beschriebenen Technologien können beliebig mit den Filtern der **AUSWAHLLEISTE** und mit traditionellen Selektionsmethoden kombiniert werden.

GRUPPENFLÄCHE (GROUP FACE)

In der Werkzeugleiste für die **SYNCHRONE KONSTRUKTION** steht der Befehl **GRUPPENFLÄCHE** zur Verfügung. Damit können beliebige Flächen in einem Element zu einer Gruppe zusammengefasst werden. Dies vereinfacht die Auswahl mehrerer Flächen durch Selektion der Gruppe. Das Element **GRUPPENFLÄCHE** wird im Teile-Navigator aufgeführt. Die Auswahl aller **GRUPPENFLÄCHEN** ist über den Teile-Navigator oder eine einzelne Fläche der Gruppe möglich.

■ 6.3 Befehle der Werkzeugleiste

6.3.1 Geometrische Modifikationen

FLÄCHE VERSCHIEBEN (MOVE FACE)

Mit dem Befehl **FLÄCHE VERSCHIEBEN** können ausgewählte Flächen entlang eines Vektors bewegt oder um eine Achse rotiert werden. Im Dialog **FLÄCHE VERSCHIEBEN** müssen Sie dazu die entsprechenden Flächen und eine **TRANSFORMATION** definieren. Im Bereich der **TRANSFORMATION** hat sich ein Übersetzungsfehler eingeschlichen. Hier wurde der englische Begriff *Motion* mit *Kinematik* anstelle von *Bewegung* übersetzt. Die Hilfe ist an dieser Stelle besser übersetzt. Mit *Kinematik* wird die Art der Bewegung festgelegt. Die Funktionsweise ist identisch mit der des Befehls **OBJEKT BEWEGEN,** der in Abschnitt 3.9 bereits erläutert wurde. Zusätzlich ist hier die Option

ABSTAND-WINKEL verfügbar. Mit dieser kann eine Translation mit einer Rotation kombiniert werden.

Das grundsätzliche Vorgehen werden wir an einem Beispiel erläutern. Dazu dient das dargestellte Bauteil, bei dem der hervorgehobene Bereich zu einer Gruppenfläche zusammengefasst wurde. Nach Aufruf des Befehls **FLÄCHE VERSCHIEBEN** wird diese Gruppenfläche im **TEILENAVIGATOR** ausgewählt.

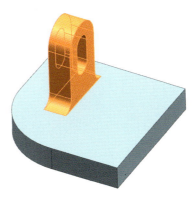

NX bietet Handles an (Pfeil zum Ziehen, Punkt zum Drehen), um die Position in einem virtuellen Raster zu verändern. Alternativ können die Werte im Dialogfenster eingegeben werden. Die Abbildung zeigt die Bewegungseinstellung **ABSTAND-WINKEL**, mit der gleichzeitig eine Verschiebung und Drehung durchgeführt wurden.

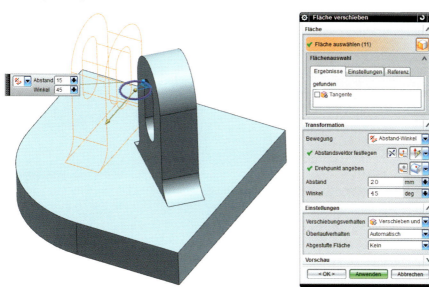

Die Orientierung der Handles kann am einfachsten mit dem OrientXpress angepasst werden. Der OrientXpress wird durch Auswahl von *Abstandsvektor festlegen* oder *Drehpunkt angeben* im Dialog aktiviert. Um die Orientierung des OrientXpress zu ändern, kann im Dialog unter **REFERENZ** ein Koordinatensystem eingestellt werden.

Die Translation erfolgt dann entlang des Vektors durch Klicken und Ziehen mit der Maus oder durch Eingabe eines Wertes im Eingabefeld. Durch einen Doppelklick auf die hellblaue Pfeilspitze eines Vektors kann die Richtung umgekehrt werden.

Mit der Bewegungsart **DYNAMIK** können im historienunabhängigen Modus mehrere Verschiebungen und Drehungen nacheinander ausgeführt werden.

Das geometrische Ergebnis kann mithilfe der Einstellungen gesteuert werden. Die Optionen werden im Folgenden erläutert.

Mit **VERSCHIEBEN UND ANPASSEN** können die gewählten Flächen verschoben und die umgebenden Flächen entsprechend angepasst werden.

Hierbei kann das Überlaufverhalten gesteuert werden. Die folgenden Abbildungen zeigen an einem weiteren Beispiel das Ergebnis, wenn die hervorgehobene Fläche um *30 mm* entlang ihrer Flächennormalen verschoben wird.

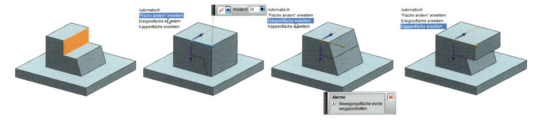

Die Option **AUTOMATISCH** beim *Überlaufverhalten* wählt zwischen den verfügbaren Optionen jene aus, welche die geringste Modelländerung in Bezug auf Volumen und Fläche verursacht.

Die Option **NACHBARN AN GLATTEN KANTEN ERWEITERN** bei *Abgestufte Fläche* steuert die Erweiterung angrenzender koplanarer Flächen. Sie erlaubt eine Topologieänderung durch Einfügen neuer Flächen entlang des Bewegungsvektors. Die folgende Abbildung zeigt ein Beispiel, das die Anwendung der Option erforderlich macht.

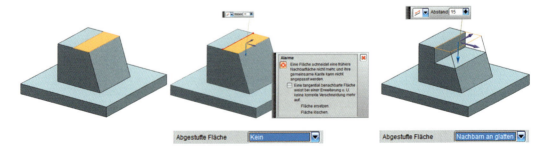

Mit der Option **AUSSCHNEIDEN UND EINFÜGEN** werden die gewählten Flächen am Ursprungsort entfernt und am Zielort eingefügt, sofern die Option **EINFÜGEN** aktiviert ist. Die Option **REPARIEREN** sorgt für die Verschneidung der Flächen mit der Umgebung am Zielort.

Der Befehl **FLÄCHE ABRUFEN** funktioniert auf den ersten Blick ähnlich wie der Befehl **FLÄCHE VERSCHIEBEN**. Ein wesentlicher Unterschied ist, dass mit **FLÄCHE ABRUFEN** nur einzelne Flächen verarbeitet werden können. Daher steht nur der Auswahlfilter **EINZELFLÄCHE** zur Verfügung.

FLÄCHE ABRUFEN
(PULL FACE)

Ein weiterer Unterschied zum Befehl **FLÄCHE VERSCHIEBEN** lässt sich gut an einem Kegelstumpf darstellen. In beiden Fällen wurde die Deckfläche um 5 mm in Richtung ihrer Flächennormalen bewegt. Beim Befehl **FLÄCHE ABRUFEN** behält die Fläche ihre ursprüngliche Größe, und es wird eine neue zylindrische Fläche in das Modell eingefügt. Beim Befehl **FLÄCHE VERSCHIEBEN** hingegen wird die Größe der ausgewählten Fläche angepasst und die umgebenden Flächen wachsen, um die entstehende Lücke zu schließen.

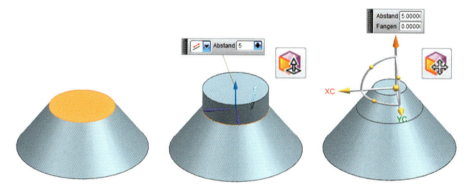

Der Befehl **OFFSET-BEREICH** versetzt ausgewählte Flächen entlang ihrer Flächennormale. Nach dem Versetzen passen sich die umgebenden Flächen an, um weiterhin einen gültigen Volumenkörper zu bilden.

OFFSET-BEREICH
(OFFSET REGION)

Im folgenden Beispiel wurden die Deckfläche, die Kegelfläche und die obere Verrundung ausgewählt, um diese mit dem Handle 5 mm entlang der Flächennormale zu versetzen. Die ausgewählte Verrundung wird ebenfalls versetzt. Der Verrundungsradius am Kegelfuß bleibt in seiner Größe unverändert, da er nicht ausgewählt war.

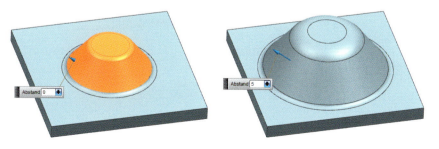

**FLÄCHE ERSETZEN
(REPLACE FACE)**

Mit dem Befehl **FLÄCHE ERSETZEN** können einzelne oder mehrere Flächen eines Modells ersetzt werden. Dabei können die neuen Flächen auch von einem anderen Modell stammen.

Im folgenden Beispiel wurde die obere zylindrische Fläche durch eine ebene Fläche des Quaders ersetzt. Dabei wird zunächst ein Alarm angezeigt, der wieder verschwindet, sobald ein Abstand festgelegt wird, der zu einem gültigen Ergebnis führt. Die Abbildung zeigt zwei mögliche Ergebnisse.

**GRÖSSE DER VER-
RUNDUNG ÄNDERN
(RESIZE BLEND)**

Der Befehl **GRÖSSE DER VERRUNDUNG ÄNDERN** verarbeitet Flächen, die durch Verrunden entstanden sind.

Die folgende Abbildung zeigt die Anwendung der Funktion zum Vergrößern des Radius der linken Verrundung.

**FLÄCHENGRÖSSE
ÄNDERN
(RESIZE FACE)**

Der Befehl **FLÄCHENGRÖSSE VERÄNDERN** erlaubt es, den Durchmesser zylindrischer oder kugelförmiger Flächen oder den Winkel von Kegeln zu ändern.

Im Beispiel wurde die obere Fläche selektiert und ihr Durchmesser vergrößert.

Der Befehl **FLÄCHE LÖSCHEN** entfernt ausgewählte Flächen. Die umgebenden Flächen wachsen anschließend, um die entstandene Lücke zu schließen.

Es sind zwei Typen verfügbar. Der **TYP FLÄCHE** verarbeitet alle Flächen, während der **TYP BOHRUNG** nur Bohrungsflächen verarbeitet. Im abgebildeten Beispiel wurden durch Aufziehen eines Auswahlrahmens zwei Bohrungen und ein Durchbruch gelöscht.

FLÄCHE LÖSCHEN (DELETE FACE)

Beim **TYP BOHRUNG** kann durch Einschalten der Option **BOHRUNGEN NACH GRÖSSE WÄHLEN** eine Auswahl von Bohrungen nach ihrem Durchmesser gefiltert werden. In der folgenden Abbildung wurden alle Bohrungen mit einem Durchmesser kleiner bzw. gleich *6 mm* gelöscht.

In den **EINSTELLUNGEN** kann durch Deaktivieren der Option **REPARIEREN** verhindert werden, dass die umgebenden Flächen wachsen, um das Modell wieder zu schließen. Das Ergebnis der Operation ist dann ein Flächenmodell.

Bei Verrundungen kann mit der Option **TEILWEISE VERRUNDUNG LÖSCHEN** die ursprüngliche Kante wieder hergestellt werden. Dies kann sowohl für die **AUSGEWÄHLTE VERRUNDUNG** als auch für **ANGRENZENDE VERRUNDUNGEN** gesteuert werden. Die folgende Abbildung zeigt ein weiteres Beispiel für die Anwendung der verschiedenen Optionen.

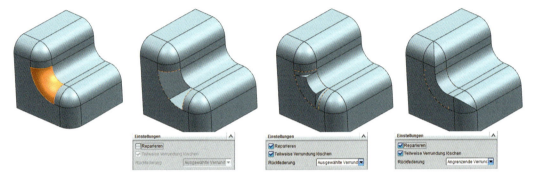

Des Weiteren bietet der Dialog **FLÄCHE LÖSCHEN** die Möglichkeit, eine **KAPPENFLÄCHE** zu erstellen.

Eine Kappenfläche ist immer dann hilfreich, wenn die automatische Reparatur den Körper nicht schließen kann. Durch Definition einer Fläche oder Ebene kann das Volumenmodell wieder geschlossen werden. Die folgende Abbildung zeigt die Definition einer neuen Ebene, mit deren Hilfe der Volumenkörper nach dem Löschen der Flächen wieder geschlossen werden kann.

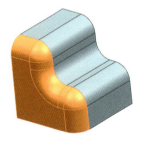 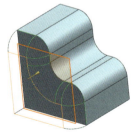 

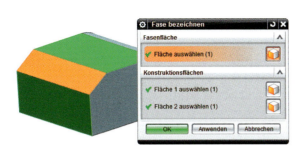 

Der Befehl **FASE BEZEICHNEN** markiert eine Fläche als Fase, sodass diese von Befehlen der synchronen Konstruktion als Fase erkannt und verarbeitet wird. Der Befehl bietet sich insbesondere bei importierten Modellen ohne Historie an. Eine markierte Fase kann auf einfache Weise mit dem Befehl **FASENGRÖSSE ÄNDERN** modifiziert werden.

FASE BEZEICHNEN (LABEL CHAMFER)

Der Befehl **FASENGRÖSSE ÄNDERN** erlaubt das schnelle Ändern einer Fase. Hierfür stehen die Fasen-Typen *symmetrisch*, *asymmetrisch* sowie *Offset und Winkel* zur Verfügung.

FASENGRÖSSE ÄNDERN (RESIZE CHAMFER)

Der Befehl **KERBUNGSVERRUNDUNG BESCHRIFTEN** markiert eine Verrundung als Kerbungsverrundung. Die Auswirkung dieser Markierung wird in den folgenden Abbildungen dargestellt. Die hervorgehobene Fläche im linken Bild wird um 15 mm mit dem Befehl **FLÄCHE VERSCHIEBEN** bewegt. Im mittleren Bild handelt es sich um eine Standardverrundung. Die zylindrische Fläche der Verrundung wird angepasst und verschneidet sich mit der verschobenen Fläche. Im rechten Bild ist die Verrundung als Kerbungsverrundung markiert. Eine neue ebene Fläche wird durch das Verschieben eingefügt.

KERBUNGSVERRUNDUNG BESCHRIFTEN (LABEL NOTCH BLEND)

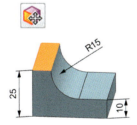 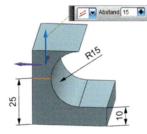 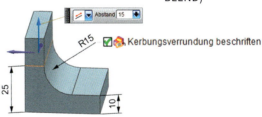

Beim Erstellen von Verrundungen ist das geometrische Ergebnis abhängig von der Reihenfolge, in der die Verrundungen erstellt wurden. Der Befehl **VERRUNDUNGEN NEU ORDNEN** erlaubt es, die Reihenfolge von sich verschneidenden Verrundungen umzukehren.

VERRUNDUNGEN NEU ORDNEN (REORDER BLENDS)

VERRUNDUNG ERSETZEN (REPLACE BLEND)

Der Befehl **VERRUNDUNG ERSETZEN** bietet sich an, um importierte Modelle zu optimieren. Ziel des Befehls ist es, eine verrundungsähnliche Fläche durch ein NX-Verrundungsformelement zu ersetzen. Nach erfolgreicher Anwendung des Befehls **VERRUNDUNG ERSETZEN** kann der Verrundungsradius geändert werden, während der tangentiale Übergang zu den Nachbarschaftsflächen erhalten bleibt.

Der Befehl **FLÄCHE OPTIMIEREN** ist beim Bearbeiten importierter Geometrie sehr hilfreich. Eine häufige Anwendung ist das Erkennen von Verrundungen.

FLÄCHE OPTIMIEREN OPTIMIZE FACE

Weiterhin erlaubt der Befehl **FLÄCHE OPTIMIEREN** das Ersetzen komplexer Flächen durch vergleichsweise einfache analytische Flächen. Diese Vereinfachung kann die Datenmenge reduzieren und die Bearbeitungsgeschwindigkeit des Systems erhöhen.

Zudem werden durch den Befehl **FLÄCHE OPTIMIEREN** Kanten optimiert. Hierbei werden die Flächen in NX neu verschnitten. Dieser Schritt ist insbesondere bei angenäherten Flächen sinnvoll, da die Annäherung dann nochmals mit den in NX vorhandenen Algorithmen und Toleranzen vollzogen wird. Dadurch wird die Modellqualität erhöht, und es ist zu erwarten, dass Folgeoperationen stabiler durchgeführt werden können.

6.3.2 Kopierbefehle

Die synchrone Konstruktion beinhaltet eine Klasse von Befehlen, mit denen Flächen vervielfältigt werden können. Diese werden in der Werkzeugleiste in einem Menü zusammengefasst.

FLÄCHE KOPIEREN (COPY FACE)

Der Befehl **FLÄCHE KOPIEREN** erzeugt eine Kopie der ausgewählten Flächen. Das Ergebnis ist zunächst ein Flächenmodell. Der Dialog erlaubt durch eine Option, die kopierten Flächen direkt einzufügen. Im folgenden Beispiel wurde die Gruppenfläche ausgewählt und anschließend um einen **ABSTAND** von *35 mm* verschoben.

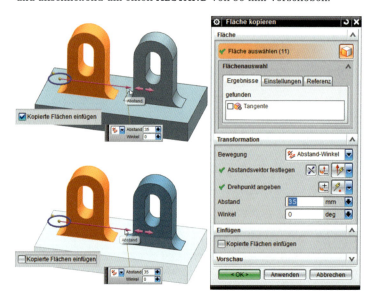

Als Ergebnis erhält man das dargestellte Bauteil. Wenn man dafür eine Schnittdarstellung erzeugt, ist deutlich zu erkennen, dass im Bereich der kopierten Flächen kein Volumen existiert. Um diesen Bereich in den vorhandenen Körper zu integrieren, wird der Befehl **PATCH** verwendet. Dabei werden der Körper als **ZIEL** und der kopierte Bereich als **WERKZEUG** ausgewählt. Die Schnittdarstellung zeigt dann das entstandene Volumen. Dieser Arbeitsschritt muss durchgeführt werden, um eine korrekte Darstellung in geschnittenen Zeichnungsansichten zu erhalten. Alternativ kann der Befehl **FLÄCHE EINFÜGEN** aus der synchronen Konstruktion verwendet werden.

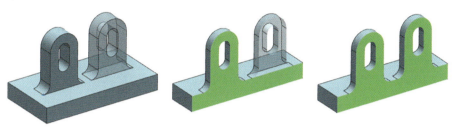

Die Wirkung der Option **KOPIERTE FLÄCHEN EINFÜGEN** wird an einem weiteren Beispiel demonstriert. Dazu wird **FLÄCHE KOPIEREN** aufgerufen und die abgebildete Rippe selektiert. Nach der Festlegung eines Abstandes wird der Bereich zunächst unverändert kopiert, und man erhält einen offenen Flächenkörper (siehe nachfolgendes linkes Bild).

Durch Aktivieren der Option **KOPIERTE FLÄCHEN EINFÜGEN** werden die kopierten Flächen an ihrer Zielposition erweitert, um sich mit der Umgebung zu verschneiden und somit einen gültigen Volumenkörper zu bilden (nachfolgendes rechtes Bild).

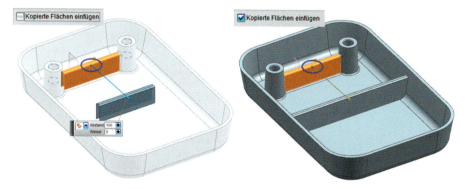

Die eingefügten Flächen sind assoziativ zu den Ursprungsobjekten. Eine Änderung der Rippenbreite würde auch zu einer Verbreiterung der kopierten Rippe führen.

Der Befehl **SCHNITTFLÄCHE** funktioniert prinzipiell wie eine Kombination aus Kopieren und Löschen. Dabei werden die ausgewählten Flächen bewegt und anschließend an ihrer ursprünglichen Position entfernt.

Im folgenden Beispiel (S. 350) wurde die Rippe ausgewählt, verschoben und dann gedreht. Durch Aktivieren der Option **SCHNITTFLÄCHEN EINFÜGEN** werden die ausgeschnittenen Flächen erweitert, bis sie mit der Umgebung verschneiden und ein gültiges Volumen

SCHNITTFLÄCHE (CUT FACE)

bilden. Ebenso werden die konischen Flächen am Ursprung erweitert, um die entstandene Lücke zu schließen.

FLÄCHE EINFÜGEN
(PASTE FACE)

Mit **FLÄCHE EINFÜGEN** kann ein Flächenmodell, wie es beim Kopieren oder Ausschneiden entsteht, in einen Volumenkörper eingefügt werden. Bei der **EINFÜGEOPTION AUTOMATISCH** entscheidet der Algorithmus anhand der Flächennormalen, ob Material hinzugefügt oder entfernt wird. Alternativ können Sie die Einfügeoption auch manuell vorgeben.

Im Beispiel wurde die Rippe wieder ausgeschnitten und dann verschoben. Dabei war die Option **SCHNITTFLÄCHE EINFÜGEN** nicht aktiv. Das Ergebnis ist auf dem linken Bild dargestellt.

Der Befehl **FLÄCHE EINFÜGEN** erwartet zunächst die Angabe des Zielkörpers. Dazu wird der Zielkörper gewählt. Die ausgeschnittenen Flächen werden als **WERKZEUG** bestimmt. Die Werkzeugflächen werden erweitert, bis sie mit der Umgebung verschneiden und einen gültigen Volumenkörper bilden.

Die Funktion **FLÄCHE SPIEGELN** kopiert eine oder mehrere Flächen, spiegelt diese an einer Ebene und fügt sie dort ein.

FLÄCHE SPIEGELN
(MIRROR FACE)

Im nächsten Beispiel wurden die hervorgehobenen Flächen ausgewählt und mit der Option **NEUE EBENE** eine Spiegelebene erzeugt. Daraus resultiert das abgebildete Ergebnis (S. 351), das assoziativ zur Originalgeometrie ist.

Der Befehl für **MUSTERFLÄCHEN** wurde bereits in Abschnitt 3.9 beschrieben, da er auch im Zusammenhang mit assoziativen Kopien in der Werkzeugleiste **FORMELEMENTOPE-RATION** verfügbar ist.

MUSTERFLÄCHE
(PATTERN FACE)

6.3.3 Geometrische Bedingungen

In der synchronen Konstruktion stehen Befehle zur Verfügung, mit denen ein Modell mithilfe von geometrischen Bedingungen modifiziert werden kann. Eine Bewegungsfläche wird anhand einer geometrischen Bedingung sowie einer Referenz neu positioniert und am Zielort in die Umgebung eingefügt. Hierbei ist es auch möglich, mehrere Flächen zu einer **BEWEGUNGSGRUPPE** zusammenzufassen. Die Dialogfenster und die Arbeitsweisen für die verschiedenen Bedingungen sind sehr ähnlich und werden deshalb in den folgenden Beispielen nicht mehr dargestellt.

Mit dem Befehl **ALS KOPLANAR FESTLEGEN** können Flächen an einer Ebene ausgerichtet werden. Wenn mehrere Flächen einer Bewegungsgruppe zu einer Ebene ausgerichtet werden sollen, müssen die Flächen der Bewegungsgruppe bereits zueinander ausgerichtet sein.

Im folgenden Beispiel sollen mehrere Flächen (Braun, Magenta, Cyan) zueinander ausgerichtet werden. Zuerst wählen wir Braun als Bewegungsfläche und Magenta als unveränderte Fläche. Danach wird der Befehl mit **ANWENDEN** ausgeführt.

ALS KOPLANAR
FESTLEGEN
(MAKE COPLANAR)

Im zweiten Schritt wählen wir Magenta als Bewegungsfläche und fügen Braun über die *Flächenauswahl* **KOPLANAR** zur **BEWEGUNGSGRUPPE** hinzu. Cyan wird als unveränderte Fläche gewählt und dann wird der Befehl mit **OK** beendet. Somit werden Magenta und Braun an Cyan ausgerichtet.

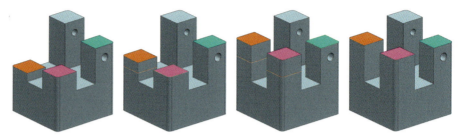

ALS KOAXIAL FESTLEGEN (MAKE COAXIAL)

Mit dem Befehl **ALS KOAXIAL FESTLEGEN** können rotatorische Flächen axial zueinander ausgerichtet werden. Dabei wird die Bewegungsfläche an ihrer neuen Position in die Umgebung eingefügt.

Im folgenden Beispiel soll der Knauf in die Mitte der Bohrung verschoben werden. Dazu wird die Zylinderfläche des Knaufs selektiert. Anschließend erfolgt die Auswahl der Bohrungsfläche als Ziel. Die Achse des Knaufs wird an der Bohrung ausgerichtet und die zylindrische Fläche wird erweitert bis zum Boden der Bohrung, damit das Ergebnis ein gültiges Volumenmodell ist. Das Ergebnis ist auf dem rechten Bild im Schnitt dargestellt.

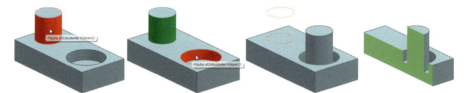

Dieses Beispiel würde fehlschlagen, wenn eine Durchgangsbohrung als Ziel verwendet würde, da die zylindrische Fläche des Knaufs durch Erweitern keine Verschneidung mit dem Volumenkörper erreichen könnte.

Im nächsten Beispiel wird der Knauf zu einer Bezugsachse verschoben. Dazu wird wieder die Zylinderfläche selektiert und anschließend die Achse angegeben.

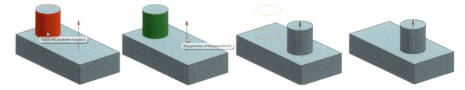

ALS TANGENTIAL FESTLEGEN (MAKE TANGENT)

Der Befehl **ALS TANGENTIAL FESTLEGEN** richtet eine Fläche tangential zu einer anderen Fläche oder einer Bezugsebene aus. Das nächste Beispiel zeigt die Anwendung dieser Funktion. Dazu wird als Bewegungsfläche der Zylinder gewählt und die Ebene als Ziel. Da es unendlich viele Lösungen für diese Bedingung gibt, verwendet NX zunächst jene mit dem kürzesten Weg. Mit der Option **PUNKT ANGEBEN** können Sie den Berührungspunkt festlegen.

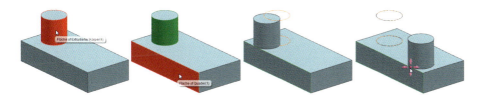

In einem weiteren Beispiel soll der Übergang von zwei Seitenflächen in einen Zylinder tangential ausgerichtet werden. Dazu wählen Sie die Bewegungsfläche aus. Danach fügen Sie die gegenüberliegende Fläche mit der Option **SYMMETRISCH** zur Bewegungsgruppe hinzu. Mit der Option **TANGENTE** fügen Sie die tangential anschließende Zylinderfläche und zuletzt die Bohrung mit der Option **KOAXIAL (FAR)** hinzu. Anschließend erfolgt die Wahl der Zylinderfläche.

Der Befehl **ALS SYMMETRISCH FESTLEGEN** modifiziert eine Fläche so, dass sie an einer Ebene symmetrisch zu einer anderen Fläche ist.

Im Beispiel wurde die linke Seite des Quaders als **BEWEGUNGSFLÄCHE** gewählt. Als **SYMMETRIEEBENE** wurde die vorhandene Bezugsebene verwendet. Sollte keine geeignete Ebene vorhanden sein, kann mit **NEUE EBENE** eine solche erzeugt werden. Als **UNVERÄNDERTE FLÄCHE** wurde hier die schräge Fläche auf der rechten Seite gewählt. Die **BEWEGUNGSFLÄCHE** wird danach an einer symmetrischen Ebene ausgerichtet und in die vorhandene Geometrie eingefügt.

ALS SYMMETRISCH FESTLEGEN (MAKE SYMMETRIC)

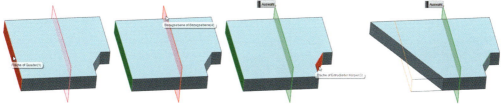

Der Befehl **ALS PARALLEL FESTLEGEN** richtet eine Fläche parallel zu einer Ebene aus.

Dazu wurde im folgenden Beispiel zuerst die linke Quaderfläche selektiert und anschließend die schräge Seite als unveränderte Fläche angegeben. NX dreht dann die Bewegungsfläche. Durch Angabe eines Punktes kann ihre Position verändert werden.

ALS PARALLEL FESTLEGEN (MAKE PARALLEL)

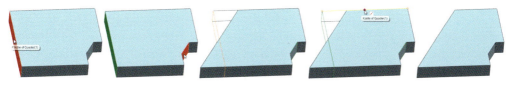

ALS SENKRECHT FESTLEGEN (MAKE PERPENDICULAR)

Der Befehl **ALS SENKRECHT FESTLEGEN** richtet eine Fläche normal zu einer Ebene aus. Dazu wurde im Beispiel die kleinere als **BEWEGUNGSFLÄCHE** ausgewählt und diese senkrecht zur größeren ausgerichtet. Die Lage der Bewegungsfläche kann durch Angabe eines Punktes gesteuert werden.

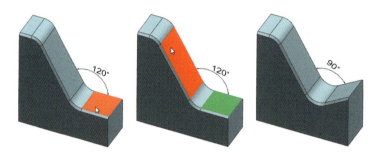

ALS KONSTANT FESTLEGEN (MAKE FIXED)

Im historienunabhängigen Modus kann eine Fläche mit dem Befehl **ALS KONSTANT FESTLEGEN** an ihrer Position fixiert werden. Dadurch wird verhindert, dass sich die Position der Fläche ändert, wenn Befehle der synchronen Konstruktion angewendet werden und sich dadurch die umgebenden Flächen verschieben.

6.3.4 Bemaßungen

In NX stehen drei Befehle zur Bemaßung geometrischer Objekte in einem Menü der Werkzeugleiste **SYNCHRONE KONSTRUKTION** zur Verfügung. Diese Bemaßungen steuern dann die gewählten Flächen.

LINEARE BEMASSUNG (LINEAR DIMENSION)

Mit dem Befehl **LINEARE BEMASSUNG** wird ein Abstandsmaß erzeugt, das die Position eines Flächensatzes bestimmt. Die Funktion arbeitet ähnlich wie **FLÄCHE VERSCHIEBEN** mit der Option **ABSTAND**.

In diesem Beispiel wurde als Ursprungsobjekt der Endpunkt einer Kante gewählt. Als Bemaßungsobjekt wurde der Mittelpunkt eines Kreisbogens der Nut verwendet.

Anschließend wird die Bemaßung im Grafikbereich dargestellt. Nun kann die Bemaßung durch einen Klick mit **MT1** im Darstellungsfenster abgesetzt werden. Damit ist die **POSITION** festgelegt. Der aktuelle Wert wird in einem Eingabefeld angezeigt.

NX hat automatisch die zum zweiten Bemaßungspunkt gehörende Zylinderfläche als **ZU VERSCHIEBENDE FLÄCHE** gewählt. Über die **FLÄCHENAUSWAHL** und die Definition geometrischer Bedingungen können weitere Flächen zur Auswahl hinzugefügt werden.

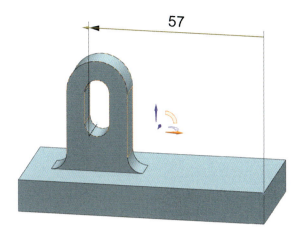

Durch Ändern des Wertes, oder Ziehen am Handle, kann die Bemaßung geändert werden und somit können die Flächen der Flächenauswahl verschoben werden. Die einzelnen Auswahlschritte des Dialogfensters können jederzeit aktiviert werden, um Änderungen vorzunehmen.

Mit der **ORIENTIERUNG** wird festgelegt, wie der **ABSTAND** gemessen wird. Dazu kann unter **RICHTUNG** die grundsätzliche Methode gewählt werden. Mit der Option **VEKTOR** werden die erforderlichen Eingabewerte aktiv, um einen Vektor festzulegen, der die Bemaßungsrichtung bestimmt. Ist die Einstellung **ORIENTXPRESS** vorgegeben, ist die Orientierung der Bemaßung unter Verwendung der blauen Vektoren und Ebenen im Darstellungsfenster möglich. Die **EBENE**, in die das Maß abgetragen wird, kann gewählt werden.

Im Beispiel wurden die **ZU VERSCHIEBENDEN FLÄCHEN** wie folgt definiert. Zunächst wurden alle Flächen der Nut durch Auswahl der geometrischen Bedingungen **GLEICHER RADIUS** und **TANGENTE** ausgewählt und anschließend wie abgebildet verschoben.

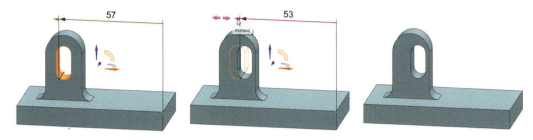

Ändert man die Bemaßungsrichtung durch Selektion eines Pfeils im Darstellungsfenster, wird die Verschiebung entsprechend angepasst. Die folgenden Abbildungen zeigen hierfür ein Beispiel. Nach dem Modifizieren der Richtung wird der **ABSTAND** aktualisiert. Durch Ziehen am Pfeil werden die Flächen wieder verschoben. Dabei passt NX den bewegten Flächensatz an die jeweilige Umgebung an.

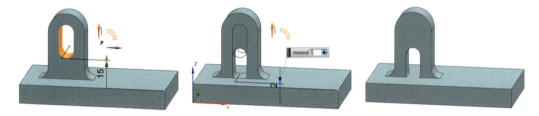

Im nächsten Beispiel wurden die versetzten Außenflächen durch Auswahl der geometrischen Bedingung **OFFSET** zur Auswahl hinzugefügt. Damit kann die gesamte Lasche mit der Bemaßung verschoben werden.

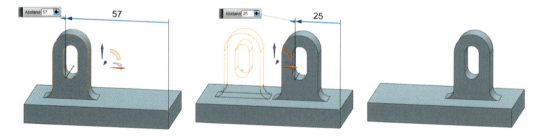

WINKELBEMASSUNG (ANGULAR DIMENSION)

Die Arbeitsweise des Befehls **WINKELBEMASSUNG** ist analog zur linearen Bemaßung. Dabei werden Objekte ausgewählt, zwischen denen eine Winkelbemaßung erzeugt wird.

Im folgenden Beispiel (S. 357) wurde dazu zunächst die Grundfläche als **URSPRUNGSOBJEKT** und die Nutfläche als **BEMASSUNGSOBJEKT** festgelegt. NX zeigt danach den entsprechenden Winkel an. Nach dem Positionieren des Maßes kann der Winkel durch Ziehen am Handle oder durch die Eingabe eines Wertes geändert werden.

Zunächst wird nur die Nut für die Bewegung gewählt. Damit ergibt sich das abgebildete Ergebnis beim Ändern des Winkels.

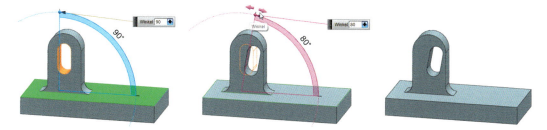

Anschließend werden die äußeren Flächen zusätzlich ausgewählt. Das Resultat ändert sich entsprechend.

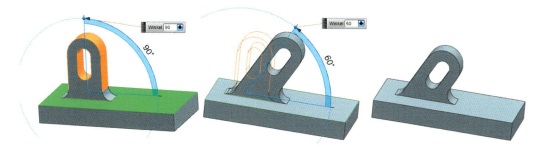

Mit dem Befehl **RADIALE BEMASSUNG** können zylindrische oder kugelförmige Flächen mit einer Bemaßung modifiziert werden.

RADIALE BEMASSUNG (RADIAL DIMENSION)

Im abgebildeten Beispiel wurde die obere Zylinderfläche gewählt und weitere Flächen wurden hinzugefügt. Dann wurde durch Ziehen am Handle der Radius vergrößert. Dabei kann der Anwender im Dialogfenster unter **GRÖSSE** zwischen **RADIUS** oder **DURCHMESSER** wählen.

Das abschließende Beispiel soll die unterschiedlichen Möglichkeiten im Zusammenhang mit der Festlegung der zu ändernden Bereiche verdeutlichen. Dazu wird nach dem Start des Befehls **RADIALE BEMASSUNG** die Kugelfläche selektiert und ihr Radius modifiziert. Dadurch bleibt der Zylinderdurchmesser unverändert, und seine Höhe wird angepasst.

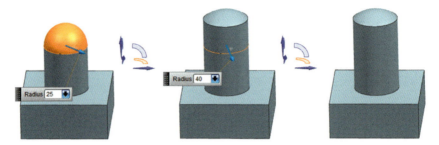

Wenn zusätzlich die Zylinderfläche ausgewählt wird, wird auch ihr Radius entsprechend modifiziert. Durch die Auswahl bleibt die Ursprungshöhe des Zylinders erhalten.

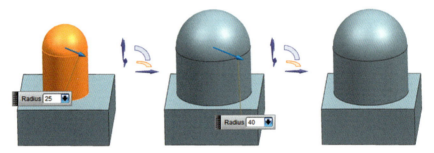

Der Befehl bietet die Möglichkeit, verschiedene Durchmesser mehrerer Objekte zu vereinheitlichen.

6.3.5 Schalen

Die Befehle zum Erstellen und Verändern von Schalen sind in einem Menü zusammengefasst und nur im historienunabhängigen Modus verfügbar.

Der Befehl **SCHALENKÖRPER** dient zum Aushöhlen von Volumenkörpern, wobei einzelne Bereiche von dieser Operation ausgeschlossen werden können.

SCHALENKÖRPER
(SHELL BODY)

Nach Aktivierung des **HISTORIENUNABHÄNGIGEN MODUS** kann die Funktion aufgerufen werden. Die **DURCHSTOSSFLÄCHE** bezeichnet die Fläche, von der aus das Volumenmodell ausgehöhlt wird. Die Übersetzung ist an dieser Stelle etwas unglücklich. Nach der Auswahl wird das Ergebnis als Vorschau direkt angezeigt. Die **WANDSTÄRKE** kann nun durch Ziehen am Handle oder durch Eingabe des Wertes angepasst werden. Als **AUSZUSCHLIESSENDE FLÄCHE** werden anschließend die orange hervorgehobenen Flächen gewählt. Damit bleibt in diesem Bereich der Volumenkörper erhalten.

Der Befehl **SCHALENFLÄCHE** fügt weitere Flächensätze zu vorhandenen Schalen hinzu.

Als Beispiel wird das bereits mit dem Befehl **SCHALENKÖRPER** bearbeitete Bauteil weiter verwendet. Zunächst müssen die hinzuzufügenden Schalenflächen wie abgebildet selektiert werden (orange). Dabei handelt es sich um die Flächen, die bei der vorhergehenden Operation ausgeschlossen waren. NX meldet permanent einen Alarm, der aber ignoriert wird.

SCHALENFLÄCHE (SHELL FACE)

Mit der Option **DURCHSTOSSFLÄCHE** wählen Sie die obere Deckfläche (rot). Anschließend ist das System in der Lage, die neue Schale zu generieren, und zeigt sie als Vorschau an. Für den ausgewählten Bereich kann nun eine separate Wandstärke definiert werden.

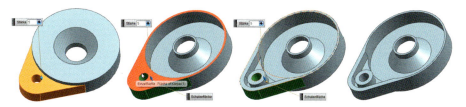

Zur Modifikation der Wandstärke vorhandener Schalen wird der Befehl **SCHALENSTÄRKE ÄNDERN** verwendet.

Durch die Option **NACHBARELEMENTE MIT GLEICHER STÄRKE AUSWÄHLEN** können bei der Auswahl einer Fläche zusammenhängende Bereiche automatisch erkannt werden. Anschließend kann für die gesamte Auswahl eine neue Wandstärke festgelegt werden. Die Abbildung auf S. 360 zeigt dieses Vorgehen an einem Beispiel.

SCHALENSTÄRKE ÄNDERN (CHANGE SHELL THICKNESS)

6.3.6 Querschnittsbearbeitung

QUERSCHNITTS-
BEARBEITUNG/
SCHNITT BEAR-
BEITEN (CROSS
SECTION EDIT)

Bei der **QUERSCHNITTSBEARBEITUNG** wird eine Ebene festgelegt, die das Modell schneidet. Die Körperkanten werden dann assoziativ in eine Skizze projiziert. In der Folge kann das Modell durch Verändern der Skizze modifiziert werden.

Nachfolgend wird die Anwendung des Befehls an einem Beispiel erläutert. Nach der Wahl des Befehls erscheint der Dialog für die Querschnittsbearbeitung.

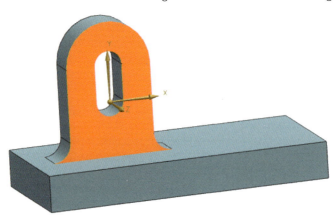

Nach Definition der Schnittebene und Ausführen des Befehls werden die Körperkanten in eine Skizze projiziert und in die Skizzierumgebung gewechselt. Mit der Skizze kann nun das Volumenmodell bearbeitet werden.

Sollten innerhalb einer Datei mehrere voneinander getrennte Volumenkörper vorhanden sein, so kann der zu schneidende Körper durch die Auswahl eines **SCHNITTKÖRPERS** gewählt werden. Existiert nur ein Volumenkörper, so wird dieser automatisch verwendet.

Im Beispiel wird der Typ **AUF EBENE** verwendet und die dargestellte Fläche selektiert. Die abgeleiteten Schnittkurven stehen nun für Modifikationen zur Verfügung. So kann die Geometrie sehr einfach durch Ziehen an einer Kurve, Anbringen von Bemaßungen oder geometrischen Bedingungen geändert werden. Die geometrischen Bedingungen wurden in diesem Beispiel von NX automatisch erzeugt.

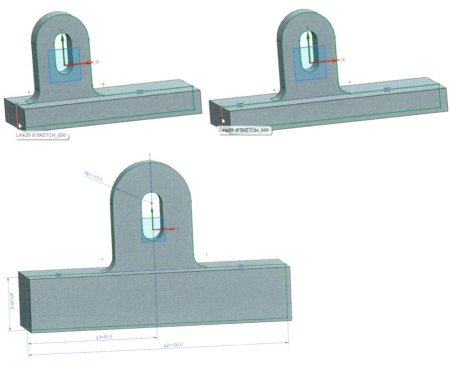

Durch Bemaßen der Skizze wurden die dargestellten Maße angebracht und so die gewünschte Form des Modells definiert.

In einem nächsten Schritt soll nun ein anderer Querschnitt modifiziert werden. Dazu rufen Sie in der Skizzierumgebung den Befehl **NEU ZUORDNEN** auf.

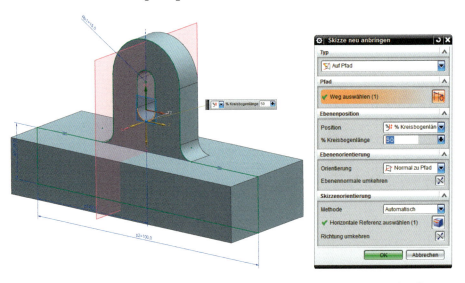

Als **TYP** stellen Sie **AUF PFAD** ein und selektieren die abgebildete Kreiskante. Das System erzeugt dann die entsprechende Schnittebene. Position und Orientierung können von Ihnen geändert werden. Für das Beispiel wurde eine **KREISBOGENLÄNGE** von 50 % eingestellt, um den Schnitt durch die Mitte zu erzeugen. Die Einstellungen übernehmen Sie dann mit **OK**. NX leitet anschließend wieder die betroffenen Schnittkurven ab und bietet die Befehle des Skizzierers an.

Im Beispiel wurden geometrische Bedingungen sowie Bemaßungen erzeugt und anschließend geändert. Damit erhält man nach dem Beenden der Skizzierumgebung das entsprechende Bauteil.

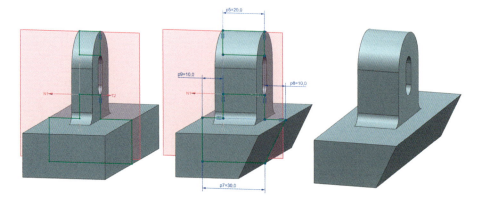

6.3.7 Lokaler Maßstab

Der Befehl **LOKALER MASSSTAB** erlaubt es, einzelne Flächen eines Modells zu skalieren.

Im folgenden Beispiel wurde der **TYP EINHEITLICH** eingestellt und anschließend wurden die hervorgehobenen Flächen ausgewählt. In den nächsten Schritten wurden die **BEGRENZUNGSFLÄCHE** und ein **REFERENZPUNKT** definiert. Dieser Referenzpunkt bleibt bei der Änderung bestehen. Nach der Eingabe eines Skalierungsfaktors von 0.5 wurde der Befehl ausgeführt und damit die hervorgehobenen Flächen in ihrer Größe halbiert.

LOKALER MASSSTAB (LOCAL SCALE)

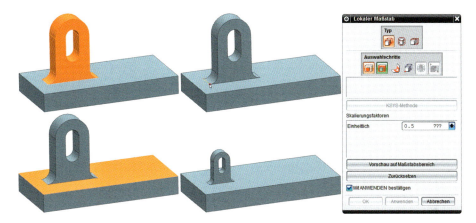

7 Grundlegende Baugruppenfunktionen

■ 7.1 Arbeitsumgebung und Definitionen

Die Erstellung und Verwaltung von Baugruppen wird innerhalb der Anwendung **KONSTRUKTION** durchgeführt. Dazu steht die abgebildete Werkzeugleiste bzw. der entsprechende Eintrag in der Menüleiste zur Verfügung. Weiterhin sind der **BAU-GRUPPEN**-NAVIGATOR mit seinen Popup-Menüs oder die **AUSWAHLLEISTE** mit ihren Filterfunktionen im **AUSWAHLBEREICH** nutzbar.

BAUGRUPPEN (ASSEMBLIES)

NX besitzt zwei Module zur Arbeit mit Baugruppen – **ASSEMBLIES** und **ADVANCED ASSEMBLIES**. Für die grundlegenden Anwendungen des allgemeinen Maschinenbaus sind die Funktionalitäten des Moduls **ASSEMBLIES** ausreichend. Ihre Beschreibung erfolgt im Rahmen dieses Kapitels. Zur Arbeit mit sehr großen Baugruppen und für die Erstellung komplexer Beziehungen zwischen den Komponenten sind die erweiterten Funktionen erforderlich.

Im Zusammenhang mit der Verwaltung technischer Daten und Baugruppen werden häufig Datenmanagementsysteme eingesetzt. In den folgenden Abschnitten wird die native Datenverwaltung ohne den Einsatz von Zusatzsoftware beschrieben.

Die wesentlichen Begriffe zur Arbeit mit Baugruppen sind wie folgt definiert:

Begriffsdefinitionen

- **Baugruppe:** Sie besteht aus Einzelteilen und Unterbaugruppen. Jede Baugruppe wird in einer eigenen Datei gespeichert. Diese Datei erhält die Endung *.prt*.
- **Komponente:** Die Bestandteile einer Baugruppe werden als Komponenten bezeichnet. Komponenten können Einzelteile oder Unterbaugruppen sein. Bei Änderungen der Komponente werden alle anderen Teile der Sitzung entsprechend aktualisiert.
- **Aktives Teil:** Innerhalb einer Baugruppe kann man Änderungen an Einzelteilen durchführen, während die restlichen Bestandteile weiterhin sichtbar sind (Konstruktion im Kontext). Das zu bearbeitende Teil wird dazu aktiviert. Seine Anzeige erfolgt dann in der Originalfarbe, und der Name wird in der Titelleiste dargestellt. Die restlichen Komponenten werden inaktiv und ausgegraut. Diese Darstellung kann man unter **VOREIN-**

STELLUNGEN > VISUALISIERUNG > FARBEINSTELLUNGEN > TEILEINSTELLUNGEN > NICHT HERVORGEHOBENE EINSTELLUNGEN > FARBE DER VERRUNDUNG ändern, wobei **VERRUNDUNG** besser mit **ABBLENDUNG** übersetzt worden wäre.

- **Dargestelltes Teil:** Wenn eine Komponente zum dargestellten Teil wird, erfolgt nur deren Anzeige im Grafikbereich, und man arbeitet direkt in dieser Teiledatei.

■ 7.2 Master-Modell-Konzept

In den Einzelteilen befindet sich normalerweise ein 3D-Modell. Die Baugruppen besitzen keine physikalischen Kopien der Komponenten, sondern nur die Verweise auf die zugehörigen Teile, deren Objekteigenschaften, Layerbelegung, Referenz-Sets, Verknüpfungsbedingungen, Position und Orientierung. Ein Teil kann in verschiedenen Baugruppen verwendet werden. Es existiert aber nur einmal als gespeicherte Datei. Damit spart man Speicherplatz. Weiterhin werden alle Baugruppen, in denen das Teil Verwendung findet, bei Änderungen am Einzelteil aktualisiert. Diese Aktualisierung geschieht während der Sitzung oder beim nächsten Öffnen der Baugruppe. Das Aktualisierungsverhalten kann über die Anwenderstandards gesteuert werden. Ein manuelles Aktualisieren ist jederzeit über **WERKZEUGE > AKTUALISIEREN > MODELL AKTUALISIEREN** bzw. **WERKZEUGE > AKTUALISIEREN > TEILEÜBERGREIFENDE AKTUALISIERUNG > ALLE AKTUALISIEREN** möglich. Das Einzelteil steuert damit das Aussehen der Baugruppe.

Dieses Konzept können Sie auf andere Bereiche zur Erstellung des digitalen Produktes übertragen. So ist es beispielsweise möglich, Strukturen zu erzeugen, bei denen eine neue Baugruppe generiert wird, die lediglich einen Verweis auf ein Teil mit einem 3D-Modell beinhaltet. In der neuen Baugruppe werden dann beispielsweise die Zeichnungen für das 3D-Modell erzeugt. Bei Änderungen am 3D-Modell werden die abgeleiteten Zeichnungen entsprechend aktualisiert.

Master-Modell

Das folgende Schema zeigt dazu ein Beispiel. Das bestimmende 3D-Modell ist in der Datei *Spanner_ET023_00.prt* gespeichert. Der Dateiname ergibt sich in diesem Beispiel aus einem Projektnamen (*Spanner*), der fortlaufenden Nummer der Einzelteile für das Projekt (*ET023*) und dem Änderungsindex der Datei (*00*). Anschließend wurde eine Baugruppe erzeugt, die nur den Verweis auf das 3D-Modell besitzt. In dieser Datei werden die Zeichnungen erarbeitet. Im Beispiel besitzt die Zeichnungsdatei denselben Namen wie das Master-Modell mit der zusätzlichen Kennung _*dwg*.

Diese Vorgehensweise kann analog zur Durchführung von Bauteilberechnungen mit der Methode der finiten Elemente oder zur Erzeugung eines NC-Programmes verwendet werden. Alle Datensätze basieren dabei auf dem 3D-Modell.

Das Konzept wird als Master-Modell bezeichnet und versetzt Sie in die Lage, gleichzeitig an den verschiedenen Aufgaben der digitalen Produktentwicklung zu arbeiten.

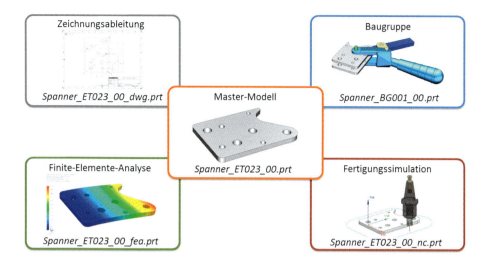

7.3 Speichern und Laden von Baugruppen

Bei der Arbeit mit Baugruppen sind normalerweise mehrere Dateien gleichzeitig geöffnet, wobei eine Datei immer das aktive Teil darstellt, in dem Änderungen vorgenommen werden. Beim Verwenden des Befehls **SPEICHERN** werden nur das aktuelle Teil und seine Komponenten gesichert.

Speichern innerhalb von Baugruppen

Die folgende Übersicht zeigt exemplarisch die Struktur einer Baugruppe. Diese besteht aus der Hauptbaugruppe *BG000*, der Unterbaugruppe *BG001* und verschiedenen Fertigungs- (*ET…*) und Normteilen (*NT…*). Wenn die Unterbaugruppe *Spanner_BG001_00* das aktive Teil ist und gespeichert wird, dann werden auch die dazugehörenden, gelb eingefärbten Teile *Spanner_ET001_00*, *Spanner_ET099_00* und *Stift_NT002_00* gesichert, die übrigen Komponenten nicht. Beim Verlassen von NX wären die nicht gespeicherten Änderungen der restlichen Teile verloren.

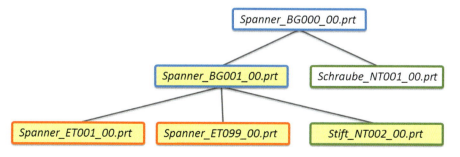

SPEICHERN (SAVE)

Um alle Teile einer Baugruppe zu speichern, müssen Sie die oberste Stufe der Baugruppe aktivieren und anschließend den Befehl **SPEICHERN** anwenden.

Zum Sichern aller geänderten Teile verwenden Sie den Befehl **DATEI > ALLE SPEICHERN**. Damit werden auch Teile, die nicht zur Baugruppe gehören, aber während der Sitzung geöffnet wurden, abgespeichert.

NUR AKTIVES TEIL SPEICHERN (SAVE WORK PART ONLY)

Wenn innerhalb einer Baugruppe nur das aktive Teil gespeichert werden soll und nicht seine untergeordneten Komponenten, kann der Befehl **DATEI > NUR AKTIVES TEIL SPEICHERN** verwendet werden.

Es ist möglich, die einzelnen Bestandteile einer Baugruppe in verschiedenen Verzeichnissen des Betriebssystems abzulegen. NX speichert diesen Verweis in den Baugruppen ab. Beim Öffnen werden die Verweise verwendet, um alle Bestandteile der Baugruppe zu laden. Dabei dürfen die Komponenten aber nicht durch den Anwender manuell in andere Verzeichnisse verschoben oder umbenannt werden.

SPEICHERN UNTER (SAVE AS)

Wenn Sie eine Änderung an einer Komponente durchführen und diese unter einem neuen Dateinamen, beispielsweise mit höherem Änderungsindex, abspeichern wollen, ändert sich auch der Eintrag in der Baugruppenstruktur. Dazu verwenden Sie den Befehl **SPEICHERN UNTER**. NX erwartet zuerst den neuen Namen für das aktuelle Teil. Nach dessen Eingabe springt das System in der Baugruppenstruktur um eine Stufe nach oben und bietet die Möglichkeit, für die übergeordnete Baugruppe ebenfalls einen neuen Namen einzugeben. Wenn dieses Fenster mit **ABBRECHEN** verlassen wird, erscheint der abgebildete Hinweis.

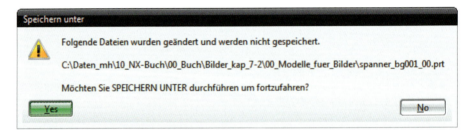

Die Frage ist mit **YES** zu beantworten. Danach wird ein weiterer Hinweis angezeigt. Durch Bestätigen mit **OK** erfolgt das Abspeichern, wobei sich in diesem Fall nur der Name des aktuellen Teiles ändert. Parallel dazu wird ein Bericht im Informationsfenster angezeigt.

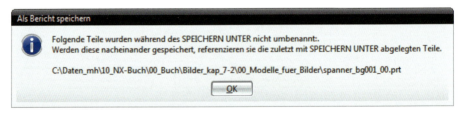

Anschließend muss die Baugruppe ebenfalls gespeichert werden, sonst wird der Verweis auf die neue Datei in der Struktur nicht gesichert, und beim nächsten Aufruf der Baugruppe wird das alte Einzelteil geladen.

Wenn die Baugruppendateien ebenfalls geändert werden sollen, müssen Sie an den entsprechenden Stellen den neuen Name eingeben. Hier ist jedoch Vorsicht geboten, da man sich schnell in den Hinweisen von NX verliert und die falsche Komponente mit neuem Namen speichert. Besser man speichert jede umzubenennende Komponente wie vorangehend beschrieben separat mit **SPEICHERN UNTER** ab.

Beim Öffnen von Baugruppen sucht das System nach den zugehörigen Komponenten und stellt diese dann im Grafikbereich dar. Wenn nicht alle Komponenten einer Baugruppe gefunden werden, erscheint die folgende Warnung.

LADEOPTIONEN (LOAD OPTIONS)

In solchen Fällen ist es wichtig zu wissen, wo die einzelnen Dateien gespeichert wurden. Grundsätzlich sollten Sie möglichst wenige Speicherverzeichnisse verwenden, um das Auffinden von Daten zu vereinfachen. Es ist aber möglich, bei der Arbeit an Projekten separate Ordner zu nutzen, in denen sich die projektspezifischen Dateien befinden. Teile, die allgemein eingesetzt werden, wie z. B. Norm- und Kaufteile, werden oftmals in zentralen Verzeichnissen verwaltet.

Das folgende Schema zeigt dazu ein Beispiel. Es existieren zwei Projektordner (*Projekt 001* und *Projekt 002*) und ein zentrales Verzeichnis für Normteile. Alle Daten befinden sich auf der Platte *D:*. Diese Dateiverwaltung kann analog mit Servern und freigegebenen Verzeichnissen praktiziert werden. Wichtig ist dabei, die Netzlaufwerke unter einheitlichen Laufwerksbuchstaben zu verbinden.

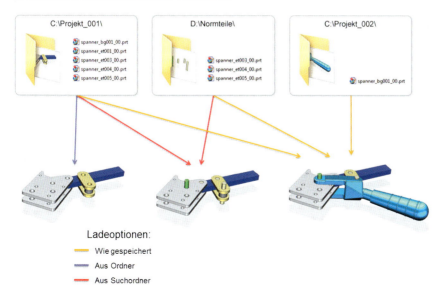

Die einzelnen Teiledateien der Baugruppe *Spanner_BG000_00* sind in verschiedenen Verzeichnissen abgelegt. Wenn die Baugruppe geöffnet wird, sucht NX per Voreinstellung im Verzeichnis der Baugruppe nach allen zugehörigen Dateien. Im Beispiel würde das System nur die Teile aus dem Ordner *Projekt 001* laden. Die restlichen Dateien befinden sich in anderen Verzeichnissen. Um diese Daten zu finden, muss NX die Verweise auf den Speicherort verwenden. Das Vorgehen können Sie durch die *Ladeoptionen* beeinflussen. Deren Aufruf erfolgt mit DATEI > OPTIONEN > LADEOPTIONEN FÜR BAUGRUPPE oder beim ÖFFNEN vorhandener Dateien mit der Schaltfläche OPTIONEN.

Im dargestellten Dialogfenster besteht im Bereich TEILEVERSIONEN unter LADEN die folgende Auswahl:

- WIE GESPEICHERT: NX verwendet die Verweise auf den Speicherort der Dateien und sucht die Teile in den entsprechenden Verzeichnissen. In der Abbildung wurden die Verweise durch gelbe Pfeile dargestellt.
- AUS ORDNER: Nur das Verzeichnis der geöffneten Baugruppe wird nach den restlichen Teiledateien durchsucht. In der Abbildung wird das Ergebnis durch einen violetten Pfeil dargestellt.
- AUS SUCHORDNERN: Sie können verschiedene Verzeichnisse vorgeben, die entsprechend der festgelegten Reihenfolge durchsucht werden. Die erste Datei mit passendem Namen wird dann geladen. Dazu ist es unbedingt erforderlich, dass jeder Dateiname nur einmal vergeben wird. Die Anordnung der Verzeichnisse in der Liste und damit die Suchreihenfolge können unter Nutzung der Pfeile geändert werden. Unter ORDNER FÜR SUCHE HINZUFÜGEN werden die entsprechenden Verzeichnisnamen eingegeben. Im Beispiel müssten dort alle Ordner (*C:\Projekt_001\…*, *C:\Projekt_002\…* und *D:\Normteile\…*) definiert werden, um NX in den blau eingerahmten Bereichen suchen zu lassen.

Mit dem Schalter TEILWEISES LADEN im Bereich Umfang und dem entsprechenden Filter im Feld LADEN wird gesteuert, welche Komponenten beim Öffnen einer Baugruppe geladen werden. Dieser Schalter eignet sich besonders bei großen Baugruppen. Daraus resultiert eine Verbesserung der Systemperformance.

Die Option **LADEN BEI FEHLER ABBRECHEN** im Bereich *Ladeverhalten* sollte immer ausgeschaltet sein, da NX sonst beim ersten Fehler den Ladevorgang beendet. Damit stehen oftmals wesentliche Informationen zur Fehlersuche nicht zur Verfügung. Ist die Option inaktiv, wird der Ladevorgang bis zum Ende durchgeführt, und die gefundenen Komponenten werden am Bildschirm angezeigt.

Die **REFERENCE SETS** legen fest, welche Referenzen beim Laden einer Komponente automatisch aktiv sind. Bei großen Baugruppen ist es sinnvoll, zunächst nicht das vollständige Modell, sondern vereinfachte Abbilder, wie z. B. die Volumengeometrie oder facettierte Darstellungen der Oberfläche, zu laden. Dadurch wird der Ladevorgang beschleunigt. Für die eigentliche Arbeit an den Komponenten können anschließend die Referenz-Sets auf die Anzeige aller Objekte umgeschaltet werden. Die Arbeit mit Referenz-Sets wird in einem eigenen Abschnitt erläutert.

Die geänderten Ladeoptionen sind nur während der aktuellen Sitzung gültig. Nach einem Neustart von NX werden die ursprünglichen Standardvoreinstellungen wieder übernommen. Unter **GESPEICHERTE LADEOPTIONEN** besteht die Möglichkeit, die Änderungen dauerhaft zu nutzen. Dazu wird mit dem Befehl **ALS STANDARD SPEICHERN** die Datei *load_options.def* in das Installationsverzeichnis von NX in den Ordner ...*UGII* geschrieben. Hierzu sind unter Umständen Administratorrechte notwendig. Auf diese Datei greift das System dann beim nächsten Start zu. Wenn Sie eine eigene Konfiguration nutzen wollen, können Sie die aktuellen Einstellungen mit dem Befehl **IN DATEI SPEICHERN** sichern. Beim Start von NX muss dann die Umgebungsvariable *UGII_LOAD_OPTIONS* gesetzt werden, die auf die gespeicherte Datei verweist.

■ 7.4 Intelligentes Laden von Baugruppen

Bei der Arbeit mit großen Baugruppen werden sowohl der Speicher als auch die Ladezeit und die grafische Darstellung stark beeinträchtigt. Um dies zu umgehen, besteht die Möglichkeit, beim Laden einer Baugruppe entsprechende Einstellungen vorzunehmen, die dafür sorgen, dass nur der zu dem Zeitpunkt notwendige Anteil, um die Geometrie darzustellen, geladen wird.

Hierfür aktivieren Sie unter **DATEI > OPTIONEN > LADEOPTIONEN FÜR BAUGRUPPE > UMFANG** die Option **LIGHTWEIGHT-DARSTELLUNG VERWENDEN**. Um den vollen Vorteil in Sachen Speicher und Leistung nutzen zu können, sollte die Option **TEILWEISES LADEN** ebenfalls aktiviert werden. Die Option TEILÜBERGREIFENDE DATEN LADEN wird dann interessant, wenn WAVE-Links in der Konstruktion verwendet wurden. Sind Komponenten nur teilweise geladen, kann es passieren, dass die Geometrie, aufgrund der nicht aktuellen Verlinkung, nicht auf dem aktuellen Stand ist. Die Option erkennt dies und lädt die Geometrie entsprechend nach.

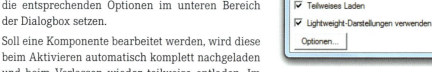

Diese Einstellungen können auch beim Öffnen einer Baugruppe eingestellt werden. Hierzu müssen Sie die entsprechenden Optionen im unteren Bereich der Dialogbox setzen.

 Lightweight-Darstellung

Soll eine Komponente bearbeitet werden, wird diese beim Aktivieren automatisch komplett nachgeladen und beim Verlassen wieder teilweise entladen. Im Baugruppen-Navigator wird die Lightweight-Darstellung mit einer *Feder* in der Spalte *Repräsentation* sichtbar gemacht. Eine schwarze *Raute* bedeutet, dass die Komponente *Genau*, also komplett geladen ist.

◆ Genaue-Darstellung

Des Weiteren haben Sie die Möglichkeit, selbst zu entscheiden, ob eine Komponente als LIGHTWEIGHT ANZEIGEN oder als GENAU ANZEIGEN dargestellt wird. Mit MT3 auf eine Komponente und GENAU ANZEIGEN im Kontextmenü wird die Komponente komplett geladen. Mit einem weiteren MT3 erscheint nun an selber Stelle im Kontextmenü LIGHTWEIGHT ANZEIGEN.

 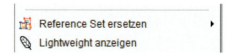

Bei der Lightweight-Darstellung wird der facettierte Anteil einer Komponente geladen, dadurch wird nur eine Hülle im Grafikbereich angezeigt. Dies hat zum einen die Folge, dass eine Komponente sehr schnell geladen und angezeigt werden kann, allerdings kann auf bestimmte Elemente wie z.B. Punkte, Kanten und Flächen nicht mehr zugegriffen werden. Wenn Sie versuchen, eine Komponente im Lightweight-Modus mit Baugruppenzwangsbedingungen zu positionieren, so stoßen Sie auf das Problem, dass weder Punkte, Kanten noch Flächen selektierbar sind.

Um dieses Problem zu umgehen, besteht die Möglichkeit, unter **DATEI > DIENSTPRO-GRAMME > ANWENDERSTANDARDS > BAUGRUPPEN > STANDORTSTANDARD > LEICHTGEWICHT-DARSTELLUNGEN** die Option **LADEN INTELLIGENTER LEICHTGE-WICHT-DATEN** zu aktivieren. Dadurch werden weitere Geometrieanteile einer Komponente geladen. Der Speichervorteil liegt dann nur noch bei 20 % bis 80 % zu einer im Verhältnis *Genau* geladenen Komponente, jedoch kann nun auf weitere Geometrie wie Punkte, Kanten und Flächen zugegriffen werden.

Eine weitere Option, große Baugruppen schnell zu laden, besteht darin, dass nur die Struktur geladen wird. Dies geschieht selbst bei sehr großen Baugruppen innerhalb weniger Sekunden. Da hierbei erst einmal kein Geometrieanteil geladen wird, bleibt das Grafikfenster leer. Beim Bewegen der Maus über den Komponenten im Baugruppen-Navigator wird jedoch die Begrenzungsbox im Grafikbereich angezeigt, sodass man zumindest eine Vorstellung bekommt, wo sich das Bauteil befindet und welche Größe es besitzt.

Nur Struktur laden

Durch Doppelklick mit der **MT1** wird die Komponente nachgeladen und *Genau* angezeigt. Wird eine weitere Komponente nachgeladen, so wird diese *Genau* angezeigt, während die vorherige nun als *Lightweight* dargestellt wird.

Über **MT3** und **SCHLIESSEN > TEIL** wird eine Komponente geschlossen und aus dem Speicher genommen. Das Strukturelement im Baugruppen-Navigator bleibt erhalten, sodass die Komponente bei Bedarf wieder geladen werden kann.

7.5 Aufbau von Baugruppenstrukturen

Die Erstellung der Struktur von Baugruppen kann von oben nach unten (*Top-down*) oder von unten nach oben (*Bottom-up*) erfolgen. Oftmals findet eine Mischung beider Methoden Verwendung. Im Normalfall werden zunächst Grundstrukturen erzeugt, die dann bei Bedarf schrittweise erweitert werden.

NEUE KOMPONENTE ERZEUGEN (CREATE NEW COMPONENT)

Mit dem Befehl **NEUE KOMPONENTE ERZEUGEN** generieren Sie aus dem aktiven Teil heraus eine neue Komponente. Dazu müssen Sie zunächst eine geeignete Vorlagendatei wählen und dann den Name der neuen Datei festlegen.

Danach erscheint das abgebildete Dialogfenster. In NX besteht die Möglichkeit, durch Selektion einer Geometrie aus dem aktiven Teil diese an die neue Komponente zu übergeben. Wird keine Geometrie ausgewählt, dann erstellt NX eine leere Datei.

Die Option **DEFINITIONSOBJEKTE HINZUFÜGEN** bewirkt, dass alle Referenzobjekte mit eingeschlossen und kopiert werden. Referenzobjekte definieren die Position oder die Ausrichtung des ausgewählten Objekts.

Als **KOMPONENTENNAME** wird automatisch der Dateiname angezeigt. Dort kann eine Änderung vorgenommen werden.

Der **REFERENCE SET** gibt an, welche Voreinstellung für die neue Komponente verwendet wird.

Die **LAYER-OPTION** steuert die Verwaltung der Layer. Mit **ORIGINAL** wird die Layervergabe für die einzelnen Objekte vom aktiven Teil übernommen. Die Option **ARBEIT** verschiebt alle Objekte des neuen Teiles auf den aktuellen Arbeitslayer, und mit der Option **WIE BESTIMMT** wird ein Ziellayer festgelegt, auf den die Objekte in der neuen Datei abgelegt werden.

Der **KOMPONENTENURSPRUNG** legt die Ausrichtung des neuen Teiles fest. Dessen absolutes Koordinatensystem wird entweder auf das **WCS** oder auf das absolute Koordinatensystem des Elternteiles bezogen.

Mit **URSPRÜNGLICHE OBJEKTE LÖSCHEN** wird bestimmt, ob die Elemente der neuen Komponente im Elternteil erhalten bleiben sollen oder nicht.

Nach dem Verlassen des Dialogfensters wird das neue Teil in der Baugruppenstruktur erzeugt. Anschließend ist es sehr wichtig, die gesamte Baugruppe zu speichern.

Die Abbildung auf S. 375 zeigt ein Beispiel zum Erzeugen einer Baugruppe nach der Top-down-Methode. Zuerst wurden in der Datei *Baugruppe* die 3D-Modelle erzeugt. Die einzelnen Körper dürfen *nicht* mit einer booleschen Operation verbunden sein. Anschließend wurde mit dem Befehl **NEUE KOMPONENTE ERZEUGEN** der Quader mit seiner Bohrung in das Teil *Quader* verschoben und der Zylinder in *Zylinder*. Damit ergibt sich die dargestellte Struktur, wobei die Baugruppendatei keine Geometrie mehr beinhaltet.

Die neuen Dateien erhalten die Standardvoreinstellungen von NX. Die Modelle können anschließend bearbeitet werden, indem das jeweilige Teil aktiviert wird.

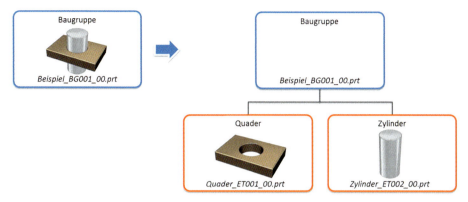

Zur Erstellung von Baugruppen über die Bottom-up-Methode dient der Befehl **KOMPONENTE HINZUFÜGEN**. Diese Funktion setzt voraus, dass die Teiledateien bereits existieren. Alternativ können Teile durch Ziehen mit **MT1** aus der **HISTORIE** bzw. aus dem Betriebssystem hinzugefügt werden.

KOMPONENTE HINZUFÜGEN (ADD COMPONENT)

Nach dem Start des Befehls wird das Dialogfenster aufgerufen, das in seinem oberen Bereich alle in der Sitzung geladenen Teiledateien auflistet. In dieser Liste kann das gewünschte Teil ausgewählt werden. Alternativ ist die Selektion im Grafikfenster möglich. Die zuletzt verwendeten Teile werden in einer weiteren Liste angezeigt. Auch dort ist die Auswahl möglich. Beide Listen können parallel verwendet werden, wenn mehrere Teile gleichzeitig hinzugefügt werden sollen. Zur Selektion werden die üblichen Windows-Befehle (**STRG**- und **SHIFT**-Taste mit **MT1**) genutzt.

Wenn ein Teil nicht geladen ist, besteht die Möglichkeit, es mit **ÖFFNEN** im Windows-Verzeichnis zu suchen und zu laden. Auch dabei können mehrere Teile gleichzeitig geöffnet werden.

Nach seiner Auswahl wird das jeweilige Teil automatisch in einem separaten Vorschaufenster angezeigt. Um diese Anzeige zu nutzen, muss die Option **VORSCHAU** eingeschaltet sein. Im Vorschaufenster können Sie das neue Teil mit den üblichen Befehlen zur Bildschirmdarstellung betrachten. Unter Nutzung der Vorschau können Sie die einzelnen Komponenten an- und abwählen.

DUPLIKATE gibt die **ANZAHL** an, wie oft das Teil eingefügt wird. Dabei sollte die **STREUUNG** unter **PLATZIERUNG** aktiv sein, sonst werden die einzelnen Teile an derselben Position mehrfach übereinandergelegt. Durch die **STREUUNG** werden die einzelnen Komponenten zufällig verteilt.

Für die **POSITIONIERUNG** stehen folgende Varianten zur Verfügung:

- **ABSOLUTER URSPRUNG:** Der Ursprung des neuen Teiles befindet sich automatisch im Nullpunkt des absoluten Koordinatensystems der aktiven Baugruppe.
- **URSPRUNG AUSWÄHLEN:** Die Platzierung des hinzugeladenen Teiles erfolgt durch Angabe eines Punktes.
- **NACH ZWANGSBEDINGUNGEN:** Die Lage und Orientierung des neuen Teiles ergeben sich in Bezug zu vorhandenen Objekten. Dafür wird nach dem Anwenden automatisch das Dialogfenster für Baugruppenzwangs- oder Verknüpfungsbedingungen geöffnet.
- **VERSCHIEBEN:** Nach der Definition eines Ursprunges für das neue Teil durch Festlegung eines Punktes erscheint das Dialogfenster **KOMPONENTE VERSCHIEBEN**, mit dem die Lage im Raum verändert werden kann.

Durch die Option **MEHRFACH LADEN > NACH HINZUFÜGEN WIEDERHOLEN** unter **REPLIKATION** wird ein Teil an verschiedenen Positionen in eine Baugruppe eingefügt. In Abhängigkeit von der eingestellten **POSITIONIERUNG** wird der Ursprung des neuen Teiles festgelegt. Dieser Vorgang wird so lange wiederholt, bis **ZURÜCK** oder **ABBRECHEN** gewählt wird. Mit jeder Festlegung einer Position wird das Teil an der entsprechenden Stelle hinzugefügt.

Die Option **MUSTER NACH HINZUFÜGEN** unter **MEHRFACH LADEN** startet automatisch den Befehl zum Erzeugen eines Komponentenfeldes, nachdem das Teil platziert wurde.

Als Komponentenname wird beim Hinzufügen automatisch der Dateiname angezeigt. Unter **VOREINSTELLUNGEN > BAUGRUPPEN > BESCHREIBENDE TEILENAMENART** kann man diese Einstellung grundsätzlich modifizieren. Damit ändert sich dann auch die Anzeige in den Listen. Weiterhin ist es möglich, den Komponentennamen für die aktuelle Baugruppe im Dialogfenster einzugeben.

Das **REFERENCE SET**, das für das neue Teil verwendet werden soll, kann im entsprechenden Feld ausgewählt werden.

Die Bedeutung der **LAYER-OPTIONEN** ist analog zum Befehl **NEUE KOMPONENTE ERZEUGEN**. Dabei sollte die Einstellung **ORIGINAL** verwendet werden, um die Layerzuordnungen des Teiles beizubehalten. Der Layerstatus kann jederzeit über **EIGENSCHAFTEN > BAUGRUPPE > LAYEROPTION** geändert werden. Diese Eigenschaften werden durch Selektion der Komponente im Darstellungsfenster oder im **BAUGRUPPEN-NAVIGATOR** mit **MT3** und Nutzung des Popup-Menüs aufgerufen.

Nach Verlassen des Dialogfensters zum Hinzufügen eines vorhandenen Teils muss dessen Lage in Abhängigkeit von der gewählten Methode zur **POSITIONIERUNG** bestimmt werden. Wenn das Dialogfenster **KOMPONENTE HINZUFÜGEN** mit **ANWENDEN** geschlossen wurde, wechselt NX nach dem Hinzufügen der neuen Komponente wieder zum Auswahlfenster, und das nächste Teil kann zur Baugruppe hinzugefügt werden. Wurde der Befehl mit **OK** beendet, erfolgt kein erneuter Aufruf.

Die neuen Komponenten werden immer direkt unter dem aktiven Teil in der Baugruppenstruktur abgelegt. Auch hier ist es wichtig, nach Beenden des Hinzufügens die Baugruppe komplett zu speichern. Wenn eine Komponente in ein Einzelteil hinzugefügt wird, wird aus der übergeordneten Datei automatisch eine Baugruppe.

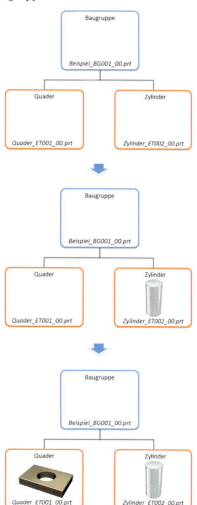

Wir möchten nun den Aufbau einer Baugruppe nach der Bottom-up-Methode an einem Beispiel erläutern. Dazu werden zunächst drei neue Dateien als Modell erstellt. Die Baugruppenstruktur wird über die Datei *Baugruppe* erstellt. Die einzelnen Komponenten werden dieser Baugruppe hinzugefügt. Für die Positionierung ist die Option **ABSOLUTER URSPRUNG** ausreichend, da sie noch keine Geometrie enthalten. Zum Schluss muss die neue Struktur gespeichert werden, und Sie erhalten dann den abgebildeten Aufbau.

Danach kann mit dem Erstellen der Geometrie begonnen werden. Dazu wird die Datei, in der das Teil erzeugt werden soll, aktiviert. So wird z. B. zuerst ein Zylinder im Teil *Zylinder* erstellt.

Neben der Geometrie kann man dem Teil grundsätzliche Eigenschaften wie z. B. seine Farbe mitgeben. Diese Eigenschaften werden in Baugruppen von unten nach oben übernommen. Bei jedem Laden des Teiles in eine Baugruppe stehen die Eigenschaften der Teiledatei dann automatisch zur Verfügung.

Die Geometrie des nächsten Teiles wird analog erzeugt. Wird das zu bearbeitende Teil zum aktiven Teil, dann wird dessen Geometrie in der Originalfarbe angezeigt, während alle anderen Komponenten der Baugruppe als nicht aktiv dargestellt werden. Man kann jetzt mit der neuen Konstruktion im Kontext zu den bereits vorhandenen Geometrien beginnen.

Nach der Fertigstellung der Geometrie des zweiten Teils erhalten Sie die gleiche Baugruppenstruktur wie bei der vorher dargestellten Top-down-Methode.

Außer den beschriebenen beiden Befehlen zum Erzeugen von Baugruppenstrukturen gibt es noch zwei weitere Möglichkeiten, Komponenten zu erzeugen.

ALS EINDEUTIG FESTLEGEN (MAKE UNIQUE)

Der Befehl **ALS EINDEUTIG FESTLEGEN** unter **BAUGRUPPEN > KOMPONENTE** wird dazu verwendet, um eine Komponente, die mehrfach verbaut wurde, mit neuem Namen zu definieren, sodass diese neue Komponente unabhängig von der Originaldatei ist.

NEUES ÜBERGEORDNETES ELEMENT ERZEUGEN (CREATE NEW PARENT)

Baugruppenschablone

Der Befehl **NEUES ÜBERGEORDNETES ELEMENT ERZEUGEN** erstellt aus einer Komponente heraus eine übergeordnete Baugruppe. Dazu müssen Sie die gewünschte Vorlage wählen und den Name der neuen Baugruppe eingeben. Anschließend wird automatisch die Struktur erzeugt.

Beim Erstellen von Dateien mit dem Befehl **NEU** können Sie eine Baugruppenschablone aufrufen. Wird diese Option verwendet, dann öffnet NX anschließend das Fenster zum Hinzufügen von Teilen. Nach der Angabe des entsprechenden vorhandenen Teiles wird eine neue Struktur generiert. Dieses Vorgehen ist insbesondere beim Erzeugen neuer Dateien nach dem Master-Modell-Konzept sinnvoll.

■ 7.6 Baugruppen-Navigator

BAUGRUPPEN-NAVIGATOR (ASSEMBLY NAVIGATOR)

Bei der Nutzung von Baugruppen müssen deren Strukturen verwaltet werden. Dabei ist es wichtig, die Übersicht zu behalten, um nicht irrtümlicherweise Objekte in falschen Teiledateien zu bearbeiten. Die beste Orientierung bietet dafür der **BAUGRUPPEN-NAVIGATOR**. Er wird über das Icon in der Ressourcenleiste aufgerufen. Die Abbildung zeigt die verschiedenen Bereiche des Navigators.

Der obere Bereich enthält die Übersicht der Baugruppenstruktur und bietet die Möglichkeit einer schnellen Bearbeitung der verschiedenen Komponenten. Jede Komponente wird als Knoten in der Baumstruktur dargestellt und kann dort ausgewählt werden.

Nach der Selektion einer Komponente wird diese im Darstellungsfenster hervorgehoben. Parallel hierzu erfolgt eine Anzeige in der **VORSCHAU** des Navigators. Die Abhängigkeiten der gewählten Komponenten werden im unteren Bereich des **BAUGRUPPEN-NAVIGATORS** aufgelistet. Dort besteht auch die

Möglichkeit der Auflistung der Zwangsbedingungen. Deren Anzeige wird mit der Lupe ein- bzw. ausgeschaltet.

Die Zwangsbedingungen werden zudem in einem Knoten unterhalb der entsprechenden Baugruppe gesammelt. Des Weiteren kann über die Ressourcenleiste der ZWANGSBEDINGUNGSNAVIGATOR verwendet werden, um die Abhängigkeiten anzuzeigen.

Die beiden unteren Bereiche können durch Auswahl mit MT1 auf den Balken über der Vorschau ein- und ausgeschaltet werden.

Die Anzeige der Spalten im BAUGRUPPEN-NAVIGATOR ist individuell konfigurierbar. Dazu verwenden Sie das abgebildete Fenster. Eine Möglichkeit, das Fenster aufzurufen, ist die Nutzung von MT3 im freien Bereich der Liste oder auf den Spaltenüberschriften des Navigators. Danach erscheint ein Popup-Menü, in dem Sie die EIGENSCHAFTEN und dann das Register SPALTEN auswählen.

NX verfügt über Standardspalten, die in dieser Liste angezeigt werden und dort ein- bzw. ausgeschaltet werden können. Die Reihenfolge lässt sich durch Selektion einer aktiven Spalte und Nutzung der Pfeil-Icons verändern.

Weiterhin besteht die Möglichkeit, nutzerspezifische Attribute als Spalte im BAUGRUPPEN-NAVIGATOR anzuzeigen. Dazu geben Sie den entsprechenden Titel im Feld ATTRIBUT ein und bestätigen diesen mit ENTER. Anschließend erscheint dieser Eintrag ebenfalls in der Liste und kann entsprechend angeordnet werden.

Es ist sinnvoll, das Attribut BENENNUNG zu verwenden und im BAUGRUPPEN-NAVIGATOR darstellen zu lassen. Damit wird eine Zuordnung der Teilenamen, die normalerweise aus einer Nummer bestehen, zum Inhalt der Dateien möglich. Die Abbildung zeigt ein Beispiel zur Anordnung der Spalten.

Die Anpassungen des Navigators werden beim Verlassen von NX gespeichert und stehen beim nächsten Start des Systems wieder zur Verfügung.

Durch Auswahl der Spaltenüberschriften mit **MT1** werden die Einträge in den Spalten sortiert.

Im **BAUGRUPPEN-NAVIGATOR** wird eine Vielzahl von Informationen über die einzelnen Komponenten angezeigt. In Abhängigkeit von der jeweiligen Spalte besitzen die Symbole folgende Bedeutungen.

Symbole vor den einzelnen Komponenten:

	Die Baugruppe ist Bestandteil des aktuellen Teils. Ihre Anzeige erfolgt in den Originalfarben.
	Die Baugruppe ist geladen, aber sie ist weder das aktive Teil noch eine Komponente des aktiven Teils. Sie wird in der Farbe für inaktive Teile dargestellt.
	Die Baugruppe ist nicht geladen. Es erfolgt keine Anzeige im Grafikbereich.
	Die Baugruppe wird unterdrückt. Es erfolgt keine Anzeige im Grafikbereich.
	Die Baugruppe ist nicht geometrisch.
	Das Einzelteil ist Bestandteil des aktuellen Teils. Es wird in den Originalfarben dargestellt.
	Das Einzelteil ist nicht Bestandteil des aktuellen Teils. Die Anzeige erfolgt in der Farbe für inaktive Teile.
	Das Einzelteil ist nicht geladen und wird auch im Grafikbereich nicht angezeigt.
	Die Komponente wird unterdrückt. Es erfolgt keine Anzeige im Grafikbereich.
	Die Komponente ist nicht geometrisch.
	Das Symbol erscheint, wenn in der **ZEICHNUNGSABLEITUNG** eine Ansicht aus einem anderen Teil importiert wurde. Dabei wird ein Eintrag im Navigator generiert.

Es folgt eine Übersicht über Icons zur Anzeige des Status der Komponenten (*Checkbox*). Durch Drücken dieser Icons kann man Teile einfach ein- und ausblenden und laden:

	Das Teil ist geladen und eingeblendet.
	Das Teil ist geladen und ausgeblendet.
	Das Teil ist nicht geladen.
	Das Teil ist unterdrückt.

- Änderungszustand:

   Das Teil wurde geändert und nicht gespeichert. Nach dem Speichern verschwindet das Icon.

- Schreibrechte:

   Der Anwender besitzt Lese- und Schreibrechte auf die Teiledatei.

   Der Anwender besitzt nur Leserechte. Ein Speichern in die Teiledatei ist nicht möglich.

   Das Teil ist nicht vollständig geladen.

   Die Komponente gehört zu einer Teilefamilie. Änderungen der Geometrie sind nur im Mutterteil möglich.

- Position:

   Alle Freiheitsgrade sind unterbunden. Blaues Symbol entspricht den alten Verknüpfungsbedingungen.

   Mindestens ein Freiheitsgrad ist offen. Blaues Symbol entspricht den alten Verknüpfungsbedingungen.

   Die Bedingungen werden überschrieben (implizit = weißer Pfeil; explizit = grüner Pfeil).

   Alle Freiheitsgrade sind offen.

   Die vergebenen Bedingungen sind inkonsistent.

   Die Bedingungen sind nicht aktiv, da nicht alle erforderlichen Daten zur Verfügung stehen.

  Die Bedingung ist nicht aktualisiert.

- Aktualisierungszustand:

   Das Teil ist nicht aktuell.

- Verformungszustand:

 Die Komponente wurde in der angezeigten Baugruppe verformt.

 Die Komponente wurde in der angezeigten Baugruppe verformt, ist aber nicht aktualisiert.

 Die Komponente kann verformt werden, sie ist es aber momentan nicht.

Im **BAUGRUPPEN-NAVIGATOR** stehen zwei Popup-Menüs zur Verfügung. Wenn **MT3** im freien Bereich der Anzeigeliste oder auf den Spaltenüberschriften gedrückt wird, erscheint das dargestellte Menü. Damit wird im Wesentlichen die Anzeige der Komponenten gesteuert.

Im oberen Bereich befinden sich Schalter zum Aktivieren der entsprechenden Darstellung. Damit kann beispielsweise der Knoten zur Verwaltung der definierten Querschnitte ein- und ausgeschaltet werden.

Die Funktionen **SPALTEN** und **EIGENSCHAFTEN** im unteren Bereich dienen zur Steuerung der grundsätzlichen Darstellung im Navigator.

Ruft man das Menü mit **MT3** auf einer Spaltenüberschrift auf, dann wird zusätzlich der Befehl **SPALTE SPERREN** angezeigt. Damit wird die Anzeige der selektierten Spalte eingefroren. Alle Spalten, die sich rechts davon befinden, werden dann mit dem Schieberegler angezeigt. Mit **SPALTE FREIGEBEN** wird diese Eigenschaft wieder aufgehoben.

Im mittleren Bereich des Menüs befinden sich allgemeine Befehle, die sich auf alle Komponenten auswirken.

**ALLE ZUSAMMENFASSEN/
ALLE ERWEITERN
(COLLAPSE ALL/
EXPAND ALL)**

Mit **ALLE ZUSAMMENFASSEN** werden alle Strukturstufen geschlossen. Es werden nur noch die Komponenten unterhalb der Hauptbaugruppe angezeigt. Der Befehl **ALLE ERWEITERN** bewirkt das Gegenteil. Mit seiner Anwendung werden alle Komponenten angezeigt. Den Befehl zum Erweitern können Sie auch nur für spezielle Knoten anwenden. Dazu dienen die Optionen unterhalb **ALLE ERWEITERN**.

7.6 Baugruppen-Navigator

ALLE PACKEN/ALLE ENTPACKEN (PACK ALL/UNPACK ALL)

PACKEN/ ENTPACKEN (PACK/UNPACK)

Der Befehl **ALLE PACKEN** fasst gleiche Komponenten einer Baugruppe zu einem Eintrag zusammen. Damit wird die Anzeige übersichtlicher. Die Häufigkeit, mit der die Komponente auf der Strukturstufe der Baugruppe vorkommt, wird entsprechend dargestellt. Die Abbildung zeigt dazu ein Beispiel. Mit **ALLE ENTPACKEN** werden die Komponenten wieder einzeln aufgelistet.

Wenn einzelne Komponenten bearbeitet werden sollen, selektieren Sie zuerst das jeweilige Teil. Anschließend erfolgt mit **MT3** der Aufruf des dargestellten Popup-Menüs. Auch hier ist das **PACKEN** bzw. **ENTPACKEN** möglich, dies betrifft dann jedoch nur die selektierte Komponente.

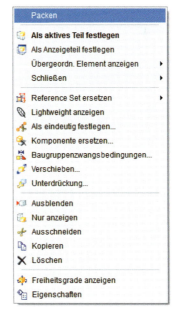

Die Selektion der Komponente kann im **BAUGRUPPEN-NAVIGATOR** oder im Grafikfenster erfolgen. In beiden Fällen erscheinen Menüs mit ähnlichem Inhalt. Die Abbildung zeigt das Popup-Menü bei der Nutzung des **BAUGRUPPEN-NAVIGATORS**. Die dabei verfügbaren Befehle richten sich nach dem Status der gewählten Komponenten. Aktiviert man die oberste Baugruppe mit **MT3**, besteht im Popup-Menü die Möglichkeit, den Befehl **BAUGRUPPE AUSWÄHLEN** zu verwenden. Damit werden alle Komponenten, die sich unterhalb der aktuellen Baugruppe befinden, selektiert und können dann gemeinsam bearbeitet werden.

Einige Funktionen werden im Rahmen dieses Abschnitts erläutert, die restlichen in den folgenden Abschnitten.

Bei der Arbeit innerhalb von Baugruppen wird häufig zwischen den verschiedenen Komponenten gewechselt. Um in einer Teiledatei Bearbeitungen durchzuführen, muss die entsprechende Komponente zum aktiven oder dargestellten Teil gemacht werden.

ALS AKTIVES TEIL FESTLEGEN (MAKE WORK PART)

ALS ANZEIGETEIL FESTLEGEN (MAKE DISPLAYED PART)

Eine Komponente wird durch Doppelklick im Grafikbereich oder im **BAUGRUPPEN-NAVIGATOR** automatisch zum aktiven Teil. Dies kann auch durch den Befehl **ALS AKTIVES TEIL FESTLEGEN** im Popup-Menü erfolgen.

Der Wechsel **ALS ANZEIGETEIL FESTLEGEN** erfolgt durch Anwendung des Befehls im Popup-Menü. Danach wird sowohl im Grafikbereich als auch im Navigator nur noch die selektierte Komponente angezeigt.

Wenn Sie die Baugruppe wieder aktivieren wollen, können Sie im **BAUGRUPPEN-NAVIGATOR** mit **MT3** den Befehl **ÜBERGEORDN. ELEMENT ANZEIGEN** verwenden. Damit werden alle Baugruppen, in denen die Komponente verwendet wird und die geladen sind, aufgelistet. Durch Auswahl der gewünschten Baugruppe wird aus der aktuellen Komponente ein aktives Teil, und die Baugruppe wird inaktiv angezeigt. Mit Doppelklick auf die entsprechende Baugruppe im Navigator werden alle zugehörigen Komponenten wieder aktiv. Dieses Verhalten wird unter **VOREINSTELLUNGEN > BAUGRUPPEN > AKTIVES TEIL > BEIBEHALTEN** gesteuert. Wenn die Option nicht eingeschaltet ist, wird die übergeordnete Baugruppe beim Wechsel automatisch aktiviert.

SCHLIESSEN (CLOSE)
ÖFFNEN (OPEN)

Im Popup-Menü des Navigators besteht die Möglichkeit, ausgewählte Komponenten zu schließen bzw. zu öffnen. Damit können Sie bei großen Baugruppen die Systemperformance und die Übersichtlichkeit verbessern. Sie müssen entscheiden, ob Sie einzelne Teile oder ganze Baugruppen schließen bzw. öffnen möchten.

EIGENSCHAFTEN (PROPERTIES)

Die Option **EIGENSCHAFTEN** gestattet die Vergabe verschiedener Einstellungen für Baugruppen und Einzelteile. Dabei ist unbedingt zu beachten, in welchem Kontext der Befehl aufgerufen wird. Innerhalb einer Baugruppe werden die Eigenschaften einer Komponente vergeben. Diese Daten werden mit der Baugruppe gespeichert und nicht im Einzelteil und stehen deshalb auch nur in der jeweiligen Baugruppe zur Verfügung.

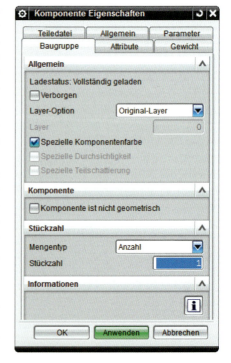

Die Abbildung zeigt das Fenster zur Festlegung von Komponenteneigenschaften. Unter dem Register **BAUGRUPPE** kann man die Layerbelegung der selektierten Komponente vorgeben. Damit ist es beispielsweise möglich, nachträglich die Layervergabe aus dem Einzelteil in die Baugruppe zu übernehmen.

ANZEIGE BEARBEITEN (EDIT OBJECT DISPLAY)

Innerhalb von Baugruppen können Sie die Darstellung von Komponenten durch Selektion mit **MT3** und Anwendung der Funktion **ANZEIGE BEARBEITEN** ändern. Damit besitzt ein Teil in der Baugruppe z. B. eine andere Farbe als im Einzelteil. Wenn Sie in der Baugruppe die Ursprungsfarbe des Einzelteils wieder herstellen wollen, müssen Sie für die Komponente im Menü **EIGENSCHAFTEN** im Register **BAUGRUPPE** die Option **SPEZIELLE KOMPONENTENFARBE** ausschalten. Danach werden die geänderten Farbeinstellungen gelöscht, und es wird wieder die Ursprungsfarbe der Teiledatei angezeigt.

Zur besseren Orientierung innerhalb von Baugruppen, für die weitere Nutzung von Eigenschaften und zur automatischen Erstellung von Stücklisten kann man den Teilen Attribute zuordnen. Attribute bestehen aus einem Titel und einem Wert und besitzen einen Typ. Sie können zusätzlich in Kategorien zusammengefasst werden. Dabei ist es sinnvoll, die Titel und Kategorien der Attribute in den einzelnen Teilen einheitlich festzulegen. Für das auf der folgenden Abbildung dargestellte Beispiel wurden vier Anwenderattribute eingegeben. Bei den Attributen *Bearbeitungsschritt1* und *Bearbeitungsschritt2* wurde die Kategorie **BEARBEITUNG** definiert. Zudem wurde ein Systemattribut (*SECTION-COMPONENT*) eingegeben. Mit diesem Systemattribut wird eingestellt, dass das betroffene Teil in Schnittdarstellungen auf Zeichnungen nicht geschnitten dargestellt wird.

ATTRIBUTE (ATTRIBUTES)

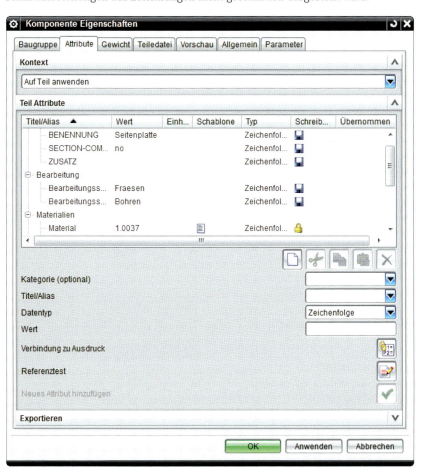

Die Symbole unter *Teil Attribute* haben folgende Bedeutung:

 Das Attribut wurde aus einer Schablone erstellt.

 Das Attribut ist schreibgeschützt.

 Das Attribut ist nicht schreibgeschützt und kann bearbeitet und gespeichert werden.

 Das Attribut wurde aus einer anderen Komponente übernommen.

 Ein übernommenes Attribut wird überschrieben.

Weitere Symbole und Funktionen der Schaltflächen:

 Damit werden die Eingabefelder zum Definieren des Attributs gelöscht, sodass ein neues Attribut erstellt werden kann.

 Schneidet die ausgewählten Attribute aus und kopiert sie in die Zwischenablage

 Kopiert die ausgewählten Attribute in die Zwischenablage

 Fügt die Attribute aus der Zwischenablage ein

 Löscht das ausgewählte Attribut

 Diese Option öffnet das Dialogfenster **AUSDRÜCKE**, sodass ein Attribut mit einem Ausdruck verbunden werden kann.

 Ermöglicht das Referenzieren eines Systems, das im Dialogfenster **BEZIEHUNGEN** erstellt wurde

 Ermöglicht das Aufbrechen von Beziehungen zwischen Attribut und Ausdrücken

Der Aufruf des entsprechenden Fensters zur Vergabe der Attribute erfolgt durch Selektion des Teils im **BAUGRUPPEN-NAVIGATOR** oder im Grafikbereich und durch anschließende Nutzung der Option **EIGENSCHAFTEN** im Popup-Menü. Dort werden im Register **ATTRIBUTE** die **KATEGORIE**, der **TITEL** und der **WERT** eingegeben und mit **ENTER**, **BEARBEITUNG AKZEPTIEREN** oder **ANWENDEN** gespeichert. Dabei ist der eingestellte **DATENTYP** zu beachten. Anschließend erscheint das festgelegte Attribut in der Anzeigeliste unter der entsprechenden Kategorie. Nach der Fertigstellung der Eingabe muss die Datei gespeichert werden.

Es ist sinnvoll, dass sich das Teil für die Vergabe der Attribute im dargestellten Zustand befindet. Nur so werden die Attribute direkt in der Teiledatei hinterlegt. Wenn die Attribute im Kontext einer Baugruppe an ein aktives Teil vergeben werden, dann werden sie mit der Baugruppe gespeichert und nicht im Einzelteil. Will man diese Attribute in das Einzelteil übertragen, muss unter **EIGENSCHAFTEN > ATTRIBUTE > KONTEXT** die Auswahl **AUF TEIL ANWENDEN** gestellt werden.

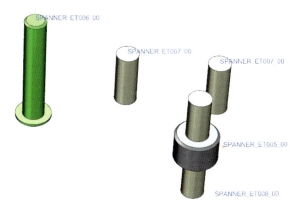

Bei Bedarf können Sie die Teilenamen der einzelnen Komponenten im Grafikbereich anzeigen lassen. Dazu müssen Sie zuerst unter **VOREINSTELLUNGEN > VISUALISIERUNG > NAMEN/RÄNDER** und dort unter **TEILEEINSTELLUNGEN > OBJEKTNAMEN ANZEIGEN** die Darstellung des Objektnamens auf **ARBEITSANSICHT** setzen. Anschließend erfolgt die Anzeige der Namen am Ursprungspunkt des jeweiligen Teils. Wenn mehrere Teile identische Ursprünge besitzen, werden die Namen übereinander dargestellt. Um einen Namen zu verschieben, selektieren Sie die Komponente und rufen danach mit **MT3** den Befehl **EIGENSCHAFTEN > ALLGEMEIN** und das Icon **NAMENPOSITION ANGEBEN** auf. Auf diese Weise können Sie einen neuen Ursprungspunkt für den Teilenamen definieren. Die vorangegangene Abbildung zeigt dazu ein Beispiel.

7.7 Ändern von Baugruppenstrukturen

Das Entfernen von Komponenten aus Baugruppen erfolgt analog zum »normalen« Löschen. Die Komponenten werden selektiert und anschließend durch die **ENTF**-Taste, das entsprechende Icon oder unter Nutzung des Popup-Menüs entfernt. Wenn das Teil Verknüpfungen enthält, erfolgt eine Anzeige, dass diese ebenfalls gelöscht werden.

Der Befehl **RÜCKGÄNGIG** ist auch bei der Arbeit mit Baugruppen verfügbar.

Komponenten können innerhalb der Baugruppenstruktur verschoben werden. Dazu nutzt man den **BAUGRUPPEN-NAVIGATOR**. Die entsprechende Komponente wird durch Drücken von **MT1** selektiert und anschließend zur neuen Strukturstufe gezogen. Mit der

KOMPONENTE LÖSCHEN (DELETE COMPONENT)

KOMPONENTE VERSCHIEBEN (DRAG AND DROP)

Freigabe von **MT1** wird sie an der neuen Stelle abgelegt. Danach erscheint die folgende Meldung. Mit **OK** wird der Vorgang abgeschlossen.

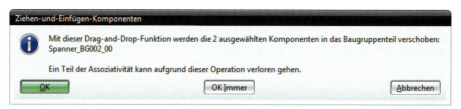

KOMPONENTE KOPIEREN (COPY COMPONENT)

Zum Kopieren innerhalb einer Baugruppe wird die Komponente zuerst selektiert und anschließend mit dem Popup-Befehl **KOPIEREN** oder mit **STRG + C** in der Windows-Ablage gespeichert. Danach selektieren Sie den Struktureintrag, unter dem die Komponente abgelegt werden soll, und rufen den Befehl **EINFÜGEN** unter Nutzung des Popup-Menüs auf oder benutzen die übliche Windows-Kurztaste **STRG + V**.

KOMPONENTE ERSETZEN (SUBSTITUTE COMPONENT)

Eine Komponente einer Baugruppe ist durch eine andere ersetzbar, wobei die Orientierung und Position des Originals übernommen werden können. Die Anwendung dieses Befehls möchten wir an einem Beispiel erläutern. Dazu wird eine Baugruppe verwendet, die aus zwei Blechen besteht, die miteinander verstiftet sind. Auf der folgenden Abbildung ist deutlich zu erkennen, dass die Stifte zu lang sind. Sie sollen deshalb gegen kürzere Stifte ausgetauscht werden.

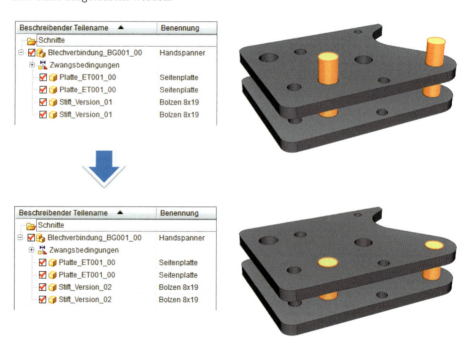

Dazu wird einer der beiden Stifte selektiert, und anschließend wird der Befehl **KOMPONENTE ERSETZEN** aufgerufen. Danach muss das neue Teil festgelegt werden. Dazu erscheint das dargestellte Fenster. Im oberen Bereich werden die zu verarbeitenden Teile bestimmt.

Unter **EINSTELLUNGEN** wird mit der Option **BEZIEHUNGEN BEIBEHALTEN** festgelegt, ob vorhandene Bedingungen zu anderen Objekten erhalten bleiben. Da die Stifte durch ähnliche Teile ersetzt werden, können die vergebenen Zwangsbedingungen übernommen werden.

Durch Aktivieren der Option **ALLE EXEMPLARE IN DER BAUGRUPPE ERSETZEN** werden automatisch alle weiteren Exemplare des gewählten Teils ausgetauscht.

Unter **KOMPONENTENEIGENSCHAFTEN** kann der Anwender festlegen, welche Layer und Referenz-Sets für das neue Teil angewendet werden sollen.

Mit **OK** wird der Austausch durchgeführt. Anschließend müssen Sie die geänderte Baugruppe speichern.

Wenn eine Übernahme der Bedingungen aufgrund der Unterschiede zwischen altem und neuem Teil nicht möglich ist, werden die Zwangsbedingungen im **BAUGRUPPEN-NAVIGATOR** als inkonsistent gekennzeichnet.

7.8 Isolieren und nach Nähe öffnen

Bei der Arbeit mit großen Baugruppen ist es oftmals sinnvoll, Teilbereiche der Konstruktion am Grafikbildschirm darzustellen. Dazu kann man den Befehl **NUR ANZEIGEN** nutzen. Nach der Selektion der entsprechenden Komponenten werden nur noch diese am Bildschirm dargestellt. Alle anderen Teile sind dann unterdrückt.

NUR ANZEIGEN
(SHOW ONLY)

NACH NÄHE ÖFFNEN (OPEN BY PROXIMITY)

Der Befehl lässt sich sehr gut mit der Funktion NACH NÄHE ÖFFNEN kombinieren. Damit wird unter Bezug auf eine ausgewählte Komponente ein Bereich festgelegt. Dieser Bereich lässt sich mit einem Schieberegler dynamisch verändern. Alle Komponenten, die sich im angegebenen Gebiet befinden, werden anschließend dargestellt.

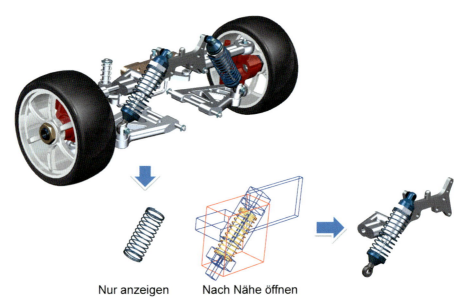

Nur anzeigen   Nach Nähe öffnen

Die **VORSCHAU** zeigt die betroffenen Komponenten als Umriss an und stellt ihren Namen dar. Sie können dann noch entscheiden, ob der Auswahlbereich verändert werden muss. Wenn sich die Vorschau nicht aktualisiert, dann sollten Sie diese inaktivieren und wieder aktivieren.

Die Abbildung zeigt ein Beispiel für die Anwendung beider Befehle. Die dargestellte Baugruppe besteht aus vielen Komponenten. Wenn Sie Untersuchungen an einer Feder vornehmen wollen, können Sie diese zunächst mit dem Befehl **NUR ANZEIGEN** isoliert darstellen. Anschließend ist die unmittelbare Umgebung der Feder interessant. Deshalb werden die entsprechenden Komponenten nach Nähe geöffnet, und es erfolgt die Darstellung eines kompletten Dämpfers.

Zum Steuern der Anzeige können Sie auch die Checkbox vor den Komponenten im BAU-GRUPPEN-NAVIGATOR nutzen. Die jeweiligen Einstellungen werden beim Speichern gesichert und beim nächsten Öffnen der Baugruppe entsprechend übernommen. Die Anzeige aller Komponenten wird durch Aktivieren der Checkbox vor der obersten Baugruppe wieder eingeschaltet.

■ 7.9 Komponentengruppen

Im BAUGRUPPEN-NAVIGATOR oder mit WERKZEUGE > BAUGRUPPEN-NAVIGATOR > KOMPONENTENGRUPPIERUNG können Teile zu Gruppen zusammengefasst werden. Die Festlegung der Komponenten, die zu einer Gruppe gehören sollen, erfolgt dabei durch ihre Auswahl im Navigator oder durch die Definition von Filtern.

KOMPONENTEN-GRUPPEN (COMPONENT GROUPS)

Die Darstellung der Komponentengruppen im BAUGRUPPEN-NAVIGATOR muss zunächst grundsätzlich aktiviert werden. Dazu rufen Sie den Befehl KOMPONENTENGRUPPEN ANZEIGEN in der Spaltenüberschrift mit MT3 auf. Damit erhalten Sie die abgebildeten Einträge. Die SITZUNGS-KOMPONENTENGRUPPEN stehen nur während der aktuellen Sitzung zur Verfügung, während die KOMPONENTENGRUPPEN IM TEIL gespeichert werden und beim nächsten Aufruf wieder nutzbar sind.

Am einfachsten lassen sich die Gruppen mithilfe des Baugruppen-Navigators erzeugen. Dabei gibt es verschiedene Möglichkeiten.

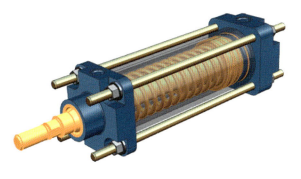

Bei der ersten Variante werden zunächst die zu gruppierenden Komponenten selektiert. Anschließend wird im BAUGRUPPEN-NAVIGATOR mit MT3 auf einer der ausgewählten Komponenten das Popup-Menü aufgerufen und dort die Option KOMPONENTENGRUPPEN gewählt. Danach erscheinen zwei Möglichkeiten. Für die Gruppierung wird in diesem Fall BENANNTE KOMPONENTENGRUPPE ERZEUGEN verwendet. Anschließend wird von NX unter dem Knoten **SITZUNGSKOMPONENTENGRUPPEN** ein neuer Eintrag mit dem Namen **NEUE KOMPONENTENGRUPPE** erstellt. Dieser Name kann sofort überschrieben werden. Die neue Gruppe steht dann während der NX-Sitzung zur Verfügung. Sie wird jedoch nicht mit dem Teil abgespeichert. Wenn Sie diese Gruppierung permanent nutzen wollen, müssen Sie sie in **KOMPONENTENGRUPPEN IM TEIL** verschieben.

Die Abbildung zeigt ein Beispiel für eine benannte Komponentengruppe.

Die zweite Möglichkeit im Navigator besteht im Gruppieren nach Nähe. Dazu wird eine Komponente selektiert und anschließend wieder mit **MT3** das Popup-Menü gestartet. Nach dem Aufruf von **KOMPONENTENGRUPPEN** wird die Option **NÄHERUNGSKOMPONENTENGRUPPE ERZEUGEN** gewählt. Damit generiert NX eine neue Gruppe, deren Elemente sich in einer bestimmten Entfernung zum selektierten Teil befinden. Die Abbildung zeigt ein entsprechendes Beispiel.

Der Abstand für den **NÄHERUNGSFILTER** wurde nachträglich auf 1 mm gestellt. Dazu müssen Sie den Eintrag **INNERHALB 1.0 MM VON…** mit **MT3** selektieren. Anschließend rufen Sie im Popup-Menü **BEARBEITEN** auf, und dann erscheint das dargestellte Eingabe-  fenster. Dort wird der neue **ABSTAND** eingelesen. Um dieses Kriterium auf die Komponentengruppe anzuwenden, müssen Sie den Eintrag **INNERHALB 1.0 MM VON…** mit Doppelklick oder **MT3 > ANWENDEN** selektieren. Danach werden die betroffenen Komponenten automatisch ausgewählt und farblich gekennzeichnet.

Verwendet man den Befehl **ZU KOMPONENTENGRUPPE HINZUFÜGEN** durch Selektion einer Komponentengruppe im **BAUGRUPPEN-NAVIGATOR** mit **MT3**, dann erscheint das auf der folgenden Abbildung (siehe S. 393) dargestellte Fenster. Dort können verschiedene Kriterien zur Bildung der Gruppe angegeben werden. Die passenden Komponenten werden von NX unter dem Suchkriterium gruppiert und als Eintrag im **BAUGRUPPEN-NAVIGATOR** erstellt.

Im Beispiel wurden alle Teile, die das abgebildete Attribut *Material=St* besitzen, gefiltert.

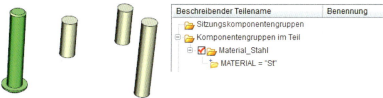

Wenn man eine Gruppe mit **MT3** selektiert, steht ein spezielles Popup-Menü mit entsprechenden Funktionen zur Verfügung. Mit der Option **BEARBEITEN** können Sie den Name der Komponentengruppe oder das Suchkriterium nachträglich ändern.

Die Komponentengruppe können Sie z. B. verwenden, um bei großen Baugruppen gezielt bestimmte Bauteilklassen anzuzeigen. Dazu selektieren Sie zunächst die oberste Baugruppe mit **MT3**. Anschließend führen Sie **BAUGRUPPE AUSWÄHLEN** aus. Damit sind alle Komponenten aktiv. In diesem Zustand wird mit dem Unterdrücken einer Komponente die Anzeige der gesamten Baugruppe ausgeschaltet. Anschließend können dann die verschiedenen Komponentengruppen mit der Checkbox im **BAUGRUPPEN-NAVIGATOR** ein- bzw. ausgeschaltet werden.

■ 7.10 Bedingungen zwischen Komponenten

Durch die Vergabe von Bedingungen werden die Lage und Orientierung einer Komponente in Bezug zu einem anderen Teil in einer Baugruppe festgelegt. Wenn das Elternteil seine Lage ändert, dann bewegt sich die verknüpfte Komponente ebenfalls. So kann man beispielsweise die Zylinderfläche einer Schraube konzentrisch mit einer entsprechenden Bohrungsfläche verbinden. Wenn die Bohrung ihre Position ändert, wird die Schraube ebenfalls verschoben, sodass die Bedingung erhalten bleibt.

Jede Komponente besitzt die üblichen sechs Freiheitsgrade der Bewegung im Raum. Diese werden mit der Festlegung von Bedingungen unterbunden, wobei noch offene Freiheitsgrade im **BAUGRUPPEN-NAVIGATOR** in der Spalte **POSITION** angezeigt werden.

NX fordert nicht die Festlegung aller Freiheitsgrade. Es ist aber durchaus sinnvoll, die real in einer Konstruktion vorhandenen Beziehungen auch im CAD-Modell abzubilden. Die offenen Freiheitsgrade können dann genutzt werden, um Bewegungsabläufe durch Bewegen der Komponenten zu untersuchen.

Mit der Version NX5 wurden die Baugruppenzwangsbedingungen (**ASSEMBLY CONS-TRAINTS**) zur Vergabe von geometrischen Beziehungen zwischen Teilen einer Baugruppe eingeführt. Auf die alten Verknüpfungsbedingungen (**MATING CONDITIONS**) wird in diesem Buch nicht mehr darauf eingegangen. Besteht die Notwendigkeit, Modelle vor NX6 zu verwenden, so ist zu empfehlen, diese zu Baugruppenzwangsbedingungen zu konvertieren.

Unter **DATEI > DIENSTPROGRAMME > ANWENDERSTANDARDS > BAUGRUPPEN > POSITIONIERUNG > KONVERTIERUNG** ist es möglich, eine automatische Konvertierung beim Laden der Komponenten einzuschalten.

VERKNÜPFUNGS-BEDINGUNGEN KONVERTIEREN (CONVERT MATING CONDITIONS)

Wenn eine Baugruppe ausgewählt wird, die Verknüpfungsbedingungen enthält, erscheint automatisch das folgende Menü. Damit können die vorhandenen Verknüpfungen in Zwangsbedingungen umgewandelt oder gelöscht werden.

Zum Konvertieren der Bedingungen wird dann das dargestellte Dialogfenster angezeigt. Dort wird im oberen Bereich gesteuert, welche Teile konvertiert werden sollen.

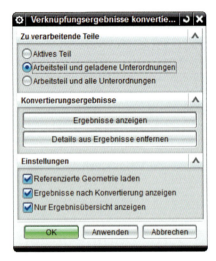

AKTIVES TEIL wandelt nur die Bedingungen der aktiven Baugruppe um. Unterbaugruppen werden nicht verarbeitet. Die Option **ARBEITS-TEIL UND GELADENE UNTERORDNUNGEN** konvertiert alle geöffneten Unterbaugruppen und die aktive Baugruppe. Mit **ARBEITSTEIL UND ALLE UNTERORDNUNGEN** werden die Bedingungen auch in den nicht geladenen Unterbaugruppen umgewandelt.

Das Resultat der Konvertierung kann als Bericht angezeigt werden. Dazu dienen die Schalter unter **KONVERTIERUNGSERGEBNISSE** und **EINSTELLUNGEN**.

Der Befehl zum Umwandeln der Bedingungen können Sie auch manuell mit **BAUGRUPPEN > KOMPONENTEN > VERKNÜPFUNGSBEDINGUNGEN KONVERTIEREN** starten.

Durch Aufruf des Befehls **BAUGRUPPEN-ZWANGSBEDINGUNGEN** wird das abgebildete Dialogfenster verfügbar. Generell ist zu sagen, dass eine Selektionsreihenfolge *von-nach* nicht von Bedeutung ist.

Im oberen Bereich wird der **TYP** der Bedingung gewählt. Danach ändern sich die Eingabewerte unter **GEOMETRIE ZU ZWANGSBEDINGUNG**. Dort wird die Auswahl der Objekte durchgeführt. Unter **ORIENTIERUNG** werden in Abhängigkeit vom eingestellten **TYP** zusätzliche Optionen angeboten. Mit **LETZTE ZWANGSBEDINGUNG UMKEHREN** können alternative Lösungen für die aktive Bedingung aufgerufen werden.

Unter **EINSTELLUNGEN** können Sie durch Aktivieren der Option **DYNAMISCHE POSITIONIERUNG** dafür sorgen, dass die festgelegten Bedingungen sofort umgesetzt werden und die betroffenen Bauteile sich entsprechend bewegen. Ist diese Option nicht aktiv, werden die Bedingungen erst mit **OK** bzw. **ANWENDEN** aktualisiert.

Mit **ASSOZIATIV** werden die definierten Bedingungen automatisch in den **BAUGRUPPEN-NAVIGATOR** eingetragen und mit der Baugruppe gespeichert. Ist der Schalter nicht aktiv, werden die Bedingungen nur temporär erzeugt.

Die verschiedenen Typen der Baugruppenzwangsbedingungen möchten wir im Folgenden an Beispielen darstellen. Dabei wird die Selektion der entsprechenden Elemente durch Nutzung der Filter in der **AUSWAHLLEISTE** unterstützt. Die Position von Komponenten mit offenen Freiheitsgraden lässt sich bei aktivem Befehl **BAUGRUPPENZWANGS-BEDINGUNGEN** jederzeit durch Ziehen mit **MT1** dynamisch ändern. Damit kann überprüft werden, ob die Bedingungen richtig verarbeitet wurden.

Um das Bewegungsverhalten von Komponenten unter Beachtung der offenen Freiheitsgrade zu untersuchen, ist es erforderlich, ein stationäres Objekt zu definieren. Dazu dient der Bedingungstyp **FIXIEREN**. Damit wird die gewählte Komponente an ihrer aktuellen Position festgehalten. Um unerwünschte Ergebnisse bei der Festlegung der Zwangsbedingungen zu vermeiden, sollte für jede Baugruppe zuerst eine Basiskomponente fixiert werden.

FIXIEREN (FIX)

Eine **BERÜHRUNG** bzw. **AUSRICHTUNG** bestimmt die Lage von zwei Komponenten zueinander so, dass sie aufeinander oder ineinander liegen. Dieser Bedingungstyp wird am häufigsten verwendet. Dabei ist unter **ORIENTIERUNG** als Voreinstellung die Option **BERÜHRUNG BEVORZUGEN** aktiv. NX versucht damit, in Abhängigkeit von den selektierten Objekten vorzugsweise eine Berührung zu erzeugen, bei der die Körper voneinander weg zeigen. Sind Sie mit dieser Lösung nicht zufrieden, können Sie als Alternative durch den Schalter **LETZTE ZWANGSBEDINGUNG UMKEHREN** die Bedingung umkehren, was dem Orientierungstyp **AUSRICHTEN** entspricht. Die Komponenten zeigen dann in die gleiche Richtung.

BERÜHRUNG/ AUSRICHTUNG (TOUCH/ALIGN)

Das folgende Beispiel demonstriert die Nutzung dieser Optionen. Dazu wurden die selektierten Flächen der Schraube und des Quaders verwendet. NX bietet anschließend die dargestellten Alternativen an. Solange kein weiteres Objekt gewählt wurde, kann im Befehl zwischen den Lösungen gewechselt werden.

Anschließend wurden die abgebildeten Mittellinien der Schraube und der Bohrung als Objekte ausgewählt. Damit verschiebt NX die Bauteile so, dass die Mittellinien fluchten. Auch bei dieser Auswahl gibt es wieder zwei Lösungen.

Wenn Sie die auf der folgenden Abbildung dargestellten Zylinderflächen selektieren, dann liefern die automatischen Vorgaben zunächst sowohl für die Berührung als auch beim Ausrichten keine befriedigenden Ergebnisse, da versucht wird, die Flächen tangential zueinander in Beziehung zu setzen. In diesem Fall sollte die Option **MITTELPUNKT/ACHSE ERMITTELN** verwendet werden. Damit werden die Bedingungen unter Nutzung der Mittelachsen bzw. Mittelpunkte erzeugt, und man erhält die auf den beiden rechten Bildern dargestellten Resultate.

Das nächste Beispiel zeigt die Erstellung einer Tangentenbedingung. Dazu wurden die Zylinderfläche der Schraube und die planare Fläche des Quaders gewählt. Anschließend erhalten Sie mit der Option **BERÜHRUNG BEVORZUGEN** die auf den mittleren Bildern dargestellten Möglichkeiten.

Die Einstellung **MITTELPUNKT/ACHSE ERMITTELN** liefert das Ergebnis auf dem ganz rechten Bild. Dabei befindet sich die Zylindermittellinie in der Quaderfläche.

Mit dem **TYP MITTE** werden Komponenten zwischen festzulegenden Objektpaaren zentriert. Dabei wird im **UNTERTYP** festgelegt, wie viele Objekte verwendet werden sollen. In der Einstellung für die **AXIALE GEOMETRIE** kann die Option **MITTELPUNKT/ACHSE ERMITTELN** aktiviert werden. Damit verwendet NX die Mittelachse oder den Mittelpunkt des Objektes. Mit der Option **GEOMETRIE** werden selektierte Zylinderflächen tangential ausgerichtet.

MITTE (CENTER)

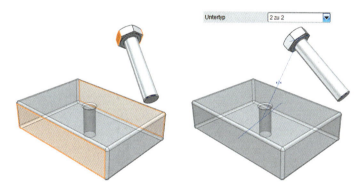

Im abgebildeten Beispiel sollen zunächst die beiden gegenüberliegenden Außenflächen des Schraubenkopfes zwischen den entsprechenden Seitenflächen des Quaders zentriert werden. Dazu wird der **UNTERTYP 2 ZU 2** eingestellt, und anschließend werden die dargestellten Objekte gewählt. Dabei ist unbedingt auf die vom System geforderte Reihenfolge zu achten. Zuerst selektieren Sie die beiden Flächen am ersten und anschließend die Flächen am zweiten Objekt. Danach verschiebt NX die Schraube entsprechend.

Im nächsten Schritt soll die Zentrierung der Schraubenzylinderfläche zwischen den beiden anderen Seitenflächen des Quaders vorgenommen werden. Dazu wird der **UNTERTYP 1 ZU 2** verwendet. Unter **AXIALE GEOMETRIE** ist zunächst die Option **GEOMETRIE** aktiv. Damit erhalten Sie nicht das gewünschte Ergebnis (siehe mittleres Bild). Die Zylinderfläche wird in diesem Fall tangential zur Mitte ausgerichtet. Die Option **MITTELPUNKT/ACHSE BESTIMMEN** zentriert die Zylinderachse zu der Mittelfläche (rechtes Bild).

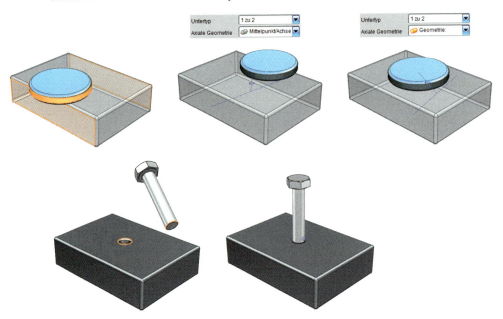

**KONZENTRISCH
(CONCENTRIC)**

Die Bedingung **KONZENTRISCH** verarbeitet zylindrische oder elliptische Kanten von Komponenten so, dass ihre Mittelpunkte zusammenfallen und die Mittelebenen der Kanten parallel verlaufen.

Im Beispiel wurden die abgebildeten Kanten selektiert, und NX richtet danach die Komponenten entsprechend aus.

Die Vektoren zweier Objekte werden mit diesem **TYP PARALLEL** zueinander ausgerichtet.

**PARALLEL
(PARALLEL)**

Dazu zeigen die folgenden Abbildungen zwei Beispiele. Zuerst wurden zwei Flächen gewählt und mit einer parallelen Bedingung versehen. Im nächsten Beispiel erfolgte die Selektion der Mittelachse des Zylinders und der Quaderkante. Als Alternative könnte man auch anstatt der Mittelachse die Zylinderfläche auswählen. Damit verläuft die Zylindermittellinie parallel zur Kante des Quaders.

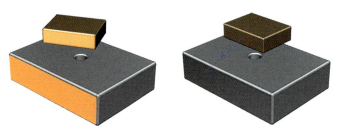

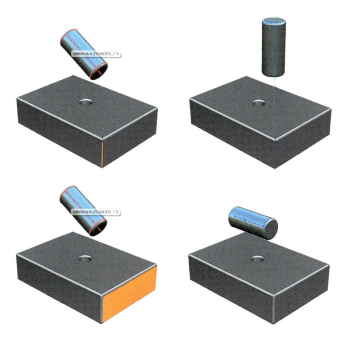

Mit dem TYP **SENKRECHT** werden die Vektoren zweier Objekte im Winkel von 90° zueinander ausgerichtet. Im Beispiel wurde die Zylinderachse gewählt und senkrecht zur abgebildeten Seitenfläche des Quaders positioniert.

SENKRECHT
(PERPENDICULAR)

Die Option **WINKEL** erzeugt eine Winkelbemaßung als Bedingung zwischen zwei Objekten. Dazu gibt es zwei Untertypen. **3D-WINKEL** bestimmt sofort den Winkel zwischen den Vektoren der selektierten Elemente. Mit **ORIENTIERUNGSWINKEL** muss zuerst eine Drehachse festgelegt werden, und anschließend werden die beiden Schenkel angegeben.

WINKEL (ANGLE)

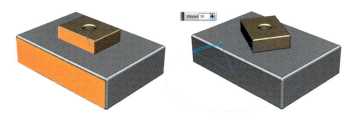

Im Beispiel wurde zuerst eine Ausrichtungsbedingung zwischen den beiden Bohrungen der Quader erzeugt. Diese dient im nächsten Schritt als Rotationsachse. Anschließend wurden die abgebildeten Flächen selektiert und danach der **3D-WINKEL** durch Ziehen am Punkt bzw. unter Nutzung des Eingabefeldes festgelegt.

Die Bedingung **ABSTAND** verwendet die minimale Entfernung zwischen zwei Objekten.

ABSTAND
(DISTANCE)

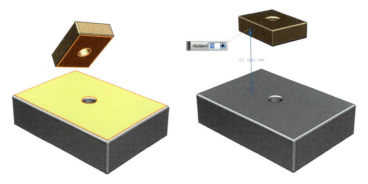

Für das Beispiel wurden die beiden Quaderflächen gewählt. Dann stehen mehrere Alternativen zur Auswahl. NX richtet die Flächen parallel zueinander aus und zeigt den aktuellen **ABSTAND** an. Diesen können Sie durch Ziehen am Pfeil oder mit den Eingabefeldern ändern.

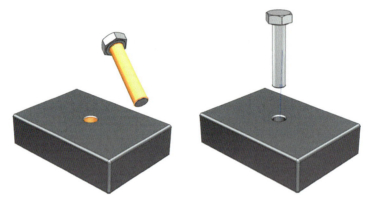

EINPASSEN (FIT)

Mit **EINPASSEN** werden zwei zylindrische Flächen mit gleichem Radius verbunden. Sollten die Radien später geändert werden und nicht mehr gleich sein, wird die Zwangsbedingung ungültig. Im Beispiel besitzt die Schraube den gleichen Durchmesser wie die Bohrung. Damit kann der Befehl **EINPASSEN** auf die entsprechenden Flächen angewendet werden.

BINDUNG (BOND)

Die **BINDUNG** verbindet ausgewählte Komponenten in ihrem aktuellen Zustand. Dazu müssen Sie nach der Wahl der betroffenen Teile den Schalter **ZWANGSBEDINGUNGEN ERZEUGEN** drücken. Die einzelnen Komponenten verhalten sich anschließend wie ein zusammenhängender Körper. Von NX werden dann keine weiteren Bedingungen für die Teile akzeptiert.

Die erstellten Zwangsbedingungen werden im **BAUGRUPPEN-NAVIGATOR** unterhalb der aktuellen Baugruppe in einem Knoten gesammelt und parallel dazu am Bildschirm angezeigt. Diese Darstellung muss grundsätzlich eingeschaltet sein. Dazu aktivieren Sie die Option **ZWANGSBEDINGUNGEN EINSCHLIESSEN** mit **MT3** auf der Spaltenüberschrift des Navigators.

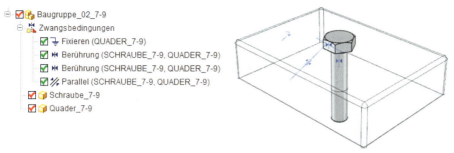

Zwangsbedingungen bearbeiten

Wenn Sie den Knoten ZWANGSBEDINGUNGEN im BAUGRUPPEN-NAVIGATOR wählen, stehen Ihnen zwei Optionen zur Verfügung. Mit ZWANGSBEDINGUNGEN IM GRAFIK-FENSTER ANZEIGEN wird die Darstellung aller Bedingungen im Grafikbereich grundsätzlich gesteuert. Die Option UNTERDRÜCKTE ZWANGSBEDINGUNGEN IM GRAFIK-FENSTER ANZEIGEN gibt an, ob unterdrückte Bedingungen dargestellt werden oder nicht. Diese werden dann in einer anderen Farbe angezeigt.

Zum Bearbeiten können die einzelnen Bedingungen im Navigator oder im Grafikbereich mit MT3 ausgewählt werden. Dann erscheint das abgebildete Popup-Menü.

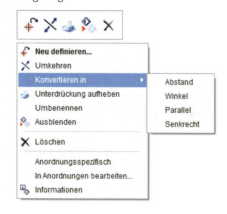

Mit Doppelklick wird NEU DEFINIEREN aufgerufen. Damit wird das Dialogfenster für Baugruppenzwangsbedingungen aktiv, und Sie können sinnvolle Änderungen vornehmen.

UMKEHREN erzeugt nachträglich die alternative Lösung für die aktuelle Bedingung.

Mit KONVERTIEREN IN kann die ausgewählte Zwangsbedingung in einen anderen, jeweils passenden Typ umgewandelt werden.

UNTERDRÜCKEN deaktiviert die Bedingung. Sie wird in einer anderen Farbe am Bildschirm dargestellt, und der Haken in der Checkbox verschwindet. Damit ist der betroffene Freiheitsgrad wieder verfügbar. Mit UNTERDRÜCKUNG AUFHEBEN bzw. Aktivieren der Checkbox wird die Bedingung wieder erzeugt und das betroffene Bauteil entsprechend bewegt.

Mit AUSBLENDEN wird die Darstellung im Grafikbereich unterdrückt. Die Bedingung ist aber weiterhin aktiv. ANZEIGEN schaltet die Darstellung dann wieder ein.

Die Benutzung der Befehle im Zusammenhang mit Anordnungen wird in Abschnitt 8.3 erläutert.

In der Werkzeugleiste BAUGRUPPEN steht der Befehl ZWANGSBEDINGUNGEN ANZEIGEN UND AUSBLENDEN zur Verfügung, mit dem die Darstellung der Bedingungen ebenfalls geändert werden kann. Dazu wird das abgebildete Dialogfenster verwendet.

ZWANGSBEDINGUNGEN ANZEIGEN UND AUSBLENDEN (SHOW AND HIDE CONSTRAINTS)

NX erwartet die Auswahl der Bedingungen, die im Grafikbereich angezeigt werden sollen. Mit **ANWENDEN** oder **OK** werden alle nicht selektierten Zwangsbedingungen ausgeblendet. Dabei können Sie mit der Option **KOMPONENTENSICHTBARKEIT ÄNDERN** festlegen, ob die Komponenten ebenfalls ausgeblendet werden. Ist der Schalter aktiv, dann werden nur noch die Bauteile angezeigt, deren Bedingungen selektiert wurden.

Mit **BAUGRUPPEN-NAVIGATOR FILTER** wird aufgrund der ausgewählten Bedingungen ein Filter erzeugt und im **BAUGRUPPEN-NAVIGATOR** angewendet.

Die folgende Abbildung zeigt dazu ein Beispiel. Auf dem linken Bild sind die vorhandenen Bedingungen und Komponenten vollständig zu sehen. Nach der Auswahl der Fixierung wurden die Optionen **KOMPONENTENSICHTBARKEIT ÄNDERN** und **BAUGRUPPEN-NAVIGATOR FILTER** aktiviert und der Befehl **ZWANGSBEDINGUNGEN ANZEIGEN UND AUSBLENDEN** beendet. Damit erhalten Sie die Darstellung auf dem rechten Bild im Grafikfenster. Es wird nur noch der fixierte Quader angezeigt. Im **BAUGRUPPEN-NAVIGATOR** werden unter den *Zwangsbedingungen* und für die Komponenten Filter gesetzt. Durch Aktivieren der Checkbox vor der Baugruppe werden alle Teile und Bedingungen wieder angezeigt.

Mit der Wahl einer Komponente erfolgt im **BAUGRUPPEN-NAVIGATOR** unter **ABHÄNGIGKEITEN** die Auflistung der dazugehörenden Zwangsbedingungen, wenn die **DETAILLIERTE ANSICHT** aktiv ist. Damit können bei komplexen Bauteilen die Bedingungen für die einzelnen Komponenten effizient bearbeitet werden. Auch in diesem Bereich steht das Popup-Menü für die Bearbeitung von Zwangsbedingungen zur Verfügung.

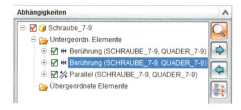 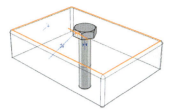

Bei den Baugruppenzwangsbedingungen besteht die Möglichkeit, dass diese mit dem Teil gespeichert werden und dann beim nächsten Einbau automatisch zur Verfügung stehen. Zur Festlegung, welche Bedingungen wieder verwendet werden sollen, verwenden Sie den Befehl **BAUGRUPPENZWANGSBEDINGUNGEN SPEICHERN**. Mit dieser Funktion werden zunächst die betroffenen Komponenten und anschließend die zu übernehmenden Bedingungen selektiert. Durch Einrahmen mit einem Rechteck werden alle Bedingungen der vorher gewählten Komponente übernommen.

BAUGRUPPEN-
ZWANGSBEDINGUN-
GEN SPEICHERN
(REMEMBERED
CONSTRAINTS)

Beim Hinzufügen des Teils werden die gespeicherten Bedingungen im Dialogfenster aufgelistet und in der aktuellen Baugruppe an einer gemeinsamen Position dargestellt. Parallel dazu erfolgt die Anzeige des jeweiligen Objekts im Vorschaufenster der neuen Komponente. Nun müssen Sie nur noch an der Zielkomponente die passenden Objekte auswählen.

Nach jeder Selektion wechselt NX automatisch zur nächsten Bedingung. Jede bekannte Beziehung wird in der Anzeigeliste abgehakt und im Grafikbereich aktualisiert. Es besteht die Möglichkeit, bereits festgelegte Bedingungen wieder anzuwählen, um sie zu modifizieren. Wenn alle Beziehungen bestimmt sind, kann die neue Komponente an der definierten Position eingefügt werden. In dem auf der Abbildung dargestellten Beispiel wurden die Zwangsbedingungen für die Schraube gespeichert.

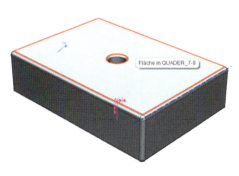  

Die ausgewählten Bedingungen werden im Teil hinterlegt. Sie können mit dem Befehl **EIGENSCHAFTEN** im Register **TEILEDATEI** angezeigt und gemeinsam gelöscht werden.

Baugruppenzwangs-
bedingungen beim
Hinzufügen von
Komponenten

In einem abschließenden Beispiel zeigen wir den schrittweisen Zusammenbau einer kleiner Baugruppe unter Nutzung von Zwangsbedingungen. Die Einzelteile sind dafür bereits vorhanden.

Zuerst wird die Baugruppe mit der entsprechenden Schablone aus **DATEI > NEU** erzeugt. Dann wird als Basisteil der abgebildete Quader mit dem Befehl **KOMPONENTE HINZUFÜGEN** gewählt. Als **PLATZIERUNG** wird **NACH ZWANGSBEDINGUNGEN** eingestellt.

Anschließend verlassen Sie das Fenster mit **ANWENDEN**, und das Menü für die **BAUGRUPPENZWANGSBEDINGUNGEN** erscheint. Dieses besitzt unter **VORSCHAU** zwei zusätzliche Optionen. Mit **VORSCHAUFENSTER** wird die Komponentenvorschau ein- oder ausgeschaltet. Die Option **VORSCHAU DER KOMPONENTE IM HAUPTFENSTER** stellt das neue Teil auch im normalen Grafikbereich dar. Der Quader wird fixiert und der Befehl beendet.

Danach wird **KOMPONENTE HINZUFÜGEN** wieder aktiv. Dort erfolgt die Auswahl des zweiten Quaders. Anschließend rufen Sie mit **ANWENDEN** wieder das Menü für die Zwangsbedingungen. Falls der neue Quader eine ungünstige Lage hat, kann er durch Ziehen mit **MT1** an eine geeignete Position verschoben werden. Dann werden die erforderlichen Bedingungen vergeben.

Zuerst wird die Berührung der beiden Deckflächen erzeugt. Danach werden die Bohrungsflächen unter Nutzung der Orientierung **MITTELPUNKT/ACHSE ERMITTELN** ausgerichtet. Anschließend werden die offenen Freiheitsgrade durch Ziehen am zweiten Quader getestet. Dieser lässt sich nur noch drehen. Um die Bewegung zu unterbinden, werden die abgebildeten Seitenflächen parallel zueinander festgelegt. Damit sind alle Bedingungen bestimmt, und das Menü wird beendet.

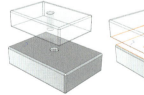   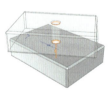 

Anschließend wird die Schraube eingebaut. Auch hierbei werden zuerst zwei Flächen aufeinander gelegt, dann erfolgt das Ausrichten der Zylinderflächen, und abschließend wird die Verdrehung durch eine parallele Bedingung unterbunden. Damit ist auch diese Komponente vollständig bestimmt.

Während die Bedingungen vergeben werden, sollte man permanent prüfen, ob keine Fehler aufgetreten sind. Diese werden im BAUGRUPPEN-NAVIGATOR mit entsprechenden Symbolen und im Grafikbereich mit roter Farbe dargestellt. Sobald Fehler angezeigt werden, müssen diese zunächst behoben werden, bevor weiter Zwangsbedingungen bestimmt werden. Dazu können Sie die fehlerhaften Bedingungen auch bei aktivem Befehl löschen.

Neben der Möglichkeit, die verwendeten Baugruppenzwangsbedingungen im Baugruppen-Navigator zu prüfen und zu bearbeiten, besteht auch die Möglichkeit, diese im ZWANGSBEDINGUNGS-NAVIGATOR zu tun. Hier werden alle Bedingungen mit ihren verwendeten Komponenten aufgelistet. Zudem werden weitere Informationen wie *Status* (bezogen auf Freiheitsgrade), *Geladen* (Ladestatus) und *Erstellungsdatum* angezeigt.

ZWANGSBEDIN-GUNGS-NAVIGATOR (CONSTRAINT-NAVIGATOR)

Ist bei einer Bedingung die entsprechende Komponente nicht geladen, so wird unter der Spalte *Geladen* ein *Fragezeichen* dargestellt. Durch MT3 auf der Bedingung und über den Befehl VERBUNDENE GEOMETRIE LADEN lädt NX die betroffenen Komponenten nach.

Durch MT3 in der Titelleiste wird ein Kontextmenü geöffnet, in dem die Darstellung des Zwangsbedingungs-Navigators geändert werden kann. Hier besteht die Möglichkeit, die Anzeige auf zum Beispiel NACH KOMPONENTEN GRUPPIEREN umzuschalten. Bei dieser Option werden nun die Komponenten mit deren Zwangsbedingungen aufgelistet. Diese Darstellung erleichtert das Auffinden der noch fehlenden Bedingungen.

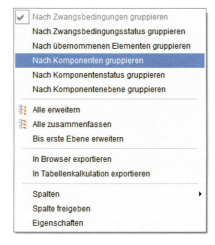

7 Grundlegende Baugruppenfunktionen

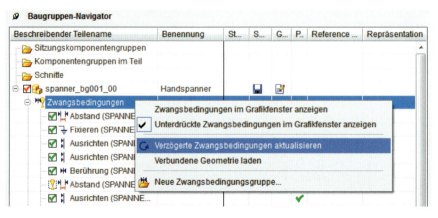

Manuelles Aktualisieren

Bei größeren Änderungen ist es eventuell sinnvoll, das automatische Aktualisieren von Baugruppenzwangsbedingungen zu deaktivieren. Dadurch können mehrere Änderungen durchgenommen werden, ohne dass sich die Geometrie gleich den Änderungen anpasst. Über **WERKZEUG > AKTUALISIEREN > TEILEÜBERGREIFENDE AKTUALISIERUNG > AKTUALISIEREN VON BAUGRUPPENZWANGSBEDINGUNGEN VERZÖGERN** kann die sofortige Aktualisierung ein- und auch wieder ausgeschaltet werden.

Bedingungen, die in einer Baugruppe nicht auf dem aktuellen Stand sind, werden in der Spalte *Status* sowohl im Baugruppen-Navigator als auch im Zwangsbedingungs-Navigator mit einem »!« markiert.

Zwangsbedingungen, die nicht aktuell sind, können mit **MT3 > VERZÖGERTE ZWANGSBEDINGUNGEN IN TEIL AKTUALISIEREN** jeweils separat aktualisiert oder über den Knoten **ZWANGSBEDINGUNGEN** im Baugruppen-Navigator oder den Knoten **AKTIVES TEIL** im Zwangsbedingungs-Navigator komplett aktualisiert werden.

NEUE ZWANGSBEDINGUNGSGRUPPE (NEW CONSTRAINT GROUP)

Zur besseren Übersicht von Baugruppenzwangsbedingungen im Baugruppen- und Zwangsbedingungs-Navigator empfiehlt es sich, Bedingungen zusammenzufassen und zu gruppieren. Mit dem Befehl **FORMAT > GRUPPE > NEUE ZWANGSBEDINGUNGSGRUPPE** kann eine solche Gruppierung erstellt werden.

Unter ZWANGSBEDINGUNGEN FÜR GRUPPE können einzelne Bedingungen direkt ausgewählt werden, während unter ZWANGSBEDINGUNGEN DER AUSGEWÄHLTEN KOMPONENTE eine oder mehrere Komponenten gewählt werden. Je nach ausgewählter Option unter *Gesammelte Zwangsbedingungen* werden nun die Bedingungen ZWISCHEN AUSGEWÄHLTEN KOMPONENTEN oder MIT AUSGEWÄHLTEN KOMPONENTEN VERBUNDEN in die Gruppe mit aufgenommen.

7.11 Komponenten verschieben

Der Befehl KOMPONENTE VERSCHIEBEN bietet die Möglichkeit, Bauteile dynamisch oder durch die Angabe von Beziehungen zu bewegen. Die bereits vorhandenen Zwangsbedingungen werden dabei beachtet.

Die Verschiebung erfolgt dabei immer in der aktuellen Baugruppe. Dadurch können Unterbaugruppen auch im Grafikfenster durch Selektion einer Komponente ausgewählt werden. Wenn Komponenten in Unterbaugruppen bewegt werden sollen, wählt man sie vorher im BAUGRUPPEN-NAVIGATOR und startet danach den Befehl zum Verschieben. Damit aktiviert NX die entsprechende übergeordnete Baugruppe und führt die Bewegung dort durch.

KOMPONENTE VERSCHIEBEN (MOVE COMPONENT)

Die Voreinstellung für diese Arbeitsweise befindet sich unter **DATEI > DIENSTPROGRAMME > ANWENDERSTANDARDS > BAUGRUPPEN > POSITIONIERUNG > SCHNITTSTELLE**. Dort ist normalerweise die Option **NUR AKTIVES TEIL** unter **KOMPONENTEN VERSCHIEBEN > UMFANG** aktiv. Wenn stattdessen die Einstellung **IRGENDWO IN DER BAUGRUPPE** verwendet wird, bewegt NX nach einem Neustart immer die Komponente innerhalb der übergeordneten Baugruppe. Das Verschieben einer Unterbaugruppe durch Selektion einer Komponente im Grafikfenster ist dann nicht mehr möglich. Die Baugruppe muss nun im **BAUGRUPPEN-NAVIGATOR** selektiert werden.

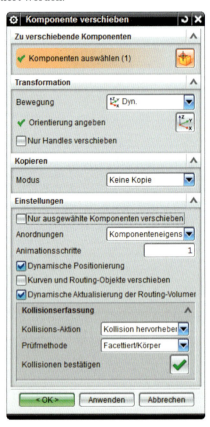

Das abgebildete Dialogfenster zum Verschieben ändert sich in Abhängigkeit von der eingestellten **BEWEGUNG** unter **TRANSFORMATION** und **MODUS** unter **KOPIEREN**.

Zuerst wählen Sie die zu bewegenden Komponenten. Dann sollte die **BEWEGUNG** festgelegt werden. Danach passt sich der Bereich **TRANSFORMATION** der Auswahl an. Nun können weitere Objekte oder Werte zur Definition der Verschiebung festgelegt werden.

Unter **KOPIEREN** wird eingestellt, ob und wie Kopien der selektierten Teile erzeugt werden. In Abhängigkeit vom gewählten **MODUS** werden die Eingabewerte angepasst.

Die **EINSTELLUNGEN** im unteren Bereich des Dialogfensters steuern weitere Vorgaben.

Dort kann z. B. eine **KOLLISIONSERFASSUNG** aktiviert werden, wenn der **MODUS** beim **KOPIEREN** auf **KEINE KOPIE** steht. Mit **KOLLISION HERVORHEBEN** werden die an einer Durchdringung beteiligten Komponenten farblich gekennzeichnet. **VOR KOLLISION STOPPEN** hält die Bewegung entsprechend an. Mit dem Haken bei **KOLLISIONEN BESTÄTIGEN** wird dann die Bewegung wieder freigegeben bzw. die farbliche Kennzeichnung gelöscht.

Die **PRÜFMETHODE** steuert die Genauigkeit der Berechnung. Die Option **FACETTIERT/KÖRPER** ist sehr genau, aber langsam, während die Methode **SCHNELL FACETTIERT** eine zügige, aber ungenauere Berechnung durchführt.

Die Option **NUR AUSGEWÄHLTE KOMPONENTEN VERSCHIEBEN** bewirkt, dass wirklich nur die selektierten Teile bewegt werden. Bestehen Zwangsbedingungen mit anderen Komponenten, sodass eine gemeinsame Bewegung stattfinden müsste, so werden diese Komponenten temporär fixiert. Die Bedingungen bestehen weiter, sodass die zu bewegenden Teile nur noch in Abhängigkeit zu ihren Freiheitsgraden bewegt werden können. Ist die Option ausgeschaltet, dann werden die abhängigen Teile entsprechend bewegt.

Die **ANIMATIONSSCHRITTE** steuern die Geschwindigkeit, mit der eine Bewegung aufgrund einer Eingabe, zum Beispiel in Z-Richtung am Handle, stattfindet. Je größer der Wert ist, umso länger dauert der Vorgang. Dieser wird dann in einer entsprechenden Anzahl von Schritten durchgeführt.

Die **DYNAMISCHE POSITIONIERUNG** sorgt dafür, dass NX die Berechnung der Bewegung sofort durchführt und das Ergebnis darstellt. Ist der Schalter nicht aktiv, wird das Resultat für die vorgenommenen Einstellungen erst mit **ANWENDEN** oder **OK** angezeigt.

Zur Definition der Bewegung bietet NX im Bereich **BEWEGUNG** unter **TRANSFORMATION** die folgenden Möglichkeiten:

DYN: Die Verschiebung erfolgt durch Ziehen an den *Handles* im Grafikbereich oder Eingabe von Werten in den entsprechenden Feldern. Weiterhin können Punkte und Vektoren verwendet werden, um das Ziel der Bewegung festzulegen.

NACH ZWANGSBEDINGUNGEN: Es werden Bedingungen verwendet, um Komponenten zu bewegen. Diese werden nach dem Beenden des Befehls wieder entfernt.

ABSTAND: Die Verschiebung wird mit einem Vektor und einem Abstand definiert.

PUNKT ZU PUNKT: Die Verschiebung erfolgt zwischen einem anzugebenden **VON-PUNKT** und einem »ZU«-PUNKT.

XYZ-DELTA: Unter Nutzung des WCS bzw. des absoluten Koordinatensystems werden Abstände in die einzelnen Achsrichtungen zur Festlegung der Bewegung verwendet.

WINKEL: Die Komponenten drehen sich um einen Vektor in einem einzugebenden Winkel.

UM DREI PUNKTE DREHEN: Die Drehung erfolgt durch drei Punkte, Drehpunkt, Startpunkt und Endpunkt.

KSYS ZU KSYS: Die Bewegung erfolgt von einem Ursprungskoordinatensystem in ein Zielkoordinatensystem.

ACHSE ZU VEKTOR: Durch zwei Vektoren wird eine Drehung festgelegt, deren Ursprung mit einem Punkt bestimmt wird.

Die Einstellungen unter **KOPIEREN** werden verwendet, um Komponenten während einer Bewegung zu vervielfältigen. Damit können beispielsweise Extremwerte eines Arbeitsbereiches gezeigt oder bestimmte Positionen gespeichert werden. Das Originalteil bleibt dann in seinem Ursprung stehen, und die Kopie wird bewegt.

Im **MODUS KOPIEREN** werden automatisch beim Ausführen einer Bewegung die unter **ZWISCHENKOPIEN > GESAMTANZAHL DER KOPIEN** eingegebenen neuen Teile generiert. Dazu muss die Einstellung **ERMITTELN** im Feld **ZU KOPIERENDE KOMPONENTEN** aktiv sein. Außerdem ist die Bewegung über Eingabewerte zu definieren. Beim dynamischen Ziehen an einem Manipulator werden keine Kopien erzeugt.

Der **MODUS MANUELLE KOPIE** generiert die Vervielfältigung erst, wenn das Icon **KOPIE ERZEUGEN** gedrückt wird. Der letzte Vorgang kann einfach unter Nutzung des Schalters **KOPIEREN UND WIEDERHOLEN** im Bereich **TRANSFORMATION WIEDERHOLEN** nochmals ausgeführt werden. Dabei geben die **WIEDERHOLZEITEN** an, wie oft dies geschehen soll. Diesen Eingabewert hätte man besser **ANZAHL DER WIEDERHOLUNGEN** nennen sollen.

Mit der Einstellung unter **AUSWAHL NACH KOPIE** wird festgelegt, welche Komponenten nach dem Vorgang bewegt werden. **KOMPONENTENAUSWAHL BEIBEHALTEN** verwendet weiterhin das ursprüngliche ausgewählte Teil. Mit **AUSWAHL AUF KOPIERTE KOMPONENTEN ÄNDERN** werden die Kopien verarbeitet.

Die Anwendung des Befehls **KOMPONENTE VERSCHIEBEN** wird abschließend an einem Beispiel gezeigt. Dazu dient die abgebildete Spanneinheit. Für die einzelnen Komponenten wurden zunächst die erforderlichen Zwangsbedingungen vergeben. Es soll dann der Arbeitsbereich des Spanners untersucht werden.

Dazu wird nach dem Start des Befehls der Handgriff als zu bewegende Komponente ausgewählt. Die **BEWEGUNG** unter **TRANSFORMATION** wird auf **DYN** eingestellt. Unter **KOPIEREN** wird als **MODUS** zunächst **KEINE KOPIE** verwendet. Danach stellen Sie die **KOLLISIONS-AKTION** auf **VOR KOLLISION STOPPEN**. Anschließend wird durch Ziehen am Ursprung der Griff so lange bewegt, bis die Kollisionsanalyse diesen Vorgang stoppt.

Damit ist ein Maximalwert erreicht. Die Kollision wird bestätigt und die **KOLLISIONS-AKTION** auf **KEINE** gestellt. Bei **MODUS** wählen Sie **MANUELLE KOPIE** und dann wird die Kopie des Handgriffs erzeugt. Anschließend wird wieder der **MODUS KEINE KOPIE** eingestellt und eine erneute Kollisionsanalyse in die andere Richtung durchgeführt. Auch dieser Extremwert wird dann kopiert.

Als Ergebnis erhält man zwei Kopien des Handgriffs in den Extrempositionen (siehe rechtes Bild). Diese besitzen keine Bedingungen. Sie können über Referenz-Sets verwaltet werden, um sie bei Bedarf in übergeordneten Baugruppen anzuzeigen.

■ 7.12 Schneiden von Baugruppen

BAUGRUPPEN-SCHNITT (ASSEMBLY CUT)

Durch den Befehl **EINFÜGEN > KOMBINIERN > BAUGRUPPENSCHNITT** werden Subtraktionen von Körpern in der jeweiligen Baugruppe durchgeführt. Dabei wird ein assoziatives Formelement erzeugt, das nur auf der Baugruppenebene existiert. Die Einzelteile werden nicht verändert.

Der Befehl arbeitet wie die boolesche Operation **SUBTRAHIEREN**. Seine Anwendung wird am nachfolgend abgebildeten Beispiel erläutert.

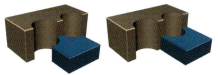

Dafür haben wir eine Baugruppe erzeugt, die zunächst aus zwei Quadern besteht. Anschließend wurde der gelbe Zylinder an zwei Positionen hinzugefügt. Diese Zylinder sollen von den beiden Quadern abgezogen werden. Starten Sie nun den Befehl **BAUGRUPPENSCHNITT**. Selektieren Sie zuerst die beiden Quader als Zielkörper. Wechseln Sie danach zum nächsten Auswahlschritt, und wählen die Zylinder als Werkzeuge. Mit dem Schalter **WERKZEUG AUSBLENDEN** unter **EINSTELLUNGEN** steuern Sie, ob die Anzeige der Werkzeuge nach der Operation unterdrückt wird oder nicht. Diese Vorgabe kann nachträglich durch Editieren des Eintrages für die Operation im **TEILE-NAVIGATOR** geändert werden.

Nach Beenden des Befehls erhalten Sie die abgebildeten Bohrungen in den beiden Quadern. Diese sind assoziativ zu den verwendeten Objekten. Wenn Sie z. B. den kleinen Quader verschieben, so erhalten Sie das auf dem rechten Bild dargestellte Resultat.

 HINWEIS: Dieser Beschnitt existiert nur in der Baugruppe. Werden die Quader mit **ALS ANZEIGETEIL FESTLEGEN** einzeln im Grafikfenster dargestellt, so sind hier die Beschnitte nicht zu sehen.

7.13 Komponentenfelder

Durch Komponentenfelder werden Teile einer Baugruppe mehrfach kopiert und nach bestimmten Regeln positioniert. Die Bestandteile eines Komponentenfeldes sind zueinander assoziativ. Beim Erzeugen des Feldes werden die Verknüpfungen und Eigenschaften (Farbe, Layer und Name) der Ursprungskomponente übernommen.

KOMPONENTENFELD ERZEUGEN (CREATE ARRAY)

Zum Erstellen eines Komponentenfeldes müssen Sie nach Aufruf des Befehls zunächst die entsprechende Ursprungskomponente selektieren. Anschließend wird das abgebildete Dialogfenster aktiv. In diesem Menü wird die Art des zu erzeugenden Feldes festgelegt. NX unterscheidet grundsätzlich zwischen Komponentenfeldern, die sich aufgrund eines schon bestehenden Musterelements ergeben, und Feldern, die mithilfe einer Basiskomponente und einer Richtung entstehen (Master-Komponente). Auf der Grundlage von Master-Komponenten können lineare und kreisförmige Anordnungen erzeugt werden.

LINEARES KOMPONENTENFELD (LINEAR ARRAY)

Zunächst generieren wir an einem Beispiel ein lineares Feld. Dazu dient der in der Abbildung dargestellte Körper. Dieser besteht aus einem Quader mit einer schrägen Seite. Nach seiner Selektion als Basiskomponente wählen Sie den Feldtyp **LINEAR**, und gelangen dann zum abgebildeten Menü.

NX erwartet jetzt die Angabe der XC- und YC-Richtung. Dazu stehen verschiedene Methoden zur Verfügung, um die Objekte zur Festlegung der Richtungen zu wählen. Das erste Objekt definiert die XC- und das zweite entsprechend die YC-Richtung. Beide stehen in keiner Beziehung zum WCS, sondern sind assoziativ zu den selektierten Objekten. Die Richtungen müssen nicht orthogonal zueinander sein. Wenn nur ein Objekt selektiert wird, ist auch nur die XC-Richtung verfügbar, und es erfolgt entsprechend die Erzeugung eines eindimensionalen Feldes.

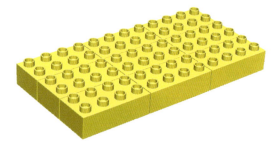

Im Beispiel wurden zwei **FLÄCHENNORMALE** des Bausteins zur Richtungsbestimmung verwendet.

Nach der Festlegung der Richtungen werden die Eingabefelder für die Anzahl und den Abstand aktiv. Die Basiskomponente zählt jeweils mit. Als Abstand können auch negative Werte verwendet werden.

Mit den im Dialogfenster eingegebenen Werten ergibt sich das abgebildete Feld. Es wurden acht neue Komponenten erzeugt.

Wenn an der Teiledatei Veränderungen vorgenommen werden, so erfolgt anschließend in der Baugruppe eine entsprechende Aktualisierung des Komponentenfeldes. Betrifft die Änderung ein Element, das zur Definition der Richtung dient, dann verändert sich auch die XC- oder YC-Richtung des Feldes, und die Komponenten werden entsprechend verschoben.

Einzelne Teile eines Feldes werden mit den üblichen Funktionen gelöscht. Wenn Sie alle Komponenten eines Feldes löschen wollen, bleibt die Feldinformation erhalten, und es erscheint folgende Meldung.

Die Basiskomponente kann erst entfernt werden, wenn die Feldinformation gelöscht wurde. Dazu rufen Sie **BAUGRUPPEN > KOMPONENTENFELDER BEARBEITEN** auf. Der Befehl **FELD LÖSCHEN/KOMP. NICHT ENTF.** löscht das Komponentenfeld aus der Liste, die einzelnen Teile bleiben aber an ihrer aktuellen Position bestehen. Mit **ALLE LÖSCHEN** werden die kopierten Teile und der Feldeintrag entfernt. Die Ursprungskomponente bleibt dabei erhalten. Sie kann anschließend mit den normalen Befehlen entfernt werden.

Das nächste Beispiel zeigt die Erstellung eines kreisförmigen Feldes. Dazu dient die Baugruppe eines Kugellagers. Diese besteht zunächst aus dem Innenring und einer Kugel, die mit dem Ring über Zwangsbedingungen verbunden ist.

Die Kugel wird als Master-Komponente selektiert. Mit der Methode **KREISFÖRMIG** erscheint das entsprechende Dialogfenster. NX benötigt jetzt eine Drehachse. Dazu stehen drei Möglichkeiten zur Verfügung. Im Beispiel wurde die zylindrische Fläche des Innenringes selektiert, wodurch sich deren Mittelachse als Drehvektor ergibt.

KREISFÖRMIGES KOMPONENTENFELD (CIRCULAR ARRAY)

Danach werden in den Eingabefeldern die Parameter festgelegt, und das Komponentenfeld kann erzeugt werden. Das Ergebnis ist in der Abbildung auf S. 414 dargestellt. Die neuen Kugeln haben dabei die Zwangsbedingungen der Basiskomponente nicht übernommen. Wird die Ursprungskomponente verschoben, dann wird das Feld entsprechend aktualisiert.

  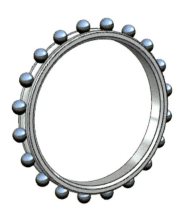

ASSOZIATIVES KOMPONENTEN-FELD (FROM INSTANCE FEATURE)

Eine weitere einfache und effektive Methode zur Erzeugung von Komponentenfeldern basiert auf der Nutzung des Formelements **MUSTERELEMENT** unter **ASSOZIATIVE KOPIE**. Dazu wird das erste Teil des Komponentenfeldes an das Musterelement positioniert. Die Positionierung erfolgt unter Verwendung von Baugruppenzwangsbedingungen.

Die folgende Abbildung zeigt ein Beispiel für die Nutzung eines Musterelements. Dazu wurde eine Baugruppe generiert, die einen Flanschring enthält, dessen Bohrungen über ein kreisförmiges Musterelement erstellt wurden.

Anschließend wird eine Schraube hinzugeladen. Diese Schraube wird mit Baugruppenzwangsbedingungen an den Flansch positioniert. Durch eine Berührungsbedingung der Schraube mit einer Bohrungsachse ist NX in der Lage, eine Verbindung zu dem Bohrungsmusterelement herzustellen. Das Komponentenfeld erzeugen Sie, indem Sie nach dem Aufruf des Befehls die Schraube selektieren und in der Dialogbox des Komponentenfelds unter **FELD-DEFINITION > AUS MUSTERELEMENT** selektieren. NX generiert dann automatisch so viele Schrauben, wie Bohrungen im Musterelement vorhanden sind. Die Baugruppenzwangsbedingungen werden dabei für jede Komponente neu erzeugt und richten sich nach der Position der Bohrungen.

Wird die Anzahl der Bohrungen im Flansch geändert, dann wird das Komponentenfeld der Schrauben entsprechend angepasst. Diese Assoziativität können Sie auch für die automatische Erstellung von Stücklisten nutzen. Dort wird die Anzahl der Schrauben dann ebenfalls aktualisiert.

7.14 Referenz-Sets

Ein Referenz-Set ist eine Sammlung von Objekten eines Teils unter einem Namen. Damit wird gesteuert, welche Daten einer Komponente geladen und am Bildschirm angezeigt werden. Man erhält übersichtlichere Darstellungen im Grafikbereich, und die Geschwindigkeit von NX erhöht sich, insbesondere beim Laden und bei der Arbeit mit großen Baugruppen.

REFERENCE SETS (REFERENCE SETS)

Grundsätzlich wird zwischen automatischen und nutzerspezifischen Referenz-Sets unterschieden. NX erzeugt immer die Referenz-Sets **GANZES TEIL (ENTIRE PART)** und **LEER (EMPTY)**. Darüber hinaus können Sie entscheiden, ob der Typ **MODELL (MODEL)** ebenfalls automatisch vom System generiert werden soll. Dazu müssen Sie den Namen des Referenz-Sets und die entsprechenden Optionen unter **DATEI > DIENSTPROGRAMME > ANWENDERSTANDARDS > BAUGRUPPEN > STANDORTSTANDARD > REFERENCE SETS** eintragen. Mit der Einstellung **KOMPONENTEN AUTOMATISCH HINZUFÜGEN** wird bei jedem Speichern einer Teiledatei das Referenz-Set automatisch erzeugt, wobei das System die betroffenen Objekte selbstständig hinzufügt.

Weiterhin besteht die Möglichkeit, beliebige weitere Referenz-Sets durch den Anwender zu definieren. Von NX werden Namen anwenderdefinierter Referenz-Sets in Großbuchstaben dargestellt. Auch bei der Arbeit mit Referenz-Sets gilt, dass innerhalb eines Unternehmens ein einheitliches Vorgehen erfolgen sollte.

Die folgende Darstellung zeigt die Zuordnung verschiedener Referenz-Sets am Beispiel einer Schraube.

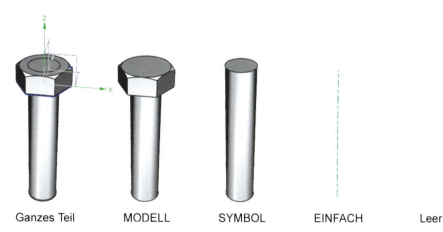

Dabei enthält **GANZES TEIL** alle Objekte der aktuellen Konstruktion, während im Referenz-Set **LEER** keine Objekte vorhanden sind. Dem Referenz-Set **MODELL** wird die aktuelle 3D-Geometrie zugeordnet. Bezugsobjekte und Skizzen sind in diesem Set nicht verfügbar.

Unter **SYMBOL** befindet sich eine symbolhafte Darstellung, die vom Anwender definiert wurde. Diese Darstellung könnte in großen Baugruppen zum Einsatz kommen, um zu zeigen, dass sich an der Stelle noch etwas befindet, was für die eigentliche Konstruktion aber eher nebensächlich ist.

Eine weitere Vereinfachung der Geometrie befindet sich unter dem Referenz-Set **EINFACH**. Dieses wurde auch vom Anwender definiert. In ihr befindet sich nur noch die Mittellinie der Schraube. Die Nutzung dieser Darstellung in großen Baugruppen erhöht die Systemperformance, da die entsprechenden Komponenten bei Aktualisierungen des Bildschirms nicht mit berechnet werden. Durch die Anzeige der Mittellinie besteht aber weiterhin die Möglichkeit, die Komponente am Bildschirm zu selektieren bzw. bestimmte Geometrieinformationen zu verwenden.

Referenz-Sets erstellen und bearbeiten

Die Definition und Bearbeitung von Referenz-Sets erfolgen in der jeweiligen Teiledatei mit dem abgebildeten Dialogfenster. Dieses Fenster wird unter **FORMAT > REFERENCE SETS** aufgerufen. Es enthält die vom System automatisch vergebenen und die vom Anwender definierten Referenz-Sets. Die Zuordnung der Objekte kann bei Bedarf bearbeitet werden. Neue Referenz-Sets werden mit dem entsprechenden Icon erzeugt. Dabei wird der Name eingegeben, und anschließend werden die passenden Objekte selektiert.

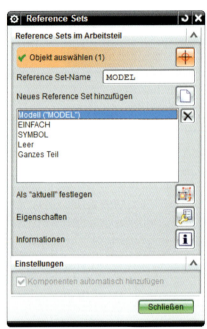

Da sich in Baugruppen normalerweise keine Geometrie befindet, werden für diese Teile auch nicht automatisch die anwenderdefinierten Referenz-Sets erzeugt. Um Komponenten einer Baugruppe einem Referenz-Set zuzuordnen, wird es zunächst erstellt. Dabei müssen Sie die Option **KOMPONENTEN AUTOMATISCH HINZUFÜGEN** unter **EINSTELLUNGEN** einschalten. Anschließend werden die entsprechenden Komponenten selektiert und in das Referenz-Set aufgenommen. Werden der Baugruppe später weitere Komponenten hinzugefügt, erfolgt deren Zuordnung zu dem definierten Referenz-Set von NX automatisch.

Ladeoptionen und Referenz-Sets

Zur Nutzung der Referenz-Sets gibt es verschiedene Möglichkeiten. Ein Einsatzbereich ist bereits beim Laden von Baugruppen. Unter **DATEI > OPTIONEN > LADEOPTIONEN FÜR BAUGRUPPE > REFERENCE SETS** wird festgelegt, welche Referenz-Sets beim Laden aktiv sind. NX durchsucht die Komponenten nach den Referenz-Sets in der Reihenfolge ihrer Auflistung. Wenn der erste passende Satz gefunden wird, erfolgt dessen Darstellung am Bildschirm.

Die Suchreihenfolge kann mit der Auswahl des Referenz-Sets und den Pfeilen **NACH OBEN/UNTEN** verändert werden. Weiterhin besteht die Möglichkeit, die Liste zu erweitern bzw. aufgelistete Sätze zu löschen.

Beim Hinzufügen von Komponenten zu Baugruppen ist es unter **EINSTELLUNGEN** möglich, das Referenz-Set für das neue Teil festzulegen. Damit können die einzelnen Teile mit unterschiedlichen Darstellungen geladen werden.

Komponente hinzufügen und Referenz-Sets

Während der Arbeit mit Baugruppen kann die Anzeige der Referenz-Sets für die einzelnen Komponenten jederzeit individuell geändert werden. Dabei wird das entsprechende Teil am Grafikbildschirm oder im **BAUGRUPPEN-NAVIGATOR** selektiert. Anschließend erfolgt der Aufruf des Popup-Menüs und dort der Option **REFERENCE SET ERSETZEN**.

REFERENCE SET ERSETZEN (REPLACE REFERENCE SET)

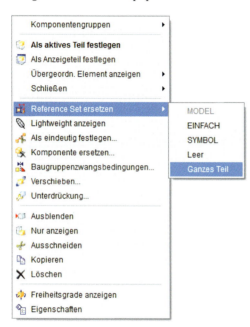

Es werden dann alle verfügbaren Referenzen angezeigt. Der gewünschte Satz wird gewählt, und anschließend erfolgt dessen Darstellung am Bildschirm.

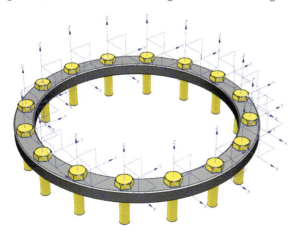

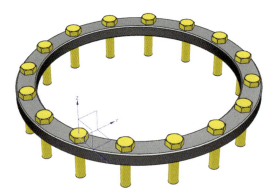

Die Abbildungen zeigen dafür ein Beispiel. Auf dem ersten Bild (S. 417) ist bei allen Komponenten das Referenz-Set **GANZES TEIL** aktiv. Dadurch werden für die Teile der Baugruppe auch alle Objekte dargestellt.

Im Unterschied zur Layer-Methode verhält es sich beim Arbeiten mit Referenz-Sets folgendermaßen. Wenn man z. B. die Bezugsebenen eines Teiles benötigt und den entsprechenden Layer aktiviert, werden die Bezugsebenen aller Komponenten, die sich auf diesem Layer befinden, angezeigt. Damit verliert man bei größeren Baugruppen schnell die Übersicht, und es besteht die Gefahr, falsche Objekte zu selektieren.

Durch die Nutzung von Referenz-Sets kann man dieses Problem lösen. Auf dem zweiten Bild (S. 418) wurden für verschiedene Komponenten unterschiedliche Referenz-Sets eingestellt.

Der Flanschring und alle Schrauben werden zunächst als **MODELL** dargestellt. Damit wird ihre Geometrie angezeigt, aber Bezugs- und Hilfsobjekte sind ausgeblendet. Anschließend wird bei einer Schraube der Referenz-Set **GANZES TEIL** aktiviert. Damit werden für diese Komponente alle Objekte angezeigt. Dabei ist es wichtig, dass alle Layer, auf denen sich Objekte befinden, auch aktiviert sind.

Wird bei der Arbeit in Baugruppen eine Komponente mit Doppelklick gewählt, wird sie automatisch zum aktiven Teil und das Referenz-Set **GANZES TEIL** wird eingestellt. Wenn Sie das ursprüngliche Referenz-Set beibehalten wollen, müssen Sie unter **VOREINSTELLUNGEN > BAUGRUPPEN** die Option **ALS GANZES TEIL ANZEIGEN** ausschalten.

8 Erweiterte Baugruppenfunktionen

In diesem Kapitel erfahren Sie einiges über spezielle Baugruppenfunktionen. Zuerst werden wir Ihnen zwei Möglichkeiten des Spiegelns in Baugruppen etwas genauer vorstellen, Anschließend werden wir Ihnen zeigen, wie man verformbare Teile, wie z. B. Federn oder Schläuche, erstellt. Diese können in Baugruppen unterschiedliche Zustände besitzen. Auch komplette Unterbaugruppen können mithilfe von Anordnungen unterschiedlich verbaut werden, sodass z. B. ein Pneumatik Zylinder einmal aus- und einmal eingefahren dargestellt werden kann. Des Weiteren erfahren Sie, wie man Explosionsdarstellungen definiert, wie man teileübergreifende Beziehungen erstellt, und wie man die Baugruppen mithilfe von Sequenzen und Analysen auf Kollisionen oder Durchdringungen hin untersucht.

■ 8.1 Spiegeln von Baugruppen

8.1.1 Spiegeln mithilfe des Assistenten

Für die Spiegelung der Komponenten innerhalb von Baugruppen steht ein Assistent zur Verfügung. Der Aufruf dieser Funktion erfolgt mit dem entsprechenden Icon oder durch **BAUGRUPPEN > KOMPONENTEN > BAUGRUPPE SPIEGELN**. Dabei werden ausgewählte Teile an einer Bezugsebene gespiegelt. Die Komponenten müssen Bestandteil des aktiven Teils sein. Beim Spiegelvorgang besteht die Möglichkeit, einzelne Komponenten einer Baugruppe auszuschließen. Weiterhin können die gespiegelten Teile neu positioniert werden.

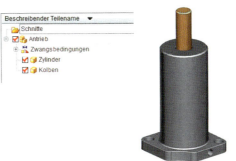

BAUGRUPPE SPIEGELN (MIRROR ASSEMBLY)

Den Ablauf des Spiegelns einer Baugruppe möchten wir an einem Beispiel erläutern. Dazu dient das abgebildete Modell. Dieses besteht aus einem Kolben und einem Zylinder.

Der Zylinder wurde in der Baugruppe fixiert und mit dem Kolben über Zwangsbedingungen verbunden, wobei der Hub durch einen Ausdruck gesteuert wird.

In einer Oberbaugruppe sollen mehrere dieser Antriebe eingesetzt werden, wobei der Antrieb zu spiegeln ist. Dazu wird zunächst die neue Oberbaugruppe (*Zusammenbau*) erstellt und der vollständige Antrieb hinzugefügt.

Zum Spiegeln benötigen Sie eine Bezugsebene. Diese kann vorher oder mit dem Spiegel-Assistenten erzeugt werden. Für das Beispiel wird ein Achsensystem, das drei Ebenen beinhaltet, erstellt und anschließend der Spiegelbefehl gestartet. Die Abbildung zeigt die Oberbaugruppe mit dem Achsensystem und das Begrüßungsfenster des Assistenten.

Im linken Bereich des Assistenten werden die einzelnen Bearbeitungsschritte angezeigt. Diese können durch Doppelklick aktiviert werden, um Änderungen vorzunehmen. Außerdem besteht die Möglichkeit, mit den Schaltern ZURÜCK und WEITER die entsprechenden Bearbeitungen aufzurufen.

Der rechte Bereich des Fensters verändert sich in Abhängigkeit vom aktiven Bearbeitungsschritt und von den vorgenommenen Einstellungen.

Nach der Begrüßung wird mit WEITER der nächste Arbeitsschritt aufgerufen. NX erwartet jetzt die Selektion der zu spiegelnden Teile. Diese können im 3D-Fenster oder im BAUGRUPPEN-NAVIGATOR ausgewählt werden. Im Beispiel wurde die Baugruppe *Antrieb* im Navigator selektiert. Damit werden automatisch alle zugehörigen Teile in die Auswahl übernommen.

Wenn die Selektion der zu spiegelnden Teile vor dem Start des Assistenten durchgeführt wird, überspringt dieser die ersten beiden Schritte und zeigt direkt das Fenster zum Festlegen der Spiegelebene an. Im Beispiel wird dieses Fenster nach dem Beenden der Auswahl mit **WEITER** aufgerufen.

Als nächste Eingabe muss eine Spiegelebene festgelegt werden. Dazu wird entweder eine vorhandene Bezugsebene ausgewählt oder mit dem Icon des Spiegel-Assistenten eine neue Ebene erzeugt. Im Beispiel erfolgten die Wahl der vorhandenen Bezugsebene, hier eine Ebene des Achsensystems und der Wechsel zum nächsten Bearbeitungsschritt.

Das folgende Fenster dient zur Festlegung der Spiegeloptionen für die einzelnen Komponenten. Die aktuellen Einstellungen werden dabei hinter den einzelnen Teilen als Symbol angezeigt. Zum Ändern wird die entsprechende Komponente in der Liste gewählt. Danach werden im unteren Bereich die alternativen Einstellungen aktiv. Durch Drücken des entsprechenden Icons wird die Option für die gewählte Komponente geändert.

Die einzelnen Icons besitzen folgende Bedeutung:

 WIEDERVERWENDEN UND NEU POSITIONIEREN: Bei dieser Option werden keine Geometrieänderungen vorgenommen, sondern die Komponenten werden in der Baugruppe kopiert und an einer neuen Position abgelegt.

ASSOZIATIVE SPIEGELUNG: Die Komponenten werden gespiegelt, wobei ein wirkliches Spiegelbild erzeugt wird. Die gespiegelten Komponenten werden mit einer WAVE-Verbindung zum Ursprungsteil erzeugt und bekommen in der Baugruppe einen neuen Namen.

 KEINE ASSOZIATIVE SPIEGELUNG: Die Komponenten werden gespiegelt, wobei ein wirkliches Spiegelbild erzeugt wird. Die Geometrie hat jedoch keinen Bezug zum originalen Bauteil, also keine assoziative Verbindung. Die gespiegelten Komponenten bekommen in der Baugruppe einen neuen Namen.

 OPERATION KOMPONENTE AUSSCHLIESSEN ZUWEISEN: Damit können einzelne Komponenten von vorher gewählten Baugruppen aus dem Spiegelvorgang ausgeschlossen werden.

Im Beispiel wurde der Zylinder als assoziative Spiegelung eingestellt. Der Kolben wird nur neu positioniert. Beim Verlassen des Fensters erscheint der abgebildete Hinweis auf das Erstellen einer neuen Teiledatei für den gespiegelten Zylinder. Dieser Hinweis wird mit OK bestätigt.

Danach erzeugt NX im **BAUGRUPPEN-NAVIGATOR** die Einträge der gespiegelten Komponenten. Teile, die ohne Änderungen übernommen werden, erhalten den Namen der entsprechenden Datei. Neue Komponenten, die durch das Spiegeln entstanden sind, werden zunächst mit dem Zusatz *mirror_* versehen.

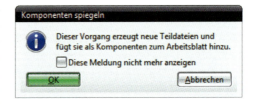

Es erfolgt eine Vorschau auf die gespiegelte Baugruppe, und das Fenster für die Festlegung der Positionen der Komponenten wird aktiv. Dort sind die neuen, gespiegelten Teile mit einem Stern gekennzeichnet.

In diesem Menü können Sie die einzelnen Komponenten selektieren und anschließend in ihrer Position verändern. Dazu werden die Varianten in der Liste gewählt oder mit dem Icon **SPIEGELLÖSUNGEN DURCHSCHREITEN** nacheinander abgearbeitet. Weiterhin sind durch den Anwender auch in diesem Bearbeitungsschritt die Spiegeleinstellungen der Komponenten modifizierbar.

Im nächsten Fenster werden die Regeln für die Namen der neuen Teile festgelegt. Dazu werden zunächst automatische Erweiterungen der Namen der Ursprungsteile vorgenommen. Im Beispiel wurde definiert, dass die gespiegelten Komponenten die Endung _gespiegelt erhalten. Damit werden der *Zylinder* und die Baugruppe *Antrieb* kopiert, gespiegelt und entsprechend umbenannt.

Bei Bedarf kann ein Verzeichnis festgelegt werden, in das NX die neuen Teiledateien speichert. Ansonsten werden diese Komponenten beim nächsten Speichervorgang im Ordner der Originaldateien abgelegt.

Im letzten Schritt besteht die Möglichkeit, für einzelne Komponenten separat die Namen und Speicherorte zu bestimmen. Dazu aktivieren Sie das entsprechende Teil mit Doppelklick, und gelangen anschließend in das Menü zum Speichern einer Datei.

Für das Beispiel wurden keine Änderungen vorgenommen und der Assistent wurde beendet. Danach sollte unbedingt das Speichern der gesamten Baugruppe erfolgen, um die neuen Teile auch physikalisch zu erzeugen.

Die gespiegelten Einzelteile, die Geometrie beinhalten, besitzen das Formelement **VERKNÜPFTER SPIEGELKÖRPER**, mit dem die Verbindung zur Originalgeometrie hergestellt wird. Dadurch werden geometrische Änderungen entsprechend übertragen.

Die Abbildung zeigt die Auswirkung einer Änderung am Originalzylinder auf das gespiegelte Bauteil. Dabei wurde die Zylinderhöhe verkleinert.

In gespiegelten Baugruppen werden die Verknüpfungen und Ausdrücke der Ursprungskomponente nicht übernommen. Deshalb sollte der Spiegelvorgang möglichst am Ende einer Konstruktion erfolgen.

Baugruppenzwangsbedingungen werden nicht kopiert und müssen für die gespiegelten Komponenten erneut definiert werden. Danach können die einzelnen Baugruppen unabhängig voneinander in verschiedenen Positionen dargestellt werden. Im Beispiel wurden unterschiedliche Hübe für die Kolben festgelegt.

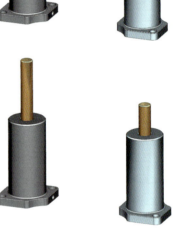

8.1.2 Spiegeln mit Wave-Befehl

VERBUNDENES SPIEGELTEIL ERZEUGEN (CREATE LINKED MIRROR PART)

Eine weitere Variante, Komponenten zu spiegeln, erfolgt mit dem **WAVE**-Befehl **VERBUNDENES SPIEGELTEIL ERZEUGEN**. Hierzu muss sichergestellt sein, dass die **WAVE**-Befehle aktiviert beziehungsweise sichtbar sind. Durch einen Klick mit der **MT3** in den Hintergrund des Baugruppen-Navigators wird ein Kontextmenü geöffnet. Hier muss **WAVE-MODUS** aktiviert sein. Dadurch stehen zusätzliche **WAVE**-Befehle zur Verfügung. Mit den **WAVE**-Befehlen können assoziative Verbindungen zwischen zwei Komponenten erstellt werden. Zudem besteht die Möglichkeit, Informationen über die verknüpfte Geometrie abzurufen.

Mit **MT3** auf die zu spiegelnde Komponente und dem Befehl **WAVE > VERBUNDENES SPIEGELTEIL ERZEUGEN** öffnet sich das Dialogfenster zur Definition der Spiegelung. Unter **VERBUNDENER SPIEGELTEIL-NAME** wird der neue Name der gespiegelten Komponente eingetragen. Bei **ZU SPIEGELNDE OBJEKTE** kann ein Referenz-Set ausgewählt werden, das gespiegelt werden soll. Mit der Option **ENTIRE PART** wird die komplette Komponente gespiegelt. Anschließend müssen Sie eine Spiegelebene definieren. Unter **EINSTELLUNGEN** können Sie nun zwischen drei Optionen der Spiegelung wählen.

- **GENAUE SPIEGELUNG:** Werden im gespiegelten Teil Formelemente hinzugefügt, so werden diese nach einem Update des Ausgangsteil (Originalteil) wieder gelöscht. Hier handelt es sich also immer um eine genaue Spiegelung.
- **KEINE GENAUE SPIEGELUNG – AUFGEBROCHENE VERBINDUNGEN BEIBEHALTEN:** Die gespiegelte Komponente kann mit Formelementen weiter bearbeitet werden. Wird das Ausgangsteil geändert, so werden unterbrochene Verknüpfungen beibehalten. Die Formelemente können umdefiniert oder manuell gelöscht werden.
- **KEINE GENAUE SPIEGELUNG – AUFGEBROCHENE VERBINDUNGEN LÖSCHEN:** Die gespiegelte Komponente kann mit Formelementen weiter bearbeitet werden. Wird das Ausgangsteil geändert, so werden unterbrochene Verknüpfungen gelöscht.

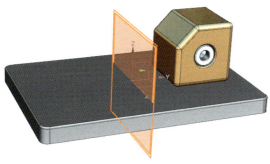

Nach Beenden des Befehls wird die neue Komponente als Anzeigeteil festgelegt. Kehrt man nun in die Baugruppe zurück, kann man die gespiegelte Komponente mit **KOMPONENTE HINZUFÜGEN** in die Baugruppe einbauen.

Je nach Option unter **TEILETYP SPIEGELN** können Sie nun die gespiegelte Komponente weiter bearbeiten. Bei einer Änderung im Ausgangsteil wird auch die gespiegelte Komponente geändert, da die Geometrie mit einem WAVE-Link verlinkt ist.

■ 8.2 Verformbare Teile

DEFORMIERBARES TEIL (DEFORMABLE PART)

Die Verwendung flexibler Komponenten ist besonders bei Federn oder Schläuchen hilfreich, die häufig in Abhängigkeit von ihren Einbaubedingungen verschiedene Formen und Größen besitzen.

Um verformbare Komponenten zu nutzen, müssen deren Eigenschaften festgelegt und danach in der entsprechenden Baugruppe angewendet werden. Dabei können bereits in Baugruppen vorhandene Komponenten auch im Nachhinein Verformungseigenschaften zugeordnet werden. Im **BAUGRUPPEN-NAVIGATOR** wird diese Eigenschaft in der Spalte **FORM** über ein Symbol angezeigt.

Die Definition der Verformbarkeit erfolgt in der Teiledatei. Nach dem Erstellen der Geometrie rufen Sie unter **WERKZEUGE > DEFORMIERBARES TEIL DEFINIEREN** den entsprechenden Assistent auf. Dieser besitzt einen ähnlichen Aufbau wie der Assistent zum Spiegeln.

Das grundsätzliche Vorgehen erklären wir am Beispiel einer Feder. Zur Festlegung der Spirale wird ein Bezugskoordinatensystem verwendet. Für den Durchmesser wird der Ausdruck *Durchmesser* genutzt, für die Endgrenze der Ausdruck *Hoehe*. Die Steigung wird mit einer Formel zur *Hoehe* definiert.

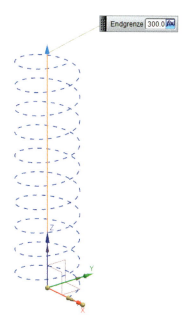

Nach Erstellen des Federauslaufs mit einem Bogen und einer Übergangskurve kann mit der Funktion *Rohr* die Feder erstellt werden. Dann wird das Teil unter dem Namen *Feder_8-2* gespeichert.

Nach dem Aufruf des Assistenten für deformierbare Teile wird das folgende Definitionsfenster angezeigt. NX hat als Bezeichnung automatisch den Teilenamen eingetragen. Diesen übernehmen Sie und wechseln mit **WEITER** zur nächsten Seite.

Diese Seite dient der Auswahl der Formelemente, die für das flexible Teil verwendet werden sollen. Die entsprechenden Elemente werden in der linken Liste selektiert und mit dem mittleren Pfeil in die rechte Liste übertragen. Durch die Aktivierung des Schalters **UNTERGEORDN. FORMELEMENTE HINZUFÜGEN** werden alle abhängigen Elemente automatisch übernommen. Im Beispiel wurden alle Einträge als deformierbare Elemente ausgewählt.

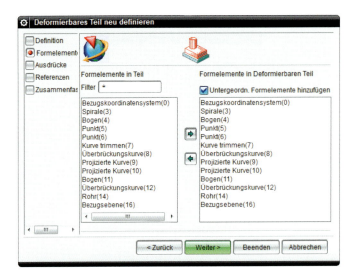

Mit **WEITER** wird die Seite zur Definition der Ausdrücke aktiv. Es erfolgt eine Anzeige der verfügbaren Parameter für die ausgewählten Formelemente. Die Daten, die für die Verformung genutzt werden sollen, müssen in die Liste **DEFORMIERBARE EINGABEAUSDRÜCKE** aufgenommen werden. Wenn sie dort gewählt werden, besteht die Möglichkeit, im Eingabefeld unter der Liste eine sinnvolle Bezeichnung festzulegen. Diese Eingabe muss mit **ENTER** an NX übergeben werden.

Weiterhin ist ein Wertebereich zu definieren. Dazu werden die **AUSDRUCK-REGELN** verwendet. Bereiche werden durch ihre untere und obere Grenze definiert. Innerhalb dieser Grenzwerte kann der Ausdruck dann jeden beliebigen Wert annehmen. Mit **NACH OPTIONEN** können feste Werte vorgegeben werden. Diese werden mit **ENTER** voneinander getrennt und mit dem Icon **FERTIG** an NX übergeben.

Im Beispiel wurde für die Höhe ein Bereich mit ganzen Zahlen und für den Durchmesser der Feder wurden feste Werte definiert.

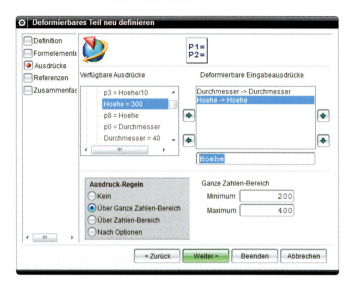

Das nächste Fenster listet die vorhandenen Referenzen für die ausgewählten Formelemente auf. Danach wird eine Anzeige mit der Zusammenfassung aller vorgenommenen Eingaben aktiv. Nach Beenden des Assistenten erzeugt NX ein Formelement mit dem vorgegebenen Namen, und es erfolgt ein entsprechender Eintrag im **TEILE-NAVIGATOR**. Die Datei ist nochmals zu speichern.

Die grundsätzlichen Eigenschaften der flexiblen Teile werden in der Teiledatei festgelegt. Ihr jeweiliger Verformungszustand wird in den Baugruppen bestimmt.

Für die Nutzung des verformbaren Teils erstellen Sie eine neue Baugruppe, in die zuerst eine Bodenplatte geladen wird. Diese Platte ist über eine Baugruppenzwangsbedingung fixiert. Danach erfolgt das Hinzufügen der deformierbaren Feder mit dem Referenz-Set **GANZES TEIL**, um die festen Bezugsobjekte für die Vergabe der Zwangsbedingungen nutzen zu können.

Erzeugen Sie nun eine Berührung zwischen der Oberfläche der Feder und der Oberfläche der Platte. Richten Sie dann die Feder mittig zur Platte aus. Dafür wird der entsprechende Vektor verwendet.

Nach dem Verlassen der Zwangsbedingungen mit **OK** wird automatisch das abgebildete Dialogfenster angezeigt. Sie haben jetzt die Gelegenheit, die Parameter der verformbaren Komponente festzulegen. Per Definition kann die Höhe in einem bestimmten Wertebereich geändert werden. Für den Durchmesser sind die eingegebenen Stufen verfügbar. Mit der Festlegung der Werte nimmt die Feder die entsprechende neue Form der durch die Zwangsbedingungen festgelegten Position an.

Anschließend wird die Platte nochmals als Oberteil mit entsprechenden Zwangsbedingungen hinzugefügt. Damit ist die Baugruppe fertiggestellt.

Der Abstand zwischen den beiden Platten resultiert dann aus der Höhe der verformbaren Feder. Diesen Wert können Sie mit dem Befehl **BAUGRUPPEN > KOMPONENTEN > TEIL DEFORMIEREN**, durch Doppelklick auf die Feder oder auf den entsprechenden Eintrag im **TEILE-NAVIGATOR** ändern. Danach erscheint wieder das Dialogfenster für das verformbare Teil. Dort können die Parameter modifiziert werden. Nach dem Schließen dieses Menüs wird die Baugruppe neu berechnet und die obere Platte entsprechend verschoben. Damit steuert das verformbare Teil die Lage der oberen Platte.

Die Abbildung zeigt die Baugruppe in zwei Verformungszuständen.

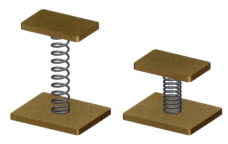

In einem zweiten Beispiel werden wir eine Baugruppe aufbauen, bei der sich die flexible Komponente automatisch an ihre Umgebung anpasst. Diese Umgebung besteht aus zwei Rohren, die über Zwangsbedingungen konzentrisch ausgerichtet sind und einen bestimmten Abstand zueinander besitzen. Der Abstand wird über den Ausdruck *Abstand* gesteuert. Ein Rohr ist fixiert.

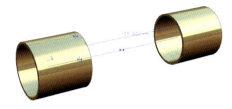

Die flexible Komponente soll als Verbindung zwischen den beiden Rohren dienen und sich an deren Abstand anpassen. Dazu gibt es mehrere Lösungen.

Eine Variante besteht darin, als Zwischenstück einen Hohlzylinder zu erzeugen, dessen Höhe als flexibler Ausdruck definiert wird. Ähnlich wie im vorhergehenden Beispiel wird die Extrusion eines Kreisringes verwendet, um die Geometrie zu erstellen.

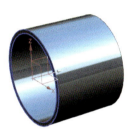

Danach wird wieder das verformbare Teil definiert. Dazu werden alle Formelemente ausgewählt. Als deformierbarer Ausdruck wird die Höhe selektiert und keine **AUS-DRUCK-REGEL** festgelegt. Das verformbare Teil wird dann entsprechend generiert.

Anschließend erfolgt der Einbau in die Baugruppe, wobei das Zwischenstück die Deckfläche des fixierten Rohrs berührt und zu dessen Zylinderfläche mittig ausgerichtet wird. Als Wert für die Höhe wird zunächst die Ursprungslänge des Zwischenstücks verwendet. Damit ergibt sich der auf dem Bild dargestellte Zustand.

Danach muss die Höhe der verformbaren Komponente mit dem Abstand zwischen den Rohren in Beziehung gesetzt werden. Dazu verwenden Sie die entsprechenden Ausdrücke (siehe Abbildung auf S. 432). Der Ausdruck *ab* wird dadurch zur Steuergröße für das Zwischenstück. Mit der Änderung dieses Abstandes wird die Höhe des flexiblen Rohres entsprechend angepasst. Damit können unterschiedliche Varianten erzeugt werden.

Eine weitere Möglichkeit nutzt das Formelement **ROHR**, das zunächst als Einzelteil entlang einer einfachen Leitkurve erzeugt wurde. Für die Festlegung der flexiblen Komponente wird dieses Formelement gewählt. Ausdrücke werden nicht definiert.

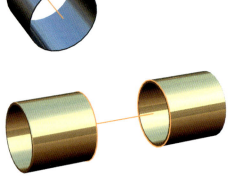

In der Baugruppe wird dann eine Leitkurve für das **ROHR** benötigt, die den Übergang zwischen den beiden vorhandenen Komponenten steuert. Dazu werden die Anschlussgeometrien verwendet. Die Außenkanten der beiden Rohre werden über den **WAVE-GEOMETRIE-LINKER** in die Baugruppendatei gelinkt. Anschließend wird eine assoziative Kurve zwischen den Mittelpunkten der abgeleiteten Kreise erzeugt.

Dann erfolgt das Hinzufügen der flexiblen Komponente. Für diese werden keine Bedingungen vergeben, sondern sie wird an einer »beliebigen« Stelle abgelegt.

Danach erscheint das abgebildete Fenster, in dem ein Auswahlschritt angezeigt wird. Dazu wird die assoziative Kurve in der Baugruppe selektiert. Anschließend wird das flexible Rohr entlang dieser Linie erzeugt. NX hat damit in der Baugruppe die Ursprungsleitkurve ersetzt.

Bei einer Änderung des Abstandes zwischen den Rohren wird die assoziative Kurve ebenfalls geändert und die flexible Komponente entsprechend angepasst.

Durch die Verwendung des Formelements **ROHR** im Zusammenhang mit verformbaren Teilen lassen sich in den jeweiligen Baugruppen unterschiedliche Geometrien erzeugen. Wenn als Leitkurve ein Spline benutzt wird, ergibt sich die abgebildete Form. Dabei wurde dasselbe verformbare Teil genutzt.

Ein abschließendes Beispiel zeigt die Erstellung verschiedener Zustände bei der mehrfachen Nutzung verformbarer Teile in übergeordneten Baugruppen. Dazu wurden die beiden Kurvenzüge in der Baugruppe, in die das flexible Teil zuerst eingebaut wurde, erzeugt. Diese Kurven steuern die verschiedenen Geometrien für das verformbare Teil, wobei in der Baugruppe die auf dem rechten Bild dargestellte Variante aktiv ist.

Anschließend wird die Baugruppe in eine neue Oberbaugruppe hinzugefügt und fixiert. Dieser Vorgang wird nochmals durchgeführt, wobei die passenden Zwangsbedingungen erzeugt wurden.

Der Verformungszustand ist zunächst gleich. Um dies zu ändern, wird die entsprechende Leitkurve aus der Unterbaugruppe in die aktuelle Baugruppe gelinkt. Sie könnte auch neu erzeugt werden, wenn ein anderer Verlauf gefordert wird.

Um den Verformungszustand der betroffenen Komponente anzupassen, wird sie im Grafikbereich oder im BAUGRUPPEN-NAVIGATOR mit MT3 selektiert. Danach wird der Befehl VERFORMEN aufgerufen. Das abgebildete Fenster zeigt den aktiven Zustand in der Unterbaugruppe mit einem rot gefüllten Punkt an. Mit MT1 wird die Hauptbaugruppe in der Liste selektiert. Diese besitzt keine Verformung. Der Punkt ist deshalb nicht gefüllt. Mit dem Befehl ERZEUGEN wird das Definitionsfenster für die Verformung aktiv. Sie können jetzt die gelinkte Kurve wählen. Die Verformung ändert sich dann entsprechend.

■ 8.3 Anordnungen

ANORDNUNGEN BEARBEITEN (EDIT ARRANGEMENTS)

Für die Darstellung verschiedener Positionen einer Komponente innerhalb einer Baugruppe können Anordnungen genutzt werden. Die Erstellung und Anwendung dieser Anordnungen möchten wir wieder an einem Beispiel erklären. Dazu dient der bereits für das Spiegeln verwendete Antrieb, wobei dessen Kolben so über Zwangsbedingungen mit dem Zylinder verbunden wurde, dass sein Hub als Freiheitsgrad offen bleibt und durch KOMPONENTE VERSCHIEBEN verändert werden kann.

In der Abbildung ist der Antrieb mit eingefahrenem Kolben dargestellt. Bei der Nutzung in Zusammenbauten sind die beiden Extrempositionen Kolben EIN- UND AUSGEFAHREN von Interesse. Diese sollen durch Anordnungen gesteuert werden.

Der Befehl zum Bearbeiten von Anordnungen wird über das entsprechende Icon gestartet. Weiterhin kann sein Aufruf im BAUGRUPPEN-NAVIGATOR erfolgen. Dazu selektieren Sie die Baugruppe mit MT3 und wählen im Popup-Menü die Option ANORDNUNGEN > BEARBEITEN aus. Anschließend erscheint das folgende Dialogfenster.

NX erstellt für jede Baugruppe automatisch eine Anordnung. Diese ist beim Laden der Baugruppe aktiv. Im Beispiel würde *Arrangement 1* den momentanen Zustand des Antriebes repräsentieren. Um diesen Zustand besser identifizieren zu können, sollten Sie einen neuen Name vergeben. Dazu verwenden Sie das Icon UMBENENNEN.

Anschließend kopieren Sie die vorhandene Anordnung mit dem entsprechenden Befehl und benennen den neuen Eintrag auch um. Die neue Anordnung soll den ausgefahrenen Kolben darstellen. Sie wird unter Nutzung des Icons VERWENDEN oder durch Doppelklick aktiviert. Dieser Zustand wird dann durch einen grünen Haken angezeigt. Mit dem Icon ALS VOREINSTELLUNG VERWENDEN werden Anordnungen als Standard ausgewählt. Die entsprechende Anordnung ist beim Hinzufügen der Baugruppe automatisch aktiv.

Für die neue Anordnung müssen die betroffenen Komponenten in die passende Position gebracht werden. Dazu rufen Sie im Zusammenhang mit Zwangsbedingungen den Befehl KOMPONENTE VERSCHIEBEN auf und wählen den Kolben aus. Anschließend wird er in die entsprechende Position bewegt. Durch Einschalten der Option AUF VERWENDET ANWENDEN unter EINSTELLUNGEN im Feld ANORDNUNGEN wird die neue Position auf die aktive Anordnung übertragen. Damit steuern die einzelnen Anordnungen die Position der Komponente.

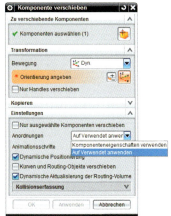

Die Anordnungen lassen sich überprüfen, indem der Befehl gestartet und danach der jeweilige Eintrag aktiviert wird. Die Position des Kolbens muss sich im Beispiel entsprechend ändern. Die vorangegangene Abbildung zeigt die definierten Anordnungen. Anschließend wird die Baugruppe gespeichert.

Alternativ können die verschiedenen Zustände durch Auswahl der Baugruppe im Navigator mit **MT3** und Aufruf des Befehls **ANORDNUNGEN** aktiviert werden. Der Status der Anordnungen lässt sich im **BAUGRUPPEN-NAVIGATOR** in einer entsprechenden Spalte anzeigen.

Für die Steuerung von Anordnungen können auch Bedingungen verwendet werden. Dazu wird im Beispiel der Abstand des Kolbens vom Zylinderboden über die entsprechende Zwangsbedingung definiert, wobei dabei die Anordnung *Eingefahren* aktiv ist. Anschließend wird die Zwangsbedingung *Abstand* im Baugruppen-Navigator mit **MT3** selektiert und im Popup-Menü die Option **ANORDNUNGSSPEZIFISCH** aktiviert. Damit wird dieser Zustand der aktiven Anordnung zugeordnet, und die Zwangsbedingung erhält ein neues Symbol. Dann wird die Anordnung *Ausgefahren* aktiviert, die Bedingung entsprechend angepasst und wieder als **ANORDNUNGSSPEZIFISCH** deklariert.

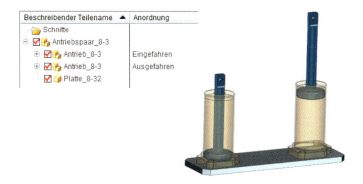

Zur Verwaltung der speziellen Anordnungen kann das abgebildete Menü verwendet werden. Dieses wird im **BAUGRUPPEN-NAVIGATOR** mit **MT3** auf der entsprechenden Bedingung mit dem Befehl **IN ANORDNUNGEN BEARBEITEN** aufgerufen. Im Menü können die Werte für die Ausdrücke und der Status geändert werden.

Die festgelegten Anordnungen werden sowohl in der Baugruppe, in der sie definiert wurden, als auch in anderen Baugruppen verwendet. Nach dem Hinzufügen des Antriebs zu einer neuen Baugruppe wird er zunächst in seiner Standarddarstellung angezeigt. Diese kann im **BAUGRUPPEN-NAVIGATOR** am einfachsten modifiziert werden. Das Bild zeigt eine neue Baugruppe *antriebspaar*, in die der Antrieb zweimal hinzugefügt wurde. Dabei wurden für die einzelnen Unterbaugruppen verschiedene Anordnungen aktiviert.

Die Baugruppe *antriebspaar* wird dann nochmals in einer Hauptbaugruppe *antriebssystem* verwendet. Sie wird zweimal hinzugefügt. Dabei übernimmt sie zunächst die Anordnungen aus der Baugruppe *antriebspaar*. Wenn Sie die Position eines Kolbens ändern wollen, müssen Sie die entsprechende Anordnung in der Unterbaugruppe umstellen. Das führt jedoch dazu, dass in der Hauptbaugruppe die Lage des Kolbens in der zweiten Unterbaugruppe automatisch mit geändert wird.

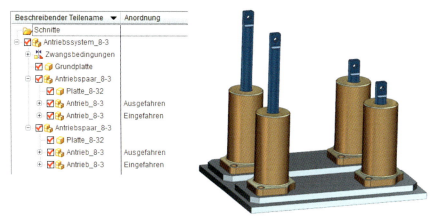

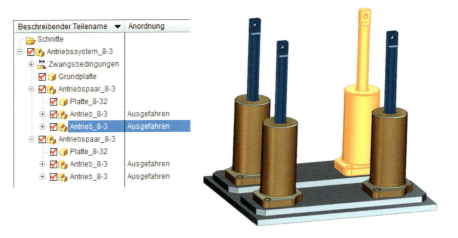

Um die einzelnen Zustände individuell schalten zu können, werden in der Baugruppe *antriebssystem* die verschiedenen Möglichkeiten nochmals als Anordnungen definiert. Danach können Sie diese Positionen beliebig aus der Hauptbaugruppe schalten.

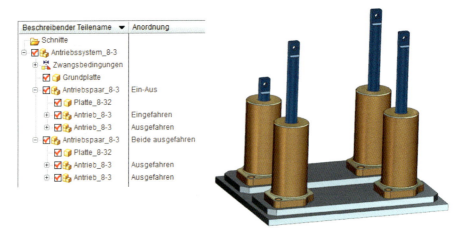

Die verschiedenen Anordnungen können unter Nutzung des Baugruppen-Navigators auch in der Anwendung **ZEICHNUNGSERSTELLUNG** aufgerufen werden.

8.4 Explosionsdarstellung

Für die anschauliche Illustration von Montage-, Betriebs- und Wartungsanleitungen können Explosionsdarstellungen von Baugruppen verwendet werden. NX bietet dazu eine entsprechende Werkzeugleiste an. Diese wird mit dem Icon EXPLOSIONSANSICHTEN aktiviert.

EXPLOSIONS-
ANSICHTEN
(EXPLODED VIEWS)

Für die einzelnen Explosionsdarstellungen werden neue Ansichten im Grafikbereich erzeugt. Die Explosionsansicht ist assoziativ mit den Teilen verknüpft und wird in der aktiven Baugruppe gespeichert. Durch Wechseln zwischen den Ansichten kann die jeweilige Darstellungsart erzeugt werden. Die aktive Ansicht wird in der Werkzeugleiste angezeigt. Dort erfolgt auch der Wechsel zwischen den verschiedenen Ansichten. Die Ansicht **KEINE EXPLOSION** stellt die Teile wieder im Normalzustand dar.

> **TIPP:** Es ist empfehlenswert, Explosionsdarstellungen durch Nutzung des Master-Modell-Konzeptes in einer neuen Teiledatei, in welche die entsprechende Baugruppe hinzugefügt wird, zu erzeugen. Dadurch sind die Informationen der Explosionsdarstellung nur in dieser Datei gespeichert und werden beim »normalen« Aufruf der Baugruppe nicht geladen.

In der Werkzeugleiste stehen folgende Befehle zur Verfügung:

EXPLOSION ERZEUGEN: Es wird eine neue Explosionsansicht erstellt. Dazu muss ein Name vergeben werden, und anschließend wechselt die Bildschirmdarstellung in die neue Ansicht. Es erfolgen ein entsprechender Hinweis am Bildschirm (*EXPLODED*) und die Anzeige des neuen Namens in der Werkzeugleiste für Explosionsansichten. NX bietet die Möglichkeit, aus einer vorhandenen Explosionsansicht eine weitere neue Ansicht zu erzeugen. Dann werden die Einstellungen der bestehenden Ansicht als Basis für die neue übernommen.

EXPLOSION BEARBEITEN: Mit dem Icon wird das Dialogfenster zum individuellen Bearbeiten ausgewählter Komponenten der Explosionsdarstellung aufgerufen. In diesem Fenster ist zuerst der Schalter **OBJEKTE AUSWÄHLEN** aktiv. NX erwartet damit die Selektion der zu bearbeitenden Komponenten. Diese Auswahl kann im Grafikbereich oder im **BAUGRUPPEN-NAVIGATOR** erfolgen. Anschließend muss **OBJEKTE VERSCHIEBEN** aktiviert werden. Damit lassen sich die selektierten Komponenten bewegen. Dazu erscheinen Manipulatoren und Eingabefelder im Dialogfenster.
Mit der Option **NUR HANDLES VERSCHIEBEN** besteht die Möglichkeit, die Manipulatoren neu zu orientieren.
Der Schalter **EXPL. RÜCKGÄNGIG** bewegt die ausgewählten Teile wieder in die Ursprungsposition.
Während der Arbeit mit dem Dialogfenster können nacheinander verschiedene Komponenten in ihrer Explosionsdarstellung verändert werden. Die einzelnen Schalter im oberen Bereich des Fensters sind dazu jederzeit aktivierbar.
Mit **MT2** erfolgt automatisch der Wechsel zwischen **AUSWAHL** und **OBJEKTE VERSCHIEBEN**. Werden neue Komponenten selektiert, dann bleiben die bereits ausgewählten Teile weiterhin aktiv. Ihre Abwahl erfolgt unter Nutzung von **UMSCHALT+MT1**.

AUTOM. KOMPONENTEN-EXPLOSION: Bei der automatischen Explosion werden die festgelegten Komponenten unter Berücksichtigung der bestehenden Baugruppenzwangsbedingungen um einen bestimmten Betrag verschoben. Dieser Betrag wird entweder durch den Anwender als **ABSTAND** im Dialogfenster eingegeben oder durch das System als Randabstand bestimmt. Dabei ist eine Kombination beider Varianten möglich.
Mit der automatischen Erzeugung wird meistens keine perfekte Darstellung aller Teile erreicht. Diese Methode eignet sich aber als Basis für die anschließende individuelle Bearbeitung der Explosionsansicht.

 KOMPONENTEN-EXPLOSION RÜCKGÄNGIG: Die Explosionsdarstellung ausgewählter Komponenten wird wieder aufgehoben.

 EXPLOSION LÖSCHEN: In einer Liste können Explosionsansichten gelöscht werden.

 KOMPONENTE VERBERGEN: Es erfolgt die Auswahl von Komponenten, die in allen Ansichten nicht dargestellt werden sollen. Die Komponenten werden dabei nicht unterdrückt, sondern der Befehl arbeitet ähnlich wie das Verschieben der Komponente auf einen unsichtbaren Layer.

 KOMPONENTE ANZEIGEN: Die verborgenen Komponenten werden aufgelistet und durch ihre Auswahl wieder am Bildschirm dargestellt.

 VERFOLGUNGSLINIEN ERZEUGEN: Es wird ein Fenster zum Erstellen von Spurlinien aufgerufen. Dazu werden, unter Beachtung des aktiven Filters für Punkte, der Start- und der Endpunkt der Linie festgelegt. Danach schlägt NX einen Verlauf vor, der mit dem Icon **ALTERNATIVE LÖSUNG** unter **WEG** verändert werden kann. Außerdem ist es möglich, die Pfade an jedem Segment individuell durch Ziehen an den Pfeilen zu modifizieren. Vorhandene Verfolgungslinien lassen sich durch Doppelklick zum nachträglichen Bearbeiten aktivieren.

Die Erstellung von Explosionsansichten möchten wir abschließend an einem Beispiel erläutern. Dazu dient die Baugruppe eines Pneumatik-Zylinders. Zuerst erzeugen Sie eine neue Explosion mit einem entsprechenden Namen. Anschließend werden einzelne Komponenten für die automatische Explosion ausgewählt. Es wird ein fester **ABSTAND** eingegeben und die Ansicht generiert. Ein Bearbeiten der automatischen Explosion, um beispielsweise verschiedene Abstände zu testen, ist durch den erneuten Aufruf des Befehls möglich.

Nach dem Erzeugen der Grundeinstellung werden die einzelnen Komponenten mit dem Befehl **EXPLOSION BEARBEITEN** manuell verschoben.

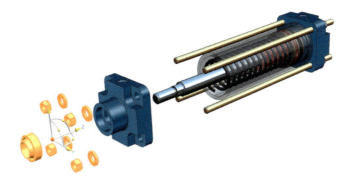

Anschließend werden die entsprechenden Verfolgungslinien generiert. Danach erhalten Sie die auf dem folgenden Bild dargestellte Explosionsdarstellung. Diese wird im aktiven Teil gespeichert und steht beim erneuten Laden zur Verfügung.

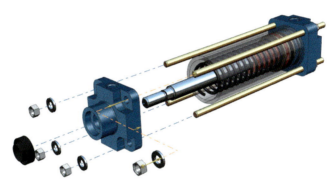

Mit dem Befehl **ANSICHT > OPERATION > SPEICHERN UNTER** oder im **TEILE-NAVIGATOR > MODELLANSICHTEN > MT3 > ANSICHT HINZUFÜGEN** wird die aktuelle Bildschirmdarstellung unter einem einzugebenden Ansichtsnamen abgelegt. Diese Ansicht kann anschließend in der **ZEICHNUNGSERSTELLUNG** aufgerufen werden. Die Abbildung zeigt die fertige Explosionsdarstellung und die davon abgeleitete Zeichnungsansicht. Dazu muss die Explosionsdarstellung in der Zeichnungsdatei erstellt worden sein.

Die generierten Verfolgungslinien werden ebenfalls dargestellt. Ihre Anzeige kann durch Doppelklick auf den Rand der Zeichnungsansicht im Menü **ANSICHTSTIL** unter **VERFOLGUNGSLINIEN** modifiziert werden. Dabei ist es sinnvoll, die Option **LÜCKEN ERZEUGEN** auszuschalten.

■ 8.5 Teileübergreifende Beziehungen

Bei der Arbeit mit Baugruppen besteht oftmals der Bedarf, Objekte einer Komponente zur Steuerung in einem anderen Teil zu nutzen. NX bietet dafür folgende Möglichkeiten:

1. Interpart Expressions
2. WAVE-Geometrie-Linker

Die Anwendung von Interpart Expressions und des WAVE-Geometrie-Linkers wird in den folgenden Abschnitten erläutert.

Um die Befehle nutzen zu können, müssen sie unter **DATEI > DIENSTPROGRAMME > ANWENDERSTANDARDS > BAUGRUPPEN > ALLGEMEIN > TEILEÜBERGREIFENDE KONSTRUKTION** zugelassen werden.

8.5.1 Teileübergreifende Ausdrücke

Teileübergreifende Ausdrücke *(Interpart Expressions)*

Mit der Funktion der *Interpart Expressions* werden Ausdrücke zwischen den Komponenten einer Baugruppe verbunden. Prinzipiell ist es egal, wie diese Verbindungen erfolgen. Bei komplexen Baugruppen verliert man aber schnell die Übersicht, wenn die teileübergreifenden Beziehungen nicht mit nachvollziehbaren Regeln erfolgen.

Für die Erstellung und Bearbeitung von teileübergreifenden Bedingungen wird der Befehl **WERKZEUGE > AUSDRUCK** verwendet. Zur Nutzung von Ausdrücken gelten grundsätzlich die bereits beschriebenen Regeln. Darüber hinaus enthalten teileübergreifende Ausdrücke den Hinweis, aus welcher Komponente der Ausdruck stammt. Die grundsätzliche Syntax lautet ´´Teilename´´::Ausdruck. So verweist beispielsweise die Beziehung d=´´Welle´´::dw auf den Ausdruck *dw* im Teil *Welle*. Der Durchmesser *d* im aktuellen Teil ist damit immer gleich dem Durchmesser *dw*.

Es gibt zwei Typen von teileübergreifenden Ausdrücken:

1. Verbundene Ausdrücke
2. Überschreibende Ausdrücke

Die Nutzung beider Arten wird im Folgenden an einem Beispiel erläutert. Dazu dient die abgebildete Baugruppe, die aus einem Quader mit einer Durchgangsbohrung und einem Zylinder besteht.

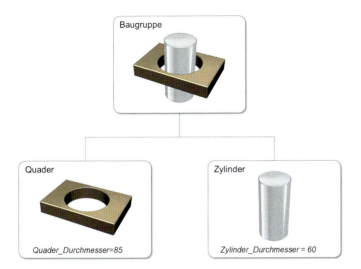

Die einzelnen Teile wurden zunächst separat erstellt, wobei für die Festlegung der Durchmesser von Zylinder und Bohrung in den jeweiligen Teilen die dargestellten Ausdrücke *Quader_Durchmesser* und *Zylinder_Durchmesser* verwendet wurden. Anschließend erfolgten der Zusammenbau und die Definition von Zwangsbedingungen. Der Zylinder befindet sich dabei konzentrisch in der Bohrung des Quaders. Beim Zusammenbau stellt man fest, dass die Durchmesser nicht passen, und müsste dementsprechende Modifikationen in den Einzelteilen durchführen. Um diese Arbeit zu automatisieren, können teileübergreifende Ausdrücke verwendet werden.

Die Festlegung der Ausdrücke wird im entsprechenden Dialogfenster verwaltet. Dort werden die Größen im Eingabebereich bestimmt. Bei verbundenen Ausdrücken ist es wichtig, dass das Teil, das den Ausdruck empfangen soll, aktiv ist.

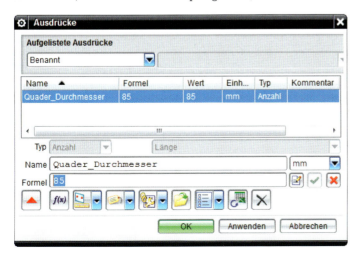

EINZELNEN TEIL-ÜBERGREIFENDEN AUSDRUCK ERSTELLEN (CREATE INTERPART REFERENCE)

Eine einfache Zuordnung erfolgt mit dem Befehl EINZELNEN TEILEÜBERGREIFENDEN AUSDRUCK ERSTELLEN. Durch Drücken des Icons wird eine Liste der verfügbaren Komponenten der aktuellen Baugruppe angezeigt. Dort wird das Teil gewählt, aus dem der Ausdruck übernommen wird.

Im Beispiel soll der Durchmesser des Zylinders *Zylinder_Durchmesser* zunächst in die Baugruppe gelinkt werden. Dazu ist die Baugruppe das aktive Teil. Nach dem Aufruf des Befehls WERKZEUGE > AUSDRUCK wird EINZELNEN TEILEÜBERGREIFENDEN AUSDRUCK ERSTELLEN gestartet und der Zylinder in der Liste selektiert. Anschließend erfolgt eine Anzeige aller Ausdrücke der gewählten Komponente.

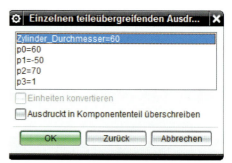

In dieser Liste wählen Sie den entsprechenden Ausdruck *Zylinder_Durchmesser* aus, und gelangen danach wieder in das Dialogfenster für Ausdrücke. Dort wird als Formel der gelinkte Ausdruck angezeigt. Dieser kann durch Hinzufügen des Ausdrucksnamens *Durchmesser* in der Baugruppe ergänzt werden, und Sie erhalten dann den abgebildeten Link.

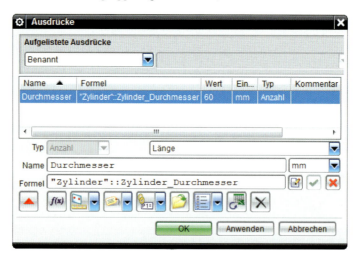

In der Baugruppe befindet sich keine Geometrie. Das entsprechende Formelement für die Bohrung des Quaders ist in dessen Teiledatei. Damit muss dort der Ausdruck mit dem Zylinderdurchmesser verbunden werden. Dazu wird der Quader zunächst mit Doppelklick ZUM AKTIVEN TEIL gemacht. Anschließend erzeugen Sie die Verbindung des Ausdrucks von der Baugruppe *Durchmesser* zum entsprechenden Quaderausdruck *Quader_Durchmesser* wie auf der folgenden Abbildung (siehe S. 445) dargestellt.

Damit ist der Durchmesser der Quaderbohrung mit dem Zylinderdurchmesser verbunden. Wenn Änderungen am Zylinder vorgenommen werden, erfolgt eine automatische Anpassung der Bohrung im Quader. Der Zylinder steuert den Quader.

Man hätte diesen Link auch direkt zwischen den beiden Teilen erzeugen können, ohne den »Umweg« über die Baugruppe. Bei großen Baugruppen verliert man aber durch quer gelinkte Ausdrücke schnell die Übersicht. Durch die Einbindung der Baugruppe sind alle Links dort gespeichert, und man hat die Informationen an einer zentralen Stelle. Die Abbildung zeigt die beiden verbundenen Ausdrücke für das Beispiel.

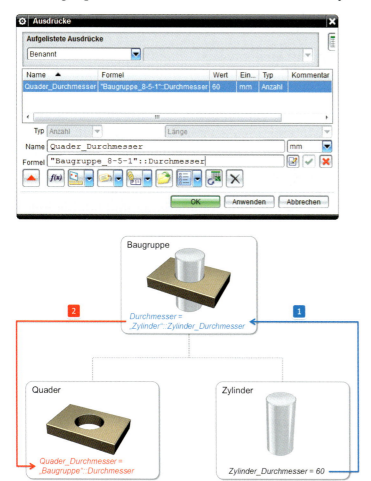

Eine Alternative besteht im Aufbau einer Struktur, bei der in der Baugruppe oder in einer Steuerkomponente die zentralen Ausdrücke definiert werden. Im Beispiel ist dies der Ausdruck *Durchmesser*. Anschließend werden nacheinander die Teile aktiviert, in denen dieser Ausdruck Verwendung findet, und die entsprechenden Links aus der Baugruppe in die Einzelteile erzeugt.

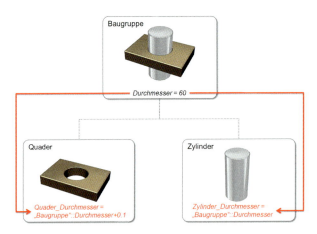

Für das Beispiel ergibt sich die in der Abbildung dargestellte Struktur. Die Steuerung erfolgt jetzt aus der Baugruppe in die untergeordneten Teile, wobei die Quaderbohrung zusätzlich mit einem konstanten Aufmaß versehen wurde.

In der Baugruppe selbst kann man in diesem Fall nicht direkt erkennen, dass teileübergreifende Ausdrücke unter Bezug auf den Ausdruck *Durchmesser* vorhanden sind. Deshalb ist es u. U. sinnvoll, solche Ausdrücke mit kennzeichnenden Namen bzw. mit entsprechenden Kommentaren zu versehen. Mit **MT3 > KOMMENTAR BEARBEITEN** im Dialogfenster für Ausdrücke kann hier ein Kommentar für diesen Ausdruck erstellt werden.

REFERENZEN AUFLISTEN (LIST REFERENCES)

Des Weiteren ist es möglich, einen Verwendungsnachweis für einzelne Größen anzeigen zu lassen. Dazu selektieren Sie den entsprechenden Ausdruck in der Liste mit **MT3** und rufen anschließend die Option **REFERENZEN AUFLISTEN** auf. NX zeigt dann alle Informationen zu dem ausgewählten Ausdruck an.

Überschreibende Ausdrücke
(Overriding Expressions)

Bei den bisherigen Ausdrücken stand der Link immer auf der rechten Seite der Beziehung. Wenn Sie den gelinkten Ausdruck links vom Gleichheitszeichen erzeugen, erhalten Sie überschreibende Ausdrücke. Damit werden die betroffenen Größen in den untergeordneten Teilen automatisch verbunden und dort für die Bearbeitung gesperrt. Zur Kennzeichnung erhalten solche Ausdrücke ein Schloss.

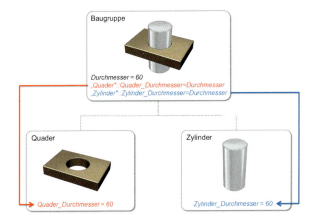

Das Schema stellt die entsprechende Struktur für das Beispiel dar. In der Baugruppe wurden zwei überschreibende Ausdrücke erzeugt, die auf die Teiledateien mit den jeweiligen Ausdrücken verweisen. In den Teilen sind dann diese Ausdrücke gesperrt.

Auch hier erfolgt die Steuerung in der Baugruppe durch den Ausdruck *Durchmesser*, wobei aber in dieser Variante alle notwendigen Informationen in der Baugruppendatei vorhanden sind und in den Einzelteilen erkennbar ist, dass die Parameter fremdgesteuert werden.

Um diese Struktur umzusetzen, werden die erzeugten Links zunächst gelöscht. Dazu rufen Sie den Befehl **WAVE-REFERENZEN BEARBEITEN** auf. In der Liste selektieren Sie die entsprechende Komponente und klicken danach auf **ALLE REFERENZEN LÖSCHEN**. Dadurch wird der Link entfernt, und der Ausdruck erhält wieder einen Wert.

WAVE-REFERENZEN BEARBEITEN (EDIT INTERPART REFERENCES)

Anschließend wird die Baugruppe aktiviert. Dort wird ein neuer Ausdruck erstellt. Dabei selektieren Sie mit **EINZELNEN TEILEÜBERGREIFENDEN AUSDRUCK ERSTELLEN** die erste Komponente und wählen dann ihren Ausdruck. Durch Aktivieren des Schalters **AUSDRUCK IN KOMPONENTENTEIL ÜBERSCHREIBEN** befindet sich der Link anschließend auf der linken Seite des Ausdrucks. Als Formel wird der bereits vorhandene Wert *Durchmesser* verwendet. Dieser Vorgang wird für die zweite Komponente wiederholt, und es ergibt sich das abgebildete Ergebnis.

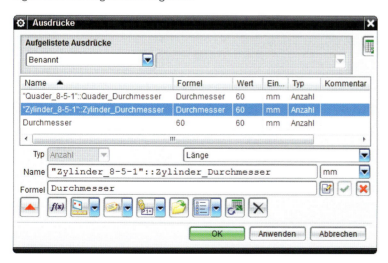

Wenn Sie die verbundenen Ausdrücke dann im Einzelteil bearbeiten wollen, wird dies von NX verweigert, und es wird ein Hinweis ausgegeben, von welcher Komponente der Ausdruck gesperrt ist (siehe Abbildung auf S. 448).

8.5.2 WAVE-Geometrie-Linker

WAVE-GEOMETRIE-LINKER (WAVE-GEOMETRY LINKER)

Mit der WAVE-Technologie von NX werden assoziative Geometrieverbindungen zwischen unterschiedlichen Teilen erstellt und verwaltet. Zur Nutzung aller **WAVE**-Funktionen ist eine spezielle Lizenz erforderlich. Im Rahmen des Grundmoduls für Baugruppen lässt sich der **WAVE-GEOMETRIE-LINKER** anwenden. Damit wird in das aktive Teil einer Baugruppe Geometrie aus einer anderen Komponente kopiert. Diese Kopie kann mit der Elterngeometrie assoziativ verbunden sein, sodass Änderungen automatisch übernommen werden.

Mit dem Start des Befehls wird das abgebildete Dialogfenster angezeigt. In dessen oberen Bereich befinden sich unter **TYP** die möglichen Geometrieklassen, die verlinkt werden können. In Abhängigkeit vom gewählten **TYP** ändern sich die Eingabeschritte im mittleren Bereich des Fensters.

Unter **EINSTELLUNGEN** sind verschiedene Optionen nutzbar, die sich ebenfalls in Abhängigkeit vom **TYP** ändern.

Ist **ASSOZIATIV** nicht aktiv, wird die gewählte Geometrie kopiert und verbleibt anschließend in diesem Zustand, auch wenn im Originalteil Änderungen an bereits vorhandenen Elementen vorgenommen werden. Bei aktivierter Option werden alle Änderungen übernommen.

ORIGINAL AUSBLENDEN bewirkt ein Unterdrücken des Originalteils, sodass es in der Baugruppe anschließend nicht mehr sichtbar ist.

Mit der Option **BEI AKTUELLEM ZEITSTEMPEL FIXIEREN** wird die kopierte Geometrie im gegenwärtigen Zustand »eingefroren«, sodass später hinzugefügte Elemente nicht übertragen werden. Änderungen an bereits vorhandenen Elementen werden aber weiterhin übernommen. Ist die Option nicht aktiviert, wird die kopierte Geometrie beim Erstellen neuer Elemente automatisch an das Ende der Historie gesetzt, und alle neuen Objekte werden entsprechend übernommen. Der Zeitstempel lässt sich nachträglich verschieben.

Wird die Option **ALS POSITIONSUNABHÄNGIG FESTLEGEN** aktiviert, so ist die Position der Komponenten in der Baugruppe nicht mehr relevant. NX kopiert die Geometrie nun so, als wären die Ursprungspunkte der Komponenten deckungsgleich. Je nachdem, ob eine Verschiebung der Komponenten in der Baugruppe vorhanden ist, erhalten Sie hier große Unterschiede im Ergebnis.

Nach dem Erstellen eines Links erhält das aktive Teil einen entsprechenden Eintrag im **TEILE-NAVIGATOR**. Dieser Eintrag lässt sich wie ein normales Formelement bearbeiten. Dort können beispielsweise Änderungen der Optionen für den Link vorgenommen werden.

Das grundsätzliche Vorgehen bei der Nutzung des WAVE-Geometrie-Linkers stellen wir an einigen Beispielen dar. Dazu dient zunächst die bereits in Abschnitt 8.5.1 verwendete Baugruppe aus Quader und Zylinder.

Der Zylinder soll wieder die Bohrung im Quader steuern. Dazu werden die Einzelteile erstellt, wobei der Quader aber noch keine Bohrung enthält. Anschließend erfolgt der Zusammenbau zu einer Baugruppe.

Die Bohrung im Quader wird erzeugt, indem der Zylinder als *Werkzeug* subtrahiert wird. Dazu muss die Zylindergeometrie in die Teiledatei des Quaders kopiert werden. Der Quader wird als aktives Teil festgelegt. Der Aufruf erfolgt anschließend über den Befehl **WAVE-GEOMETRIE-LINKER**. Unter Verwendung des Typs **KÖRPER** wird der Zylinder selektiert. Dieser ist anschließend im Quader als *Verbundener Körper* vorhanden und kann entsprechend abgezogen werden. Als Ergebnis erhalten Sie die Bohrung, deren Lage und Größe sich aus dem gelinkten Zylinder ergeben.

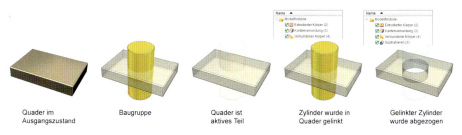

Quader im Ausgangszustand — Baugruppe — Quader ist aktives Teil — Zylinder wurde in Quader gelinkt — Gelinkter Zylinder wurde abgezogen

Die Bohrung ist zunächst vollständig assoziativ zum Originalteil. Wird der Zylinder in der Baugruppe bewegt oder seine Geometrie verändert, dann erfolgt eine automatische Aktualisierung der Bohrung.

Auf der Abbildung wurde zuerst der Durchmesser verkleinert, und anschließend erfolgte eine Verschiebung des Zylinders. Nach Beenden des Vorgangs wird die Quaderbohrung automatisch angepasst.

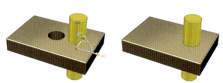

Wollen Sie erreichen, dass sich die Bohrung nicht mehr verändert, dann muss die Verbindung zum Zylinder aufgebrochen werden. Dazu müssen Sie im **TEILE-NAVIGATOR** das gelinkte Element mit Doppelklick selektieren. Dann erscheint das dargestellte Menü, in dem die Option **ASSOZIATIV** ausgeschaltet wird.

Die Abbildung zeigt das Ergebnis bei aufgebrochener Verbindung und Änderungen am Zylinder. Die Bohrung ist in ihrem Originalzustand verblieben. Im **TEILE-NAVIGATOR** wird das betroffene Element mit einem entsprechenden Symbol gekennzeichnet.

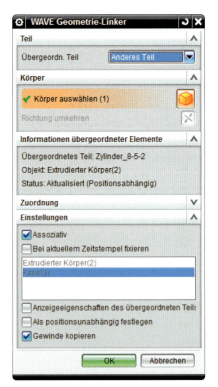

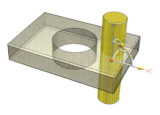

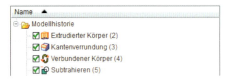

Wenn der Link zum Elternteil wieder hergestellt werden soll, müssen Sie nach dem Aufruf des Dialogfensters der entsprechende Körper auswählen und die Option **ASSOZIATIV** aktivieren. Danach werden die Formelemente dieses Teils wieder aufgelistet, und die Bohrung wird aktualisiert.

PRODUKTSCHNITT-STELLE (PRODUCT INTERFACE)

Oft wird nicht nur ein Link zu einer Komponente erzeugt, sondern mehrere Links zu unterschiedlichen Referenzgeometrien und Ausdrücken. Aufgrund der Stabilität und Nachvollziehbarkeit einer Konstruktion empfiehlt es sich, im Vorfeld die Geometrie zu bestimmen, die als Referenz von anderen Komponenten benutzt werden darf. Hierfür steht der Befehl **PRODUKTSCHNITTSTELLE** zur Verfügung. Die Produktschnittstelle kommt dann zum Einsatz, wenn Flächen zur Verknüpfung und Positionierung von Komponenten in anderen Baugruppen benutzt werden, wenn Ausdrücke in anderen Komponenten referenziert werden oder beim Erzeugen von **WAVE**-Links.

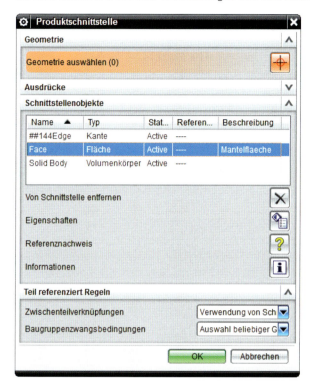

Nach dem Starten des Befehls kann die Geometrie ausgewählt werden, die als Produktschnittstelle bereitstehen soll. Unter **SCHNITTSTELLENOBJEKTE** wird diese Geometrie aufgeführt und kann mit einer Bemerkung versehen werden. Mit **REFERENZNACHWEIS** besteht die Möglichkeit, weitere Informationen wie zum Beispiel *Untergeordnetes Teil* oder *Verbindungstyp* zu dieser Geometrie abzurufen.

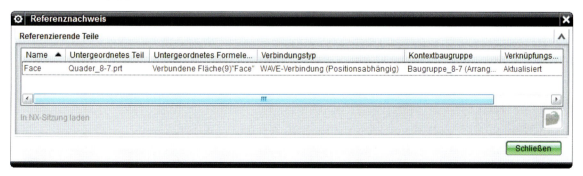

Unter **TEIL REFERENZIERT REGELN** können Regeln zur Verwendung definiert werden. Hierbei können zwischen Baugruppenzwangsbedingungen und Zwischenteilverknüpfungen unterschiedliche Regeln eingestellt werden. Wird **VERWENDUNG VON SCHNITTSTELLENOBJEKTEN EMPFEHLEN** verwendet, so erhalten Sie beim Erzeugen eines **WAVE**-Links, wenn hier eine Geometrie Verwendung findet, die nicht als Produktschnittstelle definiert wurde, eine Meldung.

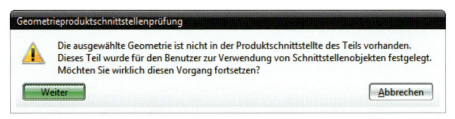

Möchte man generell unterbinden, dass Geometrie, die nicht als Produktschnittstelle definiert wurde, Verwendung findet, so kann dies mit **AUSWAHL NUR AUF DURCHDRINGUNGSOBJEKTE BEGRENZEN** unterbunden werden. Dadurch können andere Geometrien beim Erzeugen von Verknüpfungen nicht mehr ausgewählt werden.

Eine weitere Variante, **WAVE**-Links zu erzeugen, ist die Benutzung des Befehls **TEILEÜBERGREIFENDE VERBINDUNG ERZEUGEN**. Dieser kann verwendet werden, wenn ein Formelement wie **SKIZZE**, **EXTRUDIERTER KÖRPER** oder **DREHEN** eine Geometrieselektion verlangt.

TEILEÜBERGREIFENDE VERBINDUNG ERZEUGEN (CREATE INTERPART LINK)

Wird diese Option aktiviert, erzeugt NX bei der Selektion einen **WAVE**-Link, der im Part-Navigator abgelegt wird. Ist diese Option nicht aktiv, so wird kein Link zu dieser Geometrie erzeugt. Es erfolgt auch kein Eintrag im Part-Navigator.

Zeitstempel *(Timestamp)*

Abschließend wird die Wirkungsweise des Zeitstempels erläutert. Dazu wird zunächst die assoziative Verbindung des Zylinders zum Quader ohne gesetzten Zeitstempel verwendet.

In der Teiledatei des Zylinders wird dann eine Bearbeitung mit einem neuen Formelement *Extrudierter Körper* vorgenommen. Dieses neue Objekt wird bei nicht gesetztem Zeitstempel automatisch auf die Bohrung im Quader übertragen (siehe Abbildung auf S. 453).

Durch Bearbeiten können Sie den Zeitstempel in der aktivierten Teiledatei des Quaders nachträglich verändern. Dazu wird im Dialogfenster der Schalter **BEI AKTUELLEM ZEITSTEMPEL FIXIEREN** aktiviert und anschließend der Eintrag in der Liste der gelinkten Formelemente selektiert, bis zu dem eine Verbindung durchgeführt werden soll. Alle folgenden Elemente werden dann bei Aktualisierungen nicht mehr berücksichtigt.

Für das Beispiel wird das Formelement *Extrudierter Körper(2)* ausgewählt. Damit wird die nachfolgende Bearbeitung nicht mehr übernommen. Änderungen am *Extrudierter Körper(2)* und eventuell davor sind aber weiterhin assoziativ.

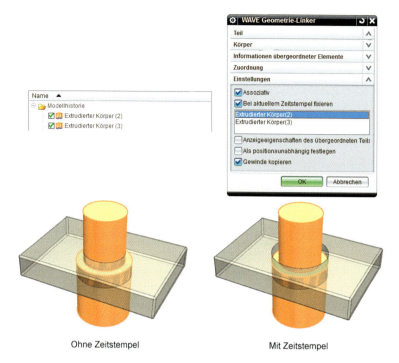

Mithilfe des **NX-BEZIEHUNGSBROWSERS** können die geometrischen Verknüpfungen und Ausdrücke innerhalb einer Baugruppe nachverfolgt und analysiert werden. Links können bearbeitet oder unterbrochen werden. Zudem besteht die Möglichkeit, eine Komponente aus dem Browser heraus mit **MT3** und dem Popup-Menü **ZUM DARGESTELLTEN TEIL** zu machen.

NX-BEZIEHUNGS-BROWSER (RELATIONS BROWSER)

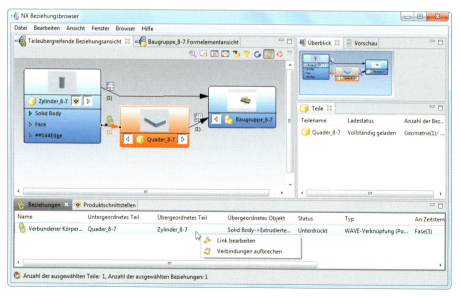

■ 8.6 Sequenzen

**BAUGRUPPEN-
SEQUENZEN
(ASSEMBLY
SEQUENCING)**

Mit dem Befehl **BAUGRUPPENSEQUENZEN** können Montage- und Demontagevorgänge simuliert und Bewegungsabläufe mit gleichzeitiger Kollisionsprüfung analysiert werden. Dabei werden verschiedene Aktionen in einer Sequenz zusammengefasst. Der Aufruf der Funktion aktiviert eine eigene Arbeitsumgebung, in der die abgebildeten Werkzeugleisten zur Verfügung stehen.

Weiterhin wird in der Ressourcenleiste ein Navigator zur Verwaltung der Sequenzen angezeigt.

Mit den Icons in der Werkzeugleiste werden die Sequenzen erzeugt und bearbeitet. Es existieren folgende Funktionen:

BAUGRUPPENSEQUENZ BEENDEN: Die Umgebung zur Erstellung und Bearbeitung von Sequenzen wird verlassen.

NEUE SEQUENZ ERZEUGEN: Eine neue Sequenz wird erstellt und anschließend unter ihrem Namen in der Werkzeugleiste und im Navigator angezeigt.

KINEMATIK EINFÜGEN: Innerhalb der Sequenz wird ein Bewegungsablauf erzeugt. Dazu werden zusätzliche Icons aktiv. Zunächst muss die Komponente ausgewählt werden, die sich bewegen soll. Anschließend wird die Bewegung definiert. Dieser Ablauf wird in Einzelbildern aufgenommen. Die Anzahl der Bilder wird unter **BEWEGUNGSAUFZEICHNUNGSVOREINSTELLUNGEN > MAX. ANZAHL DER UMRAHMUNGEN** angegeben. Es können mehrere Bewegungen in einem Schritt zusammengefasst werden.
Im Zusammenhang mit den Einstellungen zur Kollision können mit dem Befehl sehr einfach Kinematik-Analysen zur grundsätzlichen Funktion der Bauteile durchgeführt werden.

ZUSAMMENSETZEN: Eine ausgewählte Komponente wird als ein Montageschritt in die Sequenz eingefügt.

GEMEINSAM ZUSAMMENSETZEN: Es werden mehrere Komponenten gewählt, die dann gemeinsam montiert werden.

AUFLÖSEN: Die gewählte Komponente wird demontiert.

ZUSAMMEN AUFLÖSEN: Es werden mehrere Komponenten in einem Schritt demontiert.

KAMERAPOSITION AUFZEICHNEN: Die aktuelle Bildschirmansicht wird als Kameraposition in der Sequenz gespeichert. Damit kann man z. B. einen Montageschritt aus verschiedenen Ansichten betrachten, bevor der nächste Arbeitsgang ausgeführt wird.

 PAUSE EINFÜGEN: Es wird eine Pause erzeugt, deren Dauer vom Anwender festgelegt werden kann.

 EXTRAHIERUNGSPFAD: Für ausgewählte Komponenten wird ein Montageweg bestimmt, der Kollisionen mit den anderen Teilen der Ansicht vermeidet.

 LÖSCHEN: Die selektierten Einträge werden aus der Sequenz entfernt.

 IN SEQUENZ SUCHEN: Es werden Komponenten ausgewählt, die dann anschließend im **SEQUENZ-NAVIGATOR** angezeigt werden.

 ALLE SEQUENZEN ANZEIGEN: Wenn dieses Icon aktiviert ist, dann werden alle Sequenzen im Navigator aufgelistet, sonst nur diejenigen, die sich gerade in Bearbeitung befindet.

 ANORDNUNG ERFASSEN: Es wird eine neue Anordnung mit der aktuellen Position der Bauteile erzeugt. Dabei werden alle nicht montierten Komponenten unterdrückt.

 BEWEGUNGSUMSCHLAG: Der Befehl sollte besser als **BEWEGUNGSUMHÜLLUNG** benannt werden. Dabei wird während der Bewegung einer Komponente ein Facettenkörper erzeugt, der den Platzbedarf anzeigt.

In der Werkzeugleiste **SEQUENZANALYSE** werden die Einstellungen für eine Kollisionsanalyse vorgenommen. Dafür stehen folgende Befehle zur Verfügung:

 KEINE PRÜFUNG: Es wird keine Kollisionsanalyse durchgeführt.

 KOLLISION HERVORHEBEN: Die Bauteile, die sich durchdringen, werden farblich dargestellt.

 VOR KOLLISION STOPPEN: Der Bewegungsablauf wird beim Auftreten einer Kollision angehalten.

 KOLLISION BESTÄTIGEN: Wenn eine Kollision gestoppt wird, dann wird das Icon aktiv. Durch Drücken kann der Bewegungsablauf fortgesetzt werden.

 NACH VERLETZUNG ANHALTEN: Stoppt die Bewegung, nachdem eine Anforderungsverletzung aufgetreten ist, und hebt die Messung hervor.

 MESSUNG HERVORHEBEN: Hebt die verletzte Messung hervor

Weiterhin kann in der Leiste festgelegt werden, mit welchem Algorithmus die Berechnung erfolgt (**FACETTIERT/KÖRPER** oder **SCHNELL FACETTIERT**).

Die Werkzeugleiste **SEQUENZ-WIEDERGABE** steuert die Darstellung am Bildschirm. Mit den Befehlen werden die einzelnen Schritte vorwärts oder rückwärts abgearbeitet. Parallel dazu erfolgt die Anzeige im Navigator.

Jeder Schritt einer Sequenz besteht aus einer bestimmten Anzahl von Bildern (= *Frames*). Mit dem linken Eingabefeld der Werkzeugleiste können Sie diese Bilder gezielt aufrufen. Das rechte Eingabefeld der Leiste steuert die Geschwindigkeit der Wiedergabe. Dabei ist 1 die geringste und 10 die höchste Geschwindigkeit. Mit dem Icon **IN FILM EXPORTIEREN** erzeugt NX eine *avi*-Datei der Sequenz.

Die Nutzung von Sequenzen werden wir an einem Beispiel erläutern. Dazu dient eine Absperrklappe, bei der die Montage des Deckels dargestellt werden soll.

Nach dem Start des Befehls wird eine neue Sequenz erstellt. Diese erhält zunächst automatisch einen Namen von NX. Rufen Sie den **SEQUENZ-NAVIGATOR** auf. Dort wählen Sie die Sequenz aus. Damit werden im Fenster **DETAILS** die grundlegenden Eigenschaften aufgelistet. Mit Auswahl des Feldes **NAME** wird die Sequenz umbenannt.

Im Fenster **DETAILS** können Sie weiterhin die **SCHRITTWEITE** modifizieren, die Anzeige von nicht verarbeiteten und ignorierten Bauteilen einstellen und die Beachtung vorhandener **BAUGRUPPENZWANGSBEDINGUNGEN** bei Bewegungsabläufen steuern.

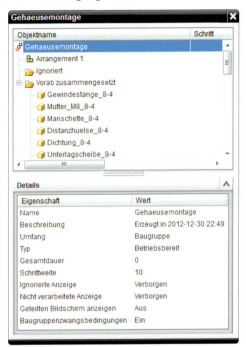

NX hat zunächst automatisch alle Komponenten unter dem Knoten *Vorab zusammengesetzt* angeordnet. Damit ist das Produkt vollständig montiert. Um die Montage zu zeigen, müssen die betroffenen Komponenten aus dem Zusammenbau entfernt werden. Dazu selektieren Sie zuerst eine Komponente, und rufen dann im Navigator mit **MT3** das Popup-Menü auf. Dort wird die Option **ENTFERNEN** verwendet. Dadurch wird der neue Knoten *Nicht verarbeitet* im Navigator angelegt und die selektierte Komponente von NX automatisch dorthin verschoben. Die restlichen Teile werden anschließend gemeinsam selektiert und mit **MT1** im Sequenz-Navigator zu dem neuen Knoten verschoben. Damit ergibt sich die abgebildete Struktur.

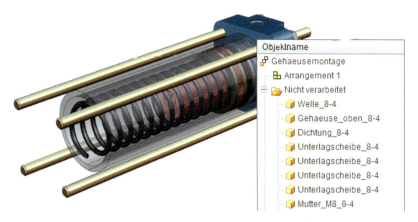

Anschließend werden die erforderlichen Montageschritte erzeugt. Dazu werden die Komponenten einzeln oder als Gruppe selektiert, und mit dem Befehl ZUSAMMENSETZEN bzw. GEMEINSAM ZUSAMMENSETZEN wird jeweils ein Eintrag im Navigator generiert. Die Befehle können nach der Selektion der betroffenen Bauteile auch als Popup-Menü mit MT3 aufgerufen werden.

Um die Auswahl der Komponenten zu erleichtern, sollte unter DETAILS die Einstellung GETEILTEN BILDSCHIRM ANZEIGEN > EIN durch Doppelklick auf das entsprechende Feld aktiviert werden. Damit wird der Bildschirm geteilt, und Sie können die Komponenten in der fertig montierten Baugruppe auswählen.

Danach erhalten Sie den dargestellten Aufbau im SEQUENZ-NAVIGATOR. Es wurden zuerst zwei einzelne Teile (*Dichtung* und *Deckel*) und dann zwei Gruppen (*Federringe* und *Schrauben*) montiert.

Die Montageschritte werden einzeln angezeigt. Durch die Selektion eines Schrittes werden unter DETAILS dessen Einstellungen aufgelistet und können dort modifiziert werden. Dabei können Sie den einzelnen Schritten eine Dauer und Kosten zuordnen, die dann von NX summiert werden.

Die Wiedergabe der Sequenz erfolgt mit der entsprechenden Werkzeugleiste oder durch Selektion des gewünschten Schrittes im Navigator.

8.7 Analysen

NX verfügt über eine Vielzahl von Analysemöglichkeiten. Einige der Analysefunktionen im Bereich der Baugruppen sind nur mit einer zusätzlichen Lizenz (**ADVANCED_ASSEMBLIES**) nutzbar. Andere Untersuchungen sind für spezielle Modelle sinnvoll, wie z. B. die Flächenanalyse zur Bestimmung der Qualität von Freiformflächen.

8.7.1 Bestimmung mechanischer Eigenschaften

Berechnung von Volumen, Masse, Trägheit und Schwerpunkt

Neben den bereits erläuterten Messfunktionen besitzt NX weitere Möglichkeiten zur Bestimmung der mechanischen Eigenschaften für Einzelteile oder Baugruppen. Dazu verwenden Sie den Befehl **ANALYSE > ERWEITERTE MASSEEIGENSCHAFTEN > ERWEITERTE GEWICHTSBERECHNUNG**. Bei Bedarf können die Basiseinheiten unter **ANALYSE > EINHEITEN** vor der Durchführung der Berechnung verändert werden.

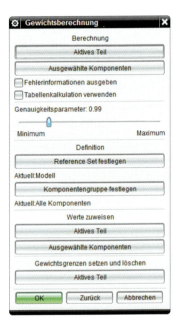

Der obere Bereich des abgebildeten Dialogfensters steuert die **BERECHNUNG**. Mit dem Schalter **AKTIVES TEIL** wird das aktuelle Teil analysiert. Durch die Nutzung von **AUSGEWÄHLTE KOMPONENTEN** können die entsprechenden Komponenten einer Baugruppe selektiert werden. Als Ergebnis werden in beiden Fällen die Berechnungsresultate in einem Informationsfenster angezeigt. Diese Werte können Sie in einer Textdatei speichern oder mit den üblichen Windows-Funktionen kopieren und einfügen. Durch Aktivieren von **TABELLENKALKULATION VERWENDEN** werden die Resultate an Excel übergeben.

Mit den Funktionen im unteren Bereich des Menüs können dem aktiven Teil oder ausgewählten Komponenten verschiedene Werte zugewiesen werden.

Weiterhin besteht die Möglichkeit, Ober- und Untergrenzen für das Gewicht zu definieren. Wenn das Gewicht außerhalb dieser Grenzen liegt, wird bei der Berechnung eine Warnung ausgegeben.

8.7.2 Kollisionsuntersuchungen

Für die Durchführung einfacher Kollisionsanalysen gibt es mehrere Möglichkeiten:

1. Verwendung des Befehls **KOMPONENTE NEU POSITIONIEREN** bzw. **KOMPONENTE VERSCHIEBEN** und Aktivierung der Kollisionserfassung

2. Kollisionsprüfungen im Zusammenhang mit Sequenzen
3. Nutzung der Funktion ANALYSE > EINFACHE KOLLISIONSPRÜFUNG
4. Anwendung des Icons EINFACHE SICHERHEITSPRÜFUNG in der Werkzeugleiste für BAUGRUPPEN

Die erste und zweite Variante wurden bereits in den Abschnitten 7.11 und 8.6 erläutert. Mit der dritten Möglichkeit können sehr schnell Durchdringungen zwischen Körpern erkannt werden. Dazu wird nach dem Start des Befehls das auf der folgenden Abbildung dargestellte Menü angezeigt.

EINFACHE KOLLISIONSPRÜFUNG (SIMPLE INTERFERENCE)

Mit der Option DURCHDRINGUNGSKÖRPER im Feld *Ergebnisobjekt* werden die auszuwählenden beiden Körper analysiert. Wenn diese sich durchdringen, dann wird die Überlappung als neuer Körper generiert und auf dem Arbeitslayer des aktiven Teils abgelegt. Haben Sie vorher einen freien Layer als Arbeitslayer eingestellt, dann befinden sich auf diesem nur die generierten Durchdringungen. Weiterhin wird ein entsprechender Eintrag im TEILE-NAVIGATOR erzeugt.

Die Einstellung FLÄCHENPAARE HERVORHEBEN zeigt im Grafikbereich die von Durchdringungen betroffenen Flächen der beteiligten Körper an. Dabei wird unter HERVORHEBUNGSFLÄCHEN gesteuert, ob nur das erste oder alle Paare nacheinander dargestellt werden.

Die nachfolgende Abbildung zeigt ein Beispiel. Der Quader besitzt eine Durchgangsbohrung, deren Durchmesser kleiner als der Zylinderdurchmesser ist. Über die Kollisionsprüfung erhält man mit dem ERGEBNISOBJEKT DURCHDRINGUNGSKÖRPER den dargestellten Hohlzylinder, der in diesem Fall die Durchdringung der beiden Körper repräsentiert.

Bei der Anwendung des Befehls EINFACHE SICHERHEITSPRÜFUNG verlangt NX zunächst die Auswahl der zu analysierenden Komponenten. Wenn Durchdringungen oder Berührungen zwischen Teilen gefunden werden, erfolgt die Anzeige in einer entsprechenden Liste. Dort werden die betroffenen Komponenten und die Art des Kontaktes dargestellt. Durch Selektion eines Eintrages wird die Funktion DURCHDRINGUNG ISOLIEREN aktiv. Mit deren Anwahl werden nur noch die betroffenen Komponenten am Bildschirm

EINFACHE SICHERHEITSPRÜFUNG (CHECK CLEARANCES)

dargestellt. Das Gleiche erreicht man durch Doppelklick auf den Listeneintrag. Die nachfolgende Abbildung zeigt die gefundene Durchdringung für das Beispiel.

8.7.3 Modellvergleich

MODELLVERGLEICH
(MODEL COMPARE)

Mit dem Befehl zum **MODELLVERGLEICH** werden die Geometrien oder die Formelemente von zwei Körpern auf Gemeinsamkeiten und Unterschiede untersucht. Dazu müssen Sie zunächst die Dateien mit den zu analysierenden Modellen öffnen. Anschließend starten Sie den Befehl **ANALYSE > MODELLVERGLEICH**, und NX öffnet das abgebildete Dialogfenster.

Mit den Icons im Bereich **ANZEIGE** wird festgelegt, wie Flächen und Kanten in den Fenstern des Modellvergleiches dargestellt werden. Dazu können den einzelnen Darstellungstypen unterschiedliche Farben zugeordnet werden.

Die **OPTIONEN** beziehen sich auf die auszuwählenden Objekte und die Genauigkeit des durchzuführenden Vergleichs.

Mit **SICHTBARKEIT UND DURCHSICHTIGKEIT** wird die Darstellung der Teile gesteuert. Dabei kann deren Transparenz individuell durch Nutzung des Schiebereglers verändert werden. Mit **INVERSE DURCHSICHTIGKEIT** wird die Transparenz der Komponenten abhängig voneinander modifiziert. In dem Maße, wie sich die Transparenz eines Teiles erhöht, wird sie dann im anderen Teil reduziert.

Im mittleren Bereich des Dialogfensters befinden sich verschiedene Icons. Bei Bedarf kann ein Teil mit dem Befehl **KÖRPER NEU POSITIONIEREN** verschoben werden, um eine Übereinstimmung der Lage beider Modelle zu erreichen. Mit dem Icon **REGELN, UM FLÄCHEN ZU KLASSIFIZIEREN** kann festgelegt werden, unter welchen Bedingungen zwei Flächen identisch sind. Der Befehl **BERICHT ERZEUGEN** generiert eine HTML-Datei, welche die Ergebnisse des Vergleichs enthält.

Die Anwendung des Befehls verdeutlichen wir an einem Beispiel. Dazu dient der auf der folgenden Abbildung dargestellte Quader *Teil_1*, der im *Teil_2* mit einem Knauf und einer Bohrung versehen wurde. Zum Modellvergleich werden beide Teile geladen. *Teil_1* ist als Anzeigeteil festgelegt. Danach erfolgen der Aufruf des Befehls und die Zuordnung der Farben im Anzeigebereich. Anschließend wird im *Teil_1* der Quader selektiert. Mit dem Befehl **FENSTER** wird dann *Teil_2* als Anzeigeteil definiert. Dieses wird ebenfalls selektiert und mit **ANWENDEN** der Modellvergleich durchgeführt.

Das Ergebnis ist auf dem Bild dargestellt. Der Grafikbereich wurde dazu in drei Fenster unterteilt, wobei in den oberen beiden Fenstern die jeweiligen Teile und im unteren deren Überlagerung angezeigt werden. Diese Darstellung ist von den Einstellungen im Bereich **SICHTBARKEIT UND DURCHSICHTIGKEIT** abhängig.

In der *Anzeige* wurde festgelegt, dass unter **IDENTISCH** die Bereiche im *Teil_1* blau und im *Teil_2* in roter Farbe angezeigt werden. Unter **GEÄNDERT** wurde definiert, dass die Bereiche im *Teil_1* pink und im *Teil_2* gelb dargestellt werden. Die Farbe Grau wurde bei **EINDEUTIG** für beide Teile gewählt.

Durch die Veränderung der Transparenz der Teile lassen sich deren Gemeinsamkeiten und Unterschiede deutlich erkennen. Dazu muss die **DURCHSICHTIGKEIT** unter **VOREINSTELLUNGEN > VISUALISIERUNG > VISUELL > SITZUNGSEINSTELLUNGEN** aktiviert sein.

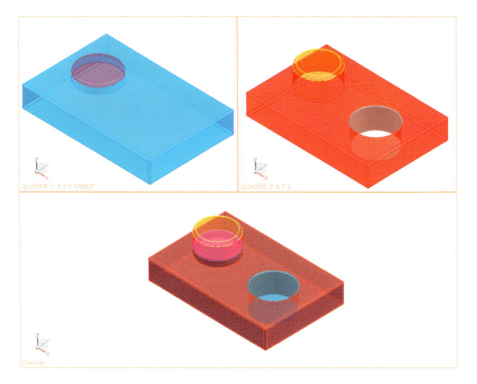

9 Zeichnungserstellung

9.1 Grundlagen

9.1.1 Arbeitsumgebung

Die Anwendung **ZEICHNUNGSERSTELLUNG** dient zum Erzeugen und Ändern technischer Zeichnungen. Bei Aufruf dieser Umgebung wird die ersten Male eine Begrüßungsseite geöffnet, die neuen Anwendern den Einstieg mit allgemeinen Informationen, Tipps und Tutorials erleichtert.

ZEICHNUNGS-
ERSTELLUNG
(DRAFTING)

Mit der **ZEICHENERSTELLUNG** verändert sich die Arbeitsumgebung. Eine neue Oberfläche mit spezifischen Werkzeugleisten wird aktiv. Die allgemeinen Befehle für die Steuerung der Ansichten, Dateiverwaltung und Dienstprogramme sind weiterhin verfügbar. Die einzelnen Werkzeugleisten der Zeichnungserstellung (nähere Ausführungen siehe S. 464 oben) sind analog zu den anderen Anwendungen individuell konfigurierbar.

- **ZEICHNUNG:** Die Werkzeugleiste beinhaltet Befehle für die Erstellung und Änderung von Zeichnungsblättern und Ansichten.
- **BEMASSUNG:** Hier sind Funktionen zum Bemaßen von Werkstücken mit je einem Dropdown-Menü für Einzel- und Kettenmaße enthalten. Häufig genutzte Bemaßungsarten können als Icon angezeigt werden.
- **BESCHRIFTUNG:** In der Leiste sind Werkzeuge zum Erzeugen von standardunterstützten Texten und Symbolen vorhanden.
- **ZEICHNUNG BEARBEITEN:** Mit diesen Befehlen werden Einstellungen von bereits vorhandenen Zeichnungselementen geändert.
- **TABELLEN:** Die Werkzeugleiste dient zum Erstellen und Ändern von Stücklisten, Positionsnummern und Tabellen.

Viele Bearbeitungsoptionen können auch durch Anwahl des Zeichnungsobjektes und **MT3** als Popup-Menü aufgerufen werden. Ebenso lässt sich der Bearbeitungsdialog direkt durch Doppelklick von **MT1** auf das Objekt aktivieren. Durch Anwahl und gleichzeitiges Drücken von **MT1** können Sie Elemente am Bildschirm frei verschieben. Mit **MT2** brechen Sie aktive Befehle ab.

Bei der Zeichnungserstellung sind die folgenden Begriffe von Bedeutung:

- *Zeichnung* (*Drawing*): Eine Zeichnung beinhaltet alle in der Anwendung **ZEICHNUNGSERSTELLUNG** generierten Daten. Sie besteht aus einem oder mehreren Blättern.
- *Zeichenblatt* (*Sheet*): Als Bestandteil der Zeichnung dient es zur Ablage der entsprechenden Zeichnungsobjekte.
- *Ansicht* (*View*): Eine Zeichnungsansicht entspricht einer Kopie der 3D-Modell-Ansicht und wird auf einem Blatt generiert.

Im **TEILE-NAVIGATOR** können Sie Zeichnungselemente verwalten. Unter *Zeichnung* werden alle vorhandenen Blätter, Ansichten und Stücklisten aufgelistet. In Abhängigkeit von dem gewählten Eintrag stehen verschiedene Popup-Menüs zur Verfügung. Wird die *Zeichnung* mit **MT3** selektiert, erscheint ein Popup-Menü mit hilfreichen Optionen: Ein Gitter kann u. a. zur Platzierung von Zeich-

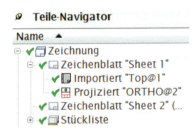

nungsobjekten aktiviert und die Monochrom- oder Farbdarstellung des Bildschirmes eingestellt werden. Die Selektion einer *Stückliste*, eines *Blattes* oder einer *Zeichnungsansicht* liefert das entsprechende Popup-Menü zur Bearbeitung des gewählten Objekts.

Wenn in der Zeichnungserstellung die Betrachtung des 3D-Modells erforderlich ist, wechseln Sie in die Arbeitsumgebung **KONSTRUKTION**. Anschließend müssen Sie die **ZEICHNUNGSERSTELLUNG** erneut starten. Eine Alternative bietet die Nutzung des Befehls **ZEICHNUNGSBLATT ANZEIGEN** in der Werkzeugleiste **ZEICHNUNG**, mit dem Sie aus der **ZEICHNUNGSERSTELLUNG** auf die 3D-Modell-Ansicht umschalten, ohne die Umgebung zu verlassen. Über dasselbe Icon gelangen Sie zurück zur **ZEICHNUNGSERSTELLUNG**.

ZEICHNUNGSBLATT ANZEIGEN (DISPLAY DRAWING)

9.1.2 Allgemeine Arbeitsschritte

Zeichnungen können auf verschiedene Weise erzeugt werden:

- Die Erstellung/Speicherung der Zeichnung erfolgt mit einem 3D-Modell in einer Datei.
- Master-Modell-Konzept: Zeichnungsdaten werden in einer neuen Teiledatei unter empfohlener Verwendung von Zeichnungsschablonen erstellt. Dazu stellen Sie die Option **VORHANDENES TEIL REFERENZIEREN** unter **FILTER > BEZIEHUNGEN** ein und weisen das entsprechende, zu referenzierende Teil im unteren Bereich unter **NAME** zu.

Die Zeichnungsrahmen können Sie durch entsprechende Programme oder über Schablonen hinzufügen. Zeichnungen werden von den 3D-Modellen abgeleitet und sind vollständig assoziativ.

Die grundsätzlichen Schritte bei der Zeichnungserstellung sehen wie folgt aus:

1. Vorbereitung des 3D-Modells

Vor der Zeichnungserstellung sollte das 3D-Modell überprüft werden. Sofern mit Layern gearbeitet wird, übernimmt NX bei der Erzeugung von Zeichnungsansichten die globalen Layer-Einstellungen aus der Konstruktion und stellt alle sichtbaren Objekte in der Ansicht dar. Diese Vorgaben werden mit der Zeichnung gespeichert, auch wenn später die globalen Layer-Einstellungen geändert werden. Deshalb ist es wichtig, im 3D-Modell nur die Layer der in der Zeichnung dargestellten Objekte einzublenden. Beim Master-Modell-Konzept wird die Zeichnung als Komponente unter dem entsprechenden Teil erzeugt. Über das Referenz-Set **MODELL** lässt sich eine ausschließliche Anzeige der Geometrie unabhängig von den aktiven Layern steuern.

Innerhalb der Zeichnungserstellung werden mit dem Befehl **LAYER IN ANSICHT SICHTBAR** in der Menüleiste **FORMAT** die Einstellungen der einzelnen Layer für bestimmte Ansichten individuell vorgegeben. Mit der Dialogoption **AUF GLOBAL ZURÜCKSETZEN** werden die Layer-Einstellungen für die einzelnen Zeichnungsansichten von den globalen Vorgaben übernommen. Nach jedem Aufruf dieses Befehls springt das System automatisch zur nächsten Ansicht. Damit lassen sich die einzelnen Ansichten nacheinander wieder auf die globalen Vorgaben zurücksetzen.

LAYER IN ANSICHT SICHTBAR (VISIBLE IN VIEW)

Die Systemansichten in der Anwendung **KONSTRUKTION** sind auch als Zeichnungsansichten verfügbar. Sie werden automatisch unter Bezug auf das globale Koordinatensystem von NX generiert, sollten jedoch auf ihre Verwendbarkeit überprüft werden. Sind diese Ansichten ungeeignet, können Sie das Modell am globalen Koordinatensystem ausrichten oder es werden Anwenderansichten erzeugt, mit dem Befehl **ANSICHT > OPERATION > SPEICHERN UNTER** gesichert und in der Zeichnungserstellung angewandt. Zusätzlich können Sie mit dem Befehl **ORIENTIEREN** geeignete Darstellungen erzeugen.

2. Zeichnungserstellung starten

Der Aufruf der Arbeitsumgebung erfolgt über **START > ZEICHNUNGSERSTELLUNG**.

3. Zeichenblatt festlegen

Die Größe und der Maßstab der Zeichnung werden festgelegt, und der entsprechende Rahmen wird geladen.

4. Schriftfeld anlegen

Ein Schriftfeld kann bei Bedarf angelegt werden. Die Bezeichnungen werden im Dialog nacheinander markiert und der gewünschte Inhalt eingegeben. Die Einstellungen des Zeichenblattes werden übernommen.

5. Ansichten erzeugen

Die gewünschte Modellansicht wird als Basis in die Zeichnung importiert. Bevor alle weiteren Ansichten als Modellansichten, Ableitungen oder Schnitte erzeugt werden, sollten Sie den gewählten Maßstab und die Blattgröße überprüfen.

6. Mittel- und Symmetrielinien

NX erzeugt die Mittellinien teilweise automatisch. Je nach Voreinstellung werden diese bei der Ansichtserstellung mit erzeugt. Fehlende bzw. weitere Linien werden manuell ergänzt.

7. Bemaßungen

Mit den verfügbaren Optionen werden die erforderlichen Bemaßungen erzeugt. Die Maße sind dabei assoziativ zum 3D-Modell und zur Ansicht, sodass die Bemaßungen bei einer Verschiebung der Ansicht mit übernommen werden.

8. Texte und Symbole

Abschließend werden allgemeine Texte, Oberflächen- und Schweißsymbole, Form- und Lagetoleranzen und bei Bedarf Stücklisten und Positionsnummern erstellt.

Sollten Sie das Master-Modell-Konzept verwenden, müssen Sie vor dem Start der **ZEICHNUNGSERSTELLUNG** die entsprechende Baugruppenstruktur erzeugen. Die Schritte 1 bis 5 lassen sich mit Zeichnungsschablonen automatisieren. Deren Erstellung wird in Abschnitt 2.3 beschrieben.

Mit **KOPIEREN** und **EINFÜGEN** können Sie Elemente assoziativ oder nicht assoziativ vervielfältigen.

9.1.3 Zeichnungsvoreinstellungen

Die zentralen Vorgaben der Zeichnungserstellung verwalten Sie in den **ANWENDERSTANDARDS** und in Schablonendateien. Der Anwender entscheidet, welche Vorlage NX für neue Dateien verwenden soll.

Die Vorgaben für die aktuelle Datei können Sie jederzeit mit den Befehlen innerhalb der **ZEICHNUNGSERSTELLUNG** ändern. Dazu stehen die Funktionen in den Werkzeugleisten

ZEICHNUNG und BESCHRIFTUNG sowie in der Menüleiste unter VOREINSTELLUNGEN zur Verfügung.

Im folgenden Abschnitt wird die Nutzung der ANWENDERSTANDARDS beschrieben. Die grundlegenden Hinweise zur Erzeugung zentraler Vorlagen finden Sie in Abschnitt 2.4. Diese Standards können Sie als Basis für die Erstellung von Schablonen verwenden.

ANWENDERSTAN-
DARDS (CUSTOMER
DEFAULTS)

Die Festlegung für eine farbige oder monochrome Anzeige erfolgt in den ANWENDER-STANDARDS unter GATEWAY > VISUALISIERUNG > FARBEINSTELLUNGEN. Mit dem Aktivieren von MONOCHROM-ANZEIGE erhält der Bildschirm die im Dialog eingestellte Hintergrundfarbe, und die Zeichnungselemente werden schwarz dargestellt. Die Option STRICHSTÄRKE ANZEIGEN sollte eingeschaltet werden. Wird das Plotten der Zeichnung auch über die Strichstärke/Breiten gesteuert, erhalten Sie mit dieser Bildschirmdarstellung eine Vorschau auf den späteren Ausdruck.

MONOCHROM-
ANZEIGE (MONO-
CHROME DISPLAY)

Alle weiteren Einstellungen für die Zeichnungen werden in den ANWENDERSTANDARDS unter ZEICHNUNGSERSTELLUNG verwaltet und in den nächsten Abschnitten erläutert. Diese Daten sollten vor dem Erstellen der Zeichnungen sorgfältig geprüft und an die jeweilige Norm angepasst werden. Dabei ist die eingestellte STANDARDSTUFE zu beachten.

Das Register STANDARD unter ZEICHNUNGSERSTELLUNG > ALLGEMEIN enthält die verfügbaren STANDARDS FÜR ZEICHNUNGSERSTELLUNG, internationale Vorgaben, die mit dem Befehl CUSTOMIZE STANDARD bearbeitet werden können.

STANDARD FÜR
ZEICHNUNGS-
ERSTELLUNG
(DRAFTING
STANDARD)

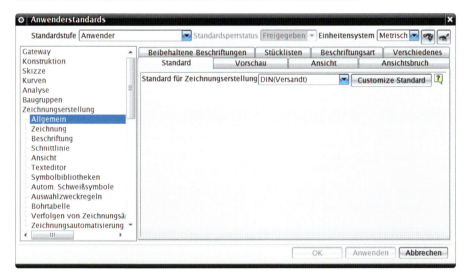

Diese Änderungen geben Sie mit **SAVE AS** unter Vergabe eines Namens ein. NX generiert dann in den über nx*_*_Drafting_Standard*.dpv

die Systemvariablen definierten, zentralen Verzeichnissen (siehe Abschnitt 2.4) eine Datei vom Typ *dpv* mit den modifizierten Vorgabewerten. Der Name der Datei ergibt sich automatisch aus der NX-Versionsnummer (*nx8.5_*), dem vom Anwender eingegebenen Namen (*buch_*) und der aktiven Stufe (*Drafting_Standard_Site*). Für das Beispiel wird die Datei *nx8.5_buch_Drafting_Standard_Site.dpv* im Verzeichnis *c:\share\nx8.5\startup* erzeugt und steht anschließend als neuer Standard in der Liste zur Verfügung.

NX prüft bei jedem Start, welche Dateien mit der beschriebenen Syntax des Namens in den zentralen Verzeichnissen vorhanden sind, und bietet den jeweiligen Standard in der Sitzung an. Um selbst erstellte Standards zu löschen, müssen Sie die entsprechende Datei entfernen oder nicht regelkonform umbenennen.

ZEICHNUNGS-STANDARD IMPORTIEREN (IMPORT DRAWING STANDARD)

Da die Zeichnungserstellung eine Vielzahl von Voreinstellungen verwendet, deren Anpassung sehr aufwendig sein kann, empfiehlt es sich, geänderte Vorgaben aus älteren Versionen zu übernehmen. Dazu rufen Sie im **CUSTOMIZE STANDARD**-Dialog den Befehl **ZEICHNUNGSSTANDARD IMPORTIEREN** auf und wählen die passende *dpv*-Datei. Danach erscheint ein Informationsfenster des Import-Protokolls. Mit **SAVE** werden diese Einstellungen gesichert.

Bei den **ANWENDERSTANDARDS > ZEICHNUNGSERSTELLUNG > ALLGEMEIN** ist generell darauf zu achten, ob Sie sich im Bereich der grundsätzlichen Vorgaben oder in den speziellen Zeichnungsstandards befinden. Die einzelnen Parameter sind teilweise auch unter **VOREINSTELLUNGEN > ZEICHNUNGSERSTELLUNG** zu finden.

Im jeweiligen Zeichnungsstandard werden unter **ALLGEMEIN > ZEICHNUNG** die Formatgrößen, der Maßstab, die Längeneinheit für die Festlegung der Blattgröße und die Projektionsmethode vorgegeben.

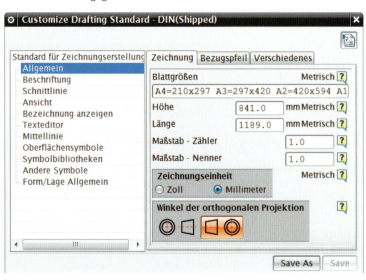

Die Breitenoption zur individuellen Anpassung der Stärke von Linien (z. B. Mittel- und Führungslinien) und der Größe von Symbolen können Sie bei **BESCHRIFTUNG > LINIE/ PFEIL** sowie **SYMBOLE** grundsätzlich regulieren. Sie kann aber auch später direkt im Befehlsdialog bei der Erstellung eines einzelnen Elements über **EINSTELLUNGEN > STIL** angewandt werden.

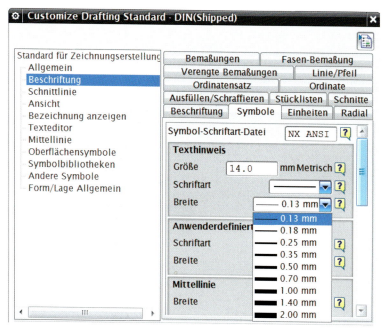

Unter **ZEICHNUNGSERSTELLUNG > ALLGEMEIN > VORSCHAU** legen Sie die Voranzeige beim Hinzufügen neuer Ansichten fest. Unter **STIL** sind verschiedene Darstellungsmöglichkeiten einstellbar.

Ist die **FADENKREUZVERFOLGUNG** aktiviert, werden beim Erstellen von Ansichten im Dialog die aktuellen Cursorkoordinaten und der Abstand zum Elternobjekt angezeigt.

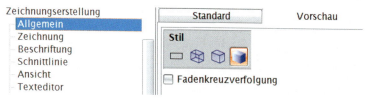

Mit dem Einschalten der Option **VERZÖGERTE ANSICHTSAKTUALISIERUNG** im Register **ALLGEMEIN > ANSICHT** führt NX nicht automatisch eine vollständige Neuberechnung der Zeichnungsansichten bei Modelländerungen durch. Die Zeichnung erhält dann den Status *Out of Date*. Dieser wird in der linken unteren Ecke des Grafikbereiches angezeigt. Mit dem Befehl **ANSICHTEN AKTUALISIEREN** können Sie dann die Berechnung aller Ansichten starten.

Die Option VERZÖGERTE AKTUALISIERUNG BEI ERZEUGUNG besitzt eine analoge Funktion für neu erstellte Ansichten. Ist dieser Schalter aktiv, werden neue Ansichten ebenfalls nicht vollständig automatisch aktualisiert.

Der Schalter RÄNDER ANZEIGEN steuert die Anzeige der Ansichtsgrenzen in der eingestellten RANDFARBE. Diese Ränder werden beim Plotten nicht dargestellt. Sie können sie zur Selektion von Zeichnungsansichten verwenden.

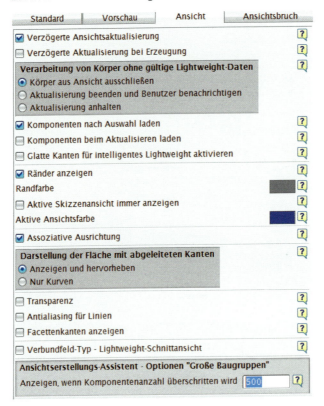

Mit BESCHRIFTUNGEN BEIBEHALTEN steuern Sie im Register ALLGEMEIN > BEIBEHALTENE BESCHRIFTUNGEN, wie mit veralteten, assoziativen Zeichnungsobjekten zu verfahren ist. Bei aktiver Option werden diese Objekte nicht gelöscht, sondern mit der eingestellten Farbe, Linienart und Breite angezeigt. Anschließend besteht die Möglichkeit, die verlorenen Bedingungen neu festzulegen, um das Objekt wieder normal darzustellen. Mit dem Ausschalten der Option werden die Objekte automatisch entfernt, wenn ihre assoziativen Elemente gelöscht wurden.

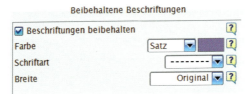

Unter **ALLGEMEIN > STÜCKLISTEN** befinden sich die Vorgaben für die Struktur der Stücklisten. Die aktive Option unter **MASTER-MODELL VERWENDEN** gibt an, ob die oberste Ebene der Baugruppe in der Stückliste ignoriert (**JA**), angezeigt (**NEIN**) oder bei Verwendung des Master-Modell-Konzeptes ausgeblendet (**AUTOMATISCH**) wird.

Die Icons steuern die Anzeige der weiteren Strukturen der Baugruppe.

In **ANWENDERSTANDARS > ZEICHNUNGSERSTELLUNG > ZEICHNUNG** werden Parameter für neue Zeichnungsblätter vorgegeben. Die aktivierten Befehle unter Register **WORKFLOW** werden automatisch gestartet, wenn Sie die Anwendung aufrufen und noch kein Zeichnungsblatt existiert.

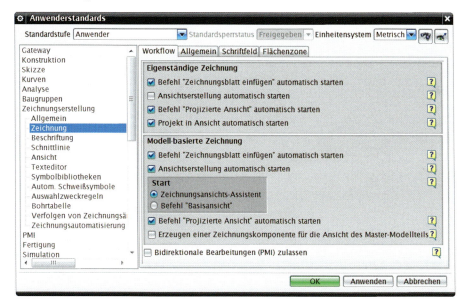

Im Register **ALLGEMEIN** bestimmen Sie mit **EINSTELLUNGEN FÜR ZEICHNUNGSER-STELLUNG**, ob zur Festlegung der Vorgaben Schablonen oder die Anwenderstandards verwendet werden.

Unter **ZEICHNUNGSBLATTNAME** setzen Sie die Regel für die automatische Benennung der Blätter fest. So werden mit dem Eintrag *Sheet 1* Zeichnungsblätter mit fortlaufender Nummerierung generiert. (»Zeichenblattnummer« wurde auch hier irrtümlicherweise mit »Flächennummer« übersetzt.)

Für alle Zeichnungsobjekte existieren unter **ANWENDERSTANDARDS > ZEICHNUNGSER-STELLUNG** neben zentralen auch spezielle Vorgaben mit einer Vielzahl von Möglichkeiten. Diese Vorgaben können Sie ebenso mit den Befehlen der Werkzeugleisten **ZEICHNUNG** und **BESCHRIFTUNG** festlegen. Es wird jedoch empfohlen, sie in den **ANWENDERSTANDARDS** zentral einzustellen.

Die Voreinstellungen, die in den einzelnen Dialogen vorgenommen werden, sind für neu erstellte Zeichnungselemente gültig. Die Eigenschaften vorhandener Objekte können Sie durch Doppelklick auf das Objekt oder Selektion und Nutzung des Popup-Menüs modifizieren. Damit gelangen Sie ebenfalls zum Dialog **ANSICHTSSTIL**. Die geänderten Werte werden allerdings nur für die ausgewählten Objekte übernommen.

ANSICHTSVOREIN-STELLUNGEN (VIEW PREFERENCES)

Der Dialog **ANSICHTSVOREINSTELLUNGEN** aus der Werkzeugleiste **ZEICHNUNG** bzw. der Menüleiste **VOREINSTELLUNGEN > ANSICHT** steuert die Darstellung von Kanten, Schraffuren, Schnitten, Verfolgungslinien, Gewinden etc.

Unter dem Register **ALLGEMEIN** besteht die Möglichkeit, in der **ANSICHTSKONFIGURATION** die Darstellung von Baugruppen festzulegen: **EXAKT**, **INTELLIGENT LIGHTWEIGHT**, **LIGHTWEIGHT** (bisherige facettierte Darstellungsansicht) und **EXAKT** (PRE-NX 8.5).

Bei der neuen Ansicht **INTELLIGENT LIGHTWEIGHT** können Sie zusätzlich die Auflösung von sehr grob, mittel, fein einstellen, was sich auf die Schnelligkeit des Ansichtsaufbaus und der Aktualisierung auswirkt. Weiterhin bietet sie viele Optionen, die einer exakten Ansicht gleichkommen, wie die Unterstützung der Anzeige verdeckter Kanten und der Schnittbearbeitung, der Ansichtsunterbrechung, der Bemaßung ohne komplette Ladung der Geometrie etc. Bei der Option **EXAKT** (PRE-NX 8.5) können extrahierte Kanten gewählt werden.

Einer Ansicht können Sie den Status **REFERENZ** geben. Damit wird deren Inhalt nicht mehr angezeigt, sondern nur noch der Rand und eine Markierung. Solche Ansichten sind beim Plotten jedoch sichtbar.

Die Option **AUTOMATISCHER VERANKERUNGSPUNKT** erzeugt eine Anpassung der Zeichnungsansicht, wenn das Modell bewegt wird. Wenn der Schalter nicht aktiv ist, besitzt die Ansicht eine eigene, vom Modell unabhängige Position. Das führt dazu, dass das Bauteil sich aus der Ansicht heraus bewegen kann.

Die Option **MITTELLINIEN** aktiviert die automatische Erstellung von Mittel- und Symmetrielinien für zylindrische Bauteile.

Mit **KENNUNG ANZEIGEN** kann die Ausrichtung oder der Name der Ansicht im Darstellungsfenster angezeigt werden.

Mit den Schaltern im unteren Bereich können Sie die Einstellungen aus den **ANWENDERSTANDARDS** übernehmen. Damit haben Sie die Möglichkeit, Änderungen in den zentralen Vorgaben auf die Zeichnungsobjekte zu übertragen. **STANDARDEINSTELLUNGEN LADEN** ändert dabei die Parameter der aktuellen Seite, während **ALLE STANDARDEINSTELLUNGEN LADEN** die Werte aller Seiten des Dialogs aktualisiert.

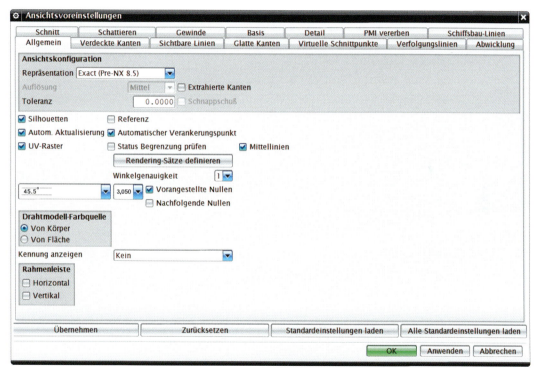

Mit dem Befehl **STANDARD FÜR ZEICHNUNGSERSTELLUNG** der Menüleiste **WERKZEUGE** können Sie eine Vorlage auswählen und mit **ANWENDEN** oder **OK** in allen Bereichen aktualisieren. Damit werden neue Objekte nach diesem Standard erzeugt.

VERDECKTE KANTEN (HIDDEN LINES)

In Zeichnungsansichten werden die unsichtbaren Körperkanten nach Bedarf dargestellt. Deren Anzeige wird im Register **VERDECKTE KANTEN** festgelegt. Dazu muss die Berechnung der verdeckten Kanten grundsätzlich aktiviert sein. In den drei Eingabefeldern können Sie ihre Farbe, Linienart und -stärke festlegen. Wird als Linienart **UNSICHTBAR** verwendet, erfolgt keine Anzeige der verdeckten Kanten. Die Einstellung **ORIGINAL** unter Linienstärke bewirkt die Übernahme der 3D-Modell-Eigenschaften. Schalten Sie die Option **VERDECKTE KANTEN** aus, werden alle Kanten in der Ansicht generiert.

Mit **KANTEN DURCH KANTEN VERDECKT** steuern Sie die Darstellung von Elementen, die sich hinter anderen Kanten befinden. Ist die Option nicht aktiv, werden die betroffenen verdeckten Kanten nicht dargestellt.

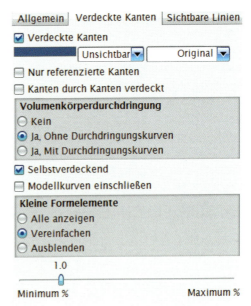

Die Wirkungsweise der Funktion **VOLUMENKÖRPERDURCHDRINGUNG** ist auf der folgenden Abbildung dargestellt. Ist diese Option ausgeschaltet, werden die Körperkonturen bei bestimmten Bauteilen nicht exakt berechnet.

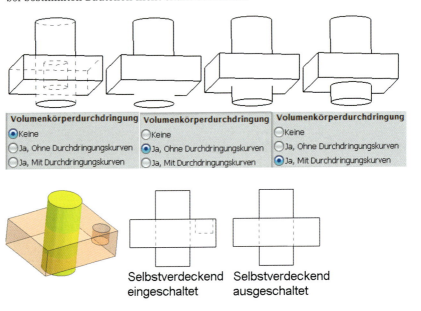

Die Option **SELBSTVERDECKEND** (siehe S. 474 unten) steuert die Anzeige verdeckter Kanten des gleichen Körpers. Ist dieser Schalter nicht aktiv, werden nur verdeckte Kanten, die sich aus der Durchdringung verschiedener Körper ergeben, angezeigt.

Die Darstellung kleiner Formelemente können Sie mit dem gleichnamigen Befehl ausblenden oder vereinfachen. Mit dem Schieberegler stellen Sie die Größe der betroffenen Elemente ein. Dabei wird ein Kasten um das kleine Element gelegt und dessen Größe mit den Hauptabmessungen des Modells verglichen. Der Prozentwert legt fest, welche Formelemente betroffen sind.

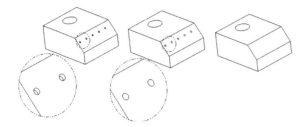

Alle Anzeigen   Vereinfachen   Ausblenden
Kleine Formelemente

GLATTE KANTEN entstehen durch tangentiale Übergänge von Flächen. Wenn deren Anzeige eingeschaltet ist, können Sie Farbe, Linienart und -stärke bestimmen. Die **ENDLÜCKE** steuert den Spalt am Beginn und Ende der glatten Kanten.

GLATTE KANTEN
(SMOOTH EDGES)

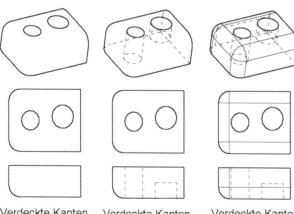

Verdeckte Kanten unsichtbar
Glatte Kanten aus

Verdeckte Kanten gestrichelt und dünn
Glatte Kanten aus

Verdeckte Kanten gestrichelt und dünn
Glatte Kanten ein

Die Voreinstellungen für **GEWINDE** befinden sich unter dem gleichnamigen Register. Die verschiedenen Darstellungsarten sind unabhängig von der Gewindedefinition während der Modellierung. So können Sie Gewinde detailliert darstellen, obwohl sie als symbolisches Formelement definiert wurden.

GEWINDE
(THREADS)

Ein wichtiger Parameter ist die **MINIMALE STEIGUNG**, die den Mindestabstand zwischen Gewindelinien und Körperkanten in der Zeichnungserstellung festlegt. Bei kleinen Abmessungen können verfälschte Gewindelinien erzeugt werden, wenn in der Ansicht der verfügbare Mindestabstand nicht ausreicht. NX verschiebt in diesem Fall die Gewindelinie, bis der eingestellte Mindestabstand erreicht ist. Aus diesem Grund ist es sinnvoll, für die **MINIMALE STEIGUNG** den Wert null zu verwenden und diese Option damit auszuschalten. Die folgenden Abbildungen zeigen Beispiele für unterschiedliche Einstellungen bei gleichem Gewinde.

BAUGRUPPEN-SCHRAFFUR (ASSEMBLY CROSS-HATCHING)

Unter dem Register **SCHNITT** befindet sich u. a. die **BAUGRUPPENSCHRAFFUR**. Mit dem Aktivieren dieser Option werden Komponenten in geschnitten dargestellten Baugruppen mit unterschiedlichen Schraffuren versehen, wenn sie sich zueinander in einem Abstand befinden, der kleiner als die eingegebene **ANGRENZUNGSTOLERANZ FÜR SCHRAFFUREN** ist.

Ist die **BAUGRUPPENSCHRAFFUR** ausgeschaltet, erhalten alle Komponenten eine einheitliche Darstellung.

Bei räumlichen Schnitten von Bauteilen ergeben sich teilweise unsaubere Schraffurverläufe. Um diese Schnitte richtig darzustellen, müssen Sie die Option **VERDECKTE KANTEN WERDEN SCHRAFFIERT** aktivieren. Im Normalfall sollte diese Option immer ausgeschaltet sein, da sie zu Problemen, insbesondere im Zusammenhang mit der nachträglichen Änderung des Schnittverlaufs, führt.

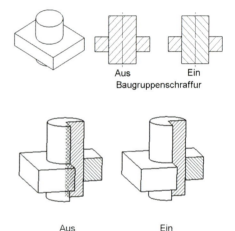

Das Register **SCHATTIEREN** enthält die Vorgaben zur räumlichen Darstellung einer Ansicht. Dazu aktivieren Sie unter **RENDERINGSTIL** die Option **KOMPLETT SCHATTIERT**. Schattierte Darstellungen unterstützen die gesamte Funktionalität der Drahtmodelle. Bei geschnittenen Ansichten können Sie die **SCHATTIERUNGS SCHNITTFLÄCHENFARBE** festlegen, wie in der Abbildung zu sehen ist. Mit **DRAHTMODELL** erhalten Sie die übliche Zeichnungsdarstellung.

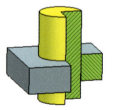

Während die Voreinstellungen für Ansichten bei der Zeichnungserstellung vom Anwender bei Bedarf modifiziert werden, sind bei den anderen Vorgaben kaum Änderungen erforderlich. Hier sollten alle Anwender einheitliche Einstellungen verwenden. Eine ausführliche Erläuterung der einzelnen Voreinstellungen für die folgenden Objektklassen wird deshalb nicht durchgeführt. Sie wäre aufgrund der Vielzahl der Möglichkeiten zu umfangreich und ist bei der Nutzung einheitlicher Vorgaben auch nicht erforderlich.

Die **VOREINSTELLUNGEN FÜR BEZEICHNUNGEN ANZEIGEN** in der Leiste **ZEICHNUNG** enthalten die Vorgaben zur automatischen Beschriftung allgemeiner Ansichten, Details und Schnitte. Die Bezeichnungen werden vom System erzeugt und sind assoziativ mit den Ansichten verbunden. Wenn Sie die Ansichten löschen, erfolgt auch die Entfernung der zugehörigen Bezeichnungen.

VOREINSTELLUNGEN FÜR BEZEICHNUNGEN ANZEIGEN (VIEW LABEL PREFERENCES)

Bei Bedarf können Sie die Beschriftungen ändern. Dies ist z. B. erforderlich, um den Buchstaben eines Details zu modifizieren. Weiterhin besteht die Möglichkeit, im Dialog die Beschriftung grundsätzlich auszuschalten.

Der Dialog für die **BESCHRIFTUNGS-VOREINSTELLUNGEN** beinhaltet die Angaben für Bemaßungen, Texte, Symbole, Stücklisten und Schraffuren. Bemaßungen und Texte können während ihrer Erzeugung auch über das entsprechende Icons geändert werden.

BESCHRIFTUNGS-VOREINSTELLUNGEN (ANNOTATION PREFERENCES)

Die **VOREINSTELLUNGEN FÜR SCHNITTLINIE** beinhalten Angaben zur grafischen Anzeige von Schnitten und deren Benennung.

Auch mit diesem Dialog besteht die Möglichkeit, vorhandene Schnitte zu ändern. Dazu selektieren Sie die entsprechende Schnittlinie mit dem Befehl **STIL BEARBEITEN**. Die aktuellen Einstellungen des ausgewählten Objektes werden angezeigt und können modifiziert werden.

VOREINSTELLUNGEN FÜR SCHNITTLINIE (SECTION LINE PREFERENCES)

Die Abbildung in der Randspalte zeigt die Schnittansicht eines Teils.

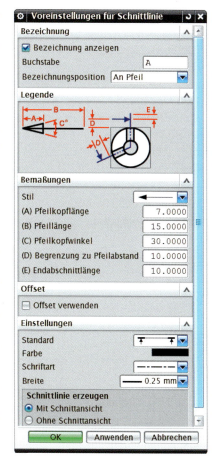

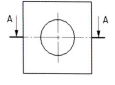

Nachdem alle Voreinstellungen festgelegt und getestet wurden, sollten Sie sie in die **ANWENDERSTANDARDS** eintragen und anschließend damit geeignete Zeichnungsschablonen generieren.

SCHNITT A-A

9.2 Zeichnungsblätter

Zeichnungsblätter können über Zeichnungsschablonen oder anwenderdefiniert erzeugt werden. Für die Erstellung und Verwaltung von Zeichnungsblättern wird die Werkzeugleiste **ZEICHNUNG** verwendet, während zur Änderung der Einstellungen der Befehl **BLECH BEARBEITEN** (gemeint ist hier **ZEICHNUNGSBLATT BEARBEITEN**) genutzt wird. Mehrere Blätter können in einer Datei verwaltet werden, wobei immer ein Blatt bearbeitet und am Bildschirm angezeigt wird. Über Kopieren und Einfügen mittels **MT3** im Part-Navigator lassen sich Zeichenblätter aus anderen Zeichnungen einfügen.

NEUES ZEICH-NUNGSBLATT (INSERT DRAWING SHEET)

Abhängig von der Methode und den Voreinstellungen wird nach dem Aufruf der **ZEICHNUNGSERSTELLUNG** ein Zeichnungsblatt automatisch erstellt oder Sie können dieses über den Befehl **NEUES ZEICHNUNGSBLATT** erzeugen. Der sich öffnende Dialog **ZEICHENBLATT** ist nahezu identisch zum Dialog des Befehls **ZEICHNUNGSBLATT BEARBEITEN**.

Bei der Option **VORLAGE VERWENDEN** wird ein Blatt mit Rändern und Zonen sowie einem Schriftkopf generiert. NX verwendet hier zunächst die Standardschablonen aus dem Installationsverzeichnis. Um diese zu modifizieren, müssen Sie die Datei *ugs_sheet_templates.pax* in das zentrale Verzeichnis für Schablonen kopieren und dort anpassen. Dieses Vorgehen ist analog zur Erstellung von Zeichnungsschablonen und wird in Abschnitt 2.3 beschrieben.

Bei der **STANDARDGRÖSSE** erhalten Sie ein Zeichenblatt, dessen Größe mit einer gestrichelten Linie angedeutet wird.

Der Name erscheint am linken unteren Bildschirmrand, der bei Bedarf im Eingabefeld geändert werden kann. Weiterhin wird ein Eintrag im **TEILE-NAVIGATOR** erzeugt.

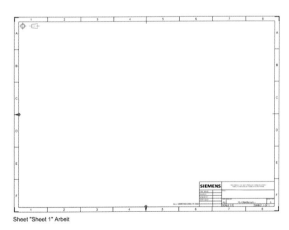

Sollen mehrere Blätter in einer Zeichnung erstellt werden, werden diese wieder mit **NEUES ZEICHNUNGSBLATT** eingefügt.

Um die Einstellungen für das Zeichnungsblatt zu modifizieren, rufen Sie mit Doppelklick auf den Rahmen den Befehl BLECH BEARBEITEN auf. In dessen Dialog ZEICHENBLATT können Sie die Blattgröße aus einer Liste von Standardformaten wählen oder selbst definieren. Den MASSSTAB suchen Sie ebenfalls aus einer Normreihe aus oder legen ihn über zwei Werte als Verhältnis fest. (Unter Flächennummer ist die Blattnummer zu verstehen.)

Vor Erstellung der ersten Ansicht ist die Projektionsmethode aktiv. Danach ist dieses Feld gesperrt. Das Einheitssystem können Sie zwischen MILLIMETER und ZOLL umstellen. Die Vorgabe hat nur Auswirkungen auf die Festlegung der Größe des Zeichnungsblattes und nicht auf die Bemaßungseinheiten. Diese bestimmen Sie unter BESCHRIFTUNGS-VOREINSTELLUNGEN > EINHEITEN.

Nach Beenden des Dialogs werden die Einstellungen übernommen, und das geänderte Blatt wird am Bildschirm angezeigt. Für spätere Änderungen ist bei Verkleinerungen der Blattgröße darauf zu achten, dass sich

ZEICHENBLATT BEARBEITEN (EDIT DRAWING SHEET)

alle Ansichten innerhalb der neuen Blattgrenzen befinden. Ist dies nicht der Fall, sollten Sie die Zeichnungsobjekte in die linke, untere Ecke schieben oder den Maßstab entsprechend ändern.

Die Außenbegrenzung des Zeichnungsblattes wird als Rand bezeichnet. Der Rand des aktuellen Zeichenblattes lässt sich über den Befehl RÄNDER UND ZONEN in der Werkzeugleiste ZEICHNUNGSFORMAT anpassen.

RÄNDER UND ZONEN (BORDERS AND ZONES)

Mit dem Befehl ZEICHNUNGSBLATT ÖFFNEN wechseln Sie zwischen verschiedenen Blättern. Dabei erscheint eine Liste der verfügbaren Zeichnungsblätter. Durch Auswahl eines Eintrages wird das entsprechende Blatt aktiv. Alternativ können Sie die Zeichnungsblätter durch Doppelklick im TEILE-NAVIGATOR aufrufen. Dort können Sie die Blätter auch löschen.

ZEICHNUNGSBLATT ÖFFNEN (OPEN DRAWING SHEET)

9.3 Zeichnungsansichten

9.3.1 Ansichten

Zeichnungsansichten werden auf der Basis des 3D-Modells generiert. Es können Ansichten aus dem zur Zeichnungsdatei gehörenden Modell oder aus anderen Teilen abgeleitet werden. Ansichten können Sie einzeln über die Befehle **GRUNDANSICHT**, **PROJIZIERTE ANSICHT** etc. zum Zeichenblatt hinzufügen. Um mehrere Standardansichten gleichzeitig und einfach zu generieren, stehen die Funktionen **ZEICHNUNGSANSICHTS-ASSISTENTEN** und **STANDARDANSICHTEN** zur Verfügung.

Über **KOPIEREN** und **EINFÜGEN** mittels **MT3** lassen sich Ansichten aus anderen Parts in das Zeichenblatt übertragen.

Die Anordnung der Ansichten auf dem Zeichenblatt bestimmen oder bearbeiten Sie mit dem Befehl **ASSOZIATIVE ANSICHTSAUSRICHTUNG** über **BEARBEITEN > ANSICHT > AUSRICHTEN** oder aber innerhalb des Dialoges beim Erstellen einer Ansicht. Die assoziative Ausrichtung wird durch eine gestrichelte Linie gekennzeichnet.

Die im Folgenden beschriebenen Befehle rufen Sie über die Icons der Werkzeugleiste, die Menüleiste **EINFÜGEN > ANSICHT** oder durch Selektion des Blattrandes mit **MT3** bzw. durch Auswahl des Zeichnungsblattes im **TEILE-NAVIGATOR** auf.

GRUNDANSICHT (BASE VIEW)

Zu Beginn der Zeichnungserstellung wird eine Basisansicht mit dem Befehl **GRUNDANSICHT** erstellt, von der Sie weitere Darstellungen ableiten können. Im oberen Bereich des Dialogs **GRUNDANSICHT** legen Sie zuerst fest, aus welchem Teil oder welcher Baugruppe die Ansicht generiert werden soll. Dabei wird die aufrufende Komponente automatisch ausgewählt. Durch Selektion in den Listen oder Öffnen und Laden einer Datei aus dem Dateisystem kann auch ein anderes Bauteil verwendet werden, das entsprechend im **BAUGRUPPEN-NAVIGATOR** eingetragen wird. Die folgende Abbildung zeigt dazu ein Beispiel. Die Zeichnung wurde mit dem Master-Modell-Konzept für das Einzelteil *et015* erstellt. Dabei wurde eine Ansicht aus dem Bauteil *et005* importiert.

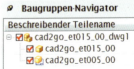

Nach Auswahl des Teils wechselt NX automatisch zu **POSITION ANGEBEN** im Bereich **ANSICHTSURSPRUNG**. Die Ansicht wird in der Vorschau angezeigt. Vor dem Platzieren kann der Vorschaustil mit **MT3** angepasst werden.

Durch Drücken der **MT1** wird die Position festgelegt. NX ruft automatisch die **PROJIZIERTE ANSICHT** auf, die auf die gewünschte Position gebracht und wieder mit **MT1** fixiert wird. Um eine weitere Grundansicht zu importieren, rufen Sie diesen Befehl erneut auf.

Im Dialog oder über **MT3** im Grafikbereich können Sie vor dem Positionieren der Ansicht folgende Vorgaben ändern. Im Bereich **ANSICHTSURSPRUNG** stehen bei erneutem Aufruf des Befehls zwei Arten für die Platzierung zur Verfügung: **POSITION ANGEBEN** gilt für neue Ansichten, **BILDSCHIRMPOSITION FESTLEGEN** (unter **ANSICHT VERSCHIEBEN**) für bereits erzeugte Ansichten, die Sie durch Ziehen mit **MT1** verschieben können.

Unter **METHODE** wird eingestellt, wie die neue Ansicht ausgerichtet wird. Dabei kann eine spezielle Orientierung erzwungen werden. Beispielsweise muss bei der Option **HORIZONTAL** eine vorhandene Ansicht gewählt werden, zu der die neue Ansicht entsprechend ausgerichtet wird. Diese Richtung ist in Folge dessen fixiert.

Die **METHODE ERMITTELN** erlaubt ein freies Positionieren der neuen Ansicht, wobei aber auch eine automatische Ausrichtung erfolgen kann. Das System zeigt die automatische Ausrichtung durch eine gestrichelte Linie an. Positionieren Sie die neue Ansicht in diesem Zustand, wird die Orientierung übernommen.

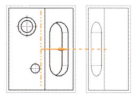

Unter **SPURVERFOLGUNG** wird die **CURSORVERFOLGUNG** aktiviert. Damit werden die Koordinaten des aktuellen Ansichtsursprungs parallel zur Position im Grafikbereich angezeigt. In den Feldern können Sie Koordinaten eingeben und mit dem Schloss sperren.

Die verfügbaren **MODELLANSICHTEN** werden im Feld **ZU VERWENDENDE MODELLANSICHT** aufgelistet. Bei der Nutzung des Master-Modell-Konzeptes können Sie Ansichten aus der Zeichnungsdatei oder der zugeordneten Komponente aufrufen. Sollten die aufgelisteten Systemansichten nicht ausreichen, wechseln Sie zur Anwendung **KONSTRUKTION**. Dort werden eigene Ansichten erzeugt, mit **ANSICHT > OPERATION > SPEICHERN UNTER** zu den Systemansichten hinzugefügt und in der Zeichnungserstellung unter ihrem Namen importiert.

Zusätzlich können Sie mit dem Befehl **WERKZEUGANSICHT ORIENTIEREN** eine spezielle Ansicht erzeugen. Dazu rufen Sie das auf der folgenden Abbildung (siehe S. 482) dargestellte Vorschaufenster auf, in dem das Bauteil mit den üblichen Funktionen bewegt wird. Befehle zur Orientierung stehen in einem neuen Dialog zur Verfügung.

Mit der **NORMALENRICHTUNG** legen Sie einen Vektor fest, der die Senkrechte der neuen Ansicht definiert. Die Blickrichtung führt entlang dieses Vektors auf das Bauteil. Unter **X-RICHTUNG** steuern Sie die Horizontale der Ansicht.

 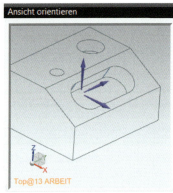

Vor dem Platzieren der Grundansicht können Sie deren **MASSSTAB** individuell einstellen, ansonsten wird die globale Vorgabe verwendet. NX listet die Standardmaßstäbe auf. Mit dem Aufruf der Option **VERHÄLTNIS** werden Felder aktiv, in denen Sie einen beliebigen Wert eingeben können. Des Weiteren können Sie den Maßstab durch einen anzugebenden **AUSDRUCK** steuern.

Unter **EINSTELLUNGEN** befinden sich weitere Vorgaben: Mit dem Befehl **ANSICHTSSTIL** können Sie Voreinstellungen der Ansicht bestimmen, wie z. B. die Darstellung der verdeckten Kanten.

Der Bereich **VERDECKTE KOMPONENTEN** enthält die Teile einer Baugruppe, die nicht in der Ansicht angezeigt werden sollen. Die entsprechenden Komponenten selektieren Sie mit **OBJEKT AUSWÄHLEN** und tragen sie in die Liste ein. Unter **NICHT GESCHNITTEN** verwalten Sie analog dazu die Komponenten, die ungeschnitten dargestellt werden.

Von der erzeugten Grundansicht können Sie weitere Ansichten ableiten. Diese übernehmen die Voreinstellungen der Grund-/Elternansicht.

PROJIZIERTE ANSICHT (PROJECTED VIEW)

Die Funktion **PROJIZIERTE ANSICHT** erstellt gemäß der gewählten Projektionsmethode rechtwinklige Parallelprojektionen und beliebig geklappte Darstellungen der aktiven Basisansicht. Je nach Position des Cursors zur Grundansicht wird die Projektion als Vorschau mit der aktuellen Scharnierlinie und der Projektionsrichtung angezeigt (siehe folgende Abbildung, S. 483).

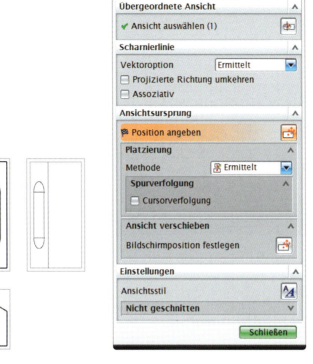

Der Dialog des Befehls **PROJIZIERTE ANSICHT** hat einen ähnlichen Aufbau wie der Befehl **GRUNDANSICHT**.

Mit **ANSICHT WÄHLEN** unter **ÜBERGEORDNETE ANSICHT** können Sie eine neue Basisansicht zur Erstellung der abgeleiteten Ansichten selektieren.

Unter **ANSICHTSURSPRUNG > PLATZIERUNG** befinden sich verschiedene Methoden zur Ausrichtung zwischen der Grundansicht und der projizierten Ansicht. Neben **ERMITTELT, HORIZONTAL, VERTIKAL, SENKRECHT ZUR LINIE** und **ÜBERLAGERUNG** existiert die Option **SCHARNIER**, mit der Sie eine Ansicht mit einer nicht orthogonalen Scharnierlinie erstellen.

Die **CURSORVERFOLGUNG** dient der einheitlichen Entfernung zwischen der Elternansicht und den Projektionsansichten. Unter dem daraus resultierenden **OFFSET** wird der Abstand vom Mittelpunkt der Basisansicht bis zu Beginn der neuen Ansicht festgelegt. Der einzutragende und mit **ENTER** zu bestätigende Wert bleibt durch das automatisch aktivierte Schloss fortführend konstant.

Der Bereich **SCHARNIERLINIE** dient zur Definition einer Bezugslinie, zu der die neue Ansicht projiziert wird. Mit der Vektoroption **ERMITTELT** bestimmen Sie diese Linie in Abhängigkeit von der aktuellen Cursorposition.

Die Option **DEFINIERT** aktiviert das Vektormenü für die Festlegung der Linie. Die **SCHARNIERLINIE** und der Vektor für die Blickrichtung werden im Anschluss der Auswahl dargestellt. Mit dem Schalter **PROJIZIERTE RICHTUNG UMKEHREN** wechseln Sie die Richtung.

Die neue Ansicht wird angezeigt und kann mit **MT1** platziert werden. Zwischen der Klapplinie und der abgeleiteten Ansicht besteht eine vollständige Assoziativität.

Wurde z. B. eine schräge Fläche mit dem Befehl **FASE** erzeugt, können Sie den Cursor so verschieben, dass sich die neue Ansicht an der schrägen Fläche der Basisansicht orientiert. Bei aktivem Schalter **ASSOZIATIV** besitzt die projizierte Ansicht ebenfalls eine Verbindung zur automatisch generierten Klapplinie.

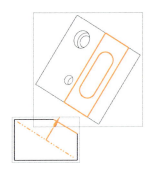

AUSSCHNITTS-VERGRÖSSERUNG (DETAIL VIEW)

Bei der Erstellung einer **AUSSCHNITTSVERGRÖSSERUNG** legen Sie im Dialog unter **TYP** die Art des Ausschnittes fest.

Wird das Detail durch einen Kreis definiert, sind dessen Mittelpunkt und ein Punkt auf dem Umfang anzugeben. Beim **TYP RECHTECK** müssen Sie entweder zwei Eckpunkte oder den Mittelpunkt und einen Eckpunkt bestimmen.

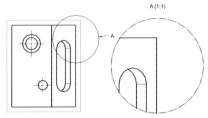

In Abhängigkeit vom eingestellten **TYP** werden im Bereich **BEGRENZUNG** die erforderlichen Auswahlschritte aktiv. Mit der Selektion des ersten Punktes legen Sie gleichzeitig die Elternansicht des Ausschnitts fest. Der zweite Punkt bestimmt die Größe des Details und die Position der Pfeilspitze für Hinweislinien. Sind in der AUSWAHLLEISTE die Filter für einige Kontrollpunkte aktiviert, verwendet NX möglicherweise unerwünschte Punkte. Um dies zu vermeiden, können Sie temporär das Fangen von Punkten durch Drücken der ALT-Taste ausschalten. Die generelle Deaktivierung kann sinnvoll sein, um die Bildschirmpositionen zu übernehmen.

Nachdem Sie den Ausschnitt festgelegt haben und dessen Voranzeige erfolgte, geben Sie den MASSSTAB für die Vergrößerung ein und die neue Ansicht wird platziert. Die entsprechenden Bezeichnungen werden gemäß definierter Voreinstellung erzeugt. Eine Modifikation ist durch Doppelklick auf die Bezeichnung möglich. In diesem neuen Dialog können Sie den Ansichtsbuchstaben ändern.

Unter BEZEICHNUNG AN ÜBERGEORDN. ELEMENT bestimmen Sie im Bereich BEZEICHNUNG ANZEIGEN die Detail-Darstellung der Elternansicht.

Ändern Sie später mit dem Befehl BLECH BEARBEITEN (Zeichnungsblatt bearbeiten) den globalen Maßstab, wird der neue Wert auch für alle Details übernommen. Um den alten Zustand wieder herzustellen, selektieren Sie die entsprechende Ansicht mit Doppelklick. Im ANSICHTSSTIL-Dialog können Sie den MASSSTAB des Details im Register ALLGEMEIN neu definieren.

Die Modifikation des Mittelpunktes und die Ausschnittgröße sind unter Nutzung des Befehls ANSICHTSBEGRENZUNG (siehe Abschnitt 9.3.4) nachträglich möglich.

Beim Löschen einer Ausschnittsvergrößerung wird deren Bezeichnung in der Elternansicht ebenfalls entfernt.

9.3.2 Schnitte

NX unterscheidet zwischen normalen und speziellen Schnitten. Die Befehle rufen Sie über die Menüleiste EINFÜGEN > ANSICHT > SCHNITTE oder die entsprechenden Icons der Werkzeugleiste ZEICHNUNG auf. Es ist ratsam, die verschiedenen Schnittarten in Dropdown-Menüs zusammenzufassen. Die Arbeitsweise zur Erstellung der einzelnen Schnitte ist unterschiedlich. Zunächst wird die Erzeugung der normalen Schnitte mit den grundsätzlichen Arbeitsschritten erläutert:

1. Zuerst wählen Sie das übergeordnete Element/die Elternansicht.
2. Definieren Sie den Schnittverlauf in Abhängigkeit von der gewählten Schnittlinie durch Selektion von Punkten.
3. Legen Sie die Blickrichtung über die Cursorposition fest.
4. Bei Bedarf bestimmen Sie mit MT3 oder in der Werkzeugleiste weitere Optionen oder ändern die Einstellungen.
5. Zum Schluss platzieren Sie die Schnittansicht mit MT1.

Bei diesen Befehlen wird eine Icon-Leiste angezeigt, welche die nun aufgezählten Möglichkeiten enthält:

 GRUNDANSICHT: Der Befehl dient zur Wahl der Elternansicht. Bei mehreren vorhandenen Ansichten ist er am Beginn der Schnitterstellung aktiv.

 SCHARNIERLINIE ERMITTELN: Automatische Bestimmung der Schnittlinie durch die aktuelle Cursorposition. Die Schnitterstellung erfolgt mit **MT1**.

 SCHARNIERLINIE DEFINIEREN: Festlegung der Schnittlinie im Vektormenü. Diese ist anschließend fixiert.

 RICHTUNG UMKEHREN: Umkehr der Blickrichtung

 SEGMENT HINZUFÜGEN: Erzeugung einer Stufe im Schnittverlauf. Wenn alle Stufen definiert sind, ist das Icon wieder auszuschalten.

 SEGMENT LÖSCHEN: Entfernung der Stufen aus dem Schnittverlauf

 SEGMENT VERSCHIEBEN: Positionsänderung einzelner Segmente des Schnittes. Ihre Orientierung bleibt erhalten.

 ANSICHT PLATZIEREN

 ORTHOGONAL: Erzeugung orthogonaler Schnittansichten

 ORIENTIERUNG ERBEN: Nach Auswahl einer Ansicht wird deren Ausrichtung für die Schnitte übernommen. Damit lassen sich einfach räumliche Schnitte erzeugen.

 SCHNITTBILDUNG EINER VORHANDENEN SCHNITTANSICHT: Schnitterstellung in einer anderen Ansicht als der ausgewählten Grundansicht. Auch räumliche Schnitte können mit dieser Option leicht generiert werden.

 KOMPONENTE AUSBLENDEN: Teile werden in der Ansicht nicht dargestellt.

 KOMPONENTE ANZEIGEN: Erneute Aktivierung der ausgeblendeten Teile

 NICHT GESCHNITTENE KOMPONENTE/VOLUMENKÖRPER: Darstellung ungeschnittener Teile

 GESCHNITTENE KOMPONENTE/VOLUMENKÖRPER: Darstellung der Schnittansicht von selektierten Teilen

 SCHNITTLINIENSTIL: Aufruf des Voreinstellungsdialogs für Schnittlinien

STIL: Aufruf des Dialogs für Ansichtseinstellungen, in dem z. B. die Darstellung verdeckter Kanten modifiziert werden kann

 ANSICHT VERSCHIEBEN/KOPIEREN: Positionierungsänderung vorhandener Ansichten, bevor neue Darstellungen hinzugefügt werden

 WERKZEUG SCHNITTANSICHT: Vorschau, in der das Bauteil mit den üblichen Funktionen bewegt werden kann. Nachfolgende zusätzliche Befehle können zur Anzeige der aktuell definierten Schnittansicht genutzt werden:

 SCHNITT: Entfernung geschnittener Bauteilbereiche, sodass der räumliche Schnittverlauf gut erkennbar ist

 SCHNITTEBENEN ANZEIGEN: Abbildung des vollständigen Bauteils und Darstellung des Schnittverlauf durch Ebenen

 HINTERGRUNDFLÄCHEN: Ausschließliche Anzeige der Schnittfläche. Weitere darzustellende Flächen müssen selektiert werden.

 ORIENTIERUNG SPERREN: Festlegung der Blickrichtung auf die Schnittansicht über die aktuelle Anzeige im Vorschaufenster. Dieser Befehl kann für die Erstellung räumlicher Schnitte verwendet werden.

 In diesem Kaskadenmenü wird die Darstellung des Bauteils im Vorschaufenster eingestellt.

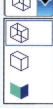

Die folgende Abbildung zeigt zwei Beispiele für die Nutzung des Werkzeuges zur Schnittansicht. Auf dem linken Bild werden die Schnittflächen angezeigt, während auf dem rechten Bild die Option **SCHNITT** aktiviert wurde.

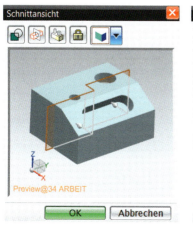 

Die beschriebenen Funktionen können Sie auch während der Erstellung einer Schnittansicht mit **MT3** aufrufen. In dem Popup-Menü steht die Option **AUSRICHTUNG SPERREN** zur Verfügung, um die aktuelle Schnittlinie zu fixieren. Durch erneuten Aufruf der Option kann die Schnittlinie wieder geändert werden.

**SCHNITTANSICHT
(SECTION VIEW)**

Die grundsätzlichen Schnittmethoden möchten wir nun an mehreren Beispielen erläutern. Zunächst wird ein einfacher Schnitt ausführlich dargestellt. Bei der Beschreibung der anderen Schnittarten wird nur auf deren Besonderheiten hingewiesen.

Mit der Funktion **SCHNITTANSICHT** können Sie einfache und abgestufte Schnitte erzeugen. Nach dem Aufruf des Befehls werden zuerst die Elternansicht und anschließend die Hauptschnittrichtung festgelegt. Im Beispiel wird dazu zunächst der Mittelpunkt der oberen Bohrung gewählt. Die Schnittlinie hängt an diesem Punkt fest und kann nur noch gedreht werden. Durch die Bewegung des Cursors in den entsprechenden Bereich wird die Orientierung der Schnittlinie bestimmt. Bei Bedarf kann die Definition der Scharnierlinie aktiviert werden, um den Schnittverlauf an ausgewählten Elementen zu orientieren. Die Blickrichtung kann mit dem Befehl **RICHTUNG UMKEHREN** geändert werden. Sind alle Einstellungen definiert, wird der Schnitt durch Platzieren mit **MT1** wie abgebildet erzeugt.

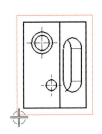 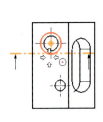 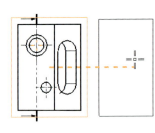 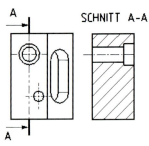

Soll eine Stufe im Schnittverlauf erstellt werden, müssen Sie nach der Festlegung des ersten Punktes das Icon **SEGMENT HINZUFÜGEN** aktivieren und den zweiten Punkt für die Stufenposition angeben. (Im Beispiel ist es der Mittelpunkt der kleinen Bohrung.) Dann deaktivieren Sie den Befehl **SEGMENT HINZUFÜGEN**, sodass sich die Orientierung der Schnittlinie wieder durch die Cursor-Position ergibt.

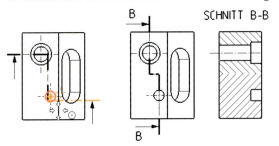

Der Übergang zwischen den Stufen wird automatisch festgelegt. Manuell lässt er sich vor dem Platzieren der Ansicht folgendermaßen korrigieren: Die Schnittorientierung fixieren Sie zunächst über **MT3** mit **AUSRICHTUNG SPERREN**. Mit dem Befehl **SEGMENT VER-**

SCHIEBEN können Sie die Linie nun frei bewegen. Anschließend wird das Icon deaktiviert und die Ansicht angelegt.

Um mit dem Befehl SCHNITTANSICHT einen räumlichen Schnitt zu erstellen, gibt es verschiedene Möglichkeiten:

In der *ersten Variante* wird ein gestufter Schnitt definiert, wobei die Richtung der Scharnierlinie umgekehrt und die Vorschau nach rechts gezogen wird. In diesem Zustand erfolgt mit MT3 der Aufruf des Befehls AUSRICHTUNG SPERREN. Danach wird das Werkzeug SCHNITTANSICHT (Vorschau) gestartet. Die Ansicht wird entsprechend gedreht und der Befehl SCHNITT aktiviert. Damit erhalten Sie eine Vorschau auf die räumliche Darstellung. Mit ORIENTIERUNG SPERREN wird diese Vorschau für die Schnittansicht übernommen. Nach Verlassen des Dialogs mit OK wird die Ansicht platziert. Durch das Aktivieren der Schattierung für die Schnittansicht ergeben sich anschauliche Darstellungen.

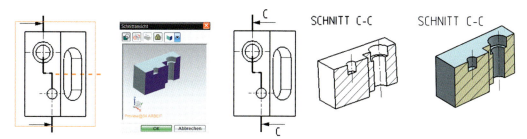

In der *zweiten Variante* wird die räumliche Darstellung als GRUNDANSICHT unter Nutzung von WERKZEUGANSICHT ORIENTIEREN generiert. Danach erfolgt die Definition des gestuften Schnittes in der ersten Ansicht. Die Scharnierlinie wird umgekehrt und gesperrt. Unter ORIENTIERUNG wird die Option SCHNITTBILDUNG EINER VORHANDENEN SCHNITTANSICHT aufgerufen und die räumliche Ansicht, in der der Schnitt ausgeführt werden soll, gewählt.

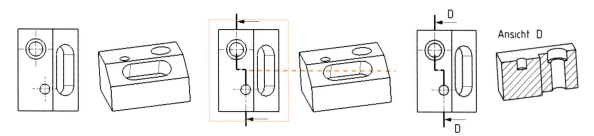

Der Halbschnitt erzeugt eine Darstellung, bei der nur ein Teil des Modells geschnitten wird.

Als Schnittposition für das Beispiel wählen Sie die Mitte der Bohrung. Zur Festlegung der Biegung wird dieser Punkt nochmals selektiert. Der genaue Schnittverlauf ergibt sich aus der Position des Cursors. Aufgrund der identischen Punkte für den Schnitt und die Biegung wird die Lage des Schnittes automatisch ermittelt. Bei der Verwendung unterschied-

HALBSCHNITT-
ANSICHT (HALF
SECTION VIEW)

licher Punkte wird diese Definition durch die Position der Punkte bestimmt. **RICHTUNG UMKEHREN** ermöglicht den Schnitt der anderen Bauteilseite.

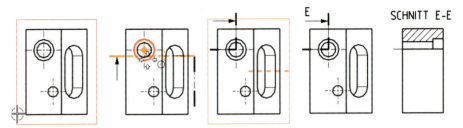

ROTATIONSSCHNITT-ANSICHT (REVOLVED SECTION VIEW)

Die **ROTATIONSSCHNITTANSICHT** erlaubt das Erstellen von Schnitten, die um eine Achse in einen bestimmten Winkel gedreht sind. Damit werden zwei Schnittflächen definiert, die in die Ebene der Schnittdarstellung geklappt werden.

Im Beispiel geben Sie zunächst den Mittelpunkt der großen Bohrung als Drehpunkt an. NX erzeugt zwei Schenkel, wobei einer aktiv ist. Mit erneuter Selektion dieser Bohrungsmitte bestimmen Sie den ersten Schenkel. Der anschließend automatisch aktivierte zweite Schenkel wird durch die Auswahl der Mitte der kleinen Bohrung festgelegt. Der endgültige Schnittverlauf ergibt sich durch die Position des Cursors. Die Orientierung der Schnittansicht richtet sich dabei nach dem ersten Schenkel.

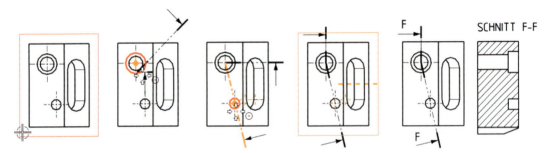

Die bisher erläuterten, normalen Schnitte können effizient mit der Vorschau und den Optionen der Werkzeugleiste bzw. des Popup-Menüs erzeugt werden. Alle anderen Schnitte funktionieren nach der traditionellen Vorgehensweise, bei der schrittweise Einstellungen vorgenommen werden und das Ergebnis erst zum Schluss sichtbar wird. Dabei ist unbedingt auf die Hinweise des Systems zu achten, um die jeweils richtigen Angaben vorzunehmen.

Werden isometrische Darstellungen als Elternansichten verwendet, können Sie mit den folgenden Befehlen ebenfalls räumliche Schnitte erzeugen, wie das nächste Beispiel zeigt.

3D-SCHNITTANSICHT (3D SECTION CUT)

Im Dialog **3D-SCHNITTANSICHT** wird zuerst die Elternansicht gewählt. Bei diesem Befehl ist die **SCHNITTANSICHTORIENTIERUNG** wichtig: Mit **ORTHOGONAL** wird der räumliche Schnitt in die Zeichenebene geklappt. Die Option **ORIENTIERUNG DES ÜBERGEORDN. ELEMENTS VERWENDEN** erlaubt die Erstellung eines Schnittes mit gleicher Ausrichtung wie die Elternansicht. Diese Option wird für das Beispiel eingestellt. Mittellinien sollen nicht generiert werden und sind daher zu deaktivieren.

NX erwartet für die **PFEILRICHTUNG** die Eingabe eines Vektors, der senkrecht zur Schnittebene ist und die Blickrichtung auf den Schnitt definiert. Im Beispiel wird der Vektor mit der Option **ZWEI PUNKTE** durch die Mittelpunkte der beiden kleinen Bohrungen festgelegt.

Mit **ANWENDEN** gelangen Sie zum nächsten Bearbeitungsschritt: der Festlegung der **SCHNITTRICHTUNG**. Dazu wird die Außenfläche des Zylinders selektiert, und die Zylinderachse wird dargestellt.

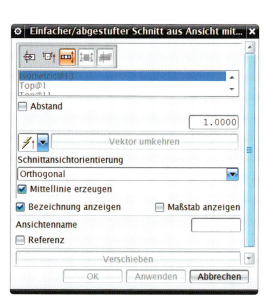

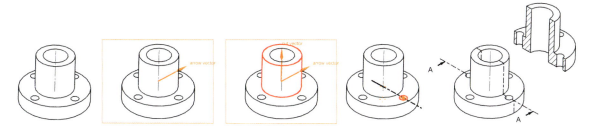

Mit **ANWENDEN** wird zu einem weiteren Dialog gewechselt, um die **SCHNITTPOSITION** festzulegen. Für das Beispiel erfolgt die Selektion des abgebildeten Mittelpunkts. Nach der Bestätigung mit **OK** können Sie den Schnitt über die **MT1** ablegen.

Die Erstellung halber Schnitte ist weitestgehend analog zur zuvor beschriebenen Vorgehensweise. Vor der Angabe der **SCHNITTPOSITION** ist jedoch die Festlegung einer **KNICKPOSITION** erforderlich. Dazu wird im Beispiel der dargestellte Mittelpunkt verwendet.

HALBE 3D-SCHNITT-ANSICHT (HALF 3D SECTION CUT)

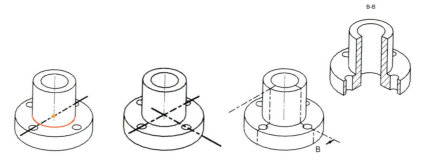

Schnittlinie bearbeiten

Zum Ändern der Eigenschaften von Schnittansichten können Sie den Befehl **VOREINSTELLUNGEN FÜR SCHNITTLINIE** (siehe Abschnitt 9.1.3) verwenden. Dazu selektieren Sie die Schnittlinie mit **MT3** und rufen im Popup-Menü **STIL** auf. Alternativ ist das Icon in der Werkzeugleiste **BESCHRIFTUNG** zu nutzen. Die aktuellen Einstellungen werden im Dialog angezeigt und können dort modifiziert werden. Mit **OK** erfolgt die Übertragung auf den selektierten Schnitt.

SCHNITTLINIE BEARBEITEN (EDIT SECTION LINE)

Das nachträgliche Bearbeiten des Schnittverlaufs ist durch den Befehl **SCHNITTLINIE BEARBEITEN** möglich. Mit dieser Funktion können Schnittsegmente hinzugefügt, entfernt oder verschoben werden. Auch die Hauptschnittrichtung kann geändert werden. Der Aufruf erfolgt durch Doppelklick auf die Schnittlinie.

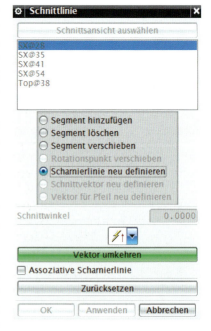

Wird der Befehl über das Icon aus der Leiste **ZEICHNUNG BEARBEITEN** aufgerufen, müssen Sie anschließend die Schnittlinie selektieren, um wiederum die anwendbaren Optionen aktivieren und auswählen zu können.

Die folgende Abbildung zeigt drei Beispiele für die Änderungen des Schnittes. Dabei ist auf dem linken Bild der Originalzustand dargestellt.

Die Modifikation der Schnittrichtung wird mit der Option **SCHARNIERLINIE NEU DEFINIEREN** durchgeführt. Danach kann ein Vektor für die neue Orientierung bestimmt werden. Mit dem Schalter **VEKTOR UMKEHREN** wird die entgegengesetzte Blickrichtung aufgerufen.

Nach der Aktivierung der Option **SEGMENT VERSCHIEBEN** ist der entsprechende Teil der Schnittlinie auszuwählen. Anschließend wird durch Festlegung eines Punktes die neue Position bestimmt. Dieser Vorgang kann für mehrere Segmente wiederholt werden.

Bei Nutzung von **SEGMENT HINZUFÜGEN** ist eine Position zu definieren, an der eine neue Stufe in den Schnittverlauf eingebaut wird. Bei Bedarf sollten Sie die automatisch generierten Knickpunkte über **SEGMENT VERSCHIEBEN** anpassen.

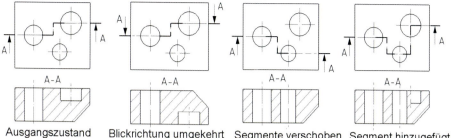

| Ausgangszustand | Blickrichtung umgekehrt | Segmente verschoben | Segment hinzugefügt |

Im Dialog können Sie verschiedene Optionen mehrfach anwenden. Nach Beenden des Befehls ist eine Aktualisierung der Schnittansicht notwendig. Bei unzureichendem Resultat können Sie die Ansicht mit Doppelklick aktivieren und die Option **VERDECKTE KANTEN WERDEN SCHRAFFIERT** im Dialog **ANSICHTSSTIL** unter **SCHNITT** ausschalten.

Sollen bestimmte Teile (wie etwa Schrauben) ungeschnitten dargestellt werden, legen Sie dies als Teileattribut fest. Dazu wird im **BAUGRUPPEN-NAVIGATOR** unter **EIGENSCHAFTEN > ATTRIBUTE** der Eintrag *SECTION-COMPONENT=no* erstellt und mit dem Teil gespeichert. Anschließend wird dieses Bauteil bei Verwendung in einer Baugruppe grundsätzlich ungeschnitten dargestellt.

SCHNITTKOMPONENTEN IN ANSICHT (SECTION COMPONENTS IN VIEW)

Zusätzlich besteht die Möglichkeit, beim Erstellen von Baugruppenschnitten einzelne Komponenten oder Volumenkörper auszuwählen und ihnen den Status »ungeschnitten« zuzuordnen.

Für die nachträgliche Modifikation der Schnittdarstellung steht der Befehl **SCHNITTKOMPONENTEN IN ANSICHT** zur Verfügung. Nach dem Aufruf müssen Sie zunächst die Ansicht, in der die Schnittdarstellung verändert werden soll, selektieren. Anschließend wird die gewünschte **AKTION** im Dialog eingestellt und die betroffenen Komponenten werden gewählt. Nach Beenden des Befehls müssen Sie die geänderten Ansichten aktualisieren.

Die folgende Abbildung zeigt ein Beispiel für die geschnittene und ungeschnittene Darstellung von Komponenten einer Baugruppe.

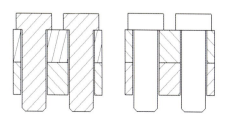

Schraffur bearbeiten

Zur Modifikation der Schraffur-Eigenschaften von Schnittdarstellungen wird der Befehl **STIL BEARBEITEN** in der Werkzeugleiste **ZEICHNUNG BEARBEITEN** verwendet. Alternativ können Sie die betroffene Schraffur mit Doppelklick auswählen und die Parameter werden im Dialog **SCHRAFFUR** zur Änderung verfügbar. Mit **OK** oder **ANWENDEN** werden die neuen Vorgaben übernommen. Bei Bedarf müssen Sie die betroffene Schnittansicht manuell aktualisieren.

Im oberen Bereich des Dialogs können Sie unter **AUSZUSCHLIESSENDE BESCHRIFTUNG** Bemaßungen oder Texte wählen, in deren Bereich nicht schraffiert wird. Die Größe der Freistellung kann dabei individuell festgelegt werden. Die Option **VERDECKTE KANTEN WERDEN SCHRAFFIERT** unter **STIL BEARBEITEN > SCHNITT** muss dazu ausgeschaltet sein.

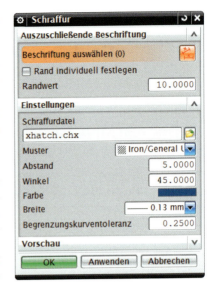

9.3.3 Aufgebrochene Darstellungen

AUSBRUCH-SCHNITTANSICHT (BREAK-OUT SECTION)

Ansicht erweitern
(View expand)

Neben den Schnittmethoden bietet NX zwei weitere Befehle, mit denen Ausbrüche und aufgebrochene Darstellungen erzeugt werden können.

Mit dem Befehl **AUSBRUCH-SCHNITTANSICHT** wird ein Teil des Modells geschnitten dargestellt. Als Werkzeug dafür dient eine Freihandlinie, die jedoch nur in der Ansicht sichtbar sein sollte, in der der Ausbruch erzeugt wird.

Zur Erstellung von Objekten in Zeichnungsansichten können Sie die Funktion **ERWEITERN** verwenden. Dieser Befehl wird aufgerufen, indem Sie den Cursor innerhalb der zu bearbeitenden Ansicht platzieren, ohne ein Zeichnungselement zu berühren, und mit **MT3** das Popup-Menü starten. Dort wird die Option **ERWEITERN** aktiviert. Die Ansicht dehnt sich daraufhin auf den gesamten Bildschirm aus.

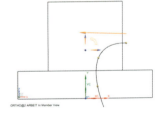

Am linken, unteren Bildschirmrand wird dann der Status *Arbeit In Member View* angezeigt. Elemente, die in diesem Zustand erzeugt werden, sind nur der aktiven Ansicht zugeordnet.

Zum Erstellen der Begrenzung verwenden Sie den Befehl **STUDIO-SPLINE** aus der Werkzeugleiste **KURVE**. Nach dem Start dieses Befehls wählen Sie die **METHODE**

PUNKTE. Durch die Angabe von Stützpunkten erfolgt die Festlegung der Spline-Kurve. Die Punkte werden so bestimmt, dass sie die im Ausbruch darzustellende Geometrie enthalten. Dazu ist es sinnvoll, die verdeckten Kanten in der Ansicht vor dem **ERWEITERN** einzuschalten, um auf alle Geometrieinformationen zugreifen zu können. Nach der Festlegung der Stützpunkte wird die Spline-Kurve mit **OK** generiert und über **MT3 ERWEITERN** im Popup-Menü wieder ausgeschaltet.

Im Dialog des Befehls **AUSBRUCH-SCHNITTANSICHT** können Ausbrüche erstellt, bearbeitet und gelöscht werden. Die jeweilige Option stellen Sie im oberen Bereich ein. Anschließend werden entsprechende Bearbeitungsschritte aktiv.

Für die Festlegung der einzelnen Eingabewerte ist es sinnvoll, mehrere Ansichten vom Bauteil zu nutzen. Die Selektion kann somit in der am besten geeigneten Ansicht erfolgen. Für das Beispiel sind zwei Ansichten ausreichend.

Beim Erzeugen eines Ausbruchs wählen Sie zunächst die Elternansicht, dann einen Basispunkt, der festlegt, an welcher Position der Ausbruch beginnt. Für das Beispiel wird dazu die Mitte des unteren Kreises in der Draufsicht selektiert.

Danach springt das System zur Definition des Extrusionsvektors und zeigt den Standardvektor am Bildschirm an. Dieser Vektor legt fest, in welcher Richtung Material entfernt wird, und kann vom Anwender geändert werden. Im Beispiel wird der vorgeschlagene Vektor übernommen. Dieser zeigt in der Ausbruchansicht in Richtung des Anwenders. Das Material wird im vorderen Bereich entfernt.

Mit **MT2** gelangen Sie zum nächsten Schritt, der Selektion der Begrenzungskurven für den Ausbruch. Dazu wird die Spline-Kurve ausgewählt, deren Enden von NX durch eine Linie verbunden werden.

Durch **MT2** oder direkte Anwahl wird der letzte Schritt aktiviert, die Bearbeitung der Begrenzung. Die von NX erzeugte Linie wird an ihrem mittleren Kontrollpunkt mit **MT1** selektiert und bleibt somit am Cursor hängen. Die Linie kann jetzt wie ein Gummiband gedehnt werden. Mit **MT1** wird der gewählte Punkt abgelegt, und es entsteht eine weitere Begrenzungslinie. Dieser Vorgang wird so lange wiederholt, bis die Ausbruchsbegrenzung vollständig bestimmt ist. Anschließend wird der Dialog mit **ANWENDEN** beendet und der Ausbruch generiert.

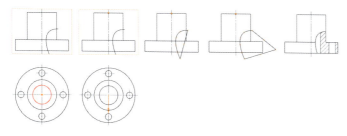

Zum Bearbeiten und Löschen wird der Befehl **AUSBRUCH-SCHNITTANSICHT** nochmals gestartet, die entsprechende Option gewählt und anschließend der Ausbruch selektiert. Dabei können Sie beim Löschen entscheiden, ob die manuell erstellten Begrenzungskurven ebenfalls entfernt werden. In diesem Fall müssen Sie den Schalter **BRECHUNGSKURVEN LÖSCHEN** aktivieren.

Die Abbildung zeigt die Wirkung der Option **SCHNITT DURCH MODELL**. Dabei wird das durch den Ausbruch definierte Material vollständig entfernt.

Für die verkürzte Darstellung langer Teile oder die Fokussierung auf spezielle Bereiche können Sie den Befehl **BRUCH ANZEIGEN** verwenden.

AUSBRUCHS-ANSICHT/BRUCH ANZEIGEN (VIEW BREAK)

Es wird zwischen zwei Typen von Brüchen unterschieden: regulär und einseitig. Mit **REGULÄR** wird eine Konzeptlücke durch zwei Bruchlinien erzeugt. Beim Typ **EINSEITIG** ist nur eine Bruchlinie vorhanden.

Die aufgebrochene Ansicht wird am Beispiel einer langen Welle dargestellt.

Nach Aufruf des Befehls müssen Sie die **MASTER-ANSICHT** (Grundansicht, Projizierte Ansicht oder Schnittansicht) wählen. Die Richtung bzw. der Vektor verläuft senkrecht zur Bruchlinie. NX schlägt die längere Richtung der Geometrie (horizontal oder vertikal) vor, die jedoch modifiziert werden kann.

Für den regulären (beidseitigen) Bruch werden nun zwei Bruchlinien über **ANKERPUNKTE** festgesetzt. Die Option **ASSOZIATIV** ist standardmäßig gesetzt. Sie bewirkt, dass die Bruchlinie angepasst wird, wenn der mit dem Ankerpunkt verbundene Geometriepunkt verschoben wird. Mittels **OFFSET** kann ein Abstand zwischen Ankerpunkt und Bruchlinie bestimmt werden.

Der Darstellung der Bruchlinie bestimmen Sie unter **EINSTELLUNGEN > STIL**. Im Beispiel wird über die Option **STANGENKÖRPER** die Schraffur hinzugefügt.

Mit **OK** oder **ANWENDEN** wird der Bruch abgeschlossen.

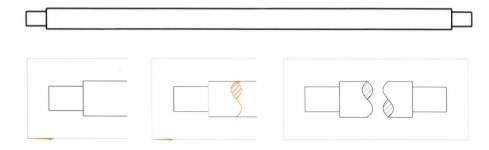

Brüche werden im Teile-Navigator angezeigt und können dort über **MT1** bearbeitet, unterdrückt oder gelöscht werden.

Sofern Sie die Grundansicht mit einem Ausbruch versehen, wird dieser auf einer projizierten Ansicht automatisch übernommen. Ein Ausbruch, der hingegen in der projizierten Ansicht oder Schnittansicht eingefügt wird, ist unabhängig und kann nachträglich bearbeitet oder gelöscht werden.

Es ist ratsam, eine Ausbruch-Schnittansicht vor der Ausbruchsansicht zu erstellen. Alternativ lässt sich vor der Erzeugung der Ausbruch-Schnittansicht vorübergehend der Ansichtsbruch unterdrücken. Diese Vorgehensweise ist auch für eine Beschriftung wichtig.

Sofern Sie in einer Ansicht einen weiteren Bruch erzeugen wollen, können Sie unter **RICHTUNG** die Option **ORIENTIERUNG** mit den Einstellungen **PARALLEL** und **SENKRECHT** zum bestehenden Ausbruch wählen.

Abschließend erfolgt die Erzeugung weiterer Zeichnungsobjekte wie Mittellinien und Bemaßungen. Dabei werden die Maße von NX in wahrer Größe angezeigt.

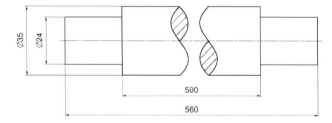

9.3.4 Ansichten bearbeiten

Auf einige Möglichkeiten der Bearbeitung von Ansichten wurde bereits in den vorhergehenden Abschnitten hingewiesen. Zusätzliche Funktionen sind in der Werkzeugleiste **ZEICHNUNG BEARBEITEN** oder in der Menüleiste **BEARBEITEN > ANSICHT** enthalten. Außerdem besteht die Möglichkeit, eine Ansicht an ihrem Rand zu selektieren und mit **MT3** das Popup-Menü aufzurufen. Zum Löschen können Sie nach der Auswahl der Ansicht auch die **ENTF**-Taste verwenden.

Mit Doppelklick auf den Rand der Ansicht können Sie den **ANSICHTSSTIL** direkt modifizieren. Im Dialog ändern Sie die Einstellungen der selektierten Darstellung individuell. Im Register **ALLGEMEIN** sind besonders die Optionen zur Modifikation der Anzeige (sichtbare, verdeckte, glatte Kanten), für die ansichtenabhängige Vergabe eines Maßstabes oder zur Drehung um einen bestimmten Winkel interessant.

Das Verschieben einer Ansicht auf dem Zeichnungsblatt führen Sie am einfachsten durch die Selektion an deren Rand mit **MT1** und gleichzeitigem Ziehen durch. Damit kann sie frei am Bildschirm bewegt werden. Sobald Sie in den Fangbereich einer anderen Ansicht gelangen, wird mit einem Vektor die automatische Ausrichtung angezeigt.

Um die Lage von mehreren Ansichten zueinander zu erhalten, müssen diese gemeinsam selektiert und verschoben werden. Weiterhin steht der Befehl **ANSICHT VERSCHIEBEN/KOPIEREN** zur Verfügung.

ANSICHTENABHÄNGIGES BEARBEITEN (VIEW DEPENDENT EDIT)

NX erzeugt die Darstellungen in den Ansichten assoziativ zum 3D-Modell. Dabei kann die Anzeige bestimmter Objektklassen grundsätzlich beeinflusst werden.

Zur Optimierung einzelner Objekte wird der Befehl **ANSICHTENABHÄNGIGES BEARBEITEN** verwendet. Der Dialog besitzt im Bereich **ÄNDERUNGEN HINZUFÜGEN** Icons für die unterschiedlichen Modifikationen. Dabei können Sie Objekte vollständig oder teilweise löschen bzw. ihre Darstellung ändern.

Die nächste Reihe von Funktionen unter **BEARBEITUNGEN LÖSCHEN** bezieht sich auf die zuvor mit diesem Befehl geänderten Objekte, die Sie mit dem entsprechenden Icon wieder in ihren Originalzustand versetzen.

Der untere Bereich des Dialogs enthält Einstellmöglichkeiten für Drahtmodelle oder Schattierungen. In Abhängigkeit von der gewählten Änderung werden die passenden Optionen aktiv.

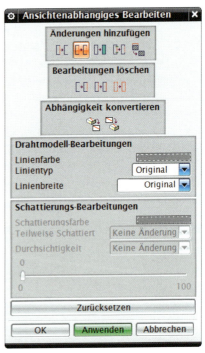

Die grundsätzlichen Funktionen des Befehls werden wir an Beispielen erläutern. Im ersten Modell sind in der Ansicht die verdeckten Kanten eingeschaltet, die nun auf unterschiedliche Weise modifiziert werden.

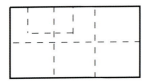 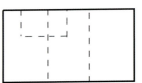 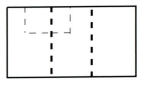

Zuerst soll die waagerechte, verdeckte Kante unterdrückt werden. Dazu erfolgt nach dem Start des Befehls die Selektion der Ansicht. Anschließend wird die Funktion **OBJEKTE LÖSCHEN** aufgerufen. Die **KLASSENAUSWAHL** wird aktiv und die Kante selektiert. Nach Beenden des Befehls ist diese Kante nicht mehr sichtbar.

Im nächsten Schritt wird die Darstellung der verdeckten Kanten für die Durchgangsbohrung modifiziert. Dafür wird nach dem Start des Befehls die Ansicht gewählt und die Option **GANZES OBJEKT BEARBEITEN** aktiviert. Unter **DRAHTMODELL-BEARBEITUNGEN** werden die Eigenschaften abgeändert. Im Beispiel wird die Liniendicke verändert. Mit **ANWENDEN** gelangen Sie zur Klassenauswahl, und die Objekte werden selektiert. Mit **OK** ergeben sich die auf S. 499 unten abgebildeten Änderungen.

Im nächsten Beispiel soll die Schattierung für bestimmte Bauteilflächen in einer Ansicht geändert werden. Dazu wird die auf dem folgenden, linken Bild dargestellte Ansicht nach Aufruf des Befehls aktiviert und die Option **SCHATTIERTE OBJEKTE BEARBEITEN** aufgerufen. Die obere Fläche des Bauteils wird selektiert und die Auswahl mit **OK** beendet. Anschließend sind die **SCHATTIERUNGS-BEARBEITUNGEN** aktiv. Dort wird die **SCHATTIERUNGSFARBE** der Fläche wie auf dem mittleren Bild dargestellt geändert. Dieser Vorgang wird für zwei weitere Flächen wiederholt, um deren Durchsichtigkeit zu modifizieren (siehe rechtes Bild).

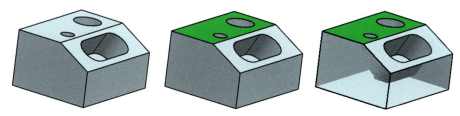

Bei der Erstellung von Zeichnungsansichten werden von NX die Ansichtsgrenzen automatisch so bestimmt, dass die vollständige Geometrie zu sehen ist. Für Ausschnittsvergrößerungen legen Sie die Ansichtsgrenzen fest. Mit dem Befehl **ANSICHTSBEGRENZUNG** aus der Menüleiste **BEARBEITEN > ANSICHT** oder über **MT3** können diese modifiziert werden. Nach der Selektion der Ansicht werden die jeweiligen Optionen aktiv.

ANSICHTS-
BEGRENZUNG
(VIEW BOUNDARY)

Als Ansichtsbegrenzungen stehen die folgenden Arten zur Verfügung:

- **AUTOMATISCHES RECHTECK:** Die rechteckige Begrenzung wird nach der Modellgröße berechnet, da alle Elemente abgebildet werden. Bei Modelländerungen erfolgt eine automatische Größenanpassung.

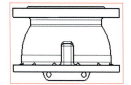

- **MANUELLES RECHTECK:** Mit dem Aufziehen eines Rechtecks legen Sie die Größe der Begrenzung fest. Nur die Geometrie innerhalb des Rechteckes ist sichtbar.

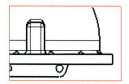

- **BRUCHLINIE/DETAIL:** Die Begrenzung wird mithilfe von Kurven bestimmt, die zur jeweiligen Ansicht gehören müssen und unter Nutzung der Funktion **ERWEITERN** erzeugt werden können. Wenn der Kurvenzug nicht geschlossen ist, wird nach dem **ANWENDEN** eine Verbindungslinie zwischen den Endpunkten erzeugt. Diese Linie besitzt eine Art Gummibandfunktion und kann mit **MT1** an eine neue Position gezogen werden. Durch Wiederholen dieses Vorgangs erhalten Sie die entsprechenden Begrenzungen.

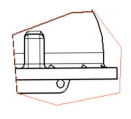

- **DURCH OBJEKTE BEGRENZEN:** Sie wählen Modellkanten oder Punkte aus, auf deren Basis ein Rechteck als Ansichtsbegrenzung berechnet wird. Bei Modelländerungen erfolgt eine automatische Anpassung.

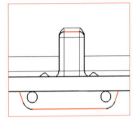

Im Beispiel werden die roten Kanten zur Definition der Ansichtsgrenzen selektiert.

Nach Aufruf des Befehls **ANSICHTSBEGRENZUNG** und Auswahl der Ansicht kann zwischen den Begrenzungsarten gewechselt werden. Der Befehl ist auch für die Modifikation von Ausschnittsvergrößerungen, wie etwa die Änderung der Lage und Größe, interessant. In beiden Fällen wird zuerst die Detailansicht gewählt. Soll die Position geändert werden, müssen Sie ihren Mittelpunkt durch kurzes Drücken von **MT1** selektieren. Anschließend haftet das Detail am Cursor und kann verschoben werden. Zum Ändern der Größe klicken Sie auf den Begrenzungskreis und modifizieren ihn ebenfalls durch Ziehen mit **MT1**.

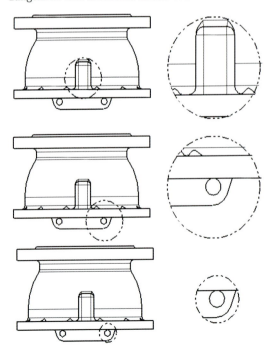

Ist unter **VOREINSTELLUNGEN > ZEICHNUNGSERSTELLUNG > ANSICHT** die **VERZÖGERTE ANSICHTSAKTUALISIERUNG** aktiv, erfolgt keine automatische Neuberechnung der Zeichnungsansichten bei Änderungen. Die Zeichnung erhält dann den Status *Out of Date*.

ANSICHTEN AKTUALISIEREN (UPDATE VIEW)

Sie können die Aktualisierung der Ansichten mit dem entsprechenden Befehl starten. Dazu wird eine Liste der verfügbaren Ansichten angezeigt, wobei die veralteten Darstellungen automatisch blau hinterlegt werden. Durch **ANWENDEN** erfolgt die Aktualisierung der in der Liste gekennzeichneten Ansichten.

Die Anzeige von Baugruppen-Komponenten können Sie in einzelnen Ansichten nachträglich über den Befehl **KOMPONENTEN IN DER ANSICHT AUSBLENDEN** unterdrücken. Dazu wählen Sie im Dialog erst die Bauteile, die nicht mehr dargestellt werden sollen, und anschließend die betroffenen Ansichten aus.

KOMPONENTEN IN DER ANSICHT AUSBLENDEN/ ANZEIGEN (HIDE/SHOW COMPONENTS IN VIEW)

Um die ausgeblendeten Komponenten wieder darzustellen, rufen Sie den Befehl **KOMPONENTEN IN DER ANSICHT ANZEIGEN** auf. Zunächst selektieren Sie die Ansicht mit den unterdrückten Bauteilen und aktivieren dann die Komponente aus der Liste der ausgeblendeten Teile.

Wenn in einer Ansicht zusätzliche Linien oder Kurven benötigt werden, können Sie diese auch in der **ZEICHNUNGSERSTELLUNG** über die Skizzenfunktionen der Werkzeugleiste **SKIZZENERSTELLUNG** erzeugen. Die Skizze kann auf dem Zeichnungsblatt oder in einer Ansicht generiert werden und ist assoziativ zu diesem Objekt. Für Skizzen innerhalb der Ansicht erfolgt die Selektion der Ansicht über den Filter in der Werkzeugleiste **SKIZZENERSTELLUNG**. Alternativ können Sie die Ansicht markieren und die Option **AKTIVE SKIZZENANSICHT** mittels **MT3** aktivieren. Die Linien werden nun mit den normalen Skizzenfunktionen erstellt.

Skizzen in Ansichten

Bei Verwendung des Master-Modell-Konzepts für die Zeichnungserstellung befindet sich in der Zeichnungsdatei keine Geometrie. Dadurch können zunächst keine Bedingungen und steuernden Maße zwischen Skizzenkurven und Ansichtsgeometrie erzeugt werden. Es erscheint eine Fehlermeldung. Die Maße sind schwarz dargestellt und lassen sich nicht modifizieren. Wählen Sie die entsprechende Ansicht mit Doppelklick am Rand an, können Sie unter **ANSICHTSTIL > ALLGEMEIN** die Option **EXTRAHIERTE KANTEN** einstellen. Danach sind die Zeichnungsobjekte auswählbar und sie können mit steuernden Maßen über den Befehl der Zeichnungserstellung bemaßt werden. Diese Maße werden blau angezeigt.

Das Beispiel auf S. 502 oben zeigt ein Rechteck und eine Verbindungslinie zwischen zwei Kreismitten, die mit den Skizzenfunktionen nachträglich zur Ansicht *Draufsicht* hinzugefügt und bemaßt wurden. Dabei wird der Rahmen automatisch angepasst. Die Skizze wird im **TEILE-NAVIGATOR** unter der entsprechenden Ansicht angeordnet und kann dort aktiviert oder gelöscht werden. Sobald Sie die Skizze beenden, werden die Skizzenkurven wie die üblichen Zeichnungsobjekte dargestellt.

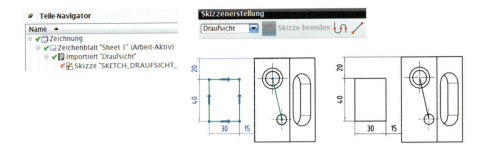

9.4 Symmetrie- und Mittellinien

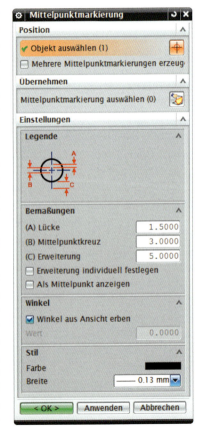

Bei der Ansichtserstellung werden Mittellinien teilweise automatisch abgebildet. Dazu muss die entsprechende Option unter ANSICHTSVOREINSTELLUNGEN > ALLGEMEIN aktiv sein. Um weitere Mittel- und Symmetrielinien hinzuzufügen und ihre Darstellung zu bearbeiten, verwenden Sie die Werkzeugleiste MITTELLINIEN. Die Symmetrie- und Mittellinien sind assoziativ zu den gewählten Objekten.

MITTELPUNKT MARKIEREN (CENTER MARK)

Der Befehl MITTELPUNKT MARKIEREN wird bei Kreisen oder Kreisbögen eingesetzt. Das Zentrum des Kreises erscheint in Form eines +. Empfohlen wird, das Fangen von Mittelpunkten in der AUSWAHLLEISTE einzustellen.

Wird ein Kreis selektiert und mit ANWENDEN oder MT3 bestätigt, erzeugt NX die Mittellinien. Dieser Vorgang kann mehrmals wiederholt werden. Anstatt jedoch ANWENDEN jedes Mal zu drücken, kann die Option MEHRERE MITTELPUNKTMARKIERUNGEN unter POSITION aktiviert werden, sodass Punkte direkt hintereinander bestimmt werden können. Ist diese Option ausgeschaltet und werden ebenfalls nacheinander mehrere Punkte ausgewählt, ohne ANWENDEN zu drücken, werden diese miteinander verbunden. Voraussetzung dafür ist, dass sie auf einer Geraden liegen.

Unter **EINSTELLUNGEN** sind die geometrischen Eingaben (A, B, C), welche die Größe der Mittellinien steuern, zu finden. NX zeigt nach der Selektion die Linie als Vorschau an. Das Handle legt fest, wie weit die Mittellinie über das Objekt herausragt. Durch Ziehen am Pfeil oder Eintragung eines Wertes in das Eingabefeldes können Sie den Überstand für alle Linien gleichzeitig bestimmen.

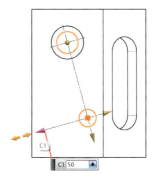

Mit der Option **ERWEITERUNG INDIVIDUELL FESTLEGEN** werden alle beweglichen Pfeile am aktiven Punkt abgebildet. Verbindet die Mittellinie mehrere Objekte, wird der Überstand durch das Aktivieren des entsprechenden Punktes individuell festgelegt. (siehe Abbildung)

Mit **ÜBERNEHMEN** werden bereits vorhandene Mittellinien selektiert, deren Einstellungen auf die neuen Elemente übernommen werden sollen.

Bei der Selektion einzelner Mittelpunkte wird die Option **WINKEL** verfügbar, bei der der Winkel gemäß der Ansicht oder ein individueller Drehwinkel zur Wahl steht.

Für die Erstellung von Lochkreisen stehen zwei Methoden zur Verfügung – **DURCH 3 ODER MEHR PUNKTE** und **MITTELPUNKT**.

LOCHKREIS-MITTELLINIE (BOLT CIRCLE)

Bei der Nutzung der Option **MITTELPUNKT** müssen nur zwei Punkte (Mittel- und Kreispunkt) angegeben werden. Die Methode **DURCH 3 ODER MEHR PUNKTE** verlangt die Festlegung von mindestens drei Punkten auf dem Lochkreis.

Befinden sich mehrere Bohrungen auf einem Lochkreis, ist zwar die Selektion von drei Mittelpunkten ausreichend, um die Kreislinie zu erzeugen, jedoch erhalten die nicht gewählten Bohrungen auch keine Mittellinien. In diesem Fall sollten Sie alle Bohrungen selektieren. Zusätzlich müssen Sie den Schalter **VOLLKREIS** aktivieren.

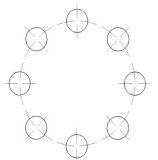
Alle Mittelpunkte gewählt

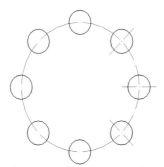
3 Mittelpunkte ausgewählt

Sollen Teilkreise erzeugt werden, müssen Sie die Option **VOLLKREIS** ausschalten und die Selektionsreihenfolge der Punkte beachten. Die Auswahl sollte grundsätzlich entgegen dem Uhrzeigersinn erfolgen. Im Uhrzeigersinn wird ein Vollkreis generiert.

Der Befehl **KREISFÖRMIGE MITTELLINIE** funktioniert analog zu den Lochkreisen, erstellt jedoch nur die Kreismittellinie.

KREISFÖRMIGE MITTELLINIE (CIRCULAR CENTERLINE)

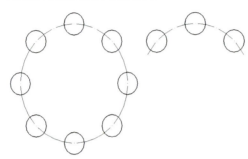

2D-MITTELLINIE (2D CENTERLINE)

Bei der Nutzung der **2D-MITTELLINIE** müssen Sie zunächst den **TYP** festlegen. Bei dem Typ **PUNKTE** werden zwei Punkte ausgewählt, zwischen denen die Linie erstellt wird. Zusätzlich können Sie ein **OFFSET** festlegen, der erst bei der Bemaßung der Mittellinie erkennbar wird. In der Abbildung werden die Mittelpunkte der Endflächen des Bauteils selektiert, um die Mittellinie zu erhalten.

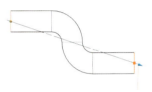

Der Typ **VON KURVEN** eignet sich besonders für die Erstellung von Mittellinien in gekrümmten Bauteilbereichen. Die Eingabe von jeweils zwei gegenüberliegenden Kurven ist nötig. Zur Generierung einer zusammenhängenden Mittellinie sollten Sie bei der **ERWEITERUNG** den Wert *0* eingeben, damit die Enden nicht überstehen.

Auf dem folgenden, linken Bild werden zunächst zwei Kreisbögen selektiert, um die entsprechende Mittellinie mit **ANWENDEN** zu erhalten. Danach werden die beiden anderen Kreisbögen ausgewählt. Abschließend erfolgt nacheinander die Erzeugung der Mittellinien für die zylindrischen Bereiche mit individuell festgelegter Erweiterung. Damit erhält man die aus vier Linien bestehende Mittellinie.

3D-MITTELLINIE (3D CYLINDRICAL)

Der Befehl **3D-MITTELLINIE** ist bei solchen Kurvenzügen effizienter, da der gesamte Linienzug auf einmal erzeugt wird. Die Mittelachsen der nacheinander selektierten Objekte werden automatisch erkannt. Dazu sollten Sie die Option **AUSGERICHTETE MITTELLINIE** ausschalten, um die Linien nicht einzeln erstellen zu müssen.

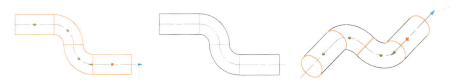

Mit Symmetrielinien werden symmetrische Modelle gekennzeichnet. Diese Linien definieren Sie durch die Selektion von Punkten oder zylindrischen Flächen. Werden sie für Bemaßungen verwendet, ist darauf zu achten, dass damit der Wert für das gesamte Modell angezeigt wird.

Mit dem Befehl **AUTOMATISCHE MITTELLINIE** können Sie Mittellinien für zylindrische Elemente in markierten Zeichnungsansichten erzeugen. Die Elemente müssen parallel oder senkrecht zur Zeichnungsebene verlaufen.

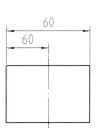

SYMMETRISCHE MITTELLINIE (SYMMETRICAL CENTERLINE)

AUTOMATISCHE MITTELLINIE (AUTOMATIC CENTERLINE)

Durch Doppelklick auf eine vorhandene Mittellinie wird deren Dialog für Änderungen (z. B. Linienüberstand, Selektion weiterer Objekte) wieder aktiv. Mit **ANWENDEN** werden die Korrekturen übernommen.

Im Beispiel wird ein Lochkreis für sechs Bohrungen erstellt. Nach Verdopplung der Bohrungsanzahl erhalten die neu hinzugekommenen Bohrungen keine Mittellinien. Deshalb wird der Lochkreis mit Doppelklick selektiert und die Mittelpunkte der neuen Kreise für die Aufnahme in die Mittellinie gewählt.

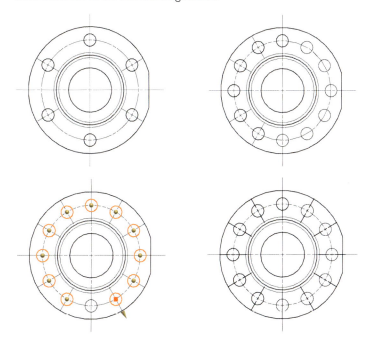

Beim Verringern der Objektanzahl im Modell werden die Mittellinien ebenfalls nicht automatisch angepasst. In diesem Fall wird analog vorgegangen. Nach Aufruf des Befehls werden die Punkte, denen keine Bohrung mehr zugeordnet werden kann, in blauer Farbe angezeigt. Durch Selektion eines solchen Punktes mit **MT3** erscheint ein Popup-Menü, in dem Sie die Punkte einzeln oder mit dem Befehl **ALLE BEIBEHALTENEN ENTFERNEN** gemeinsam löschen können.

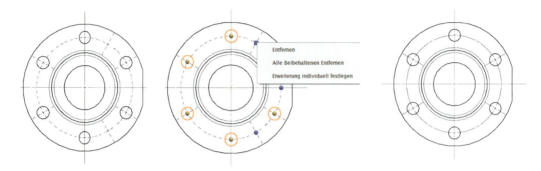

Um Mittellinien vollständig in Ausschnittsvergrößerungen zu übernehmen, müssen Sie diese im erweiterten Modus der Ansicht generieren (**MT3 > ERWEITERN**). Auf dem folgenden, linken Bild mit der Vergrößerung B werden die Mittellinien der Elternansicht im normalen Modus erzeugt. Die Linien des Ausschnitts C werden dagegen in der erweiterten Elternansicht erstellt.

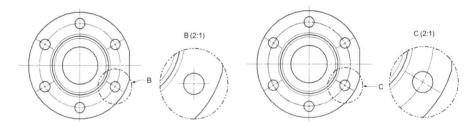

■ 9.5 Allgemeine Texte

Texte können Sie im Zusammenhang mit Bemaßungen oder separat erzeugen. Allgemeine Texte werden frei bzw. unter Bezug zu vorhandenen Elementen auf der Zeichnung platziert. Assoziative Texte bewegen sich mit ihren Bezugselementen mit und können mit oder ohne Bezugspfeil erstellt werden.

HINWEIS (NOTE)   Für das Anfertigen und Ändern von Texten steht der Befehl **HINWEIS** zur Verfügung.

Unter **TEXTEINGABE** können Sie im Dialog einen Text erzeugen oder ändern. Parallel dazu erscheint dieser als Vorschau im Grafikbereich. Während sich die Schrift im Eingabefenster bei Änderung nicht anpasst, wird der Text im Grafikfenster bis auf wenige Formatierungen mit seinen wahren Eigenschaften dargestellt.

Die Schriftart und ihre Darstellung stellen Sie unter **FORMATIERUNG** ein. Die integrierten Texte, aber auch Symbole werden in einer Schriftart abgebildet, die der Standardschrift entspricht. Zur Bearbeitung wird der Text selektiert und anschließend ein Format zugewiesen. Beispielsweise wird durch die Steuerzeichen <U> ein Wort unterstrichen.

Unter **TEXT BEARBEITEN** befinden sich die üblichen Befehle zum Kopieren, Einfügen und Löschen von Texten. Texte aus anderen Anwendungen können Sie in NX einfügen. Mit dem Icon **TEXTATTRIBUT LÖSCHEN** werden Steuerzeichen vor und nach dem Text (<...>) entfernt. Hierzu müssen Sie den Cursor im Eingabefenster zwischen den Steuerzeichen, also in der formatierten Textstelle positionieren. Alternativ lassen sich diese manuell entfernen.

Im Bereich **SYMBOLE** können Sie verschiedene **KATEGORIEN** einstellen:

- Die Option **ZEICHNUNGSERSTELLUNG** enthält Sonderzeichen.
- Die **KATEGORIE 1/2 BRÜCHE** erzeugt unterschiedliche Darstellungen von Brüchen, die unter **BRUCHTYP** zu finden sind. In den Eingabefeldern tragen Sie die Ziffern ein, die über das Icons **BRUCH EINFÜGEN** in den Text übernommen werden.
- Die **KATEGORIE FORM/LAGE** erlaubt den Zusammenbau von Form- und Lagetoleranzen, wobei der Befehl **FORM-/LAGETOLERANZRAHMEN** in Verbindung mit dem **BEZUGSELEMENTSYMBOL** besser geeignet ist.
- Mit **ANWENDERDEFINIERT/ANWENDERDEFINIERTES SYMBOL** werden vom Anwender erzeugte Symbole in den Texteditor eingelesen.
- Mittels **BEZIEHUNGEN** können Sie Ausdrücke und Attribute in die Texterstellung integrieren. Mit den entsprechenden Icons werden Listen zur Selektion der gewünschten Werte aufgerufen.

Beispiel Text NX 8.5

Diese Möglichkeit wird an folgendem Beispiel erläutert: Die Bauteilmasse der aktuellen Zeichnung soll als Text assoziativ erstellt werden. Um diese Masse zu bestimmen, wird in die Anwendung **KONSTRUKTION** gewechselt. Über **WERKZEUGE > AUSDRÜCKE** wird sie mit dem Befehl **KÖRPER MESSEN** ermittelt und dem neuen Ausdruck *masse* wie abgebildet zugeordnet. Anschließend wird wieder die **ZEICHNUNGSERSTELLUNG** aktiviert.

Im Texteditor wird der Befehl **AUSDRUCK EINFÜGEN** aufgerufen. NX listet alle verfügbaren Größen auf, aus denen die *masse* gewählt und mit **OK** in das Eingabefeld des Editors übernommen wird. Dort können Sie noch zusätzliche Informationen eingeben. Anschließend wird der Text auf der Zeichnung platziert. Dieser Eintrag ändert sich entsprechend dem aktuellen Gewicht des ausgewählten Bauteils.

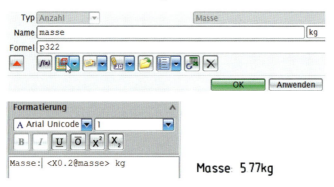

Mit **IMPORTIEREN/EXPORTIEREN** haben Sie die Möglichkeit, Texte aus externen *txt*-Dateien einzufügen oder in solche Dateien zu schreiben.

Im Bereich **EINSTELLUNGEN** können Sie unter **STIL** grundsätzliche Vorgaben zum Text ändern.

Der Text wird als Vorschau am Cursor angezeigt. Um eine Beschriftung assoziativ zu einer Ansicht zu setzen, bewegen Sie den Cursor in die Nähe einer Ansicht. Der Assoziativitätsindikator in Form einer gestrichelten Linie wird angezeigt. Durch **MT1** wird der Text an der gewünschten Position platziert.

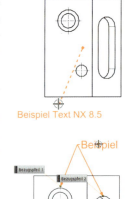

Beispiel Text NX 8.5

Text mit Hinweispfeil: Berühren Sie ein vorhandenes Element, wird dieses ausgewählt, und es wird ein Pfeilsymbol dargestellt. Ein Hinweispfeil wird nun mit dem Text generiert, wenn **MT1** gedrückt und gleichzeitig gezogen wird. Dabei befindet sich die Pfeilspitze am Selektionspunkt. Durch wiederholtes Drücken und Ziehen von **MT1** fügen Sie weitere Pfeile hinzu.

Im Bereich **BEZUGSPFEIL** werden die Pfeile unter **TYP** und **STIL** definiert. Unter **PFEILKOPF** können Sie das Symbol für die Pfeile ändern. Dabei können Sie die Pfeile/Pfeilköpfe eines Hinweises z. B. unterschiedlich gestalten. Die **ENDABSCHNITTLÄNGE** bestimmt die Länge der Linie vor dem Text. Im Abschnitt **AUFLISTEN** werden die einzelnen Pfeile angezeigt und können dort auch wieder entfernt werden.

Durch die Option **MIT ABSÄTZEN ERZEUGEN** werden Pfeilknickpunkte erzeugt. Deren Position wird mit dem Befehl **ABSATZPOSITION FESTLEGEN** angegeben. Dabei werden so lange Knickpunkte generiert, bis der Vorgang mit **MT2** oder dem Icon **NEUEN SATZ HINZUFÜGEN** beendet wird. Anschließend kann der nächste Pfeil generiert werden.

Im Beispiel wird ein Hinweis mit zwei Pfeilen erzeugt, wobei ein Pfeil einen Knickpunkt besitzt. **MIT ABSÄTZEN ERZEUGEN** wird zunächst aktiviert und dann ein Pfeil mit Knickpunkt erstellt. Dazu werden zwei Punkte für das **ENDOBJEKT**, auf das die Pfeilspitze zeigt, und die **ABSATZPOSITION** des Knickes gewählt. Unmittelbar nach dem Klick mit **MT2** wird ein Punkt für die Erzeugung des geraden, zweiten Pfeils definiert. Der Text wird im Anschluss mit **MT1** abgelegt.

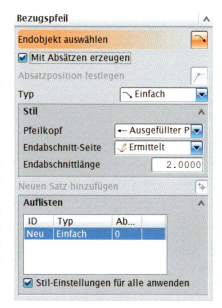

Die Position des Textes lässt sich durch Ziehen mit **MT1** ändern.

Um die Pfeile zu modifizieren, muss der Hinweis mit Doppelklick aktiviert werden. Die abgebildeten Manipulatoren werden angezeigt.

Die einzelnen Bezugspfeile aktivieren Sie an ihrem Punkt oder über das Textfeld. Die Punkte an den Pfeilspitzen versetzen Sie durch Selektion eines neuen Zielpunktes. Knickpunkte hingegen können Sie durch Ziehen mit **MT1** verschieben.

Neben den Einstellungen im Dialog kann der ausgewählte Punkt auch mit einem über **MT3** aufgerufenen Popup-Menü geändert werden.

Das Hinzufügen von weiteren Bezugspfeilen zu einem bestehenden Text ist über die Aktivierung von **NEU** unter **AUFLISTEN** im Dialog möglich. Ebenso können Sie über die Wahl des Pfeils und **ABSATZPOSITION HINZUFÜGEN** Knicke addieren.

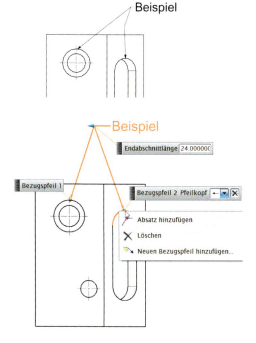

Der Bereich **AUSRICHTUNG** steuert die Positionierung der erstellten Texte. Dabei wird unter **AUTOMATISCHE AUSRICHTUNG** gewählt, ob der Text assoziativ zur Ansicht oder zur Geometrie ist oder nicht.

Mit den einzelnen Optionen unter **AUTOMATISCHE AUSRICHTUNG** können Sie die Abhängigkeiten separat ein- und ausschalten. Bei **HORIZONTAL ODER VERTIKAL AUSRICHTEN** wird eine Orientierung des neuen Hinweises an vorhandenen Texte und Bemaßungen angestrebt.

Mit dem **ANKER** legen Sie den Bezugspunkt für den Text im Beschriftungsobjekt fest.

9.6 Form- und Lagetoleranzen

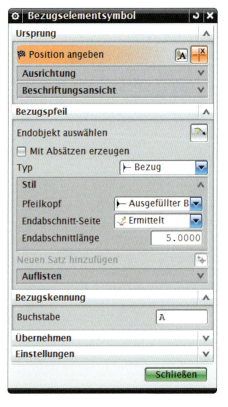

Für die Erstellung von Form- und Lagetoleranzen können Sie die Befehle **BEZUGSELEMENTSYMBOL** und **FORM-/LAGETOLERANZRAHMEN** verwenden, deren Dialoge analog zum Hinweis-Dialog funktionieren.

BEZUGSELEMENTSYMBOL (DATUM FEATURE SYMBOL)

Nach Start des Befehls **BEZUGSELEMENTSYMBOL** legen Sie im Bereich **BEZUGSPFEIL > TYP** bzw. **STIL** die grundsätzliche Gestalt fest. Der gewünschte Buchstabe wird unter **BEZUGSKENNUNG** eingegeben.

Danach erfolgt die Auswahl des Objektes, auf den der Pfeil gerichtet sein soll: Durch gleichzeitiges Markieren und Ziehen mit **MT1** senkrecht zum ausgewählten Element bestimmen Sie die Position des Symbols und legen es mit wiederholter **MT1** ab. Dabei gibt die **ENDABSCHNITTLÄNGE** den Abstand zwischen Pfeilanfang und Buchstaben-Rahmen an. Die **ENDABSCHNITT-SEITE** steuert die Lage des Buchstabens (z. B. rechts des Pfeils).

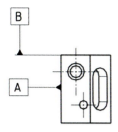

Wollen Sie den Bezug mit einer Hilfslinie platzieren, ziehen Sie **MT1** zunächst in Richtung des gewählten Objektes. Nach dem Loslassen der Maus ist die Länge der Hilfslinie bestimmt. Dann bewegen Sie den Cursor an die Platzierungsstelle und drücken **MT1**.

Zur Festlegung der Werte rufen Sie den Befehl **FORM-/LAGETO-LERANZRAHMEN** auf. Dabei werden neben den bereits bekannten Einstellungen im Bereich **RAHMEN** die vielfältigen Eingabemöglichkeiten für die Toleranz vorgenommen. Die Platzierung des Rahmens erfolgt analog zu den allgemeinen Texten. Auch hier können Sie mehrere Hinweispfeile generieren.

FORM-/LAGE-TOLERANZRAHMEN (FEATURE CONTROL FRAME)

Die folgende Abbildung zeigt die Eingabewerte im Dialog und das Ergebnis in der Zeichnung für eine Richtungstoleranz. Zum Bearbeiten werden die Toleranzrahmen und Bezüge mit Doppelklick aufgerufen.

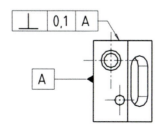

9.7 Bemaßungen

Die Bemaßungen auf den Zeichnungen sind assoziativ zum 3D-Modell und zeigen dessen exakte Größe.

Die Maße der Elemente **SKIZZE**, **BOHRUNG** und **GEWINDE** können Sie automatisch aus deren Parametern generieren und in eine Zeichnungsansicht übertragen.

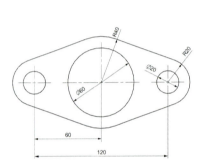

FORMELEMENT-PARAMETER (FEATURE PARAMETERS)

Im Beispiel wird die Bemaßung aus deren Skizze erzeugt. Im Dialog des Befehls **FORMELEMENTPARAMETER** wird aus der Liste der verfügbaren Elemente das Element selektiert, dessen Maße automatisch erzeugt werden sollen. Anschließend erfolgt über das Icon **ANSICHTEN AUSWÄHLEN** der nächste Bearbeitungsschritt, in dem die zu bemaßende Ansicht bestimmt wird. Mit **OK** wird die Bemaßung erstellt.

Ausdrücke in Zeichnungen

Wird kein Master-Modell-Konzept verwendet, befindet sich die Geometrie in derselben Datei wie die Zeichnung. In diesem Fall kann man aus der Zeichnungserstellung auf die Skizzenparameter zugreifen, um die Geometrie zu ändern. Dazu muss die Variable *UGII_DRAFT_EXPRESSIONS_OK=1* beim Starten von NX gesetzt werden. Dann kann innerhalb der Zeichnungserstellung der Befehl unter **WERKZEUGE > AUSDRUCK** genutzt werden.

Um einen Ausdruck direkt zu ändern, wird das entsprechende Maß selektiert und danach **STRG-E** gedrückt. Damit wird der Ausdruckseditor aufgerufen und das Maß aktiviert. Nach dem Ändern des Wertes werden sowohl die Geometrie im Bauteil als auch die Zeichnungsansichten angepasst. Generell werden Bemaßungen bzw. Änderungen jedoch eher am Master, dem 3D-Modell, vorgenommen, da die mit Formelementparametern erzeugten Maße nicht explizit gekennzeichnet sind.

Das Beispiel auf S. 513 oben zeigt die Änderung des Durchmessers von *60* auf *30*.

Maße werden meist manuell vom Anwender mittels **DROP-DOWN-MENÜ ZEICHNUNGSBEMASSUNG** erzeugt.

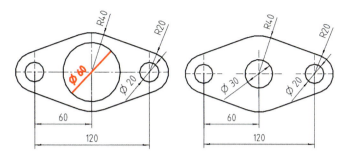 

Die generelle Schrittfolge bei der Bemaßung ist wie folgt: Allgemeine Schrittfolge

1. Wählen Sie die Bemaßungsmethode.
2. Legen Sie optional die Voreinstellungen fest.
3. Selektieren Sie die zu bemaßenden Objekte unter Beachtung der Voranzeige und Filter-Einstellungen.
4. Während die Maßzahl am Bildschirm auf Position gebracht wird, können deren Einstellungen nach Aufruf eines Popup-Menüs mit **MT3** verändert werden. Die Funktionen dieses Dialogs richten sich nach der aktiven Bemaßungsmethode.
5. Mit **MT1** platzieren Sie die Bemaßung. Dabei kann sie assoziativ zu vorhandenen Objekten ausgerichtet werden.

Nach dem Aufruf eines Bemaßungsbefehls steht die abgebildete Leiste zur Verfügung. Weiterhin wird in der **AUSWAHLLEISTE** die Option **ASSOZIATIVER URSPRUNG** aktiv. Damit können Sie die Bemaßung assoziativ zu vorhandenen Objekten ausrichten. Die aktuelle Beziehung wird beim Platzieren durch Pfeile und die farbliche Darstellung der betroffenen Objekte angezeigt. Ist diese Option aktiv, bewegt sich die abhängige Bemaßung beim Verschieben des Elternobjekts entsprechend mit.

Die einzelnen Icons besitzen folgende Funktionen:

 Kaskadenmenü zur Einstellung der Toleranzangaben: In Abhängigkeit vom gewählten **WERT** werden zusätzliche Eingaben unter **TOLERANZ** erforderlich. Die Abbildung zeigt die Angabe der oberen und unteren Toleranz. Die Angaben können mit Doppelklick editiert werden.

Kaskadenmenü zur Festlegung der Nachkommastellen für die Maßzahl bzw. Toleranzangaben: Die Maße werden mit der eingestellten Anzahl von Kommastellen erzeugt, wobei NX bei Bedarf entsprechend rundet.

Die Funktionalität dieses Texteditors wurde bereits beschrieben. In Zusammenhang mit Bemaßungen können Sie Texte vor, hinter, unter und über der Maßzahl erstellen.
Dazu besitzt der Editor zusätzlich die dargestellte Iconleiste. Die Pfeile kennzeichnen die Position des Zusatztextes. Wenn sie grün dargestellt sind, ist bereits ein Text vorhanden.
Texteinträge im Editor werden nach Beenden des Bemaßungsbefehls nicht automatisch gelöscht, sondern stehen beim nächsten Aufruf wieder zur Verfügung. Zum Entfernen aller Texteinträge dient das Icon **ZUSÄTZLICHEN TEXT GANZ LÖSCHEN**.
Alternativ lassen sich die Texte einfach mit der Popup-Menü-Option **ZUSÄTZLICHER TEXT** erzeugen, bei der nach der Auswahl der Position ein Eingabefeld aktiv wird.

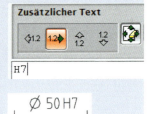

 BEMASSUNGSSTIL: Im Dialog für Voreinstellungen ist vor allem im Register **BEMASSUNG** die Platzierungsmethode mit folgenden Optionen von Interesse:

 AUTOMATISCHE PLATZIERUNG: NX positioniert die Maßzahl immer in der Mitte der Maßhilfslinien. Die Anordnung der Pfeile wird ebenfalls in Abhängigkeit vom verfügbaren Platz automatisch festgelegt.

 MANUELLE PLATZIERUNG – PFEILE NACH AUSSEN: Die Position der Maßzahl können Sie selbst bestimmen. Die Pfeile sind grundsätzlich außen.

MANUELLE PLATZIERUNG – PFEILE INNEN: Die Position der Maßzahl können Sie selbst definieren. Die Pfeile sind per se innen.

MANUELLE PLATZIERUNG – PFEILE IN GLEICHER RICHTUNG: Die Platzierung lässt sich auch simpel mit dem Popup-Menü einstellen. Ist eine manuelle Platzierung aktiv, fängt NX die Mitte der Maßlinie, sobald sich das Maß in deren Bereich befindet.

 ZURÜCKSETZEN: Die vorgenommenen Einstellungen werden auf die alten Werte zurückgesetzt.

 STEUERUNGSBEMASSUNG: Werden Skizzen in der Zeichnungsumgebung bemaßt, wird mit dieser Option eingestellt, ob das Maß die Geometrie steuert oder nicht.

 STAPELN: Stapelung einer Bemaßung mit anderen vorhandenen Beschriftungen

 AUSRICHTEN: Horizontales oder vertikales Ausrichten einer Bemaßung zu einer anderen Beschriftung

 LINIENMETHODE: Kaskadenmenü zur Festlegung der Linien bei Winkelbemaßungen

 ALTERNATIVER WINKEL: NX schaltet bei Winkelbemaßungen auf den jeweiligen Ergänzungswinkel zu 360° um.

 GRUNDLINIE: Bei der zylindrischen Bemaßung können Sie zur Ermittlung des Durchmessers eine Grundlinie definieren, die als Symmetrielinie interpretiert wird. Das erzeugte Maß besitzt den doppelten Abstand zur Grundlinie.

Im Folgenden möchten wir näher auf die Befehle der Werkzeugleiste **BEMASSUNG** eingehen. In Abhängigkeit von den selektierten Objekten bzw. Filter-Einstellungen können Sie unterschiedliche Bemaßungen erzeugen. Grundsätzlich sind Punkte oder Kurven zur Definition von Bemaßungen zu verwenden. Das automatische Fangen von Punkten können Sie temporär durch **ALT** unterdrücken.

Mit der **ERMITTELTEN BEMASSUNG** werden, in Abhängigkeit von den selektierten Elementen und der Bewegungsrichtung des Cursors, vor dem Platzieren die passenden Maße erzeugt. Damit können Sie einen großen Teil der Bemaßungen erstellen, ohne die Methode zu ändern.

ERMITTELT
(INFERRED)

Im linken Bild wird die schräge Linie selektiert. Je nach Bewegungsrichtung des Cursors erfolgt die Erstellung horizontaler, vertikaler oder paralleler Maße.

Bei der Anwahl von Kreisen oder Kreisbögen werden Durchmesser oder Radien bemaßt. Werden zwei Linien selektiert, erzeugt NX einen Winkel. Mit der Auswahl einer Linie und eines Punktes wird der senkrechte Abstand zur Linie generiert.

Das rechte Bild zeigt ein Beispiel für die Maßerstellung in Abhängigkeit von den Selektionsobjekten. Die Maße *35* und *11,6* werden unter Nutzung von zwei Tangentenpunkten erzeugt. Bei der Erstellung der Bemaßung *20* erfolgt die Auswahl der Kreismittelpunkte. Der Abstand *30* wird durch Wahl einer Kante und eines Schnittpunktes festgelegt.

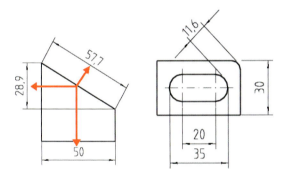

Die Bemaßungsmethoden **HORIZONTAL** und **VERTIKAL** besitzen die gleiche Funktionalität. Zur Erstellung der Maße können Sie Linien oder Punkte selektieren.

Die nebenstehende Abbildung zeigt Möglichkeiten für diesen Bemaßungstyp. Die Maße *20* und *30* werden **HORIZONTAL** bzw. **VERTIKAL** mit der Selektion einer Linie erzeugt. Die Bemaßungen *15* und *50* erfolgen mit der Auswahl von zwei Punkten bzw. Linien.

HORIZONTAL/
VERTIKAL
(HORIZONTAL/
VERTICAL)

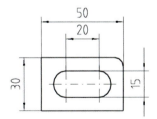

**PARALLEL
(PARALLEL)**

Mit **PARALLEL** wird der kürzeste Abstand zwischen zwei Punkten festgelegt.

Über die Option **RICHTUNG** ist die Bestimmung eines Vektors möglich. Bei der nebenstehenden Abbildung werden zwei Eckpunkte verwendet.

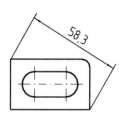 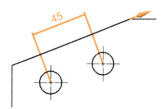

**SENKRECHT
(PERPENDICULAR)**

Bei der Option **SENKRECHT** ist die Angabe einer Basislinie erforderlich. Anschließend wird das zweite Objekt selektiert. NX erzeugt den senkrechten Abstand zwischen Basislinie und ausgewähltem Element. Im Beispiel wird der Abstand von der schrägen Linie zur Kreismitte generiert.

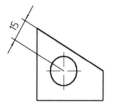

FASE (CHAMFER)

WINKEL (ANGULAR)

Zur Bemaßung von Fasen mit einem Winkel von 45° können Sie den Befehl **FASE** verwenden. Damit wird z. B. das dargestellte Maß automatisch generiert.

WINKEL können durch Selektion von zwei nicht parallelen Linien bemaßt werden. Zur Festlegung der Linien steht ein spezielles Icon mit verschiedenen Optionen zur Verfügung. In Abhängigkeit von der Platzierungsseite der Maßzahl werden die Winkel generiert. Der Ergänzungswinkel ist als Variante anwendbar.

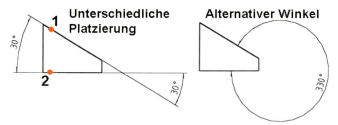

Auf den Abbildungen ändert sich die Selektion der Objekte zur Definition des Winkels nicht. Nur durch die Platzierung der Maßzahl bzw. mit der Option **ALTERNATIVER WINKEL** ergeben sich diese Resultate.

Mit dem Befehl **ZYLINDRISCH** können Sie Bemaßungen durch Selektion von zwei Punkten, von Linien oder einer zylindrischen Fläche erzeugen. Die Maßzahl wird dabei mit dem Durchmesserzeichen versehen.

**ZYLINDRISCH
(CYLINDRICAL)**

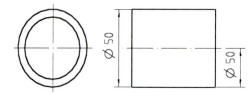

Wird eine Mittellinie selektiert, erscheint ein Pfeil zwischen der Außenlinie und der Mittellinie, das Maß entspricht jedoch dem Durchmesser (vgl. Abbildung auf S. 516 unten).

Bei zwei Punkten wird die Bemaßung über den kürzesten Abstand dieser beiden Punkte generiert.

Bei der Bemaßung von Durchmessern in Detail-Ansichten ist es möglich, dass nur eine Seite eines Bauteils in der Ansicht sichtbar ist. In diesem Fall können Sie das Maß durch folgendes Vorgehen erzeugen:

Nach Start des Befehls **ZYLINDRISCH** wird zunächst der **BEMASSUNGSSTIL** geändert. Die Anzeige des ersten Pfeils und der ersten Maßhilfslinie schalten Sie im Register **BEMAßUNG** aus und setzen die Platzierung auf manuell. Mit **OK** werden die Einstellungen für das folgende Maß übernommen.

Danach erfolgt die Selektion der ersten Linie in der Hauptansicht. Es sollte kein Punkt ausgewählt werden. Die Linie legt den Beginn der Bemaßung und die Ausrichtung fest. Anschließend bestimmen Sie die gegenüberliegende Seite im Detail und platzieren die Bemaßung dort. Durch die Voreinstellungen werden nur für das zweite Selektionsobjekt die Maßhilfslinie und der Maßpfeil angezeigt. Bei Bedarf können Sie die Lage des Pfeils über die Voreinstellung zur manuellen Platzierung von innen nach außen ändern.

Mit **DURCHMESSER** und **BOHRUNG** werden Kreise bemaßt. Dabei wird das Durchmesserzeichen automatisch vor der Maßzahl platziert. Der Unterschied zwischen den beiden Methoden wird in der Abbildung sichtbar: Beim **DURCHMESSER** ist die Maßlinie durchgezogen, bei der **BOHRUNG** endet der halbe Pfeil am kreisförmigen Objekt.

DURCHMESSER/
BOHRUNG
(DIAMETER/HOLE)

Die Bemaßung vom **RADIUS** und **RADIUS ZU MITTELPUNKT** erfolgt analog zum Durchmesser.

RADIUS/RADIUS
ZU MITTELPUNKT
(RADIUS/RADIUS
TO CENTER)

Für die Bemaßung eines Radius, dessen Ursprung außerhalb der Zeichenansicht liegt, können Sie die Option **VERKÜRZTER RADIUS** verwenden. Dazu muss zunächst das kreisförmige Objekt **(1)** gewählt werden. Anschließend wird die Angabe eines fiktiven Mittelpunktes **(2)** erforderlich. Da NX dafür keine Bildschirmpositionen, sondern nur Kontrollpunkte und vorhandene Punkte akzeptiert, müssen Sie bei Bedarf einen Punkt über den Kurven-Dialog oder **EINFÜGEN > KURVE SKIZZIEREN > PUNKT** erzeugen. Danach wird die Faltposition **(3)** angegeben und das Maß platziert.

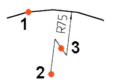

VERKÜRZTER
RADIUS (FOLDED
RADIUS)

DICKE (THICKNESS)

Die Bemaßung der **DICKE** erfolgt durch die Selektion von zwei Kurven. Der senkrechte Abstand vom Selektionspunkt des ersten Objekts bis zum Schnittpunkt mit dem zweiten Objekt wird ermittelt.

BOGENLÄNGE (ARC LENGTH)

Die **BOGENLÄNGE** wird durch Auswahl des entsprechenden Objektes bestimmt.

In NX besteht die Möglichkeit, mehrere Bemaßungen gleichzeitig zu erzeugen. Dazu sind Ketten- und Grundlinienmaße mit den jeweiligen Optionen horizontal und vertikal verfügbar. Während bei Kettenmaßen der Endpunkt des Vorgängers den Anfangspunkt des nachfolgenden Maßes bildet, werden bei Grundlinien-/Baseline-Bemaßungen alle Werte auf eine Basislinie bezogen.

HORIZONTALE/ VERTIKALE KETTE (HORIZONTAL/ VERTICAL CHAIN)

Die Abbildung zeigt eine **HORIZONTALE KETTE**. Nach Selektion der Grundlinie wird zunächst der Endpunkt für die erste Bemaßung, danach werden die Endpunkte für die anderen Maße angegeben. Abschließend erfolgt die Platzierung der Kette. Dabei richten sich **ALLE** Maße nach der ersten Zahl aus.

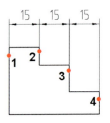

Während der Bemaßung können Sie mit **MT3** ein Popup-Menü aufrufen, um mit **LETZTEN ENTFERNEN** die letzte Auswahl rückgängig zu machen.

Die Erstellung einer vertikalen Kettenbemaßung erfolgt ebenso.

HORIZONTALE/ VERTIKALE BASLINE (HORIZONTAL/ VERTICAL BASELINE)

Die Selektionsreihenfolge bei den Grundlinien-/Baselinie-Bemaßungen ist analog zu den Kettenmaßen. Die einzelnen Werte werden unter Bezug auf die erste Bemaßung mit einem konstanten Versatz zueinander platziert. Dabei kann das auf dem linken Bild dargestellte Ergebnis mit sich überschneidenden Linien entstehen. In diesem Fall müssen Sie während der Bemaßung mit **MT3** das Popup-Menü aufrufen und die Option **OFFSET UMKEHREN** aktivieren. Damit erhalten Sie das auf dem rechten Bild dargestellte Resultat.

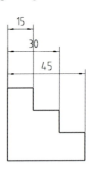
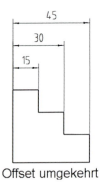

Offset umgekehrt

Die Bemaßungsmethode **VERTIKALE BASELINE** funktioniert in gleicher Weise.

Ketten- und Baselinemaße bearbeiten

Um den globalen **OFFSET** für vorhandene Grundlinienbemaßungen nachträglich zu ändern, ist zunächst die gesamte Maßkette zu selektieren. Dazu verwenden Sie am besten das QuickPick-Fenster. Im Anschluss rufen Sie mit **MT3** im Popup-Menü **STIL** das Register **BEMASSUNG** auf. Im Feld **GRUNDLINIEN-OFFSET** muss das Vorzeichen oder der Wert des Abstands entsprechend geändert werden. Mit **ANWENDEN** wird die aktive Bemaßung modifiziert.

Durch Selektion des ersten Elements einer Kette und Ziehen mit **MT1** verschieben Sie dieses Maß. Anschließend werden die übrigen Elemente entsprechend neu ausgerichtet.

Mit Doppelklick auf die Maßzahl einer Grundlinienbemaßung wird das Eingabefeld für den **OFFSET** wie abgebildet aktiv, in dem Sie einen individuellen Versatz für das selektierte Maß festlegen können.

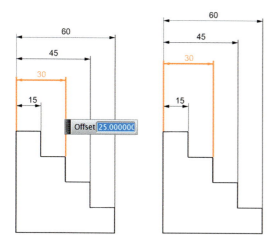

Bei Grundlinienbemaßungen werden Werte hinzugefügt, indem zuerst die gesamte Maßkette selektiert wird. Anschließend erfolgt mit **MT3** der Aufruf des Popup-Menüs. Die Option **ZU SET HINZUFÜGEN** wird gewählt und ebenso der Bezugspunkt der neuen Bemaßung selektiert. Das Maß entsteht automatisch, und die vorhandenen Werte werden neu ausgerichtet (siehe Abbildung).

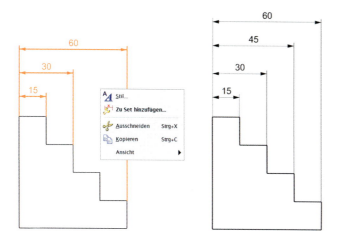

Bei Kettenmaßen hingegen ist es nur sinnvoll, mit dieser Funktion Maße an das Ende der alten Kette anzuhängen.

Das Löschen einzelner Grundlinienmaße erfolgt mit den üblichen Funktionen. Die restlichen Maße der Gruppe werden automatisch angepasst. Wenn allerdings Maße aus einer

STEIGENDE BEMASSUNG (ORDINATE DIMENSION)

Kette gelöscht werden, verlieren die verbleibenden Werte ihren Bezug. Deren Assoziativität muss manuell wieder hergestellt werden.

Für die Erzeugung von Ordinatenmaßen steht der Befehl **STEIGENDE BEMASSUNG** zur Verfügung. Dabei müssen Sie zuerst einen Ursprungspunkt angeben.

Als Nächstes werden die **RÄNDER** zur Platzierung der Maßzahlen mit dem Befehl **RÄNDER DEFINIEREN** festgelegt. In den Eingabefeldern bestimmen Sie deren **ANZAHL** und **ABSTAND**. Anschließend erfolgt die Auswahl eines Punktes, von dem die Ränder aus gemessen werden. Im Beispiel wird wieder der Ordinatenpunkt gewählt.

Im Anschluss können Sie die Punkte, deren Koordinaten zum Ursprung gemessen werden sollen, manuell oder automatisch selektieren. Für die manuelle Auswahl werden die gewünschten Punkte nach der Deaktivierung des Befehls **RÄNDER DEFINIEREN** ausgewählt.

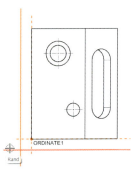

Zur automatischen Erstellung der Maße rufen Sie den entsprechenden Befehl auf. Im Dialog wählen Sie zuerst die Ansicht und ziehen dann ein Rechteck um die betroffenen Objekte.

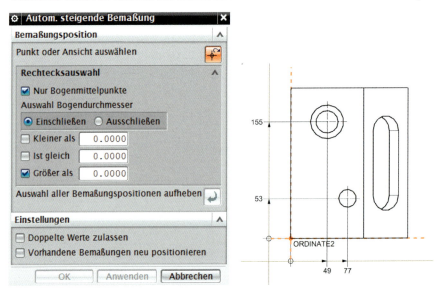

Die Position der einzelnen Maße können Sie durch Ziehen mit **MT1** ändern.

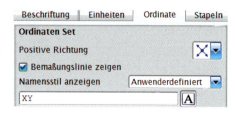

Soll der Name des Ursprungs modifiziert werden, wird die Ordinatenbemaßung mit Doppelklick aktiviert. Unter **BEMASSUNGS-STIL** im Register **ORDINATE** können Sie im Feld **NAMENSSTIL ANZEIGEN** die Option **ANWENDERDEFINIERT** aufrufen und einen neuen Namen eingeben.

Durch Löschen des Ursprungs wird die gesamte Ordinatenbemaßung entfernt. Einzelne Werte können Sie nach ihrer Auswahl löschen.

Die Maßzahlen sollten nicht geändert werden, da sie sonst ihren Bezug zum Modell verlieren und bei Modifikationen der 3D-Konstruktion nicht mehr aktualisiert werden. Falls dies unumgänglich sein sollte, können Sie den Texteditor über **BEARBEITEN > BESCHRIFTUNG > TEXT BEARBEITEN**, das Icon in der Werkzeugleiste **ZEICHNUNG BEARBEITEN** oder **MT3 > ABHÄNGIGEN TEXT BEARBEITEN** aufrufen und dann die zu korrigierende Maßzahl markieren und bearbeiten. Den von NX aufgezeigten Hinweis zur Bedeutung dieser Änderung müssen Sie mit **OK** bestätigen.

TEXT BEARBEITEN (EDIT TEXT)

Soll die ursprüngliche Assoziativität der Maßzahl wieder hergestellt werden, wird sie mit Doppelklick aktiviert und das Popup-Menü über **MT3** aufgerufen, in dem der Befehl **ZU AUTOMATISCH KONVERTIEREN** verfügbar ist.

Ob ein Maß editiert wurde, ist nicht sofort erkennbar. Mit dem Befehl **INFORMATIONEN > SONSTIGE > OBJEKTSPEZIFISCH > BEMASSUNG MIT MANUELLEM TEXT** werden alle von Ihnen geänderten Maße in der Auswahlfarbe angezeigt.

Editierte Maße anzeigen

Bei der Platzierung der Bemaßung innerhalb von Schraffuren werden die Linien im Bereich der Maßzahl nicht automatisch unterdrückt. Um diese zu unterbrechen, ist ein Doppelklick auf die Schraffur nötig. Im Dialog ist die Option **BESCHRIFTUNG AUSWÄHLEN** aktiv, die Bemaßung wird selektiert und schließlich mit **ANWENDEN** freigestellt. Dieser Freiraum wird beim Verschieben der Bemaßung angepasst.

 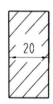

Schraffurbegrenzung bearbeiten

Bei Bedarf muss die Ansicht aktualisiert werden. Dabei müssen Sie im **ANSICHTSSTIL** unter **ABSCHNITT** die Option **VERDECKTE KANTEN WERDEN SCHRAFFIERT** ausschalten.

Mit dem Befehl **ASSOZIATIVITÄT BEARBEITEN** in der Werkzeugleiste **ZEICHNUNG BEARBEITEN** können Sie Bemaßungen neu zuordnen.

Im Beispiel auf S. 522 oben wird eine Bemaßung zwischen zwei Bohrungen erzeugt. Nach dem Löschen einer Bohrung im 3D-Modell ist sie auch auf der Zeichnung nicht mehr verfügbar. Damit verliert das Maß seinen Bezug und wird gestrichelt dargestellt. Den Befehl **ASSOZIATIVITÄT BEARBEITEN** rufen Sie durch Doppelklick auf das Maß auf. Mit der Selektion des neuen Bezugsobjektes wird das Maß aktualisiert.

ASSOZIATIVITÄT BEARBEITEN (EDIT ANNOTATION OBJECT ASSOCIATIVITY)

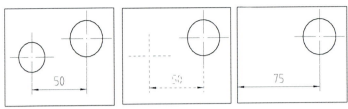

Ausgangszustand   Maß hat Bezug verloren   Bezug neu erzeugt

Bei Kettenmaßen kann der Befehl **ASSOZIATIVITÄT BEARBEITEN** die beim Löschen von Zwischenmaßen verloren gegangene Verbindung wieder herstellen. Dazu wird im folgenden Beispiel das Maß *15* mit Doppelklick gewählt und ein neuer Bezug für die linke Seite festgelegt.

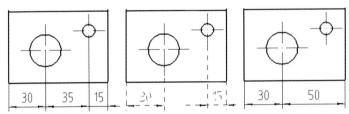

Maßhilfslinien unterbrechen

Das Unterbrechen von Maßhilfslinien ist in NX etwas gewöhnungsbedürftig. Über **EINFÜGEN > SYMBOL** wird der Befehl **ANWENDERDEFINIERTES SYMBOL** aufgerufen. Im Dialog wählen Sie das **DIENSTPROGRAMMVERZEICHNIS** und das Symbol **GAP25**. Mit dem Icon **ZU ZEICHNUNGSELEMENT HINZUFÜGEN** wird die Maßhilfslinie an der zu unterbrechenden Stelle zweimal selektiert und damit unsichtbar dargestellt.

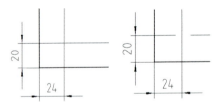

Wollen Sie die Position der Unterbrechung ändern oder löschen, muss der Befehl **BEARBEITEN > KOMPONENTE** gestartet werden. Mit der Option **KOMPONENTE VERSCHIEBEN** kann die Unterbrechung bewegt werden. **KOMPONENTE LÖSCHEN** entfernt die Lücke.

■ 9.8 Schweißsymbole

SCHWEISSSYMBOLE (WELD SYMBOL)

Zur Erstellung von Schweißangaben in Zeichnungen steht ein entsprechender Dialog zur Verfügung. Hinsichtlich der Bedeutung der vielfältigen Eingabemöglichkeiten verweisen wir auf die Online-Hilfe von NX.

Nach Aufruf des Befehls füllen Sie zunächst die Felder mit den erforderlichen Daten aus. Anschließend wird die Schweißangabe analog zu den Hinweistexten platziert. Die Schweißsymbole sind bzgl. ihrer Position assoziativ zu den Zeichnungsobjekten.

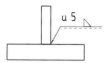

Um die Angaben zu editieren, rufen Sie den Dialog mit Doppelklick auf das Symbol wieder auf. Die Spitze des Hinweispfeils lässt sich wie die der Hinweistexte modifizieren. Unter **EINSTELLUNGEN > STIL** können Sie auf durch Standards gesteuerte Symbole zugreifen oder den Größenfaktor der Symbole innerhalb der Schweißsymbole definieren. Die grundsätzlichen Voreinstellungen werden unter **DATEI > DIENSTPROGRAMME > ANWENDERSTANDARDS > ZEICHNUNGSERSTELLUNG > AUTOMAT. SCHWEISSSYMBOLE** festgelegt.

■ 9.9 Oberflächensymbole

Ein Oberflächenbearbeitungssymbol kann erstellt werden, um die Beschaffenheit der Oberfläche wie etwa die Rauigkeit, Behandlung, Welligkeit oder Bearbeitungstoleranz zu definieren.

OBERFLÄCHENSYMBOL (SURFACE FINISH SYMBOLS)

Für die Anwendung des Menüs zum Erstellen und Ändern von Oberflächensymbolen müssen Sie die Variable *UGII_SURFACE_FINISH=ON* setzen. Die generellen Voreinstellungen wie Ra Maßeinheiten: Rauigkeitsgrad/Mikrometer oder Schriftart und Linienbreite etc. legen Sie in den **ANWENDERSTANDARDS** unter **ZEICHNUNGSERSTELLUNG > ALLGEMEIN > STANDARD > CUSTOMIZE STANDARD > OBERFLÄCHENSYMBOLE** fest.

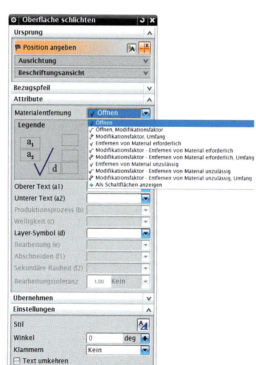

Die Beschriftung kann mit vorhandenen Zeichnungselementen (z. B. Bemaßungs- oder Kante) oder einem festgesetzten Punkt verknüpft werden. Die Assoziativität lässt sich unter **URSPRUNG** im Feld **AUSRICHTUNG** aktivieren oder deaktivieren. Bei beiden Optionen sind die Ausrichtungslinien aktiv. Bei **AUS** hingegen sind diese nicht sichtbar.

Die verschiedenen Symboltypen befinden sich im Bereich **ATTRIBUTE** unter **MATERIAL-ENTFERNUNG**. In Abhängigkeit von deren Auswahl werden entsprechende Text-Eingabefelder aktiv, die durch Buchstaben gekennzeichnet sind. Zusätzlich besteht die Möglichkeit, jeweils ein Kaskadenmenü mit voreingestellten Einträgen aufzurufen und einen Wert auszuwählen. Die Platzierung der Eingabewerte in Bezug zum Symbol wird in der Legende dargestellt.

Unter **EINSTELLUNGEN** lässt sich bei **STIL** z. B. der Standard definieren. Mit der Option **KLAMMERN** kann festgelegt werden, ob das Symbol mit Klammern versehen wird, um beispielsweise allgemeine Angaben zur Oberflächenbeschaffenheit zu generieren. Mit Angaben zum **WINKEL** können Sie die Symbole gezielter ausrichten.

Zum Ändern von Angaben selektieren Sie das Oberflächensymbol per Doppelklick. Dessen Daten sind im Dialog gespeichert und können modifiziert werden (siehe Hinweise).

Das Verschieben eines assoziativen Oberflächensymbols ist nicht möglich, alle anderen können mit **MT1** neu positioniert werden.

Die Linienstärke und Farbe können Sie nach Selektion des Symbols und Aufruf des Popup-Menüs mit dem Befehl **ANZEIGE BEARBEITEN** verändern.

■ 9.10 Stücklisten und Positionsnummern

Für das Erstellen und Ändern von Tabellen und Stücklisten verwenden Sie die Befehle der Werkzeugleiste **TABELLE**.

Eine Vorlage für Stücklisten zu erzeugen und diese zentral abzulegen, ist empfehlenswert, wenn mehrere Anwender darauf zugreifen und ein einheitliches Format verwenden sollen. Dazu sind die Festlegung von Einträgen der Stücklisten und die Bestimmung der Zeichnungserstellungsart notwendig. In diesem Abschnitt wird davon ausgegangen, dass Zeichnungen grundsätzlich über das Master-Modell-Konzept erstellt werden. Dazu sei nochmals auf die Nutzung einer entsprechenden Zeichnungsschablone verwiesen.

Für die Erzeugung assoziativer Stücklisteneinträge werden Systemvariablen und anwenderspezifische Teileattribute verwendet. Diese Attribute müssen einheitlich definiert und angewendet werden.

Im Folgenden beschreiben wir zunächst das grundlegende Vorgehen beim Erstellen einer anwenderspezifischen Stückliste und deren zentrale Speicherung. Danach stellen wir die Anwendung dieser Stückliste und die Erzeugung von Positionsnummern dar.

Für die Erstellung einer neuen Stückliste sollte zuerst eine Baugruppendatei geöffnet werden, deren Teile über die entsprechenden Attribute verfügen. Die Zeichnung mit Stückliste wird in einer separaten Teiledatei nach dem Master-Modell-Konzept erzeugt. Dazu wird entweder eine passende Zeichnungsschablone verwendet oder eine neue Teiledatei für die Zeichnung erstellt und anschließend die Baugruppe als Teil hinzugefügt.

Die Abbildung zeigt eine solche Struktur, wobei die Zeichnung in dem Teil *stuecklistenvorlage* erzeugt wird.

In der ZEICHNUNGSERSTELLUNG können Sie anschließend die Stückliste einfügen. Dazu rufen Sie den entsprechenden Befehl auf und platzieren die Stückliste auf der Zeichnung. NX generiert zunächst eine Standardstückliste mit den Einträgen der Baugruppenkomponenten.

STÜCKLISTE (PARTS LIST)

Im Beispiel enthält die Stückliste Angaben zur Positionsnummer, zum Teilenamen und zur Anzahl der Teile. Dabei wurde die Strukturstufe der obersten Baugruppe übersprungen.

3	4711_BG01_00	1
2	4711_ET01_00	1
1	4711_ET02_00	2
PC NO	PART NAME	QTY

Die Stückliste kann an ihrem Ausrichtpunkt (linke, obere Ecke) selektiert werden. Mit MT3 wird ein umfangreiches Popup-Menü verfügbar. Bei Wahl der Option STUFEN BEARBEITEN erscheint die abgebildete Werkzeugleiste mit folgenden Icons zur Änderung der Stücklisteneinträge. Dabei sind Elemente, die mit den Teilen verbunden sind, vorausgewählt.

Stufen bearbeiten *(Parts list level)*

 UNTERBAUGRUPPEN AUSWÄHLEN/ABWÄHLEN: Mit der Aktivierung werden bei der Selektion von Komponenten deren untergeordneten Teile mit gewählt, was gleichfalls für die Deselektion in umgekehrter Weise gilt. Die Anzeige dieser Komponenten wird in der Stückliste ein- bzw. ausgeschaltet.

 MASTER-MODEL: Die Baugruppenebene direkt unter dem aktiven Teil wird bei der Stücklistenerstellung übersprungen. Damit werden beim Master-Modell-Konzept die korrekten Stücklisten erzeugt.

 NUR OBERSTE EBENE: Es werden nur die Komponenten, die sich in der nächsten Ebene befinden, angezeigt. Mit dieser Einstellung lassen sich einstufige Stücklisten generieren.

 NUR BLÄTTER: Es werden alle Einzelteile einer Baugruppe angezeigt.

Die einzelnen Optionen lassen sich miteinander kombinieren. Sind alle deaktiviert, werden alle Komponenten einer Baugruppe in der Stückliste dargestellt.

Als Vorlage soll nun eine einstufige Stückliste unter Nutzung des Master-Modell-Konzeptes erzeugt werden. Dazu aktivieren Sie die Optionen MASTER-MODEL und NUR OBERSTE EBENE.

Im nächsten Schritt modifizieren Sie die Überschriften der Spalten. Dazu selektieren Sie das entsprechende Feld in der Stückliste mit Doppelklick. Danach erscheint ein Eingabefeld, in dem die neue Überschrift festgelegt werden kann (siehe linkes Bild).

3	4711_BG01_00	1
2	4711_ET01_00	1
1	4711_ET02_00	2
Pos Nr	Teilenummer	Anzahl

3	1	4711_BG01_00
2	1	4711_ET01_00
1	2	4711_ET02_00
Pos Nr	Anzahl	Teilenummer

Einfügen von Teileattributen

Anschließend soll die Anordnung der Spalten in der Stückliste geändert werden (siehe rechtes Bild auf S. 525 unten). Es wird die zu verschiebende Spalte im unteren Bereich des Überschriftfeldes selektiert und im Popup-Menü der Befehl **AUSSCHNEIDEN** aufgerufen. Die gewählte Spalte ist entfernt und kann an einer anderen Position eingefügt werden. Dazu markieren Sie die Spalte, vor der eingefügt werden soll, und wählen im Popup-Menü **EINFÜGEN**.

Die Stückliste wird nun um anwenderdefinierte Spalten ergänzt, die auf den verwendeten Teileattributen *BENENNUNG*, *MATERIAL* und *ZUSATZ* basieren. Die Spalte *Teilenummer* wird selektiert und mit dem Popup-Menü zweimal der Befehl **EINFÜGEN > SPALTE NACH LINKS** und einmal **SPALTE NACH RECHTS** aufgerufen. Damit werden zwei Spalten davor und eine danach eingefügt. Anschließend geben Sie die Spaltenüberschriften ein.

3	1			4711_BG01_00	
2	1			4711_ET01_00	
1	2			4711_ET02_00	
Pos Nr	Anzahl	Benennung	Material	Teilenummer	Zusatzangaben

Im nächsten Schritt müssen die Felder der Spalten mit den Werten der verschiedenen Teileattribute verknüpft werden. Dazu wird die erste neue Spalte markiert und im Popup-Menü der Befehl **STIL** aufgerufen. Im Dialog **BESCHRIFTUNGSSTIL** im Register **SPALTEN** befindet sich das Eingabefeld **ATTRIBUTNAME**. Durch Drücken des Icons neben dem Eingabefeld werden alle verfügbaren Attribute aufgelistet. Im Beispiel wählen Sie das Teileattribut *BENENNUNG* aus und übernehmen es mit **OK**. In der gewählten Spalte werden jetzt die entsprechenden Werte angezeigt. Dieser Vorgang wird für die anderen Spalten wiederholt.

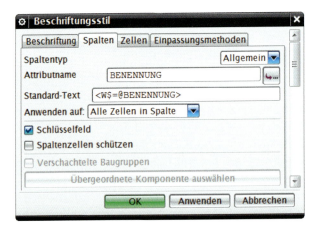

3	2	Rad D500xB100	10570	4711_ET02_00	Hersteller XYZ
2	1	Achse D100xL1000	14021	4711_ET01_00	Lieferant ABC
1	1	Antrieb		4711_BG01_00	
Pos Nr	Anzahl	Benennung	Material	Teilenummer	Zusatzangaben

Wenn die Angabe der Masse in der Stückliste relevant ist, kann diese als Teileattribut in einer weiteren Spalte angezeigt werden. Dazu müssen Sie in jedem Teil die Berechnung der Masse aktivieren. Dies geschieht durch Selektion des Teils im **BAUGRUPPEN-NAVIGATOR** mit **MT3** und Aufruf von **EIGENSCHAFTEN > GEWICHT**. Das Feld **DATEN BEIM SPEICHERN AKTUALISIEREN** muss dazu eingeschaltet werden.

Masseangaben in Stücklisten

Sollte diese Möglichkeit nicht zur Verfügung stehen, da beispielsweise die erforderlichen Lizenzen nicht verfügbar sind, gibt es eine zweite Variante, um die Masse in der Stückliste anzuzeigen. Dazu rufen Sie in jedem Teil den Editor **AUSDRUCK** unter der Menüleiste **WERKZEUGE** auf und führen dort die Messung der Masse mit **KÖRPER MESSEN** durch. Mit diesem Messergebnis wird anschließend ein Teileattribut mit dem Befehl *ug_setPartAttrValue* erzeugt. Im nachfolgend abgebildeten Beispiel wird das Attribut *MASSE* mit dem Messwert *p30* generiert, wobei mit *%.3f* drei Nachkommastellen angezeigt werden.

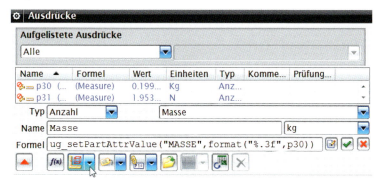

Danach können Sie dieses Attribut wieder mit den üblichen Befehlen als Spalte in die Stückliste aufnehmen. Der Eintrag in der Stückliste ist dann assoziativ zum aktuellen Gewicht.

Abschließend erfolgt die Überarbeitung der Formatierung der Stückliste. Eine Spalte kann in ihrer Breite mit dem Popup-Befehl **GRÖSSE ÄNDERN** angepasst werden. Im Dialog **BESCHRIFTUNGSSTIL** optimieren Sie im Register **ZELLEN** die Textausrichtung. Das Register **EINPASSUNGSMETHODEN** sollte überprüft werden. Die Formatierung der Stückliste kann hinsichtlich der Spalten, Reihen und Zellen durchgeführt werden. Die Texteigenschaften der Einträge lassen sich im Register **BESCHRIFTUNG** modifizieren.

Stückliste formatieren

Oftmals ist es sinnvoll, die Einträge in der Stückliste zu sortieren. Dazu wird die Stückliste ausgewählt und der Befehl **SORTIEREN** aufgerufen. NX listet alle möglichen Kriterien

SORTIEREN (SORT)

auf, die in ihrer Checkbox aktiviert werden können. Die Priorität ergibt sich bei mehreren aktivierten Spalten aus der Reihenfolge von oben nach unten, die mit den Pfeilen am Rand des Dialogs gesteuert werden kann.

Das Icon unter den Pfeilen legt fest, ob die Sortierung von A nach Z oder umgekehrt erfolgt.

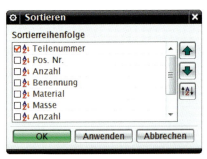

Im Beispiel wurde die *Teilenummer* als Kriterium aktiviert und eine Sortierung der Nummern von A nach Z vorgenommen.

Bei Bedarf kann der Ausrichtpunkt für die Stückliste verändert werden. Dazu wählen Sie die gesamte Liste und rufen im Popup-Menü die Option **STIL** auf. Im Register **SCHNITTE** befinden sich neben der **AUSRICHTUNGSPOSITION** auch die **POSITION DER KOPFZEILE** und die **MAXIMALE HÖHE**.

ALS SCHABLONE SPEICHERN (SAVE AS TEMPLATE)

Um die angepasste Stückliste allen Anwendern zur Verfügung zu stellen, wird sie zunächst als Vorlage gespeichert. Dazu ist es erforderlich, alle Komponenten der Baugruppe zu entfernen. Anschließend selektieren Sie die Stückliste und rufen den Befehl **ALS SCHABLONE SPEICHERN** auf. Im Folgenden ist die Datei im zentralen Anpassungsverzeichnis (*UGII_TEMPLATE_DIR*) abzulegen und anzupassen. Im Folgenden sehen Sie ein Beispiel für eine derartige Stücklistenschablone:

```
<PaletteEntry id="table_entry1">
    <Presentation name="Stueckliste" description="Stueckliste">
    <PreviewImage type="Part"
    location="C:\share\nx85\templates\stueckliste.bmp"/>
  </Presentation>
  <ObjectData class="PartsListTemplate">
    <Filename>C:\share\nx85\templates\stueckliste_metric.prt</Filename>
  </ObjectData>
</PaletteEntry>
```

Anschließend wird diese Vorlagendatei mit **VOREINSTELLUNGEN > PALETTEN > PALETTENDATEI ÖFFNEN** in die Ressourcenleiste eingebunden.

Zum Aufruf der Stückliste wird sie in der Palette selektiert und auf der Zeichnung platziert. Die Stückliste ist vollständig assoziativ zur Baugruppenstruktur und zu den verwendeten Attributen.

TABELLE EXPORTIEREN (EXPORT TABLE)

Eine Stückliste kann mit dem Befehl **TABELLE EXPORTIEREN** in einer Textdatei gespeichert werden. Dazu sind nach ihrer Auswahl die Angabe des Dateinamens und die Festlegung von Formatierungen erforderlich.

Für die Übertragung zu Excel sollte als **FORMAT** die Option **TABS ZWISCHEN SPALTEN** verwendet werden.

Die Positionsnummern werden automatisch und assoziativ mit dem Befehl **AUTOM. TEXTHINWEIS** erzeugt. Dazu wählen Sie die Stückliste und anschließend die Ansicht, in der die Nummern generiert werden sollen.

AUTOM. TEXT-
HINWEIS
(AUTOBALLOON)

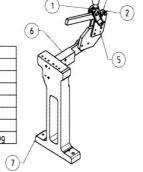

Pos Nr	Anzahl	Benennung	Material	Teilenummer	Zusatzbenennung
7	1	Konsole	10037	SPANNER_ET001_00	
6	1	Befestigung	10037	SPANNER_ET002_00	
5	1	Adapter	10037	SPANNER_ET003_00	
4	2	Seitenplatte	10037	SPANNER_ET004_00	
3	1	Handgriff		SPANNER_ET005_00	Fa ABC Griffe
2	1	Hebel	10037	SPANNER_ET006_01	
1	2	Verbindung	10037	SPANNER_ET007_00	

Die Darstellungseigenschaften der Symbole werden unter **BESCHRIFTUNGS-VOREIN-STELLUNGEN > STÜCKLISTEN** verwaltet. Die Größe des Kreises wird im Register **SYMBOLE > TEXTHINWEISGRÖSSE** bestimmt.

Für die manuelle Erstellung der Positionsnummern können Sie den Befehl **TEXTHINWEIS** (früher ID-Symbol benannt) nutzen. Dazu sind vorher die entsprechenden automatisch erstellten Nummern zu löschen. Im Dialog wird kein **TEXT** eingegeben, sondern das Symbol sofort erzeugt. Zunächst selektieren Sie die Kante einer Komponente. NX erkennt automatisch, um welches Teil es sich handelt. Weiterhin wird mit dem ersten Punkt die Pfeilspitze festgelegt. Danach drücken Sie **MT1** und positionieren das Symbol. Zum automatischen Erzeugen der Nummern muss die Stückliste aktualisiert werden.

Die Positionsnummern bearbeiten Sie durch Doppelklick.

TEXTHINWEIS
(BALLON)

STÜCKLISTE
AKTUALISIEREN
(UPDATE PARTS
LIST)

10 Übungsaufgaben zur Volumenmodellierung

Kapitel 10 und 11 beinhalten verschiedene Übungsbeispiele, in denen Sie Ihre NX-Kenntnisse festigen und vertiefen können. Wir haben die Aufgaben so ausgewählt, dass die einzelnen Funktionalitäten auf ganz grundsätzliche Weise dargestellt werden. Meist bieten sich mehrere Möglichkeiten, um das Konstruktionsziel zu erreichen. In den Beispielen zeigen wir die von uns als optimal angesehenen Lösungen.

Die Übungs- und Vorlagedateien stehen im Internet unter *http://downloads.hanser.de* zur Verfügung. Weitere umfangreiche Übungsaufgaben finden Sie in Uwe Kriegs Buch *NX 6 und NX 7. Bauteile, Baugruppen, Zeichnungen*, Carl Hanser Verlag 2010 (ISBN 978-3-446-41933-9).

Bei allen Übungen zur 3D-Modellierung wird zunächst ein neues Teil erzeugt und unter dem Namen der jeweiligen Aufgabe gespeichert.

Die ersten Beschreibungen zur Volumenkonstruktion und zur Skizzenerstellung erfolgen sehr ausführlich. Bei den weiteren Beispielen verzichten wir auf die Erläuterung einfacher und sich wiederholender Eingaben. Das betrifft auch die Verwendung von Namen für Ausdrücken und die Vergabe der Teileattribute. Hier können Sie selbst entscheiden, ob Sie diese Möglichkeiten anwenden wollen.

TIPP: Zu Beginn jeder Übung stellen wir das zu konstruierende Teil und das Ziel der Aufgabe vor. Wir empfehlen, die Übung selbstständig zu lösen und anschließend mit der Musterlösung zu vergleichen.

10.1 Winkel

Im ersten Beispiel wollen wir einen Winkel unter Verwendung von Grundkörpern und Formelementen erzeugen. Alternativ ist auch die Erstellung mit Skizzen möglich. Dieses Vorgehen setzen wir ab dem nächsten Beispiel ein.

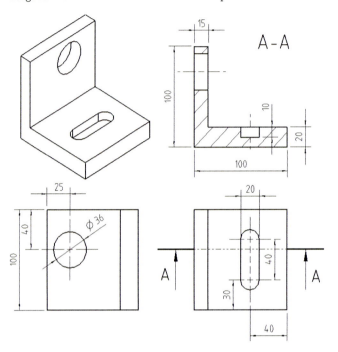

Zuerst wird eine neue Teiledatei mit dem Befehl **NEU** erstellt. Dazu wird eine passende Modellschablone aufgerufen. Als **NAME** wird *winkel* eingegeben. Unter **ORDNER** wird das Speicherverzeichnis festgelegt.

Das Teil wird mittels **OK** erzeugt, und das System wechselt automatisch in die Anwendung **KONSTRUKTION**.

Um das Modell auf der Festplatte zu sichern, muss es gespeichert werden.

Erstellen des ersten Schenkels als Grundkörper

- Zunächst starten Sie mit dem Aufruf des Dialogs **QUADER**.
- Den Typ stellen Sie auf **URSPRUNG UND KANTENLÄNGEN**.
- Die Eingabe der Abmessungen erfolgt nun bezogen auf das **WCS**.

- Die boolesche Operation legen Sie auf **KEINE** fest.
- Den Quader-Dialog wird mit **OK** oder **MT2** beendet.

Der Quader ist das erste Volumenelement der Konstruktion und wird automatisch im Ursprung des WCS erstellt. Seine Kanten verlaufen entlang der Achsen.

Das WCS stimmt in der neuen Datei mit dem absoluten Koordinatensystem überein. Damit werden durch die Systemansichten sinnvolle Darstellungen des Bauteils generiert, und sein Ursprung befindet sich im Nullpunkt des absoluten Koordinatensystems.

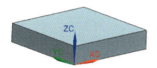

Erzeugen des zweiten Schenkels als Extrusion

- Rufen Sie den Befehl **EXTRUDIERTER KÖRPER** auf.
- Setzen Sie den Filter in der Auswahlleiste auf **KURVEN ERMITTELN** oder **EINZELNE KURVE**, und fahren Sie danach mit der Selektion der dargestellten Quaderkante fort.
- Die Eingabe der Höhe des Schenkels stellen Sie über die Begrenzung: **START**=*0* und **ENDE**=*80* ein.
- Nun aktivieren Sie den Offset **ZWEISEITIG** im Dialog (oder mit Popup-Menü) und geben die Wandstärke des Schenkels ein: **START**=*0* und **ENDE**=*–15*.
- Die boolesche Operation stellen Sie auf **VEREINIGEN** ein. Der vorhandene Quader wird automatisch als Zielkörper erkannt.
- Schließlich beenden Sie den Dialog mit **MT2** oder **OK**.

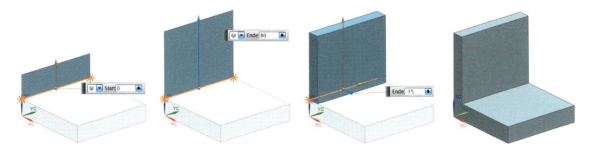

Den zweiten Schenkel erzeugen Sie in der Breite des Quaders. Damit wird dieser Schenkel bei Änderungen des Grundkörpers automatisch angepasst.

Erstellen des Langloches als Formelement

- Nun erfolgt der Aufruf des Befehls **NUT**.
- Fahren Sie mit der Aktivierung des Typs **RECHTECKIG** fort. Die Option **DURCHGEHENDE NUT** ist ausgeschaltet.
- Mit **OK** oder **MT2** wechseln Sie zum nächsten Dialog.
- Danach findet die Auswahl der Platzierungsfläche statt. Der Platzierungspunkt sollte sich näherungsweise in der Mitte des Langloches befinden, um die spätere Positionierung zu erleichtern.

- Als nächstes steht die Festlegung der horizontalen Referenz durch Selektion einer Vorderkante an. Die Richtung wird durch einen Vektor angezeigt und definiert die Längeneingabe der Nut.

- Die Abmessungen des Langloches geben Sie gemäß der Abbildung im Dialog ein.
- Mit **OK** oder **MT2** beenden Sie den Vorgang.
- Die Lage und Geometrie der Nut werden in der Voranzeige dargestellt, und der Positionierungsdialog erscheint.

- Wählen Sie die Positionierungsoption **PARALLEL MIT ABSTAND**.
- Selektieren Sie im Anschluss Vorderkante und Mitte der Nut.
- Geben Sie dann den Wert für den Abstand ein.

- Mit **OK** oder **MT2** wechseln Sie zum nächsten Dialog.
- Dort rufen Sie die Option **SENKRECHT** auf.
- Weiter geht es mit der Selektion der linken Kante und des Halbkreises der Nut.
- Zur Festlegung der Bogenposition wählen Sie nun den **BOGENMITTELPUNKT**. Damit wird der Abstand von der Kante bis zur Mitte des linken Bogens gemessen.
- Hier geben Sie den Wert für den Abstand ein.

- Mit **OK** oder **MT2** beenden Sie den Vorgang.

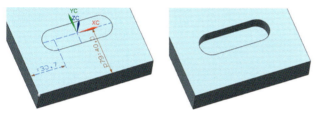

Das Langloch wird generiert.

Erzeugen der Bohrung

- Rufen Sie den Befehl **BOHRUNG** auf.
- Schalten Sie in der Auswahlleiste die Fangoption **PUNKT AUF FLÄCHE** aus.
- Danach erfolgt die Selektion der Eintrittsfläche für das Durchgangsloch. Mit der Markierungsstelle der Fläche wird gleichzeitig auch die vorläufige Position des Bohrungsmittelpunkts bestimmt. NX ruft automatisch die Skizzierumgebung auf.
- Schließen Sie den Dialog **SKIZZENPUNKT**.
- Bemaßen Sie den Punkt und beenden Sie die Skizzenumgebung.
- Geben Sie den Durchmesser *36* ein.
- Als Tiefenbegrenzung wählen Sie **DURCH KÖRPER**.
- Nun stellen Sie **BOOLESCH** auf **SUBTRAHIEREN**.
- Typ und Form sollten nun überprüft werden.
- Das Beenden des Dialogs erfolgt mit **MT2** oder **OK**.

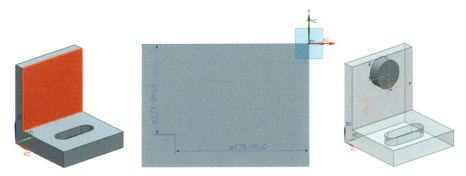

Für das Bauteil können Sie Attribute vergeben, die z. B. zum Erzeugen einer Stückliste Verwendung finden. Dazu rufen Sie im **BAU-GRUPPEN-NAVIGATOR** mit **MT3** auf dem Teil die **EIGENSCHAFTEN** und anschließend das Register **ATTRIBUTE** auf. Attribute sollten immer denselben **TITEL** erhalten.

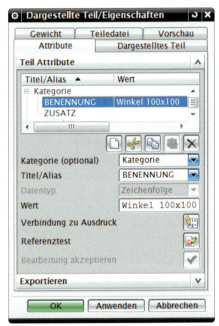

Der **TITEL** und der **WERT** der einzelnen Attribute werden in den entsprechenden Feldern eingelesen und mit **ENTER** übernommen. Zum Schluss drehen Sie das erzeugte Bauteil in eine geeignete Ansicht und speichern es.

10.2 L-Profil

Das abgebildete Profil wollen wir unter Verwendung einer Skizze für die Definition des Querschnitts und einer anschließenden Extrusion erzeugen.

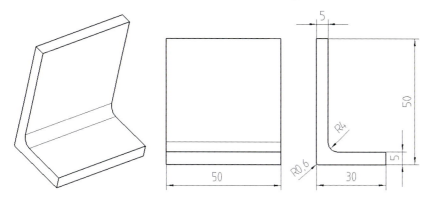

Die Skizzenerstellung werden wir in ausführlicher Weise beschreiben. Bei den folgenden Übungen stellen wir nur noch die wesentlichen Schritte dar.

Wir empfehlen, ein Profil zunächst grob zu zeichnen und dabei nur die geometrischen Randbedingungen festzulegen. In jedem Fall sollte dabei die **ERMITTELTE ZWANGSBEDINGUNG** aktiv sein. Nach der Erzeugung des Profils werden noch offene Freiheitsgrade mit der Funktion **GEOMETRISCHE ZWANGSBEDINGUNG** behoben. Das Profil wird anschließend innerhalb der Skizze bemaßt.

Skizze für das Profil

- Stellen Sie den Arbeitslayer *21* ein.
- Starten Sie nun die **SKIZZENERSTELLUNG**.
- Die Voreinstellungen für die Skizzierebene und Orientierung bestätigen Sie mit **OK**.
- Anschließend aktivieren Sie den Schalter **SKIZZENZWANGSBEDINGUNGEN ANZEIGEN**.
- Rufen Sie den Befehl **PROFIL** auf.
- Setzen Sie den ersten Punkt. Unter Beachtung der Voranzeige zeichnen Sie nun eine senkrechte, etwa 50 mm lange Linie. Das Ende der Linie legen Sie mit **MT1** fest.
- Die weiteren Kurven zeichnen Sie gemäß der folgenden Abbildung (S. 538). Dabei sollten Sie die Voranzeigen des Systems bezüglich der Randbedingungen und Maße beachten.

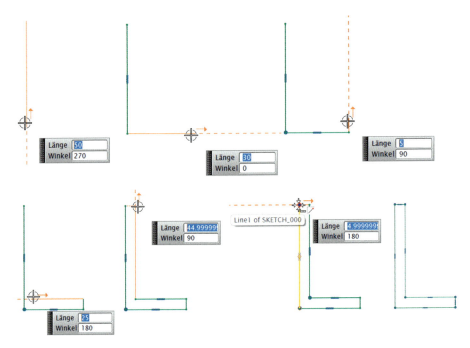

- Nach Erzeugung der Skizzengeometrie müssen Sie die vom System erstellten Randbedingungen überprüfen. Es sollte eine geschlossene Kontur erstellt worden sein. Diese ist an den blauen Endpunkten der Linien erkennbar.

- Starten Sie nun die manuelle Vergabe der **GEOMETRISCHEN ZWANGSBEDINGUNGEN**. NX zeigt die offenen Freiheitsgrade als Pfeile an und gibt einen Hinweis, dass die Skizze noch sechs Randbedingungen benötigt.
- Wählen Sie die beiden kurzen Linien und versehen sie mit der Bedingung **GLEICHE LÄNGE**.
- Die übrigen Freiheitsgrade werden durch die Bemaßungen definiert.
- Im nächsten Schritt müssen Sie die **VERRUNDUNG** starten, den Radius *4* eingeben und den Eckpunkt selektieren.
- Die zweite Verrundung erstellen Sie analog mit Radius *0.6*.

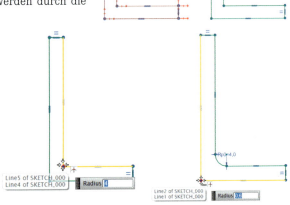

NX generiert automatisch die tangentialen Übergänge für die Verrundungen.

- Im Folgenden erzeugen Sie die Maße mit **ERMITTELTE BEMASSUNGEN** entsprechend der Abbildung.
- Für den kleinen Radius *0.6* muss entweder der Bereich stark vergrößert oder der Befehl **RADIUS** verwendet werden.
- Die Positionierung der Skizze erfolgt über die Bemaßung zum Ursprung. Die untere Kante wird zur X-Achse und die linke Kante zur Y-Achse jeweils mit dem Wert *0* bemaßt.
- Durch die Vergabe der Bemaßungen ist die Skizze vollständig bestimmt und wird somit hellgrün dargestellt.
- Beenden Sie nun die Skizze.

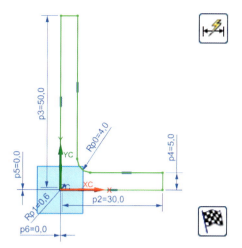

Extrusion

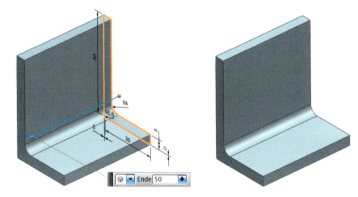

- Stellen Sie den Arbeitslayer auf *1* ein.
- Starten Sie den Extrusionsbefehl.
- Nun selektieren Sie das Profil.
- Geben Sie die Grenzen ein und beenden Sie den Vorgang.

Damit wurde das L-Profil erstellt, dessen Querschnitt über die Skizze und dessen Länge durch die Extrusion gesteuert werden.

10.3 Deckel

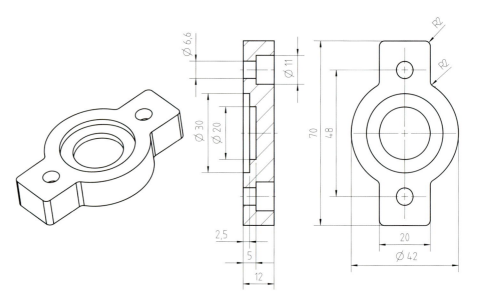

Der dargestellte Abschlussdeckel werden wir unter Verwendung von extrudierten Skizzen und Formelementen erzeugen.

- Stellen Sie den Layer auf *21*.

Erstellung des Grundkörpers

- Rufen Sie den Befehl **SKIZZE** auf.
- Wählen Sie unter dem Befehl **BOGEN** die Option **BOGEN DURCH MITTE UND ENDPUNKT** aus.

- Zeichnen Sie einen Halbkreis mit R *21* und dem Mittelpunkt im Ursprung.
- Verbinden Sie die Enden des Kreisbogens mit einer **LINIE**.

- Nach dem Bemaßen müssen Sie die Zwangsbedingungen prüfen.

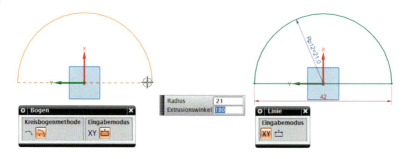

10.3 Deckel **541**

- Beenden Sie die Skizze.
- Rufen Sie jetzt die Option **EXTRUDIERTER KÖRPER** auf.
- Als Schnitt wählen Sie die Kontur des geschlossenen Kreisbogens.
- Als Abstand geben Sie *12* ein.
- Beenden Sie den Vorgang mit **OK**.

- Die zweite Skizze erstellen Sie in der gleichen Ebene.
- Ziehen Sie ein **RECHTECK** auf.
- Bemaßen Sie nun das Rechteck und prüfen Sie die Bedingungen. Danach beenden Sie die Skizze.

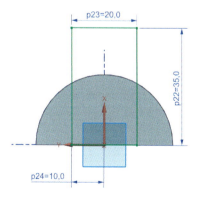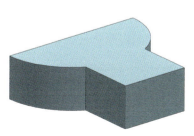

- Die **EXTRUSION** des Rechtecks erfolgt mit dem Abstand *12*.
- Stellen Sie die boolesche Option **VEREINIGUNG** ein.

Bezugsebenen als Hilfsgeometrie

- Setzen Sie den Arbeitslayer auf *81*.
- Danach rufen Sie den Befehl **BEZUGSEBENE** auf.
- Stellen Sie den Typ auf **ERMITTELT**. Anschließend prüfen Sie, ob unter den Einstellungen **ASSOZIATIV** aktiv ist.
- Bewegen Sie den Mauszeiger in die Mitte des Halbkreises, bis dessen Achse angezeigt wird. (Bei Bedarf nutzen Sie das QuickPick-Menü für die Selektion.) Anschließend wählen Sie die Mittellinie aus.
- Die Größe der Ebene passen Sie durch Ziehen an den Manipulatoren an.
- Erzeugen Sie die erste Ebene mit **ANWENDEN**.
- Für die zweite Ebene selektieren Sie nochmals die Mittelachse des Halbkreises, anschließend die vorhandene Bezugsebene.
- Den Winkel von 90° übernehmen Sie. Bei Bedarf passen Sie die Größe der Bezugsebene durch Ziehen an.
- Beenden Sie den Dialog mit **MT2** oder **OK**.

- Stellen Sie den Arbeitslayer *1* ein.

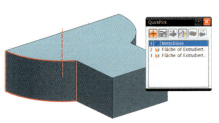
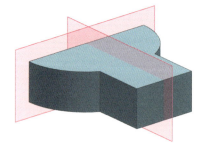

Bohrung erstellen

- Rufen Sie den Befehl **BOHRUNG** auf.
- Stellen Sie den Typ auf **ALLGEMEINE BOHRUNG** und die Form auf **FLACHSENKUNG** ein.
- Nun definieren Sie die Geometrie gemäß der Abbildung (siehe S. 543).
- Im nächsten Schritt selektieren Sie die Eintrittsfläche. Die Skizzenerstellung wird aufgerufen.
- Bestimmen Sie die Lage der Bohrung durch ein Maß und legen die Zwangsbedingung **PUNKT AUF KURVE** in der Skizze fest.
- Beenden Sie die Skizze.
- Zum Schluss prüfen Sie die Bohrung und erzeugen sie mit **OK**.

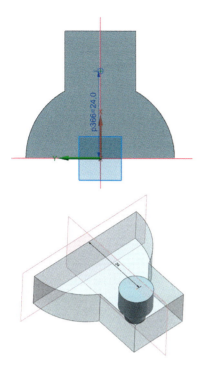

Ecken verrunden

- Rufen Sie die KANTENVERRUNDUNG auf.
- Dann selektieren Sie vier Kanten des rechteckigen Körperteils und geben als Radius *2* ein.
- Mit OK erzeugen Sie die Verrundung.

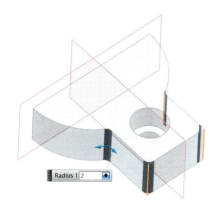

Spiegeln von Formelementen

- Starten Sie den Befehl **SPIEGEL-FORM-ELEMENT**.
- Selektieren Sie den Körper und die Bohrung (Die Verrundung wird automatisch ausgewählt).
- Aktivieren Sie die Option **EBENE AUSWÄHLEN** mit **MT2** oder über die Anwahl.
- Die Bezugsebene selektieren Sie als Spiegelebene.
- Bestätigen Sie den Vorgang mit **OK**.

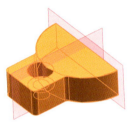
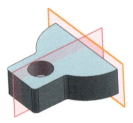
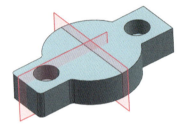

- Die Verbindung beider Körper erfolgt über die **VEREINIGUNG**.
- Dabei definieren Sie eine Körperhälfte als Ziel, die andere als Werkzeug.
- Mit **OK** beenden Sie den Schritt.

Mittelbohrung erstellen

- Den Layer *81* schalten Sie mit dem Befehl **LAYER-EINSTELLUNGEN** aus.
- Danach wählen Sie die **BOHRUNG**.
- Die Bohrungsform stellen Sie auf **FLACH-SENKUNG**.
- Nun geben Sie die Geometriewerte gemäß der folgenden Abbildung ein. (Der **SPITZEN-WINKEL** *0°* erzeugt einen ebenen Boden.)
- Zur Festlegung der Bohrungsposition selektieren Sie den Mittelpunkt der Kreiskante.
- Die Bohrung erzeugen Sie mit **OK**.

Als Ergebnis erhalten Sie den dargestellten Körper.

10.4 Klemmstück

In dieser Übung wollen wir das abgebildete Bauteil (Klemmstück) mithilfe einer Skizze, die im Anschluss extrudiert wird, und Formelementen erzeugen.

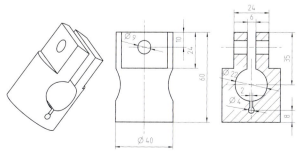

Grundkörper

- Stellen Sie den Layer 21 ein.
- Wählen Sie die **SKIZZE**.
- Ziehen Sie einen **KREIS** im Ursprung auf und bestimmen Sie den Geometriewert mit *40*.
- Weiter geht es mit dem Aufruf von **EXTRUDIERTER KÖRPER**.
- Wählen Sie den Kreis als Kurve, und geben Sie für Abstand Ende *60* ein.

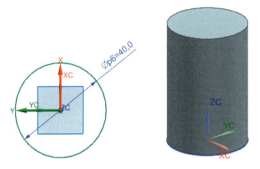

Bezugsebenen

- Stellen Sie den Arbeitslayer auf *81* ein.
- Die erste **BEZUGSEBENE** mit Typ **ERMITTELT** wird durch die Mitte des Zylinders gelegt. Die Einstellung **ASSOZIATIV** ist bereits aktiviert.
- Erzeugen Sie eine zweite Ebene senkrecht zur ersten Ebene und tangential zum Zylinder. Dazu selektieren Sie die Zylinderaußenfläche und die bereits vorhandene Bezugsebene. Bei Bedarf rufen Sie unter **EBENENORIENTIERUNG** die **ALTERNATIVE LÖSUNG** auf.
- Die dritte Ebene auf der Deckfläche des Zylinders generieren Sie mit dem **ABSTAND** *0*.

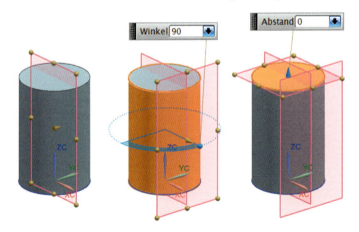

Bohrungen durch Zylinder

- Wählen Sie die **ALLGEMEINE BOHRUNG**, die Form **EINFACH**, den Durchmesser *22* und die Tiefenbegrenzung **DURCH KÖRPER**.
- Unter **POSITION** rufen Sie die Option **SKIZZENSCHNITT** auf. Im folgenden Dialog stellen Sie die Option **AUF EBENE** ein und wählen die zweite, tangentiale Bezugsebene als Platzierungsfläche. Unter **SKIZZENORIENTIERUNG** selektieren Sie die Referenz **HORIZONTAL** und wählen die erste Ebene als Referenz. Verlassen Sie nun den Dialog mit **OK**.

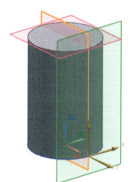

- Als Erstes setzen Sie einen Punkt und bemaßen diesen.
- Beenden Sie die Skizze und erzeugen Sie die Bohrung mit **ANWENDEN**.
- Erstellen Sie eine weitere kleine Bohrung mit dem Durchmesser *4* auf gleiche Weise.

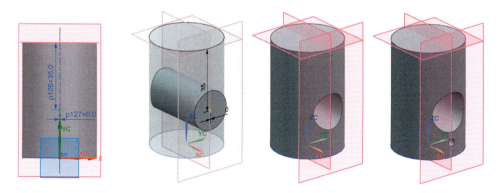

Nuten

- Für die **NUT** aktivieren Sie den Typ **RECHTECKIG** und **DURCHGEHENDE NUT**.
- Die Platzierungsfläche ist die Deckfläche des Zylinders. Dabei sollten Sie darauf achten, dass mit diesem Punkt die Mitte der Nut festgelegt wird.
- Die horizontale Referenz ist die Ebene durch die Zylinderachse.
- Die Anfangsdurchgangsfläche ist der Zylindermantel.
- Die Enddurchgangsfläche ist die tangentiale Ebene.
- Die Nutgeometrie wird wie abgebildet eingegeben.

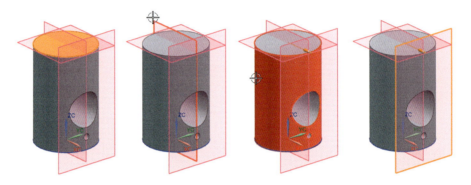

- Bei der Positionierungsoption **GERADE AUF GERADE** selektieren Sie die Bezugsebene durch die Zylindermitte und wählen die Mittellinie der Nut. Die Nut erzeugen Sie mit **OK**.

- Die untere Aussparung erstellen Sie auf dieselbe Weise, die Werte dafür sind **BREITE**=*2*; **TIEFE**=*52*.

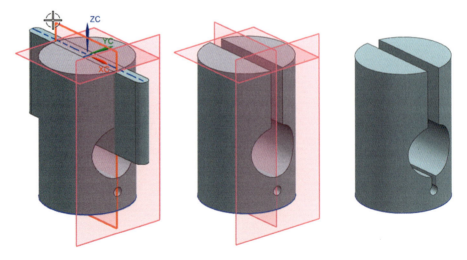

Seitliche Aussparung

- Zeichnen Sie eine **SKIZZE** auf Ebene 3.
- Erstellen Sie ein Rechteck parallel, im Abstand von *12* zur Mittellinie. Um das Material eindeutig zu entfernen, wählen Sie bei der Bemaßung entsprechend große Werte.
- Rufen Sie innerhalb der Skizze die Funktion **KURVE SPIEGELN** auf und selektieren Sie das Rechteck als Objekt und die Ebene 1 als Mittelinie. Danach beenden Sie die Skizze.

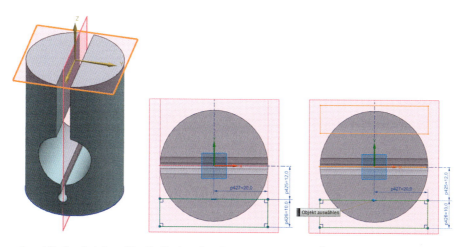

- Anschließend ziehen Sie die Rechtecke als **EXTRUDIERTE KÖRPER** nach unten auf und mittels der Option **BOOLESCH SUBTRAHIEREN** vom Zylinder ab.

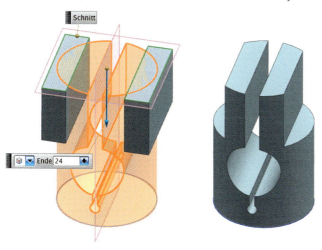

Querbohrung

- Schalten Sie zunächst den Arbeitslayer *82* ein.
- Erzeugen Sie eine **BEZUGSEBENE** 4 assoziativ zur tangentialen Ebene und Zylindermitte.

- Mit **LAYER-EINSTELLUNGEN** schalten Sie den Layer *81* aus.
- Starten Sie die **BOHRUNG**.
- Wählen Sie für die Bohrung die Form **EINFACH**, die Tiefenbegrenzung **DURCH KÖRPER** und den Durchmesser *9* aus.
- Selektieren Sie die Seitenfläche.
- Rufen Sie unter **POSITION** den **SKIZZENSCHNITT** auf. Im Dialog stellen Sie **AUF EBENE** ein und wählen die Seitenfläche (grün) zur Platzierung. Unter **SKIZZENORIENTIERUNG** selektieren Sie die Referenz **HORIZONTAL** und wählen die vierte Ebene als Referenz. Den Dialog beenden Sie mit **OK**.
- Nun setzen Sie einen Punkt und bemaßen diesen. Klicken Sie auf **SKIZZE BEENDEN** und generieren Sie die Bohrung mit **OK**.

 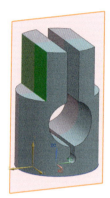 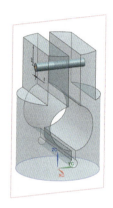 

- Vor dem letzten Speichern sollte der Layer *1* als Arbeitslayer eingestellt sein, alle anderen Layer sollten ausgeschaltet werden.

10.5 Blattflansch

In dieser Übung wollen wir einen Flansch erzeugen, der auf einer extrudierten Skizze sowie auf Formelementen basiert. Varianten können Sie durch die Verwendung geeigneter Ausdrücke generieren.

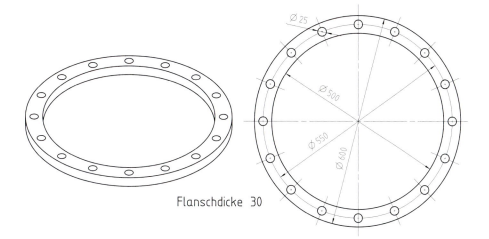

- Stellen Sie den Layer auf *21*.

Zylinder als Grundkörper

- Als Erstes erfolgt der Aufruf der **SKIZZE**.
- Zeichnen Sie einen **KREIS** mit dem Mittelpunkt im Ursprung.
- Den Geometriewert geben Sie unter Nutzung geeigneter Ausdrucksnamen ein. Den Durchmesser bemaßen Sie außen mit *da=600*.
- Rufen sie nun den Befehl **EXTRUDIERTER KÖRPER** auf und legen den Kreis als Kurve fest.
- Zur Bestimmung der Höhe tragen Sie unter **ABSTAND** den Wert *h=30* ein.

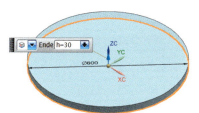

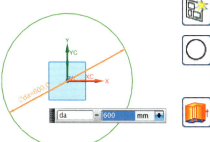

Bohrung zur Erzeugung eines Rings

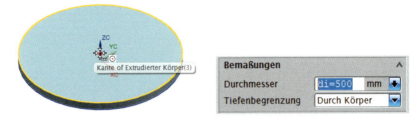

- Als Bohrungsform nehmen Sie **EINFACH** und als Tiefenbegrenzung **DURCH KÖRPER**.
- Als Platzierung wählen Sie den Mittelpunkt der Kreiskante.
- Für den **DURCHMESSER** geben Sie als Ausdruck *di=500* ein.

Bezugsebenen

- Stellen Sie den Layer *81* als Arbeitslayer ein.
- Die erste Bezugsebene erzeugen Sie assoziativ durch die Mitte des Zylinders.
- Die zweite Ebene generieren Sie senkrecht zur ersten.

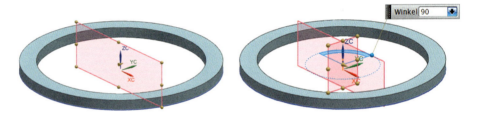

Bohrungen im Ring

- Den **DURCHMESSER** der Bohrung geben Sie als Ausdruck *db=25* ein.
- Als Platzierungsfläche wählen Sie die Deckfläche des Rings. Danach legen Sie eine dieser Bezugsebenen als horizontale Referenz fest.
- Die Bohrung in der Skizze versehen Sie mit einer Zwangsbedingung und bemaßen sie. Dabei verwenden Sie den Ausdruck *rlk=550/2* zur Definition des Lochkreis-Radius.

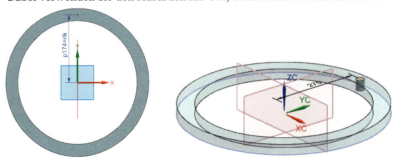

- Die **BEZUGSACHSE** generieren Sie assoziativ im Schnittpunkt der beiden Bezugsebenen. Dazu stellen Sie den Typ **ERMITTELT** ein und selektieren die Ebenen. Die Achse dient als Drehvektor für das Bohrmuster. Alternativ können Sie die Achse der Mantelfläche selektieren.

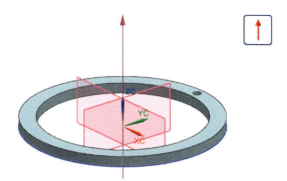

- Rufen Sie nun den Befehl **MUSTERELEMENT** auf.
- Als Nächstes bestimmen Sie die Bohrung im Ring.
- Im Feld **ANZAHL** geben Sie den Ausdruck *ba=16* ein und drücken die **TAB**-Taste. Dadurch wird der Wert in die Ausdrucksliste übernommen und kann bei der nächsten Eingabe verwendet werden.
- Im Feld **STEIGUNGSWINKEL** tragen Sie den Wert *360/ba* ein.
- Als Vektor wählen Sie die erzeugte Achse.

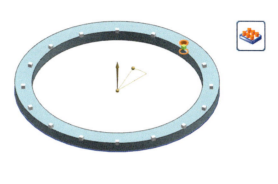

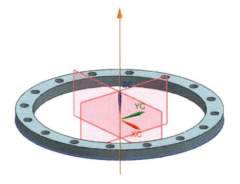

Den Flanschring können Sie über die Anwendung der Ausdrücke einfach ändern. Dazu werden die eingegebenen Parameter im Menü **WERKZEUGE > AUSDRÜCKE** bearbeitet (Menüansicht siehe S. 554 oben).

Mit dem Filter **BENANNT** werden alle durch den Anwender festgelegten Ausdrücke aufgelistet. Im Beispiel wird die Konstruktion durch diese Parameter gesteuert. Alle anderen Daten sind davon abhängig und werden nicht angezeigt.

Die Ausdrücke können gemeinsam geändert werden. Dazu selektieren Sie diese in der Liste und modifizieren sie im Eingabefeld. Die Änderungen werden mit **ENTER** an NX übergeben. Durch **ANWENDEN** oder **OK** erzeugen Sie die neue Geometrie.

Die folgende Abbildung zeigt einige Varianten des Flanschringes, die durch Bearbeiten der Ausdrücke sehr einfach und schnell zu erstellen sind.

■ 10.6 Stopfbuchsbrille

In dieser Übung wollen wir eine Stopfbuchsbrille mithilfe einer Skizze unter Ausnutzung der Symmetrien und durch anschließende Extrusion erzeugen.

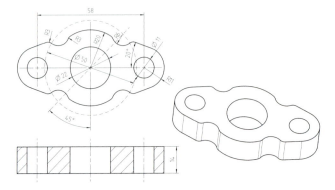

Skizze

- Stellen Sie den Arbeitslayer auf *21* ein und starten Sie die Skizzierumgebung. Übernehmen Sie die Vorgaben mit **OK** und vergeben Sie die Namen für die Skizze.
- Erstellen Sie einen **KREIS**.
- Vom Kreismittelpunkt zeichnen Sie mit dem Befehl **LINIE** eine horizontale und eine vertikale Kurve gemäß folgender Abbildung. Zum Fangen der Endpunkte auf dem Kreis schalten Sie den Filter **BOGENMITTELPUNKT** aus. Die Endpunkte der Linien befinden sich auf dem Kreis (erkennbar am blauen Kreuz). Die Anfangspunkte fallen mit dem Kreismittelpunkt zusammen.
- Zeichnen Sie eine schräge Linie vom Kreismittelpunkt bis zum Kreis.
- Bei Bedarf fügen Sie fehlende Zwangsbedingungen hinzu.

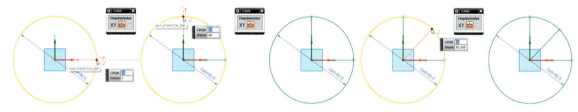

- Anschließend fixieren Sie den Kreismittelpunkt und erzeugen die abgebildeten Bemaßungen. Die Skizze ist zunächst vollständig bestimmt.
- Alle Kurven wandeln Sie nun in die Referenz um.
- Über den Befehl **PROFIL** erstellen Sie die abgebildete Außenkontur für ein Viertel der Stopfbuchsbrille. Dabei können Sie mit **MT1** oder dem entsprechenden Icon zwischen Linien und Kreisbögen wechseln. Es sollten zwei Ecken entstehen, die später verrundet werden.
- Jetzt vergeben Sie die geometrischen Randbedingungen. Die Kreisbogenmitten und ihre Endpunkte liegen auf den Symmetrielinien bzw. auf der 45°-Hilfslinie. Dazu selektieren Sie jeweils den Kreismittelpunkt und die Linie bzw. den Punkt, anschließend vergeben Sie die Bedingung **PUNKT AUF KURVE** bzw. **ZUSAMMENFALLEND**. Bemaßen Sie die Radien der Kreisbögen, Winkel und Abstand wie dargestellt.

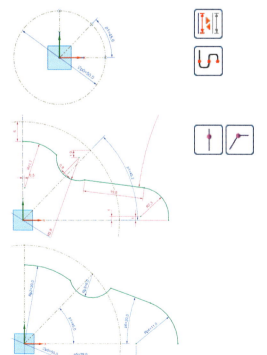

- Erzeugen Sie nun die Verrundungen *R3*; zuerst definieren Sie den Radius im Eingabefeld; anschließend selektieren Sie entsprechende Eckpunkte.

- Spiegeln Sie jetzt die Kontur an der horizontalen Symmetrie. Dazu selektieren Sie zuerst die Spiegellinie, wechseln anschließend mit **MT2** zum nächsten Auswahlschritt und rahmen die Objekte mit einem Rechteck ein. Zu viel gewählte Objekte können Sie mit **SHIFT+MT1** wieder abwählen.

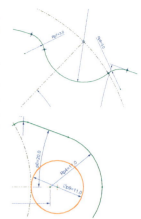

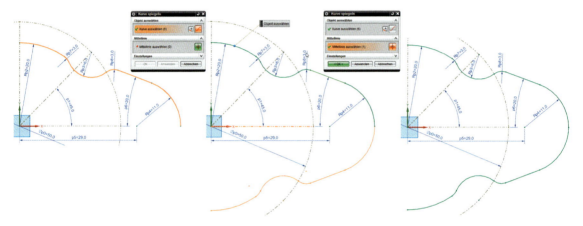

- Im nächsten Schritt erzeugen und bemaßen Sie einen Kreis für die Bohrung mit den entsprechenden Zwangsbedingungen. Der Kreis ist konzentrisch zum Kreisbogen.

- Spiegeln Sie im Anschluss alle aktiven Kurven an der vertikalen Symmetrielinie und erzeugen einen Mittelkreis; der Mittelpunkt des Kreises fällt mit dem Schnittpunkt der Symmetrielinien zusammen.

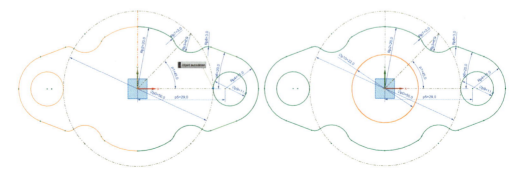

- Nun verlassen Sie die Skizzierumgebung.

Extrusion

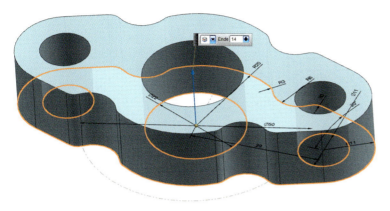

- Stellen Sie zuerst den Arbeitslayer auf *1* ein.
- Starten Sie danach **EXTRUDIERTER KÖRPER**.
- Dann wählen Sie die Kontur mit der Kurvenregel **BEREICHSBEGRENZUNG** aus.
- Am Schluss geben Sie den Abstand ein und beenden den Befehl mit **OK**.

■ 10.7 Gabel

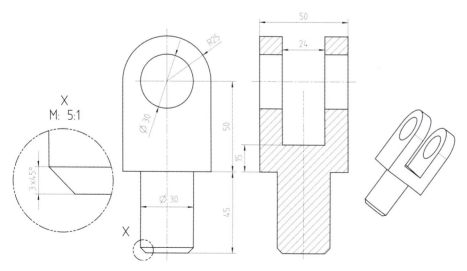

In dieser Übung wollen wir das abgebildete Bauteil (Gabel) mithilfe einer Skizze und verschiedenen Extrusionen und Rotationen erstellen.

Skizze

- In der Skizzierumgebung erstellen Sie zunächst die Außenkontur des Gabelkopfes mit den Zwangsbedingungen. Dabei fixieren Sie den Mittelpunkt des Kreisbogens.

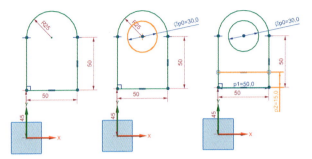

- Nun erstellen Sie die Bemaßungen.
- Erzeugen Sie einen konzentrischen Kreis und bemaßen ihn ebenfalls.
- Erstellen Sie dann eine waagerechte Linie für die Wanddicke so, dass Anfangs- und Endpunkt auf der Außenkontur liegen. Danach erzeugen Sie das Maß.

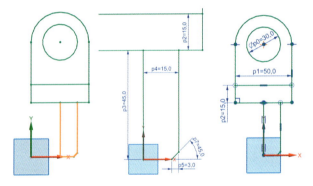

- Anschließend erstellen Sie die Kontur für den unteren Teil als **PROFIL**. Vergeben und bemaßen Sie die Zwangsbedingungen.
- Zum Schluss können Sie die Skizze positionieren und beenden.

Extrusion der Gabel

- Als Erstes rufen Sie den Befehl **EXTRUDIERTER KÖRPER** auf.
- Stellen Sie die **KURVENREGEL VERBUNDENE KURVEN** ein und aktivieren Sie **ANHALTEN BEI SCHNITTPUNKT** und **VERRUNDUNG FOLGEN** in der **AUSWAHLLEISTE**. Daraufhin wählen Sie eine Kurve der Außenkontur. Weiterhin selektieren Sie so lange Kurven, bis die gesamte Außenkontur aktiv ist. Dann erst wählen Sie den Kreis aus.
- Unter **BEGRENZUNGEN** im Feld **ENDE** aktivieren Sie die Option **SYMMETRISCHER WERT** und geben *25* als Abstand ein.
- Erzeugen Sie eine Extrusion mit **ANWENDEN**.

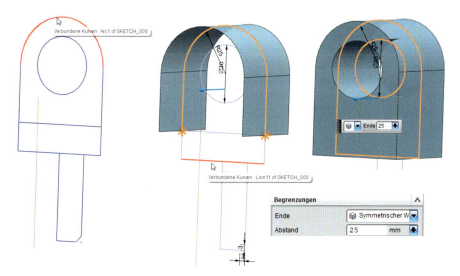
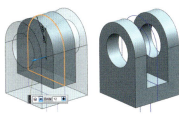

- Zum Entfernen von Material selektieren Sie die abgebildeten Kurven.
- Aktivieren Sie wieder **SYMMETRISCHER WERT** und geben Sie einen Abstand von *12* ein.
- Unter **BOOLESCH** stellen Sie schließlich **SUBTRAHIEREN** ein und entfernen das Material mit **OK**.

Rotation des Unterteils

- Zuerst rufen Sie den Befehl **ROTATIONSKÖRPER** auf.
- Stellen Sie wieder die **KURVENREGEL VERBUNDENE KURVEN** ein und aktivieren Sie **ANHALTEN BEI SCHNITTPUNKT** in der **AUSWAHLLEISTE**. Danach wählen Sie die Querschnittskurven.
- Nun aktivieren Sie **VEKTOR ANGEBEN** und selektieren die Mittellinie als Rotationsachse.
- Im nächsten Schritt geben Sie den Start- und Endwinkel ein.
- Aktivieren Sie die **BOOLESCHE OPERATION VEREINIGEN** und erstellen Sie das Bauteil mit **OK**.

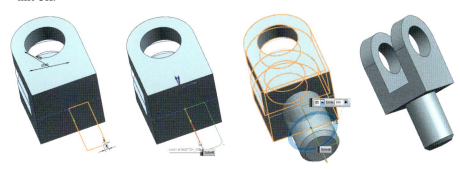

10.8 Nockenwelle

Nun wollen wir eine Nockenwelle auf der Basis von Skizzen, Profilkörpern und Formelementen erzeugen. Darüber hinaus werden wir die Möglichkeiten des Kopierens von Elementen nutzen.

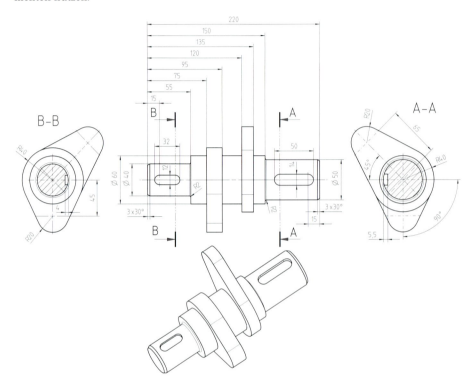

Skizze der Welle

- Aktivieren Sie zuerst den Arbeitslayer *21* und rufen Sie die Skizzenerstellung auf.

- Die Kontur erzeugen Sie mit dem Befehl **PROFIL**. Dabei wird die obere Hälfte der Welle bis zur Mittellinie erstellt.

- Nun vergeben Sie die geometrischen Randbedingungen. Der linke Eckpunkt wird fixiert.

- Erstellen Sie jetzt die Verrundungen.

- Nun erzeugen Sie die Bemaßungen; dabei sollten Sie mit den kleinen Maßen beginnen.

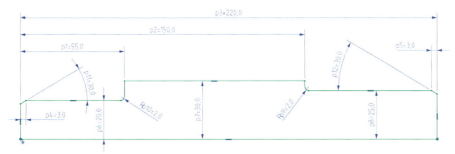

Rotation der Welle

- Zunächst stellen Sie den Arbeitslayer *1* ein und starten den Befehl **ROTATIONSKÖRPER**.
- Mit **KURVENREGEL FORMELEMENTKURVEN** selektieren Sie die gesamte Skizze; danach sollten Sie den Start- und Endwinkel überprüfen.

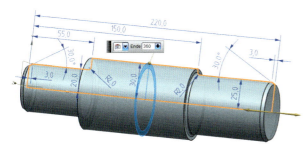

- Darauf aktivieren Sie den Schalter zur Festlegung des Drehvektors und selektieren die Mittelachse in der Skizze als Rotationsvektor.
- Jetzt können Sie einen Körper erzeugen.

Zur Festlegung der Lage des ersten Nockens in Abhängigkeit von den bereits erstellten Objekten verwenden wir die automatisch erzeugten Bezugsebenen der Skizze.

Skizze des ersten Nockens

- Wieder stellen Sie zuerst den Arbeitslayer auf *22* ein; die Layer *21* und *1* setzen Sie auf selektierbar.
- Starten Sie nun die Skizzierumgebung. Dazu sollten Sie die Stirnfläche der Welle als Skizzierfläche selektieren und anschließend die x-Achse parallel zum Vektor z der ersten Skizze ausrichten.
- Jetzt erzeugen Sie die Nockenkontur mit dem Befehl **PROFIL**. Nutzen Sie dabei das Umschalten von dem Kreisbogen auf die Linie mit **MT1**. Danach erzeugen Sie tangentiale Bedingungen beim Zeichnen der Kontur.

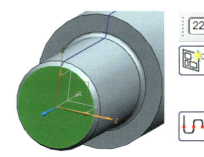

- Im Folgenden fügen Sie weitere geometrische Randbedingungen hinzu. Der Mittelpunkt des großen Kreises ist fixiert und die Seiten des Nockens sind gleich lang.
- Die beiden Kreisbogenmitten verbinden Sie nun über eine senkrechte Linie und wandeln die Linie in eine Referenz um.

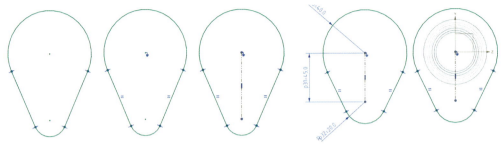

- Jetzt legen Sie die restlichen Freiheitsgrade über die Bemaßungen fest.
- Zum Schluss beenden Sie den Skizziermodus.

Extrusion

- Stellen Sie den Arbeitslayer auf *1* ein und setzen den Layer *22* auf selektierbar; die restlichen Layer bleiben unsichtbar.
- Nun starten Sie **EXTRUDIERTER KÖRPER** und selektieren die Skizze des Nockens.
- Die **BOOLESCHE OPERATION** stellen Sie auf **VEREINIGEN** ein.
- Geben Sie nun einen Abstand ein und beenden den Befehl mit **OK**.

Bezugsebenen für den zweiten Nocken

- Stellen Sie den Arbeitslayer auf *83* ein und die Layer *1* und *21* auf selektierbar; der Layer *22* bleibt unsichtbar.
- Erstellen Sie eine Ebene im Winkel von *135°* zur Bezugsebene der Welle. Dafür selektieren Sie zuerst die Mittelachse der Welle und danach die Bezugsebene.

Zweiten Nocken durch Kopieren erzeugen

- Stellen Sie den Arbeitslayer auf *23* ein.
- Im **TEILE-NAVIGATOR** selektieren Sie die Skizze des ersten Nockens und die Extrusion; Sie können nun das Popup-Menü mit **MT3** starten und **KOPIEREN** wählen.

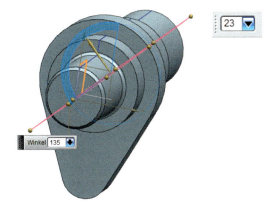

- Mit dem Befehl **BEARBEITEN > EINFÜGEN** erzeugen Sie eine Kopie.
- Es erscheint das abgebildete Menü. Dabei ist auf die richtigen **EINSTELLUNGEN** zu achten. Es soll eine nicht-assoziative Kopie der vorhandenen Skizze generiert werden, wobei die Lage der Skizze bestimmt wird und die Ausdrücke neue Namen erhalten. Dazu wählen Sie die Option **NEU ERZEUGEN** unter **AUSDRÜCKE**.
- Im Anzeigefenster befinden sich unter **AUFLISTEN** Einträge zur Bestimmung der Beziehungen für die kopierte Skizze. Diese werden nacheinander abgearbeitet:
  - Zuerst wählen Sie die vordere Stirnfläche der Welle als Platzierung der Skizze.
  - Dann wählen Sie die neue Bezugsebene im Winkel von *135°* als horizontale Referenz.
  - Danach geben Sie die Welle als Zielkörper an.
- Das Fenster beenden Sie am Schluss mit **OK**.
- Das Positionierungsmenü wird angezeigt und die kopierte Skizze in ihrer neuen Lage dargestellt.
- Die neue Position erzeugen Sie analog zur Skizze des ersten Nockens. Dazu nutzen Sie die Mittelebene auf Layer *83*. Die Skizze befindet sich anschließend in der Mitte der Welle, ihre Ausrichtung wird durch die Bezugsebene gesteuert.

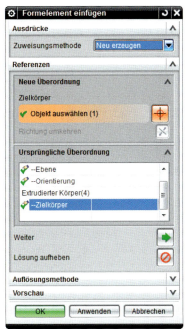

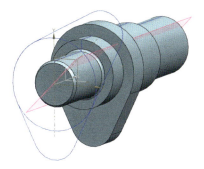

- Bei Bedarf können Sie die Orientierung der kopierten Skizze um *180°* drehen, indem Sie die Bezugsebene für die Richtung mit Doppelklick aktivieren und dann unter **EBENENORIENTIERUNG** den Schalter **RICHTUNG UMKEHREN** klicken.
- Die kopierte Skizze wird auf Layer *23* erzeugt; gleichzeitig wird die Extrusion erstellt. Die beiden Elemente müssen Sie auf die aktuellen Maße anpassen. Dazu aktivieren Sie die neue Skizze mit Doppelklick und ändern den Namen. Das Maß für den Abstand der Kreismittelpunkte passen Sie schließlich an und beenden die Skizze.
- Aktivieren Sie eine neue Extrusion, passen Sie die Begrenzungen an und beenden Sie den Vorgang.

Bezugsebenen für die Langlöcher

- Stellen Sie den Arbeitslayer *81* ein; Layer 1 und 21 sind selektierbar; die restlichen Layer bleiben unsichtbar.

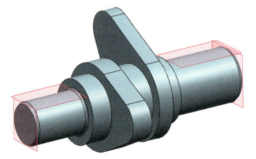

- Für beide Wellenabsätze erzeugen Sie jeweils eine Bezugsebene parallel zur vorhandenen Mittelebene und tangential zum jeweiligen Absatz durch Selektion der Mantelfläche und der Mittelebene. Sie dienen als Platzierungsflächen für die Langlöcher.
- Dann erstellen Sie zwei weitere Bezugsebenen in den Stirnflächen der Welle. Diese werden zur Festlegung der Lage des Langloches entlang der Wellenachse verwendet.

Nuten erstellen

- Die Layer *21* und *81* sollen selektierbar sein.
- Zunächst starten Sie mit dem Befehl **NUT**.
- Als Form für die Nut wählen Sie **RECHTECKIG**; Sie verwenden keine durchgehende Nut.
- Danach selektieren Sie die tangentiale Bezugsebene als Platzierungsfläche. Der Richtungsvektor der Nut muss zur Welle zeigen, sonst stellen Sie **SEITE UMKEHREN** ein.
- Die Mittelebene, die senkrecht zur Platzierungsfläche steht, wählen Sie als horizontale Referenz.
- Dann geben Sie die Geometriewerte gemäß der Abbildung ein.
- Die Positionierung stellen Sie auf **GERADE AUF GERADE**: Selektieren Sie die Mittelebene der Welle und die Mittellinie der Nut.
- Bei der Wahl von Positionierung **SENKRECHT** selektieren Sie die Bezugsebene in der Stirnfläche und wählen den Halbkreis der Nut. Danach übernehmen Sie den Mittelpunkt und geben den Abstand ein.
- Die zweite Nut erstellen Sie analog mit entsprechenden Abmessungen.
- Zum Schluss stellen Sie den Arbeitslayer auf *1* ein; alle anderen Layer bleiben unsichtbar.

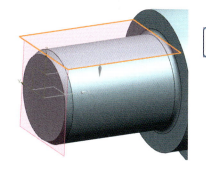

Als Ergebnis erhalten Sie die abgebildete Nockenwelle.

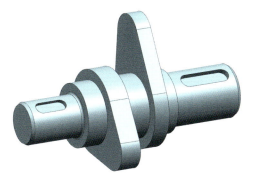

10.9 Klemme

In dieser Übung wollen wir das dargestellte Bauteil (Klemme) mithilfe zweier Skizzen und deren Extrusionen unter Verwendung der booleschen Operation **SCHNEIDEN** erstellen.

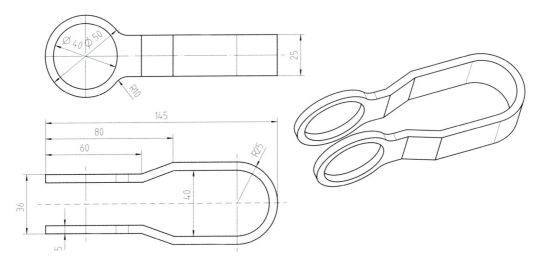

Skizze für ersten Querschnitt

- Auf Layer *21* erzeugen Sie eine Kontur und vergeben die Randbedingungen gemäß der Abbildung (der gemeinsame Mittelpunkt der Kreise ist fixiert).
- Nun erstellen Sie die Skizzenbemaßung.
- Darauf positionieren Sie die Skizze und verwenden dabei zweimal die Option **PUNKT AUF LINIE**. Setzen Sie jeweils den fixierten Mittelpunkt auf die beiden Bezugsvektoren; damit befindet sich der Mittelpunkt im Ursprung des WCS.
- Schließlich beenden Sie den Skizziermodus.

Extrusion

- Stellen Sie den Arbeitslayer auf *1* ein und lassen den Layer *21* selektierbar.
- Jetzt starten Sie mit **EXTRUDIERTER KÖRPER** und selektieren die Skizze.
- Im weiteren Vorgehen legen Sie die Grenzen so fest, dass die Skizze die Mittelfläche des neuen Körpers bildet; dazu aktivieren Sie **SYMMETRISCHER WERT**.

- Am Ende erzeugen Sie den Körper.

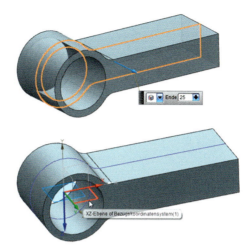

Skizze für zweiten Querschnitt

- Stellen Sie den Arbeitslayer auf *22* ein und starten Sie die Skizzierumgebung.
- Jetzt sollten Sie die abgebildete Mittelebene selektieren und die horizontale Richtung prüfen.
- Die Hälfte der Kontur und der Spiegellinie erzeugen Sie außerhalb der vorhandenen Geometrie. Das Bauteil besitzt eine konstante Wandstärke, deshalb wird nur die Außenkontur gezeichnet und später beim Extrudieren die Dicke erzeugt.
- Vergeben Sie die Randbedingungen nach der folgenden Abbildung, der Kreismittelpunkt befindet sich auf der Spiegellinie und wird fixiert.
- Nun erstellen Sie die Skizzenbemaßung. Dabei wird die Länge der Spiegellinie mit der Gesamtlänge gleichgesetzt (*p26=l*).
- Spiegeln Sie die Geometrie an der Mittellinie, dabei erfolgt die automatische Umwandlung in ein Referenzelement.
- Mit der Option Positionierung **GERADE AUF GERADE** wird die Spiegellinie auf die Linie der ersten Skizze gesetzt.
- Bei der Positionierung **PUNKT AUF LINIE** wählen Sie die rechte Körperkante und den rechten Endpunkt der Spiegellinie.
- Zum Ende verlassen Sie die Skizzierumgebung.

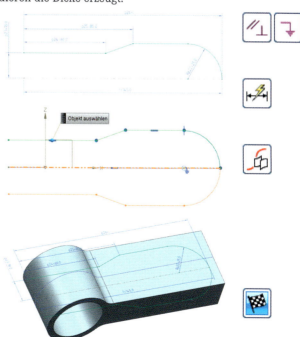

Extrusion

- Stellen Sie den Arbeitslayer auf *1* ein und den Layer *22* auf selektierbar; der Layer *21* bleibt unsichtbar.
- Dann starten Sie mit **EXTRUDIERTER KÖRPER** und selektieren die Skizze.
- Legen Sie die Grenzen so fest, dass die Skizze die Mittelfläche des neuen Körpers bildet; dazu verwenden Sie die Option **SYMMETRISCHER WERT**.
- Geben Sie jetzt den **OFFSET** ein, dabei wird die Dicke von außen nach innen erzeugt.
- Dann stellen Sie die **BOOLESCHE OPERATION** auf **SCHNEIDEN** ein.
- Schließlich erzeugen Sie den Körper.

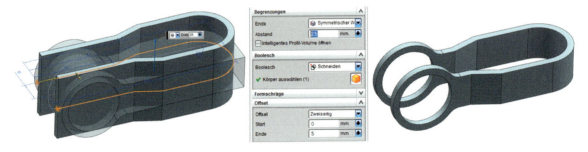

■ 10.10 Büroklammer

Dieses Beispiel (Büroklammer) dient zur Anwendung des Befehls **ROHR**. Dabei nutzen wir als Leitgeometrie die Mittellinie der Büroklammer. Dieser Kurvenzug wird durch eine Skizze festgelegt.

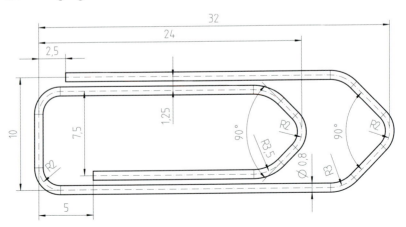

Skizze für die Mittellinie der Büroklammer

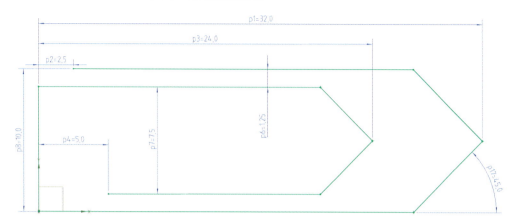

- Stellen Sie den Arbeitslayer auf *21* ein und starten Sie die Skizzierumgebung.
- Zunächst erzeugen Sie eine Kontur ohne Rundungen mit **PROFIL** und legen die Maße und Zwangsbedingungen fest.
- Danach fixieren Sie den oberen Anfangspunkt.
- Im weiteren Verlauf erstellen Sie die Verrundungen, definieren gleiche Radien über geometrische Randbedingungen und erzeugen die Bemaßungen der Radien.
- Anschließend generieren Sie die fehlenden Bedingungen wie abgebildet.

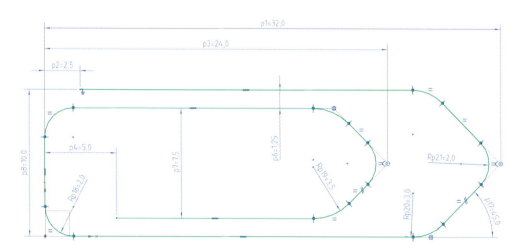

- Die Positionierung erfolgt durch den Befehl **GERADE AUF GERADE**; die entsprechenden Linien werden auf die Bezugsvektoren der Skizze gelegt.

- Zum Schluss beenden Sie die Skizzierumgebung.

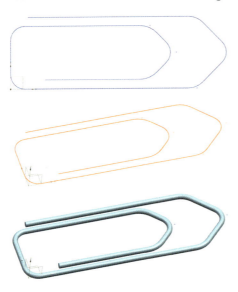

Rohr erzeugen

- Zunächst stellen Sie den Arbeitslayer auf *1*; der Layer 21 bleibt selektierbar.
- Dann starten Sie den Befehl **ROHR** und geben den **AUSSENDURCHMESSER** ein.
- Nun wählen Sie den Kurvenzug für die Leitkurve mit dem Filter **TANGENTIALE KURVEN** aus.
- Generieren Sie zum Schluss den Volumenkörper durch klicken von **MT2**.

■ 10.11 Zahnrad

Nun werden wir ein Stirnrad auf der Basis der Modulreihe konstruieren. Ähnlich wie im Beispiel zum Blattflansch (Abschnitt 10.5) verwenden wir Ausdrücke, um die Geometrie zu steuern. Nach der Fertigstellung der Basiskonstruktion sollen verschiedene Varianten durch die Eingabe der folgenden Parameter erzeugt werden:

- Modul m
- Zähnezahl z
- Zahnradbreite b
- Bohrungsdurchmesser d

Die folgende Abbildung zeigt die Größen zur Festlegung der Geometrie. Für die Basiskonstruktion verwenden wir folgende Werte und Beziehungen:

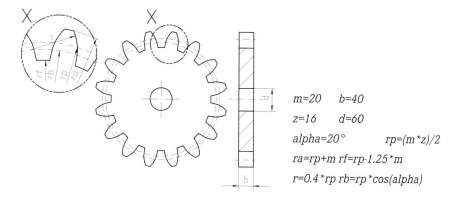

m=20 b=40
z=16 d=60
alpha=20°   rp=(m*z)/2
ra=rp+m rf=rp-1.25*m
r=0.4*rp rb=rp*cos(alpha)

Festlegung der Ausdrücke

- Vor dem Beginn der Konstruktion werden alle Ausdrücke bestimmt. Dazu rufen wir **WERKZEUGE > AUSDRUCK** auf.
- Im Eingabebereich geben wir **NAME** und **FORMEL** des Ausdruckes ein und übergeben sie mit **ENTER** an das System. Dabei ist auf die richtigen Maßeinheiten zu achten. Die Zähnezahl z wird ohne Einheit erzeugt, dazu aktivieren wir die Option **KONSTANT**.
- Zum Erstellen der Kommentare wählen Sie mit **MT3** die entsprechende Zeile im Anzeigefenster aus und rufen im Kontext-Menü **KOMMENTAR BEARBEITEN** auf. Alle Eingabewerte erhalten einen Kommentar. Anschließend klicken Sie die Spaltenüberschrift **KOMMENTAR** an. Dadurch werden die Einträge neu sortiert, und die Eingabewerte stehen am Anfang der Liste.
- Beenden Sie das Dialogfenster mit **OK**. Danach werden die definierten Ausdrücke im **TEILE-NAVIGATOR** aufgelistet und stehen in allen Eingabefeldern von NX zur Verfügung.

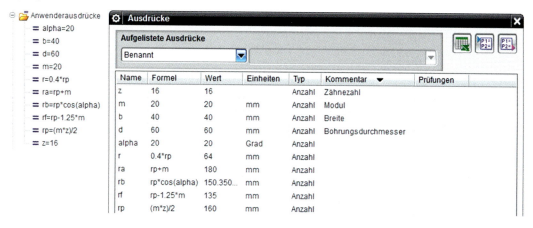

Skizze eines Zahnsegmentes

- Zunächst stellen Sie den Arbeitslayer auf *21* ein und erstellen eine Skizze mit dem Ursprung im WCS.

- Erzeugen Sie jetzt vier konzentrische Kreise im Ursprung.

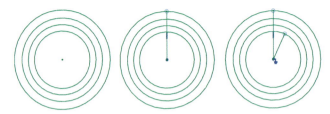

- Beginnen Sie die **LINIE** im Mittelpunkt der Kreise und erstellen sie senkrecht über den äußeren Kreis hinaus, um die senkrechte Bedingung zu erhalten. Anschließend trimmen Sie den überstehenden Bereich der Linie auf den äußeren Kreis.
- Nun erzeugen Sie eine **LINIE** vom Mittelpunkt bis zum inneren Kreis. Dabei sollten Sie darauf achten, dass sich der Endpunkt der Linie auf dem Kreis befindet.

- Jetzt fixieren Sie den Mittelpunkt der Kreise.

- Wenn Sie die Radien der Kreise bemaßen, sollten Sie dazu die festgelegten Ausdrücke verwenden.
- Der Winkel für das Segment ergibt sich aus dem Vollkreis von *360°* dividiert durch die Anzahl der Zähne. Da zunächst ein halber Zahn gezeichnet wird, muss der Winkel noch halbiert werden.

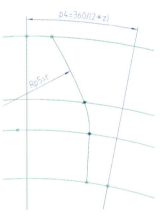

- Als Nächstes wird die Zahnflanke konstruiert. Diese Flanke besteht im Beispiel aus einer Linie und zwei Kreisbögen, wobei alle Kurven tangential verbunden sind.
- Dazu zoomen Sie in den betroffenen Bereich hinein. Mit **PROFIL** erstellen Sie zuerst die Linie zwischen Fußkreis und Kreis mit dem Radius *rb*. Dabei sollten Sie darauf achten, dass sich die Endpunkte auf den Kreisen befinden.
- Nun können Sie auf **KREISBOGEN** umschalten und den Bogen zwischen den nächsten beiden Kreisen zeichnen. Erstellen Sie den zweiten Kreisbogen analog.

- Die Mittelpunkte der beiden Kreisbögen befinden sich auf dem Kreis mit dem Radius *rb*. Diese Bedingung und bei Bedarf fehlende tangentiale Übergänge sollten Sie nun erstellen. Dann bemaßen Sie den Flankenradius mit *r*.
- Trimmen Sie jetzt den Kopf- und Fußkreis.

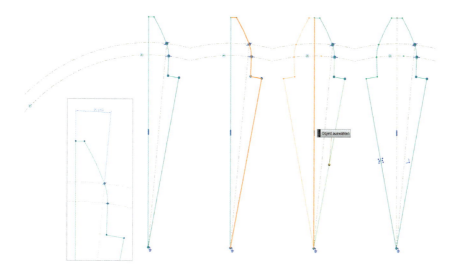

- In diesem Schritt erstellen Sie eine Linie zwischen dem Mittelpunkt und dem Übergangspunkt zwischen den Kreisbögen. Dann erzeugen Sie den Winkel der Hilfslinie. Dieser ist halb so groß wie der bereits definierte Winkel.
- Alle Hilfslinien wandeln Sie danach in Referenzen um.
- Zum Schluss erfolgt das Spiegeln der Kontur an der Mittellinie.

Zahnsegment extrudieren

- Stellen Sie den Arbeitslayer erneut auf *1* ein; der Layer *21* bleibt selektierbar.
- Jetzt starten Sie **EXTRUDIERTER KÖRPER**.
- Selektieren Sie die Skizze.
- Als **ENDE** geben Sie den Ausdruck *b* ein.
- Mit **OK** erzeugen Sie schließlich den Körper.

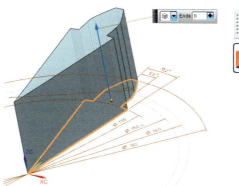

Zahnsegment mit Musterelement vervielfältigen

- Rufen Sie zuerst den Befehl **MUSTERELEMENT** auf und selektieren den extrudierten Körper. Die Definition des Musters erfolgt wie abgebildet.

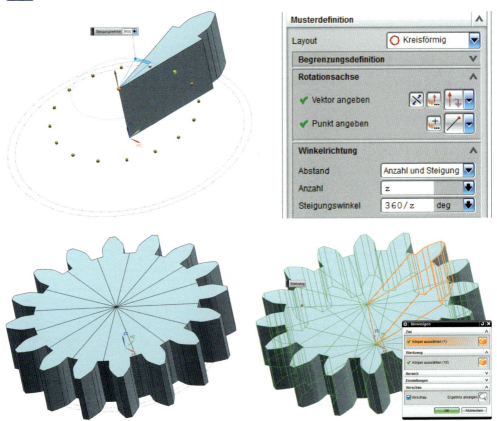

Segmente vereinigen

Rufen Sie den Befehl **VEREINIGEN** auf und vereinigen die Segmente zu einem Körper.

Bohrung erstellen

- Auch hier rufen Sie den Befehl **BOHRUNG** auf. Zur Festlegung der Lage selektieren Sie den Mittelpunkt des abgebildeten Kreisbogens. Für den **DURCHMESSER** geben Sie den Ausdruck *d* ein und erzeugen eine einfache Durchgangsbohrung.

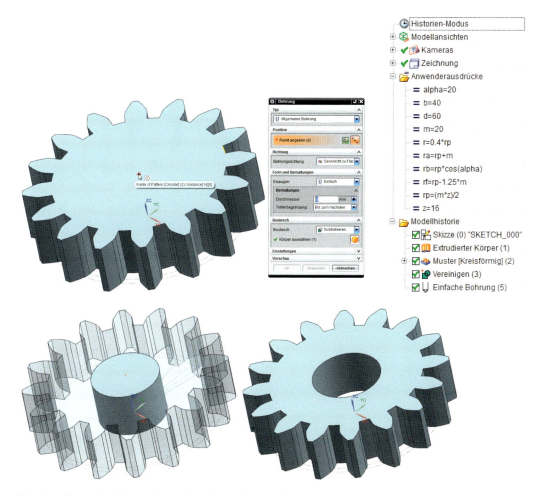

Die Erstellung des Zahnrads ist damit beendet. Durch das Anpassen der Anwenderausdrücke können Sie nun sehr einfach Varianten erzeugen.

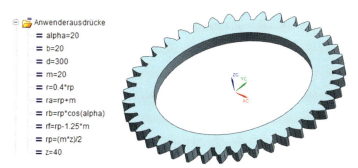

10.12 Flaschenöffner

Für die Konstruktion des Flaschenöffners soll uns eine Skizze als Basis dienen. Die Schräge erzeugen wir bei Extrusion der Skizzenkontur. Anschließend erfolgt die variable Verrundung von *R2* auf *R5* über *R3* (siehe Abbildung auf S. 576). Danach wird der Körper mit konstanter Wandstärke ausgehöhlt, wobei wir die Bodenfläche entfernen.

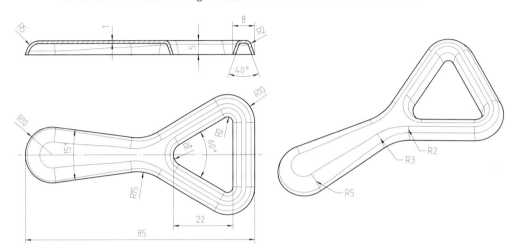

Skizze

- Stellen Sie den Arbeitslayer auf *21* und starten Sie die Skizzierumgebung.

- Mit **PROFIL** erzeugen Sie die Hälfte der Außenkontur; dabei wechseln Sie mit **MT1** zwischen der Erstellung von Linien und Kreisbögen hin und her.

- Nun vergeben Sie Randbedingungen gemäß folgender Abbildung (siehe S. 577). Dabei ist wichtig, dass die Mitte des Kreisbogens am Griff (*R10*) auf der Symmetrielinie liegt, um beim Spiegeln einen tangentialen Übergang zwischen den beiden Bögen zu erhalten.
- Jetzt vergeben Sie die Bemaßung für die Kurven; ein Freiheitsgrad bleibt zunächst offen.
- Die Innenkontur erstellen Sie mit **PROFIL**.

- Dann vervollständigen Sie die Randbedingungen für die neuen Kurven; dabei muss die Mitte des Kreisbogens R4 auf der Symmetrielinie liegen.

- Die dargestellten Bemaßungen erzeugen Sie danach; die Skizze ist jetzt vollständig bestimmt.

- Zum Schluss spiegeln Sie die Kurven an der Mittellinie.

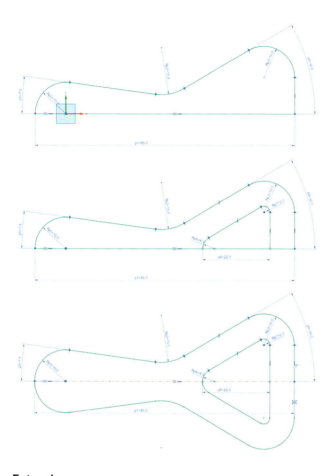

Extrusion

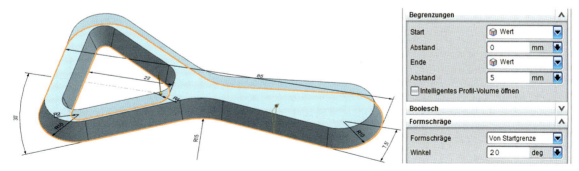

- Stellen Sie den Arbeitslayer auf *1* und lassen den Layer *21* selektierbar.
- Starten Sie **EXTRUDIERTER KÖRPER** und selektieren Sie die Skizze. Dann geben Sie die Grenzen ein und definieren die **FORMSCHRÄGE**.
- Zuletzt erzeugen Sie den Körper.

Verrunden

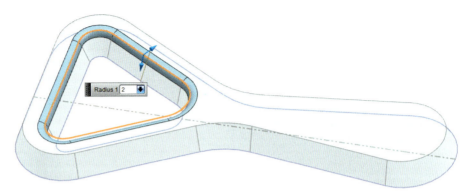

- Starten Sie den Befehl **KANTENVERRUNDUNG**.
- Stellen Sie die **KURVENREGEL** auf **TANGENTIALE KURVEN** ein und wählen Sie die Kante auf Innenkontur aus.
- Geben Sie als **RADIUS** 2 mm ein, prüfen Sie die Vorschau und erzeugen Sie die Verrundung mit **ANWENDEN**.
- Selektieren Sie die Kante auf Außenkontur und aktivieren Sie dann im Dialogfenster **VARIABLE RADIUSPUNKTE**.

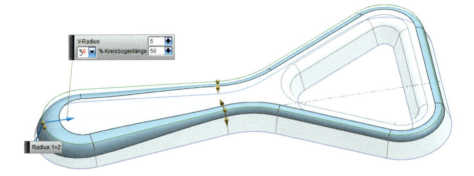

- Wählen Sie nun den Punkt, an dem ein Radius definiert werden soll. Bei der Selektion sollten Sie auf die Bildschirmanzeige achten, um die Endpunkte der Kurven zu erhalten, bzw. nur den Filter **ENDPUNKT** in der Auswahlleiste aktivieren. Nach der Wahl des Punktes können Sie den Radius an diesem definieren. Danach können Sie sofort den nächsten Punkt selektieren. Im Beispiel haben wir den Übergang von R = 5 mm zu R = 2 mm definiert. Hierbei wurde R = 5 mm für die Mitte der kreisförmigen Kante am Griffende angegeben.
- Schließlich erstellen Sie die variable Verrundung mit **OK**.

Aushöhlen

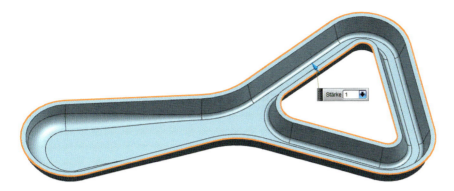

- Starten Sie den Befehl **SCHALE**.
- Wählen Sie die Bodenfläche als zu durchstoßende Fläche.
- Definieren Sie nun die Wandstärke.
- Mit **OK** oder **MT2** höhlen Sie den Körper aus.

Damit erhalten Sie das abgebildete Bauteil.

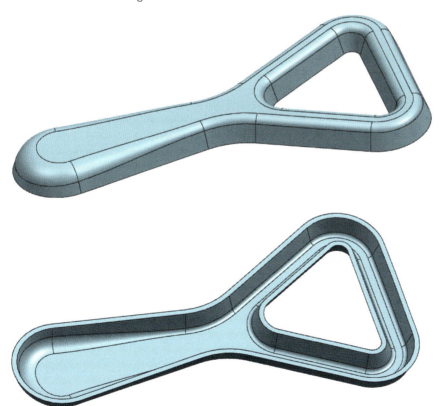

11 Beispiele für Baugruppen

In diesem Kapitel möchten wir die Arbeit mit Baugruppen an zwei Beispielen demonstrieren. In der ersten Übung (Auto) wird eine neue Konstruktion unter Nutzung von Attributen und Interpart Expressions erstellt. Das zweite Beispiel (Handspanner) zeigt den Zusammenbau einer Baugruppe aus vorhandenen Teilen, die Vergabe von Zwangsbedingungen, Bauteilspiegelungen, Anordnungen, Kollisionsanalysen und die Erstellung von Baugruppenzeichnungen und Stücklisten.

11.1 Auto

Wir wollen nun eine neue Baugruppe erstellen, die aus einer Karosserie sowie zwei Unterbaugruppen mit je einer Achse und zwei Rädern besteht. Die Bohrungen in den Rädern und der Durchmesser der Achsen sowie der Karosserie werden dabei über Interpart Expressions aus der Baugruppe gesteuert.

Die in diesem Beispiel verwendeten »Konstruktionen« dienen dazu, den Aufbau von Baugruppenstrukturen in NX grundsätzlich zu zeigen. Sie sind deshalb sehr einfach gehalten. Die Abbildung zeigt die zu erzeugende Geometrie und die entsprechende Baugruppenstruktur.

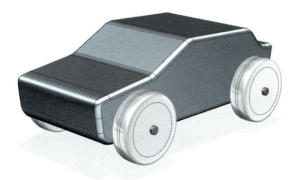

Erstellen der Achse

1. Mit **DATEI > NEU** wählen Sie die Modellschablone Modell aus.
2. Geben Sie einen Namen (Achse_ET001_00) und einen Ordner ein. Alle Teile werden in das Unterverzeichnis *Auto* gespeichert.

3. Zuerst wird ein **ACHSENSYSTEM** benötigt.
4. Die Achse wird über eine **SKIZZE** auf der ZX-Ebene erzeugt. Hier wird ein Kreis mit Durchmesser 12 mm erstellt. Bei der Eingabe des Durchmessers legen Sie den Namen des Ausdrucks fest (p0=12mm sollten Sie umbenennen in *Durchmesser_Achse=12mm*).

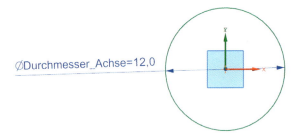

5. Der Grundkörper wird nun mit folgenden Einstellungen über **EXTRUDIERTER KÖRPER** erzeugt.

6. Mit **EXTRUDIERTER KÖRPER** und derselben Skizze erzeugen Sie einen weiteren Körper mit folgenden Einstellungen: Ende = Symmetrischer Wert; Abstand = 130 mm; Boolesch = **VEREINIGEN** und Offset = **KEIN**.

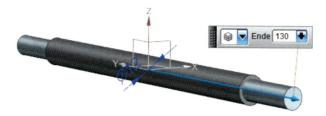

7. Mit **MT3** im Baugruppen-Navigator selektieren Sie die Komponente und öffnen über **EIGENSCHAFTEN > ATTRIBUTE** das Attribut-Fenster.
8. Folgende Attribute erzeugen Sie in der Kategorie *Stueckliste*: Benennung = Achse 12 x 130; Werkstoff = 1.4021.

9. Bei Bedarf passen Sie den *Baugruppen-Navigator* so an, dass das Attribut *Benennung* angezeigt wird. Dazu gehen Sie mit **MT3** in die Spaltenüberschrift und rufen die **EIGENSCHAFTEN** auf. Im Register **SPALTEN** geben Sie unter Attribute *Benennung* ein und bestätigen mit **ENTER**. Danach verschieben Sie mit den Pfeilen die Spalte.

10. Speichern Sie die Datei.

Erzeugung der Baugruppe für die Achse

1. Über den Befehl **NEUES ÜBERGEORDNETES ELEMENT ERZEUGEN** wird nun eine vorgelagerte Baugruppe erzeugt. Hierzu wählen Sie die Schablone für die Baugruppe und geben einen Namen ein.

2. Im **BAUGRUPPEN-NAVIGATOR** vergeben Sie die abgebildeten Attribute für die neue Baugruppe.

3. Es ergibt sich die dargestellte Baugruppenstruktur.
4. Zuletzt speichern Sie die Datei.

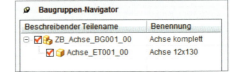

Erstellen des Rades

1. Mit **NEU** wählen Sie die Modellschablone für das Rad aus und geben den Namen des Teils ein.

2. Mit **SKIZZE** und **EXTRUDIERTER KÖRPER** wird nun ein Rad erzeugt. Der Durchmesser beträgt 100 mm, die Höhe ist 30 mm.

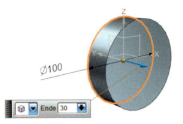

3. Das Rad erhält nun noch eine Bohrung. Hierzu wählen Sie die Zylinderkante an und starten den Befehl **BOHRUNG**. Durch Eingabe folgender Werte wird die Bohrung erzeugt.

4. Die Kanten werden am Ende noch mit einer **KANTENVERRUNDUNG**, mit der Form **KEGELFÖRMIG**, abgerundet. Geben Sie die Werte gemäß folgender Abbildung ein.

5. Mit MT3 selektieren Sie im **BAUGRUPPEN-NAVIGATOR** das Teil und rufen über das Popup-Menü **EIGENSCHAFTEN > ATTRIBUTE** auf; Geben Sie die Werte gemäß der Abbildung ein.

6. Speichern Sie die Datei.

Räder zur Baugruppe hinzufügen

1. Mit **FENSTER** rufen Sie die Baugruppendatei *ZB_Achse_BG001_00* auf.
2. Starten Sie den Befehl **KOMPONENTE HINZUFÜGEN**. In der Liste Einzelteil wählen Sie *Achse_ET002_00* aus. Unter **POSITIONIERUNG** aktivieren Sie **NACH ZWANGSBEDINGUNGEN** und schließen das Fenster mit **ANWENDEN**.
3. Unter **TYP** stellen Sie **FIXIEREN** ein und selektieren dann die *Achse_ET001_00*. Damit wird die Position dieses Bauteils fixiert.
4. Stellen Sie **TYP** auf **BERÜHRUNG/AUSRICHTUNG** und **ORIENTIERUNG** auf **MITTELPUNKT/ACHSE**. Nun müssen Sie die Mittellinie der

Achse selektieren. NX zeigt eine Vorschau an. Dazu muss die Option **VORSCHAU DER KOMPONENTE IN HAUPTFENSTER** aktiv sein. In dieser Vorschau kann die Achse des Rads selektiert werden.

5. Die Lage des Rades kann durch Ziehen mit **MT1** entlang der offenen Freiheitsgrade verändert werden. Damit werden automatisch die definierten Zwangsbedingungen überprüft.
6. Im aktiven Befehl stellen Sie die **ORIENTIERUNG** auf **BERÜHRUNG BEVORZUGEN** ein und selektieren die zwei im Bild dargestellte Flächen.

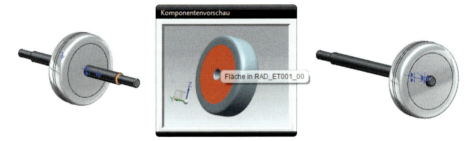

7. Prüfen Sie nochmals das Bewegungsverhalten vom Rad durch Ziehen mit **MT1**. Der Drehfreiheitsgrad bleibt offen.
8. Beenden Sie den Befehl mit **OK**.
9. Im **BAUGRUPPEN-NAVIGATOR** werden die festgelegten Zwangsbedingungen und die aktuelle Baugruppenstruktur angezeigt.

Im **ZWANGSBEDINGUNGSNAVIGATOR** werden ebenfalls alle Bedingungen aufgeführt. Hier können Sie sehr leicht die dazugehörenden Komponenten finden.

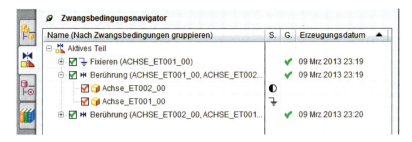

10. Das Hinzufügen und die Vergabe der Zwangsbedingungen erfolgt beim zweiten Rad analog zum ersten. Damit ergibt sich das abgebildete Ergebnis.
11. Die Anzeige der Zwangsbedingungen im Grafikbereich kann im **BAUGRUPPEN-NAVIGATOR** durch Selektion des Eintrages *Zwangsbedingungen* mit **MT3** und Ausschalten der entsprechenden Option deaktiviert werden.
12. Speichern Sie die Baugruppe.

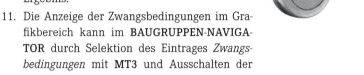

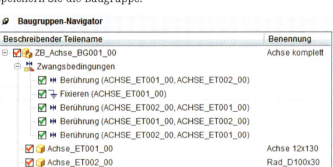

Erstellung der Baugruppe für das Gesamtfahrzeug

Die Vorderachse ist nun definiert. Im nächsten Schritt wird die Karosserie erstellt.

1. Die Baugruppe *ZB_Achse_BG001_00* ist als Anzeigeteil festgelegt.
2. Über den Befehl **NEUES ÜBERGEORDNETES ELEMENT ERZEUGEN** erzeugen Sie nun eine vorgelagerte Baugruppe. Hierzu wählen Sie die Schablone für die Baugruppe und geben einen Namen ein (siehe Abbildung).

3. Über **EIGENSCHAFTEN > ATTRIBUTE** erstellen Sie folgende Attribute.

Erstellung der Karosserie

1. In die aktive Baugruppe *ZB_Auto_BG001_00* fügen Sie eine neue Komponente mit der Modellschablone ein.

2. Mit **EIGENSCHAFTEN > ATTRIBUTE** erstellen Sie folgende Attribute.

3. Mit Doppelklick machen Sie *Auto_ET001_00* zum aktiven Teil.
4. Folgende Skizze erzeugen Sie nun auf der ZX-Ebene.

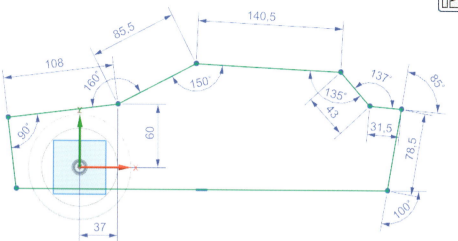

5. Mit **EXTRUDIERTER KÖRPER** und den folgenden Einstellungen ziehen Sie ein Volumen auf: Auswahlfilter = Formelementkurve, Schnitt = Skizzenkurve, Begrenzungen > Ende = Symmetrischer Wert, Abstand = 90

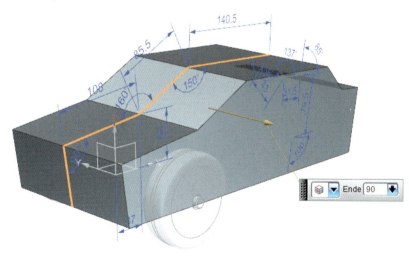

6. In den nächsten Schritten werden verschiedene Verrundungen angewendet.

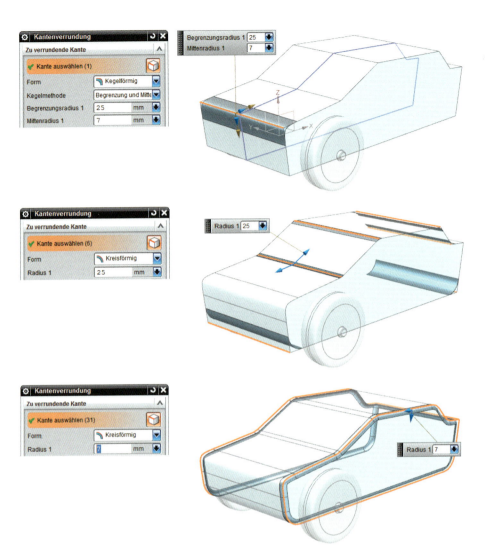

 7. Nun wird die Bohrung für die Achse erzeugt. Führen Sie dazu den Befehl **BOHRUNG** aus und selektieren die Seitenfläche. Sie gelangen nun in den Skizzenmodus.
8. Löschen Sie den vom System vorgeschlagenen **PUNKT**.

 9. Mit **PUNKT** erzeugen Sie einen neuen Punkt. Hierzu sollten Sie folgende Einstellungen berücksichtigen. Wählen Sie im Auswahlbereich = Gesamte Baugruppe; Selektionsfilter = Bogenmittelpunkt und selektieren anschließend den Durchmesser der Achse. Es wird *keine* Verlinkung erzeugt, sondern nur die Position abgegriffen.

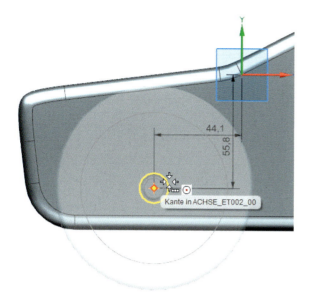

10. Nun können Sie die Skizzenerstellung beenden.
11. Stellen Sie die Bohrung mit folgenden Eingaben fertig.
12. Für die Hinterachse wird die Bohrung mit einem *Linearen Musterelement* erzeugt. Nehmen Sie dafür folgende Einstellungen vor: Layout = Linear, Vektor = X-Achse, Anzahl = 2, Steigungsabstand = 245 mm.

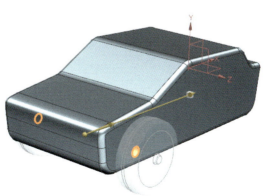

13. Machen Sie dann die Baugruppe *ZB_Auto_BG001_00* zum aktiven Teil.
14. Mit **SPEICHERN** werden alle modifizierten Komponenten gespeichert.

Erzeugen der Hinterachse

Für die Hinterachse wird die Vorderachse dupliziert und neu positioniert. Hierfür wird ein Komponentenfeld verwendet. Dazu müssen zuerst entsprechende Baugruppenzwangsbedingungen erzeugt werden.

1. Die Baugruppe *ZB_Auto_BG001_00* ist aktiv.
2. Mit einer der **BAUGRUPPENZWANGSBEDINGUNGEN** fixieren Sie die Karosserie *Auto_ET001_00*.
3. Die Baugruppe *ZB_Achse_BG001_00* wird mit dem Typ **BERÜHRUNG/AUSRICHTUNG** positioniert. Während der Vergabe von Bedingungen ist es möglich, die Komponenten per Drag & Drop mit **MT1** entsprechend der noch offenen Freiheitsgrade zu verschieben.

4. Eine zweite Bedingung zur **BERÜHRUNG/AUSRICHTUNG** wird zwischen der XZ-Ebene der *Achse* und der XZ-Ebene der *Karosserie* erzeugt.

5. Unter **BAUGRUPPE > KOMPONENTE** starten Sie den Befehl **KOMPONENTENFELD ERZEUGEN**.
6. Im Baugruppen-Navigator wählen Sie die Baugruppe *ZB_Achse_BG001_00* aus und bestätigen die Klassenauswahl mit **OK**.
7. Nehmen Sie nun folgende Einstellung vor und bestätigen sie mit **OK**.

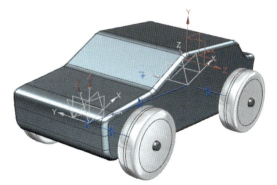

8. Zum Abschluss speichern Sie die Baugruppe *ZB_Auto_BG001_00* speichern.

Interpart Expressions definieren

Im nächsten Schritt soll der Durchmesser der Achse mit der Bohrung des Rads und der Karosserie verknüpft werden.

1. In der Baugruppendatei *ZB_Auto_BG001_00* rufen Sie **WERKZEUGE > AUSDRUCK** auf.
2. Ein neuer Ausdruck wird wie abgebildet definiert.

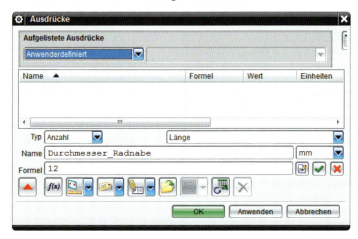

3. Mit **OK** legen Sie diesen Ausdruck in der Baugruppe *ZB_Auto_BG001_00* ab.
4. Durch Doppelklick wechseln Sie in die Komponente *Achse_ET001_00*.
5. Mit erneutem Öffnen der Ausdrücke durch **WERKZEUG > AUSDRUCK** werden die Ausdrücke dieser Komponente angezeigt. Eventuell stellen Sie *Aufgelistete Ausdrücke* auf **BENANNT** um.

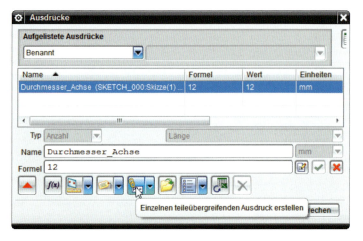

6. Wählen Sie den Ausdruck *Durchmesser_Achse* an und danach die Option **EINZELNEN TEILEÜBERGREIFENDEN AUSDRUCK ERSTELLEN**.
7. In der Liste selektieren Sie die Baugruppe *ZB_Auto_BG002_00*.

8. Es werden nun alle Ausdrücke aus dieser Komponente angezeigt. Durch Selektion des Ausdrucks *Durchmesser_Radnabe* wird dieser mit dem Ausdruck *Durchmesser_Achse* verlinkt.

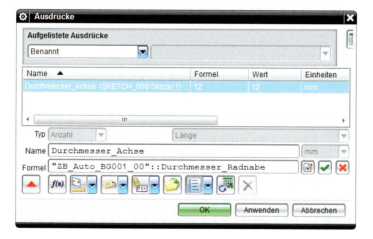

9. Die Steuerung des Durchmessers erfolgt über den Ausdruck in der Komponente *ZB_Auto_BG001_00*.
10. Aktivieren Sie die Komponente *ZB_Auto_BG001_00* und wechseln in den Teile-Navigator. Unter *Anwenderausdrücke* können Sie nun den Ausdruck ändern.

11. Auf die gleiche Art und Weise können Sie nun auch die Bohrungen im Rad wie auch die in der Karosserie verlinken. Bei der Bohrung in der Karosserie muss ein entsprechender Offset (+ 3 mm) in die Formel mit eingebaut werden.

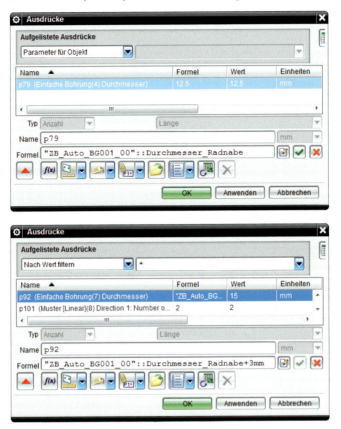

 12. Speichern Sie die Baugruppe *ZB_Auto_BG001_00*.

■ 11.2 Handspanner

Der Handspanner soll aus verschiedenen, bereits konstruierten Einzelteilen zusammengebaut werden, die sich alle im Verzeichnis *handspanner* befinden, das im Download-Material unter *http://downloads.hanser.de* zu finden ist. Wir wollen die erstellte Baugruppe dabei auf Durchdringungen prüfen und ihren grundsätzlichen Bewegungsablauf untersuchen. Danach werden wir eine Baugruppenzeichnung mit Stückliste unter Verwendung des Master-Modell-Konzeptes erstellen. Abschließend werden vier Spanner in einer neuen Baugruppe genutzt, wobei zwei Spanner gespiegelt werden.

TIPP: Aufgrund seiner Komplexität erfolgt für dieses Beispiel keine einführende Aufgabenstellung. Wir raten Ihnen, es anhand der Beschreibung schrittweise abzuarbeiten.

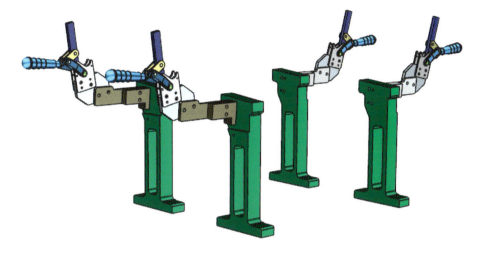

Baugruppendatei für Handspanner erstellen

1. Alle Dateien befinden sich im Verzeichnis *Handspanner*.
2. Mit **NEU** wählen Sie die Baugruppenschablone aus und speichern sie im Projektverzeichnis unter *Spanner_BG001_00* ab. In dieser Datei wird die Unterbaugruppe des Spanners erstellt.
3. Im Dialogfenster suchen Sie jetzt die Ursprungskomponente der Baugruppe aus. Dazu wird das Teil *Spanner_ET001_00* aufgerufen. Für die **POSITIONIERUNG** ist **NACH ZWANGSBEDINGUNGEN** eingestellt. Das Dialogfenster verlassen Sie nun mit **ANWENDEN**.

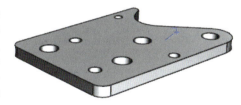

4. Stellen Sie den **TYP** der Zwangsbedingung auf **FIXIEREN** und wählen das Teil aus.
5. Mit **OK** gelangen Sie zurück zu **KOMPONENTE HINZUFÜGEN**.

6. Dort klicken Sie das Einzelteil *Spanner_ET002_00* an und wechseln mit **ANWENDEN** zu den Zwangsbedingungen.
7. Jetzt stellen Sie den **TYP BERÜHRUNG/AUSRICHTUNG** ein. Diese Einstellung wird für alle folgenden Zwangsbedingungen verwendet.

8. Suchen Sie die Innenfläche des Griffes und die Außenfläche der Platte aus. Dann wählen Sie die Mittellinien im Griff und in der Platte.

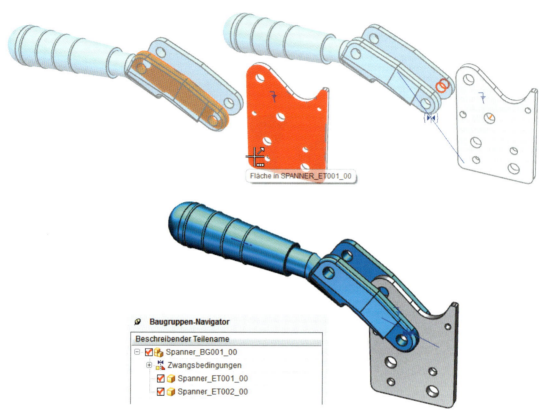

9. Danach prüfen Sie die definierten Bedingungen durch Ziehen am Griff und bewegen den Griff in eine geeignete Position.

10. Fügen Sie das Teil *Spanner_ET003_00* hinzu.
11. Legen Sie die Seitenflächen aufeinander und richten die Mittellinien aus.

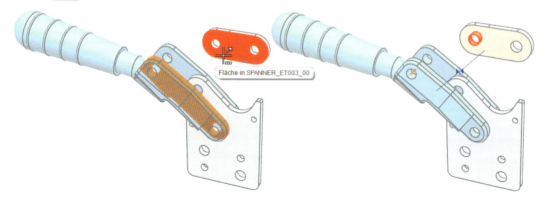

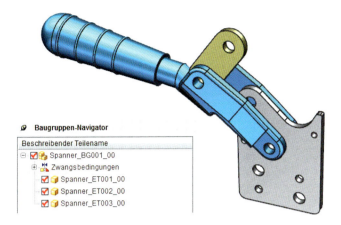

12. Fügen Sie das Teil *Spanner_ET004_00* hinzu.
13. Legen Sie wieder die abgebildeten Seitenflächen aufeinander und richten die Mittellinien zweimal aus. Testen Sie den Bewegungsablauf durch Ziehen am Griff.

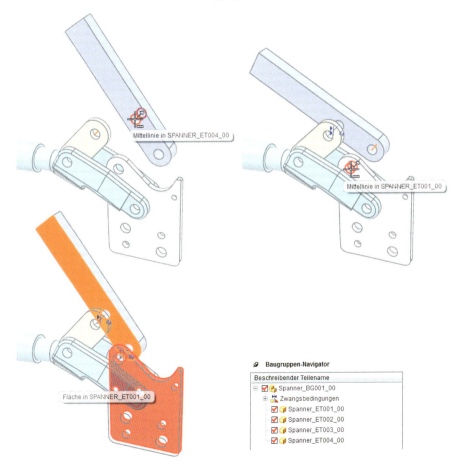

14. Fügen Sie die Rolle *Spanner_ET005_00* zweimal hinzu.
15. Dabei erzeugen Sie die abgebildeten Bedingungen mit der Seitenplatte und dem Führungshebel.

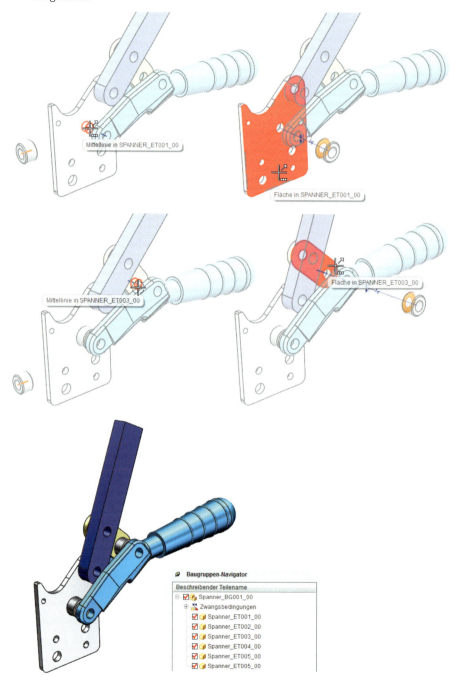

16. Für den weiteren Zusammenbau blenden Sie die Teile *Klemmhebel* und *Rolle* durch Ausschalten des Hakens in der Checkbox des Baugruppen-Navigators aus.
17. Fügen Sie die *Fuehrung* nochmals mit den dargestellten Zwangsbedingungen hinzu.

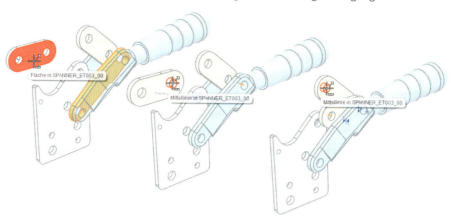

18. Danach bauen Sie die zweite *Seitenplatte* wie auf den folgenden Bildern dargestellt ein. Dazu aktivieren Sie die Anzeige der Rollen.

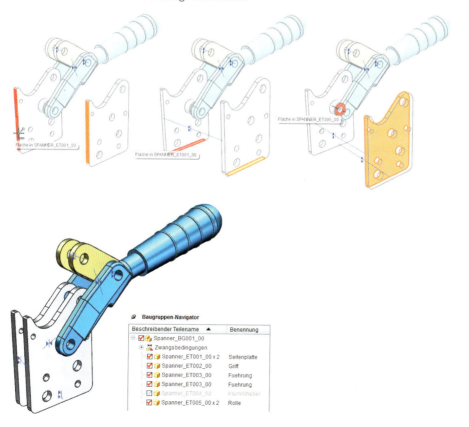

19. Fügen Sie nun den Bolzen mit Kopf *Spanner_ET006_00* hinzu.

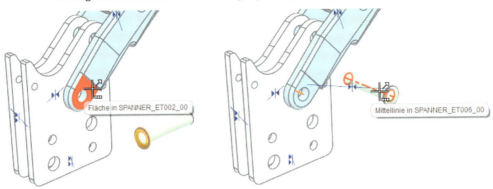

20. Anschließend bauen Sie den Bolzen *Spanner_ET007_00* zweimal wie abgebildet ein.

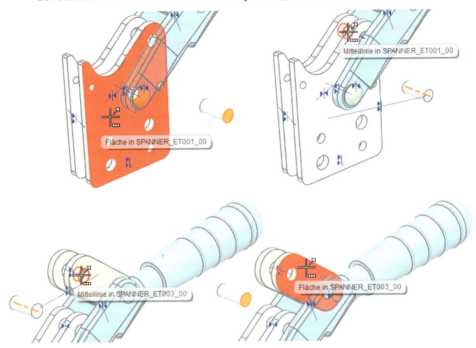

21. Abschließend fügen Sie den Bolzen *Spanner_ET008_00* hinzu. Dieser wird zwischen den Innenflächen des Griffs zentriert. Dazu machen Sie alle Komponenten bis auf den *Griff* im **BAUGRUPPEN-NAVIGATOR** unsichtbar.
22. Zuerst zentrieren Sie mit **BERÜHRUNG/AUSRICHTUNG** die Mittellinien.
23. Dann aktivieren Sie die **MITTE** und den Untertyp **2 ZU 2**. Dazu schalten Sie die Option **VORSCHAU DER KOMPONENTE IN HAUPTFENSTER** ein. Im Hauptfenster wählen Sie die abgebildeten Flächen in der erforderlichen Reihenfolge aus; zuerst die Außenflächen des Bolzens, dann die Innenflächen vom Griff.

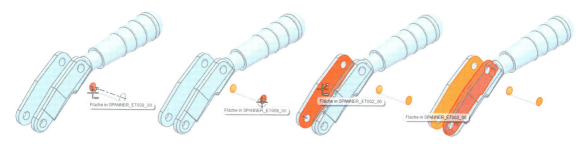

Damit sind alle Teile der Baugruppe vorhanden. Im **BAUGRUPPEN-NAVIGATOR** können Sie diese wieder sichtbar machen. Anschließend legen Sie den Name der Baugruppe über **EIGENSCHAFTEN > ATTRIBUTE** *Benennung = Handspanner* fest, und speichern die Datei.

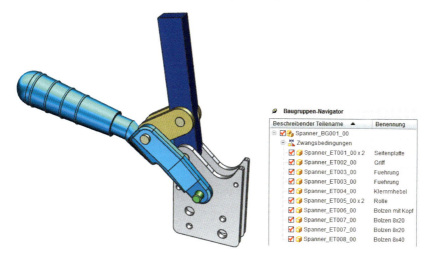

Aufgrund der gewählten Zwangsbedingungen wird mit einer Bewegung des Handgriffs ein entsprechendes Verhalten der Verbindungen und des Hebels erzeugt. Diese Funktion kann zunächst grundsätzlich unter Nutzung des Befehls **KOMPONENTE VERSCHIEBEN** überprüft werden.

Dazu stellen Sie den **TYP DYNAMIK** ein, wählen den Handgriff und aktivieren **POSITION ORIENTIERUNG ANGEBEN**. Dabei können Sie zusätzlich eine **KOLLISIONSAKTION** einstellen.

Wenn Sie den Griff unter Nutzung der Option **KOLLISION HERVORHEBEN** in die abgebildete Position bewegen, werden mehrere Kollisionen mit roter Farbe angezeigt. Um Probleme zu beseitigen, wird die Baugruppe in dieser Position belassen, indem der Befehl mit **OK** beendet wird.

Kollisionsprüfung

1. Zuerst sollen alle Teile der Baugruppe auf Durchdringungen untersucht werden. Dazu rufen Sie den Befehl **EINFACHE SICHERHEITSPRÜFUNG** auf; im Fenster zur Klassenauswahl verwenden Sie **ALLE AUSWÄHLEN**. **OK** liefert dann das abgebildete Protokoll.
2. Berührungen entstehen, wenn Komponenten verknüpft sind. Diese Art der Durchdringung wird akzeptiert.

3. Harte Durchdringungen weisen auf Fehler hin. Zur genaueren Analyse selektieren Sie den ersten Eintrag mit Doppelklick. Dann klicken Sie alle weiteren harten Durchdringungen nacheinander an. Damit werden nur noch die jeweils betroffenen Komponenten angezeigt.
4. Der *Klemmhebel ET004* ist an einigen Durchdringungen beteiligt. Er ist offensichtlich zu dick und muss geändert werden. Dazu müssen Sie das Bauteil im Grafikbereich mit Doppelklick aktivieren. Die restlichen Komponenten werden dann abgeblendet dargestellt.

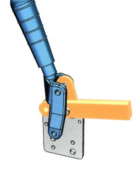

5. Wenn man die Konstruktionshistorie nicht kennt, kann man schnelle Änderungen unter Nutzung der direkten Modellierung durchführen. Dazu wählen Sie die Seitenfläche mit der QuickPick-Funktion aus und rufen dann mit **MT3** den Befehl **SYNCHRONE KONSTRUKTION > FLÄCHE VERSCHIEBEN** auf. Die Bauteildicke wird durch Eingabe eines Abstandes von *–2.5* entsprechend verkleinert.
6. Im **BAUGRUPPEN-NAVIGATOR** aktivieren Sie die Baugruppe nun wieder mit Doppelklick.
7. Die erneute Prüfung der Sicherheitsabstände liefert noch eine Durchdringung. Diese rufen Sie mit Doppelklick auf. Dabei wird ersichtlich, dass der Bolzen zu lang ist.
8. Um das Bauteil zu kürzen, rufen Sie es mit Doppelklick auf. Da der Bolzen als Zylinder erzeugt wurde, können mit nochmaligem Doppelklick dessen Parameter geändert werden. Die **HÖHE** wird auf *19 mm* reduziert.
9. Damit stimmt aber die *Benennung* nicht mehr. Diesen Wert ändern Sie im **BAUGRUPPEN-NAVIGATOR** wie abgebildet.

10. Danach aktivieren Sie nochmals die Baugruppe und führen eine weitere Sicherheitsanalyse durch. Als Ergebnis werden nur noch Berührungen aufgelistet.
11. Nun sollten Sie die Baugruppe speichern.
12. Anschließend wird eine Untersuchung der Extremstellungen mit **KOMPONENTE VERSCHIEBEN** durchgeführt. Dazu müssen Sie den Handgriff selektieren und im Dialogfenster die abgebildeten Einstellungen verwenden.
13. Bewegen Sie den Handgriff nun nach links und rechts, bis die jeweilige Endposition erreicht wird.

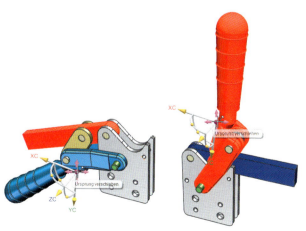

Anordnungen definieren

1. Rufen Sie den Befehl **BAUGRUPPENANORDNUNGEN** auf.
2. Die Standardanordnung benennen Sie jetzt in *zu*.
3. Kopieren Sie die Anordnung und benennen neue Anordnung um in *auf*. Machen Sie einen Doppelklick auf die neue Anordnung, um sie zu aktivieren. Zuletzt müssen Sie das Fenster **SCHLIESSEN**.

4. Starten Sie den Befehl **KOMPONENTE VERSCHIEBEN** und selektieren Sie den Handgriff. Im Dialogfenster unter **EINSTELLUNGEN** im Feld **ANORDNUNGEN** aktivieren Sie **AUF VERWENDET ANWENDEN**. Den Handgriff sollten Sie so bewegen, dass der Spanner wie abgebildet geöffnet wird, und beenden dann den Vorgang mit **OK**.

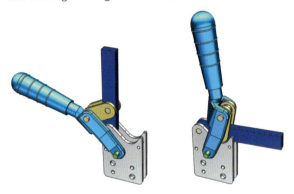

5. Überprüfen Sie die Anordnungen, indem Sie im **BAUGRUPPEN-NAVIGATOR** mit **MT3** auf die Hauptbaugruppe die Auswahl **ANORDNUNG** aufrufen und dort die Anordnungen umschalten.
6. Schließlich speichern Sie die Datei.

Zeichnung und Stückliste

1. Die Zeichnung soll nach dem Master-Modell-Konzept in einer separaten Datei erzeugt werden. Dazu nutzen Sie den Befehl **NEU**, um eine Schablone für die Zeichnungserstellung zu verwenden. Das System bildet den Namen der Datei automatisch. Als Komponente, aus der die Zeichnung abgeleitet werden soll, verwenden Sie die aktuelle Baugruppe. Diese Vorgaben übernehmen Sie mit **OK**.

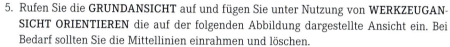

2. NX erzeugt nun die abgebildete Baugruppenstruktur, wechselt in die Zeichnungserstellung und lädt den passenden Zeichnungsrahmen.
3. Beim ersten Speichern kann der automatisch erstellte Name noch geändert werden. Die Vorgaben werden wieder mit **OK** akzeptiert.
4. Legen Sie den globalen Zeichnungsmaßstab fest.
5. Rufen Sie die **GRUNDANSICHT** auf und fügen Sie unter Nutzung von **WERKZEUGANSICHT ORIENTIEREN** die auf der folgenden Abbildung dargestellte Ansicht ein. Bei Bedarf sollten Sie die Mittellinien einrahmen und löschen.
6. Aus der Ressourcenleiste öffnen Sie jetzt die Stücklistenvorlage und platzieren sie auf der Zeichnung. Alle Einträge werden automatisch aus den Systeminformationen (*Pos.-Nr., Anzahl, Teilenummer*) und den Nutzerattributen (*Benennung, Material, Zusatz*) erzeugt. Eine entsprechende Vorlage der Stückliste finden Sie im Begleitmaterial zum Buch unter *http://downloads.hanser.de*.
7. Erzeugen Sie nun **AUTOM. ID-SYMBOLE**. Dazu selektieren Sie die Stückliste und generieren sie mit **OK** in der vorhandenen Ansicht. Bei Bedarf sollten Sie die Symbole verschieben. Die Pfeilspitze wird durch Doppelklick und Angabe eines neuen Ursprungspunktes modifiziert.
8. Zuletzt müssen Sie die Datei speichern.

Die festgelegten Anordnungen können Sie in der Zeichnung durch Selektion der Baugruppe mit **MT3** und durch Aktivieren des gewünschten Zustandes aufrufen.

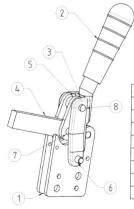

8	1	Bolzen 8x40	St	SPANNER_ET008_00	
7	2	Bolzen 8x19	St	SPANNER_ET007_00	
6	1	Bolzen mit Kopf	St	SPANNER_ET006_00	
5	2	Rolle	1.0037	SPANNER_ET005_00	
4	1	Klemmhebel	1.0037	SPANNER_ET004_00	
3	2	Fuehrung	1.0037	SPANNER_ET003_00	
2	1	Griff	1.0037	SPANNER_ET002_00	
1	2	Seitenplatte	1.0037	SPANNER_ET001_00	
Pos. Nr.	Anzahl	Benennung	Material	Teilenummer	Zusatzangaben

Im nächsten Schritt montieren wir die Spanner-Baugruppe an einer Befestigung. Dabei werden die mechanischen Verbindungselemente nicht dargestellt.

Neue Montagebaugruppe mit Zwangsbedingungen erzeugen

1. Zuerst wechseln Sie in die Anwendung **KONSTRUKTION**.
2. Mit **NEU** wählen Sie die Baugruppenschablone aus und geben als Namen *Spanner_BG002_00* ein. Stellen Sie unter **ORDNER** sicher, dass Sie den richtigen Speicherpfad gewählt haben.

3. Danach startet NX automatisch **KOMPONENTE HINZUFÜGEN**. Hier wählen Sie das abgebildete Einzelteil *Spanner_ET009_00*.

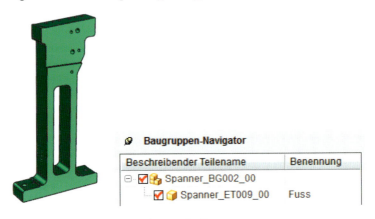

4. Fixieren Sie das Bauteil mit Zwangsbedingung.
5. Als nächstes Bauteil fügen Sie *Spanner_ET010_00* hinzu.
6. Als **TYP** für die Zwangsbedingungen aktivieren Sie **BERÜHRUNG/AUSRICHTEN** und erzeugen die dargestellten Bedingungen.

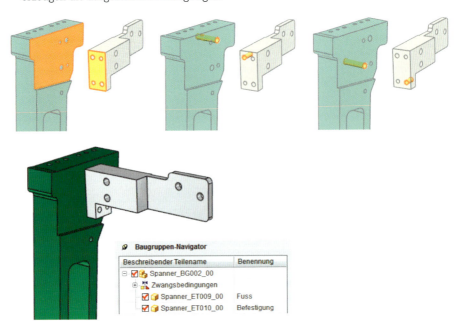

7. Das Bauteil *Spanner_ET011_00* bauen Sie wie abgebildet ein.

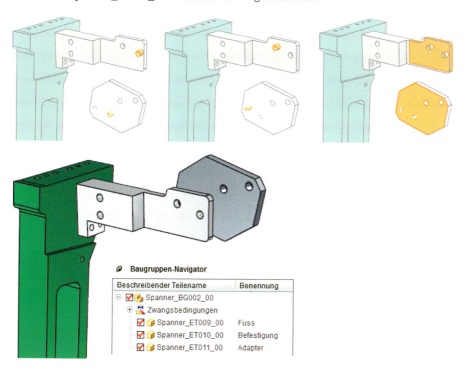

8. Danach fügen Sie den Handspanner *Spanner_BG001_00* hinzu.
9. Vergeben Sie die *Benennung=Spannvorrichtung* und speichern Sie die Baugruppe.

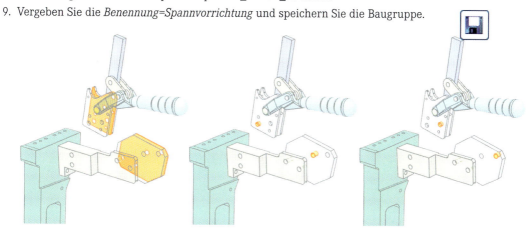

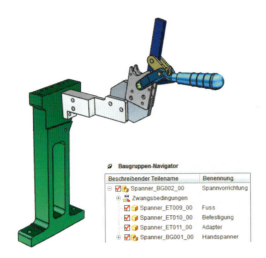

Abschließend wollen wir vier Spannvorrichtungen in einer weiteren Baugruppe verwenden. Dazu müssen wir zwei Vorrichtungen spiegeln. Beim Spiegelvorgang werden die Zwangsbedingungen in den Baugruppen nicht fehlerfrei übernommen. Deshalb sollte diese Funktion immer am Ende einer Konstruktion durchgeführt werden.

Spiegelbaugruppe erzeugen

1. Mit **NEUES ÜBERGEORDNETES ELEMENT ERZEUGEN** wählen Sie eine Baugruppenschablone aus und geben als Namen *Spanner_BG003_00* ein.
2. Fixieren Sie nun die Baugruppe *Spannvorrichtung*.
3. Als *Benennung* verwenden Sie *Spannsystem*.
4. Mit Kopieren und Einfügen duplizieren Sie schließlich die Baugruppe *Spanner_BG002_00.prt*.
5. Zur Vergabe der Zwangsbedingungen aktivieren Sie den **TYP BERÜHRUNG/AUSRICHTUNG**. Dann erzeugen Sie die abgebildeten Beziehungen so, dass die Fuß- und die Vorderflächen fluchten.
6. Den **TYP** stellen Sie auf **ABSTAND** und erzeugen die dargestellte Distanz.

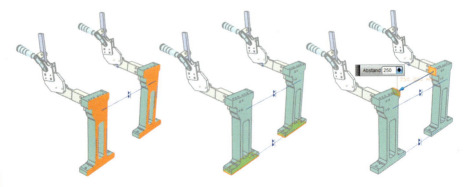

7. Zuletzt müssen Sie nur noch die Datei speichern.

Baugruppen spiegeln

1. Die **BEZUGSEBENE** erzeugen Sie parallel zu einer passenden Ebene des WCS im Abstand von *250 mm*. An dieser Ebene soll gespiegelt werden.

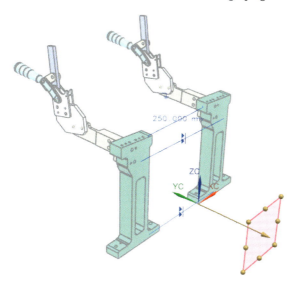

2. Nun starten Sie den Befehl **BAUGRUPPE SPIEGELN** und drücken dann auf **WEITER**.
3. Da die gespiegelten Baugruppen gleich sind, muss der Spiegelvorgang nur einmal ausgeführt werden. Dazu selektieren Sie eine Baugruppe vollständig zum Spiegeln im **BAUGRUPPEN-NAVIGATOR** und wechseln mit **WEITER** zum nächsten Schritt.
4. Danach wählen Sie die Bezugsebene als Spiegelebene und klicken auf **WEITER**.
5. Nun sollten Sie den Komponenten *Spanner_ET009_00* und *Spanner_ET010_00* den Spiegelungstyp **OPERATION GEOMETRIE SPIEGELN ZUWEISEN**. Diese Teile werden wirklich gespiegelt. Der Rest wird nur kopiert. Zum nächsten Schritt wechseln wir, indem wir **WEITER** drücken.

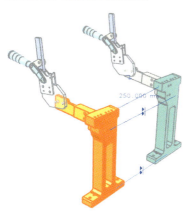 

6. Den folgenden Hinweis bestätigen Sie mit **OK**.

7. Neue Teile erhalten einen Stern als Kennzeichen. Die Vorgaben zur Position sollten Sie prüfen, eventuell sollten Sie auch mit **NEU POSITIONIERTE LÖSUNGEN DURCHLAUFEN** Alternativen aufrufen. Klicken Sie dann auf **WEITER**, um das Fenster zu verlassen.
8. Als Suffix legen Sie *_mirror* fest und klicken Sie auf **WEITER**.
9. Die neuen Namen für die gespiegelten Komponenten werden aufgelistet. Falls Sie Bedarf an individuellen Änderungen haben, aktivieren Sie den entsprechenden Listeneintrag mit Doppelklick und benennen ihn um.

10. Danach sollten Sie den Spiegelvorgang **BEENDEN** und die Datei speichern.

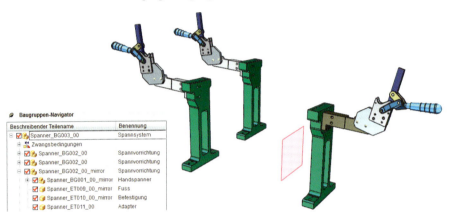

Es ist eine neue, gespiegelte Baugruppe entstanden, wobei die gespiegelten Komponenten die entsprechenden Teilenamen erhalten haben. Die neuen Einzelteile sind assoziativ zu den Ursprungsobjekten.

Die gespiegelte Baugruppe fügen Sie nochmals wie abgebildet als Komponente hinzu und bringen sie mit Zwangsbedingungen an die richtige Position. Anschließend speichern Sie die Baugruppe.

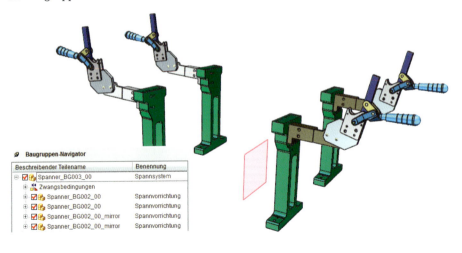

Öffnen großer Baugruppen

1. Schließen Sie die komplette Baugruppe *Spanner_BG003_00* und alle Komponenten.
2. Über **DATEI > OPTIONEN > LADEOPTIONEN FÜR BAUGRUPPE** nehmen Sie die in der Abbildung zu sehenden Einstellungen vor.

Nach dem Öffnen sieht der Baugruppen-Navigator wie in der folgenden Abbildung aus.

3. Fährt man nun mit der Maus über die Komponenten im Baugruppen-Navigator, so wird im Grafikbereich eine Begrenzungsbox der entsprechenden Geometrie angezeigt.

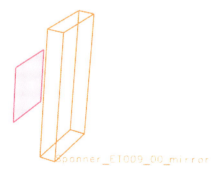

4. Nach dem Aktivieren eines Häkchens vor einer Komponente wird diese geladen. Hier wurde *Spanner_ET009_00* selektiert.

Aufgrund der eingestellten *Lightweight-Darstellung* wird allerdings nur der facettierte JT-Anteil der Komponente angezeigt. Zu erkennen ist dies auch an der *Feder* unter **REPRÄSENTATION**.

5. Erst durch einen Doppelklick auf die Komponente wird diese *Genau* geladen. Zu erkennen ist das an der *Raute* unter **REPRÄSENTATION**.

Erst wenn die Geometrie *Genau* geladen ist, kann auf die einzelnen Elemente wie Kanten, Teilflächen usw. zugegriffen werden. An einem Radius kann die *Genaue* Darstellung auch im Grafikfenster erkannt werden. Links sehen Sie die *Lightweight*-Darstellung und rechts die *Genaue*.

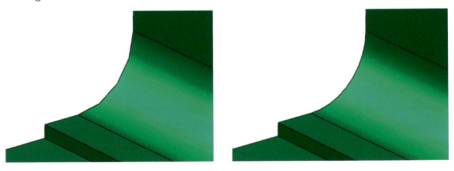

6. Wenn Sie nun eine weitere Komponente mit Doppelklick aktivieren, so wird die vorherige wieder in den *Lightweight*-Modus versetzt.

Beschreibender Teilename	Benennung	Repräsentation	Reference Set	Geändert
⊟ ☑ 🕮 Spanner_BG003_00	Spannsystem			📝
⊞ 🕀 Zwangsbedingungen				
⊞ ☑ 🕮 Spanner_BG002_00_m...	Spannvorrichtung		Ganzes Teil	📝
⊟ ☑ 🕮 Spanner_BG002_00_m...	Spannvorrichtung		Ganzes Teil	📝
⊞ ☐ 🕮 Spanner_BG001_00...	Handspanner			
☑ 🗊 Spanner_ET009_00...	Fuss	🍃	Modell ("MOD...	
☑ 🗊 Spanner_ET010_00...	Befestigung	♦	Ganzes Teil	

7. Durch **MT3 > GENAUE ANZEIGE** oder **> LIGHTWEIGHT ANZEIGE** besteht die Möglichkeit, die Komponenten dauerhaft in den entsprechenden Zustand zu versetzen.
8. Durch Deaktivieren des Häkchens vor einer Komponente wird diese Komponente nur verdeckt und nicht entladen.

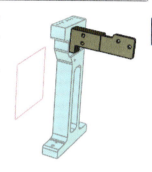

Beschreibender Teilename	Benennung	Repräsentation	Reference Set	Geändert
⊟ ☑ 🕮 Spanner_BG003_00	Spannsystem			📝
⊞ 🕀 Zwangsbedingungen				
⊞ ☑ 🕮 Spanner_BG002_00_m...	Spannvorrichtung		Ganzes Teil	📝
⊟ ☑ 🕮 Spanner_BG002_00_m...	Spannvorrichtung		Ganzes Teil	📝
⊞ ☑ 🕮 Spanner_BG001_00...	Handspanner		Ganzes Teil	
☑ 🗊 Spanner_ET009_00...	Fuss	♦	Modell ("MOD...	
☑ 🗊 Spanner_ET010_00...	Befestigung		Modell ("MOD...	
☑ 🗊 Spanner_ET011_00	Adapter	🍃	Modell ("MOD...	

9. Erst durch **MT3 > SCHLIESSEN > TEIL** wird die selektierte Komponente entladen.

Beschreibender Teilename	Benennung	Repräsentation	Reference Set	Geändert
⊟ ☑ 🕮 Spanner_BG003_00	Spannsystem			📝
⊞ 🕀 Zwangsbedingungen				
⊞ ☑ 🕮 Spanner_BG002_00_m...	Spannvorrichtung		Ganzes Teil	📝
⊟ ☑ 🕮 Spanner_BG002_00_m...	Spannvorrichtung		Ganzes Teil	📝
⊞ ☑ 🕮 Spanner_BG001_00...	Handspanner		Ganzes Teil	
☑ 🗊 Spanner_ET009_00...	Fuss	♦	Modell ("MOD...	
☐ 🗊 Spanner_ET010_00...	Befestigung			
☑ 🗊 Spanner_ET011_00	Adapter	🍃	Modell ("MOD...	

Auf diese Art und Weise können große Baugruppenstrukturen sehr rasch geladen werden. Alle Attribute der Komponenten stehen hier schon zur Verfügung.

Durch teilweises Laden der Komponenten können Sie bestimmen, welche Komponenten nur als **LIGHTWEIGHT-DARSTELLUNG** angezeigt werden sollen und welche Sie in der **GENAUEN DARSTELLUNG** benötigen. Sie haben dadurch die Möglichkeit, in einem bestimmten Teilbereich zu arbeiten, ohne die komplette Baugruppe in den Speicher zu laden.

12 Literaturhinweise

Anderl, Reiner/Binde, Peter: *Simulationen mit NX. Kinematik, FEM, CFD und Datenmanagement. Mit zahlreichen Beispielen für NX 7.5*. Carl Hanser Verlag 2010 (ISBN 978-3-446-42366-4)

Hogger, Walter: *Unigraphics NX 4. Modellierung von Freiformflächen*. Carl Hanser Verlag 2006 (ISBN 978-3-446-40567-7)

Krieg, Uwe: *NX 6 und NX 7. Bauteile, Baugruppen, Zeichnungen*. Carl Hanser Verlag 2010 (ISBN 978-3-446-41933-9)

Engelken, Gerhard/Wagner, Wolfgang.: *CAD-Praktikum mit NX5/NX6. Modellieren mit durchgängigen Projektbeispielen*. Vieweg+Teubner Verlag 2009 (ISBN 978-3-8348-0759-5)

Index

Symbole

3D-Schnittansicht *490*

A

Absolutes Koordinatensystem *81*
Abstand messen *325*
Aktives Teil *365*
Aktualisieren von Baugruppenzwangs-
 bedingungen verzögern *406*
Aktuelles Formelement erzeugen
 277
Als eindeutig festlegen *378*
Als koaxial festlegen *352*
Als konstant festlegen *294, 354*
Als koplanar festlegen *351*
Als parallel festlegen *353*
Als senkrecht festlegen *354*
Als symmetrisch festlegen *181,
 353*
Als tangential festlegen *352*
Alternative Lösung *184*
Analysefunktionen für Baugruppen
 458
Anforderung *301*
Angrenzende Verrundungen *346*
Anordnungen *434*
Anordnungsspezifische Darstellung
 436
Ansicht auf Skizze ausrichten *160*
Ansichtenabhängiges Bearbeiten
 498

Ansichten bearbeiten *497*
Ansicht erweitern *494*
Ansichtsaktualisierung *501*
Ansichtsbegrenzung *499*
Ansichtstriade *52*
Ansichtsvoreinstellungen *472*
Anwenderdefinierte Formelemente
 305
Anwenderstandards *36*
Anzeige bearbeiten *151, 384*
Anzeige spiegeln *52*
Arbeitskoordinatensystem *7, 81*
Arbeits-Layer *62*
Assoziative Kreisbögen *210*
Assoziative Kurven *203*
Assoziative Kurven bearbeiten *222*
Assoziative Linien *204*
Assoziatives Komponentenfeld *414*
Assoziative Spiegelung *422*
Assoziatives Trimmen *197*
Assoziative teileübergreifende
 Konstruktion zulassen *41*
Assoziativität bearbeiten *521*
Attribute *385*
Attribute auf Teil anwenden *387*
Auf Pfad *362*
Ausbruch-Ansicht *496*
Ausbruchschnittansicht *494*
Ausdruck *289*
Ausdruck in Zeichnungen *512*
Ausdrucksnamen *289*
ausgewählte Verrundung *343*
ausschneiden und einfügen *343*

Ausschnittsvergrößerung *484*
Auswahlleiste *7, 66, 153*
Auswahlmethoden *65*
Auswahlminiaturleiste anzeigen *13*
Auswahlpriorität *66*
Auswahlzweck *69*
Auszuschliessende Fläche *359*
Automatische Bemaßung *190*
Automatische Zwangsbedingungen
 179, 180
Autom. Texthinweis *529*

B

Baugruppe *365*
Baugruppen-Navigator *378*
Baugruppenschablone *30*
Baugruppenschnitt *410*
Baugruppenschraffur *476*
Baugruppensequenzen *454*
Baugruppenzwangsbedingungen
 394
Baugruppenzwangsbedingungen
 speichern *403*
Bauteilattribut erzeugen *304*
Bedingungen *393*
Befehlssuche *9*
Beleuchtung *57*
Bemaßung *512*
Bemaßung anzeigen *279*
Bemaßungsassoziativität bearbeiten
 189
Bemaßungstext bearbeiten *521*

Bemaßungszwangsbedingungen 185
Benutzeroberfläche 5, 13
Beschriftungs-Voreinstellungen 477
Bewegungsgruppe 351
Bewegungsumschlag 455
Bezugsebene 93
Bezugselementsymbol 510
Bezugs-Koordinatensystem 100
Bezugsobjekte 92
Bezugsvektor 98
Bibliothek 306
Bildschirmansicht 50
Bis Ende aktualisieren 277
Blech (Zeichnungsblatt) bearbeiten 479
Bohrung 119
Bohrungen nach Größe wählen 345
Boolesche Operationen 89
Bottom-up-Methode 374

D

Dargestelltes Teil 366
Darstellung des Objektnamens 387
Datei öffnen 25
Dateischablonen 27
Design Logic 289
Detaillierte Ansicht 275
Dialogfenster 7, 16
Dichte 47, 287
Direkte Modellierung 331
Direkte Skizze 152
Drehen 143
Drop-down-Menü 10
Drucken 60
Durchstoßfläche 359
Dynamischer Schnitt 53
Dynamisches WCS 82

E

Ecke erzeugen zwischen Skizzenkurven 173
Editierte Maße anzeigen 521
Eigenschaften von Komponenten 384
Einfache Kollisionsprüfung 459
Einfacher Schnitt 488
Einfache Sicherheitsprüfung 459
Einfügen 267
Eingabemöglichkeit 3
Einordnen vor 278
Einstich 118
Einzelne Kurve 71
Entlang Pfad kopieren 260
Entpacken 383
Ermittelte Bemaßungen 187
Ermittelte Zwangsbedingungen erzeugen 158, 180
Ersetzen 388
Erweitern 382
Erweitern von Skizzenkurven 173
Erweiterte Beleuchtung 57f.
Excel-Tabelle 316
Explosionsdarstellung 439
Export 34
Extrusion 136
Extrusion entlang einer Kurve 147

F

Familienspeicherverzeichnis 315
Farbeinstellungen 40
Fase 231
Fase bezeichnen 347
Fasengröße ändern 347
Film aufzeichnen 83
Filter 274
Fläche abrufen 343
Fläche einfügen 350
Fläche ersetzen 344
Fläche kopieren 348
Fläche löschen 345
Flächenauswahl 335

Flächengröße verändern 344
Fläche optimieren 348
Fläche spiegeln 350
Fläche teilen 221
Fläche verschieben 347
Flexible Komponente 426
Formel eingeben 298
Formelement 105
Formelement als aktuell festlegen 277
Formelementauswahl 335
Formelement bearbeiten 271
Formelementgruppe 255, 278
Formelementoperation 223
Formelementparameter 512
Formelement unterdrücken 285, 302
Formelement verschieben 284
Formelementwiedergabe 281
Form-/Lagetoleranzrahmen 510
Formschräge 577
Fortschrittsanzeige 6
Funktionen 299

G

Geometrie kopieren 256
Geometrische Zwangsbedingung 174, 177
Gestufter Schnitt 488
Gewinde 249, 475
Gewindebohrung 123
Glanzeffekt 44
Glatte Kanten 44
Grafikfenster 7
Größe der Verrundung ändern 344
Grundansicht 480
Grundbeleuchtung 57
Grundkörper 100
Gruppenfarbe 278
Gruppenfläche 340
Gruppieren 278

H

Halbschnitt *489*
Hinweis *506*
Hinweisfeld *6*
Historien-Modus *273, 333*
historienunabhängiger Modus *273, 333*
Historie-Palette *20*
Hohe Bildqualität *59*
Horizontale Referenz *106*

I

IGES *34*
Import *34*
interne Skizze *153*
Internet-Explorer *21*
Interpart Expressions *442*

K

Kalkulationstabelle ändern *297*
Kappenfläche *346*
Kegel *104*
Kerbungsverrundung *347*
Kette *67*
Kinematik *340, 454*
Knauf *110*
Kollisionsanalyse *458*
Kommentar *290*
Komponente *365*
– ersetzen *388*
– isolieren *389*
– kopieren *388*
– löschen *387*
Komponente als aktives Teil festlegen *384*
Komponente als Anzeigeteil festlegen *384*
Komponente hinzufügen *375*
Komponentenfarbe *385*
Komponentenfelder *411*
Komponentengruppierung *391*
Komponenten in der Ansicht ausblenden *501*
Komponente verformen *434*
Komponente verschieben *407*
Konstante Verrundung *225*
Konstruktion *47*
Kontextmenü *7*
Kontext-Werkzeugleiste *11, 271*
Kontrollpunkte *73*
Kopieren *267*
Kopieren in Skizzen *203*
Kopierte Flächen einfügen *349*
Körper anheben zulassen *41*
Körperfläche identifizieren *282*
Körper messen *328*
Körper prägen *133*
Körper schrägen *237*
Körper skalieren *247*
Körper teilen *245*
Körper trimmen *244*
Kugel *104*
Kurven mit Abstand *198*
Kurvenoperationen für Skizzen
– Abgeleitete Linien *171*
– Ellipse *167*
– Kreis *164*
– Kreisbogen *163*
– Linie *162*
– Profil *160*
– Punkt *168*
– Rechteck *164*
– Studio-Spline *165*
– Verrundung *168*
Kurven spiegeln *221*
Kurve projizieren *216*

L

Ladeoptionen *369*
Ladeoptionen und Referenz-Sets *416*
Layereinstellungen *63*
Layer in Ansicht sichtbar *465*
Layer-Kategorie *62*
Layerorganisation *61*
Leitkurve *147*
Lightweight *472*
Lightweight-Darstellung verwenden *371*
Lineare Bemassung *354*
Linien, Kreise, Kreisbögen *212*
Lochkreise *503*
Lokaler Maßstab *363*
Löschen *77*

M

Masse *302*
Maßhilfslinien unterbrechen *522*
Maßstab *479*
Master-Modell *366*
Mausfunktion *4*
Mechanische Eigenschaften *458*
Menü anpassen *8*
Menüleiste *6*
Messen *324*
Mit Rollback bearbeiten *275, 281*
Mittellinie *473, 502*
Modell aktualisieren *175*
Modellschablone *29*
Modellvergleich *460*
Monochrom-Anzeige *41, 467*
Motion *340*
Musterelement *251*
Musterfläche *254*
Musterkurve *193*

N

Nachbarn an glatten Kanten erweitern *342*
Nach Nähe öffnen *390*
Näherungskomponentengruppe erzeugen *392*
Neu einordnen nach *278*
Neue Komponente erzeugen *374*
Neuer Schnitt *53*
Neues übergeordnetes Element erzeugen *378*
Neu zuordnen *282, 362*
Nur Struktur laden *373*
Nut *117*

NX beenden *4*
NX-Beziehungsbrowser *453*
NX starten *4*

O

Oberflächensymbol *523*
Oberste Knoten entfernen *274*
Objekt bewegen *261, 284*
Objektdarstellung *78*
Objektfarbe anzeigen *151*
Öffnen *25*
Offset-Bereich *343*
Offset-Fläche *246*
Offset-Kurve *198, 214*
Online-Hilfe *24*
Ordinatenmaße *520*
OrientXpress *355*

P

Packen *383*
Palette *7, 22*
Parameter bearbeiten *281*
Platzierungsfläche *105*
Polster *115*
Positionierung *107*
Positionierung bearbeiten *282, 284*
Positionierung nach Zwangsbedingungen *41*
Positionsnummern *529*
Positionsunabhängige Verlinkung *449*
Prägung *128*
Produktschnittstelle *451*
Profilkörper *134*
Projektion in Skizzen *196*
Projizierte Ansicht *482*
Prüfung *301*
Punkt angeben *352*
Punkte *72*
Punkt-Konstruktor *74, 284*
Punkt-Werkzeug *74*

Q

Quader *102*
Querschnittsbearbeitung *360*
QuickPick-Menü *7, 76, 271*

R

Radiale Bemaßung *357*
Radiales Popup-Menü *77*
Ränder anzeigen *470*
Räumlicher Schnitt *490*
Reference Set ersetzen *417*
Reference Sets *371, 415*
Referenz *183*
Referenzen auflisten *446*
Referenz-Sets *371, 415*
Reihenfolge der Zeitstempel *274*
Ressourcenleiste *7, 20*
Rohr *148*
Rolle *13*
Rotation *143*
Rotationsschnitt *490*

S

Schablone *22*
Schale *241*
Schalenfläche *359*
Schalenkörper *358*
Schalenstärke ändern *359*
Schattieren *45*
Schattieren in Zeichnungen *476*
Schließen *34*
Schneiden *90*
Schnittansichten *485*
Schnittdarstellung durch Attribute *385*
Schnittfläche *349*
Schnittflächen einfügen *349*
Schnittkomponente *493*
Schnittkurve *218*
Schnittkurve und -punkte *197*
Schnittlinie bearbeiten *492*
Schraffurbegrenzung *521*

Schrägung *232*
Schweißsymbol *522*
Sequenzanalyse *455*
Sitzungseinstellungen *149*
Sketcher *152*
Skizze in Aufgabenumgebung *152*
Skizzen *149*
Skizzenerstellung in Zeichnungen *501*
Skizze neu zuordnen *201*
Skizzenkurven gruppieren *201*
Skizzenstil *151*
Skizzenvoreinstellungen *149*
Skizzierumgebung *152*
Speichern *34*
Speichern unter *34, 368*
Speichern von Baugruppen *367*
Spiegeln in Skizzen *192*
Spiegeln mit WAVE-Befehl *424*
Spiegeln von Baugruppen *419*
Spiegeln von Formelementen *256*
Spirale *212*
Standardleiste *6*
Statusfeld *6*
Strichstärke anzeigen *45*
Strukturstufen zusammenfassen *382*
Stückliste *524*
Studio-Bild erfassen *60*
Subtrahieren *89*
Suggestive Selektion *335*
Symbol Blitz *34*
Symbole *507*
Symmetrieebene *353*
Synchronous-Technologie *331*

T

Tabelle exportieren *528*
Tangentiale Kurven *72*
Tasche *110*
Tastatureingaben *3*
Tastenkombinationen *11*
Teil als Referenz *27*
Teileeinstellungen *151*

Teilefamilie *313*
Teile-Navigator *272*
Teile nennen *27*
Teileübergreifende Ausdrücke *442*
Teileübergreifende Beziehungen *442*
Teileübergreifende Verbindung erzeugen *452*
Teilübergreifende Daten laden *372*
teilweises Laden *370*
teilweise Verrundung löschen *346*
Text *506*
Texte auf Oberflächen *219*
Texthinweis *529*
Titelleiste *6*
Top-down-Methode *374*
Triade *7*
Trimmen von Skizzenkurven *171*

U

Überbrückungskurve *216*
Übergeordnetes Element anzeigen *384*
Überlaufoptionen bei Verrundungen *229*
Überlaufverhalten *342*
Überschreibende Ausdrücke *446*
UGII_TEMPLATE_DIR *29*
Umbenennen *279*
URL der Startseite *42*
User Defined Features *305*

V

Variable Verrundung *225*
Vektor *80*
Verbundene Ausdrücke *443*
Verbundene Kurven *72*

Verbundenes Spiegelteil erzeugen *424*
Verdeckte Kanten *474*
Vereinigen *89*
Verfolgungslinien erzeugen *440*
Verformbare Teile *426*
Verknüpfter Spiegelkörper *424*
Verknüpfung *393*
Verknüpfungsbedingungen konvertieren *394*
Verknüpfungssymbolleiste *178*
Verrunden bis Trimmfläche *228*
Verrundung *223*
Verrundung bis Begrenzung *227*
Verrundungen neu ordnen *347*
Verrundung ersetzen *348*
Verrundung mit Rückfederung *227*
Verschieben und anpassen *342*
Versteifung *126*
Verzögerte Aktualisierung nach Bearbeitung *286*
Visualisierungsleistung *45*
Vollbildmodus *7, 14*
Voreinstellungen *41*
– Anwenderschnittstelle *41*
– Auswahl *42*
– Gitter *46*
– Hintergrund *45*
– Objekt *41*
– Visualisierung *43*
Voreinstellungen für Ansichten *472*
Voreinstellungen für Bezeichnungen anzeigen *477*
Voreinstellungen für Schnittlinie *477*
Vorgabenpalette *22*
Vor Kollision stoppen *410*
Vorlagendateien *319*

W

WAVE-Geometrie-Linker *448*
WAVE-Referenzen bearbeiten *447*
WCS *81*
Werkzeugleiste *6, 7*
Werkzeugleisten anpassen *8*
Wiedergabedialog *279*
Wiederverwendbares Objekt definieren *321*
Wiederverwendungsbibliothek *317*
Winkelbemassung *356*
Winkel messen *327*

Z

Zeichenkette umwandeln *303*
Zeichnungsblatt *478*
Zeichnungserstellung *463*
Zeichnungs-Navigator *464*
Zeichnungsnummer *32*
Zeichnungsschablone *31*
Zeichnungsvoreinstellungen *466*
Zeitstempel *449, 452*
zu verschiebende Fläche *354*
Zwangsbedingungen anzeigen und ausblenden *401*
Zwangsbedingungsgruppe *406*
Zwangsbedingungs-Navigator *405*
Zwangsbedingungssymbole anzeigen *150*
Zwangsbedingungstypen *175*
Zylinder *103*